冶金工业出版社

普通高等教育“十四五”规划教材

# 自动检测技术

（第4版）

李希胜　主编

北　京
冶　金　工　业　出　版　社
2025

## 内容提要

本书共5章，主要内容包括：检测技术理论基础，非电量电测法，电测技术中的抗干扰问题，温度补偿与反馈测量，现代检测系统新进展。为了加强对相关知识的学习掌握，检验学习效果，培养学生运用基本理论分析与解决实际问题的能力，每章配有一定数量的启发性思考题及应用型习题。

本书可作为高等院校测控技术与仪器、自动化、电子信息等相关专业的教材，也可供相关领域的工程技术人员参考。

**图书在版编目（CIP）数据**

自动检测技术 / 李希胜主编. -- 4版. -- 北京 : 冶金工业出版社，2025. 2. --（普通高等教育“十四五”规划教材）. -- ISBN 978-7-5240-0105-8

Ⅰ. TP274

中国国家版本馆CIP数据核字第20255U1Q29号

**自动检测技术（第4版）**

| | | | |
|---|---|---|---|
| **出版发行** | 冶金工业出版社 | **电　话** | (010)64027926 |
| **地　址** | 北京市东城区嵩祝院北巷39号 | **邮　编** | 100009 |
| **网　址** | www. mip1953. com | **电子信箱** | service@ mip1953. com |

责任编辑　戈　兰　郭雅欣　美术编辑　彭子赫　版式设计　郑小利

责任校对　郑　娟　责任印制　窦　唯

三河市双峰印刷装订有限公司印刷

1985年5月第1版，1995年5月第2版，2014年7月第3版，

2025年2月第4版，2025年2月第1次印刷

787mm×1092mm　1/16；21印张；505千字；321页

**定价56.00元**

**投稿电话　(010)64027932　投稿信箱　tougao@cnmip. com. cn**

**营销中心电话　(010)64044283**

**冶金工业出版社天猫旗舰店　yjgycbs. tmall. com**

（本书如有印装质量问题，本社营销中心负责退换）

# 第 4 版前言

本教材的编写得到北京科技大学教材建设经费资助，得到了北京科技大学教务处的全程支持。

本教材自 1985 年出版以来，受到广大读者的好评。在本次修订过程中，我们认真总结近年来教学体会和检测技术领域的最新研究成果，对内容进行了调整，主要体现在以下几个方面：

（1）删减了部分内容。考虑到检测技术领域发展与其他课程的衔接，为避免重复，对某些内容进行了删减，如删减了感应同步器、数字式传感器信号处理、线性化、微弱信号检测、利用噪声进行信号测量等内容。

（2）精简了内容。对原书中抗干扰技术的内容进行了精简。

（3）增加了部分内容。考虑到工程应用实际，增加了热电式传感器、压阻式传感器、微波式传感器、X 射线传感器、激光式位移传感器等内容。

（4）加强了反映自动检测系统最新进展的内容，如软测量、智能感知等。

全书由李希胜教授主编。参加本书第 4 版编写的有李希胜教授（第 1 章、第 3 章、第 4 章）、康瑞清副教授（第 2 章）、张天尧副教授（第 5 章）。

张朝晖教授、林伟国教授审阅了全书，提出了很多宝贵的意见和建议，在此表示衷心的感谢！同时，也向对原教材提出过意见和建议的读者们表示衷心的感谢！

由于我们水平有限，不妥之处在所难免，敬请读者批评指正。

编　者

2024 年 9 月

# 第3版前言

本教材的编写得到了“十二五”期间高等学校本科教学质量与教学改革工程建设项目和北京科技大学教材建设经费资助。

本教材第2版自1995年出版以来，受到广大读者的好评。为了提高教材质量，在修订过程中，我们充分吸纳了读者的建议，并结合近年来教学体会和检测技术领域的最新研究成果，对内容进行了调整，主要体现在以下两个方面：

(1) 精选了内容。考虑到检测技术领域发展与其他课程的衔接情况，避免重复，对某些内容进行了删减，如激光的形成、数据的采集与保持、峰值测量、有效值测量等。

(2) 增加了新内容。反映检测技术的最新发展，精选部分代表性的成果增加到教材内容中。例如在光电式传感器中增加了图像传感器，在核辐射传感器中增加了半导体探测器，在激光式传感器中增加了激光气体在线分析仪，在光纤传感器中增加了光纤光栅传感器，在特种测量技术中增加了计算机测量系统与软测量技术。

自动检测技术涉及面非常广泛。为了使读者获取比较系统和完整的概念，培养学生从事检测技术领域科学研究和仪器仪表开发的能力，本书坚持以信息的获取、转换与处理为线索，详细介绍了检测技术理论基础、各类传感器的工作原理与特性、电测技术中的抗干扰技术、仪表特性线性化技术和温度补偿技术以及特种测量技术。全书力求具有较好的系统性、完整性和一定的深度、广度。在内容组织上，尽量反映检测技术领域中的最新发展动态，精选近年来出现的代表性传感器及相关技术进行介绍。在内容叙述上，除理论分析外，还配有较完整的典型工程实例，以利于培养学生运用基本理论分析与解决实际问题的能力。这些工程实例来源于作者多年来从事检测技术科研开发的成果总结，真实、可靠。为了加强对相关知识的学习掌握，检验学习效果，培养学生运用基本理论分析与解决实际问题的能力，精选了一定数量的启发性思考题及应用型习题置于各章之末。

测量仪表设计中精确度和可靠性十分重要。抗干扰技术是实现测量仪表高精度、高可靠性的关键之一。本书详细介绍了电测技术中的抗干扰技术，不仅介绍了屏蔽、接地、浮置等相关技术的理论，还给出了实例，以利于培养学生解决干扰问题的能力。温度附加误差严重影响测量仪表精确度的提高，本书总结作者多年来在测量仪表温度补偿方面科研成果，以差动变压器式传感器温度补偿为工程实例对分析、设计过程进行了详细介绍。另外本书对微弱信号检测技术、反馈测量技术等对提高测量仪表精确度和可靠性起到关键作用的技术都进行了详细介绍。

本书在最后给出了十几家传感器及仪器仪表生产商网址，以便于读者查看相关产品图片及数据手册并及时了解相关领域的最新发展。

本书可作为测控技术与仪器、自动化、电子信息等相关专业的教材，也可供相关领域的工程技术人员参考。

全书由李希胜教授、王绍纯教授主编。参加本书第3版编写的有王绍纯教授（第2章第1节至第3节、第3章）、李希胜教授（第1章、第2章第4节至第10节、第4章、第5章）、康瑞清副教授（第2章第11节、第12节）。

张朝晖教授、林伟国教授审阅了全书，提出了很多宝贵的意见和建议，在此表示衷心的感谢！同时，也向对原教材提出过意见和建议的读者们表示衷心的感谢！

由于我们水平有限，不妥之处在所难免，敬请读者批评指正。

编　者

2013年10月

# 第2版前言

本教材按照1991~1995年冶金高等院校教材编写、出版规划，对第一版进行了修订。本教材第一版自1985年出版以来，已经使用了八年，为了提高教材质量，适应教学改革的需要，在修订过程中，我们认真总结多年来讲授本教材的经验，广泛征求兄弟院校及使用单位的宝贵意见，对内容作了调整、精炼和提高，主要体现在如下几个方面：

1. 对全书总篇幅进行了调整。为了贯彻少而精的原则，按照教学大纲的要求，突出重点，尽量做到主次分明、详略恰当，对全书字数进行了较大幅度压缩。

2. 精选了内容。按照教学要求，对部分章节进行了较大修改或重新编写，例如测量误差理论与数据处理方法、应变式传感器、电涡流式传感器、电容式传感器等，在原有内容基础之上进行了充实提高。为了与后续课程配合和避免重复，对某些内容进行了删减，例如电位计式传感器、热电阻传感器、热电式传感器、霍尔式传感器等。

3. 增加了新内容。例如在第二章增加了光纤传感器、振动式传感器等内容，在各种传感器编写内容上均增写了传感器应用举例。

4. 增加了习题及思考题。为了培养学生运用基本理论分析与解决实际问题的能力，精选了一定数量的习题及思考题，置于各章之末。

参加本书第二版编写的有赵家贵（第一章、第二章的第五至第十二节）和王绍纯（第二章的第一节至第四节、第三、四、五章）二位同志。全书由王绍纯同志主编。曾参加本书第一版编写的刘国俊同志因身体原因未能参加本书第二版的编写工作。

在本书的编写和审稿过程中，兄弟院校的有关同志提供了不少宝贵意见和建议，在此表示衷心地感谢。由于我们水平所限，不妥之处在所难免，敬希读者批评指正。

编　者

一九九三年六月

# 第1版前言

本书是根据冶金部所属高等院校工业自动化仪表专业教学计划和自动检测技术课程教学大纲编写的。

本书原稿印刷后相继在重庆大学、北京工业大学、太原工学院、东北工学院、昆明工学院和北京钢铁学院等院校试用，并根据各院校试用提出的意见对原书进行了修改。

自动检测技术涉及面非常广泛。为了使读者能够获得比较系统和完整的概念，本书以信息的获取、转换与处理为线索，详细介绍了检测技术理论基础、各类传感器的工作原理与特性、电测技术中的抗干扰技术、仪表特性线性化技术和温度补偿技术以及特种测量技术。全书力求具有较好的系统性、完整性和一定的深度、广度。在内容组织上，注意了尽量反映检测技术领域中的新内容，如动态测试、数据采集、微弱信号检测、相关测量技术和反馈测量技术等，测量电路构成也注意到以集成电路为主。在内容叙述上，除理论分析外，还配有较完整的典型工程实例，以利于培养学生运用基本理论分析与解决实际问题的能力。

本书主要作为工业自动化仪表专业的教材，对从事检测技术的工程技术人员也具有参考价值。

参加本书编写的有赵家贵（第一章、第二章的第七至十二节）、刘国俊（第二章的第一至六节）和王绍纯（第三、四、五章）三位同志。全书由王绍纯同志主编。北京航空学院韩云台和何立民同志对本书进行了全面审阅。

由于我们水平有限，不妥之处在所难免，恳切希望读者批评指正。

编　者

一九八四年七月

# 目　　录

# 0 绪　论

在科学实验和工业生产中，为了即时了解实验进展情况、生产过程的情况及它们的结果，人们要经常对某些物理量，如电流、电压、温度、压力、流量、物位、位移、尺寸等参数进行检测。这时人们就要选择合适的测量仪表，采用一定的检测方法去实施有效的检测。检测的目的是实现对物理现象的定性了解或定量掌握。检测技术就是人们为了对自然现象、科学实验、生产或生活中的有关信息能够进行定性了解和定量掌握所采取的一系列技术措施的总称。

检测技术已经发展成为一门较完整的技术学科。检测技术这门技术学科所涉及的内容是比较广泛的。它从被检测物理量的实际情况出发，首先要探讨能够应用什么物理原理将被测物理量转换成便于传输和处理的物理量（如电信号或光信号），进而研究信号的放大和加工变换方法，以便于信号的远距离传输，再下一步就是研究信号的接收和显示方法，最后还要研究数据的处理方法以及相应的技术措施。

检测技术在人类认识世界和现代化生产、生活中起着重要作用。

人类对客观世界的认识，是通过观察、实验与测量，由浅入深地不断认识的。通过检测手段去确定物质运动在量方面的规律性，掌握了量的规律性就能更好地认识物质运动的本质。许多物理定律的发现都是建立在实验与测量这一基础之上的，许多自然科学的建立与发展都是与检测技术密切相关的。

生产过程自动化是现代化生产的重要特征。为了高效率地进行生产操作，提高产品产量和质量，必须对生产过程进行自动控制。为了实现生产过程自动控制，首先必须对其参数进行实时、可靠地检测。自动检测是实现自动控制的前提条件。没有参数的检测，就使自动控制失去了前提和依据。检测技术发展了，控制水平就能提高。

检测技术的发展是以生产发展为基础的，随着生产的发展而迅速发展。特别是半导体技术、微电子技术的发展，为检测技术的发展提供了物质手段，使检测仪表、传感器有可能实现小型化、智能化、多功能和高可靠性，使原先不能实现的测量方法得以实现。同时，生产的发展又不断地提出新的检测任务，促使人们去研究和解决这些新课题，从而推动检测技术的发展。

学习和掌握了检测技术，就能够在科学研究和生产中面临检测任务时，正确地选择测量原理和方法，正确地选择所需要的技术工具（如敏感元件、传感器、变换器、传输电缆、显示装置及数据处理装置等），组成恰当的检测系统，完成所提出的检测任务。

# 1 检测技术理论基础

为了完成科学实验和生产生活中提出的检测任务，并且尽可能地获取到被测量真实值，需要对测量方法、检测系统的特性、测量误差及测量数据处理等方面的理论及工程方法进行学习和研究。只有了解和掌握了这些基本技术理论，才能实施有效的测量。

## 1.1 测量方法

测量方法是实现参数检测的基本问题之一。测量方法的选择关系到能否实现有效的测量。

### 1.1.1 概述

#### 1.1.1.1 测量过程

测量是将被测量与同种性质的标准量进行比较，确定被测量对标准量的倍数，并用数字表示这个倍数。例如，用米尺测量金属棒料的长度，就是将被测棒料的长度与标准长度——米尺进行比较，最后得出棒料是几米几厘米长。

通过分析，可将测量过程概括为："并列""示差""平衡""读数"四步过程。

在工程实践和科学实验经常遇到的测量过程中，上述四步过程中的某几步，有时不是直接的或不是在同一时间内进行的，即不像用米尺测量棒料长度时四步过程那样直接、那样直观，这就要求对具体的测量过程应该进行具体深入地分析，找出四步过程，并抓住每一步的特点。

#### 1.1.1.2 测量方法的本质

测量方法就是针对不同的测量任务，去正确实现"并列-示差-平衡-读数"四步测量过程所采取的具体措施。简而言之，就是进行测量所采用的具体方法。

具体的测量方法是多种多样的。从形式上看之所以互不相同，是因为不同的检测量，要求用不同的具体措施来实现这四步测量过程。在许多情况下，要实现这四步测量过程，并不是很容易的，有时是很困难的。

测量方法对测量工作是十分重要的，它关系到测量任务是否能完成。因此，要针对不同测量任务的具体情况，待进行分析后，找出切实可行的测量方法，然后，根据测量方法选择合适的检测技术工具，组成测量系统，进行实际测量。反之，如果测量方法不对头，即使选择的技术工具（有关仪器、仪表、设备等）再高级，也不会有好的测量结果。

#### 1.1.1.3 测量方法分类

对于测量方法，从不同的角度出发，有不同的分类方法。按测量手续分类有：直接测量、间接测量和联立测量。按测量方式分类有：偏差式测量、零位式测量和微差式测量。

除此之外，还有许多其他分类方法。例如，按测量敏感元件是否与被测介质接触，可分为接触式测量与非接触式测量；按被测量变化快慢，可分为静态测量与动态测量；按测量系统是否向被测对象施加能量，可分为主动式测量与被动式测量等。

### 1.1.2 直接测量、间接测量与联立测量

#### 1.1.2.1 直接测量

直接测量是指不需要根据被测量和实际测量的其他量之间函数关系进行辅助计算，直接获得被测量之值的方法。即在使用仪表进行直接测量时，对仪表读数不需要经过任何运算，就能直接表示测量所需要的结果。例如，用磁电式电流表测量电路的支路电流，用弹簧管式压力表测量流体压力等即为直接测量。直接测量的优点是测量过程简单而迅速，缺点是测量精度不容易达到很高。这种测量方法是工程上广泛采用的方法。

#### 1.1.2.2 间接测量

间接测量是指根据已知关系，通过对被测量有函数关系的其他几个量的直接测量以得到被测量量值的方法。即在使用仪表进行间接测量时，首先对与被测物理量有确定函数关系的几个量进行测量，将测量值代入函数关系式，经过计算得到所需要的结果。在这种测量过程中，手续较多，花费时间较长，但是有时可以得到较高的测量精度。间接测量多用于科学实验中的实验室测量，工程测量中亦有应用。

#### 1.1.2.3 联立测量

联立测量也称组合测量。在应用仪表进行测量时，若被测物理量必须经过求解联立方程组，才能得到最后结果，则称这样的测量为联立测量。在进行联立测量时，一般需要改变测试条件，才能获得一组联立方程所需要的数据。对联立测量，在测量过程中，操作手续很复杂，花费时间很长，是一种特殊的精密测量方法。它多适用于科学实验或特殊场合。

在实际测量工作中，一定要从测量任务的具体情况出发，经过具体分析后，再决定选用哪种测量方法。

### 1.1.3 偏差式测量、零位式测量和微差式测量

#### 1.1.3.1 偏差式测量

在测量过程中，用仪表指针的位移（即偏差）决定被测量的测量方法，称为偏差式测量。应用这种方法进行测量时，标准量具不装在仪表内，而是事先用标准量具对仪表刻度进行校准。在测量时，输入被测量，按照仪表指针在标尺上的示值，决定被测量的数值。它是以直接方式实现被测量与标准量的比较，测量过程比较简单、迅速，但是测量结果的精度较低。这种测量方法广泛用于工程测量中。

在偏差式测量仪表中，一般要利用被测物理量产生某种物理作用（通常是力或力矩），使仪表的某个元件（通常是弹性元件）产生相似，但是方向相反的作用，此相反作用又与指针的线位移或角位移（即指针偏差）相关，它便于人们用感官直接观测。在测量过程中，此相反作用一直要增加到与被测物理量的某物理作用相平衡。这时指针的位移在标尺上对应的刻度值，就表示了被测量的测量位。图 1-1 所示的压力表就是这类仪表的一个示例。

1.1.3.2　零位式测量

在测量过程中，用指零仪表的零位指示，检测测量系统的平衡状态；在测量系统达到平衡时，用已知的基准量决定被测未知量的测量方法，称为零位式测量法（又称补偿式或平衡式测量）。应用这种方法进行测量时，标准量具装在仪表内，在测量过程中，标准量直接与被测量相比较；调整标准量，一直到被测量与标准量相等，即使指零仪表回零。例如，用电位差计测量电势，图 1-2 所示电路是电位差计的简化等效电路。在进行测量之前，应先调 $R_1$，将回路工作电流 $I$ 校准。在测量时，要调整 $R$ 的活动触点，使检流计 G 回零，这时 $I_g$ 为零，即 $U_k=U_x$，这样，标准电压 $U_k$ 的值就表示被测未知电压值 $U_x$。

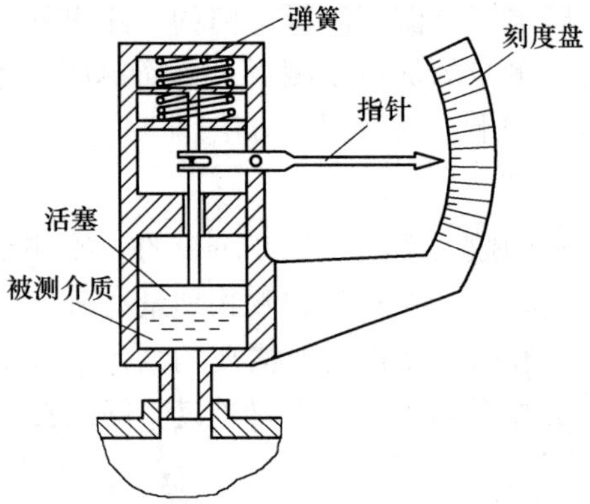


图 1-1　压力计

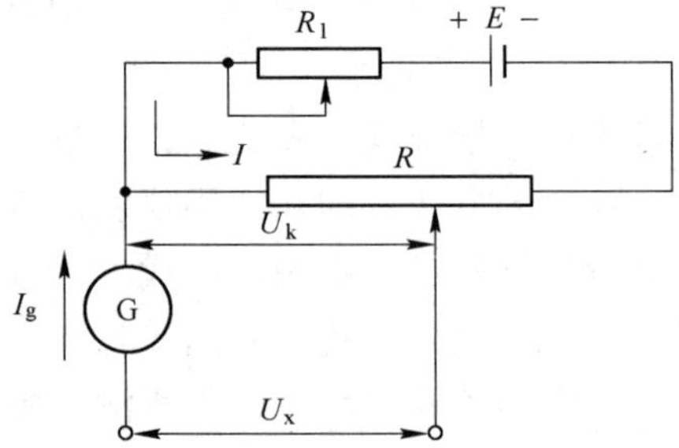


图 1-2　电位差计简化电路

零位式测量法的优点是可以获得比较高的测量精度。但是测量过程比较复杂，要进行平衡操作，花费时间长。采用自动平衡操作以后，可以加快测量过程，但它的反应速度由于受工作原理所限，也不会很高。因此，这种测量方法不适用测量变化迅速的信号，只适用于测量变化较缓慢的信号。这种测量方法在工程实践和实验室中应用很普遍。

1.1.3.3　微差式测量

微差式测量法是综合了偏差式测量法与零位式测量法的优点而提出的测量方法。这种方法是将被测的未知量与已知的标准量进行比较，并取得差值后，用偏差法测得此差值。应用这种方法进行测量时，标准量具装在仪表内，并且在测量过程中，标准量直接与被测量进行比较。由于二者的值很接近，因此，测量过程中不需要调整标准量，而只需要测量二者的差值。

设：$N$ 为标准量，$x$ 为被测量，$\Delta$ 为二者之差，则 $x=N+\Delta$，即被测量是标准量与偏差值之和。由于 $N$ 是标准量，其误差很小并且 $\Delta \ll N$。因此，可选用高灵敏度的偏差式仪表测量 $\Delta$。即使测量 $\Delta$ 的精度较低，但因 $\Delta \ll x$，故总的测量精度仍很高。

微差式测量法的优点是反应快，而且测量精度高，它特别适用于在线控制参数的检测。

## 1.2　测量仪表及测量系统

在生产或科学实验中，经常会遇到检测任务。在检测任务面前，首先要考虑的是应用什么样的测量原理，采用什么样的测量方法；还要考虑使用什么技术工具去进行测量。测量仪表就是进行测量所需要的技术工具的总称。也就是说，测量仪表是实现测量的物质手段。很显然，这里所说的测量仪表这一概念是广义的。广义概念下的测量仪表包括敏感元件、传感器、变换器、运算器、显示器、数据处理装置等。测量仪表性能好坏直接影响测量结果的可信度。全面掌握测量仪表的功能和构成原理，有助于正确选用仪表。

测量系统是测量仪表的有机组合。对于比较简单的测量工作只需要一台仪表就可以解决问题。但是，对于比较复杂、要求高的测量工作，往往需要使用多台测量仪表，并且按照一定规则将它们组合起来，构成一个有机整体——测量系统。

在现代化的生产过程和实验中，过程参数的检测都是自动进行的，即检测任务是由测量系统自动完成的。因此，研究和掌握测量系统的功能和构成原理十分必要。

### 1.2.1 测量仪表的功能

在测量过程中测量仪表要完成的主要功能有：物理量的变换、信号的传输和处理、测量结果的显示。

#### 1.2.1.1 变换功能

在生产和科学实验中，经常会碰到各种各样的物理量，其中大多数是非电量，例如，热工参数中的温度、压力、流量；机械量参数中的转速、力、位移；物性参数中的酸碱度、密度、成分含量等。对于这些物理量想通过与之对应的标准量直接比较，一步得到测量结果，往往非常困难，有时甚至是不可能实现的。为了解决实际测量中的这种困难，在工程上解决的办法是依据一定的物理定律，将难于直接同标准量"并列"比较的被测物理量经过一次或多次的信号能量形式的转换，变换成便于处理、传输和测量的信号能量形式。在工程上，电信号（电压或电流）是最容易处理、传输和测量的物理量。因此，往往将非电量的被测量依据一定的物理定律，严格地转换成电量（电压或电流），然后再对变换得到的电量进行测量和处理。

在仪表中进行物理量的变换，同时伴随着能量形式的变换。从能量形式的变换方式角度分析，可将变换功能分为单形态能量变换和双形态能量变换两类。

A 单形态能量变换

单形态能量变换形式是将 A 形态能量（反映被测量）作用于物体，遵照一定物理定律转换成 B 形态能量（反映变换后的物理量），其框图示于图 1-3。这种变换的特点是变换时所需要的能量，取自于被测介质，不需要从外界补充能量。因此，这种变换的前提条件是从被测介质取走变换所需要的能量后，不应影响被测介质的物理状态。这种变换的结构与形式都比较简单，但要求变换器中消耗的能量应尽量少。

图 1-3 单形态能量变换

B 双形态能量变换

双形态能量变换形式是将 A 形态能量（反映被测量）和 B 形态能量（参比量）同时作用于物体，按照一定的物理定律变换成 B 形态或 C 形态能量（反映变换后的物理量），其框图示于图 1-4。例如，利用霍尔效应进行磁场测量。将霍尔元件置于被测磁场 $B$ 中，在霍尔元件上通以电流 $I$，这时霍尔效应元件有霍尔电热 $E_H$ 产生，也就是说将磁场能量和电能同时作用于霍尔元件，通过霍尔效应转换成电能输出，如图 1-5 所示。

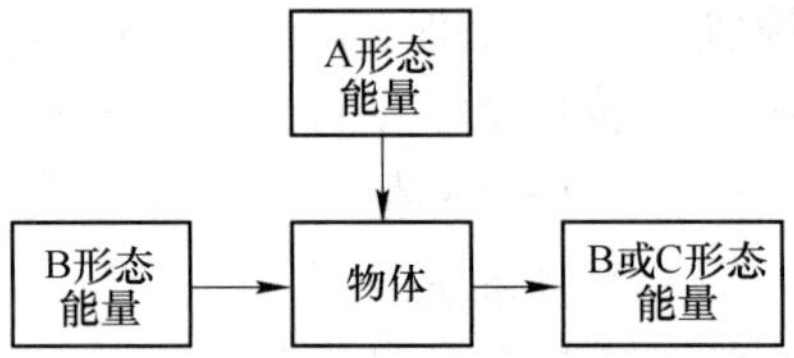


图 1-4 双形态能量变换

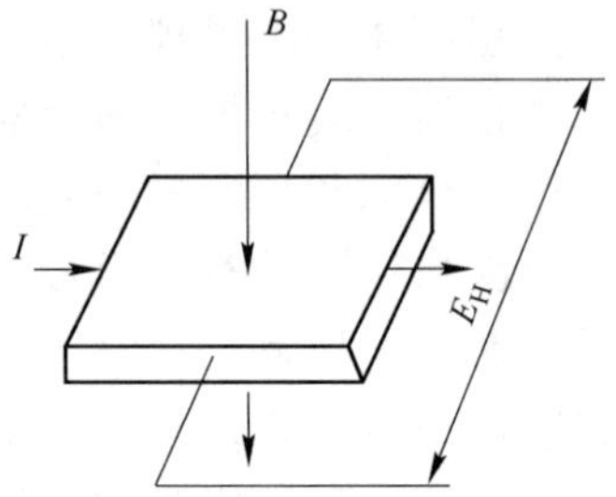


图 1-5 霍尔元件

这种变换形式的特点是变换过程所需要的能量，不是从被测对象（磁场）取得，而是从附加的能源（参比电流源）取得。其优点是附加能源的电平高，从而使变换后所得信号较强。由于不从被测介质取出能量，这种变换不破坏被测介质的物理状态。这种变换器的结构形式一般较复杂。

研究仪表变换功能机理是很重要的课题。设法将新发现的物理定律引入传感器中，作为物理量变换的依据，往往会产生崭新的传感器和测量方法。

1.2.1.2 传输功能

被测量经变换后的信号，要经过一定距离的传输后，才能进行测量，显示出最后结果。即仪表在测量过程中完成的第二个功能就是将信号进行一定距离的不失真的传输。

在比较简单的测量过程中，信号的传输距离很近，仪表的信号传输作用还不十分明显。随着生产的发展，自动化水平的不断提高，计算机控制和现场检测越来越普遍，这时，生产现场与中央控制室的距离都很远，位于现场的传感器及变送器将被测参数变换与放大后，要经过较长距离的传输才能将信号送入控制室。工业生产中应用比较多的是有线传输和无线传输。有线传输，即用电缆或导线传输电压、电流传号或数字信号。无线传输，即用无线发射，在远处由接收机接收，进行信号传输。

1.2.1.3 显示功能

测量的最终目的之一是将测量结果用便于人眼观察的形式表示出来。这就要求测量仪表能完成第三个功能即显示功能。仪表的显示方式可以分为模拟式和数字式两类。模拟式显示有：指针指示和记录曲线；数字式显示有：数码显示、屏幕显示和数字式打印记录等。

各种显示方式都有自己的特点和用途。因此，要具体情况具体分析，选择合适的显示方式。

### 1.2.2 测量仪表的特性

仪表的特性，一般分为静特性和动特性两种。当用测量仪表进行测量的参数不随时间而变或随时间变化很缓慢，不必考虑仪表输入量与输出量之间的动态关系而只需要考虑静态关系时，联系输入量与输出量之间的关系式是代数方程，不含有时间变量，这就是所谓的静特性。当被测量随时间变化很快，必须考虑测量仪表输入量与输出量之间的动态关系时，联系输入量与输出量之间的关系是微分方程，含有时间变量，这就是所谓的动特性。

静特性与动特性彼此不是孤立的。当静特性显示出非线性和随机性质时，静特性会影响动态条件下的测量结果。这时描写动特性的微分方程变得十分复杂，甚至在工程上无法解出。引起静特性出现非线性和带有随机性的物理原因比较常见。例如，干摩擦、间隙、迟滞回线等都能使静特性出现非线性和带有随机性，遇到这种情况只能作工程上的近似处理。

#### 1.2.2.1 测量仪表的静特性

##### A 刻度特性

一般测量仪表都是用数字表示的刻度。所谓刻度特性是表示测量仪表的输入量与输出量之间的数量关系，即被测量与测量仪表示值之间的函数关系。这种函数关系可以用数据表格形式给出，也可用坐标曲线形式给出，还可以用数学方程式 $y=f(x)$ 给出。式中 $x$ 表示被测量，$y$ 表示仪表示值。这种数学方程式给出的刻度特性被称为刻度方程。

刻度特性可分为线性特性和非线性特性。线性刻度特性可以用一次代数方程表示，它的几何表示是直线；非线性刻度特性可用高次代数方程或超越方程表示，它的几何表示是曲线。

从测量效果看，希望测量仪表具有线性刻度特性。但是，由测量原理所决定，也会经常遇到非线性特性。这时，在传感器测量电路中，需要引入一个“线性化器”，用以补偿静特性的非线性，最终取得整台仪表的线性刻度特性。

##### B 灵敏度

灵敏度表示测量仪表的输入量增量 $\Delta x$ 与由它引起的输出量增量 $\Delta y$ 之间的函数关系。更确切地说，灵敏度 $S$ 等于测量仪表的指示值增量与被测量增量之比。可用下式表示：

$$S=\frac{\mathrm{d}f(x)}{\mathrm{d}x}=\frac{\mathrm{d}y}{\mathrm{d}x}=f'(x) \tag{1-1}$$

它表示单位被测量的变化所引起仪表输出指示值的变化量。很显然，灵敏度 $S$ 值越高表示仪表越灵敏。

测量仪表的灵敏度可分为三种情况（见图 1-6）：

(1) 在整个测量范围，灵敏度 $S$ 保持为常数，即灵敏度 $S$ 不随被测量变化而变化（图 1-6（a））；

(2) 灵敏度 $S$ 随被测量（输入值）增加而增加（图 1-6（b））；

(3) 灵敏度 $S$ 随被测量（输入值）增加而减小（图 1-6（c））。

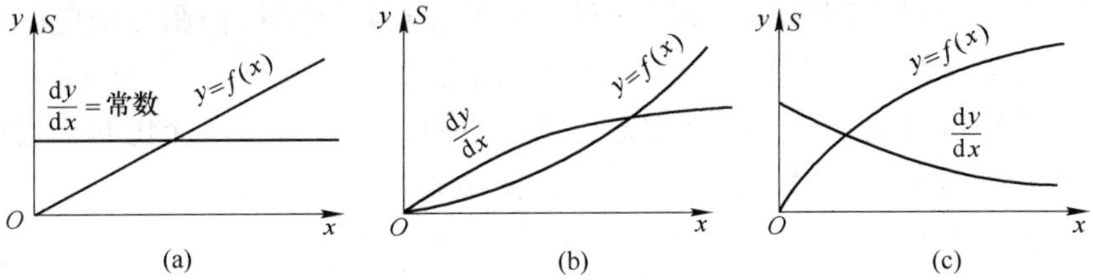


图 1-6 测量仪表的灵敏度

一般希望测量仪表的灵敏度 $S$ 在整个测量范围内保持为常数。这样要求，一方面有利于读数，另一方面便于分析和处理测量结果。

从灵敏度的定义可以知道，灵敏度是刻度特性的导数。它是一个有因次的量，因此当讨论任一测量仪表的灵敏度时，必须确切地说明它的因次。

C 相对灵敏度及其百分表示

相对灵敏度 $S_\delta$ 用下式定义

$$S_\delta = \frac{\Delta y}{\frac{\Delta x}{x}} \tag{1-2}$$

它表示仪表指示值的增量对被测量的相对变化率而言的灵敏度。在实际测量中经常用百分数表示，即

$$S_\delta = \frac{\Delta y}{\frac{\Delta x}{x} \times 100\%} \tag{1-3}$$

相对灵敏度是最实用的灵敏度表示法。在实际测量中，被测量有大有小。在要求相同的测量精度条件下，被测量越小，所要求的绝对灵敏度越高。但是为了保证同一测量精度，不管被测量大小如何，只要相对灵敏度相同就可以了。

D 局部灵敏度

一个测量仪表往往由若干个环节组成。为了设计和标定方便，需要研究每个组成环节的灵敏度。对整台测量仪表而言，每个环节的灵敏度叫做局部灵敏度。

局部灵敏度 $S_i$ 就是表示仪表组成环节的输出量增量与引起这个增量的输入量增量之比，即

$$S_i = \frac{\Delta x_i}{\Delta x_{i-1}} \tag{1-4}$$

式中 $\Delta x_i$——第 $i$ 个环节的输出量增量；

$\Delta x_{i-1}$——第 $i$ 个环节的输入量增量。

从局部灵敏度和仪表灵敏度的定义可以得出测量仪表的总灵敏度 $S$ 等于各组成环节局部灵敏度之积，即

$$S = \prod_{i=1}^{N} S_i \tag{1-5}$$

E 有害灵敏度

测量仪表除了相对被测量的灵敏度之外，还可能对各种干扰作用有反应。例如，电源电压波动，环境温度的变化等都会使仪表的输出指示值发生变化。

所谓有害灵敏度就是指测量仪表的输出指示值的变化对引起该变化的干扰物理量的变化量之比。在设计测量仪表时，总是力求使有害灵敏度降到最低。

F 灵敏度阈与分辨力

当用人眼观测仪表输出的读数时，人眼的分辨能力是有限的。例如，用平衡电桥测量电阻时，当检流计指针的偏转小于 0.3 mm 时，人眼就很难观测出来。又如，用示波器进行测量时，由于干扰影响和聚焦线条较粗，当两波形曲线的峰值之差小于 0.5 mm 时，人眼就很难区别。

下面举个例子，说明由于人眼的分辨能力有限，对测量结果的影响。

**【例 1-1】** 在用直流电桥测量电阻时，若被测电阻值 $R_x$ 的数值是 10.0004 Ω 并且电桥已经平衡，标准电阻 $R_N = 10.0004\ \Omega$。但由于检流计指针偏转在±0.3 mm 以内时，人眼区别不了，因此 $R_N$ 的值也可能不是 10.0004 Ω，而是其他值。

若已知电桥的相对灵敏度 $S_\delta = \frac{1}{0.01\%}(\text{mm})$，当检流计指针偏转超过±0.3 mm 时所对应的标准电阻 $R_N$ 的相对变化为

$$\frac{\Delta R_N}{R_N} = \frac{\Delta X}{S_\delta} = \frac{\pm 0.3}{1/0.01\%} = \pm 0.003\%$$

所以有
$$\Delta R_N = R_N \times (\pm 0.003\%) = \pm 0.0003\ \Omega$$

即 $R_N$ 有±0.0003 Ω 变化时，对应检流计指针偏转±0.3 mm，刚好为人眼能分辨。因此，测量结果的可能取值范围是

$$R_N = 10.0004\ \Omega \pm 0.0003\ \Omega = 10.0001 \sim 10.0007\ \Omega$$

若要求测量结果的相对误差小于 0.01%，上述情况勉强可以，因为人眼分辨力有限，所引起的相对误差为±0.003%以内，占总误差的 1/3 弱。但是，若要求测量误差更小，例如是 0.001%，则上述情况就达不到要求了。

所谓灵敏度阈就是指测量仪表最小所能够区别的读数变化量，所对应的引起读数变化的输入变化量。例如，上例中的±0.0003 Ω。灵敏度阈也称死区或不灵敏区。

为了保证足够的测量准确度，在测量技术标准上规定，灵敏度阈应小于允许的绝对误差的 1/3（也有人认为应小于 1/5 或 1/10）。

对于数字式仪表，灵敏度阈转变成分辨力。所谓分辨力就是指数字式仪表指示数字值的最后一位数字所代表的值。

G　测量仪表的标定与测量仪表常数

对于直读式仪表在使用前应予以标定。所谓标定就是指对测量仪表输入标准量，测得相应的指示值，然后求得该测量仪表的“常数”。

所谓测量仪表常数是指测量仪表的输入标准量与对应指示值之比，可用下式表示

$$C = \frac{x_N}{y} \tag{1-6}$$

式中 $x_N$——仪表输入标准量；

$y$——仪表输出指示值。

通过标定，知道仪表常数以后，只需将仪表读数或指示值与仪表常数相乘，就可以得到被测值，即

$$x = C \cdot y$$

可见，当测量仪表的特性是线性时，仪表常数正好是灵敏度的倒数，即 $S = \frac{1}{C}$。

注意：如果测量仪表的特性是非线性时，标定时就不能只标一点，而是标很多点，并且作出曲线特性。

#### 1.2.2.2 测量仪表的动特性

测量仪表的动特性也称作测量仪表动态响应。它所涉及的内容是研究当被测对象参数随时间变化很迅速时，测量仪表的输出指示值与输入被测物理量之间关系。基本方法是通

过列写仪表的运动方程，求出传递函数，然后进行特性分析。

A 正弦型输入

a 一阶系统

对于图 1-7（a）所示的机械系统，它由刚度系数为 $k$ 的弹簧和阻尼系数为 $c$ 的阻尼器并联组成。它的运动方程为

$$c\dot{z} + kz = kF(t) \tag{1-7}$$

或

$$T_1\dot{z} + z = F(t) \tag{1-8}$$

式中，$T_1 = c/k$ 为时间常数。

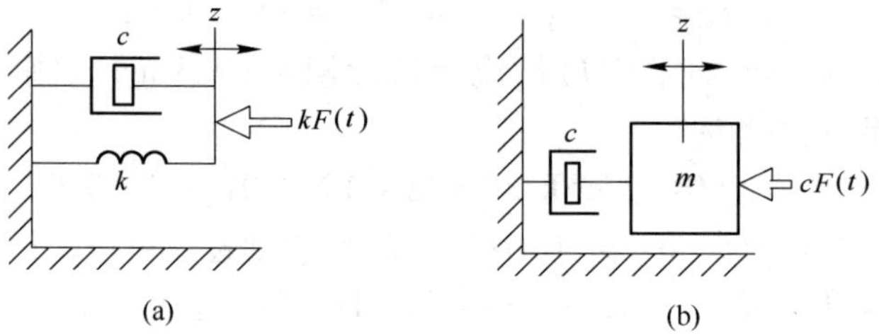


图 1-7 一阶动力学系统

对于图 1-7（b）所示的一阶系统，它由质量为 $m$ 的物体和阻尼系数为 $c$ 的阻尼器串联组成。它的运动方程式可写成

$$m\ddot{z} + c\dot{z} = cF(t) \tag{1-9}$$

或

$$T_1\ddot{z} + \dot{z} = F(t) \tag{1-10}$$

式中，$T_1 = m/c$ 为时间常数。

在正弦型输入作用下，系统的频率响应是

$$W(\mathrm{j}\omega) = \frac{1}{1 + \mathrm{j}\omega T_1} \tag{1-11}$$

上式可用幅频响应和相频响应表示，即

$$|W(\mathrm{j}\omega)| = [1 + (\omega T_1)^2]^{-\frac{1}{2}} \tag{1-12}$$

$$\varphi = -\tan^{-1}(\omega T_1) \tag{1-13}$$

式（1-12）和式（1-13）以曲线形式绘于图 1-8。图中以无量纲参数 $\omega/\omega_0$ 作自变量，点划线表示一阶系统特性。

b 二阶系统

如图 1-9 所示的机械系统由质量为 $m$ 的物体和刚度系数为 $k$ 的弹簧以及阻尼系数为 $c$ 的阻尼器组成。系统运动方程式可表示为

$$m\ddot{z} + c\dot{z} + kz = kF(t) \tag{1-14}$$

或

$$T_2^2\ddot{z} + T_1\dot{z} + z = F(t) \tag{1-15}$$

式中，$T_1 = c/k$；$T_2^2 = m/k$。

在正弦型输入作用下，系统的频率响应是

$$W(\mathrm{j}\omega) = \frac{1}{1 + \mathrm{j}\omega T_1 - \omega^2 T_2^2} \tag{1-16}$$

同样式（1-16）可用幅频响应和相频响应表示，即

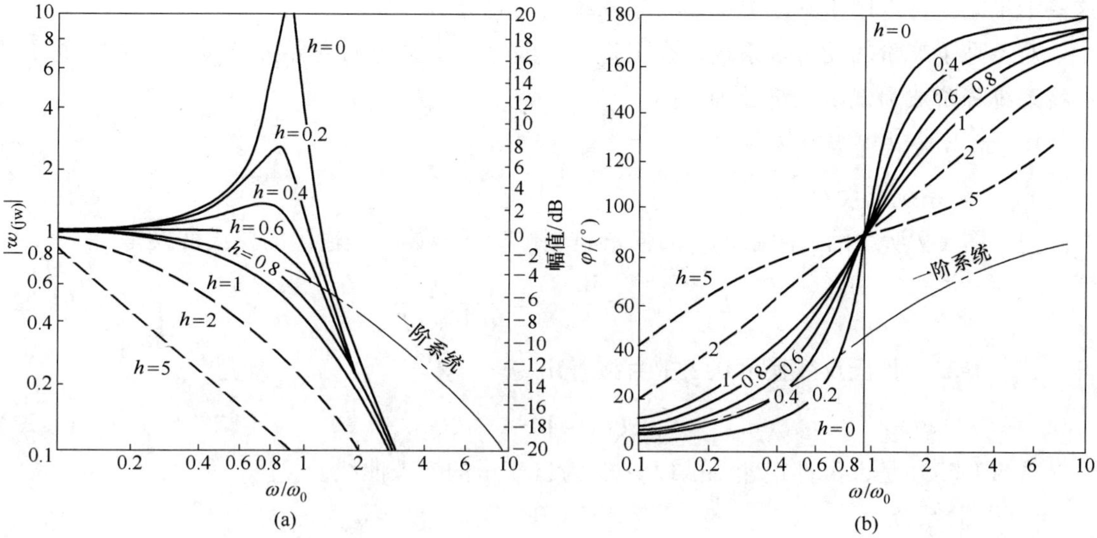


图 1-8　幅频与相频特性

$$|W(j\omega)|=[(1-\omega^2T_2^2)^2+(\omega T_1)^2]^{-\frac{1}{2}} \tag{1-17}$$

$$\varphi=-\tan^{-1}\left(\frac{\omega T_1}{1-\omega^2T_2^2}\right) \tag{1-18}$$

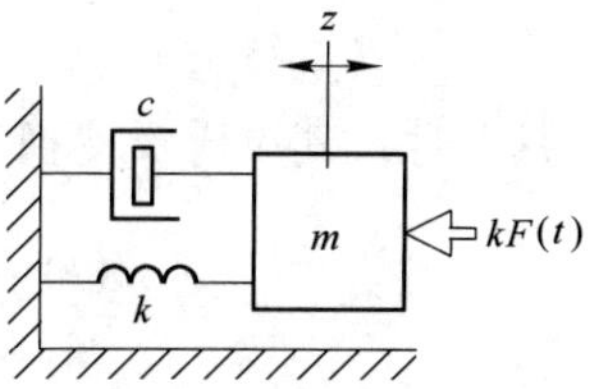


图 1-9　二阶动力学系统

引入　　$\omega_0=\dfrac{1}{T_2}=\left(\dfrac{k}{m}\right)^{\frac{1}{2}}$（无阻尼自由振荡角频率）

和　　$h=\dfrac{T_1}{2T_2}=\dfrac{c}{2(mk)^{\frac{1}{2}}}$　（阻尼比）

可得在正弦型输入作用下，系统频率响应的实用表示形式为

$$W(j\omega)=\frac{1-\left(\dfrac{\omega}{\omega_0}\right)^2-j2h\left(\dfrac{\omega}{\omega_0}\right)}{\left[1-\left(\dfrac{\omega}{\omega_0}\right)^2\right]^2+4h^2\left(\dfrac{\omega}{\omega_0}\right)^2} \tag{1-19}$$

系统的幅频响应和相频响应的实用表示形式为

$$|W(j\omega)|=\left\{\left[1-\left(\frac{\omega}{\omega_0}\right)^2\right]^2+4h^2\left(\frac{\omega}{\omega_0}\right)^2\right\}^{-\frac{1}{2}} \tag{1-20}$$

和

$$\varphi=-\tan^{-1}\left[\frac{2h\left(\dfrac{\omega}{\omega_0}\right)}{1-\left(\dfrac{\omega}{\omega_0}\right)^2}\right] \tag{1-21}$$

式（1-20）和式（1-21）以曲线形式绘于图 1-8。图中以无量纲参数 $\omega/\omega_0$ 作自变量，以阻尼比 $h$ 为参变量，实线表示 $h\leqslant1$ 的情况，虚线表示 $h>1$ 的情况。

上面结果是以机械系统为例推导出来的。但是，根据不同物理系统间的动态相似性，这些结果完全可以用于其他类型动力学系统的动态分析。

对于高于二阶的动力学系统，在工程上一般是找出系统的主导极点，然后根据主导极点将系统降阶成为低阶系统处理。

B 单位阶跃函数输入

a 一阶系统

对于图 1-7 所示的一阶系统，当输入是单位阶跃函数时，输出的拉氏变换是

$$L\{z(t)\} = \frac{W(s)}{s} = \frac{1}{s(1+sT_1)} \tag{1-22}$$

式（1-22）拉氏反变换可从表上直接查出为

$$z(t) = 1 - e^{-\frac{t}{T_1}} \tag{1-23}$$

式（1-23）是大家都很熟悉的以 $t/T_1$ 为自变量的指数曲线。

b 二阶系统

对于图 1-9 所示的二阶系统，当输入是单位阶跃函数时，输出的拉氏变换是

$$L\{z(t)\} = \frac{W(s)}{s} = \frac{1}{s(1+sT_1+s^2T_2^2)} \tag{1-24}$$

当 $h<1$ 时，其拉氏反变换是

$$z(t) = 1 - \frac{e^{-h\omega_0 t}}{(1-h^2)^{\frac{1}{2}}}\cos[(1-h^2)^{\frac{1}{2}}\omega_0 t - \sin^{-1}h] \tag{1-25}$$

当 $h=1$ 时，其拉氏反变换是

$$z(t) = 1 - e^{-\omega_0 t}(1+\omega_0 t) \tag{1-26}$$

当 $h>1$ 时，其拉氏反变换是

$$z(t) = 1 + \frac{e^{-(h-\sqrt{h^2-1})\omega_0 t}}{(h-\sqrt{h^2-1})^2-1} + \frac{e^{-(h+\sqrt{h^2-1})\omega_0 t}}{(h+\sqrt{h^2-1})^2-1} \tag{1-27}$$

必须指出，除了单位阶跃输入函数外，还有其他类型的瞬变输入函数。例如，将单位阶跃函数对时间求导所得到的单位脉冲函数（又称狄拉克函数）；随时间线性增长的单位斜波函数；抛物线函数等。

还应当注意，对仪表的输出，除“位移响应”之外，还有“速度响应”和“加速度响应”。在特殊场合，还要研究“加速度变化率响应”和“位移积分响应”。这里所使用的“位移”“速度”和“加速度”，其意义是指，当仪表的输出与输入之间为线性关系时，则称仪表具有“位移响应”；当仪表的输出为输入信号的微分时，则称仪表具有“速度响应”；当仪表的输出为输入信号的二阶微分时，则称仪表具有“加速度响应”。

在表 1-1 中，综合了二阶系统在各种类型输入信号作用下，所对应的各种类型响应曲线形式。例如，在输入量是位移的单位阶跃函数作用下，从表中可以找到系统的输出，输出位移响应是 C 种类型曲线；输出速度响应是 D 种类型曲线；输出加速度响应是 E 种类型曲线。表中所给出的各种类型输出曲线只是大概的形状，较详细的曲线请参阅参考文献［1］。

**表 1-1 二阶振荡系统的瞬态响应**

| 输入 | | | 响应曲线 | | | | | |
|---|---|---|---|---|---|---|---|---|
| 位移 | 速度 | 加速度 | 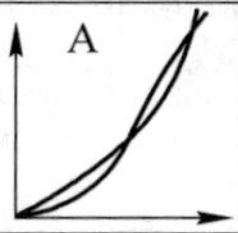 | 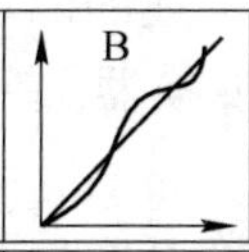 | 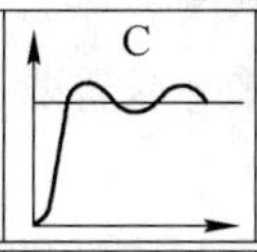 | 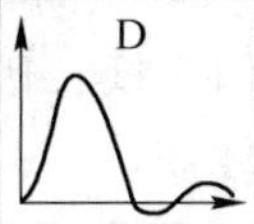 | 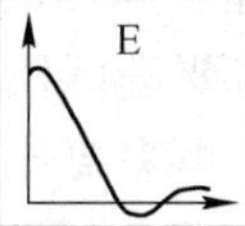 | 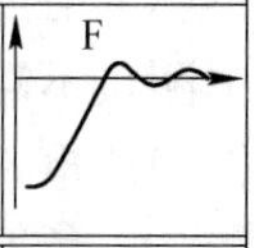 |
| 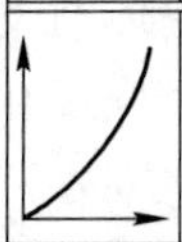 | 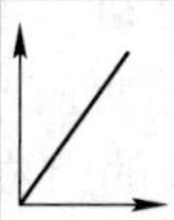 | 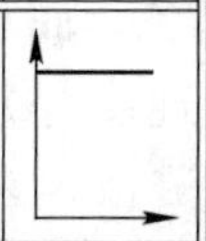 | 位移 | 速度 | 加速度 | | | |
| 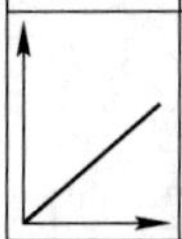 | 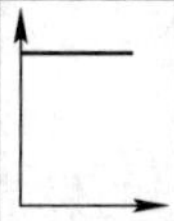 | 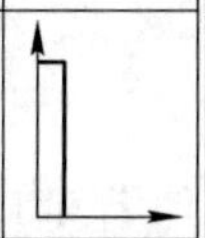 | | 位移 | 速度 | 加速度 | 加速度变化率 | |
| 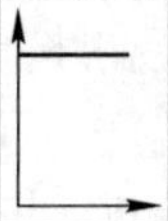 | 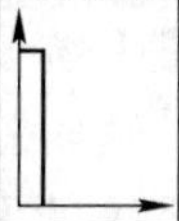 | | | | 位移 | 速度 | 加速度 | 加速度变化率 |
| 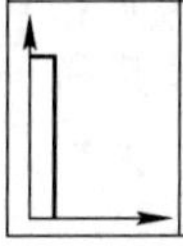 | | | | | | 位移 | 速度 | 加速度 |

### 1.2.3 测量仪表的组成环节

#### 1.2.3.1 构成测量仪表的基本环节

测量仪表是实现测量的物质手段，是测量方法的具体化。根据前边讲过的四步测量过程，即并列、示差、平衡、读数，可以推论出测量仪表的构成原理。

作为近代完整的测量仪表应包括下列四个基本环节：

（1）变换器。它的功能是将被测物理量进行比例变换，以便获得便于传输和测量的信号能量形式。

（2）标准量具。它的功能是提供标准量并且要求它输出的标准量应当准确可调。

（3）比较器。它的功能是将已经经过比例变换后的被测量与标准量进行比较，并且根据比较结果差值的极性去调节标准量的大小，一直到二者相等，即达到平衡。

（4）读数装置（显示器）。它的功能是将测量结果用人眼便于观察的形式显示出来。

下面以一种数字电压表为例进行分析说明。它的结构框图如图 1-10 所示。从图中可以很清楚地看出它的四个组成环节及相互间的联系。

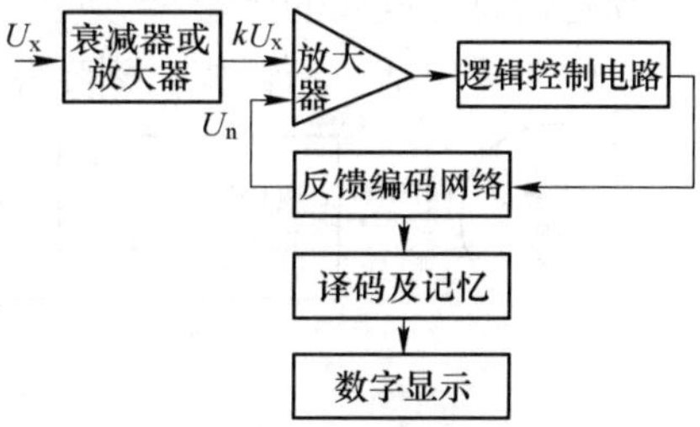

图 1-10 数字电压表框图

被测电压 $U_x$ 先经衰减器衰减或放大器放大到某一适宜测量的电压值 $kU_x$，然后与标准电压 $U_n$ 比较，比较结果经差值放大器放大后，去控制反馈编码网路的加码或减码。这样逐次比较，一直到 $U_n$ 与 $kU_x$ 之差小于差值放大器的灵敏度阈时，比较过程才停止，最后由数字显示装置显示出测量结果的数字值。

1.2.3.2 测量仪表组成环节的辩证分析

（1）在比较原始的测量或简单仪表中，上述的四个基本环节不一定都存在。因为这种简单测量不需要进行任何变换，因此不需要变换器。另外测量者本人已经起到比较器的作用，因此也不再需要比较器。

（2）在现代化的测量仪表中，上述的四个基本环节都经常存在，而且每一个环节又往往比较复杂。例如，将各种非电量（温度、压力、流量、力、加速度等）变换成标准化电流或电压信号的传感器和变送器都是很复杂的变换器，它们都是测量仪表的组成环节。

### 1.2.4 测量系统

"测量系统"这一概念是检测技术发展到一定阶段的产物。随着生产的发展，当生产中面临着只有用多台测量仪表有机组合在一起才能完成检测任务时，测量系统便初步形成了。尤其是自动化生产出现以后，要求生产过程参数的检测能自动进行，这时就产生了自动检测系统。计算机技术、通信技术的快速发展进一步推动了自动检测系统的发展，目前以计算机为信息处理核心的计算机检测系统已成为检测系统的主流。可见，测量系统所涉及的内容是随着生产和检测技术的发展而不断得到充实的。

1.2.4.1 测量系统的构成

图 1-11 表示了测量系统的原理结构图。它由下列功能环节组成：

（1）原始敏感元件。作为原始敏感元件，它首先从被测介质接受能量，同时产生一个与被测物理量成某种函数关系的输出量。

（2）变量转换环节。对于测量系统，为了完成所要求的功能，需要将原始敏感元件的输出变量做进一步的变换，即变换成更适于处理的变量并且要求它应当保存着原始信号中所包含的全部信息。完成这样功能的环节被称为变量转换环节。

（3）变量控制环节。为了完成对测量系统提出的任务，要求用某种方式"控制"以某种物理量表示的信号。这里所说的"控制"意思是在保持变量物理性质不变的前提条件下，根据某种固定的规律仅仅改变变量的数值。完成这样功能的环节被称为变量控制环节。

（4）数据传输环节。当测量系统的几个功能环节实际上被物理地分隔开的时候，则必须从一个地方向另一个地方传输数据。完成这种传输功能的环节被称为数据传输环节。

（5）数据显示环节。有关被测量的信息要想传输给人以完成监视、控制或分析的目的，则必须将信息变成人的感官能接受的形式。完成这样的转换机能的环节被称为数据显示环节。它的职能包括：指针相对刻度标尺运动所表示的简单指示，数字显示，打印记录等。

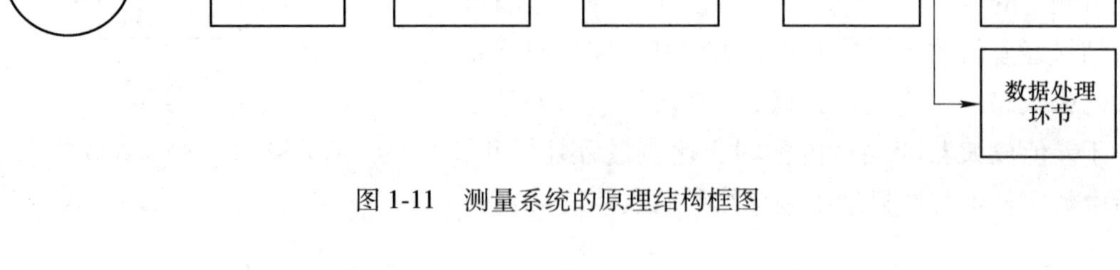


图 1-11 测量系统的原理结构框图

（6）数据处理环节。测量系统要对测量所得数据进行数据处理。数据处理工作由机器自动完成，不需要人工进行繁琐的运算。

从上面分析可以知道，测量系统是一个功能繁多、结构复杂、能自动完成检测任务的动力学系统。

1.2.4.2　主动式测量系统与被动式测量系统

根据在测量过程中是否向被测对象施加能量，可将测量系统分为主动式测量系统和被动式测量系统。

（1）主动式测量系统。它的构成原理框图示于图 1-12。这种测量系统的特点是在测量过程中需要从外部向被测对象施加能量。例如，在测量阻抗元件的阻抗值时，必须向阻抗元件施以电压，供给一定的电能。

（2）被动式测量系统。它的构成原理框图示于图 1-13。被动式测量系统的特点是在测量过程中不需要从外部向被测对象施加能量。例如，电压、电流、温度测量、飞机所用的空对空导弹的红外（热源）探测跟踪系统就属于被动式测量系统。

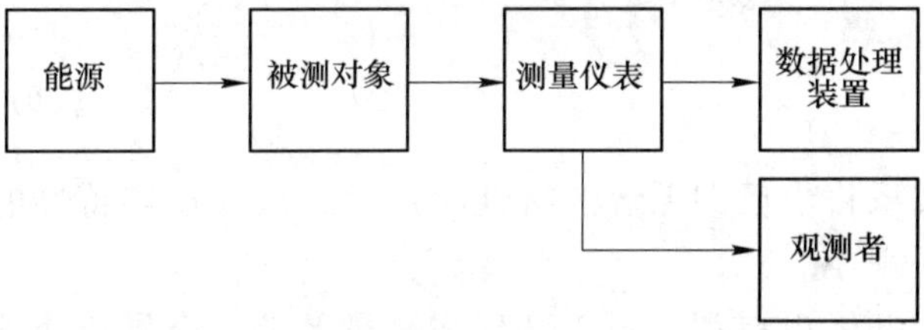


图 1-12　主动式测量系统

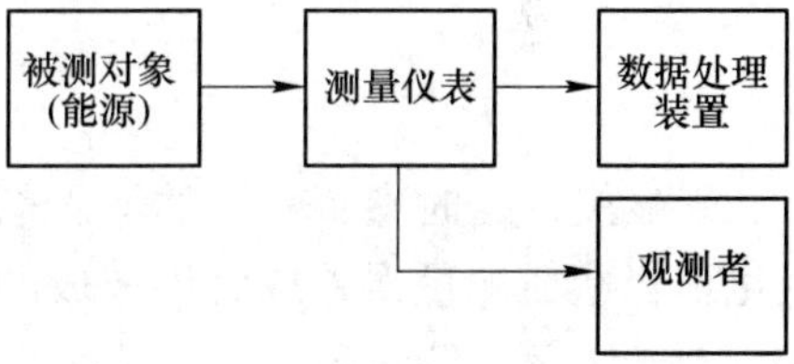


图 1-13　被动式测量系统

1.2.4.3　开环式测量系统与闭环式测量系统

A　开环式测量系统

开环式测量系统的框图和信号流图示于图 1-14，其输入输出关系为

$$y=G_1G_2G_3x \tag{1-28}$$

式中　$G_1$，$G_2$，$G_3$——各环节放大倍数。

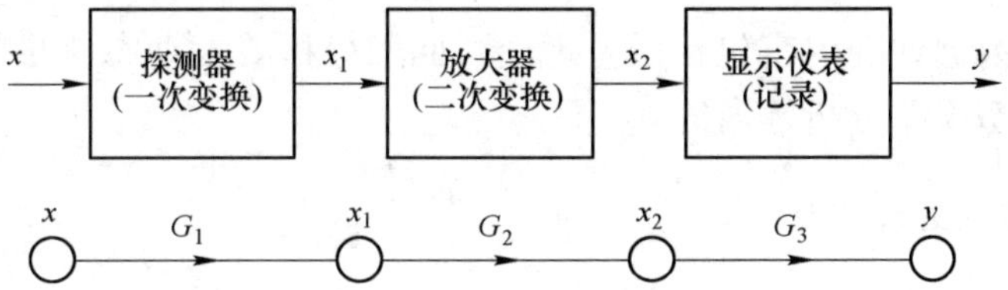


图 1-14　开环式测量系统

采用开环方式构成的测量系统，虽然从结构上看比较简单，但缺点是所有变换器特性的变化都会造成测量误差。

B　闭环式测量系统

闭环式测量系统的框图和信号流图示于图 1-15。

该系统的输入信号为 $x$，则系统的输出为

$$y=\frac{\mu}{1+\mu\beta}x \tag{1-29}$$

式中 $\mu$——二次变换器与输出变换器的总放大倍数，$\mu=G_1G_2$；

$\beta$——反馈系统的放大倍数。

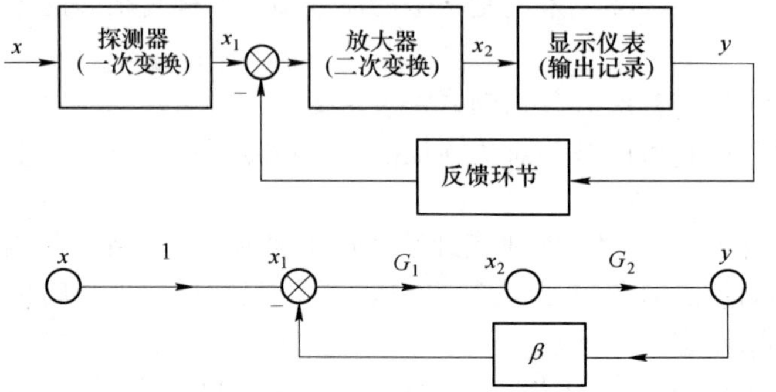


图 1-15 闭环式测量系统

当 $\mu\beta \gg 1$ 时，上式变成

$$y=\frac{1}{\beta}x \tag{1-30}$$

很显然，这时整个系统的输入输出关系将由反馈系统的特性决定。二次变换器特性的变化不会造成测量误差或者说造成的误差很小。

对于闭环式测量系统，采用大回路闭环才更有利。对于开环式测量系统，容易造成误差的部分应考虑采用闭环方法。根据以上分析可知，在构成测量系统时，应将开环系统与闭环系统巧妙地组合在一起加以应用，才能达到所期望的目的。

## 1.3 测量数据处理方法

测量分静态测量和动态测量两种情况。因此，测量数据的处理也分为静态和动态两种情况。

静态测量时的数据处理内容包括误差理论、回归分析等；动态测量的数据处理包括随时间变化信号的动态误差分析等内容。

### 1.3.1 静态测量数据处理方法

#### 1.3.1.1 测量误差的基本概念

A 测量误差的定义

测量的目的是希望通过测量得到被测未知量的真实值。为此，首先考虑的是应该采用什么样的测量原理，使用哪种测量方法，进而要根据具体的测量条件，选取合适的测量仪表，构成测量系统，并着手测量，最后得到被测量的测量值。

由于种种原因，例如，测量仪表本身不是绝对准确，测量方法也不会十分完善，时刻存在着外界干扰的影响等，造成被测参数的测量值与真实值并不一致，因此，需要研究测量值与真实值的不一致程度，并给予恰当的表示，于是就产生了“测量误差”这个基本概念。

测量误差就是测量值与真实值之间的差值。它反映了测量质量的好坏。

B 测量误差的分类

测量误差分类方法有多种。按表示方法分为绝对误差、相对误差和引用误差；按误差出现的规律分为系统误差、随机误差和疏失误差；从使用的角度又分为基本误差和附加误差。

1.3.1.2 测量误差的表示方法

测量误差的表示方法有多种，含义各异。

A 绝对误差

绝对误差可用下式定义

$$\Delta = X - L \tag{1-31}$$

式中 $\Delta$——绝对误差；

$X$——测量值；

$L$——真实值。

采用绝对误差表示测量误差，不能很好地说明测量质量的好坏。例如，温度测量的绝对误差 $\Delta = 1$ ℃，若对体温测量来说它已到了荒谬的程度，而对钢水温度测量来说它则是目前尚难达到的测量结果。

绝对误差一般只适用于用标准量具或标准仪表对一般仪表的校准。在用标准量或标准仪表校准仪表的工作中，实际使用的是“更正值”。更正值乃是与绝对误差大小相等，符号相反的值。其实际含义是真实值等于测量值加上更正值，这样使用起来更方便些。

B 相对误差

相对误差的定义由下式给出

$$\delta = \frac{\Delta}{L} \times 100\% \tag{1-32}$$

式中 $\delta$——相对误差，一般用百分数给出；

$\Delta$——绝对误差；

$L$——真实值。

用相对误差表示法能够很好地说明测量质量的好坏，这是它的最大优点。在实际测量中，由于被测量的真实值 $L$ 是不知道的，这使得按式（1-32）定义计算相对误差很不方便。因此实际测量时，都是用测量值 $X$ 近似代替真实值 $L$ 进行计算，即

$$\delta = \frac{\Delta}{L} \times 100\% \approx \frac{\Delta}{X} \times 100\% \tag{1-33}$$

由于测量值与真实值很相近，用上式计算的近似程度很高。

在实际测量中，有时要同时使用相对误差与绝对误差。例如在用电位差计测量电势时，由于电位差计中电刷与导体材料不同（一般电刷用铍青铜材料制成），当电刷与导体接触时不可避免地会有热电势产生，其数值随环境温度而变化，不随被测值大小而变。对于数字电压表也存在类似问题，当数字电压表在工作时，最后一位总在不断地跳变，因此，这类仪表的测量误差应包括随被测量而变的部分（即相对误差）和恒定部分（绝对误差）二者。它们的误差表示式包括两项。例如

$$2 \times 10^{-4} u_x \pm 10\ \mu V$$

$$1 \times 10^{-4} u_x \pm 1\ \text{位数字}$$

其中，$u_x$ 是被测量。

C 引用误差

引用误差是直读式指针仪表中通用的一种误差表示方法。它是测量的绝对误差与仪表的满量程之比，一般亦用百分数表示，即

$$\gamma = \frac{\Delta}{A} \times 100\% \tag{1-34}$$

式中 $\gamma$——引用误差；

$\Delta$——绝对误差；

$A$——仪表的满量程。

1.3.1.3 测量仪表的精确度等级

精确度是指仪表示值与被测量（约定）真值的一致程度。仪表精度等级是根据引用误差来确定的。

根据《工业过程测量和控制用检测仪表和显示仪表精确度等级》（GB/T 13283—2008）的规定，工业过程测量与控制用检测和显示仪表精确度等级按以下方法确定。

由引用误差或相对误差表示与精确度有关因素的仪表，其精确度等级应自下列数系中选取：0.01，0.02，（0.03），0.05，0.1，0.2，（0.25），（0.3），（0.4），0.5，1.0，1.5，（2.0），2.5，4.0，5.0。其中括号内的精确度等级不推荐使用。例如，0.1 级表的引用误差的最大值不超过±0.1%；0.5 级表的引用误差的最大值不超过±0.5%等。

不宜用引用误差或相对误差表示与精确度有关因素的仪表（如热电偶、铂热电阻等），一般可用英文字母或罗马数字等约定的符号或数字表示精确度等级，例如 A，B，C，…；Ⅰ，Ⅱ，Ⅲ，…或 1，2，3，…。按英文字母或罗马数字的先后次序表示精确度等级的高低。

对于多测量范围的仪表，各测量范围可以同属某一精确度等级，也可以分属不同的精确度等级。另外单测量范围的仪表可分成不同精确度等级的两个或多个分范围。

引用误差从形式上看像相对误差，但是对某一具体仪表来说，由于其分母（满量程）$A$ 是一个常数，与被测量大小无关，因此它实质上是一个绝对误差的最大值。例如，量限为 1 V 的毫伏表，精确度为 5.0 级，即 $\gamma=\frac{\Delta}{A}\times100\%=5.0\%$。从这个式子可以求出

$$\Delta = 1 \times 5.0\% = 50\ \text{mV}$$

这说明无论指示在刻度的哪一点，其最大绝对误差不超过 50 mV。但各点的相对误差是不同的。在选用仪表时，一般应保证仪表经常工作在刻度尺的 2/3 附近，这样既保证测量的精确度，又保证了仪表的安全操作。

1.3.1.4 系统误差、随机误差与疏失误差

误差按其规律分为三种，即系统误差、随机误差和疏失误差。

A 系统误差

当我们对同一物理量进行多次重复测量时，如果误差按照一定的规律出现，则把这种误差称为系统误差。

系统误差包括仪器误差、环境误差、读数误差及由于调整不良、违反操作规程所引起的误差等。

B 随机误差

当对一物理量进行多次重复测量，随机误差的特点是它的出现带有偶然性，即它的数

值大小和符号都不固定，但是却服从统计规律，呈正态分布。

引起随机误差的原因都是一些微小因素，且无法控制。

对于随机误差，不能用简单的更正值来校正，只能用概率和数理统计的方法去计算它出现的可能性大小。

随机误差具有下列特性：

（1）绝对值相等、符号相反的误差在多次重复测量中出现的可能性相等。

（2）在一定测量条件下，误差的绝对值不会超出某一限度。

（3）绝对值小的误差比绝对值大的误差在多次重复测量中出现的机会要多，即误差值愈小，出现的机会愈多。

C　疏失误差

疏失误差也称为粗大误差，其产生是由于测量者在测量时的疏忽大意而造成的。产生疏忽误差的原因，有主观因素，也有客观因素。例如，主观因素：仪表指示值被读错、记错，仪表操作错误、计算错误等；客观因素：电源电压突变、机械冲击或振动、电磁干扰、仪器故障等。疏失误差的数值一般比较大，没有规律性。

D　系统误差、随机误差、疏失误差之间的关系

在测量中，系统误差、随机误差、疏失误差三者同时存在，但是它们对测量的影响不同：

（1）在测量中，若系统误差很小，称测量的准确度高；若随机误差很小，称测量的精密度很高；若二者都很小，称测量的精确度很高。

（2）在工程测量中，有疏失误差的测量结果是不可取的。

（3）在测量中，系统误差与随机误差的数量级必须相适应。即随机误差很小（表现为多次重复测量的测量结果的重复性好），但系统误差很大是不好的；反之，系统误差很小，随机误差很大，同样是不好的。只有随机误差与系统误差两者数值相当才是可取的。

#### 1.3.1.5　基本误差和附加误差

误差从使用角度出发可分为基本误差和附加误差。

基本误差是指仪表在规定的标准（额定）条件下所具有的误差。例如，仪表是在电源电压 220 V±5 V、电网频率 50 Hz±2 Hz、环境温度 20 ℃±5 ℃、大气压力 101.3 kPa±1.0 kPa、湿度 65%±5%的条件下标定的。如果这台仪表在这个条件下工作，则仪表所具有的误差为基本误差。测量仪表的精度等级就是由其基本误差决定的。

当仪表的使用条件偏离额定条件时就会出现附加误差。例如，温度附加误差、频率附加误差、电源电压波动附加误差、倾斜放置附加误差等。

在使用仪表进行测量时，应根据使用条件在基本误差上再分别加上各项附加误差。

把基本误差和附加误差统一起来考虑，即可给出测量仪表一个额定的工作条件范围。例如，在电源电压是 220 V±10%，温度范围是 0~50 ℃，仪表可过载运行等条件范围内工作，可以给定测量仪表的总误差不超过多少。

#### 1.3.1.6　零点误差与量程误差

零点误差的定义是当输入为 0%时输出的误差。一般用满量程的百分数表示零点误差。

从图 1-16 可看出，零点误差可表示为

$$\alpha = \frac{\Delta}{A} \times 100\%$$

式中　$A$——与 100%输入对应的理想输出值。

量程误差的定义是仪表输出的理想量程与实测量程之差。如图 1-17 所示，量程误差可用满量程的百分数表示，为

$$\alpha = \frac{\Delta}{A} \times 100\%$$

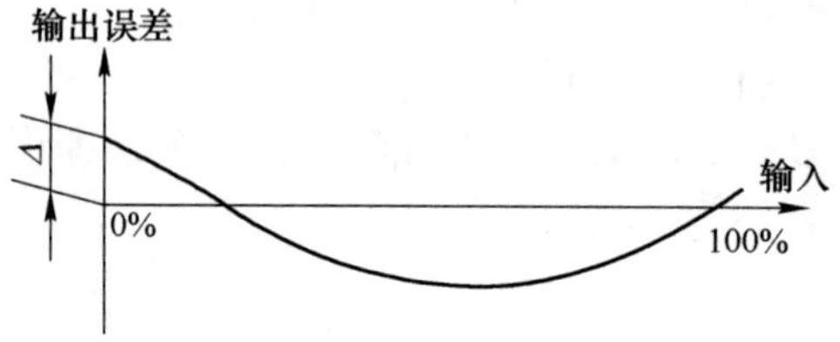


图 1-16　零点误差

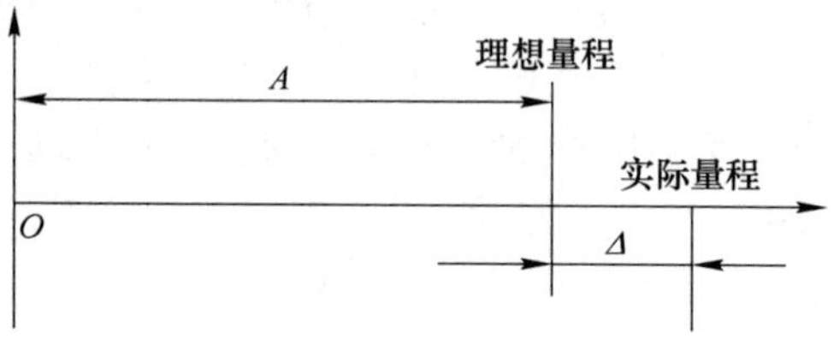


图 1-17　量程误差

1.3.1.7　变差与重复性

变差的定义是指在正反方向做全量程性能测试时所得到的输入输出特性曲线上，对同一个输入值，上行程和下行程输出值之间的最大差值。如图 1-18 所示，用满量程的百分数，变差可表示为

$$\alpha = \frac{\Delta}{A} \times 100\%$$

式中　$A$——与 100%输入对应的理想输出值。

变差包括迟滞误差和不灵敏区。迟滞误差是变差的一部分，它是由于测量仪表的某些元件吸引、消耗能量而产生的。

重复性是指在同一工作条件下，输入按一方向作全量程（0~100%）变化多次（一般要求三次以上）时，输入输出特性曲线的一致性。一般重复性用输入输出特性曲线间最大的不一致对满量程的百分数表示，它不含变差，也没有正负号，如图 1-19 所示。重复性可表示为

$$\alpha = \frac{\Delta}{A} \times 100\%$$

式中　$A$——与 100%输入对应的理想输出值。

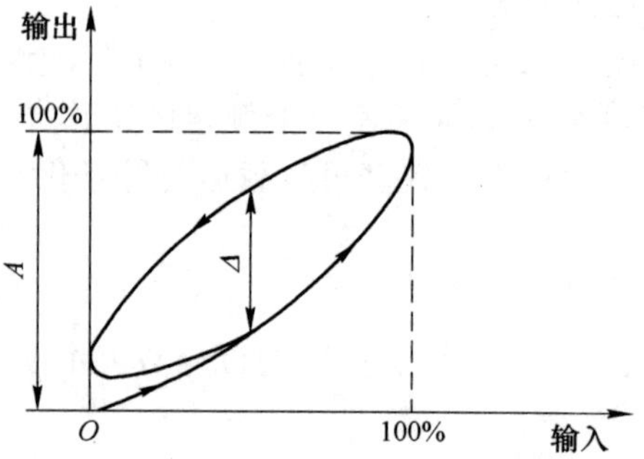


图 1-18　变差

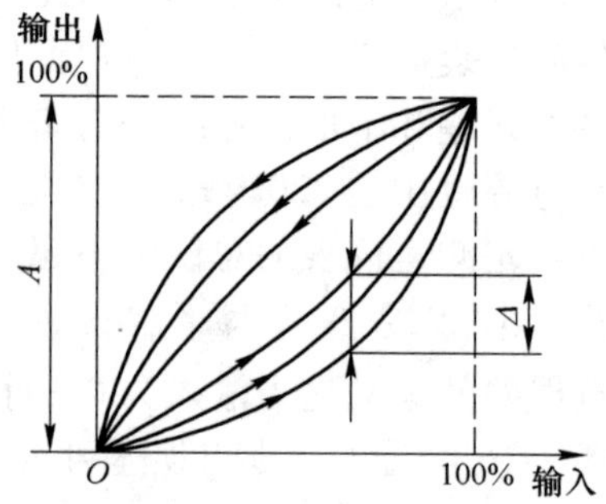


图 1-19　重复性

1.3.1.8 漂移与再现性

漂移是指在一定的输入、环境和工作条件下，经过一定时间后输出的变化量。漂移一般用输出变化量对量程的百分数表示。

再现性是指经过一段时间以后，在同一工作条件下，输入输出特性曲线间的一致程度。在规定时间内的最大非再现性是用输入输出特性曲线间的最大不一致度对满量程的百分数表示。如图 1-20 所示，再现性可表示为

$$\alpha = \frac{\Delta}{A} \times 100\%$$

式中 $A$——与 100%输入对应的理想输出值。

再现性包含零点误差、量程误差、变差、不灵敏区、重复性和漂移。

1.3.1.9 线性度

线性度是指仪表的实测输入输出特性曲线对理想直线性输入输出特性曲线的近似程度。仪表的线性度用实测输入输出特性曲线与理想直线性输入输出特性曲线的最大偏差对满量程的百分比表示，此值也称为非线性误差。如图 1-21 所示，线性度可表示为

$$\alpha = \frac{\Delta}{A} \times 100\%$$

式中 $A$——与 100%输入对应的理想输出值。

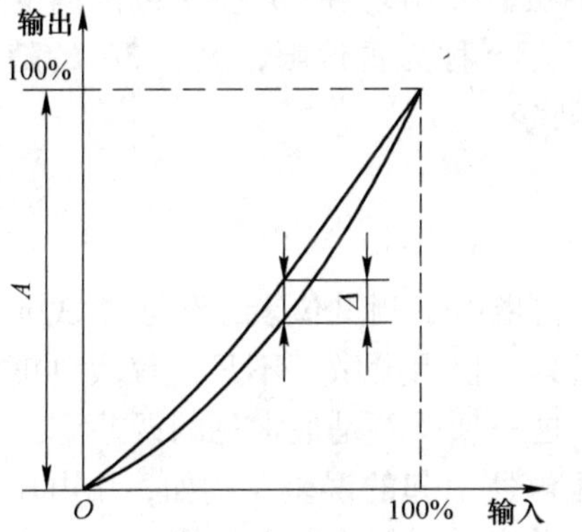

图 1-20 再现性

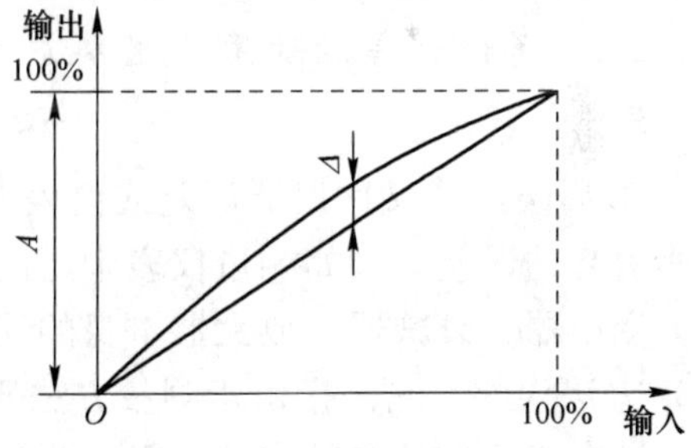

图 1-21 线性度

## 1.3.2 测量误差的估计和处理

测量误差中包括系统误差和随机误差。它们的性质不同，对测量结果的影响及处理方法也不同。

1.3.2.1 随机误差的影响及统计处理

在测量中，当系统误差被尽力消除或减小到可以忽略的程度之后，如果测量仪表的灵敏度足够高，仍会出现对同一被测量进行多次测量时有读数不稳定现象，这就说明有随机误差存在。由随机误差的性质可知，它服从统计规律，对测量结果的影响可用均方根误差来表示。

均方根误差 $\sigma$，又称标准误差，可由式（1-35）求取：

$$\sigma = \sqrt{\frac{\sum_{i=1}^{n} \Delta X_i^2}{n}} \tag{1-35}$$

$$\Delta X_i = X_i - L$$

式中　$n$——测量次数；

$L$——真值；

$X_i$——第 $i$ 次测量值。

在实际测量中，测量次数 $n$ 为有限的，真值 $L$ 不易得到，因而用 $n$ 次测量值的算术均值 $\bar{x}$ 代替真值，第 $i$ 次测量误差，$\Delta X_i = X_i - \bar{x}$，这时的均方根误差则为

$$\sigma = \sqrt{\frac{\sum_{i=1}^{n} (X_i - \bar{x})^2}{n}} \tag{1-36}$$

用 $\bar{x}$ 代替 $L$ 产生的均方根误差 $\bar{\sigma}$ 为

$$\bar{\sigma} = \frac{\sigma}{\sqrt{n}} \tag{1-37}$$

测量结果可表示为

$$x = \bar{x} \pm \bar{\sigma} \quad 或 \quad x = \bar{x} \pm 3\bar{\sigma} \tag{1-38}$$

均方根误差 $\sigma$ 的物理意义是：在测量结果中随机误差出现在 $-\sigma \sim +\sigma$ 范围内的概率是 68.3%，出现在 $-3\sigma \sim +3\sigma$ 范围内的概率是 99.7%。$3\sigma$ 称为置信限，大于 $3\sigma$ 的随机误差被认为是疏失误差，测量结果无效，此数据予以剔除。

#### 1.3.2.2　系统误差的通用处理方法

##### A　常见的系统误差

（1）工具误差（又称仪器误差或仪表误差）。它指由于测量仪表或仪表组成元件本身不完善所引起的误差。例如测量仪表中所用标准量具、仪表灵敏度不足，仪表刻度不准确的误差，变换器、衰减器、放大器本身的误差等。这一项误差是最常见的误差。

（2）方法误差。它是指由于测量方法研究得不够所引起的误差。例如，用电压表测量电压时，没有正确估计电压表的内阻对测量结果的影响；用平均值电压表测量存在波形畸变的正弦型电压的有效值等。

（3）定义误差。它是由于对被测量的定义不够明确而形成的误差。例如，在测量一个随机振动的平均值时，取测量的时间间隔 $\Delta t$ 不同得到的平均值不同。即使在相同的时间间隔下，由于测量时刻不同得到的平均值也会不同。引起这种误差根本原因在于没有规定测量时应当用多长的平均时间，图 1-22 所示是随机振动的波形图，从图上可清楚看出测量时间间隔不同对平均值的影响。

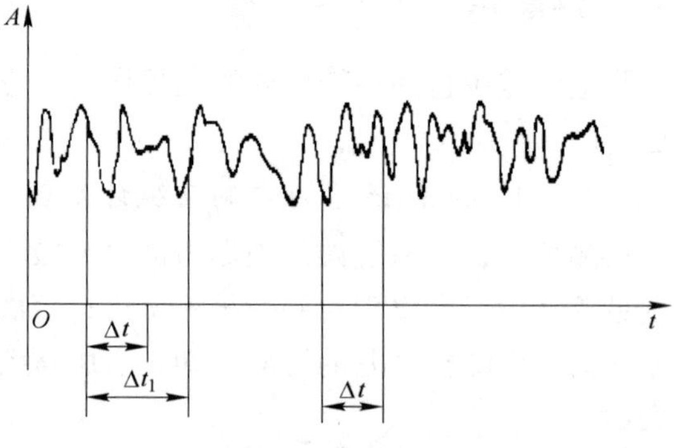


图 1-22　随机振动波形

（4）理论误差。它是由于测量理论本身不够充善，只能进行近似的测量所引起的误差。例如，测量任意波形电压的有效值，理论上应该实现完整的均方根变换，但实际上通常以折线代替真实曲线进行变换，故理论本身就有误差。

（5）环境误差。它是由于测量仪表工作的环境（温度、气压、湿度等）不是仪表校验时的标准状态，而是随时间在变化，从而引起的误差。

（6）安装误差。它是由于测量仪表的安装或放置不正确所引起的误差。例如，应严格水平放置的仪表，未调好水平位置；电气测量仪表误放在有强电磁场干扰的地方或温度变化剧烈的地方等。

（7）个人误差。它是指由于测量者本人不良习惯或操作不熟练所引起的误差。例如，读刻度指示值时视差太大（如总是偏左或偏右）；动态测量读数时，对信息的记录超前或滞后等。

B 系统误差的发现与判别

因为系统误差对测量精度影响比较大，必须消除系统误差的影响，才能有效地提高测量精度。发现系统误差一般比较困难，下面只介绍几种发现系统误差的一般方法：

（1）实验对比法。这种方法是通过改变产生系统误差的条件从而进行不同条件下的测量，以发现系统误差。这种方法适用于发现不变的系统误差。例如，一台测量仪表本身存在固定的系统误差，即使进行多次测量也不能发现。只有用更高一级精度测量仪表测量，才能发现这台测量仪表的系统误差。

（2）剩余误差观察法。这种方法是根据测量数据的各个剩余误差大小和符号的变化规律，直接由误差数据或误差曲线图形来判断有无系统误差。这种方法主要适用于发现有规律变化的系统误差。如图 1-23（a）所示，若剩余误差大体上是正负相同，且无显著变化规律，则无根据怀疑存在系统误差；若剩余误差数值有规律地递增或递减，且在测量开始与结束时误差符号相反，则存在线性系统误差，见图 1-23（b）；若剩余误差符号有规律地逐渐由负变正、再由正变负，且循环交替重复变化，则存在周期性系统误差，见图1-23（c）；若剩余误差有图 1-23（d）所示的变化规律，则应怀疑同时存在线性系统误差和周期性系统误差。图中 $p$ 为剩余误差（各次测量值与算术平均值之差，也称残差），$n$ 为测量次数。

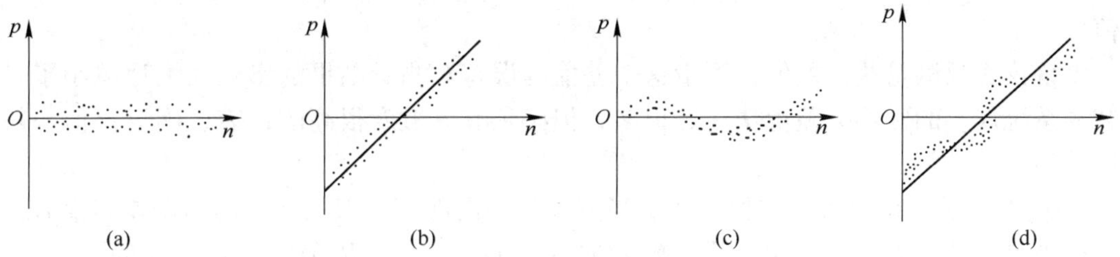


图 1-23 $p$-$n$ 示意图

（3）不同公式计算标准误差比较法。对等精度测量，可用不同公式计算标准误差，通过比较以发现系统误差。一般采用贝塞尔公式和佩捷斯公式计算比较，即

$$\sigma_1 = \sqrt{\frac{\sum_{i=1}^{n} p_i^2}{n-1}} \qquad \sigma_2 = \sqrt{\frac{\pi}{2}}\, \frac{\sum_{i=1}^{n} |p_i|}{\sqrt{n(n-1)}}$$

式中 $p_i$——剩余误差；

$n$——测量次数；

$\sigma$——标准误差或称均方根误差。

令
$$\sigma_2/\sigma_1 = 1 + \mu$$

若
$$|\mu| \geqslant \frac{2}{\sqrt{n-1}}$$

则怀疑测量中存在系统误差。

（4）计算数据比较法。对同一量测量得到多组数据，通过计算数据比较，判断是否满足随机误差条件，以发现系统误差。例如，对同一量独立测量 $m$ 组结果，并计算求得算术平均值和均方根误差为 $\bar{x}_1$，$\sigma_1$；$\bar{x}_2$，$\sigma_2$；…；$\bar{x}_m$，$\sigma_m$。任意两数据（$\bar{x}_\mathrm{i}$，$\bar{x}_\mathrm{j}$）的均方根误差为 $\sqrt{\sigma_\mathrm{i}^2+\sigma_\mathrm{j}^2}$。任意两组数据 $\bar{x}_\mathrm{i}$ 和 $\bar{x}_\mathrm{j}$ 间不存在系统误差的标志是

$$|\bar{x}_\mathrm{i} - \bar{x}_\mathrm{j}| < 2\sqrt{\sigma_\mathrm{i}^2 + \sigma_\mathrm{j}^2}$$

C 减小系统误差的方法

下面介绍几种常用的行之有效的减小系统误差的方法：

（1）引入更正值法。若通过对测量仪表的标定，知道了仪表的更正值，则将测量结果的指示值加上更正值，就可得到被测量的实际值。这时的系统误差不是被完全消除了，而是被大大削弱了，因为更正值本身也是有误差的。

注意只有更正值本身的误差小于所要求的测量误差时，引入更正值才有意义。

（2）直接比较法（即零位式测量法）。直接比较法的优点是测量误差主要取决于参加比较的标准量具的误差，而标准量具的误差可以保证是很小的。

（3）替换法。替换法是用可调的标准量具代替被测量接入测量仪表，然后调整标准量具，使测量仪表的指示与被测量接入时相同，则此时的标准量具的数值即等于被测量。

只要测量仪表的灵敏度必须足够高，测量结果的精度取决于标准量的精度，从而克服了测量系统误差的影响。

（4）差值法（或测差法、微差法）。它是将标准量与被测量相减，然后测量二者的差值。

测量仪表只测量这个差值，测量这个差值的误差对测量结果的影响大大地减小了，从而减弱系统误差的影响。差值法优点很多，但必须有灵敏度很高的仪表，因为差值一般总是很小的。

（5）正负误差相消法。这种方法是当测量仪表内部存在着固定方向的误差因素时，可以改变被测量的极性，作两次测量，然后取两者的平均值，以消除固定方向的误差因素。例如，在测量电压的回路内存在热电势 $\Delta_\mathrm{T}$ 时，如用电位差计或数字电压表作一次测量，其读数是

$$U = U_\mathrm{x} + \Delta_\mathrm{T}$$

存在着系统误差 $\Delta_\mathrm{T}$。

这时可将 $U_\mathrm{x}$ 反向接入，同时也改变电位差计工作电流方向（对数字电压表能自动转换极性），则可得到

$$U = U_\mathrm{x} - \Delta_\mathrm{T}$$

将两次测量结果取平均值，则可消除 $\Delta_T$ 的影响。这种方法适用人工手动测量及差动式测量。

D 系统误差的修正和系统误差范围的估计

系统误差 $\Delta$ 是有确定规律的，在测量中 $\Delta$ 的数值可以通过一定的手段得到，它对测量结果的影响可用修正的办法来减小或消除。设被测量的真值为 $L$、测量值为 $X$，则有

$$L = X - \Delta \tag{1-39}$$

系统误差范围的估计，对于恒值系差和变值系差有不同的估计方法。

a 恒值系差范围的估计

对被测量进行 $n$ 次重复测量，每次测量的系差分别为 $\Delta_1$，$\Delta_2$，…，$\Delta_n$，则测量系统的系差为

$$\bar{\Delta} = \frac{\Delta_1 + \Delta_2 + \cdots + \Delta_n}{n} \tag{1-40}$$

b 变值系差范围的估计

具有变值系差的测量系统的系差范围可有以下几种估计方法：

（1）解析法。变值误差的函数类型若能精确地找出，则系差可计算求得。

（2）实验法。对测量系统在其他测量条件的情况下，改变输入量，测量一组数据，用最小二乘法来计算系差的大小。

（3）估算法。对测量精度要求不高时，可估计系差的上限 $\Delta_{max}$、下限 $\Delta_{min}$，令

$$\Delta = \frac{\Delta_{max} + \Delta_{min}}{2}$$

$$e = \frac{\Delta_{max} - \Delta_{min}}{2}$$

则误差对测量结果的影响为 $\Delta \pm e$，$e$ 称为系统的不确定度。

### 1.3.3 测量误差的合成与分配

测量误差分为系统误差和随机误差，由于它们的规律和特点不同，它们的合成与分配的处理方法也不同，下面分别介绍。

#### 1.3.3.1 测量误差的合成

一个测量系统或一台测量仪表都是由若干部分组成，而各部分又都存在测量误差，各局部误差对整个测量系统或仪表测量误差的影响就是误差的合成问题。

A 系统误差的合成

设测量系统或仪表各环节分为 $x_1$，$x_2$，…，$x_n$，总的输入输出函数关系为

$$y = f(x_1, x_2, \cdots, x_n)$$

因为系统误差一般均很小，可用微分来表示。

各部分系差的绝对值 $\Delta$ 的合成表达式为：

$$\Delta = \mathrm{d}y = \frac{\partial y}{\partial x_1}\mathrm{d}x_1 + \frac{\partial y}{\partial x_2}\mathrm{d}x_2 + \cdots + \frac{\partial y}{\partial x_n}\mathrm{d}x_n \tag{1-41}$$

式中 $\mathrm{d}x_i$——各环节的绝对误差，$i = 1, 2, \cdots, n$。

相对误差 $\delta$ 合成的表达式为

$$\delta=\frac{\mathrm{d}y}{y}=\frac{\partial y}{\partial x_1}\frac{\mathrm{d}x_1}{y}+\frac{\partial y}{\partial x_2}\frac{\mathrm{d}x_2}{y}+\cdots+\frac{\partial y}{\partial x_n}\frac{\mathrm{d}x_n}{y} \tag{1-42}$$

B 随机误差的合成

设测量系统或仪表由 $n$ 个环节组成，各部分的标准误差分别为 $\sigma_1$，$\sigma_2$，…，$\sigma_n$，误差合成的表达式为

$$\sigma=\sqrt{\sum_{i=1}^{n}\sigma_i^2+2\sum_{1<i<j<n}^{n}\rho_{ij}\sigma_i\sigma_j} \tag{1-43}$$

式中 $\rho_{ij}$——第 $i$ 个和第 $j$ 个单项随机误差之间的相关函数，其取值为 $-1\leqslant\rho\leqslant1$。

若各环节标准误差相互独立，则误差合成表达式为

$$\sigma=\sqrt{\sigma_1^2+\sigma_2^2+\cdots+\sigma_n^2} \tag{1-44}$$

C 总合成误差

设测量系统或仪表的系统误差和随机误差均为相互独立的，总的合成误差的极限 $\varepsilon$ 可表示为

$$\varepsilon=\sum_{i=1}^{n}\Delta_i+\sqrt{\sum_{i=1}^{n}\sigma_i^2} \tag{1-45}$$

#### 1.3.3.2 测量误差的分配

在设计一个测量系统或仪表时，给出了总的误差要求，为了达到这一总的误差要求，需要考虑各组成环节的单项误差如何合理取值。这就是误差分配问题。

A 系统误差分配

系统误差的分配需从以下两个方面考虑：

（1）组成环节在测量系统或仪表中作用，即这个环节的误差对总误差的影响大小是考虑误差取值的依据之一，影响大的误差，取值要小；影响小的，取值可以放宽。

（2）组成环节的误差可能达到的水平是考虑误差取值的又一重要依据。容易达到误差小的环节误差取值小，不易达到误差小的环节，误差取值放宽。

B 随机误差分配

随机误差本身的特点给误差分配带来了困难，在误差分配时采用等分配原则，即认为各环节的随机误差均相等，把总的误差平均分配给各环节。

#### 1.3.3.3 最佳测量方案的选择

对于确定的测量任务，为使其测量误差最小，应从以下几方面采取措施：

（1）选择合理的测量方法，避免或减小由于测量方法引起的误差。

（2）选择合适的测量仪表，避免或减小由于仪表与被测量不匹配，如输入阻抗、量程等不当所造成的误差。

（3）选择合适的测量点，使其真实地代表被测量或不因测量仪表的引入而改变被测量的状态。

（4）对于间接测量，被测量与直接测量之间具有一定的函数关系。首先要选择合适的函数关系，此后选择合适的测量点，使各直接测量点的误差合成后为最小。

## 1.3.4 测量数据处理

### 1.3.4.1 有效数字及其运算法则

在测量和数字计算中，确定该用几位数字来代表测量结果或计算结果，是一件很重要的事情。那种认为在一个数值中小数点后面的位数越多，这个数值就越精确；或在计算结果中，保留的位数越多，精确度便越高的看法是不正确的。这里需要明确两点：第一，小数点的位置不是决定精确度的标准，与所用单位大小有关；第二，写出测量或计算结果，应该只有末位数字是可为存疑或不确定的，其余各位数字都是准确的。通常除特别规定外，一般认为末位数字上下可有一个单位的误差，或其下一位的误差不超过±5。

A 有效数字及其表示方法

在生产和科学实验中，数的用途有两类：一类是用来数“数目”的，这类数目的每一位都是确切的。另一类是用来表示测量结果的，这一类数的末一位往往是估计出来的，因此具有一定的误差或不确定性。

所谓“有效数字”是指在表示测量值的数值中，全部有意义的数字。末一位数字可认为是不准确的或存疑的，而其前边各数则是确切的。通常在测量时，一般均可估计到最小刻度的十分位，故记录测量数据时，只应保留一位不准确数字。称此时所记的数字均为有效数字。

关于数字“0”，它可以是有效数字，也可以不是有效数字。例如，电压表读数 30.05 V 中的所有“0”都是有效数字；而长度 0.00320 m 中的前面三个“0”均为非有效数字，因为若改用毫米为单位，则这个数变为 3.20 mm，前面三个“0”消失，故有效数字实际位数是 3 位。为了消除“0”是否是有效数字这种不确定概念，建议采用“十的乘幂”表示法。

有时，为明确存疑数字，可将该位存疑数字用小号字与在前一位有效数字的右下方。例如 $3.5_6$MΩ，表示末位 6 是存疑数字。

B 有效数字的化整规则

在数据处理中，常需要将有效数字化整，化整规则有三条：

（1）若被舍去的第 $m$ 位后的全部数字小于第 $m$ 位单位的一半，则第 $m$ 位不变。例如，12.345 化整为 12.3。

（2）若被舍去的第 $m$ 位后的全部数字大于第 $m$ 位单位的一半时，则第 $m$ 位加 1。例如，12.356 化整为 12.4。

（3）若被舍去的数恰等于第 $m$ 位单位的一半，则应按化整为偶数的原则处理。即第 $m$ 位为偶数时，则第 $m$ 位不变；若第 $m$ 位为奇数时，则第 $m$ 位加 1。例如，12.350 化整为 12.4，23.850 化整为 23.8。

采用上面三条规则，由化整带来的误差不会超过末位单位的 1/2。

C 有效数字的运算规则

在数据处理中，常需要运算一些精确度不相等的数值。此时若按一定规则计算，一方面可节省时间，同时又可避免因计算过繁引起的错误。下列规则是一些常用的基本法则：

（1）加法、减法运算规则。当数个不同精确度的数值相加减时，运算前应先将精确度高的数据化整，化整的结果应比精确度最低的数据的精确度高 1 位。运算结果也应化整，其有效数字位数由参加运算的精确度最低的数据的精确度决定。

（2）乘、除法运算规则。当求数个精确度不同的数值的乘积或商时，运算前应将精确度高的数据化整，化整的结果应比有效数字最小的数据多保留一位。计算结果也应化整，其有效数字的位数应等于参加运算数据中有效数字位数最小者。

1.3.4.2 非等精度测量与加权平均

对于使用不同的测量仪表或不同的测量方法对同一未知量进行测量所得 $m$ 组测量列（进行多次测量的一组数据称为测量列），一般认为它们是非等精度的，即对它们的测量结果的数值及其误差不能等同看待。精度高的测量列具有较高的可靠性，将这种可靠性的大小称为“权”，在计算 $m$ 组测量列的总的算术平均值 $\overline{X}'$（称为加权算术平均值）时，应考虑各组测量列的权。

A 权的表示法

通常在测量中对权的大小是采用相对的观点来衡量的，即将各组测量列相互进行比较，精度高的，所取的权大；精度低的，所取的权小。权用符号 $P$ 表示，有两种计算方法：

（1）用各组测量列的测量次数 $n$ 的比值表示，并取次数较小的为分母，令其权为 1，则有

$$\frac{P_1}{P_2} = \frac{n_1}{n_2} \quad (n_1 > n_2,\ P_2 = 1) \tag{1-46}$$

（2）用各组测量列任一种误差平方的倒数的比值表示，并取误差值较大的为分母，如以标准误差 $\sigma$ 表示，则有

$$\frac{P_1}{P_2} = \frac{\dfrac{1}{\sigma_1^2}}{\dfrac{1}{\sigma_2^2}} = \frac{\sigma_2^2}{\sigma_1^2} \quad (\sigma_1 < \sigma_2,\ P_2 = 1) \tag{1-47}$$

B 加权算术平均值 $\overline{X}'$

如有 $m$ 组测量列，其各自的算术平均值分别为 $\overline{X}_1$，$\overline{X}_2$，…，$\overline{X}_m$，相应于各组的权分别为 $P_1$，$P_2$，…，$P_m$，则

$$\overline{X}' = \frac{\overline{X}_1 P_1 + \overline{X}_2 P_2 + \cdots + \overline{X}_m P_m}{P_1 + P_2 + \cdots + P_m} = \frac{\sum_{i=1}^{m} \overline{X}_i P_i}{\sum_{i=1}^{m} P_i} \tag{1-48}$$

C 加权算术平均值 $\overline{X}'$ 的误差

当进一步计算加权算术平均值 $\overline{X}'$ 的误差时，也要考虑各测量列的权的情况，误差同样可用各种误差形式表示。如以标准误差 $\sigma'$ 表示，则有

$$\sigma' = \sqrt{\frac{\sum_{i=1}^{m} P_i v_i^2}{(m-1)\sum_{i=1}^{m} P_i}} \tag{1-49}$$

式中 $v_i$——各测量列算术平均值 $\overline{X}_i$ 与加权算术平均值 $\overline{X}'$ 之差值。

1.3.4.3 实验数据方程表示法——回归方法

在工程实践和科学实验中，经常遇到已知 $y$ 与 $x_i(i=1, 2, \cdots, n)$ 之间的函数关系

$$y=f(x_1, x_2, \cdots, x_n, \beta_0, \beta_1, \cdots, \beta_n)$$

现在要根据一组实验数据，确定系数 $\beta_0$，$\beta_1$，…，$\beta_n$ 的数值。工程上把这种方法称为回归分析。它主要用于确定经验公式或决定理论公式的系数等。

当函数关系是线性关系时，例如

$$y=\beta_0+\beta_1x_1+\beta_2x_2+\cdots+\beta_nx_n \tag{1-50}$$

称这种回归分析为线性回归分析。它在工程中应用价值较高。

A 单回归分析

在线性回归分析中，当独立变量只有一个时，即函数关系是

$$y=\beta_0+\beta_1x \tag{1-51}$$

这种回归分析最简单，称为单回归分析。

下面介绍单回归分析的方法。设用符号 $(x_1, y_1)$，$(x_2, y_2)$，…，$(x_n, y_n)$ 表示 $n$ 组测量值。

由于测量仪表存在误差，使得测量值 $(x_i, y_i)$ 必然含有误差。因此，测量值 $x_i$ 与 $y_i$ 之间的函数关系可表示为

$$y_i=\beta_0+\beta_1x_i+v_i \quad (i=1, 2, 3, \cdots, n) \tag{1-52}$$

式中 $v_i$——残差，表示测量误差的影响。

由式（1-52）移项后可得到残差 $v_i$ 的表达式

$$v_i=y_i-(\beta_0+\beta_1x_i)$$

$v_i$ 的平方和为

$$Q=\sum_{i=1}^{n}v_i^2=\sum_{i=1}^{n}[y_i-(\beta_0+\beta_1x_i)]^2 \tag{1-53}$$

现在要求估计出一组参数 $(b_0, b_1)$，使得当系数 $(\beta_0, \beta_1)$ 取 $(b_0, b_1)$ 值时，残差的平方和 $Q$ 取值最小。根据数学分析知道，$Q$ 取极值的必要条件是 $\frac{\mathrm{d}Q}{\mathrm{d}\beta}=0$；$Q$ 为极小值的条件是 $\frac{\mathrm{d}^2Q}{\mathrm{d}\beta^2}>0$。因此，将式（1-53）对 $\beta_0$ 和 $\beta_1$ 求导，并令其为 0，则可得到两个联立方程

$$\begin{cases}\left.\dfrac{\partial Q}{\partial\beta_0}\right|_{\beta_0=b_0,\ \beta_1=b_1}=-2\sum\limits_{i=1}^{n}[y_i-(b_0+b_1x_i)]=0\\ \left.\dfrac{\partial Q}{\partial\beta_1}\right|_{\beta_0=b_0,\ \beta_1=b_1}=-2\sum\limits_{i=1}^{n}x_i[y_i-(b_0+b_1x_i)]=0\end{cases} \tag{1-54}$$

解联立方程，可得到 $b_0$ 和 $b_1$：

$$b_0=\left(\sum_{i=1}^{n}y_i/n\right)-\left(\sum_{i=1}^{n}x_i/n\right)b_1 \tag{1-55}$$

$$b_1=\frac{\sum\limits_{i=1}^{n}x_iy_i-\left(\sum\limits_{i=1}^{n}x_i\right)\left(\sum\limits_{i=1}^{n}y_i\right)/n}{\sum\limits_{i=1}^{n}x_i^2-\left(\sum\limits_{i=1}^{n}x_i\right)^2/n} \tag{1-56}$$

上述求 $b_0$、$b_1$ 的方法称为最小二乘法。

测量值 $y_i$ 的残差的估计值 $v_i$ 可由下式求出：

$$v_i = y_i - (b_0 + b_1 x_i) \tag{1-57}$$

式中，$v_i$ 为对回归直线的残差。

由于测量方法或测量条件等的限制，不可避免地存在误差。这可用下式所给出的方差的估计值 $\sigma^2$ 进行评价。

$$\sigma^2 = \frac{\sum_{i=1}^{n} v_i^2}{n-2} \tag{1-58}$$

式中，$\sum_{i=1}^{n} v_i^2$ 为残差平方和；$n-2$ 称为自由度，它的含义是：当函数式中常数为两个时，需要解两个联立方程。将两对测量值代入公式求常数时，所求经验公式必定通过此两点，剩下的 $n-2$ 个数据对应点，必然与经验公式对应曲线有一定的偏差，因此，应以这些偏差的平方和除以偏差个数 $n-2$ 从而计算出方差。当函数式中含有 $k$ 个常数时，自由度为 $n-k$。

B 一般线性回归分析

下面介绍一般的线性方程式

$$y = \beta_1 x_1 + \beta_2 x_2 + \cdots + \beta_p x_p \tag{1-59}$$

的回归分析。

设独立变量有 $n$ 组测量值 $x_{l1}$，$x_{l2}$，…，$x_{lp}$（$l=1$，…，$n$），函数 $y$ 也有 $n$ 个测定值。现要根据测量值确定函数关系式中的 $\beta_1$，$\beta_2$，…，$\beta_p$ 的最佳估计值。同理，测量值间关系可表示为 $y_l=\beta_1 x_{l1}+\beta_2 x_{l2}+\cdots+\beta_p x_{lp}+v_l$（误差 $v_l$ 相互独立，服从正态分布）与前述相似，使

$$Q = \sum_{l=1}^{n} [y_l - (\beta_1 x_{l1} + \beta_2 x_{l2} + \cdots + \beta_p x_{lp})]^2$$

取极小值，可求得 $\beta_1$，$\beta_2$，…，$\beta_p$ 的最小二乘法估计值 $b_1$，$b_2$，…，$b_p$。为此，分别求 $Q$ 对 $\beta_i$（$i=1$，2，…，$p$）的偏导数，并令各偏导数为 0，则可以得到 $p$ 个一次联立方程组

$$\begin{cases} \left(\sum_{l=1}^{n} x_{l1}^2\right) b_1 + \left(\sum_{l=1}^{n} x_{l1}x_{l2}\right) b_2 + \cdots + \left(\sum_{l=1}^{n} x_{l1}x_{lp}\right) b_p = \sum_{l=1}^{n} x_{l1}y_l \\ \left(\sum_{l=1}^{n} x_{l2}x_{l1}\right) b_1 + \left(\sum_{l=1}^{n} x_{l2}^2\right) b_2 + \cdots + \left(\sum_{l=1}^{n} x_{l2}x_{lp}\right) b_p = \sum_{l=1}^{n} x_{l2}y_l \\ \quad\vdots \\ \left(\sum_{l=1}^{n} x_{lp}x_{l1}\right) b_1 + \left(\sum_{l=1}^{n} x_{lp}x_{l2}\right) b_2 + \cdots + \left(\sum_{l=1}^{n} x_{lp}^2\right) b_p = \sum_{l=1}^{n} x_{lp}y_l \end{cases} \tag{1-60}$$

解此联立方程，即可求出 $b_1$，$b_2$，…，$b_p$。

测量误差的方差估计值为

$$\sigma^2 = \frac{\sum_{l=1}^{n} v_l^2}{n-p} \tag{1-61}$$

式中，$v_l=y_l-(b_1 x_{l1}+b_2 x_{l2}+\cdots+b_p x_{lp})$；$n-p$ 为自由度。

C 举例

【例 1-2】 已知直线关系为 $y=\beta_0+\beta_1 x$，求 $\beta_0$ 和 $\beta_1$ 的最小二乘法估计值 $b_0$ 和 $b_1$。测量数据示于表 1-2 内。

**表 1-2 测量数据**

| $x$ | $y$ | $x^2$ | $xy$ |
|---|---|---|---|
| 1 | 3.0 | 1 | 3.0 |
| 3 | 4.0 | 9 | 12.0 |
| 8 | 6.0 | 64 | 48.0 |
| 10 | 7.0 | 100 | 70.0 |
| 13 | 8.0 | 169 | 104.0 |
| 15 | 9.0 | 225 | 135.0 |
| 17 | 10.0 | 289 | 170.0 |
| 20 | 11.0 | 400 | 220.0 |
| 87 | 58.0 | 1257 | 762.0 |

由表 1-2 可计算出

$$\sum x_i = 87,\quad \sum y_i = 58.0,\quad \sum x_i^2 = 1257,\quad \sum x_i y_i = 762.0,\quad n = 8$$

将上列各值代入式（1-58）和式（1-59），得到

$$b_1 = \frac{n\sum x_i y_i - \sum x_i \sum y_i}{n\sum x_i^2 - (\sum x_i)^2} = 0.422$$

$$b_0 = (\sum y_i/n) - (\sum x_i/n) b_1 = 2.66$$

$$y = 2.66 + 0.422x \pm \sigma$$

测量误差的方差估计值

$$\sigma^2 = \frac{\sum v_i^2}{n-2} = \frac{\sum [y_i - (b_0 + b_1 x_i)]^2}{n-2} = 0.0148$$

1.3.4.4 测量数据的图解分析

A 图解分析的意义

所谓图解分析，就是研究如何根据测量结果作出一条尽可能反映真实情况的曲线（包括直线），并对该曲线进行定量的分析。一个测量结果，除了常用数字方式表示外，还经常用各种曲线来表示。尤其在研究两个（或几个）物理量之间的关系时，曲线表示显得很方便，因为一条曲线要比一个公式或一组数字表示时更形象和直观。通过对曲线的形状、特征以及变化趋势等的研究，往往会给我们许多启发，甚至于对尚未被认识的现象作出某些预测。尤其是对某些实验曲线，人们还可以设法给出它们的数学模型（即经验公式）。这不仅可把一条形象化的曲线与各种分析方法联系起来，而且也在相当程度上扩展了原有曲线的应用范围。

B 绘制输入输出关系曲线

绘制实验曲线是在合适的坐标上，把测量结果绘成一个光滑的又能反映实际情况的曲线。

在实际测量中，由于各种误差的影响，测量数据呈现离散现象。如果把所有测量点直接连接起来，通常不会得出一条光滑的曲线，而是表现出波动状或折线状。出现波动的曲

线时，应使测量点大体上沿所作光滑曲线分布在两侧。对于要求高的精密测量，对所作曲线要进行均匀修正。

C 修匀曲线及直线的工程方法

对测量曲线进行修匀，对精密测量来说，是一项细致而重要的工作。这里介绍一些简便、实用的工程方法。

（1）分组平均法修匀曲线。这种方法是把横坐标分成若干组，每组包含 2~4 个数据点，每组点数可不等，然后分别求出各组数据点的几何重心的坐标（$\bar{x}_i$，$\bar{y}_j$），将这些重心用平滑线连起来，即可得到修匀曲线。

由于进行了数据的平均，所以在一定程度上削平了测量过程中随机误差的影响。由于各几何重心点的离散性显著减小，从而使所作的曲线较为准确。

测量数据点的分组，视具体情况而定。曲线斜率变化快或曲线较重要的部分，分组可细一些；曲线平坦部分，分组可粗一些。

（2）残差图法修匀直线。由于随机误差的影响，造成测量数据分布的离散性，从而使绘制直线时增加了不少困难。如果所绘的直线确实是最佳的，此时的残差 $v_i$ 则有 $\sum v_i \approx 0$ 或 $\sum v_i^2 = \min$。反之，如果由于人为原因使绘出的直线与理想的最佳直线相比，发生了偏移或倾斜，则最直观、最简单的现象便是 $\sum v_i$ 不等于零。

残差（或剩余误差）图法修匀直线，需先把 $v_i \sim x_i$ 的分布绘出，找出其平均规律再给予修正。其修正过程如下：

1）先列出各 $x_i$、$y_i$ 值，并标注在直角坐标上。

2）作一条尽可能“最佳”的直线，并求出直线方程 $y=ax+b$。

3）求各 $X_i$ 对应的剩余误差（或残差）$v_i=y_i-(ax_i+b)$。

4）作残差图，为观察和修正方便，需将坐标放大，使 $v_i$ 能准确读出一位有效数字，并估计出第二位有效数字。

5）在残差图（$v_i \sim x_i$）上作一条尽可能反映残差平均效应的直线，并求出其直线方程

$$v = a'x + b'$$

6）修正 $y=ax+b$ 直线。修正值=-偏差值。即真值=测量值+修正值。所以修正后的方程应为

$$y = a_1x + b_1$$

其中

$$a_1 = a + a'$$
$$b_1 = b + b'$$

需要说明的是，严格讲 $a_1$、$b_1$ 并不是真值，它仍存在误差。在要求比较高的场合，可将 $y=a_ix+b_i$ 作为理想方程再修正，随着要求的提高可进行二次三次以上的修正。

### 1.3.5 自动检测仪表的动态误差

#### 1.3.5.1 自动检测仪表的动态误差

A 动态误差的表示方法

自动检测仪表属于闭环动力学系统，其简化动态框图如图 1-24 所示。图中 $K(s)$ 是主通道各环节总等效传递函数，$\beta(s)$ 是反馈通道的反馈环节的等效传递函数。

$$\Delta X(s)=\frac{X(s)}{1+K(s)\beta(s)} \tag{1-62}$$

式中　$X(s)$——随时间变化的被测量 $x(t)$ 的拉氏变换；

$\Delta X(s)$——闭环系统偏差信号 $\Delta x(t)$ 的拉氏变换。

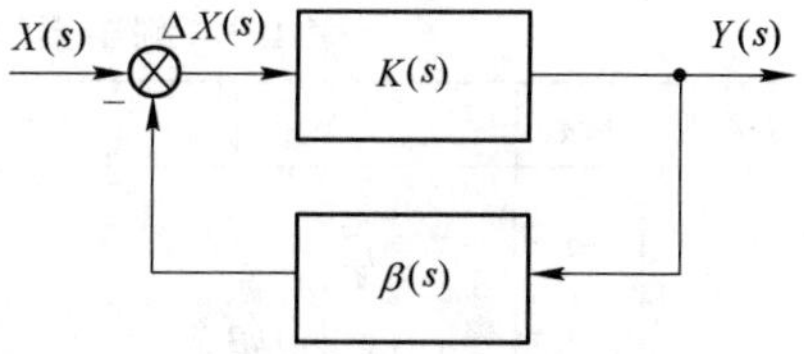


图 1-24　闭环系统动态框图

在自动检测仪表中，反馈环节一般是比例环节，即 $\beta(s)=\beta$，因此闭环系统的开环传递函数一般形式，可表示为

$$\beta K(s)=\frac{\beta k(1+\tau_1 s)(1+\tau_2 s)\cdots(1+\tau_m s)}{s^l(1+T_1 s)(1+T_2 s)\cdots(1+T_n s)}$$

式中　$\tau_i$——微分环节时间常数（$i=1, 2, \cdots, m$）；

$T_j$——惯性环节（非周期环节）时间常数（$j=1, 2, \cdots, n$）；

$k$——静态放大倍数；

$l$——积分环节数目。

将上式的分子与分母的因子乘开，并整理后得到

$$\beta K(s)=\frac{\beta k(1+b_1 s+b_2 s^2+\cdots)}{s^l(1+a_1 S+a_2 s^2+\cdots)}$$

其中

$$b_1=\tau_1+\tau_2+\cdots+\tau_m$$
$$b_2=\tau_1\tau_2+\tau_1\tau_3+\cdots$$
$$a_1=T_1+T_2+\cdots+T_m$$
$$a_2=T_1T_2+T_1T_3+\cdots$$

将上式代入式（1-62），可得到

$$\Delta X(s)=\frac{X(s)}{1+\beta K(s)}=\frac{s^l(1+a_1 s+a_2 s^2+\cdots)X(s)}{s^l(1+a_1 s+a_2 s^2+\cdots)+\beta k(1+b_1 s+b_2 s^2+\cdots)}$$

根据级数理论，上式可展成下列幂级数形式

$$\Delta X(s)=\left(c_0+c_1 s+\frac{c_2}{2!}s^2+\frac{c_3}{3!}s^3+\cdots\right)X(s) \tag{1-63}$$

式中，系数 $c_i$（$i=0, 1, \cdots$）的求法是：把 $\frac{1}{1+\beta K(s)}$ 展为麦克劳林级数的标准型，把它与 $\left(c_0+c_1 s+\frac{c_2}{2!}s^2+\frac{c_3}{3!}s^3+\cdots\right)$ 相比较，并令 $s$ 的幂次相等项的系数相等，即可求出 $c_i$ 各值，如表 1-3 所示。

在零初始条件下，根据拉氏变换公式，可以得到

$$\Delta x(t)=c_0 x(t)+c_1\frac{\mathrm{d}x(t)}{\mathrm{d}t}+\frac{c_2}{2!}\frac{\mathrm{d}^2x(t)}{\mathrm{d}t^2}+\cdots \tag{1-64}$$

式中，等号右端第一项与输入被测量成正比，以后各项分别与输入被测量的各阶导数成正比，因此上式给出了误差 $\Delta x(t)$ 怎样随时间 $t$ 而变化的规律。在进行动态误差分析时，一般上式取到二阶导数项已经足够满足要求。

**表 1-3 测量系统具有不同积分环节数时的动态误差系数**

| 仪表类型 | 系数 | 公式 |
|---|---|---|
| $l=0$ | $c_0$ | $\dfrac{1}{1+k\beta}$ |
| | $c_1$ | $\dfrac{(a_1-b_1)k\beta}{(1+k\beta)^2}$ |
| | $c_2$ | $\dfrac{2(a_2-b_2)k\beta}{(1+k\beta)^2}+\dfrac{2a_1(b_1-a_1)k\beta}{(1+k\beta)^3}+\dfrac{2b_1(b_1-a_1)k^2\beta^2}{(1+k\beta)^3}$ |
| | $c_3$ | $\dfrac{6(a_3-b_3)k\beta}{(1+k\beta)^2}-\dfrac{6k\beta[2b_1a_2-2k\beta b_1b_2+(k\beta-1)(a_2b_1-a_1b_2)]}{(1+k\beta)^3}+\dfrac{6k\beta(a_1-b_1)(a_1+k\beta b_1)}{(1+k\beta)^4}$ |
| $l=1$ | $c_0$ | 0 |
| | $c_1$ | $\dfrac{1}{k\beta}$ |
| | $c_2$ | $2\dfrac{a_1-b_1}{k\beta}-\dfrac{2}{k^2\beta^2}$ |
| | $c_3$ | $\dfrac{6}{k^3\beta^3}+12\dfrac{b_1-a_1}{k^2\beta^2}+6\dfrac{a_2-b_2}{k\beta}+6\dfrac{b_1(b_1-a_1)}{k\beta}$ |
| $l=2$ | $c_0$ | 0 |
| | $c_1$ | 0 |
| | $c_2$ | $\dfrac{2}{k\beta}$ |
| | $c_3$ | $6\dfrac{a_1-b_1}{k\beta}$ |

B 动态误差分析

下面根据测量系统具有的积分环节数 $l$ 进行分析。

当 $l=0$ 时，即闭环系统内不含有积分环节。大多数变送器都属于这种情况。从表 1-3 中可查得：$c_0=\dfrac{1}{1+\beta k}$，$c_1=\dfrac{(a_1-b_1)k\beta}{(1+k\beta)^2}$。这时动态误差可表示为

$$\Delta x(t)=\frac{1}{1+k\beta}x(t)+\frac{(a_1-b_1)k\beta}{(1+k\beta)^2}\cdot\frac{\mathrm{d}x(t)}{\mathrm{d}t}$$

由此可以看出，$l=0$ 的系统用于测量 $x(t)$ 是常量的被测量时，误差是固定值；若用于测量随时间增长的被测量，误差也随之增长。

当 $l=1$ 时，即闭环系统内含有一个积分环节。多数自动平衡显示仪表属于这种情况。查表 1-3 可知：$c_0=0$，$c_1=\dfrac{1}{k\beta}$，$c_2=2\dfrac{a_1-b_1}{k\beta}-\dfrac{2}{(k\beta)^2}$，则动态误差为

$$\Delta x(t)=\frac{1}{k\beta}\frac{\mathrm{d}x(t)}{\mathrm{d}t}+2\left[\frac{a_1-b_1}{k\beta}-\frac{1}{(k\beta)^2}\right]\frac{\mathrm{d}^2x(t)}{\mathrm{d}t^2}$$

这时，若输入被测量 $x(t)=$ 常数，则 $\Delta x(t)=0$；若 $\dfrac{\mathrm{d}x(t)}{\mathrm{d}t}=$ 常数，则 $\Delta x(t)=$ 常数；若 $\dfrac{\mathrm{d}^2x(t)}{\mathrm{d}t^2}=$ 常数，则 $\Delta x(t)$ 随时间增长。

当 $l$ 为 2 时，分析方法与上述方法类似。

C 减小动态误差的方法

从上面的误差分析可以看出，要减小测量系统的动态误差，就要增大系统的开环放大系数 $k\beta$。但是提高 $k\beta$，会使闭环系统稳定性下降，因此解决这一问题时，必须兼顾两个方面的要求。

1.3.5.2 自动检测仪表的幅值频率误差和相位频率误差

A 自动检测仪表的极限频率

若被测量是时间的周期函数 $x=X_m\sin\omega t$，当过渡过程结束后，仪表的输出指示值也是时间的周期函数 $y=Y_m\sin(\omega t+\beta)$，输出与输入所不同的是幅值和相角。$\dfrac{Y(j\omega)}{X(j\omega)}=K(j\omega)$ 称为幅-相频率特性。它亦可以从传递函数中用 $j\omega$ 代替 $s$ 而求得。

幅-相频率特性可分为实部和虚部，即

$$K(j\omega)=P(\omega)+jQ(\omega) \tag{1-65}$$

式中，$P(\omega)$ 为实频特性，$Q(\omega)$ 为虚频特性。

令实频特性等于 0，即 $P(\omega)=0$，可求出对应的角频率 $\omega_n$，称 $\omega_n$ 为极限频率或实频特性正值频率区间。

B 自动检测仪表的幅值频率误差和相位频率误差

当用自动检测仪表指示或记录随时间变化的周期信号时，则必须求出仪表所能指示或记录周期信号的最高频率 $\omega_p$，以保证在 $\omega_p$ 频率范围内，幅值频率误差和相位频率误差不超过给定数值。

$$K(j\omega)=P(\omega)+jQ(\omega)=A(\omega)e^{j\theta(\omega)}$$

式中，$A(\omega)=\sqrt{P^2(\omega)+Q^2(\omega))}$ 称为幅频特性，$\theta(\omega)=\tan^{-1}\dfrac{Q(\omega)}{P(\omega)}$ 称为相频特性。

定义幅值频率误差为

$$\delta=\frac{A(0)-A(\omega_p)}{A(0)} \tag{1-66}$$

它表示输入信号频率从 0 变到 $\omega_p$，幅频特性的相对变化量。

定义相位频率误差为

$$\varphi=\theta(\omega_p)-\theta(0) \tag{1-67}$$

它表示输入信号频率从 0 变到 $\omega_p$，相频特性的相移。

当给定 $\delta$ 和 $\varphi$ 值后，可根据上式求出对应的 $\omega_p$，即用仪表测量频率低于 $\omega_p$ 的周期信号时，可保证幅值频率误差 $\delta$ 和相位频率误差 $\varphi$ 不超过给定值。

1.3.5.3 仪表指针走行全量程时间 $t_y$

仪表指针走行全量程时间 $t_y$ 的定义为：给仪表输入满量程阶跃信号时，仪表指针由刻度下限走到上限所需的时间。实际在测量 $t_y$ 时，一般取量程的 5%作为下限，用量程的 95%代替上限。仪表指针走行全量程时间 $t_y$，反映了仪表指针动作的快速性，$t_y$ 是指针式仪表的主要动态指标。

$t_y$ 值也可用估算的办法取得。设仪表的传递函数为

$$W(s)=\frac{k}{Ts^2+s+k\beta}$$

因此可以求得仪表指针的运动规律

$$a(t)=a_y\left[1-\frac{1}{\sqrt{1-h^2}}e^{-h\omega_0 t}\sin\left(\sqrt{1-h^2}\,\omega_0 t+\tan^{-1}\frac{\sqrt{1-h^2}}{h}\right)\right]$$

$a(t)$ 曲线如图 1-25 所示。上式中

$$\omega_0=\sqrt{\frac{k\beta}{T}},\quad h=\frac{1}{2\sqrt{k\beta T}}$$

$a(t)$ 的衰减规律由$\frac{1}{\sqrt{1-h^2}}e^{-h\omega_0 t}$决定。

设 $t=t_y$ 时，$\frac{a_y-a_{ty}}{a_y}=2\%$，则可求得 $t_y$ 值为

$$t_y=-\frac{\ln(2\%\sqrt{1-h^2})}{h\omega_0}$$

工程上，为了提高仪表的快速性，常采用速度反馈，即在反馈环节中引入一个微分环节，这时 $a(t)$ 的衰减速度大大加快。因为 $h$ 增大到$(1+k\beta)$ 倍，所以可以认为输出从 0 到 $a_y$ 的第一个周期（即一次到 $a_y$）的时间即为 $t_y$，如图 1-26 所示。

$t=t_y$ 时，$a(t)=a_y$，必有

$$\sin\left(\sqrt{1-h^2}\,\omega_0 t_y+\tan^{-1}\frac{\sqrt{1-h^2}}{h}\right)=0$$

从图 1-26 看出

$$\sqrt{1-h^2}\,\omega_0 t_y+\tan^{-1}\frac{\sqrt{1-h^2}}{h}=\pi$$

则

$$t_y=\left(\pi-\tan^{-1}\frac{\sqrt{1-h^2}}{h}\right)\frac{1}{\omega_0\sqrt{1-h^2}}$$

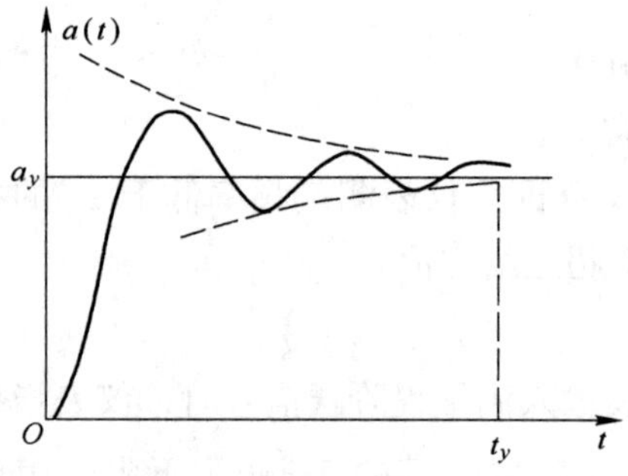

图 1-25 $a(t)$ 曲线（一）

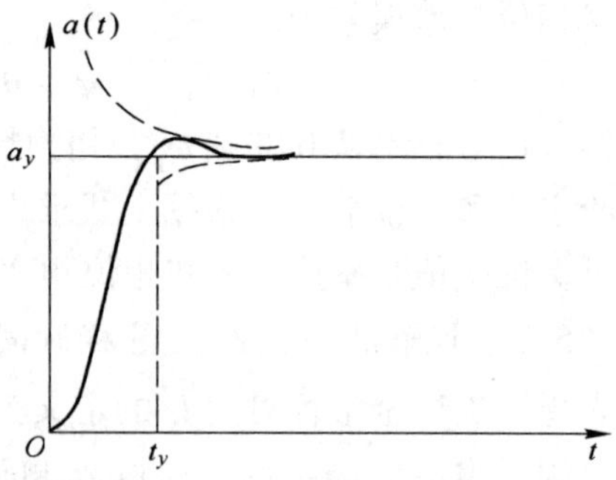

图 1-26 $a(t)$ 曲线（二）

#### 1.3.5.4 反应时间

反应时间（又称惰性时间）的定义为：在一定条件下，当输入阶跃信号时，敏感元件

或仪表的输出信号由某初始值上升或下降到全部测量范围的90%（有时也规定为95%）所需的时间。

## 本章小结

检测的目的是实现对物理现象的定性了解或定量掌握。为了实施有效的测量，需要了解和掌握检测技术的基本理论。

测量是将被测量与同种性质的标准量进行比较，确定被测量对标准量的倍数，并用数字表示这个倍数。测量过程可概括为："并列""示差""平衡""读数"四步过程。对于测量方法，从不同的角度出发，有不同的分类方法。按测量手续分类有：直接测量、间接测量和联立测量。按测量方式分类有：偏差式测量、零位式测量和微差式测量。除此之外，还有许多其他分类方法。

在测量过程中测量仪表要完成的主要功能有：物理量的变换、信号的传输和处理、测量结果的显示。仪表的特性，一般分为静特性和动特性两种。测量仪表静特性包括刻度特性、灵敏度、相对灵敏度、局部灵敏度、有害灵敏度、灵敏度阈与分辨力、测量仪表常数等。研究测量仪表动特性的基本方法是通过列写仪表的运动方程，求出传递函数，然后进行特性分析。测量仪表由变换器、标准量具、比较器、读数装置四个基本环节构成。测量系统由原始敏感元件、变量转换、变量控制、数据传输、数据处理、数据显示等功能环节组成。

测量数据的处理分为静态和动态两种情况。静态测量时的数据处理内容包括误差理论，回归分析等；动态测量的数据处理包括随时间变化信号的动态误差分析等内容。测量误差分类方法有多种。按表示方法分为绝对误差、相对误差和引用误差；按误差出现的规律分为系统误差、随机误差和疏失误差；从使用的角度又分为基本误差和附加误差。测量仪表的精确度等级是根据引用误差确定的。测量仪表的误差指标还包括零点误差、量程误差、变差、重复性、漂移、再现性、线性度等。系统误差和随机误差的性质不同，对测量结果的影响及处理方法也不同。发现系统误差、分析系统误差产生原因、减小和消除系统误差是提高测量仪表准确度的主要研究内容。随机误差服从统计规律，对测量结果的影响可用均方根误差来表示，采用测量值的算术平均值可减小随机误差的影响。测量误差的合成与分配在最佳测量方案选择及仪表设计中十分重要；因系统误差和随机误差的规律、特点不同，其合成与分配方法也不同。实验数据的处理通常采用回归分析方法，当函数关系为线性关系时即为线性回归分析。仪表的动态误差可根据仪表的传递函数求取。当输入为瞬变输入函数时，首先求得误差传递函数，然后将其展成幂级数形式，最后对误差$\Delta X(s)$进行拉氏反变换即可得到$\Delta x(t)$；当输入为周期信号时，仪表误差用幅值频率误差和相位频率误差表示。

## 习题及思考题

1-1 图1-27所示电路，是用于电阻测量的平衡电桥的简化电路原理图。图中，$R_2$、$R_3$是固定电阻，$R_N$是可调的电阻（标准量具），在测量待测电阻$R_x$时，要调整$R_N$，使电桥平衡，指零仪表G回零。试说明其测量原理，并分析其测量方法所属类型。

1-2　图 1-28 所示电路，是电阻应变仪中所用的不平衡电桥的简化等效电路。图中，$R_4=R_3=R$ 为固定电阻；$R_1=R+\Delta R$，$R_2=R-\Delta R$，是金属应变片的等效电阻。工作时，$R_1$ 受拉力，$R_2$ 受压力，$\Delta R$ 表示应变片发生应变后，电阻值的变化量。当应变片不受力时，$\Delta R=0$，桥路处于平衡状态。当应变片受力而发生应变时，$\Delta R\neq 0$，桥路失去平衡，其输出 $U_{cd}$ 就代表了应变片应变后电阻变化值。试说明此桥路工作原理，并分析其测量方法的所属类型。

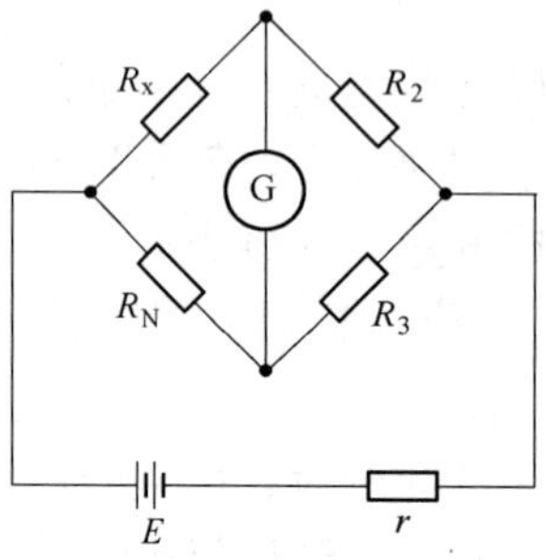

图 1-27　习题 1-1 图

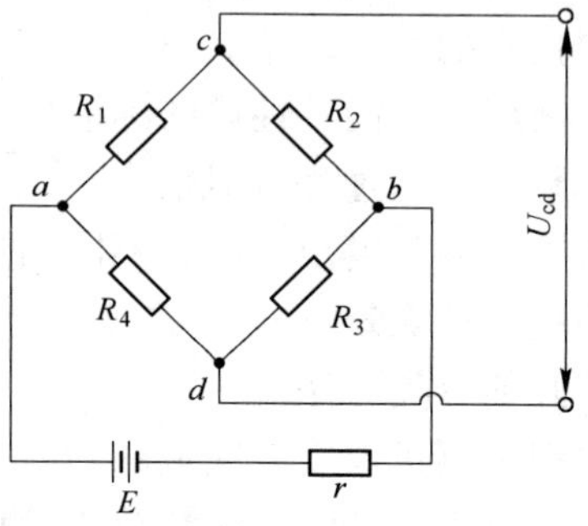

图 1-28　习题 1-2 图

1-3　图 1-29 所示电路是差动变压器式位移传感器的测量电路的简化原理图。差动变压器的原边绕组为 $L_1$、$L_2$，副边绕组为 $L_3$、$L_4$。A 是检测位移用的铁芯。二极管 $D_1$、$D_2$，电容 $C_1$、$C_2$ 和电阻 $R_1$、$R_2$ 组成测量电路，$U_0$ 为输出电压。当铁芯 A 位于中心位置，即位移 $x=0$ 时，差动变压器副边绕组 $L_3$、$L_4$ 上产生的感生电势大小相等，相位相反，输出电压 $U_0=0$；当铁芯 A 发生位移时，输出电压 $U_0$ 与铁芯位移 $x$ 成正比。试从测量方法的角度，对此测量系统进行分析。

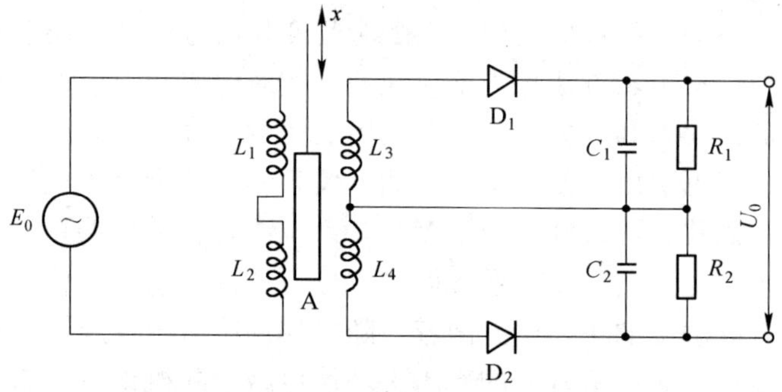

图 1-29　习题 1-3 图

1-4　某 X 射线测厚仪，采用偏差显示，即显示值为实际厚度与标准给定厚度值之差。其测量系统框图如图 1-30 所示。实际厚度 $x$= 标准厚度 $A$+ 偏差 $\varDelta$，试简述测量原理，并分析其测量方法的所属类型。

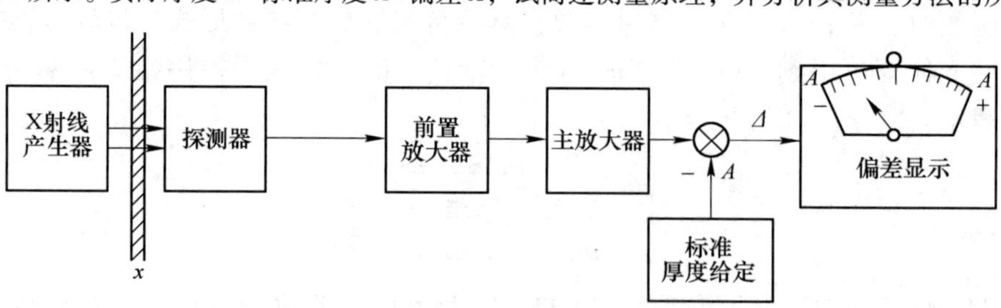

图 1-30　习题 1-4 图

1-5　工业上经常用热电偶与电子电位差计配合进行温度测量。试从测量方法的角度，对其测量过程进行分析。

1-6 试举出你所知道的用间接测量法和联立测量法的实例，并对其测量方法进行分析。

1-7 测量仪表在测量过程中完成的主要功能有哪些？试举出完成单形态能量变换和双形态能量变换的测量仪表的实例。

1-8 什么是测量仪表的静特性、刻度特性、灵敏度？灵敏度与刻度特性有什么关系？请举例说明。

1-9 什么是仪表的灵敏度、相对灵敏度、局部灵敏度、有害灵敏度？各有什么用途？试分析平衡电桥对电源波动的有害灵敏度。

1-10 什么是测量仪表的灵敏度阈？某指针式仪表为线性刻度，量程为 1 V，标尺长度为 100 mm，求这台仪表的灵敏度阈（人眼的分辨力为 0.3 mm）。

1-11 什么是测量仪表的动特性？试总结出分析测量仪表动特性的方法、步骤。试推导动圈式仪表的灵敏度表达式，并提出提高灵敏度的可能途径。

1-12 试推导动圈式仪表动态运动方程式，指出影响其动特性的因素。

1-13 画出动圈式仪表的动态方框图，推导出其传递函数。

1-14 试推导四臂平衡电桥在平衡点附近的电压灵敏度，试分析影响灵敏度的因素。

1-15 试推导四臂平衡电桥在平衡点附近的电流灵敏度，并分析影响灵敏度的因素，指出提高灵敏度的可能途径。

1-16 试推导不平衡四臂电桥的输入输出关系（刻度方程），求出电压灵敏度，并分析提高灵敏度的可能途径。

1-17 试分析下列电子平衡电桥的两种简化测量电路方案（如图 1-31 所示）的刻度特性及电压灵敏度，比较两种电路的优缺点。图中 $R_t$ 表示热电阻体，其阻值随温度升高而呈线性增长；$R_H$ 为滑线电阻器，其活动触点位置变化与电阻值变化成线性关系，用滑线电阻的活动触点位移表示输出量。

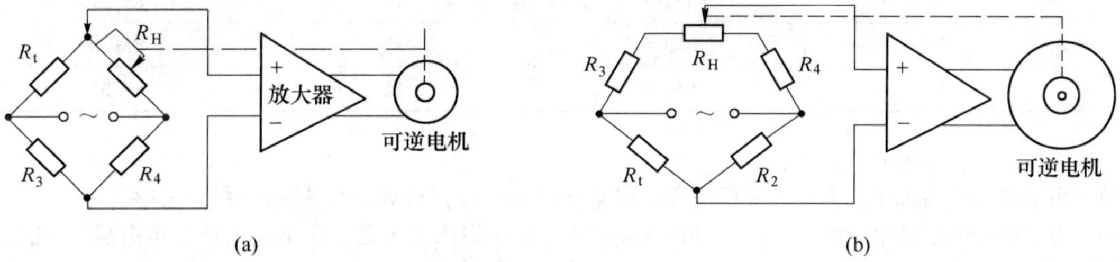


图 1-31 习题 1-17 图

1-18 如图 1-32 所示为电子电位差计示意图，只有放大器输入端电压 $U_E=0$ 时，伺服电机停转，系统进入平衡。试分析它的构成环节，绘出动态方框图，并进行动态特性分析（指出改善动特性的途径）。

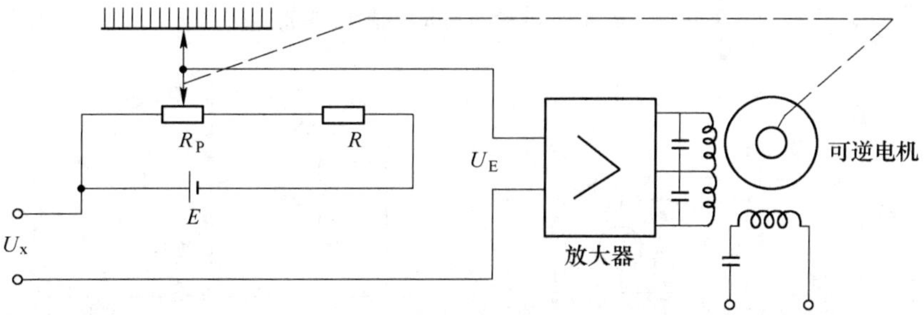


图 1-32 习题 1-18 图

1-19 什么是测量误差？测量误差有几种表示方法？各有什么用途？

1-20 误差按其规律可分为几种？各有什么特点？

1-21 从使用仪器的角度出发，把误差分为几种？各自产生的原因是什么？

1-22 什么是仪表的线性度？已知某台仪表的输入输出特性由下列一组数据表示，试计算它的线性度。

| 输入 $x$ | 0 | 0.1 | 0.2 | 0.3 | 0.4 | 0.5 | 0.6 | 0.7 | 0.8 | 0.9 | 1.0 |
|---|---|---|---|---|---|---|---|---|---|---|---|
| 输出 $y$ | 0 | 5.00 | 10.00 | 15.01 | 20.01 | 25.02 | 30.02 | 35.01 | 40.01 | 45.00 | 50.0 |

1-23 产生系统误差的常见原因有哪些？常用的减少系统误差的方法有哪些？

1-24 系统误差综合与分配解决的是什么问题？

1-25 需要一个 1111 Ω 的准确电阻，其相对误差不应大于 0.01%。现有规格为 $10^n$ Ω（$n$=0，1，2，…）的电阻可供选择，问应如何分配各电阻的误差？

1-26 设需要一个电阻值不为 $10^n$ Ω 的准确电阻，但只能用 $10^n$ Ω（$n$=0，1，…）电阻并联构成，其相对误差应小于 0.01%。问应如何分配各电阻的误差？

1-27 什么是剩余误差？它与随机误差有何异同？

1-28 对某一电压进行多次精密测量，测量结果如下：

| 测量次序 | 读数/mV | 测量次序 | 读数/mV |
|---|---|---|---|
| 1 | 85.30 | 9 | 84.86 |
| 2 | 85.71 | 10 | 85.21 |
| 3 | 84.70 | 11 | 84.97 |
| 4 | 84.94 | 12 | 85.19 |
| 5 | 85.63 | 13 | 85.35 |
| 6 | 85.65 | 14 | 85.21 |
| 7 | 85.24 | 15 | 85.16 |
| 8 | 85.36 | 16 | 85.32 |

试写出测量结果的表达式。

1-29 测量结果的随机误差为什么要用均方根误差 $\sigma$ 表示？怎样计算？它的物理意义是什么？

1-30 为了精确测量某个电路的电流，将精密电阻 $R_s=1$ Ω 串入此电路，用电位差计测量电阻 $R_s$ 两端电压为 $U=0.5324$ V，然后通过 $I=\dfrac{U}{R_s}$ 关系计算出 $I$ 值。已知 $R_s$ 的精度是 ±0.001 Ω，电位差计的精度为 ±0.1 mV。试求电流 $I$ 的测量精度。

1-31 如图 1-33 所示，利用电容分压原理，根据 $U_2$ 测量值，求电压 $U$。已知 $C_1$ 和 $C_2$ 的精度分别为 $\pm\sigma_1$ 和 $\pm\sigma_2$，电压表的精度为 $\pm\sigma_v$。求电压 $U$ 的测量精度。

1-32 图 1-34 所示惠斯登电桥的固定电阻 $P$ 和 $R$ 的精度为 ±0.02%，可变电阻 $Q$ 的精度是 ±0.05%。求未知电阻 $x$ 的测量精度，在分析计算中可设检流计的灵敏度非常高。

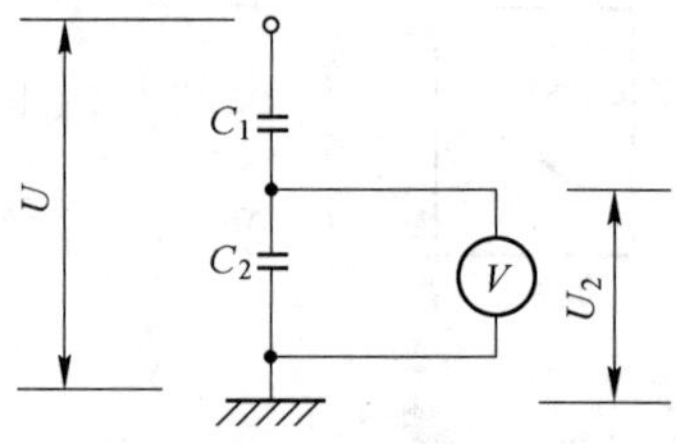

图 1-33 习题 1-31 图

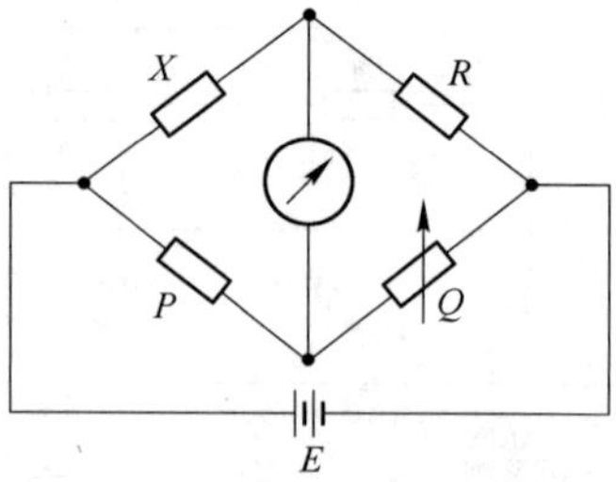

图 1-34 习题 1-32 图

1-33 已知铜导线电阻值随温度变化关系可用

$$R = R_{20}[1 + \alpha(T - 20)]$$

近似表示，为了确定电阻温度系数 $a$，实测一组温度及对应电阻值的数据列于下表中：

| 温度/℃ | 25.0 | 30.0 | 35.0 | 40.0 | 45.0 | 50.0 |
|---|---|---|---|---|---|---|
| 电阻/Ω | 24.8 | 25.4 | 26.0 | 26.5 | 27.1 | 27.5 |

试用单回归分析确定 $a$、$R_{20}$值。

1-34 按有效数字计算法则，完成下列计算。

(1) 318.2+2156.5+51.6+1.64=

(2) 41.9-3.38-0.635=

(3) 1267.2÷15.8=

(4) 65.20×18.41=

1-35 图 1-35 所示电路 $R_1=R_2=R_3=R_4=R_5=100\ \Omega$，$R_m=10\ k\Omega$，求测量 $R_5$ 上电压时，由于 $R_m$ 的影响所造成的误差。

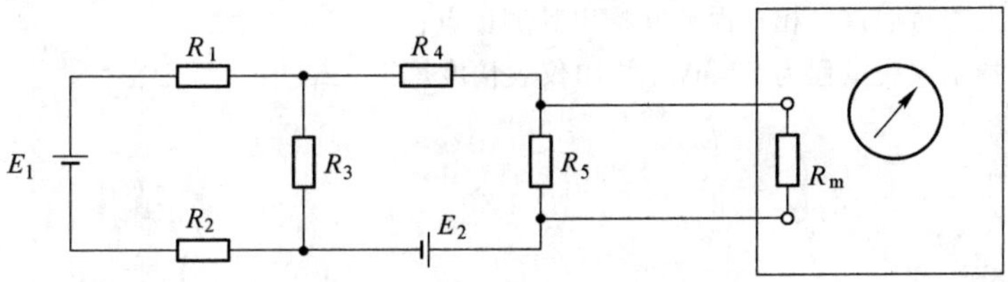


图 1-35　习题 1-35 图

1-36 已知某测量仪表属于一阶非周期（惯性）环节，现用于测量随时间周期变化的被测量。被测量信号频率 $f=100$ Hz，测量结果的幅值精度为 5%，求该仪表的时间常数是多少？相移为多少？

1-37 一只力传感器是二阶测量系统，它的固有频率 $\omega_0=800$ rad/s，阻尼比 $\zeta=0.4$，若用这只传感器测量 $\omega=400$ rad/s 正弦变化的力，求幅值频率误差、相位频率误差。

1-38 已知 $x$ 与 $y$ 的均方差是 $\sigma_x$ 和 $\sigma_y$，$z=ye^x$。求 $z$ 的均方差。

1-39 图 1-36 所示电路 $R_1=R_2=R_3=R_4=R_5=100\ \Omega$，$R_m=10\ \Omega$，求测量流经 $R_5$ 上电流时，由于 $R_m$ 的影响所造成的误差。

1-40 试分析图 1-37 所示电路的电压动态测量问题，图中电源 $E_1$ 和 $E_2$ 的电动势是随时间变化较快的。$R_m$ 与 $C_m$ 表示测量用示波器的输入电阻与输入电容。试求由于 $R_m$、$C_m$ 所造成的测量误差。

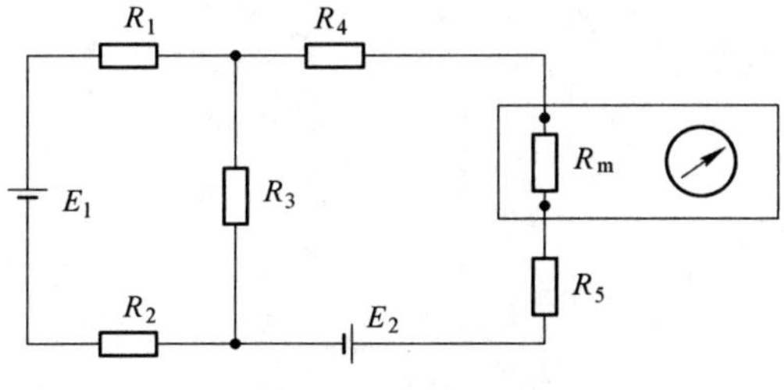


图 1-36　习题 1-39 图

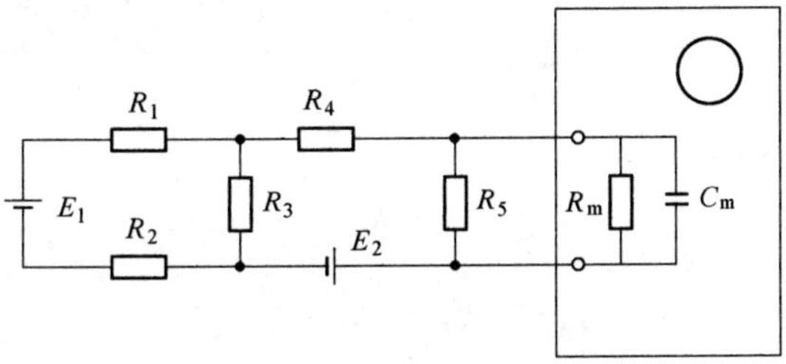


图 1-37　习题 1-40 图

1-41 试分析图 1-38 所示电路的电流动态测量问题。图中 $E_1$ 和 $E_2$ 是随时间变化较快的电压源的电动势。$L_m$ 和 $R_m$ 是测量用电流表的等效电感和等效电阻，试求由于 $L_m$ 和 $R_m$ 所造成的测量误差。

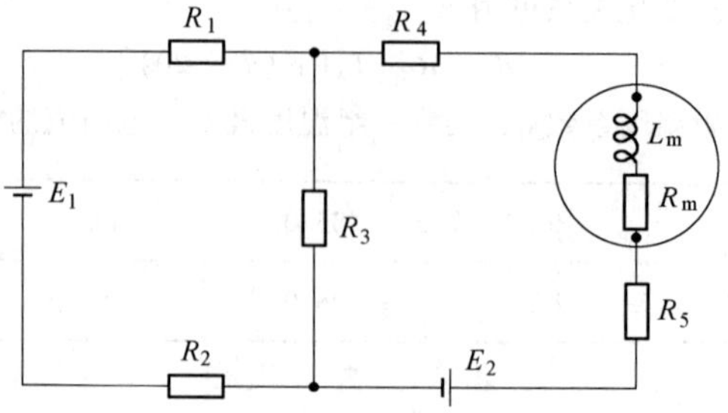


图 1-38　习题 1-41 图

1-42　已知某差压变送器，其理想特性为 $U=8x$(mV)，其中，$U$ 为输出，$x$ 为位移。它的实测数据为：

| $x$/mm | 0 | 1 | 2 | 3 | 4 | 5 |
|---|---|---|---|---|---|---|
| $U$/mV | 0. 1 | 8. 0 | 16. 3 | 24. 1 | 31. 6 | 39. 7 |

求：(1) 最大绝对误差、相对误差并指出其测量点；

(2) 若指示仪表量程为 50 mV，指出仪表精度等级。

# 2 非电量电测法

## 2.1 概　　述

### 2.1.1 非电量电测技术及其优越性

用电测技术的方法对非电量进行测量，称之为非电量电测技术。目前非电量电测技术已经获得了高度的发展，实际上采用非电量电测技术几乎可以测量各种非电参数，诸如机械的、热工的、化学的、光学的、声学的参数等，成为自动检测技术的重要组成部分。

在现代化工业生产过程、国防建设和基础科学研究过程中普遍采用非电量电测技术进行各种参数的检测，这是因为非电量电测技术具有一系列优点。这些优点主要是：

（1）便于实现自动、连续测量。

（2）具有高的灵敏度和准确度。

（3）便于实现信号远距离传输和远距离测量。

（4）反应速度快，不仅能测量变化速度慢的非电量，而且能测量变化速度快的非电量。

（5）测量范围宽广，它能够测量非电量的微小变化量，也能够测量非电量的大幅度变化量。

（6）便于与各种自动控制器和显示仪表配套，实现非电量的自动控制和自动记录。

（7）便于与微处理器和计算机接口，实现多路非电量的数据采集、数据处理和计算机控制。

正是由于非电量电测技术的以上一系列优点，使它广泛应用于自然科学的一切领域。在现代，几乎找不到哪一个科技领域没有运用非电量电测技术。大到天文观测、宇宙航天，小到物质结构、基本粒子；从复杂深奥的生命、细胞、遗传问题到日常的工农业生产、医学、商业各部门，都越来越多地采用非电量电测技术和设备。

非电量电测技术的发展是与自然科学特别是电子技术的发展互相促进、互相推动的。一方面非电量电测技术为自然科学特别是电子技术的研究开发提供了条件，另一方面自然科学的发展，如近代电子学、计算科学、物理学和材料科学等的发展又反过来为非电量电测技术提供了新理论、新技术、新工艺、新材料、新器件，形成了相辅相成不可分割的关系。拥有先进的科学实验手段，乃是科学技术现代化的一个重要标志，而一个国家的非电量电测技术水平的高低，往往是反映一个国家科技水平的重要方面。可见，迅速提高我国非电量电测技术水平对我国科学技术和生产的发展具有重要意义。

### 2.1.2 非电量电测系统结构原理

在非电量电测技术中，首要的问题是如何将被测的各种非电量单值地变换为电量。在检测装置中完成这种变换的环节通常称之为传感器。传感器完成各种非电量到电量的单值变换，一般是依据某些物理效应，例如导体电阻随其温度而变化，平行板电容器的电容量随其极板之间隙变化而变化等。用上列两种物理效应可将温度单值地变换为电阻变化，将位移单值地变换为电容量变化。测量非电量的电测系统的结构原理如图 2-1 所示。传感器通过测量电路与电气测量仪表联系起来，电气测量仪表的刻度则以被测非电量的单位来标称。为了使电气测量仪表（主要是指模拟式或数字式电流表、电压表等）概念与整个非电量的电测系统这一概念严格区分开，通常将该电气测量仪表称之为二次仪表或非电量的电测系统的显示部分。

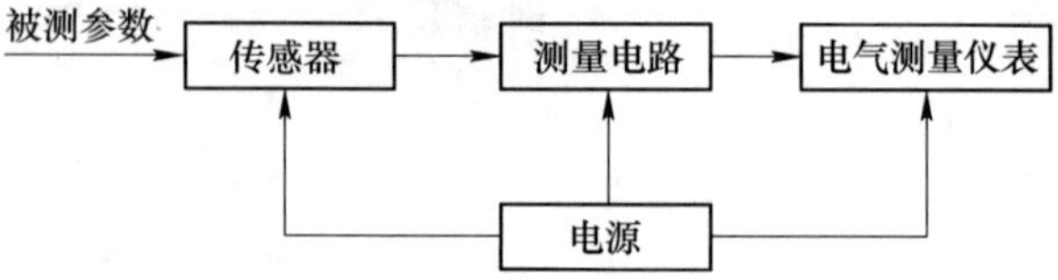

图 2-1　测量非电量的电子仪表结构图

根据整个非电量的电测系统的结构原理与被测参数的不同，位于中间位置的测量电路有的与传感器结合在一起，形成传感路的组成部分，而有的测量电路却在二次仪表里面。通常，系统的三个基本环节均需要由电源供电，但也有时电源只对测量电路供电。如果所测非电量在传感器里面被变换为电阻、电容或电感之类的电参量，这些电参量的测定就必须要有辅助的电源，一般称这一类传感器为参量传感器。如果所测非电量在传感器中被变换为电势，通常称这一类传感器为发电传感器。在最简单的情况下，测量电路就是连接传感器与二次仪表的导线。如果传感器的中参量是用电桥或补偿方法来测量，这时的测量电路就相当复杂了。测量电路还常常由于某些测量上的需要，增加许多环节，如稳压、放大、整流、滤波、调制、解调以及对信号进行线性化处理等环节。

通过各种传感器变换后所得到的电参量，它不仅随着所测非电量的变化而变化，而且还与被测对象的其他物理和化学属性以及周围介质的物理属性有关。例如用导体的电阻与拉力之间关系来测量拉力，则需要补偿因环境温度变化而引起的该导体电阻的变化。可见，这不仅对传感器提出了某些特殊要求，而且对测量电路和二次仪表也提出了许多特殊要求。

在非电量电测技术中，所采用的检测原理与技术是多种多样的。有的比较成熟和定型，并在生产实际中获得了较为广泛的应用，但是有的还处于研究、开发阶段，这就给非电量电测法的分类带来一定困难。目前一般采用两种分类方法：一种是按被测参数，如温度、压力、位移、速度等参量来分类；另一种是按传感器的工作机理，如应变式、电容式、压电式、光电式等来分类。本书是按照后一种分类方法来加以叙述的。对于初学者和从事研究传感器的技术人员来说，按照它们的工作机理来划分是比较合适的。下面将重点介绍传感器工作原理、特点及其对应的测量电路。

## 2.2　应变式传感器

应变式传感器是电阻式传感器的一种，用于测量微小应变量，凡是能够以应变的形式表现出来的物理量，如加速度、位移、扭矩、速度和振动等，都可以使用应变式传感器进行测量。应变式传感器是一种有源传感器，在使用过程中需要激励电源，因此，这种传感器的测量准确度不仅与传感器的制作工艺有关，而且与其测量电路以及激励电源都有关系。

目前，自动测力或称重中应用最普遍的是应变式传感器，应变式传感器有下列优点：

（1）精确度高、线性度好、灵敏度高。

（2）滞后和蠕变都较小，疲劳寿命长。

（3）容易与二次仪表相匹配，实现自动检测。

（4）结构较简单，体积较小，应用灵活。

（5）工作稳定可靠，维护和保养方便。应变式传感器除可用于测量力参数外，还可用于测量差压、加速度、振幅等其他物理量。

应变式传感器根据其工作原理分为金属应变式传感器和压阻式传感器。

### 2.2.1 金属应变式传感器

#### 2.2.1.1 金属应变片的工作原理

A 金属丝的应变效应

金属导体的电阻值随着它受力所产生机械变形（拉伸或压缩）的大小而发生变化的现象，称之为金属的电阻应变效应。对于半导体材料同样存在着电阻应变效应。电阻应变效应就是应变式传感器赖以工作的物理基础。

金属导体或半导体的电阻之所以会随着其变形而发生变化，是因为导体或半导体的电阻是与材料的电阻率以及它的几何尺寸（长度和截面积）有关的，在导体或半导体承受机械变形过程中，这三者都要发生变化，因而引起导体或半导体的电阻发生变化。下面推导导体或半导体的电阻变化与变形之间的数学表达式。

取一根长度为 $l$、截面积为 $S$、电阻率为 $\rho$ 的导体或半导体，其初始电阻为 $R$，则有

$$R = \rho \frac{l}{S} \tag{2-1}$$

式中 $R$——电阻值，Ω；

$\rho$——电阻率，$\Omega \cdot mm^2/m$；

$l$——电阻丝长度，m；

$S$——电阻丝截面积，$mm^2$。

如图 2-2 所示，设电阻丝在力 $F$ 作用下，其长度 $l$ 变化 $dl$，截面积 $S$ 变化 $dS$，半径 $r$ 变化 $dr$，电阻率 $\rho$ 变化 $d\rho$，因而将引起电阻丝的电阻 $R$ 变化 $dR$。将式（2-2）两端取对数，并求导数，可得

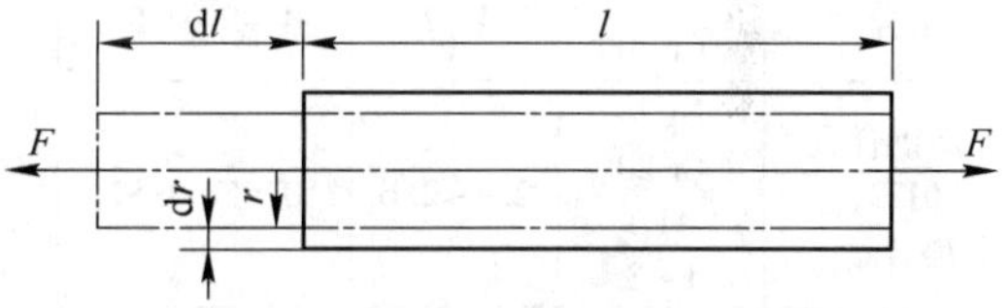


图 2-2 金属的电阻应变效应

$$\frac{dR}{R} = \frac{d\rho}{\rho} + \frac{dl}{l} - \frac{dS}{S} \tag{2-2}$$

因为 $dS = 2\pi r dr$，所以 $\frac{dS}{S} = 2\frac{dr}{r}$；令 $\frac{dl}{l} = \varepsilon$，即电阻丝轴向相对伸长（轴向应变），而 $\frac{dr}{r}$ 则为电阻丝径向应变；根据材料力学可知，两者的比例系数为泊松系数 $\mu$，负号表示变化方向相反，因此有

$$\frac{dr}{r} = -\mu \frac{dl}{l} = -\mu\varepsilon \tag{2-3}$$

将以上关系代入式（2-2），并经整理后得

$$\frac{dR}{R} = \left[(1 + 2\mu) + \frac{d\rho/\rho}{\varepsilon}\right]\varepsilon \tag{2-4}$$

$$k_0 = \frac{dR/R}{\varepsilon} = (1 + 2\mu) + \frac{d\rho/\rho}{\varepsilon} \tag{2-5}$$

$k_0$ 称为材料的应变灵敏系数。它的物理意义为单位应变所引起的电阻相对变化。由式（2-5）可知，材料的应变灵敏系数受两个因素的影响：一个是受力后材料的几何尺寸变化所引起的，即（$1+2\mu$）项；另一个是受力后材料的电阻率发生变化而引起的，即 $\frac{dR/R}{\varepsilon}$ 项。根据大量实验证明，在材料的比例极限内，电阻的相对变化与应变是成正比的，即 $k_0$ 为一常数。因此式（2-5）可以用增量表示，即

$$\frac{\Delta R}{R} = k_0\varepsilon \tag{2-6}$$

上式表示导体和半导体线材的电阻相对变化与轴向应变成正比。

B　常用金属电阻丝材料的性能

表 2-1 给出了常用的金属电阻丝材料的一些性能数据。表 2-1 中所列性能数据均是在常温下测得的平均数据，灵敏度系数 $k_0$ 的数据会由于材料的机械加工方式和热处理工艺的不同，以及杂质含量多少、温度范围、应变范围的不同而变化。

**表 2-1　常用电阻丝材料性能**

| 材料名称 | 成分/% | 灵敏度 $k_0$ | 在 20 ℃的电阻率 $\rho$ /$\mu\Omega \cdot m$ | 在 0~100 ℃内的电阻温度系数×$10^{-6}$/℃ | 最高使用温度/℃ | 对铜的热电势 /$\mu V \cdot ℃^{-1}$ | 线膨胀系数 ×$10^{-6}$/℃ |
|---|---|---|---|---|---|---|---|
| 康铜 | Ni 45<br>Cu 55 | 1.9~2.1 | 0.45~0.52 | ±20 | 300（静态）<br>400（动态） | 43 | 15 |
| 镍铬合金 | Ni 80<br>Cr 20 | 2.1~2.3 | 0.45~0.52 | 110~130 | 450（静态）<br>800（动态） | 3.8 | 14 |
| 镍铬铝合金（6J22，卡玛合金） | Ni 74<br>Cr 20<br>Al 3<br>Fe 3 | 2.4~2.6 | 0.45~0.52 | ±20 | 450（静态）<br>800（动态） | 3 | 13.3 |
| 镍铬铝合金（6J23） | Ni 75<br>Cr 20<br>Al 3<br>Cu 2 | 2.4~2.6 | 1.24~1.42 | ±20 | 450（静态）<br>800（动态） | 3 | 13.3 |
| 铁铬铝合金 | Fe 70<br>Cr 25<br>Al 5 | 2.8 | 1.3~1.5 | 30~40 | 700（静态）<br>1000（动态） | 2~3 | 14 |
| 铂 | Pt 100 | 4~6 | 0.09~0.11 | 3900 | 800（静态）<br>1000（动态） | 7.6 | 8.9 |
| 铂钨合金 | Pt 92<br>W 8 | 3.5 | 0.68 | 227 | 800（静态）<br>1000（动态） | 6.1 | 8.3~9.2 |

对电阻丝材料应有如下要求：

（1）$k_0$ 值大，且在相当大的应变范围内保持为常数。

（2）$\rho$ 值大，即在同样长度、同样横截面积的电阻丝中具有较大的电阻值。

（3）电阻温度系数小，否则因环境温度变化也会改变其阻值。

（4）与铜线的焊接性能好，与其他金属的接触电势小。

（5）机械强度高，具有优良的机械加工性能。

目前常用的电阻应变丝材料有康铜和镍铬合金。康铜是应用最广泛的应变丝材料，这是由于它有很多优点。其 $k_0$ 值对应变的恒定性非常好，不但在弹性变形范围内保持为常数，进入塑性变形范围内也基本上保持常数；康铜的电阻温度系数较小而且稳定，当采用合适的热处理工艺时，可使电阻温度系数在±20×10$^{-6}$/℃的范围之内；康铜的加工性能好，易于焊接，因而国内外多以康铜作为应变丝材料。

镍铬合金与康铜相比其电阻率 $\rho$ 高，且抗氧化能力较好，因此较康铜的使用温度高。其缺点是电阻温度系数较大。

镍铬铝合金是在镍铬合金的基础上添加铝等金属而成。它既保持了高电阻率和抗氧化性能好的特点，电阻温度系数也得到很大的改善。缺点是加工工艺和焊接性能不好。

贵金属及其合金的特点是具有很强的抗氧化能力，适于制作高温应变片。缺点是电阻率小，电阻温度系数较大，且价格贵。

#### 2.2.1.2 电阻应变片、弹性体与应变胶

应变式传感器通常由弹性体、应变片与应变胶、桥路组成。用弹性体将被测力成比例地转换为应变；用应变胶将应变片粘贴在弹性体的恰当表面合适位置，使应变片与弹性体同步发生应变；用应变片将应变进一步成比例地转换为电阻相时变化量；最后将应变片连接成四臂电桥，通常桥路将应变片的电阻相对变化量转换成电压信号输出。下面将对应变式传感器的各组成环节分别予以介绍。

##### A 电阻应变片

###### a 电阻应变片的基本结构

图 2-3 示出了电阻应变片的基本构造。它由敏感栅、基片、盖片、引线等组成。敏感栅一般分丝式和箔式两种。丝式敏感栅通常由直径 0.003～0.01 mm 的电阻应变丝弯曲而成栅状；箔式敏感栅通常是用极薄的康铜箔（3～5 μm）蚀刻成栅状。敏感栅实际上是一个电阻元件，它是感受应变并将应变成比例地转换为电阻变化的敏感部分。盖片和基片将敏感栅紧密地粘合在其间，对敏感栅起几何形状固定和绝缘、保护作用。基片要将弹性体的应变准确地传递到敏感栅上去，因此它很薄，一般在 0.03～0.06 mm，使它与弹性体及敏感栅能牢固地粘合在一起。此外它还应有良好的绝缘性能、抗潮性能和耐热性能。基片和盖片的材料有胶膜、纸、玻璃纤维布等。胶膜比纸具有更好的柔性、耐湿性和耐久性，且使用温度较高，可达 300 ℃，因此获得了广泛应用。玻璃纤维布能耐 400～450 ℃高温，多用于中、高温应变片。引线的作用是将敏感栅电阻元件与测量电路相连接，一般由 0.1～0.2 mm 直径的低阻镀锡铜丝制成，并与敏感栅两输出端相焊接。

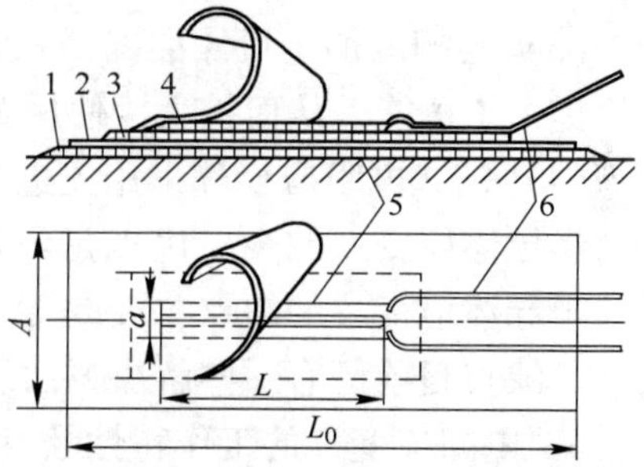


图 2-3 应变片的基本结构

1—粘合剂；2—基底；3—粘合层；4—盖片；5—敏感栅；6—引出线；$L$—敏感栅长度；$a$—敏感栅宽度；$L_0$—基长；$A$—基宽

电阻应变片种类较多，常见的有丝式电阻应变片、箔式电阻应变片和半导体应变片。几种电阻应变片的结构形式分别示于图 2-4～图 2-6。

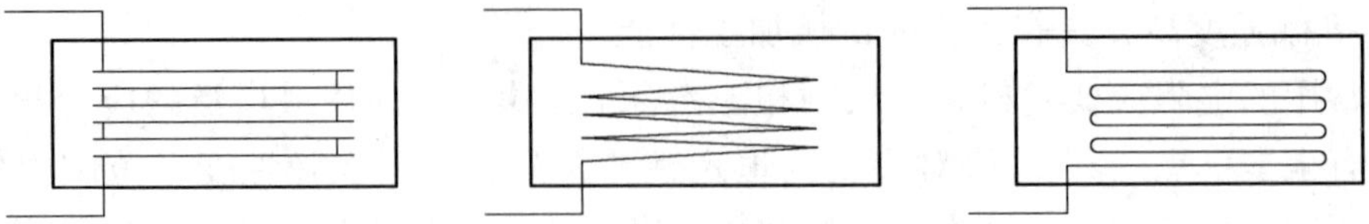

图 2-4 几种常见的丝式电阻应变片

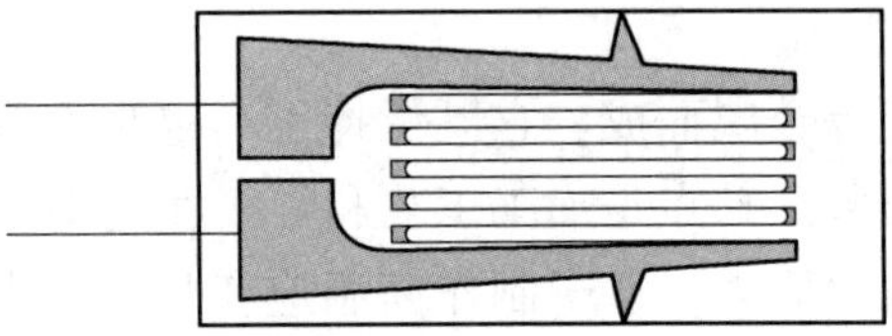

图 2-5 箔式电阻应变片

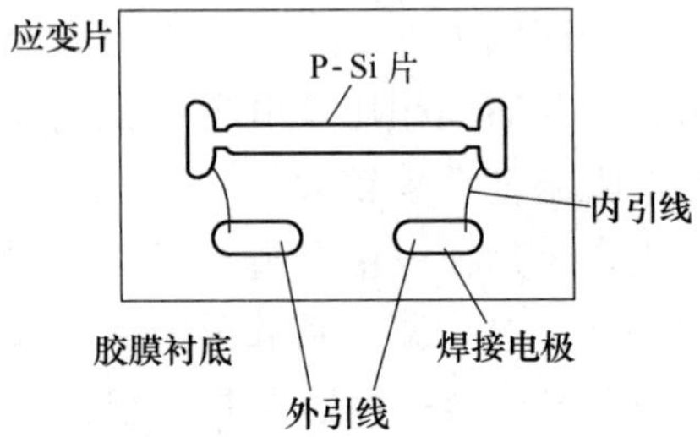


图 2-6 半导体应变片

箔式电阻应变片与丝式电阻应变片相比具有下列特点：

(1) 由于箔栅很薄，在箔材与丝材截面积相同时，箔材与粘接层的接触面积比丝材大，使其能很好地与弹性体同步发生应变。其次，箔栅的端部可以制作得较宽，有利于改善其性能和提高应变测量精确度。

(2) 箔栅表面积大，散热条件好，允许通过较大的电流，输出较强的电信号，从而提高测量灵敏度。

(3) 箔栅的加工尺寸准确，一致性好；能制成复杂的形状，为制造应变花和小标距应变片提供了可能，从而扩大了使用范围。

(4) 箔式电阻应变片采用先进光刻加工工艺，便于大批量生产。

半导体应变片的突出优点是灵敏度高，即单位应变所引起应变片的电阻相对变化量大；半导体应变片的缺点主要是温度稳定性能较差和在大应变作用下灵敏系数的变化较大。其缺点目前已有一些解决方法。

b 电阻应变片的工作特性及参数

(1) 应变片的灵敏系数。将电阻应变丝做成电阻应变片后，其电阻-应变特性与金属单丝时是不同的，因此必须重新用实验来测定它。此实验必须按规定的统一标准来进行。测定时，规定将电阻应变片粘贴在一维受力状态下的试件上，例如受轴向拉压的直杆、纯弯梁等，试件材料规定为泊松系数 $\mu_0=0.285$ 的钢材。用一定加载方式使直杆或梁发生变形，电阻应变片的电阻亦发生相应的变化。用测量应变的专用仪器测定直杆或梁的应变；用精密电阻电桥或其他专用仪器测出应变片相对应的电阻变化，即可测得电阻应变片的电阻-应变特性。

实验证明，$\frac{\Delta R}{R}$与 $\varepsilon$ 的关系在很大范围内仍然有很好的线性关系，即

$$\frac{\Delta R}{R}=k\varepsilon \tag{2-7}$$

$$k=\frac{\Delta R/R}{\varepsilon} \tag{2-8}$$

$k$ 称为电阻应变片的灵敏系数。应该强调指出，它是在试件受一维应力作用，应变片轴向与主应力方向一致，且试件材料必须是泊松系数等于 0.285 的钢材时得出来的。换句话说，应变片的灵敏系数是在二维应变场中测定的。此应变场的两主应变的比值是-0.285，且应变片的轴线与绝对值较大的主应变方向相一致。

因应变片粘贴到试件上后不能取下再用，所以只能在每批产品中提取一定百分比（如 5%）的产品来进行测定，然后取其平均值作为这一批产品的灵敏系数，称其为“标称灵敏系数”。实验证明，应变片的灵敏系数 $k$ 恒小于线材的灵敏系数 $k_0$，究其原因，主要是在应变片中存在着所谓横向效应。

（2）应变片的横向效应与横向灵敏度。应变片的敏感栅中除了有纵向丝栅以外，还有圆弧形或直线形的横栅。横栅既对应变片轴线方向的应变敏感，又对垂直于轴线方向的横向应变敏感；当电阻应变片粘贴在一维拉力状态下的试件上时，应变片的纵向丝栅因发生纵向拉应变 $\varepsilon_x$，使其电阻值增加，而应变片的横栅因同时感受纵向拉应变 $\varepsilon_x$ 和横向压应变 $\varepsilon_y$ 而使其电阻值减小，因此应变片的横栅部分将纵向丝栅部分的电阻变化抵消了一部分，从而降低了整个电阻应变片的灵敏度。这就是应变片的横向效应。

当应变片处于任意平面应变场中时，其电阻变化率可用下式表示

$$\frac{\Delta R}{R} = k_x\varepsilon_x + k_y\varepsilon_y \tag{2-9}$$

$$C = k_y/k_x \tag{2-10}$$

$$k_x = \left(\frac{\Delta R/R}{\varepsilon_x}\right)_{\varepsilon_y = 0} \tag{2-11}$$

$$k_y = \left(\frac{\Delta R/R}{\varepsilon_y}\right)_{\varepsilon_x = 0} \tag{2-12}$$

式中　$\varepsilon_x$——沿应变片主轴线方向的应变；

$\varepsilon_y$——垂直于主轴线方向的应变；

$k_x$——应变片的主轴线方向应变的灵敏系数，它代表 $\varepsilon_y = 0$ 时，敏感栅电阻相对变化与 $\varepsilon_x$ 之比；

$k_y$——应变片的横向应变的灵敏系数，它代表 $\varepsilon_x = 0$ 时，敏感栅电阻相对变化与 $\varepsilon_y$ 之比；

$C$——应变片的横向灵敏度，它说明横向应变对应变片输出的影响，通常可用实验方法来测定 $k_x$ 和 $k_y$，然后再求 $C$。

应指出的是，$k_x$ 和 $k_y$ 是在单向应变场而不是在单向应力场中测出的。当应变片的主轴线与应变的方向一致时测出 $k_x$；当应变片的主轴线与应变的方向垂直时测出 $k_y$。

标定电阻应变片的灵敏系数 $k$ 是在单向应力状态下，且标定梁材料的泊松系数为 $\mu_0 = 0.285$，因此有 $\varepsilon_y = -\mu_0\varepsilon_x$。由式（2-9）得出

$$\frac{\Delta R}{R} = k_x(1 - C\mu_0)\varepsilon_x = k\varepsilon_x \tag{2-13}$$

可见

$$k = k_x(1 - C\mu_0) \tag{2-14}$$

上式说明了应变片标定的灵敏系数 $k$ 与应变片主轴向灵敏系数 $k_x$ 及横向灵敏度 $C$ 之间的关系。从上式可以看出，减小横向效应影响的有效办法是减小应变片的横向灵敏度 $C$；而 $C$ 主要是与敏感栅的构造及尺寸有关，显然，敏感栅的纵栅愈窄、愈长，而横栅愈宽、愈短，则应变片的横向灵敏度 $C$ 值愈小，即横向效应的影响愈小。

（3）线性度、滞后、零漂、蠕变和应变极限。

1）线性度。应变片粘贴在试件上后，对试件逐渐加载，应变片的 $\Delta R/R-\varepsilon$ 特性曲线严格地说不是一条直线，即在大应变时出现了非线性。应变片的非线性通常是很小的，一般要求在 0.05%以内。

2）滞后。当对贴有应变片的试件进行循环加卸载时，加载 $\Delta R/R-\varepsilon$ 特性曲线与卸载 $\Delta R/R-\varepsilon$ 特性曲线的不重合程度称为机械滞后。将应变片粘贴在试件上，保持试件的载荷为恒定值，而使其温度反复升高和降低。在温度循环中，同一温度下应变片指示应变的差值称为应变片的热滞后。一般对于新粘贴好的应变片，最好在测试前先对试件进行三次以上的加、卸载循环，以减小应变片的机械滞后和非线性误差。为减小应变片的热滞后，应对试件在超过工作温度 30%左右反复进行升降温循环若干次。

3）零漂和蠕变。粘贴在试件上的应变片在不承受载荷和恒定温度环境条件下，电阻值随时间变化的特性称为应变片的零漂。粘贴在试件上的应变片，保持温度恒定，使试件在某恒定应变下（如 500、1000 微应变），应变片的指示应变随时间而变化的特性称为蠕变。零漂和蠕变都是用来衡量应变片的时间稳定性的参数，它们直接影响长时间测量结果的准确性。

4）应变极限。粘贴在试件上的应变片所能测量的最大应变值称为应变极限。在恒温的试件上施加均匀而缓慢变化的拉伸载荷，当应变片的指示应变低于真实应变值的 10%时，该真实应变值作为该批应变片的应变极限。

（4）应变片的动态响应特性。电阻应变片在测量变化频率较高的动态应变时，应变是以应变波的形式在材料中传播的，它的传播速度与声波相同，对于钢材 $v\approx5000$ m/s。应变波由试件材料表面，经粘合层、基片传播到敏感栅，所需的时间是非常短暂的，如应变波在粘合层和基片中的传播速度为 1000 m/s，粘合层和基片的总厚度为 0.05 mm，则所需时间约为 $5\times10^{-8}$ s，因此可以忽略不计。但是由于应变片的敏感栅相对较长，当应变波在纵栅长度方向上传播时，只有在应变波通过敏感栅全部长度后，应变片所反映的波形经过一定时间的延迟，才能达到最大值。图 2-7 所示为应变片对阶跃应变的响应特性。图 2-7（a）表示应变波为阶跃波，图 2-7（b）表示应变片的理论响应特性，图 2-7（c）表示应变片的实际响应特性。由图可以看出上升时间 $t_K$ 可表示为

$$t_K = 0.8\frac{L}{v} \tag{2-15}$$

式中 $L$——敏感栅长度；

$v$——应变波速。

若取 $L=20$ mm，$v=5000$ m/s，则 $t_K=3.2\times10^{-6}$ s。

当测量按正弦规律变化的应变波时，由于应变片反映出来的应变波形是应变片纵栅长度内所感受应变量的平均值，因此应变片所反映的波幅将低于真实应变波，从而带来一定

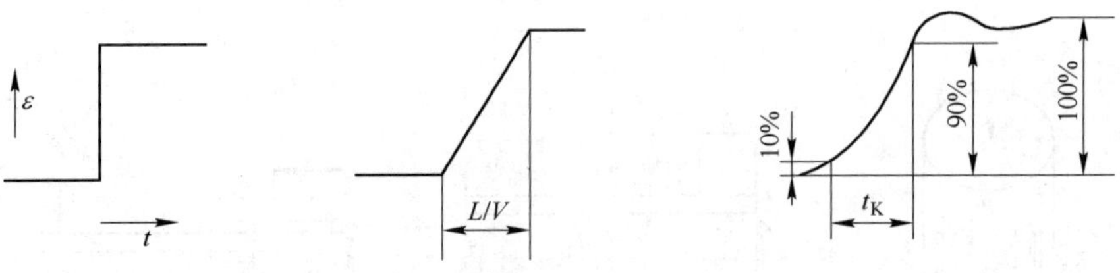


图 2-7　应变片对阶跃应变的响应特性

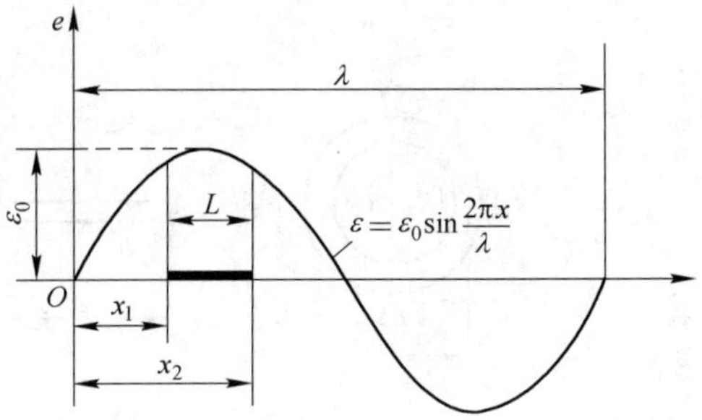


图 2-8　应变片对正弦应变波的响应特性

测量误差。显然这种误差将随应变片基长的增加而加大。图 2-8 表示应变片正处于应变波达到最大幅值时的瞬时情况。

由图 2-8 可以列出此时应变片敏感栅长度 $L$ 内的平均应变的最大值 $\varepsilon_p$ 的表达式，即

$$\varepsilon_p = \frac{\int_{x_1}^{x_2}\varepsilon_0\sin\frac{2\pi}{\lambda}x\mathrm{d}x}{x_2 - x_1} = \frac{\lambda\varepsilon_0}{\pi L}\sin\frac{\pi L}{\lambda} \quad (2\text{-}16)$$

因而应变波幅测量的相对误差 $e$ 为

$$e = \frac{\varepsilon_p - \varepsilon_0}{\varepsilon_0} = \frac{\lambda}{\pi L}\sin\frac{\pi L}{\lambda} - 1 \quad (2\text{-}17)$$

由上式可以看出，测量误差 $e$ 与比值 $n=\frac{\lambda}{L}$ 有关。$n$ 值越大，误差 $e$ 越小。一般可取 $n=10\sim20$，其误差小于 1.6%～0.4%。

B　弹性体

a　常用弹性体的结构形式

根据弹性体的形状不同，可分为柱式、梁式、环式等数种。柱式通常用于测量较大的力，如称重、轧制力测量等，最大量程可达 $10^7$ N。为了增大柱的外径，以便于粘贴应变片，以及抵抗由于载荷偏心或侧向分力引起的弹性体弯曲影响，往往使用空心柱（筒）式结构。环式一般亦用于测量 500 N 以上的大载荷，与柱式相比，其应力分布变化大，且有正有负，便于将贴片接成差动电桥。梁式结构灵敏度高，适于测量较小的载荷，多在 1～$10^3$ N 的范围。

常用的几种弹性体的结构形式示于图 2-9。在进行弹性体结构形式具体选择时，应考虑应变式传感器的用途、工作环境、安装部位的空间大小、受力形式、力的大小、灵敏度和精确度要求、应变片的结构尺寸等因素。

b　弹性体材料的选择

一个良好的传感器弹性体的材料应具备下列要求：

（1）具有高的强度，以便在高载荷下，保证有足够的安全性能。

（2）具有高的弹性极限和尽量小的弹性滞后。

（3）经热处理后，残余应力小，具有均匀而稳定的组织，而且是各向同性。

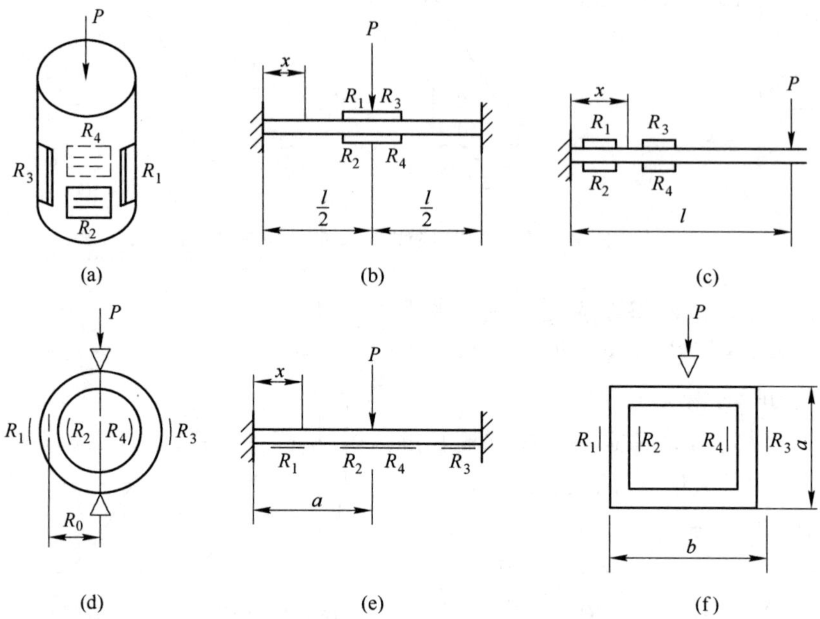


图 2-9　常见的弹性元件结构形式

（a）柱型（圆柱、圆筒）；（b）双端固支梁型；（c）悬臂梁型；（d）薄壁环型；（e）圆板型；（f）框型

（4）具有良好的疲劳性能。

（5）具有较小的热膨胀系数和恒定的弹性模量。

（6）良好的机械加工及热处理性能。

（7）在腐蚀气氛下使用时，具有抗腐蚀能力。

在实际应用中经常选用合金结构钢制作弹性体，其中使用较多的是铬 40。如对疲劳寿命有特殊要求，多选用弹簧钢，如硅锰弹簧钢。合金结构钢的优点是抗拉强度和屈服强度均高，因此弹性变形大而不产生塑性变形；弹簧钢的淬透性好，疲劳寿命高，适于制作永久性传感器。

c　弹性体工作应力的选择

从提高传感器的精确度、分辨力的观点出发，根据弹性体的强度极限选择好工作应力很重要。由于应变片与应变胶的屈服强度比弹性体材料低得多，如铬 40 的屈服强度为 800 MPa，而康铜和缩甲乙醛的屈服强度仅为 400 MPa；若工作应力完全按照弹性体材料的屈服强度去取，则将大大超过应变片和应变胶材料的屈服强度，使应变片和应变胶产生较大的蠕变，甚至产生塑性变形，这样，便会造成应变片与弹性体之间的“滑移”，最后导致脱胶。考虑到上列因素，实取弹性体材料的许用应力 $[\sigma]$ 一般为该材料屈服强度的 1/4~1/3，即 $[\sigma]\approx(1/4\sim1/3)\sigma_s$，如对合金钢可取 $[\sigma]=200\sim300$ MPa。

弹性体最好选用锻件，锻打可以提高屈服强度和冲击韧性。最后还需进行整体热处理和时效处理，以提高其硬度和减小残余应力。

d　弹性体尺寸的选择

在确定弹性体尺寸时，应考虑下列因素：

（1）弹性体在粘贴电阻应变片的截面上其应力分布均匀，变形均匀、单一。电阻应变片反映的应变信号与被测载荷之间呈线性关系。例如对于圆柱形弹性体，其高度 $L$ 与直径 $D$ 的比值一般取 $L/D \geqslant 2$，这样可以减少应力集中。

（2）弹性体受力变形后具有良好的重复性和稳定性。对于圆柱形弹性体，当比值 $L/D$ 取得过大时，将使弹性体失去弹性稳定性，发生挠曲。因此常做成空心圆柱体，以减小 $L/D$ 值，提高稳定性。

（3）弹性体应该具有较强的抗侧向力能力。弹性体在实际工作过程中经常存在着侧向力和经常出现偏心载荷，为减小侧向力和偏载对传感器测量的影响，应设法提高弹性体的抗侧向力能力。常用的技术措施有下列几项：

1）空心圆柱体比实心圆柱体不仅稳定性好，而且提高了抗侧向力能力。

2）采用附加抗侧向力膜片，由于膜片轴向刚度小，对传感器的灵敏度影响甚微，而膜片的径向刚度却很大，因此可大大提高抗侧向力能力。

3）采用组合式弹性体，组合式弹性体结构原理图示于图 2-10。

对于组合式弹性体，由于将数个弹性体有机地组合在一起，大大提高了抗弯刚度，因此具有较好的抗侧向力能力。

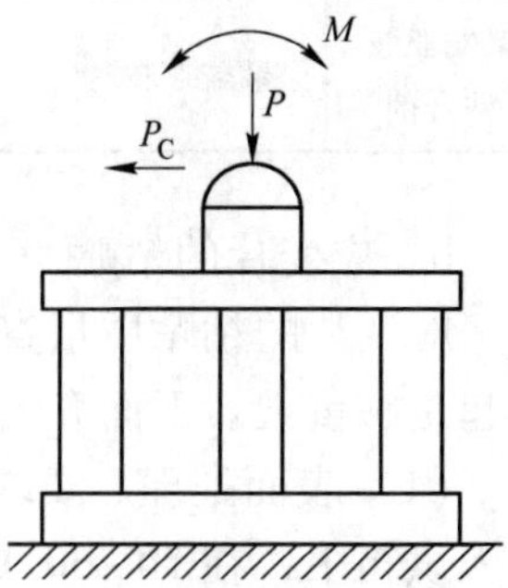


图 2-10　组合式弹性元件

C　应变胶

a　应变胶的种类和性能

应变片与弹性体之间的粘接与一般粘接相比，不仅要求粘接强度高，而且要求粘合层的剪切弹性模量大，以便能真实地传递应变。此外粘合层还应有高的绝缘电阻、良好的防潮防油性能、小的机械滞后、良好的耐疲劳性能以及使用简便等特点。应变胶是制造高精度应变式传感器的关键之一。

常用的应变胶可分为有机和无机两大类。有机应变胶多用于低温、常温和中温，无机应变胶多用于高温。选用时要根据基片材料、工作温度、潮湿程度、稳定性要求、加温加压的可能性和粘贴时间的长短等因素来考虑。表 2-2 列出了常用应变胶及其使用条件。

**表 2-2　常用应变胶及其使用条件**

| 粘合剂类型 | 主要成分 | 牌号 | 适于粘合的基底材料 | 最低固化条件 | 固化压力 /$10^4$ Pa | 使用温度 /℃ |
|---|---|---|---|---|---|---|
| 硝化纤维素粘合剂 | 硝化纤维素（或乙基纤维素）溶液 | 万能胶 | 纸 | 室温，10 h 或 60 ℃，2 h | 0.5~1 | -50~80 |
| α-氰基丙烯酸粘合剂 | α-氰基丙烯酸树脂 | 501 502 | 纸、胶膜、玻璃纤维布 | 室温，1 h | 粘合时指压 | -50~80 |
| 酚醛树脂类粘合剂 | 酚醛-聚乙烯醇缩丁醛 | JSF-2 | 胶膜、玻璃纤维布 | 150 ℃，1 h | 1~2 | -60~120 |
| | 酚醛-聚乙烯醇缩甲乙醛 | 1720 | 胶膜、玻璃纤维布 | 190 ℃，3 h | — | -60~100 |
| | 酚醛-有机硅 | J-12 | 胶膜、玻璃纤维布 | 200 ℃，3 h | — | -60~350 |

续表 2-2

| 粘合剂类型 | 主要成分 | 牌号 | 适于粘合的基底材料 | 最低固化条件 | 固化压力 /$10^4$ Pa | 使用温度 /℃ |
|---|---|---|---|---|---|---|
| 环氧类粘合剂 | 环氧树脂、聚硫酚酮胺固化剂 | 914 | 胶膜、玻璃纤维布 | 室温，2.5 h | 粘合时指压 | -60~80 |
| | 环氧树脂、固化剂等 | 509 | 胶膜、玻璃纤维布 | 200 ℃，2 h | 粘合时指压 | -100~250 |
| | 环氧树脂，酚醛树脂、甲苯二酚、石棉粉等 | J06-2 | 胶膜、玻璃纤维布 | 150 ℃，1 h | 1~2 | -60~250 |
| 聚酰亚胺粘合剂 | 聚酰亚胺 | 30~14 | 胶膜、玻璃纤维布 | 280 ℃，2 h | 1~3 | -150~250<br>+300（短期） |

b　应变片的粘贴

应变片的粘贴质量直接影响应变测量的精确度，直接关系着应变式传感器的质量，应引起足够重视。下面介绍应用比较广泛的箔式电阻应变片的粘贴工艺：

（1）表面处理。要求弹性体的表面光洁度要好，并清除表面杂质、油污和锈渍，而后放入烘箱中，在 50~60 ℃条件下烘去水汽。

（2）涂底胶。首先将底胶稀释、过滤，进而将烘干的弹性体放入底胶中浸泡，待 2~3 min 后取出并在室温下自然晾干，然后需放入恒温烘箱进行聚合处理。

（3）确定贴片位置。为了使应变片布片均匀，可将弹性体放在钳工平台上画线。画线时需注意应变片的外形尺寸，以便贴片时让其边缘与所画线对准。

（4）贴片。用丙酮或四氯化碳溶液将欲贴片处及应变片粘贴面的油污擦净，晾干后涂一层薄而均匀的应变胶。待稍干后，将应变片贴在画线位置处；贴片后，在应变片上盖上一层玻璃纸，加压将多余的胶和气泡排出；加压时需防止应变片错位。

（5）加压固化。根据所使用的应变胶的固化工艺要求进行固化处理。

（6）粘贴质量检查。检查粘贴位置是否正确，粘合层是否有气泡，敏感栅是否有断路，敏感栅的绝缘性能等。

（7）组桥连线。检查合格后即可焊接引出导线，应变片应按一定的组桥方式连接；引出线要适当地加以固定，以防止因摆动而折断。图 2-11 为单全桥的组桥方式接线展开图。

（8）连线固定。用应变胶涂刷连线的松动部分，然后进行固化处理。温度可适当提高 10~15 ℃，以清除在贴片过程中所产生的内应力，提高稳定性并减少零点漂移。

应变式传感器在贴片完毕并组桥后，还需进行一系列调整补偿工作，才能投入实际使用。

2.2.1.3　测量电路

A　电桥电路

通过应变片可以将应变转换为电阻变化，但还需进一步将电阻变化转换成电压或电流变化，才便于用电测仪表进行测量。电桥电路是进行此种变换的最常用方法。

电桥电路如图 2-12 所示。桥臂电阻 $R_1$、$R_2$、$R_3$、$R_4$ 分别表示粘贴在弹性体上的应变片之等效电阻。$R_D$ 表示连接在对角线 $ab$ 间的负载（如放大器、二次仪表等）等效输入电

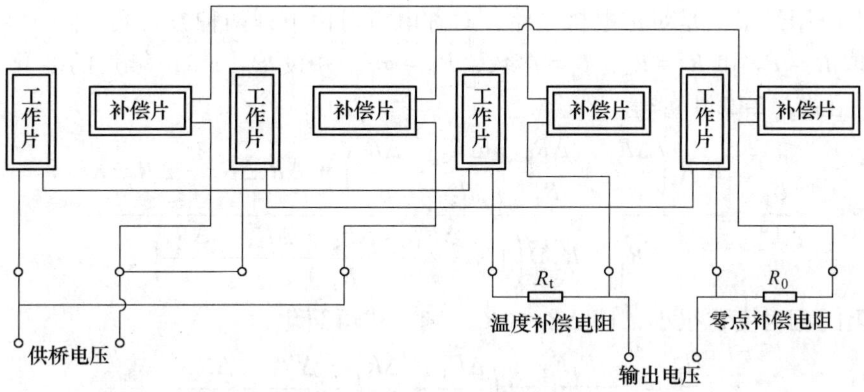


图 2-11 单全桥接线展开图

阻；在对角线 $cd$ 间连接的供桥电源电压为 $U$。

为了求出流过 $R_D$ 的电流 $I_D$，可根据等效发电机原理画出电桥电路的等效电路，并示于图 2-13。其中 $U_0$ 和 $R_0$ 分别为

$$U_0 = U\left(\frac{R_1}{R_1 + R_2} - \frac{R_3}{R_3 + R_4}\right) \tag{2-18}$$

$$R_0 = \frac{R_1R_2}{R_1 + R_2} + \frac{R_3R_4}{R_3 + R_4} \tag{2-19}$$

于是
$$I_D = U\frac{R_1/(R_1 + R_2) - R_3/(R_3 + R_4)}{R_D + R_1R_2/(R_1 + R_2) + R_3R_4/(R_3 + R_4)}$$

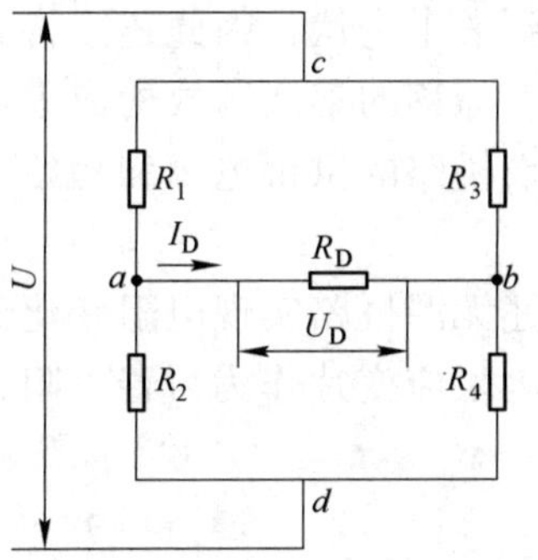


图 2-12 电桥电路

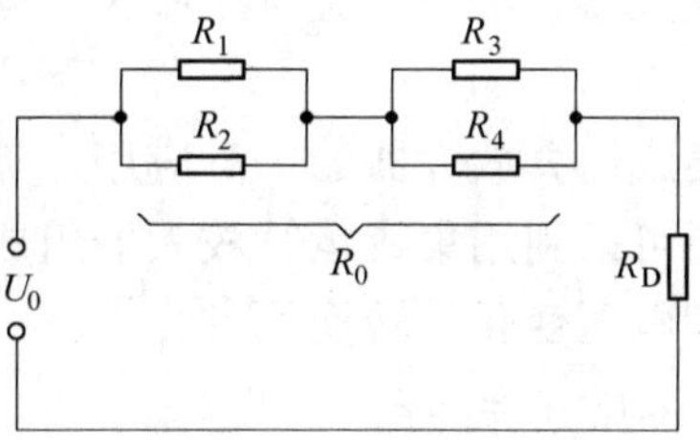


图 2-13 电桥等效电路

将上式变换、化简后可得

$$I_D = U\frac{R_1R_4 - R_2R_3}{R_D(R_1 + R_2)(R_3 + R_4) + R_1R_2(R_3 + R_4) + R_3R_4(R_1 + R_2)} \tag{2-20}$$

$$U_D = I_D \cdot R_D \tag{2-21}$$

当 $R_1R_4 = R_2R_3$ 时，$I_D = 0$，桥路平衡。若桥路负载的等效输入电阻极大，即可认为 $R_D \to \infty$，则由式（2-20）和式（2-21）可得出

$$\frac{U_D}{U} = \frac{R_1R_4 - R_2R_3}{R_2R_3 + R_1R_4 + R_1R_3 + R_2R_4} \tag{2-22}$$

实际上应用最多的是对称电桥电路，对称电桥可由下列两种方式实现。

（1）取 $R_1=R_3$ 和 $R_2=R_4$，$U=$常数，$R_D=\infty$，并设 $R_i$（$i=1\sim4$）的变化量为 $\Delta R_i$，$\Delta R_i \ll R_i$。由式（2-22）可得

$$\frac{U_D}{U}=\frac{R_1R_2\left(\frac{\Delta R_1}{R_1}+\frac{\Delta R_4}{R_4}-\frac{\Delta R_2}{R_2}-\frac{\Delta R_3}{R_3}\right)+\Delta R_1\Delta R_4-\Delta R_2\Delta R_3}{(R_1+R_2)^2\left(1+\frac{\Delta R_1+\Delta R_2+\Delta R_3+\Delta R_4}{R_1+R_2}\right)} \tag{2-23}$$

当电阻的相对变化很小，即 $\Delta R_i \ll R_i$，则上式可简化为

$$\frac{U_D}{U}=\frac{R_1R_2}{(R_1+R_2)^2}\left(\frac{\Delta R_1}{R_1}+\frac{\Delta R_4}{R_4}-\frac{\Delta R_2}{R_2}-\frac{\Delta R_3}{R_3}\right) \tag{2-24}$$

令 $\frac{\Delta R_i}{R_i}=K\varepsilon_i\ (i=1\sim4)$，则上式可表示为

$$\frac{U_D}{U}=\frac{K(\varepsilon_1+\varepsilon_4-\varepsilon_2-\varepsilon_3)}{2+R_1/R_2+R_2/R_1} \tag{2-25}$$

（2）取 $R_1=R_2$ 和 $R_3=R_4$，$U=$常数，$R_D=\infty$，并设 $R_i$（$i=1\sim4$）的变化量为 $\Delta R_i$，$\Delta R_i \ll R_i$。由式（2-23）和式（2-24）可得

$$\frac{U_D}{U}=\frac{1}{4}\left(\frac{\Delta R_1}{R_1}+\frac{\Delta R_4}{R_4}-\frac{\Delta R_2}{R_2}-\frac{\Delta R_3}{R_3}\right) \tag{2-26}$$

上面讨论了直流电桥的情况。如果在上述的式子中用复数阻抗 $Z$ 代替电阻 $R$，且电流与电压都用复数代替，则上述各公式和原理在交流电桥中同样适用。

应变式传感器的桥路额定输出电压一般为数毫伏到数十毫伏。因此还需将其放大后再进行显示和记录。对于应用较多的直流电桥，多采用低漂移的集成运放构成零点和增益可调的直流放大器，进行直流电压放大。同时还需要附设桥路的供桥电源和初始平衡校准等附加电路。

随着集成运算放大器的广泛应用，除可以利用上述无源桥路实现电阻变化到电压变化的转换，还可以利用集成运算放大器组成有源桥路，电阻应变片作为桥臂电阻，从而实现电阻变化到电压变化的转换[2-5]。

B 组桥原则与方式

在将粘贴在弹性体上的应变片连接组成电桥电路时应遵循下列原则和方式：

（1）组桥原则。组桥原则包括：

1）能减小或消除偏心载荷及环境温度对测量的影响。

2）尽可能提高灵敏度，以改善信噪比，降低长导线和噪声影响。

（2）组桥方式。组桥方式有：

1）将在弹性体上对称分布的应变片串联起来组成一个桥臂，可以减小或消除偏心和不均匀载荷的影响。

2）将工作片（弹性体上的纵向贴片）与补偿片（弹性体上的横向贴片）接成相邻桥臂，可以补偿环境温度变化对测量的影响。

3）将多片应变片串联构成一个桥臂，可以提高供桥电源的电压，从而提高电桥的输

出电压，即提高电桥的电压灵敏度。

4）将多片应变片并联构成一个桥臂，可以增大工作电流，从而提高电桥的输出电流，即提高电桥的电流灵敏度。

可见组桥方式对应变式传感器的性能有明显的影响，因此需根据传感器的具体工作条件和性能要求，选择最佳的组桥方式。

C　供桥电源

应变式传感器的供桥电源一般分为直流和音频交流两种。在特殊情况下也有采用脉冲供电方式的。对于响应速度要求不高的指示系统多采用音频交流供桥，对于响应速度要求比较高的指示系统多采用直流供桥。直流供桥的特点是：容易获得高稳定度的直流电源；电桥输出的直流信号经直流放大后，便于使用通用的直流测量仪表对传感器的输出进行测量；对传感器至二次仪表之间的连接导线要求较低；电桥的初始平衡、校准电路比较简单等多种优点。其缺点是信号在传输过程中容易引入工频干扰，而且所使用的直流放大器要求较高。

音频交流供桥的特点是：电桥输出为交流调制信号，放大电路比较简单，无零点漂移，工频干扰容易抑制等。但是需用专用测量仪表对传感器输出进行测量，测量精确度相对较低，而且对传输线及平衡电路要求较高，因而限制了它的应用范围。

应变式传感器对供桥电源的稳定度和输出电流负载能力要求较高；供桥电源的稳定度应该根据传感器的精度而定，通常要求其基本误差的绝对值不超过传感器基本误差绝对值的 1/5。

D　初始平衡校准电路

传感器的电桥虽经零位调整，但往往在初始状态下不是零电平输出，因此需设置电桥的初始平衡校准电路。如图 2-14 所示，如果传感器电桥为直流供电，电桥的平衡仅需电阻平衡，即用电位器 $R_3$ 与电阻 $R_2$ 组成 T 形电路接到传感器电桥上，相当于在电桥的相邻两臂上各并联一个电阻。改变电位器触点的位置亦即相应地改变并联电阻的阻值。利用此法可方便地进行初始平衡调整。若电桥采用交流供电，由于连接导线间的寄生电容等因素影响，除了进行电阻平衡外，还必须进行电容平衡。图 2-14 中的电位器 $R_1$ 和电容 $C$ 组成了电容平衡电路。

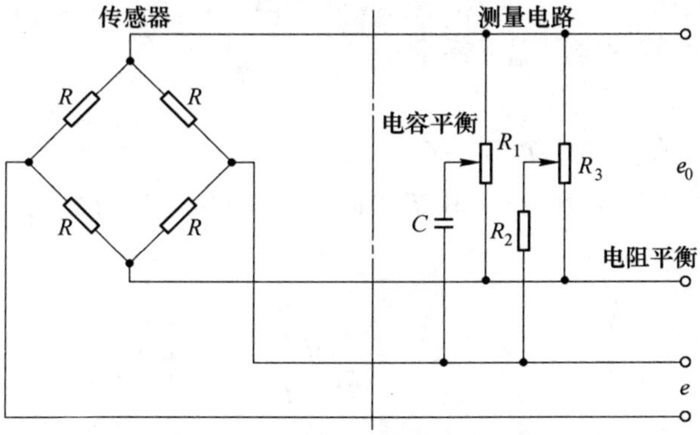


图 2-14　电桥初始平衡校准电路

#### 2.2.1.4 应变式传感器的参数调整与补偿

应变式传感器需要在环境条件比较恶劣的工业生产现场长期使用，属于永久性传感器，并且对其精确度要求高，所以在传感器的组装调试过程中需要进行必要的参数调整和补偿。图 2-15 为参数调整和补偿后的应变式传感器测量电路原理图。从图 2-15 中可以看出，应变式传感器的参数调整和补偿内容主要有四项。下面逐项加以介绍。

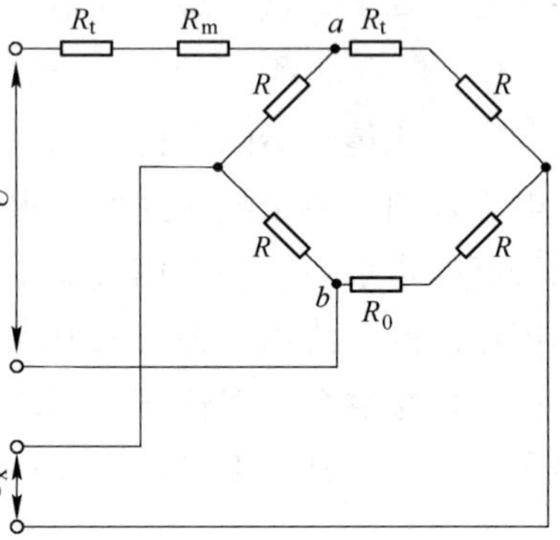

图 2-15 应变式传感器典型电路

A 传感器灵敏度的温度补偿

对于应变式传感器，其输出灵敏度的定义是，在额定载荷作用下，单位供桥电源电压所引起的桥路输出电压，即

$$K = \frac{e_m}{U} \tag{2-27}$$

式中 $K$——应变式传感器的输出灵敏度，mV/V；

$e_m$——在额定载荷作用下应变片电桥的输出电压，mV；

$U$——供桥电源的电压，V。

理论和实验表明，应变式传感器的输出灵敏度会随着温度而变化，其原因主要是由于弹性体的弹性模量随着温度的升高而下降，另外应变片的灵敏系数亦随温度变化。通常随着温度升高，传感器的输出灵敏度升高，亦即电桥的输出电压增加；因此在电桥的电源回路上串联一个电阻 $R_m$。它是由电阻温度系数较大的金属材料制成的，如镍丝的电阻温度系数约为 0.0063 ℃$^{-1}$。当温度升高时，$R_m$ 电阻增大，使实际供桥电压降低，电桥的输出电压下降，因而起到灵敏度温度补偿作用。通常应将 $R_m$ 尽量靠近应变片处。下面推导 $R_m$ 的计算表达式。

设在未加入 $R_m$、$R_s$ 时，电桥是由应变片接成的全桥，每臂的等效电阻为 $R$，供桥电源电压为 $U$。当温度为 $T_1$ 时测得传感器输出灵敏度为 $K_1$；温度为 $T_2$ 时测得输出灵敏度为 $K_2$，应变片的阻值为 $R'$，输出灵敏度补偿电阻 $R_m$ 变为 $R'_m$，则有

$$R' = R(1 + \alpha_g \Delta T) \tag{2-28}$$

$$R'_m = R_m(1 + \alpha_m \Delta T) \tag{2-29}$$

式中 $\alpha_g$——应变片的等效电阻温度系数；

$\alpha_m$——$R_m$ 的电阻温度系数；

$\Delta T$——温度变化值，即 $\Delta T = T_2 - T_1$。

当接上 $R_m$ 后，在温度分别为 $T_1$ 和 $T_2$ 时，实际供桥电压分别为

$$U_1 = \frac{UR}{R + R_m} \tag{2-30}$$

$$U_2 = \frac{UR'}{R' + R'_m} \tag{2-31}$$

为了达到补偿目的，应满足下列关系

$$K_1 U_1 = K_2 U_2 \tag{2-32}$$

将上列各式联立求解，可得出 $R_m$ 的计算表达式为

$$R_m = \frac{R(K_2 - K_1)}{K_1\frac{1 + \alpha_m \Delta T}{1 + \alpha_g \Delta T} - K_2} \tag{2-33}$$

B　传感器输出灵敏度调整

对于批量生产的应变式传感器，往往需要其输出灵敏度均相同。由于传感器的组成环节（如弹性体、应变片等）的制造公差等因素导致传感器的输出灵敏度不一致，因此需要通过灵敏度调整措施，使各传感器的输出灵敏度相同。通常是在电桥的电源回路上串联一个输出灵敏度标准化电阻 $R_s$，改变 $R_s$ 就可以调节灵敏度达到标准值，所需的 $R_s$ 值可按下式计算：

$$R_s = \frac{R(K_1 - K_0)}{K_0} - R_m \tag{2-34}$$

式中　$K_0$——规定的标准输出灵敏度，mV/V。

$R_s$ 一般用电阻温度系数尽量小的材料制成，例如锰铜。由于电桥电源电路中串入了 $R_m$ 和 $R_s$，使电桥输出灵敏度有所下降，故在弹性体和电路设计时，应预先使灵敏度适当提高一些。

C　传感器零点温度漂移补偿

根据对应变式传感器的实测结果表明，传感器在不承受载荷时，其零点输出基本上随温度成线性变化。因此需要对其零点温度漂移进行补偿，其补偿方法是，首先实测传感器输出的零点温度漂移值，然后根据漂移值的极性和大小，在适当的桥臂中串联一阻值合适的零点温漂补偿电阻 $R_t$，使 $R_t$ 随温度变化而产生的输出恰好与零点温漂电压数值相等而符号相反。$R_t$ 一般用电阻温度系数较高的金属材料制成，如铜丝、镍丝等。所需的 $R_t$ 值可按下式计算：

$$R_t = \frac{4X_t(R + R_m + R_s)}{1000\Delta T \cdot \alpha} \tag{2-35}$$

式中　$X_t$——温度变化 $\Delta T$ 时传感器输出零点温漂值，mV/V；

　　$\alpha$——$R_t$ 的电阻温度系数，1/℃。

D　传感器的零点补偿

传感器贴片、组桥后，由于应变片阻值有一定的制造公差和贴片过程产生的残余应力，使得弹性体不承载时桥路输出电压值不为零。因此需根据传感器输出零点电压值的大小和极性，以及桥路的平衡条件，在适当的桥臂上串入合适阻值的零点平衡电阻 $R_0$。它的作用是用以平衡掉由于应变片起始电阻值不同而造成电桥零点输出。所需 $R_0$ 阻值可按下式计算：

$$R_0 = \frac{4X_0(R + R_m + R_s)}{1000} \tag{2-36}$$

式中　$X_0$——未加 $R_0$ 时，电桥原始零点输出，mV/V。

$R_0$ 通常采用温度系数低的金属材料制成，例如锰铜、康铜丝等。

当进行高精度或高温条件下的测量时，塑性变形所引起的蠕变不容忽视，除了采取以

上调整、补偿措施以外，还应利用人工智能技术针对蠕变采取相应的措施[6]。

2.2.1.5 应变式传感器的应用

应变式传感器可分为粘贴式和非粘贴式两类。粘贴式传感器是将应变片粘贴于弹性体上，将弹性体的应变量通过应变胶传递给应变片，再经应变片转换成电阻值的变化；非粘贴式传感器是将应变丝固结于壳体和弹性敏感元件之间，用来将位移量转换成金属应变丝的电阻值变化，此类传感器亦称张丝式传感器。应变式传感器按其用途不同来分，可分为应变式测力传感器、应变式压力传感器、应变式加速度传感器、应变式位移传感器等。下面简要介绍几种典型的应变式传感器。

A 应变式测力传感器

测力传感器一般以弹性体作为力敏元件，用它将被测力的变化转换成应变量的变化，而在弹性体上粘贴的应变片再把应变量变换为电阻量的变化。图 2-16 列出了三种典型结构。柱式弹性体的特点是结构简单、紧凑，可承受很大载荷。根据弹性体截面形状可分为方形截面、圆形截面、空心截面等。当载荷较小时，为增大柱的曲率半径，便于粘贴应变片等，往往使用空心筒式结构。悬臂梁式弹性体结构简单，加工容易，应变片容易粘贴，灵敏度较高，适用于测量小载荷。环式也多用于测量较大载荷，与柱式相比，它的应力分布有正有负，如图 2-16（b）所示粘贴应变片，很容易接成差动电桥。

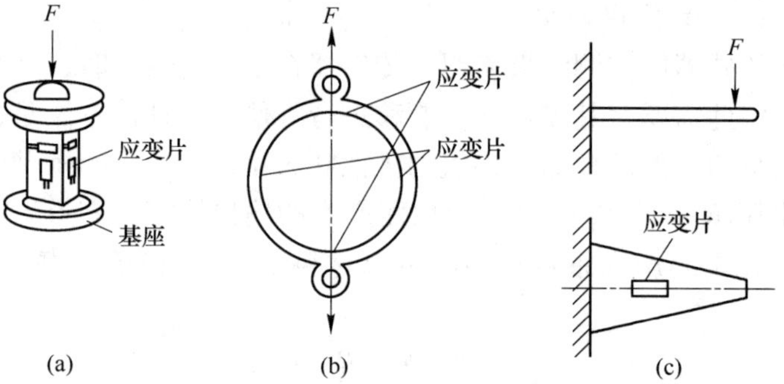


图 2-16 应变式测力传感器
（a）柱式；（b）环式；（c）悬臂梁式

B 应变式压力传感器

常见的应变式压力传感器有平膜式、筒式和组合式等。它们的结构原理图分别示于图 2-17~图 2-19。

平膜片压力传感器的压力测量范围为 $10^5 \sim 10^6$ Pa。平膜作为感压弹性元件，往往做成凸缘结构形式，以便于固结在壳体上。需根据应力分布，如图 2-17（b）所示粘贴应变片，并接成全桥电路。

筒式压力传感器一般用于测量较大压力，可达 $10^7$ Pa 以上。筒形弹性体一般用薄壁管制成。其壁厚 $h \ll r_o$ 时，管壁外表面的应变可表示为

$$\varepsilon = \frac{pr_i}{hE}(1 - 0.5\mu) \tag{2-37}$$

式中 $p$——被测压力；

$r_i$——筒形弹性体的内半径；

$\mu$——泊松系数；

$E$——弹性模量；

$h$——壁厚。

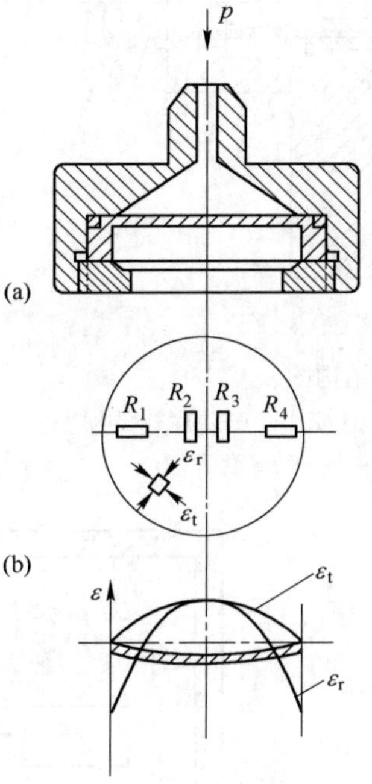


图 2-17 平膜式压力传感器

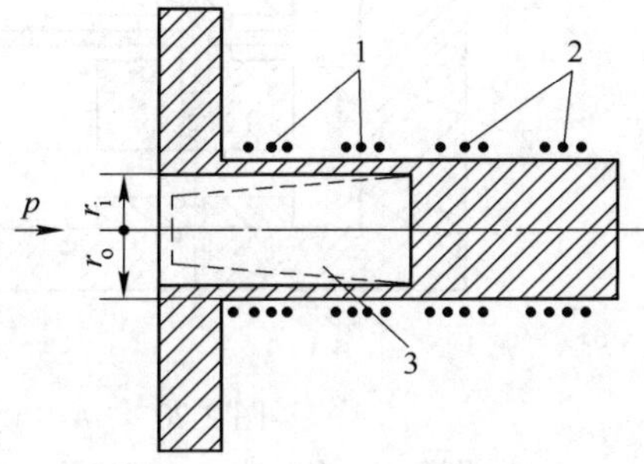


图 2-18 筒式压力传感器

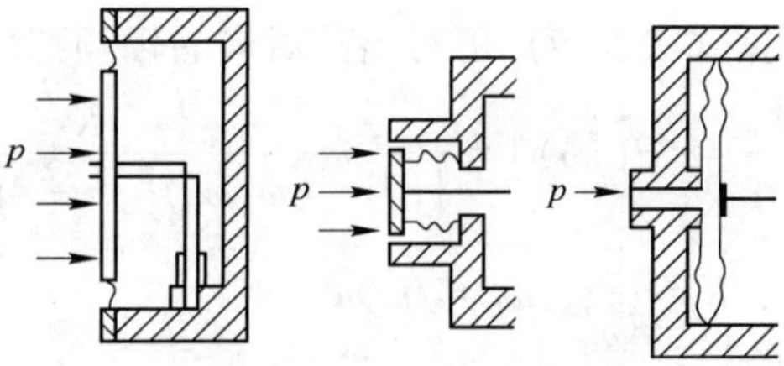


图 2-19 组合式压力传感器

传感器的两个工作用应变丝线圈 1（也可粘贴应变片）固定在筒的空心部分外表面，另外两个补偿用应变丝线圈 2 固定在筒的实心部分外表面，也可固定在锥形平衡器 3 上。

组合式压力传感器的压力敏感元件为膜片、膜盒、波纹管等，而应变片却粘贴在悬臂梁上。通常取悬臂梁的刚度比压力敏感元件的刚度高得多，以抑制后者的不稳定性和滞后等对测量的影响。它通常用于测量小压力。

C 应变式加速度传感器

应变式加速度传感器的结构原理图示于图 2-20。它主要由壳体、质量块、弹簧和应变片组成。内部充满硅油，以得到合适的阻尼。

为了研究加速度传感器的一般原理，可将图 2-20 所示加速度传感器抽象简化为图2-21 所示的二阶机械系统模型。令其弹簧刚度为 $k$，阻尼系数为 $c$，质量块的质量为 $m$。壳体的位移为 $x_1$，质量块的绝对位移（即相对地面的位移）为 $x_2$，质量块相对壳体的位移为 $x$。

根据力平衡关系可列出质量块的运动方程为

$$m\ddot{x}_2 + c\dot{x} + kx = 0 \tag{2-38}$$

设壳体作简谐振动，即 $x_1 = x_{1m}\cos\omega t$；又知 $x_2 = x + x_1$，可得

$\ddot{x}_2 = \ddot{x} - \omega^2 x_{1m}\cos\omega t$；代入式（2-38）可得

$$m\ddot{x} + c\dot{x} + kx = x_0\cos\omega t \tag{2-39}$$

式中，$x_0 = m\omega^2 x_{1m}$。

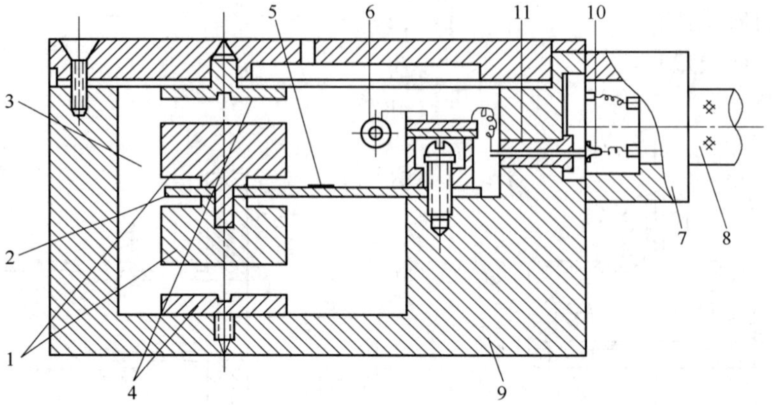


图 2-20 BAR-6 型加速度传感器结构图

1—质量块；2—应变梁；3—硅油阻尼液；4—保护块；5—应变片；6—温度补偿电阻；7—压线板；8—电缆；9—壳体；10—接线柱；11—绝缘套管

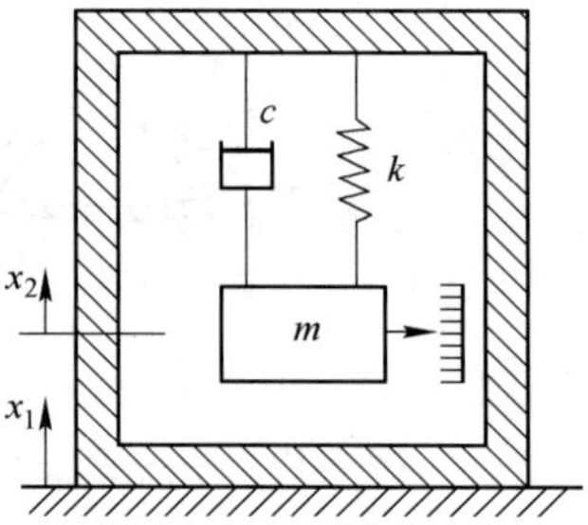


图 2-21 加速度传感器原理图

据式（2-39）可写出其对应的幅频特性为

$$\frac{x_m}{x_0}=|H(j\omega)|=\frac{K}{\{[1-(\omega/\omega_0)^2]^2+4\xi^2(\omega/\omega_0)^2\}^{1/2}}$$

式中，$K=\dfrac{1}{m\omega_0^2}$，$\omega_0=\sqrt{k/m}$。

由上式可得出

$$\frac{x_m}{x_{1m}}=\frac{x_0}{x_{1m}}|H(j\omega)|=\frac{(\omega/\omega_0)^2}{\sqrt{[1-(\omega/\omega_0)^2]^2+4\xi^2(\omega/\omega_0)^2}}$$

令

$$M=\frac{1}{\sqrt{[1-(\omega/\omega_0)^2]^2+4\xi^2(\omega/\omega_0)^2}}$$

可得出

$$x_m=M\frac{\omega^2}{\omega_0^2}x_{1m}=M\frac{a_1}{\omega_0^2} \tag{2-40}$$

式中，$a_1=\omega^2x_{1m}$，$a_1$ 为壳体加速度。当取 $\xi=0.6\sim0.7$，$\omega\ll\omega_0$ 时，$M$ 值近似为 1，于是式（2-40）可简化表示为

$$x_m=\frac{a_1}{\omega_0^2} \tag{2-41}$$

上式表明，质量块相对壳体的位移 $x$ 与壳体的加速度 $a_1$，成正比，测出位移 $x$，即可知壳体加速度。

应变式加速度传感器不是直接测量质量块相对壳体的位移，而是借助应变片和弹簧片测量与位移成正比的应变值。从上式可知，系统的固有振动圆频率 $\omega_0$ 越高，传感器的灵敏度越低。但是，固有振动圆频率 $\omega_0$ 越高，传感器的测试频率范围越宽。显然，二者是互相矛盾的，设计传感器时应综合考虑。

### 2.2.2 压阻式传感器

压阻式传感器是利用单晶硅半导体材料制作的，用于压力、拉力、压力差和可以转变为力变化的其他物理量（如液位、加速度、重量、应变、流量、真空度）的测量和控制。单晶硅材料在受到力的作用后，电阻率发生变化，通过测量电路就可得到正比于力变化的电信号输出。

压阻式传感器具有灵敏度高，体积小等优点，其敏感元件可以是用半导体材料制成的粘贴式敏感元件，也可以是利用集成电路工艺，在半导体基片上制成的扩散电阻。其缺点主要是温度特性比较差，工艺比较复杂。

2.2.2.1 压阻式传感器的工作原理

压阻式传感器是根据半导体材料的压阻效应在半导体材料的基片上经扩散电阻而制成的器件。其基片可直接作为测量传感元件，扩散电阻在基片内接成电桥形式。当基片受到外力作用而产生形变时，各电阻值将发生变化，电桥就会产生相应的不平衡输出。

A 压阻效应

当力作用于硅晶体时，晶体的晶格产生变形，使载流子从一个能谷向另一个能谷散射，引起载流子的迁移率发生变化，扰动了载流子纵向和横向的平均量，从而使硅的电阻率发生变化称为压阻效应。这种变化随晶体的取向不同而异，因此硅的压阻效应与晶体的取向有关。

B 半导体应变片的结构

压阻式传感器的敏感元件为半导体应变片，也称为基片（或称膜片），半导体应变片是利用半导体单晶硅的压阻效应制成的一种敏感元件。用作压阻式传感器的半导体应变片主要为硅片和锗片，其中硅片为敏感材料制成的硅压阻传感器应用比较普遍。

图 2-22 为半导体应变片的结构图，其中图 2-22（a）为薄膜型，它是利用真空沉积技术将半导体材料沉积在带有绝缘层的试件上或蓝宝石上，通过改变真空沉积时衬底的温度来控制沉积层电阻率的高低，从而控制电阻温度系数和灵敏度系数。其组成部分包括锗膜、金属箔基底、绝缘层和引出线，锗膜感受压力并将其转换为电阻的变化，该变化值通过引出线测量；图 2-22（b）为扩散型，是将 P 型杂质扩散到一个高电阻 N 型硅基底上，形成一层极薄的 P 型导电层，然后用超声波或热压焊法焊接引线而制成。其组成部分为敏感层，也就是 P 型硅扩散层、高阻 N 型硅、二氧化硅绝缘层、铝电极和引出线组成。

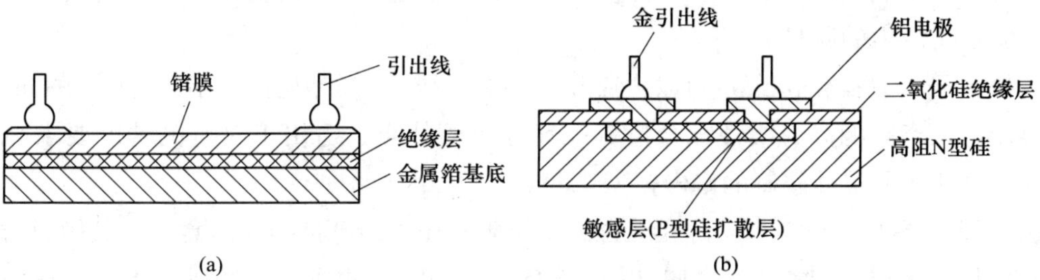


图 2-22 半导体应变片的结构图

（a）薄膜型半导体应变片；（b）扩散型半导体应变片

2.2.2.2 压阻式传感器测量电路

硅压阻式压力传感器的敏感元件是硅膜片，一般情况下，在硅膜片特定方向上有4个等值的半导体电阻，它们在硅膜片上的位置与方向设置要根据晶向和应力来决定，这4个电阻通过引线连接到电桥电路的4个桥臂，组成全桥方式工作的电桥电路，作为传感器的测量电路，如图2-23所示。当膜片受到外界压力作用，电桥失去平衡时，若对电桥加激励电源（恒流和恒压），便可得到与被测压力成正比的输出电压，从而达到测量压力的目的。

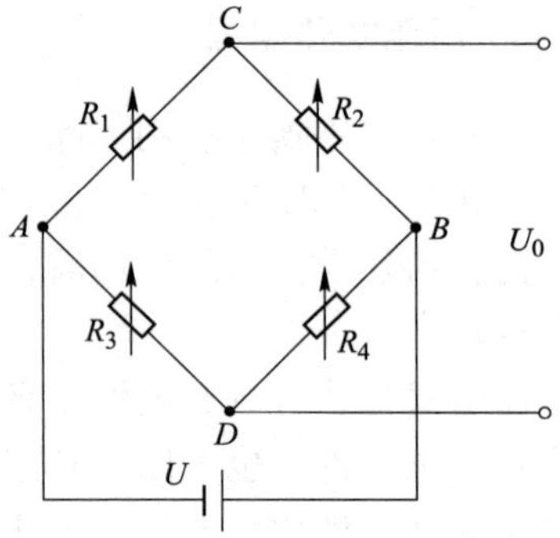

图2-23 全桥方式工作的电桥电路

2.2.2.3 压阻式传感器的应用

A 压力传感器

图2-24所示为用于在岩土工程中测量土压力的压力传感器封装图，是一种以多晶硅为弹性体，采用先进微型化制作工艺集成硅膜片作为敏感元件的微型硅压阻式传感器，主要包括多晶硅膜片、丝网印刷线路和金属外壳，多晶硅膜片作为受力面与丝网印刷线路之间留有空腔。微型硅压阻式土压力硅膜片上4只电阻器之间通过丝网印刷线路连接，并用金属外壳进行精细微型封装，土压力传感器尺寸为10 mm×6 mm（直径×高度）。

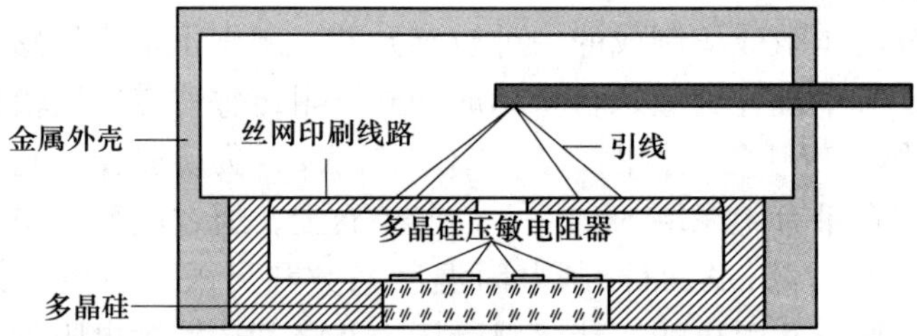

图2-24 微型硅压阻式土压力传感器和孔封装结构

硅压阻式压力传感器利用多晶硅的压阻效应，在压力膜片上淀积的绝缘层二氧化硅上淀积制备4个多晶硅压敏电阻，组成惠斯通电桥，将硅膜片上所受的土压力转换为电信号变化值实现土压力的测量。

这种土压力传感器的灵敏度可以达到3.495 mV/V/kPa，零点输出很小，只有3.99 mV，而且具有压力动态频响高、线性拟合度高、尺寸小等特点，适用于对监测精度要求高的工程，尤其适用于受尺寸限制的室内模型试验。

图2-25为SOI基与纳米硅薄膜结合的微压阻式压力传感器结构示意图，其敏感薄膜由$SiO_2$绝缘层、上层硅和氮化铝薄膜结构（$SiO_2$+Si+AlN）构成。选择氮化铝薄膜作为绝缘层，便于散热，可以很好地改善温度特性，减小零点温度漂移。4个P型纳米硅薄膜压敏电阻置于敏感薄膜上。压力传感器可以应用在电子血压计、无人机等的压力测量。

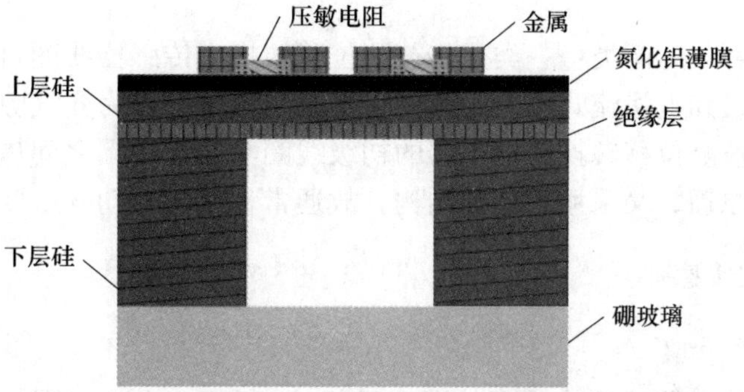


图 2-25 SOI 基纳米硅薄膜微压阻式压力传感器结构示意图

压力传感器的线性度好、灵敏度高，在−40～125 ℃的工作温度范围内，温度稳定性比较好。

B 加速度传感器

在质量恒定情况下，力和加速度成正比关系，所以可以通过测力传感器完成加速度的测量。压阻式加速度传感器具有制造工艺成熟、后端调理电路简单、频率响应范围较宽等突出优势，应用较为广泛。压阻式加速度传感器中，一种常见的结构为双端四梁结构，其开槽结构示意图如图 2-26 所示，当外部加速度载荷作用时，质量块带动四根梁沿 $z$ 轴运动，故一阶模态为该结构的主要工作模式，选取一阶模态对应的频率值为该结构的固有频率，该结构的固有频率为 6.92 kHz，该传感器输出电压与加速度载荷呈线性关系。

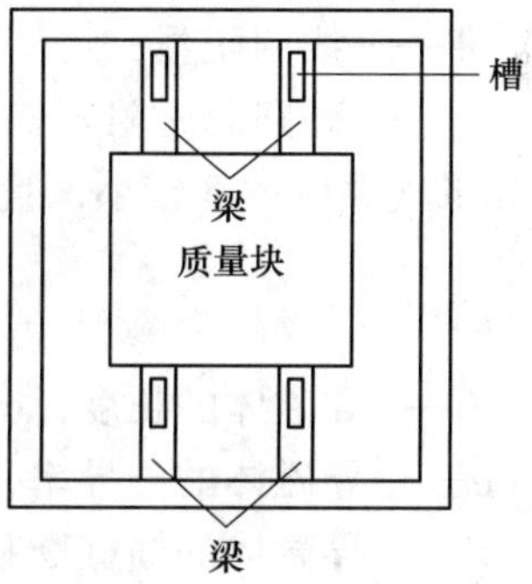


图 2-26 双端四梁开槽结构示意图

## 2.3 电感式传感器

电感式传感器是基于电磁感应原理工作的。它将被测位移变化转换为自感系数 $L$ 或互感系数 $M$ 的变化，再经测量电路将 $L$ 或 $M$ 的变化转换为电压或电流变化，作为传感器的输出信号。

电感式传感器的主要优点是：

（1）结构简单、可靠，测量力小（电磁吸引力的数量级为 $10^{-3}$ N）；

（2）灵敏度高，最高分辨力达 0.1 μm；

（3）测量精确度高，输出线性度可达±0.1%；

（4）输出功率较大，在某些情况下可不经放大直接接二次仪表。

当然，这种传感器也有缺点，其主要缺点是：传感器本身的频率响应不高，不适于快速动态测量；对激磁电源的频率和幅度的稳定度要求较高；传感器分辨力与测量范围有关，测量范围大，分辨力低，反之则高。电感式传感器除在工业测量领域中广泛用于测量机械位移外，它也广泛用于能转换成位移的各种参数的测量，如压力、张力等多种物理量。

电感式传感器可分为两类：一类是将被测位移转换为传感器线圈自感系数的变化，它又可分为可变磁阻式和电涡流式两类，其中可变磁阻式又可分为变气隙式和动铁芯式两种型式；另一类是将被测位移转换为传感器的初级线圈与次级线圈之间耦合程度的变化，由于它利用了变压器原理，又采用了差动结构，故通常称其为差动变压器。

## 2.3.1 可变磁阻式传感器

### 2.3.1.1 工作原理

变气隙式电感传感器的结构原理如图 2-27（a）所示。它由线圈、铁芯和衔铁三部分组成。当衔铁位移时，气隙厚度 $\delta$ 发生变化，从而使其电感量发生变化。线圈的电感值 $L$ 可按下式计算

$$L = \frac{W^2}{R_M} \tag{2-42}$$

式中 $W$——线圈匝数；

$R_M$——磁路总磁阻。

如果气隙厚度 $\delta$ 较小，且不考虑磁路的铁损，则总磁阻可表示为

$$R_M = \frac{l}{\mu S} + \frac{2\delta}{\mu_0 S} \tag{2-43}$$

式中 $l$——导磁体的长度，cm；

$\mu$——导磁体的磁导率，H/cm；

$S$——导磁体的横截面积，$cm^2$；

$\delta$——气隙厚度，cm；

$\mu_0$——空气的磁导率，$\mu_0 = 4\pi\times10^{-9}$ H/cm。

通常导磁体的磁阻与气隙的磁阻相比很小，计算时可以忽略。线圈的电感值由式(2-42)和式（2-43）导出，经简化后为

$$L=\frac{W^2\mu_0 S}{2\delta} \tag{2-44}$$

从上式可以看出，电感 $L$ 与气隙 $\delta$ 成反比，其关系曲线示于图 2-27（b）。图中 $L_0$ 为漏磁产生的电感。当气隙变化 $\Delta\delta$，使电感变化 $\Delta L$ 时，若 $\Delta\delta \ll \delta$，可得 $\frac{\Delta\delta}{\delta} = -\frac{\Delta L}{L}$。将此关系代入式（2-44）中可得

$$\frac{\Delta L}{\Delta\delta} = -\frac{W^2\mu_0 S}{2\delta^2} \tag{2-45}$$

上式表明，传感器灵敏度 $\frac{\Delta L}{\Delta\delta}$ 与 $\delta^2$ 成反比；气隙 $\delta$ 越小，传感器灵敏度越高。为了改善此种传感器的 $L$-$\delta$ 关系曲线的线性度，常采用差动结构。此种传感器的灵敏度较高，适于小位移测量，测量范围为 0.001～1 mm。

螺管式电感传感器的结构原理如图 2-28 所示。它的作用原理是基于线圈漏磁路径中的磁阻变化。它主要由螺管线圈和圆柱形铁芯组成。传感器工作时，铁芯在线圈中伸入长

度发生变化，引起螺管线圈电感值的变化；其间关系为非线性关系，为改善线性度，亦常采用差动结构。这种传感器的灵敏度比较低，适于测量比较大的位移，测量范围由数毫米到几百毫米。其主要优点是结构简单，易于制作。

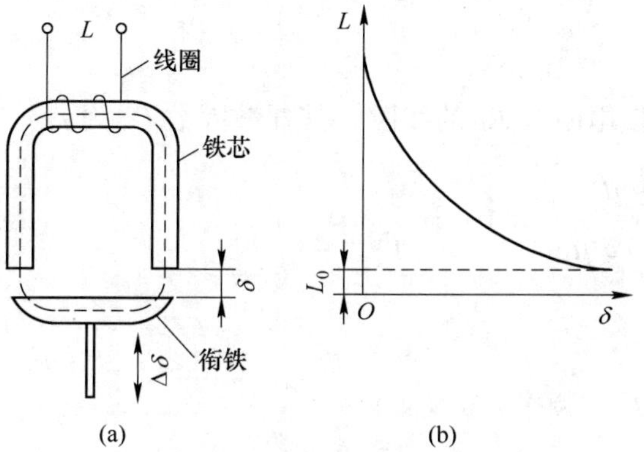


图 2-27 可变磁阻式传感器原理
（a）工作原理；（b）电感与气隙的关系

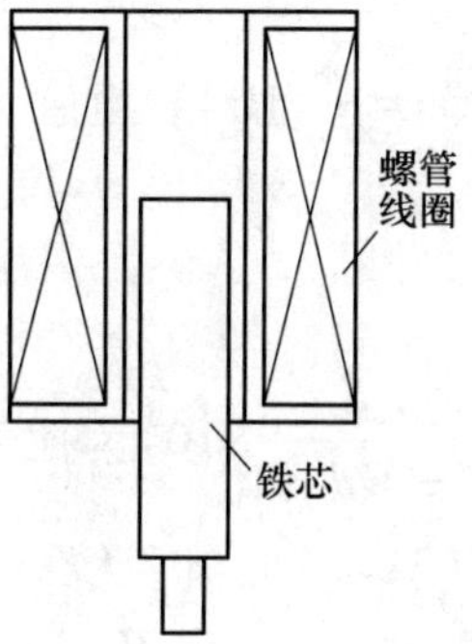


图 2-28 螺管式电感传感器

### 2.3.1.2 等效电路

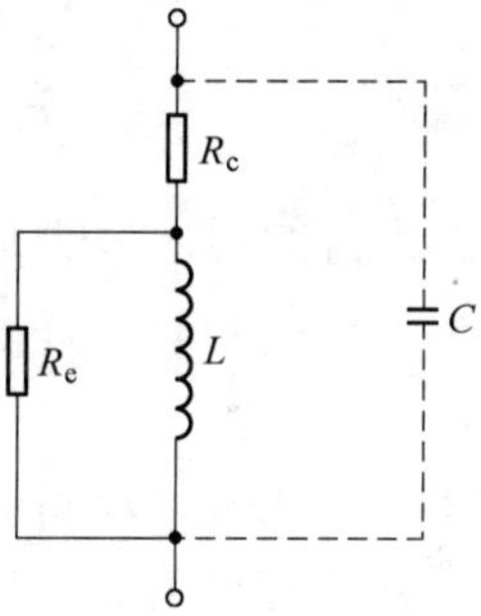


图 2-29 电感线圈的等效电路

由于电感式传感器常采用铁磁体作为铁芯，所以传感器线圈的等效电路可用图 2-29 所示电路表示。电路中与电感 $L$ 并联的电阻 $R_e$ 为铁芯的涡流损耗等效电阻，与电感 $L$ 串联的电阻 $R_c$ 为线圈的铜损等效电阻，电容 $C$ 为线圈的固有寄生电容。下面将针对等效电路的诸参数分别加以讨论。

A 电感 $L$

对带铁芯的均匀绕制的环形线圈，若其匝数为 $W$，铁芯长度为 $l$(m)，通过电流为 $I$(A)，则线圈内的磁场强度 $H$(A/m) 为

$$H=\frac{WI}{l} \tag{2-46}$$

磁感应强度 $B$(T) 为

$$B=\mu_0\mu H=\mu_0\mu\frac{WI}{l}=4\pi\times10^{-7}\mu\frac{WI}{l} \tag{2-47}$$

式中 $\mu_0$——真空磁导率，$\mu_0=4\pi\times10^{-7}$ H/m；

$\mu$——铁芯的相对磁导率。

设 $S$(m$^2$) 为线圈的横截面积，则通过线圈中每一匝的磁通量为 $\Phi_1=BS$，通过线圈 $W$ 匝的总磁通量 $\Phi$(Wb) 为

$$\Phi=\Phi_1W=\mu_0\mu\frac{W^2I}{l}S=4\pi\times10^{-7}\mu I\frac{W^2}{l}S \tag{2-48}$$

则线圈的自感系数 $L$(H) 为

$$L=\frac{\Phi}{I}=4\pi\times10^{-7}\mu\frac{W^2S}{l} \tag{2-49}$$

B 铜损电阻 $R_c$

设线圈由 $W$ 匝，直径为 $d$(m)，电阻率为 $\rho_c$(Ω·m) 的导线绕成，则其电阻为

$$R_c = \frac{4\rho_c W l_c}{\pi d^2} \tag{2-50}$$

式中 $l_c$——线圈平均匝长，m。

当频率 $f=\dfrac{\omega}{2\pi}$(Hz)，电感为 $L$(H)，铜损电阻为 $R_c$ 的线圈，其耗散因数 $D_c$ 为

$$D_c = \frac{R_c}{\omega L} = \frac{\rho_c l l_c}{2\pi^3 W d^2 \mu S f} \times 10^7 = \frac{c}{f} \tag{2-51}$$

式中，$c=\dfrac{\rho_c l l_c}{2\pi^3 W d^2 \mu S}\times 10^7$ 为比例系数。

由式（2-51）可知，线圈的耗散因数 $D_c$ 与频率 $f$ 成反比。

C 涡流损耗电阻 $R_e$

现考虑一个有小气隙的铁芯，它由厚度为 $t$(m) 的铁芯片叠成。若 $p$ 为涡流的透入深度，当 $t/p<2$ 时，$R_e$ 可用下式表示

$$R_e = \frac{6}{(t/p)^2}\omega L = \frac{12\rho_1 S W^2}{l t^2} \tag{2-52}$$

涡流的透入深度 $p$(m) 可表示为

$$p = \sqrt{\frac{\rho_1}{\mu_0 \mu \pi f}} \tag{2-53}$$

式中，$\rho_1$ 为铁芯材料的电阻率，$\mu$ 为其磁导率。为了增加铁芯材料的电阻率，减少涡流损耗，铁芯可采用薄片叠成，或者采用铁氧体材料。

由 $R_e$ 引起的线圈的耗散因数 $D_e$ 为

$$D_e = \frac{\omega L}{R_e} = \frac{\pi f \mu_0 \mu t^2}{6\rho_1} = \frac{2\pi^2 f \mu t^2}{3\rho_1} \times 10^{-7} = ef \tag{2-54}$$

式中 $e$——比例系数。

式（2-54）表明，$D_e$ 与 $f$ 成正比。

此外，还有磁滞损耗电阻 $R_h$ 引起的线圈耗散因数 $D_h$。$D_h$ 与气隙有关，气隙越大，$D_h$ 越小，并且 $D_h$ 不随频率变化。

D 耗散因数 $D$ 和品质因数 $Q$

具有叠片铁芯的电感线圈，其总耗散因数 $D$ 为三个耗散因数之和，即

$$D = D_c + D_e + D_h = \frac{c}{f} + ef + h \tag{2-55}$$

耗散因数的最小值发生在 $f_m$ 处，$f_m$ 的值为

$$f_m = \sqrt{\frac{c}{e}} \tag{2-56}$$

此时，$D_{min} = h + 2\sqrt{ce}$。

线圈的品质因数 $Q$ 为耗散因数 $D$ 的倒数。$Q$ 的最大值为

$$Q_{max} = \frac{1}{h + 2\sqrt{ce}} \tag{2-57}$$

通常 $h$ 与 $ce$ 相比可以忽略，故

$$Q_{max} \approx \frac{1}{2\sqrt{ce}} \tag{2-58}$$

E 有并联寄生电容的电感线圈

如图 2-29 所示，电感传感器的线圈中存在一个与线圈电感并联的寄生电容 $C$，此电容主要是绕组的固有电容及电缆电容所引起的。对于无并联电容的线圈，其阻抗为

$$Z = R + j\omega L$$

式中 $R$——线圈的总等效电阻。

对于有并联电容的线圈，其阻抗为

$$Z_s = \frac{R}{(1-\omega^2 LC)^2 + \left(\frac{\omega^2 LC}{Q}\right)^2} + j\frac{\omega L\left[(1-\omega^2 LC) - \left(\frac{\omega^2 LC}{Q^2}\right)\right]}{(1-\omega^2 LC)^2 + \left(\frac{\omega^2 LC}{Q}\right)^2} \tag{2-59}$$

当线圈品质因数 $Q=\omega L/R$ 较高时，$(1/Q^2) \ll 1$，则上式可简化表示为

$$Z_s = \frac{R}{(1-\omega^2 LC)^2} + \frac{j\omega L}{1-\omega^2 LC} = R_s + j\omega L_s \tag{2-60}$$

由式（2-60）可以看出，当线圈有电容并联时，其等效串联损耗电阻和等效电感均增加了，而 $Q$ 值却减小了。

考虑并联寄生电容的传感器，其等效电感的相对变化量为

$$\frac{dL_s}{L_s} = \frac{1}{1-\omega^2 LC} \times \frac{dL}{L} \tag{2-61}$$

式（2-61）表明，并联电容后使电感传感器的灵敏度有所增加，因此需根据测量设备所用的电缆实际长度对传感器的灵敏度进行校准。

根据上列推导和分析可概括出下列结论：

（1）线圈的电感量随其匝数的平方线性增长，与其铁芯的尺寸和材质有关。

（2）线圈品质因数的最大值 $Q_{max}$ 随铁芯片厚度 $t$ 减小而增大，随铁芯电阻率 $\rho_1$ 的增加而增加。

（3）耗散因数最小值发生时所对应的频率 $f_m$ 随铁芯磁导率 $\mu$ 的增加而减小，而随气隙的增加而增加。

（4）除 $t$ 以外，所有其他尺寸的增加，将使 $Q_{max}$ 增加，$f_m$ 减小。这意味着，在低频处 $Q$ 值高的线圈无法做得小于某一尺寸。

#### 2.3.1.3 输出特性

A 变气隙式电感传感器

一个具有铁芯磁路长度为 $l$，线圈匝数为 $W$，线圈横截面积为 $S$，气隙厚度为 $\delta$ 的电感线圈的电感量 $L$ 已由式（2-49）给出，即

$$L=\frac{\mu_0\mu W^2 S}{l}=4\pi\times10^{-7}\frac{\mu W^2 S}{l}$$

式中，$\mu$ 为含气隙磁路的等效磁导率，其值为$\mu=\dfrac{\mu_s}{1+(\delta/l)\ \mu_s}$，其中 $\mu_s$ 为铁芯材料的相对磁导率。

对已知线圈，其电感量 $L$ 可简化表示为

$$L=K\frac{1}{\delta+l/\mu_s} \tag{2-62}$$

式中，$K=4\pi\times10^{-7}SW^2$ 为一常数。

若气隙减小 $\Delta\delta$，则电感量增加 $\Delta L$，即

$$L+\Delta L=K\frac{1}{\delta-\Delta\delta+l/\mu_s} \tag{2-63}$$

将 $K$ 值代入上式，并加以化简得

$$\frac{\Delta L}{L}=\frac{\Delta\delta}{\delta}\cdot\frac{1}{1+l/(\delta\cdot\mu_s)}\cdot\frac{1}{1-(\Delta\delta/\delta)[1/(1+1/\delta\mu_s)]} \tag{2-64}$$

若$\left|\dfrac{\Delta\delta}{\delta}\cdot\dfrac{1}{1+l/(\delta\mu_s)}\right|\ll1$，则式（2-64）可表示为

$$\frac{\Delta L}{L}=\frac{\Delta\delta}{\delta}\cdot\frac{1}{1+l/(\delta\mu_s)}\left[1+\frac{\Delta\delta}{\delta}\cdot\frac{1}{1+l/(\delta\mu_s)}+\left(\frac{\Delta\delta}{\delta}\cdot\frac{1}{1+l/(\delta\mu_s)}\right)^2+\cdots\right] \tag{2-65}$$

同理，若气隙增加，则电感量减小，于是可得

$$\frac{\Delta L}{L}=\frac{\Delta\delta}{\delta}\cdot\frac{1}{1+l/(\delta\mu_s)}\left[1-\frac{\Delta\delta}{\delta}\cdot\frac{1}{1+l/(\delta\mu_s)}+\left(\frac{\Delta\delta}{\delta}\cdot\frac{1}{1+l/(\delta\mu_s)}\right)^2+\cdots\right] \tag{2-66}$$

由式（2-65）和式（2-66）可以看出，若传感器的电感线圈作成差动结构形式，即衔铁位移使一个线圈电感增加，而使另一个线圈电感减小，则输出为两者的代数和，因而表达式中的偶次幂项互相抵消，使非线性大为减小。图 2-30 表示了单个线圈与差动结构时传感器的输出特性。

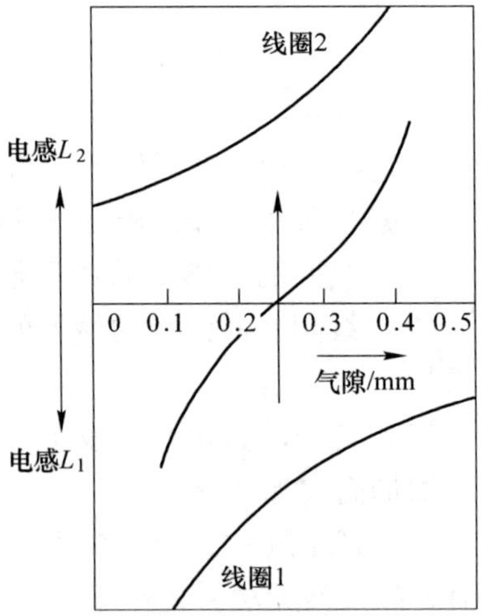


图 2-30　差动传感器的输出特性

若气隙的相对变化量极小，则对式（2-62）两端取对数，再求导数可得

$$\frac{dL}{L}=-\frac{d\delta}{\delta}\cdot\frac{1}{1+l/(\delta\mu_s)} \tag{2-67}$$

式（2-67）表明，当$\dfrac{\Delta\delta}{\delta}\ll1$ 时，可近似用增量式表示微分，即$\dfrac{\Delta\delta}{\delta}\approx\dfrac{d\delta}{\delta}$，$\dfrac{\Delta L}{L}\approx\dfrac{dL}{L}$。这时传感器的输出特性有较好的线性度。另一方面，可通过减小 $l/(\delta\mu_s)$ 值来提高传感器的灵敏度。显然，使铁芯长度 $l$ 变短，选磁导率 $\mu_s$ 高的导磁材料作铁芯，就可实现这一目的。

B 螺管式电感传感器

对于一个有限长的螺管式线圈，如图 2-31 所示，其线圈长度为 $l$，线圈的平均半径为 $r$，线圈匝数为 $W$，流过线圈的电流为 $I$。

根据电磁学可知，沿着轴向的磁场强度 $H$ 为

$$H = \frac{IW}{2l}\left[\frac{l+2x}{\sqrt{4r^2+(l+2x)^2}} + \frac{l-2x}{\sqrt{4r^2+(l-2x)^2}}\right] \tag{2-68}$$

从图 2-31 中的磁场强度分布曲线可以看出，在铁芯刚插入时的灵敏度比铁芯插入线圈一半左右时灵敏度低得多。只有在线圈中段才有较好的线性关系，此时 $H$ 的变化比较小。

对于差动螺管线圈，如图 2-32 所示，它沿轴向的磁场强度 $H$ 由下式给出

$$H = \frac{IW}{2l}\left[\frac{l-2x}{\sqrt{4r^2+(l-2x)^2}} - \frac{l+2x}{\sqrt{4r^2+(l+2x)^2}} + \frac{2x}{\sqrt{r^2+x^2}}\right] \tag{2-69}$$

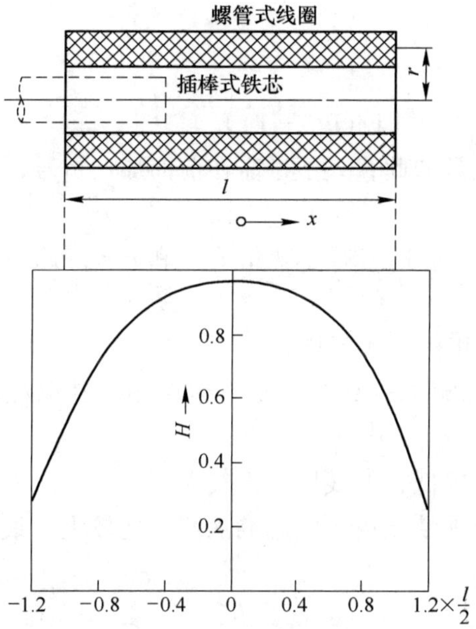


图 2-31 螺管式线圈沿轴向的磁场强度分布曲线

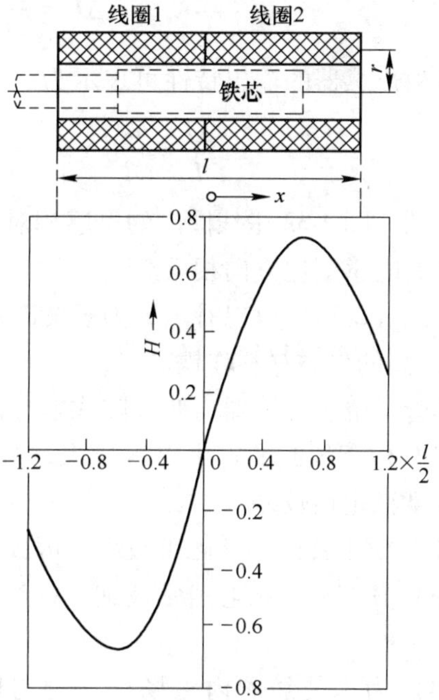


图 2-32 差动螺管线圈沿轴向磁场分布曲线

取铁芯长度在 $0.6l$ 左右时，铁芯工作在 $H$ 分布曲线的转折处，可获得较好的线性关系。

若忽略有限长线圈内磁场强度分布的不均匀性，就可以对螺管线圈的特性作近似地分析。如图 2-33 所示，对 $W$ 匝单层线圈，线圈长度为 $l$，线圈半径为 $r$，则线圈的电感 $L$ 为

$$L = \frac{\mu_0 W^2 \pi r^2}{l} \tag{2-70}$$

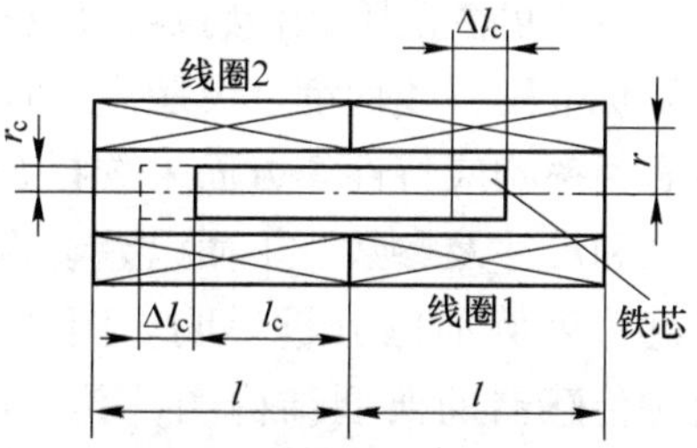


图 2-33 差动螺管线圈型传感器

若引进一铁芯，其长度亦为 $l$，半径为 $r_c$，则线圈电感增加为

$$L=\frac{\mu_0 W^2 \pi}{l}[r^2+(\mu_m-1)r_c^2] \tag{2-71}$$

式中　$\mu_m$——铁芯材料的相对磁导率。

若铁芯长度 $l_c$ 小于线圈长度 $l$，则线圈的电感为

$$L=\frac{\mu_0 W^2 \pi}{l^2}[lr^2+(\mu_m-1)l_c r_c^2] \tag{2-72}$$

如图 2-33 所示，将铁芯向线圈 2 中推进 $\Delta l_c$，则线圈 2 的电感 $L$ 增加 $\Delta L$，即

$$L+\Delta L=\frac{\mu_0 W^2 \pi}{l^2}[lr^2+(\mu_m-1)r_c^2(l_c+\Delta l_c)] \tag{2-73}$$

电感的变化量 $\Delta L$ 为

$$\Delta L=\frac{\mu_0 W^2 \pi}{l^2}r_c^2(\mu_m-1)\Delta l_c \tag{2-74}$$

这种传感器的输出特性可表示为

$$\frac{\Delta L}{L}=\frac{\Delta l_c}{l_c}\cdot\frac{1}{1+(l/l_c)(r/r_c)^2[1/(\mu_m-1)]} \tag{2-75}$$

同理，图 2-33 中线圈 1 的电感相对变化也是如此，只不过需在前面加一负号，表示与线圈 2 的电感变化方向相反。

由式（2-75）可以看出，为了提高灵敏度，应适当减小比值 $l/l_c$ 和 $r/r_c$，选择相对磁导率 $\mu_m$ 高的导磁材料作铁芯。

螺管式电感传感器与变气隙式电感传感器相比有如下特点：

（1）由于线圈的寄生电容较大，当激励源频率较高时，易产生谐振，其铜耗电阻较大，温度稳定性较差。

（2）由于其磁路的磁阻较大，因此灵敏度较低，但线性范围较大。

（3）其圆柱形铁芯通常较细，一般用工业纯铁制成，铁芯的涡流损耗较大，线圈的 $Q$ 值较低。

（4）为了使线圈内磁场分布均匀地变化，对线圈绕制、铁芯和外壳的加工要求较高。

对于可变磁阻式传感器，应根据所要求的测量范围、线性度、灵敏度、使用环境温度和频率响应特性等方面来选择合理的结构形式和尺寸及参数。下面以差动螺管式电感传感器为例加以分析说明。图 2-34 所示为此种传感器的典型结构图，其铁芯长为 $l_c$，线圈总长为 $l$。

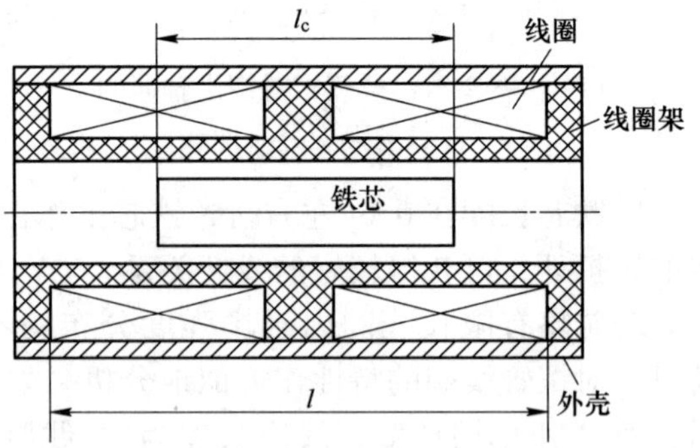

图 2-34　差动螺管式传感器简图

为了满足当铁芯移动时线圈内部磁通变化的均匀性，以保持输出特性的线性度，对此

传感器有下列三方面要求：（1）铁芯的加工精度；（2）线圈骨架的加工精度；（3）线圈绕制的均匀性。

对于一个尺寸已经基本确定的传感器，若仅仅改变铁芯的长度或线圈匝数，而不改变其余参数，也可以使它的线性范围变化。

改变铁芯长度对传感器输出特性的影响示于图 2-35。从图中可以看出，当铁芯长 $l_c$ 增大时，输出灵敏度下降。考虑到输出特性的线性范围，铁芯长度有一个最佳值，此最佳值一般由实验确定。

改变线圈匝数对传感器输出特性的影响示于图 2-36。从图中可以看出，线圈匝数 $W$ 增加时，输出灵敏度相应增加。考虑到输出特性的线性度，匝数 $W$ 也有一个最佳值，此最佳值也可以由实验确定。

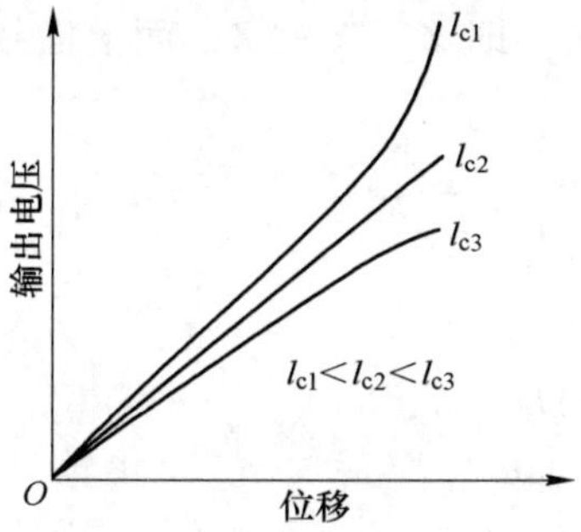


图 2-35 改变铁心长度时传感器的输出特性

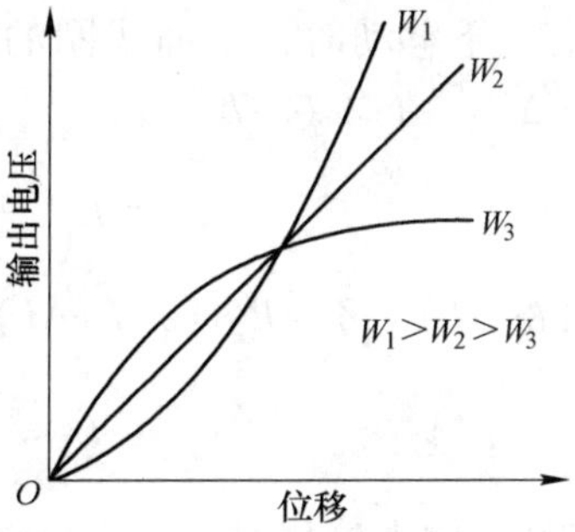


图 2-36 改变线圈匝数时传感器的输出特性

线圈的电感量取决于线圈的匝数和磁路的磁导率大小。电感量大些，输出灵敏度也高。但是，用提高匝数来增大电感量不是好办法，因为随着匝数的增加，线圈的电阻也增加；而线圈的电阻值受温度影响较大，使传感器的温度特性变差。因此，为了增加电感量，应尽量考虑增加磁路的等效磁导率。可行方法之一是，使铁芯外径尽量接近线圈骨架内径，但它们之间的间隙不能过小，否则铁芯与线圈骨架之间摩擦力过大，易卡住。

通常此种传感器的总磁阻比外壳和铁芯的磁阻大得多，因此只要选择磁导率值比较稳定，而且热膨胀系数较小的导磁材料制作外壳和铁芯即可。目前，差动螺管式电感传感器的外壳多采用低碳钢，其铁芯多采用工业纯铁和镍基合金制作。

#### 2.3.1.4 测量电路

交流电桥是可变磁阻式电感传感器的主要测量电路。它的作用是将线圈电感的变化转换成桥路的电压或电流输出。交流电桥的形式较多，下面介绍两种应用较普遍的电桥。

##### A 变压器电桥

经常与差动可变磁阻式电感传感器相配合应用的变压器电桥原理图示于图 2-37。电桥由交流恒压源 $E$ 供电，电源频率与被测位移信号的频率相比是较高的，约为位移变化频率的十倍。这样才能满足对传感器动态响应频率的要求。供桥电源频率取得较高，还可以减少传感器输出特性受温度变化的影响，并提高其输出灵敏度，但不利的是增加了铁芯涡流损耗和寄生电容带来的影响。

电桥的两臂 $Z_1$ 和 $Z_2$ 为传感器线圈的等效阻抗，另两臂分别为电源变压器次级线圈的一半。电桥对角线 $A$、$B$ 两点的电位差为输出电压 $\dot{U}_o$。由图 2-37 可以看出，输出电压 $\dot{U}_o$ 可表示为

$$\dot{U}_o = \dot{E}\left(\frac{Z_2}{Z_1 + Z_2} - \frac{1}{2}\right) \tag{2-76}$$

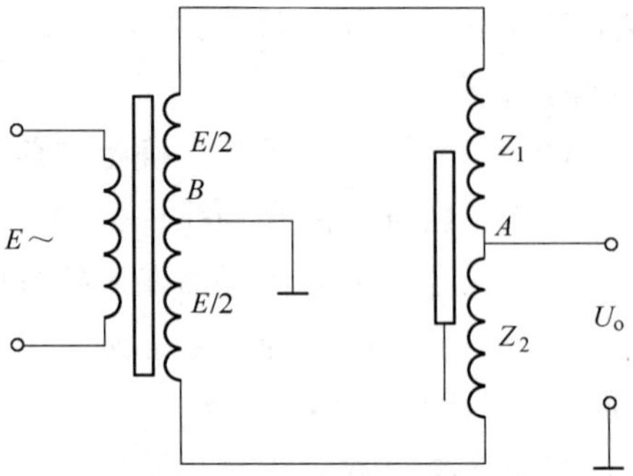

图 2-37　差动电感传感器的电桥电路

当传感器的铁芯处于中间位置时，两线圈的等效阻抗相等。此时电桥平衡，输出电压 $\dot{U}_o=0$。当铁芯向下移动时，下面线圈的阻抗增加，即 $Z_2=Z+\Delta Z$；而上面线圈的阻抗减小，即 $Z_1=Z-\Delta Z$。由式（2-76）得

$$\dot{U}_o = \dot{E}\left(\frac{Z + \Delta Z}{2Z} - \frac{1}{2}\right) = \frac{\Delta Z}{2Z}\dot{E} \tag{2-77}$$

令 $Z_1=R_s+j\omega(L-\Delta L)$，$Z_2=R_s+j\omega(L+\Delta L)$，则有

$$\dot{U}_o = \frac{\dot{E}}{2} \cdot \frac{j\omega\Delta L}{R_s + j\omega L} \tag{2-78}$$

同理，当铁芯向上位移时，下面线圈的阻抗减小，即 $Z_2=Z-\Delta Z$；上面线圈阻抗增加，即 $Z_1=Z+\Delta Z$。此时输出为

$$\dot{U}_o = \left(\frac{Z - \Delta Z}{2Z} - \frac{1}{2}\right)\dot{E} = -\frac{\Delta Z}{2Z}\dot{E} \tag{2-79}$$

若 $Z_1=R_s+j\omega(L+\Delta L)$，$Z_2=R_s+j\omega(L-\Delta L)$，则

$$\dot{U}_o = \frac{\dot{E}}{2} \cdot \frac{-j\omega\Delta L}{R_s + j\omega L} \tag{2-80}$$

比较式（2-78）和式（2-80）可以看出，两者输出电压 $\dot{U}_o$ 的大小相等，但相位相反。由于输出电压 $\dot{U}_o$ 为交流电压，所以还需经交流放大、整流和滤波后才能输送给显示器进行测量结果显示。为了显示器的显示值能反映传感器铁芯的位移方向，最好采用相敏整流。这是因为相敏整流器的输出电压及性能反映输入交流电压的相位变化。

变压器电桥作为测量电路使用的优点是：电路所含元件数量少，结构简单；电路本身的输出阻抗低，线性度高；变压器副边作为电桥的两个臂，其中心接地有利于提高抗干扰能力和工作稳定性。

B　桥式相敏整流电路

桥式相敏整流电路又称二极管电感电桥，其电路原理图示于图 2-38。该电路由交流恒压源 $\dot{E}$ 供电。桥路的两臂 $Z_1$ 和 $Z_2$ 为传感器线圈的等效阻抗；另两臂分别为 $R_3$ 和 $R_4$，取 $R_3=R_4=R$。利用 $D_1$、$D_2$、$D_3$、$D_4$ 的单向导电性，将交流电压整流为单向脉动电压。$R_\varphi$、$C_\varphi$ 为低通滤波器，用以滤除交流成分。

当传感器的铁芯位于中间位置时，两线圈的等效阻抗相等，即 $Z_1=Z_2=Z$。当 $\dot{E}$ 为正

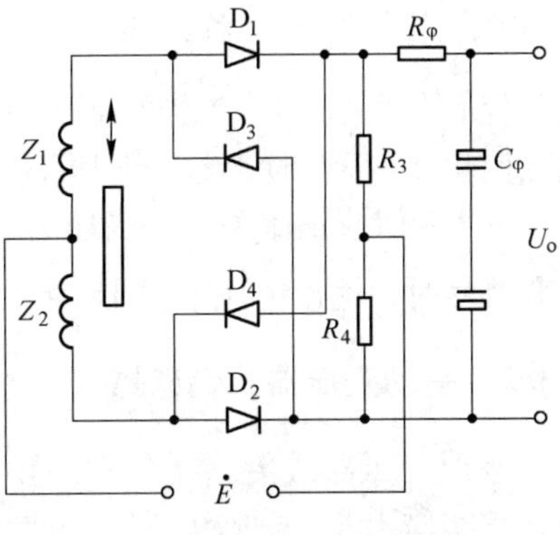

图 2-38 桥式相敏整流电路

半周时，一路电流流经 $Z_1$、$D_1$、$R_3$，在 $R_3$ 上产生上正下负的电压；另一路电流流经 $Z_2$、$D_2$、$R_4$，在 $R_4$ 上产生下正上负的电压。由于 $Z_1=Z_2$，$R_3=R_4$，$D_1$、$D_2$ 特性相同，所以 $R_3$ 与 $R_4$ 上的电压大小相等，极性相反，输出电压 $U_o=0$。当 $\dot{E}$ 为负半周时，一路电流流经 $R_4$、$D_3$、$Z_1$，在 $R_4$ 上产生上正下负的电压；另一路电流流经 $R_3$、$D_4$、$Z_2$，在 $R_3$ 上产生下正上负的电压。由于 $Z_1=Z_2$，$R_3=R_4$，$D_3$、$D_4$ 特性相同，$R_3$ 与 $R_4$ 上的电压大小相等，极性相反，输出电压 $U_o=0$。

当铁芯向下位移时，下面线圈的阻抗增加，即 $Z_2=Z+\Delta Z$，而上面线圈的阻抗减小，即 $Z_1=Z-\Delta Z$。在 $\dot{E}$ 为正半周时，一路电流流经 $Z_1$、$D_1$、$R_3$，在 $R_3$ 上产生上正下负的电压；另一路电流流经 $Z_2$、$D_2$、$R_4$，在 $R_4$ 上产生下正上负的电压。由于 $|Z_2|>|Z_1|$，使流过 $Z_1$、$D_1$、$R_3$ 的电流大于流过 $Z_2$、$D_2$、$R_4$ 的电流，所以 $R_3$ 上电压幅值大于 $R_4$ 上电压幅值。显然输出电压的极性为上正下负。在 $\dot{E}$ 为负半周时，由于 $|Z_2|>|Z_1|$，使流过 $R_4$、$D_3$、$Z_1$ 的电流大于流过 $R_3$、$D_4$、$Z_2$ 的电流，所以 $R_4$ 上电压幅值大于 $R_3$ 上电压幅值，输出电压 $U_o$ 的极性与 $R_4$ 上电压极性相同，仍为上正下负。

当铁芯向上位移时，上面线圈的阻抗增加，即 $Z_1=Z+\Delta Z$；而下面线圈的阻抗减小，即 $Z_2=Z-\Delta Z$。同理，输出电压 $U_o$ 的极性是下正上负。

从上面分析可知，该测量电路输出直流电压的极性能反映传感器铁芯位移的方向，具有相敏特性。该测量电路从结构上将桥路与整流电路有机地结合为一体，因此兼有交流电桥和相敏整流电路的功能，但电路的元件数量少，结构简单，工作可靠。

桥式相敏整流电路的输出电压 $U_o$ 可表示为

$$U_o=k_{ad}ER\left(\frac{1}{Z-\Delta Z+R_D+R}-\frac{1}{Z+\Delta Z+R_D+R}\right)=k_{ad}ER\frac{2\Delta Z}{(Z+R_D+R)^2-\Delta Z^2}$$

$$\approx k_{ad}ER\frac{2\Delta Z}{(Z+R_D+R)^2} \tag{2-81}$$

式中 $k_{ad}$——交-直流变换系数。

从式（2-81）可以看出，输出电压 $U_o$ 与 $\Delta Z$ 之间关系为非线性关系。但是，当 $|\Delta Z|\ll|Z|$ 时，$U_o$ 与 $\Delta Z$ 之间有较好的线性关系。

除以上无源桥路外，还可以利用集成运算放大器组成有源桥路，将差动电感作为有源桥路的两个桥臂，将电感的变化转换成有源桥路的电压输出[7]。

2.3.1.5 传感器的应用

变气隙式电感传感器作为位移传感器，它经常用于小位移测量，螺管式电感传感器作为位移传感器，则经常用于比较大的位移测量。这两种传感器除可用于位移测量之外，还可用于压力、张力等参数测量。图 2-39 所示为测量压力差用的差动变气隙式电感传感器。当 $\Delta P=P_1-P_2=0$ 时，即膜片（相当于衔铁）两面的压力相等，则 $\delta_1=\delta_2=\delta$。因此，线圈阻抗相等，$Z_1=Z_2=Z$，电桥处于平衡状态。电桥输出电压 $\dot{U}_o=0$。当膜片两面的压力不等时，

$\Delta P \neq 0$，膜片产生位移，于是 $\delta_1 \neq \delta_2$，$Z_1 \neq Z_2$，$\dot{U}_o \neq 0$。由于采用差动结构，当气隙变化 $\Delta\delta$ 很小时，输出电压 $\dot{U}_o$ 与压力差 $\Delta P$ 近似成正比关系；当压力差 $\Delta P$ 改变符号时，输出电压 $\dot{U}_o$ 则反相。

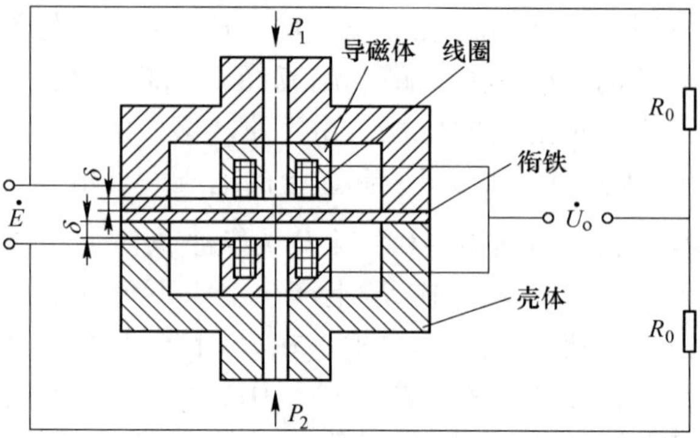

图 2-39 差动电感式压差传感器的结构示意和接线图

### 2.3.2 差动变压器式传感器

差动变压器式传感器简称差动变压器。它实质上是一种变压器，主要由原边绕组、副边绕组和铁芯组成。它往往做成差动结构形式，副边两个绕组进行“差接”。它能将被测位移转换为互感系数的变化。在其原边绕组施加电压后，由于互感系数变化，副边差接绕组的感应电势将相应地发生变化。由于它结构简单，测量精度较高，测量范围宽，作为位移传感器获得了较广泛应用。差动变压器的结构形式较多，主要分为变气隙式和螺管式两种形式。变气隙式差动变压器由于位移测量范围小，且结构较复杂，应用较少。目前应用最广泛的是螺管式差动变压器。下面将以这种结构形式为主进行讨论。

#### 2.3.2.1 螺管式差动变压器

A 工作原理

螺管式差动变压器也称为线性可变差动变压器（Linear Variable Differential Transformer，LVDT）。它主要由线圈和铁芯组成，如图 2-40 所示。线圈由初级线圈（又称一次线圈、原边绕组）P 和次级线圈（又称二次线圈、副边绕组）$S_1$ 和 $S_2$ 组成。线圈中插入圆柱形铁芯 b。图 2-40（a）为三段式差动变压器，即线圈骨架分成三段，中间为初级线圈，两侧为次级线圈；图 2-40（b）为两段式差动变压器，即线圈骨架分成两段，线圈绕制方式多为初级在内，次级在外。

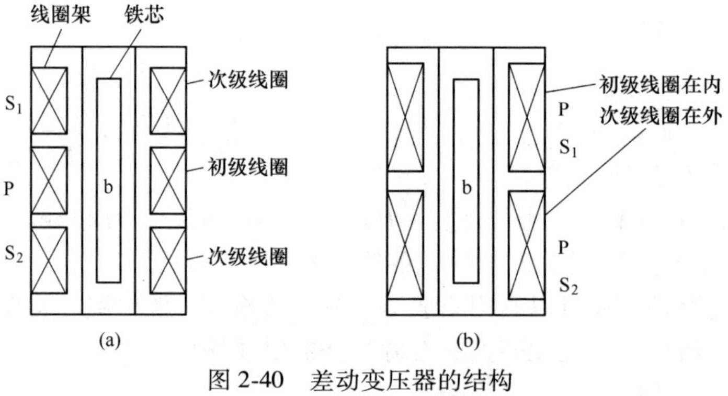

图 2-40 差动变压器的结构
（a）三段形；（b）两段形

差动变压器的电气连接方法示于图 2-41，次级线圈 $S_1$ 和 $S_2$ 应反极性串联，即相“差接”。当初级线圈 P 由交流恒压源 $\dot{E}_P$ 供电后，由于电磁感应，在次级线圈将产生感应电势 $\dot{E}_{s1}$ 和 $\dot{E}_{s2}$ 二者的差值 $\dot{E}_s = \dot{E}_{s1} - \dot{E}_{s2}$，其大小与铁芯的轴向位移成比例，其相位则取决于铁芯的位移方向，如图 2-42 所示。

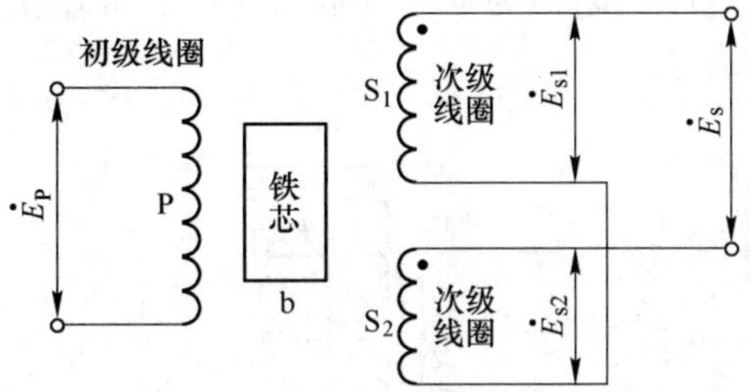


图 2-41 差动变压器的电气连接线路图

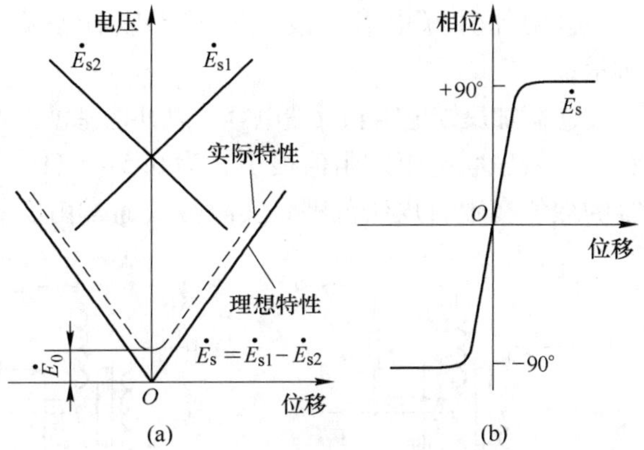


图 2-42 差动变压器输出特性曲线
（a）幅度特性；（b）相位特性

当铁芯处于线圈中心位置时，$\dot{E}_{s1}=\dot{E}_{s2}$输出 $E_s=0$；当铁芯向上位移时，$|E_{s1}|>|E_{s2}|$；当铁芯向下位移时，$|E_{s1}|<|E_{s2}|$。随着铁芯位移量增大，$|E_s|$成比例增大。铁芯从线圈中心向上位移与向下位移相比较，输出 $\dot{E}_s$ 的相位变化 180°，如图 2-42（b）所示。

实际的差动变压器当铁芯位于线圈中心位置时，输出电压值不为零，而是 $\dot{E}_0$。$\dot{E}_0$ 称为零点残余电压。因此差动变压器的实际输出特性如图 2-42（a）中虚线所示。产生零点残余电压 $\dot{E}_0$ 的原因主要有下列两项：

（1）由于两个次级线圈的绕制在工艺上不可能完全一致，因此它们的等效参数（互感、自感和损耗电阻）不可能完全相等。初级线圈中铜损和铁损的存在，以及匝间寄生电容的存在使激励电流与所产生的磁通之间有相位差。上述因素就使两个次级线圈的感应电势 $\dot{E}_{s1}$、$\dot{E}_{s2}$不仅数值不等，并且相位也不相同。这就是零点残余电压中所含基波分量产生的原因。

（2）由于磁滞损耗和铁磁饱和的影响，使得激励电流与磁通波形不一致，导致产生非正弦波磁通，从而在次级线圈感应出非正弦波电势，其主要是含三次谐波。这就是零点残余电压中所含高次谐波产生的原因。

零点残余电压的存在，使差动变压器在机械零位附近的灵敏度下降，非线性误差增大，降低了它在零位附近的分辨率。

消除或减小零点残余电压一般可采用以下方法：

1）设计和加工应尽量保证线圈和磁路对称，结构上可附加磁路调节机构。其次，应选用高磁导率 $\mu$、低矫顽磁力 $H_c$、低剩磁感应 $B_r$ 的导磁材料，并将导磁体加以热处理，消除残余应力，以提高磁性能的均匀性和稳定性。在选取磁路工作点时，应使其不工作在磁化曲线饱和区。

2）选用合适的测量电路，如相敏检波和差动整流电路，其直流输出不仅可以鉴别铁芯位移方向，而且可以减小或消除零点残余电压。

3）采用补偿电路，如图 2-43 所示，为常采用的零点残余电压补偿电路原理图。消除零点残余电压的补偿电路比较多，但归纳起来，其思路只有下列四种：

①附加串联电阻以消除基波同相成分，如图 2-43（b）所示；

②附加并联电阻以消除基波正交成分，如图 2-43（a）、（e）、（f）所示；

③附加并联电容，改变相移，以补偿高次谐波分量，如图 2-43（b）、（c）、（d）所示；

④附加反馈电阻和反馈电容，以补偿基波及高次谐波分量，如图 2-43（g）、（h）、（i）所示。一般串联电阻的阻值很小，为 0.5~5 Ω；并联电阻的阻值为数十到数百千欧；并联电容的数值在数百皮法范围。实际数值通常由实验来确定。

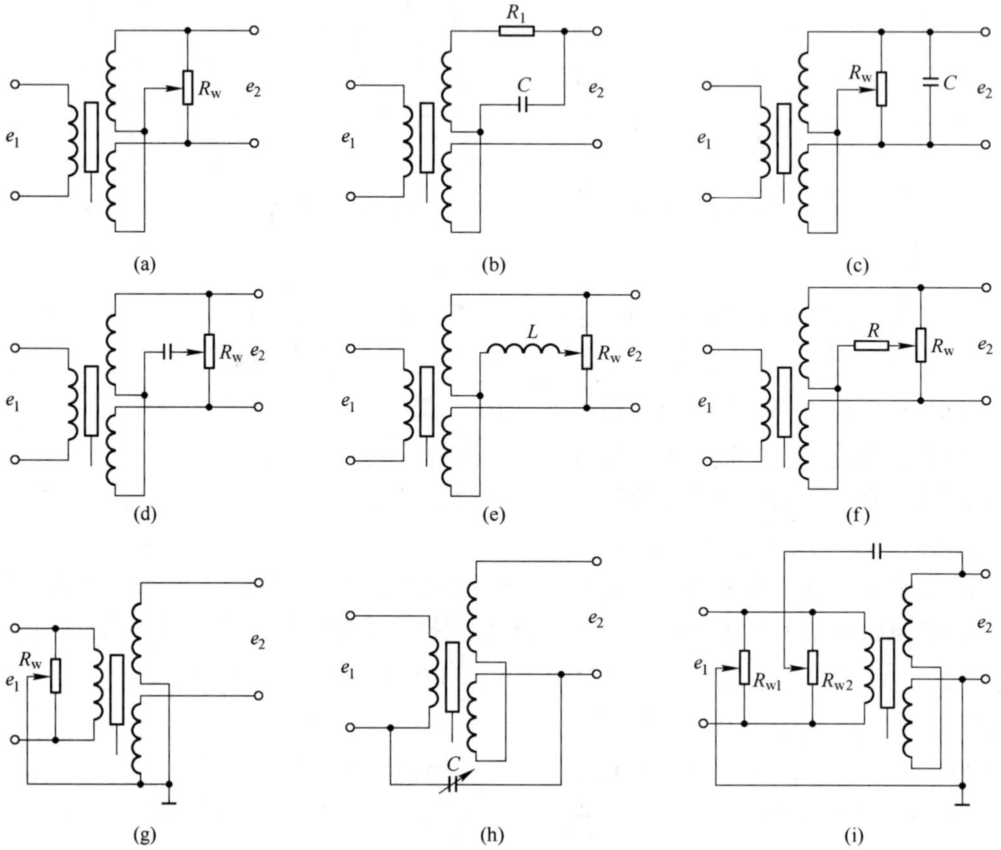


图 2-43　差动变压器零点残余电压补偿线路

B　基本特性

a　等效电路

对于理想的差动变压器，即忽略实际差动变压器中的涡流损耗、铁损和寄生电容等，其等效电路如图 2-44 所示。

由等效电路图可以列出下列方程组

$$\begin{cases} \dot{I}_p = \dot{E}_p/(R_p + j\omega L_p) \\ \dot{E}_{s1} = -j\omega M_1 \dot{I}_p \\ \dot{E}_{s2} = -j\omega M_2 \dot{I}_p \\ \dot{E}_s = \dfrac{-j\omega(M_1 - M_2)\dot{E}_p}{R_p + j\omega L_p} \end{cases} \tag{2-82}$$

式中 $L_p$，$R_p$——初级线圈等效电感与等效电阻；

$M_1$，$M_2$——互感系数；

$\dot{E}_p$——激励电压；

$\dot{E}_s$——输出电压；

$\omega$——激励电压的圆频率。

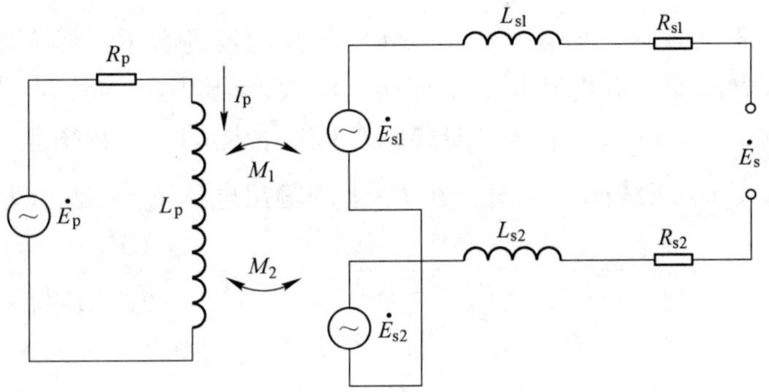


图 2-44 差动变压器的等效电路

下面分三种情况进行讨论：

（1）铁芯处于中间平衡位置时，互感 $M_1=M_2=M$，则 $\dot{E}_s=0$；

（2）铁芯向上位移时，$M_1=M+\Delta M$，$M_2=M-\Delta M$，则 $\dot{E}_s=\dfrac{-2j\omega\Delta M\dot{E}_p}{R_p+j\omega L_p}$，$\dot{E}_s$ 与 $\dot{E}_{s1}$同相；

（3）铁芯向下位移时，$M_1=M-\Delta M$，$M_2=M+\Delta M$，则 $\dot{E}_s=\dfrac{2j\omega M\dot{E}_p}{R_p+j\omega L_p}$，$\dot{E}_s$ 与 $\dot{E}_{s1}$反相。

输出电压还可以写成

$$\dot{E}_s=\frac{-2j\omega M\dot{E}_p}{R_p+j\omega L_p}\cdot\frac{\Delta M}{M}=2\dot{E}_{s0}\frac{\Delta M}{M} \tag{2-83}$$

式中 $\dot{E}_{s0}$——铁芯处于中间平衡位置时单个次级线圈的感应电压。

以上仅是对差动变压器等效电路的简单分析，有关螺管式差动变压器分析的详细内容请参阅参考文献［8］。

b 灵敏度

差动变压器的灵敏度是指在单位电压激励下，铁芯移动单位距离时的输出电压变化量，其单位为 mV(mm/V)。一般螺管式差动变压器的灵敏度大于 5 mV(mm/V)，如进行 60 dB 的放大，可得到 5 V(mm/V) 的灵敏度。为提高灵敏度可采取下列措施：

（1）增大差动变压器的几何尺寸，以提高线圈的 $Q$ 值，一般线圈的长度为其直径的 1.5~2.0 倍较为合适。

（2）适当提高激磁频率。

（3）增大铁芯直径，但不应触及线圈骨架；铁芯采用磁导率高，铁损小，涡流损耗小的材料。

（4）在不使初级线圈过热的前提条件下尽量提高激励电压。

坡莫合金的导磁性能好，但涡流损耗较大，所以对激磁频率为 500 Hz 以上的差动变压器，多使用铁氧体铁芯；低频激磁时，多采用工业纯铁作铁芯材料。在要求电流输出的场合，应采用次级线圈圈数较少的差动变压器，以降低其输出阻抗，再选择合适的输出电路，可得到 1 mA(mm/V) 的灵敏度。此时不经信号电流放大，也能使指示表头动作。

c 频率特性

差动变压器的激励频率一般在 50 Hz~10 kHz 范围较为合适。频率取得太低时，差动变压器的灵敏度显著降低，温度和频率附加误差增大；但频率太高，其涡流损耗和铁损增加，寄生电容影响加大。因此，需根据具体情况确定合适的工作频率。

当负载电阻 $R_L$ 与次级线圈串联时，在 $R_L$ 上的输出电压 $\dot{U}_s$ 可表示为

$$\begin{aligned}\dot{U}_s &= \frac{R_L}{R_L + (R_{s1} + R_{s2}) + j\omega(L_{s1} + L_{s2})} \cdot \frac{j\omega(M_2 - M_1)}{R_p + j\omega L_p}\dot{E}_p \\ &= \frac{R_L}{R_L + R_s + j\omega L_s} \cdot \frac{j\omega(M_2 - M_1)}{R_p + j\omega L_p}\dot{E}_p\end{aligned} \tag{2-84}$$

其幅值与相角分别为

$$U_s = \frac{R_L}{\sqrt{(R_L + R_s)^2 + \omega^2 L_s^2}} \cdot \frac{\omega(M_2 - M_1)}{\sqrt{R_p^2 + \omega^2 L_p^2}} \cdot E_p \tag{2-85}$$

$$\varphi = \tan^{-1}\frac{R_p}{\omega L_p} - \tan^{-1}\frac{\omega L_s}{R_L + R_s} \tag{2-86}$$

根据式（2-85）绘出的频率特性示于图 2-45。当负载电阻与差动变压器内阻相比很大时，下限频率 $f_e$ 为

$$f_e = \frac{(1 + n^2)R_p}{2\pi L_p} \tag{2-87}$$

式中，$n$ 为一次线圈与二次线圈的圈数比。一般选择激磁频率 $f_0$ 为 $(1\sim1.4)f_e$ 较好。

差动变压器的频率特性也随负载电阻而变化，如图 2-45（b）所示。随着激磁频率的变化，差动变压器的线性度也受到影响。为获得良好的线性度，对某一确定的激磁频率，需相应选择合适的铁芯长度。

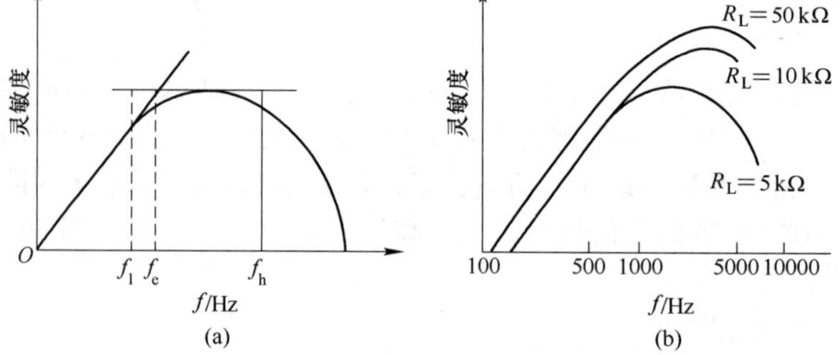


图 2-45 差动变压器的频率特性曲线

（a）频率特性；（b）负载对频率特性的影响

d 相位

差动变压器的次级电压相对初级电压的相位通常超前几度到几十度。超前相角大小与差动变压器的结构和激磁频率有关。小型、低频者超前角大，大型、高频者超前角小。

差动变压器的初、次级的电压和电流相位关系示于图 2-46。实际的差动变压器不能忽略铁损，特别是涡流损耗的存在，次级电压相角的实际值比用式（2-86）计算的结果要小一些。使初级电压与次级电压相位一致时的激磁频率为

$$f_0 = \frac{1}{2\pi}\sqrt{\frac{R_p(R_L + R_s)}{L_p L_s}} \tag{2-88}$$

对应的负载电阻为

$$R_{L0} = \frac{4\pi^2 f_0^2 L_p L_s}{R_p} - R_s \tag{2-89}$$

铁芯通过机械零点时，在零点两侧次级电压相位发生 180°变化，实际相位特性示于图 2-47。

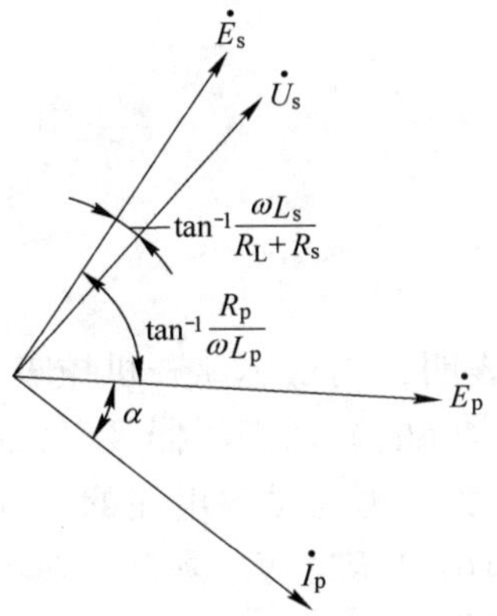


图 2-46 相量图

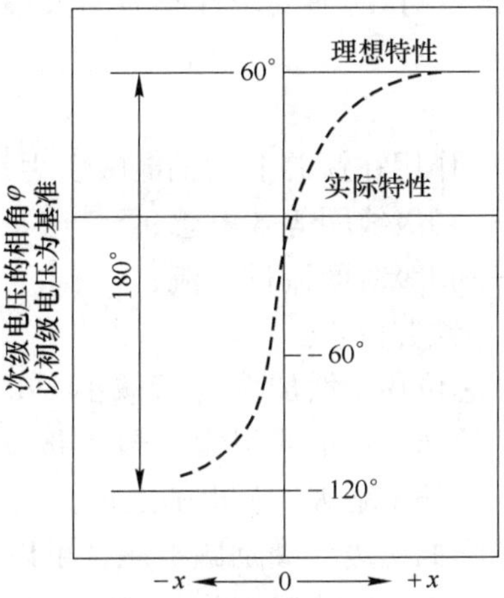


图 2-47 零点附近的一次电压相位角变化

在应用交流自动平衡电路对差动变压器输出电压进行测量时，需选择随铁芯位移而输出电压相位变化较小的差动变压器。为此，选择两段式差动变压器比选用三段式差动变压器更为有利。

e 线性范围

对于实际的差动变压器，其铁芯的直径、长度、材质和线圈骨架的形状、大小均对其次级电压与铁芯位移之间关系的线性度有直接影响，通常其线性范围约为线圈骨架长度的 1/10~1/4。

应注意，通常所说的线性度不仅指铁芯位移与次级电压关系的线性程度，还要求次级电压的相位角为某固定值。后一点往往比较难于满足，若考虑此因素，差动变压器的线性范围约为线圈骨架全长的 1/10。

为扩大差动变压器的线性范围，需注意线圈的绕线排列均匀，并根据铁芯长度，确定使线性范围最大的最佳激磁频率；也可通过设计合适的测量电路来扩大线性范围，如差动整流电路能使输出电压线性度得到一定程度改善。

f 温度特性

在造成温度附加误差的多种因素中，影响最大的为初级线圈的电阻温度系数。铜导线的电阻温度系数约为+0.4%/℃，对于小型差动变压器且在较低频率下使用，其初级线圈总阻抗中，线圈电阻所占的比例较大，此时差动变压器的温度系数约为-0.3%/℃。对于大型差动变压器且使用频率较高时，其温度系数较小，一般为（-0.1～-0.05)%/℃。

若温度变化 $\Delta\theta$ ℃，初级线圈电阻 $R_p$ 增加 $\Delta R_p$，由式（2-83）可以导出

$$\frac{\Delta E_s}{E_s}=\frac{\Delta R_p/R_p}{1+\omega L_p/R_p}=-\frac{0.004}{1+\omega L_p/R_p}\cdot\Delta\theta \tag{2-90}$$

从式（2-90）可以看出，初级线圈的 $\omega L_p/R_p$ 越高，则由于温度变化引起次级感应电势 $E_s$ 的变化 $\Delta E_s$ 越小。此外，由于温度变化使次级线圈电阻变化，所引起输出电压 $U_s$ 变化较小，可以忽略。通常机械结构的尺寸，铁芯的磁特性和电阻率也随温度一起变化，但其影响较小，可忽略不计。差动变压器的使用温度通常可达 80 ℃，特殊的高温型可达 150 ℃。

g 吸引力

差动变压器铁芯所受磁性吸力的大小为

$$F=I_p^2\frac{\mathrm{d}L_p}{\mathrm{d}x} \tag{2-91}$$

式中 $F$——作用在铁芯上的轴向吸引力；

$L_p$——初级线圈等效电感；

$I_p$——初级线圈流过电流；

$x$——铁芯位移。

一般铁芯位移 $x$ 增加，$L_p$ 就减小，$\mathrm{d}L_p/\mathrm{d}x$ 为负值。这表明，当铁芯离开机械零位后，则受到把其拉回零位的吸引力。图 2-48 所示吸引力特性为实际的差动变压器吸引力特性。从图中可见，随 $x$ 增大，$F$ 也随之增大。式（2-91）说明，吸引力与励磁电流的二次方成正比。虽然降低初级线圈励磁电压，可以减小吸引力，但输出电压也随之降低；在不牺牲灵敏度的条件下，减小吸引力的可行方法是把励磁频率适当提高。

h 结构设计

差动变压器很难用理论公式进行设计计算，通常是采用经验公式进行设计，差动变压器的结构如图 2-49 所示。图中铁芯应该采用导磁性能良好的材料制作，如工业纯铁、铁氧

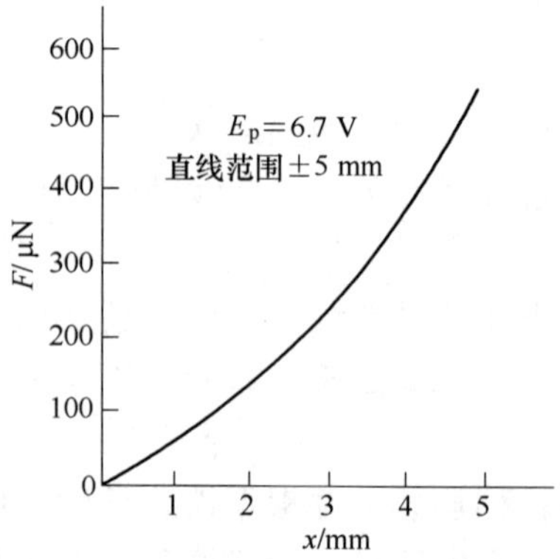


图 2-48 吸引力特性

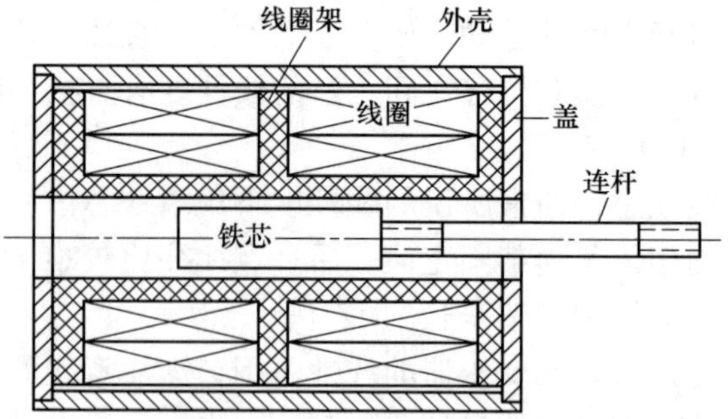


图 2-49 差动变压器结构

体、坡莫合金等。铁氧体的饱和磁通密度不算太高，但在较高的频率下，其涡流损耗比其他材料小得多；其缺点是加工比较困难。为消除机械加工应力，铁芯加工后需进行热处理。线圈骨架应采用热膨胀系数小的绝缘材料制作，如酚醛塑料、陶瓷或聚四氟乙烯等制成。

两段式差动变压器线圈骨架的结构如图2-50所示。该线圈骨架的设计采用的经验公式为 $B = 10Z$ 和 $C = (7 \sim 8)Z$，其中 $Z = 2|x|$，$x$ 为铁芯线性范围内的最大位移量。

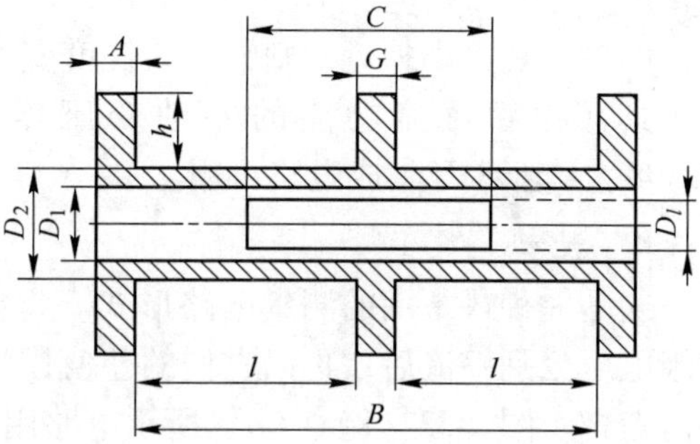

图 2-50　差动变压器线圈架结构

通常铁芯直径大一些，灵敏度也高一些，但需考虑线圈骨架材料的加工难易程度和实际应用时铁芯运动所需的间隙量。

线圈匝数在一定范围内变化，对差动变压器灵敏度的影响较小。通常对于小型差动变压器，初级线圈用高强度漆包线每段绕750匝左右，次级线圈也用高强度漆包线每段绕1500匝左右。

### 2.3.2.2　测量电路

差动变压器的输出为交流电压，如用交流电压表指示其输出值，只能反映铁芯位移的大小，不能反映位移的方向。其次，差动变压器的输出存在零点残余电压，虽经各种补偿方法的补偿，也不可能完全补偿掉，因此这种方法的实用价值较小。常用的测量电路应是既能反映铁芯位移的方向，又能消除零点残余电压的影响。下面介绍应用最普遍的相敏整流电路和差动整流电路。

#### A　相敏整流电路

相敏整流电路的原理图示于图2-51。参比电压 $\dot{E}_k$ 与差动变压器的输出电压 $\dot{E}_s$ 具有相同的频率和相位。相敏整流电路的输出特性示于图2-52。从图中特性曲线可以看出，相敏整流电路输出电压的极性能反映铁芯位移的方向。

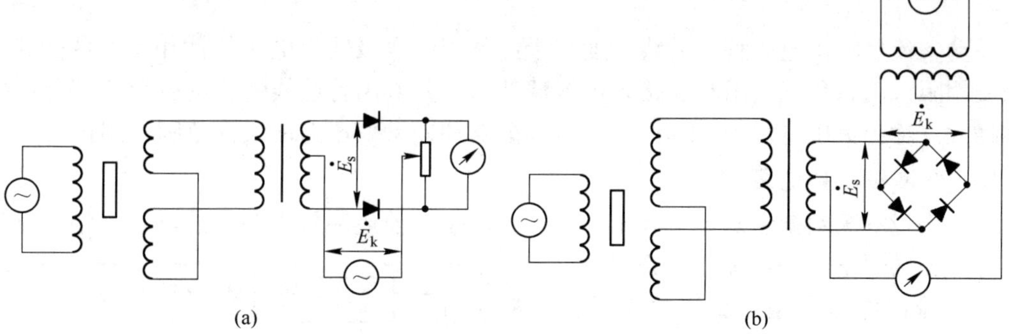

图 2-51　相敏整流电路
（a）半波整流；（b）全波整流

这种电路对 $\dot{E}_k$ 和 $\dot{E}_s$ 的相位一致性要求很高。在低频激磁场合，次级电压对初级电压的超前角大，需设置移相电路使 $\dot{E}_k$ 与 $\dot{E}_s$ 相位一致；在高频激磁场合，差动变压器的初、次级电压之间相移较小，但振荡器同时供给差动变压器和参比电压电路激励用，负载较重。另外参比电压 $\dot{E}_k$ 振幅必须比 $\dot{E}_s$ 振幅的最大值还大；如果二者大小相近，则输出线性度变差。

具有相敏整流功能的差动变压器测量电路已有 AD598、AD698 等集成电路可用。

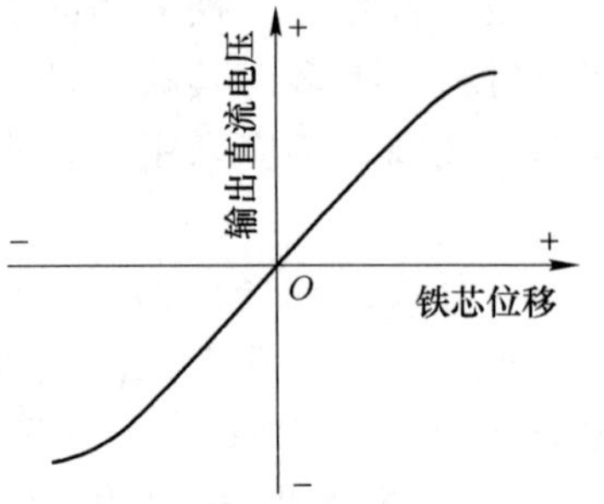


图 2-52 相敏整流电路输出特性

B 差动整流电路

这是一种最常用的测量电路形式。将差动变压器两个次级电压分别整流后，再以它们的差值作为输出，此时次级电压的相位和零点残余电压均不需考虑。图 2-53（a）、（b）所示电路用于连接低阻抗负载场合，例如动圈式电流表等，是电流输出型的差动整流电路。图 2-53（c）、（d）用于连接高阻抗负载场合，例如数字电压表等，是电压输出型的差动整流电路。

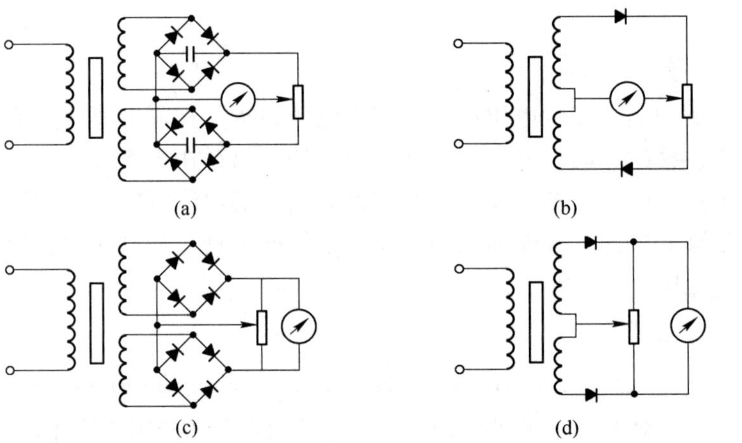


图 2-53 差动整流电路

（a）全波电流输出；（b）半波电流输出；（c）全波电压输出；（d）半波电压输出

差动整流后输出电压特性的线性度与未经整流的次级输出电压特性相比有些变化。当次级线圈阻抗高、负载电阻小、接入电容滤波时，其输出特性线性度的变化趋势是随铁芯位移增大，输出灵敏度增加。利用这一特性能够使差动变压器的线性范围得到扩展。

C 小位移测量电路

对于满量程为数微米到数十微米的小位移测量，前述测量电路不能满足灵敏度和零点漂移等方面的要求。一般差动变压器次级线圈的输出电压需经过交流放大后，再进行相敏整流，其原理方框图示于图 2-54。为提高放大器的稳定性和线性度，需在放大电路中引入深度的负反馈，同时在测量放大电路中还需考虑零

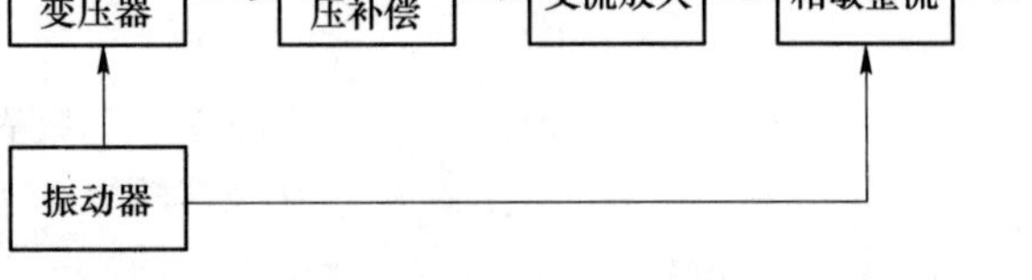


图 2-54 小位移测量电路方框原理图

点残余电压补偿和温度补偿措施。

2.3.2.3 传感器的应用

螺管式差动变压器作为位移传感器，其应用范围非常广泛。凡是与位移有关的任何机械量以及能够转换为位移的任何物理量均可以经过它转换成电量输出，进行测量。如它常用于测量位移、振动、加速度、应力、压力、密度、厚度等参数。

A 振动和加速度测量

图 2-55 所示为测量加速度的差动变压器和测量振动的线路方框图。测量振动物体的频率和振幅时，激磁频率必须是振动频率的 10 倍，这样测定的结果是十分精确的。可测量的振幅为 0.1~5.0 mm，振动频率范围为 0~150 Hz。采用特殊的结构设计，还可以提高其频率响应范围。

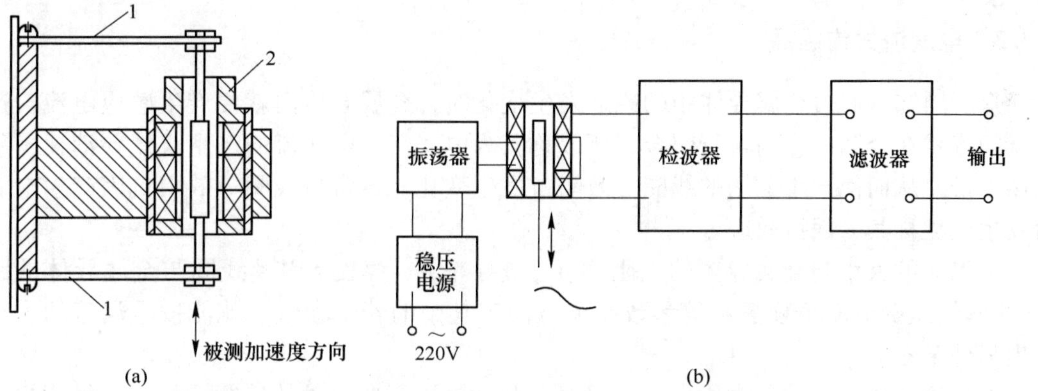


图 2-55 加速度传感器及其测量电路的方框图
(a) 加速度传感器的结构示意图；(b) 测量电路方框图及测量振动时的波形
1—弹性支承；2—差动变压器

B 大型构件的应力、挠度等力学参数测量

用差动变压器测量这些参数较之常用的千分表，精确度高，分辨力高，重复性好，并且可以实现自动测量与记录。用差动变压器测量大型构件的挠度，其原理图示于图 2-56。

C 力和差压的测量

用差动变压器测量力或差压时往往采用力平衡电路。力平衡电路的结构原理图示于图 2-57。差动变压器在力平衡电路中作为零位检测元件使用。当杠杆受到被测力作用时就绕支点偏转，使差动变压器铁芯相对线圈产生位移，于是差动变压器输出电压信号；此电压经放大器放大后，再经整流便产生一相应的直流电流。该电流流过力平衡线圈，变换成电磁力作用于杠杆；此力作为反馈力与被测力共同作用于杠杆，使杠杆处于力矩平衡状态。这时流过力平衡线圈的电流则与被测力成比例。

在力平衡系统中，杠杆永远处于力平衡状态。在被测力发生变化时，差动变压器的铁芯相对线圈的位移量非常小，因此作为零位检测元件使用的差动变压器则要求其灵敏度非常高，分辨力非常高，而其位移测量范围则很窄，所以此时多采用变气隙式差动变压器。

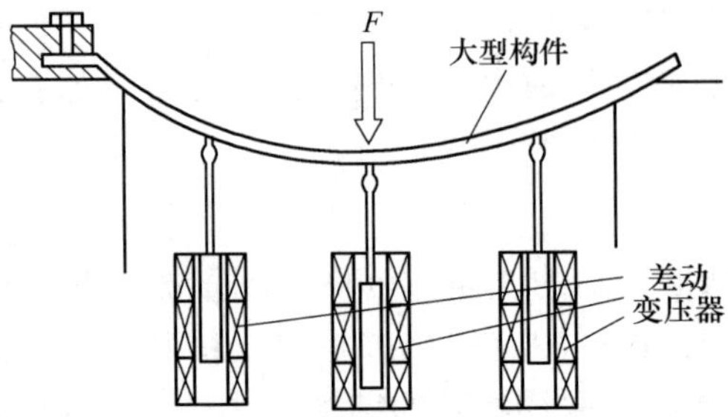


图 2-56 用差动变压器测量大型构件的挠度

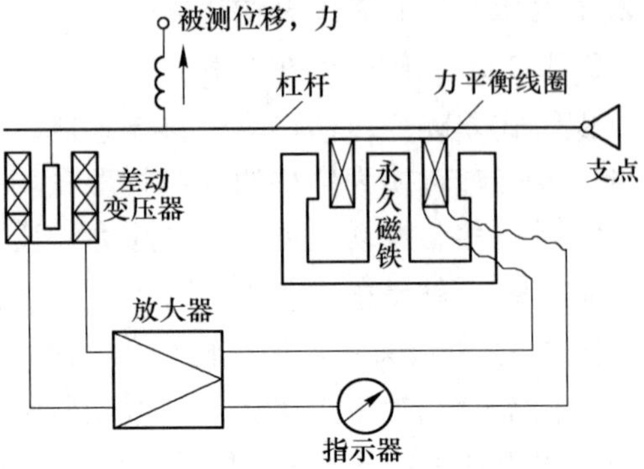


图 2-57 力平衡电路

### 2.3.3 电涡流式传感器

众所周知，通过金属导体中的磁通发生变化时，金属导体内就要产生感应电流，这种电流的流线在金属导体内自行闭合，所以称其为电涡流。电涡流的产生必然要消耗一部分磁场能量，从而使产生磁场的线圈等效阻抗发生变化。通常将线圈等效阻抗因产生电涡流而发生变化称其为涡流效应。

电涡流的大小与金属导体的电阻率 $\rho$、磁导率 $\mu$、厚度 $t$ 以及线圈与金属导体的距离 $x$，线圈的激磁电流角频率 $\omega$ 等参数有关。固定其中的若干参数，就能按电涡流的大小确定出另外某参数。

电涡流式传感器的最大优点是可以对一些参数进行非接触的连续测量，灵敏度也比较高，所以它在工业生产和科研部门已受到广泛重视和应用。

2.3.3.1 工作原理

A 基本原理

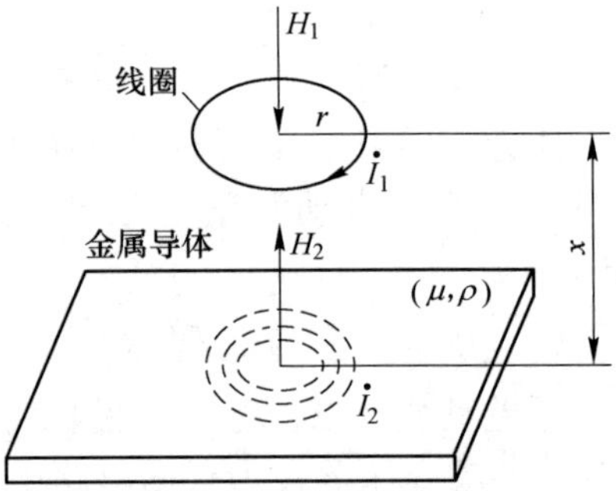


图 2-58 电涡流作用原理

如图 2-58 所示，将一个扁平线圈置于金属导体附近，当线圈中通以正弦交变电流时，在线圈周围空间就产生了交变磁场 $H_1$，置于该磁场中的金属导体中就感应出电涡流，而此电涡流也将产生交变磁场 $H_2$，$H_2$ 力图阻止 $H_1$ 的变化。由于 $H_2$ 的反作用使通电线圈的等效阻抗发生变化，此线圈等效阻抗的变化完整而唯一地反映了金属导体的涡流效应。理论和实验研究表明，线圈阻抗的变化既与电涡流效应有关，又与静磁学效应有关。也就是说，与金属导体的电导率、磁导率、几何形状，线圈的几何参数，激励电流频率以及线圈到金属导体的距离等参数有关。假设金属导体是均质的，其性能为线性和各向同性的，则线圈-金属导体系统的物理性质可由磁导率 $\mu$、电阻率 $\rho$、尺寸因子 $r$ 及 $x$、激励电流强度 $I$ 和角频率 $\omega$ 等参数来描述，线圈的阻抗 $Z$ 可用下列函数表示：

$$Z=F(\mu,\ \rho,\ r,\ x,\ I,\ \omega) \tag{2-92}$$

如果控制上式中的某些参数恒定不变，而只改变其中的一个参数，这时阻抗 $Z$ 就成为该参数的单值函数。当$\mu$、$\rho$、$r$、$I$、$\omega$恒定不变时，阻抗$Z$就成为距离$x$的单值函数。利用此单值函数关系就可以进行位移测量。

B 等效电路

欲精确地列出线圈阻抗与线圈到被测导体距离等参数之间的函数关系是很困难的。为简化分析，可以把金属导体看成一个等效短路线圈，它与线圈磁性相连，因此可以得到图2-59所示的等效电路图。线圈与金属导体之间的互感系数$M$随着间距$x$的变小而增大。图中$R_1$、$L_1$为线圈的电阻和电感，$R_2$、$L_2$为金属导体的等效电阻和电感，$E$为激励电压。

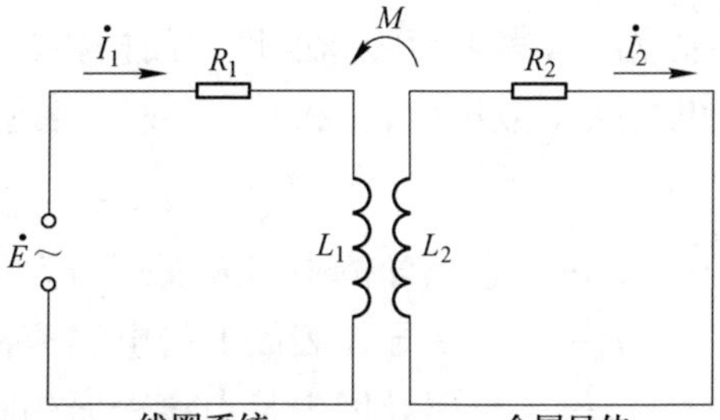

图2-59 电涡流传感器与被测体的等效电路

根据基尔霍夫定律可以列出下列方程组

$$\begin{cases}R_1\dot{I}_1+\mathrm{j}\omega L_1\dot{I}_1-\mathrm{j}\omega M\dot{I}_2=\dot{E}\\-\mathrm{j}\omega M\dot{I}_1+R_2\dot{I}_2+\mathrm{j}\omega L_2\dot{I}_2=0\end{cases}\tag{2-93}$$

解方程组可得

$$\dot{I}_1=\frac{\dot{E}}{R_1+\dfrac{\omega^2M^2}{R_2^2+(\omega L_2)^2}R_2+\mathrm{j}\left[\omega L_1-\dfrac{\omega^2M^2}{R_2^2+(\omega L_2)^2}\omega L_2\right]}\tag{2-94}$$

$$\dot{I}_2=\mathrm{j}\omega\frac{M\dot{I}_1}{R_2+\mathrm{j}\omega L_2}=\frac{M\omega^2L_2\dot{I}_1+\mathrm{j}\omega MR_2\dot{I}_1}{R_2^2+\omega^2L_2^2}\tag{2-95}$$

从式（2-94）可以得出线圈受到金属导体影响后的等效阻抗为

$$Z=R_1+R_2\frac{\omega^2M^2}{R_2^2+\omega^2L_2^2}+\mathrm{j}\left(\omega L_1-\omega L_2\frac{\omega^2M^2}{R_2^2+\omega^2L_2^2}\right)\tag{2-96}$$

从而也可得出线圈的等效电感为

$$L=L_1-L_2\frac{\omega^2M^2}{R_2^2+\omega^2L_2^2}\tag{2-97}$$

由式（2-96）也可以得出线圈的品质因数$Q$为

$$Q=Q_0\frac{1-\dfrac{L_2}{L_1}\cdot\dfrac{\omega^2M^2}{Z_2^2}}{1+\dfrac{R_2}{R_1}\cdot\dfrac{\omega^2M^2}{Z_2^2}}\tag{2-98}$$

式中 $Q_0$——无涡流影响时的线圈$Q$值，$Q_0=\dfrac{\omega L_1}{R_1}$；

$Z_2$——金属导体中产生涡流部分的等效阻抗，$Z_2^2=R_2^2+\omega^2L_2^2$。

从式（2-96）~式（2-98）可知，涡流影响的结果是使线圈的等效阻抗的实数部分（即电阻）增大，虚部部分（即电感）减小，从而使线圈的品质因数也减小。从物理意义上讲，等效电阻值的增大与品质因数值的减小，是由于涡流损耗功率的存在与增大。

C 电涡流的轴向渗透深度

由于趋肤效应，交变磁场不能透过厚度较大的金属导体。当交变磁场进入导体后，磁场强度随着离表面距离的增大而按指数规律衰减，所以电涡流密度在金属导体中的轴向分布也是按指数规律衰减的，其数学表达式为

$$j_x = j_0 \mathrm{e}^{-\frac{x}{d_s}} \tag{2-99}$$

式中 $j_x$——金属导体中离表面距离为 $x$ 处的电涡流密度；

$j_0$——金属导体表面上的电涡流密度；

$x$——金属导体中某点离表面的距离；

$d_s$——电涡流密度等于 $j_0/\mathrm{e}$ 处离开金属导体表面的距离。

此处 $d_s$ 就是人们通常所说的趋肤深度，在此称其为电涡流的轴向渗透深度。它的数值与线圈的激励频率 $f$、导体材料的磁导率 $\mu$ 和电阻率 $\rho_1$ 有关，可由下式计算：

$$d_s = \sqrt{\frac{\rho_1}{\mu_0 \mu \pi f}} \tag{2-100}$$

由上式可以看出，金属导体材料的电阻率越大和磁导率越小，则渗透深度越大。例如，在激励频率为 $f = 1$ MHz 的情况下，铁的渗透深度 $d_s$ 为 1.78 μm，而铜的渗透深度 $d_s$ 为 65.6 μm。

此外，激励频率越低，则渗透深度越大。渗透深度与激励频率之间的关系示于图 2-60。从图中可见，金属导体内的电涡流分布随着频率的升高而逐渐集中于表面。例如，当 $f = 1.245$ MHz 时，铝（$\rho_{Al} = 2.9 \times 10^{-8}$ Ω·m）的渗透深度等于 0.08 mm。

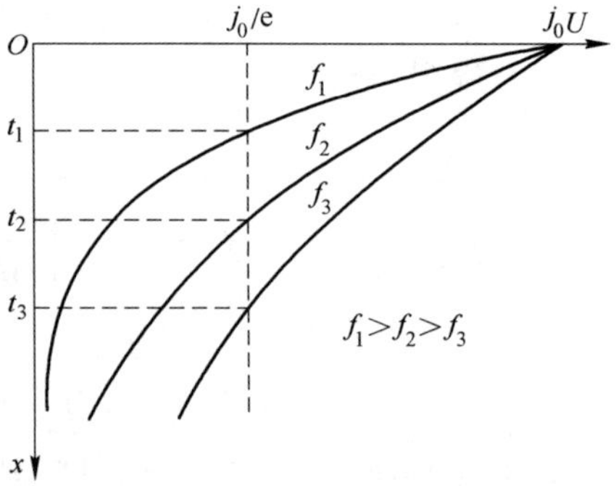


图 2-60 渗透深度与激励频率的关系

2.3.3.2 特性分析

A 线圈几何参数对灵敏度和线性范围的影响

电涡流式传感器的核心结构是安置在框架上的线圈。其典型结构示于图 2-61。它的线圈结构比较简单，属于扁平圆形线圈，可在骨架端部开槽，用高强度漆包线绕制。线圈骨架采用优良的绝缘材料，如聚四氟乙烯、环氧玻璃布棒料等经车床加工而成。

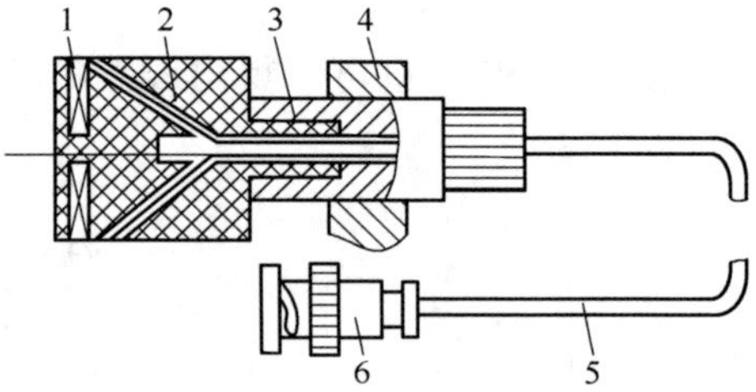


图 2-61 CZF-1 型传感器结构

1—线圈；2—框架；3—框架衬套；4—支座；5—电缆；6—插头

对于一个传感器而言，总是希望灵敏度高，线性范围大。电涡流传感器的灵敏度和线性范围主要受线圈产生的磁场分布情况影响。要使其线性范围大，则要求线圈的磁场轴向分布范围要大；欲使其灵敏度高，则需要使被测导体在轴向移动时涡流损耗功率的变化要大，亦即轴向磁场强度变化的梯度要大。

单匝载流圆导线在轴上的磁感应强度 $B_p$ 可根据毕奥-萨伐尔定律计算得出为

$$B_p = \frac{\mu_0 I}{2} \cdot \frac{r^2}{(x^2+r^2)^{3/2}} \tag{2-101}$$

式中 $\mu_0$——真空磁导率，$\mu_0 = 4\pi\times10^{-7}$ H/m；

$I$——激励电流强度；

$r$——线圈半径；

$x$——轴上点离单匝线圈距离。

为了分析单匝圆线圈半径 $r$ 对 $B_p$-$x$ 曲线的影响，令激励电流不变，并取 $\frac{\mu_0 I}{2} = 36\times10^{-10}$ T · m，计算并作出三种半径情况下的 $B_p$-$x$ 曲线，如图 2-62 所示。从图 2-62 中可见，半径小的载流单匝圆线圈，在近线圈处产生的磁感应强度大，而在远离线圈处，则是半径大的线圈产生的磁感应强度大。

载流扁平线圈产生的磁场可以看作由多个不同半径单匝圆线圈的磁场叠加而成。线圈的几何尺寸如图 2-63 所示。设线圈共 $W$ 匝，当通以电流 $I$ 时，则单位面积上的电流强度为

$$\Delta i = \frac{WI}{(r_{os} - r_{is})b_s} \tag{2-102}$$

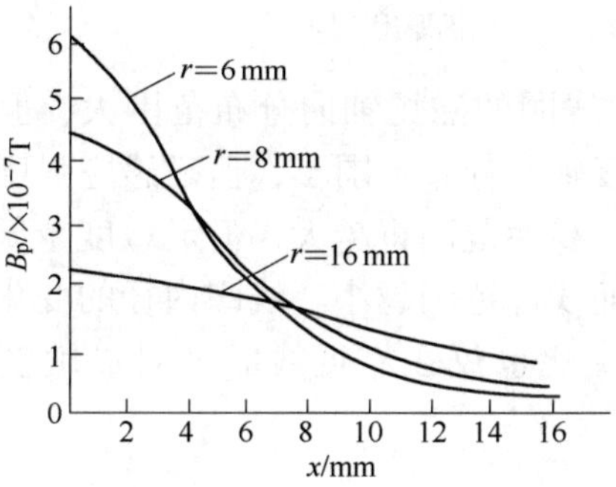


图 2-62 $B_p$-$x$ 曲线

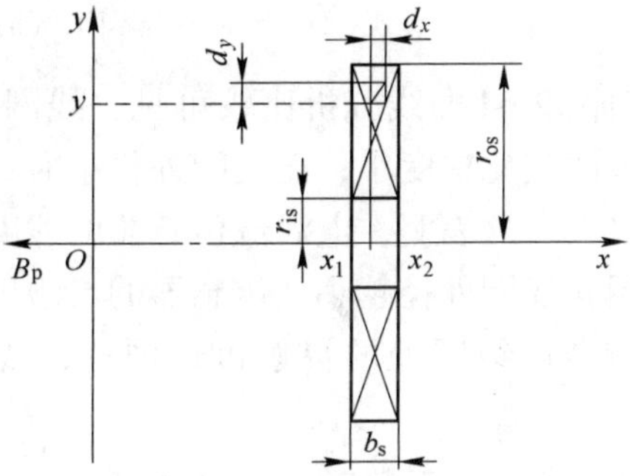


图 2-63 线圈几何尺寸

取通过截面为 d$x$d$y$ 处的电流为 $i$，则

$$i = \frac{WI\mathrm{d}x\mathrm{d}y}{(r_{os} - r_{is})b_s}$$

此电流在轴上某点 $x$ 处所产生的磁感应强度为

$$\mathrm{d}B_p = \frac{\mu_0 i}{2} \cdot \frac{y^2}{(x^2 + y^2)^{3/2}} \tag{2-103}$$

则整个载流扁平线圈在轴线上 $x$ 处产生的磁感应强度为

$$B_p = \int \mathrm{d}B_p = \frac{\mu_0 WI}{2(r_{os} - r_{is})b_s}\int_{r_{is}}^{r_{os}} y^2 \mathrm{d}y \int_{x_1}^{x_2} \frac{\mathrm{d}x}{(x^2 + y^2)^{\frac{3}{2}}}$$

$$= \frac{\mu_0 WI}{2(r_{os} - r_{is})b_s}\left\{(x + b_s)\ln\frac{r_{is} + \sqrt{r_{is}^2 + (x + b_s)^2}}{r_{os} + \sqrt{r_{os}^2 + (x + b_s)^2}} - x\ln\frac{r_{is} + \sqrt{r_{is}^2 + x^2}}{r_{os} + \sqrt{r_{os}^2 + x^2}}\right\} \tag{2-104}$$

线圈的三个主要参数（$r_{os}$、$r_{is}$、$b_s$）用不同值代入式（2-104）进行计算，并将结果绘成 $B_p$-$x$ 曲线示于图 2-64。

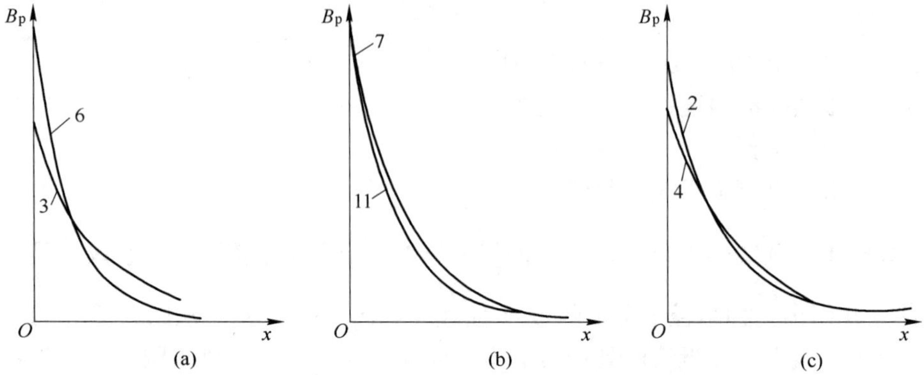


| 参数 | 3 | 6 | 7 | 11 | 2 | 4 |
|---|---|---|---|---|---|---|
| $r_{is}$/mm | 0. 75 | 0. 75 | 0. 75 | 1. 05 | 0. 75 | 0. 75 |
| $r_{os}$/mm | 12. 5 | 7. 5 | 7. 5 | 7. 5 | 7. 5 | 7. 5 |
| $b_i$/mm | 1. 5 | 1. 5 | 1 | 1 | 2 | 3 |

图 2-64　$B_p$-$x$ 曲线

（a）线圈外径不同；（b）线圈内径不同；（c）线圈厚度不同

对图 2-64 曲线分析比较可见，线圈外径大时，线圈的磁场轴向分布范围大，但磁感应强度的变化梯度小；而线圈外径小时，磁感应强度轴向分布范围小，但磁感应强度的变化梯度大。这表明，电涡流传感器的线圈外径越大，线性范围将越大，但灵敏度越低。与此相反，线圈外径越小，传感器的灵敏度将越高，而线性范围越小。线圈内径的变化，主要影响靠近线圈处的灵敏度；同样，线圈厚度的变化也仅在靠近线圈处对灵敏度稍有影响。

B　线圈的阻抗及其影响因素

电涡流式传感器的线圈是具有矩形截面的扁平线圈。此种线圈自感系数的计算在数学上是比较复杂的，佩利提出的经验公式，其计算结果比较正确，此公式为

$$L=\frac{W^2D}{0.0369+0.14K_1+0.124K_2}\times10^{-7} \tag{2-105}$$

式中，$D$ 为线圈的平均直径；$W$ 为线圈的匝数；$K_1=b/D$；$K_2=c/D$；$b$ 为线圈的宽度；$c$ 为线圈的径向厚度。

例如一个外径 9 mm，内径为 1 mm，厚度为 1 mm，匝数为 110 匝的扁平线圈，由上式计算得到 $L=36.9$ μH，实测为 40 μH，两者数值比较接近。从式（2-105）可以看出尺寸对 $L$ 的影响。

线圈的电阻由以下三部分组成：

（1）导线的电阻。

（2）由磁性损耗引起的等效损耗电阻。

（3）高频时线圈及骨架中因介电损耗所造成的等效损耗电阻。必须尽量使线圈的损耗电阻保持最小，因为随着电阻的增大，传感器的灵敏度将降低。经试验证明，线圈中附加损耗还会影响其线性范围。

附加损耗产生的原因主要有：

（1）不适当的安装使线圈靠近非被测金属导体，造成附加涡流损耗。

（2）在高频时，于线圈的浸渍或粘接材料中产生介电损耗。

线圈中的导线应选用电阻率小的材料，一般采用高强度漆包铜线。如要求高，可选用银线或银合金线；在高温条件下使用时，则可选用铼钨合金线。对于线圈的骨架，则要求用损耗小、电性能好、热膨胀系数小的材料，一般可选用聚四氟乙烯、高频陶瓷、聚酰亚胺、环氧玻璃布棒、氧化硼等。

C 被测导体材质对灵敏度的影响

式（2-92）表明，线圈的阻抗变化与被测导体的电阻率、磁导率等有关。显然，由于材质不同，这些参数变化将引起传感器灵敏度的变化。通常被测物体的电阻率越低，则灵敏度也越高；但被测物为磁性材料时，磁导率增大的效果将与涡流损耗效果呈相反作用，因此与非磁性材料相比，灵敏度将降低。若被测物体表面有电镀层，由于镀层性质与基底材料不同，再加上镀层厚度不均匀，均影响传感器的灵敏度。

D 被测导体形状和尺寸对灵敏度的影响

通过理论和实验研究表明，被测导体平板环的半径等于线圈半径的 1.8 倍处，其涡流密度已衰减到最大值的 5%。显然，为了充分地利用电涡流效应，被测导体的半径应大于线圈半径的 1.8 倍，否则由于不能充分利用涡流效应，致使灵敏度降低。

同理，被测导体的厚度也不能太薄，通常 0.2 mm 以上的厚度，灵敏度将不受影响。

E 传感器安装对灵敏度和线性范围的影响

当线圈与能够产生电涡流的不属于被测导体的任何金属导体接近，均能干扰线圈的磁场，产生线圈的附加损失，导致灵敏度的降低和线性范围的缩小。通常要求非被测导体与线圈之间至少要留有大于线圈直径的间距，否则将影响灵敏度和线性范围。

#### 2.3.3.3 测量电路

根据电涡流测量的基本原理和等效电路可知，传感器线圈与被测金属导体之间距离的变化可以转换为线圈的品质因数，等效电感和等效阻抗这三个参数的变化来加以测量。因此，测量电路的任务就是将这三个参数进一步转换为电压或电流输出，并显示出测量结果。针对上述三个参数的变化，相应地有 $Q$ 值测量电路、电感测量电路、阻抗测量电路三种类型的测量电路。下面介绍常用的测量电路。

A 调幅法测量电路

调幅法测量电路属于位移-阻抗转换法测量电路，其原理图示于图 2-65。传感器线圈 $L_0$ 和电容 $C_0$ 构成并联谐振回路，由频率稳定的石英振荡器提供高频激励信号。谐振时振荡回路频率 $f_0$ 等于振荡器提供的激励信号频率，这时 $L_0C_0$ 回路呈现的阻抗最大，通过与耦合电阻 $R$ 串联所获取的分压输出 $e$ 为最大。测量时，由于被测金属导体中涡流反射作用，使传感器线圈的阻抗改变，$L_0C_0$ 回路失谐。当被测导体是非磁性材料，则谐振曲线右移；反之，被测导体为软磁材料，则谐振曲线左移，如图 2-66（a）所示。这时在频率 $f_0$ 时的分压输出 $e$ 将随之变化。因此可以由分压输出 $e$ 来表示传感器与被测物体之间的距离，如图 2-66（b）所示。此特性曲线为非线性的，只有在一定范围即 $d_1 \sim d_2$ 之间才呈线性关系。因此传感器安装时应选择在线性段工作区。并联谐振回路输出电压是高频交变电压，

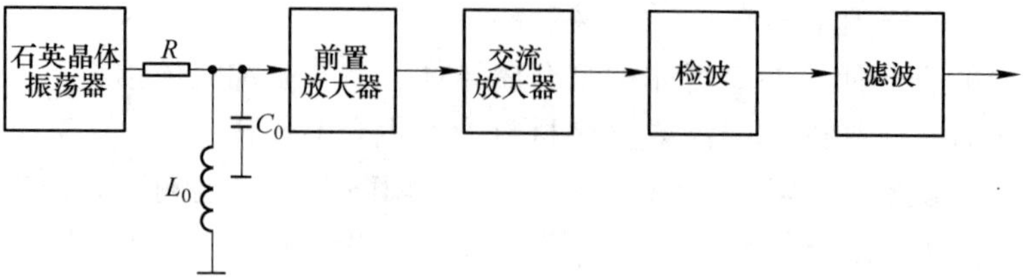


图 2-65 调幅法测量原理

不易直接测量，为此，需经过放大、检波、滤波等环节配合，最后输出直流电压以便于测量。

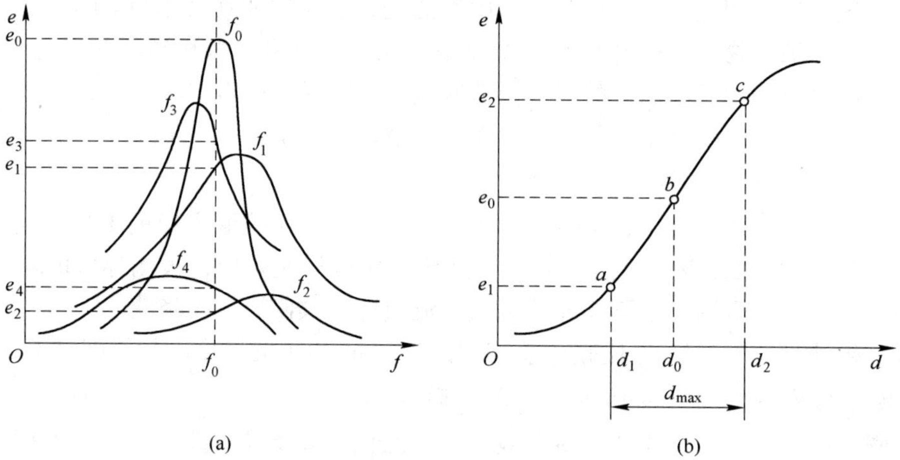


图 2-66 谐振曲线（a）与特性曲线（b）

B 调频法测量电路

调频法测量电路的原理框图示于图 2-67。传感器线圈是接在 *LC* 振荡器的谐振回路中作为电感使用。与前述方法不同之处是取谐振回路的谐振频率作为输出量。当传感器线圈与被测物体之间距离发生变化时，线圈的等效电感因涡流效应而发生变化，从而改变了振荡器的频率。此频率的变化与传感器线圈到被测物体之间距离变化成比例。为了测量此频率信号，通常需经过放大、限幅、鉴频、功放等环节配合，最后输出直流电压以便于测量。调频法测量电路特性的稳定度主要由 *LC* 振荡器的频率稳定度决定。因此，提高 *LC* 振

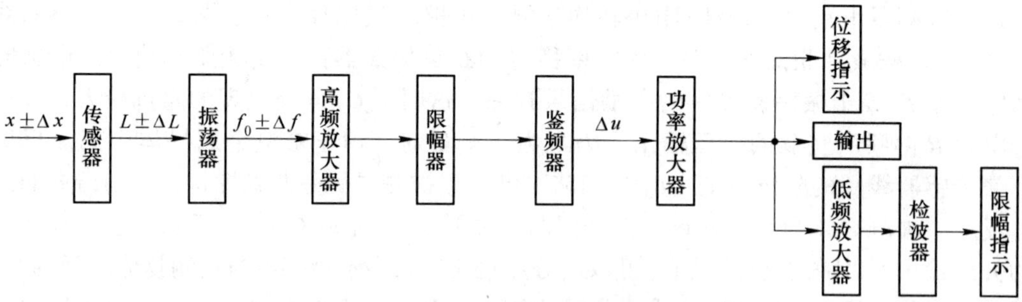


图 2-67 调频法测量电路原理方框图

荡器的频率稳定度便成为此种测量电路的核心技术。传感器线圈到振荡器之间连接电缆的分布电容一般为50~100 pF/m，其数值较大，对振荡器的振荡频率影响较大。例如在测量中，电缆位置变化引起分布电容变化几个皮法，将使振荡频率变化几千赫，严重影响测量结果。为此可设法将谐振电容与传感器线圈装在一起。

#### 2.3.3.4　传感器的应用

由于电涡流式传感器具有灵敏度高、不受油污等介质影响、动态响应好、实现非接触测量、探头结构简单和安装方便等一系列独特的优点，已被广泛应用于各个领域。下面就其主要应用作简要介绍。

A　位移测量

它可以用来测量各种形状金属物体的位移值。例如，汽轮机主轴的轴向位移、金属试件的热膨胀系数等。测量位移的范围通常可从0~1 mm到0~30 mm，特殊产品可达80 mm。分辨率可达测量范围的0.1%。此外，凡是可变换成位移量的参数，都可用电涡流式传感器来测量，如钢水液位、流体压力等。

B　振幅测量

电涡流式传感器可实现无接触地测量各种机械振动的幅值。例如，旋转轴的径向振动，涡轮叶片的振幅。在研究轴的振动时，常需要了解轴的振动模式，这时可用多支电涡流式传感器并排布置在轴附近，用多通道记录仪记录轴的振形，见图2-68（a）。

C　转速测量

将旋转体作成齿状，或在旋转体上开槽，涡流式传感器置于旋转体一侧，见图2-68（b）。当旋转体转动时，传感器的输出电压将周期性地改变，将其放大、整形后接入频率计，则可实现转速测量。

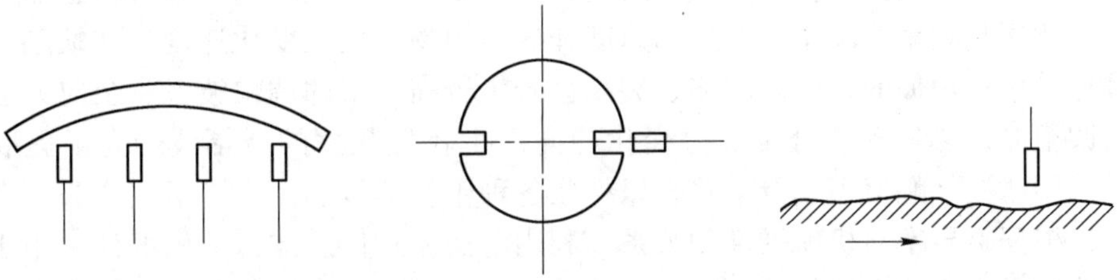

(a)　　(b)　　(c)

图2-68　涡流传感器的应用

（a）测量轴的振形；（b）转速计；（c）测量尺寸

D　厚度测量

应用电涡流式传感器可以实现无接触地测量金属板厚度和非金属板的镀层厚度。电涡流测厚原理分为两种，下面分别加以介绍。

（1）高频反射式。由于激励电压频率高，趋肤效应使激励磁场不能透过被测金属板，测厚是基于金属板的厚度变化时，将使传感器与金属板之间距离改变，从而引起传感器输出电压的变化。由于工作中运动的金属板材会上、下跳动，这将影响测量精度，为此，在被测板材的上、下方各装一个电涡流式传感器，其间距为$D$，而它们与板材上、下表面的间距分别为$x_1$和$x_2$，则板材厚度$d=D-(x_1+x_2)$。根据此式对两个传感器输出电压信号进行运算，可实现板材厚度测量。

（2）低频透射式。图 2-69 所示为低频透射式涡流测厚仪原理图。发射线圈 $L_1$ 和接收线圈 $L_2$ 分别位于被测板材的上、下方。由音频振荡器产生的低频交流电压 $u_1$ 加到 $L_1$ 的两端，并产生交变磁场。当 $L_1$ 与 $L_2$ 之间无被测板材 M 时，$L_1$ 产生的磁通将无阻挡地直接贯穿 $L_2$，于是 $L_2$ 两端感应出的交变电势 $u_2$ 数值最大。若 $L_1$ 与 $L_2$ 之间放置板材 M 后，$L_1$ 产生的磁力线在 M 中感应出电涡流 $i$，电涡流损耗了部分磁场能量，使到达 $L_2$ 的磁力线减少，从而引起 $u_2$ 的下降，M 的厚度 $h$ 越大，电涡流损耗也越大，$u_2$ 下降的也越多。可见，$u_2$ 的大小间接反映了 M 的厚度 $h$ 变化。由于板材的电阻率 $\rho$ 影响涡流的大小，从而影响 $u_2$ 值，为此，需根据板材的化学成分和温度对 $u_2$ 值进行校正和补偿。

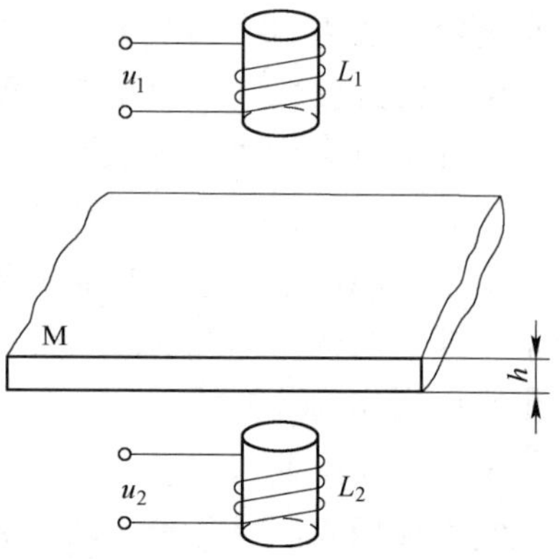

图 2-69 低频电涡流测厚仪原理图

E 涡流探伤

电涡流式传感器作为无损探伤装置，可以探测金属材料的表面裂纹、热处理裂纹以及焊缝裂纹。测试时，应保持传感器与被探伤件之间距离为常数，遇有裂纹时，金属等效电阻率，磁导率发生变化，裂纹处也有位移量的改变。这些参数的综合变化结果使传感器的输出电压发生变化，从而实现非接触、无损探伤。另外被探伤件中感应出的电涡流也将在周围产生交变磁场，采用布置在线圈附近的高灵敏度的磁场测量元件（如各向异性磁阻传感器、SQUID 等）测量被测区域周围磁场变化，也可实现无损探伤之目的[9-12]。

在探伤时，被探伤件与传感器线圈之间是有着相对运动速度的。这时传感器输出信号将被调制，此调制频率取决于相对运动速度和导体中物理性质变化速度，如缺陷、裂纹出现的信号总是比较短促的，所以缺陷、裂纹会产生较高频率的调幅波，剩余应力会产生中等频率的调幅波，热处理、合金成分变化趋向产生较低频率的调幅波。为了提取有用信号，还需采用滤波、幅值甄别等电路，以抑制各种干扰信号。

此外，根据磁导率与机械硬度的关系，利用电涡流式传感器做成硬度计，用于测量轧制钢板连续退火生产线上钢板的硬度。

## 2.4 电容式传感器

电容式传感器不但被广泛地用于位移、振动、加速度等机械量的测量，而且逐步地扩大应用于差压、液面、料面、成分含量等方面的测量。由于电容式传感器具有一系列突出的优点，并且随着电子技术的迅速发展，特别是集成电路的普遍应用，使这些优点得到进一步发扬，而它所存在的寄生分布电容、非线性等缺点已经得到克服，因此电容传感技术在自动检测技术领域占有十分重要地位。

### 2.4.1 电容式传感器工作原理

电容式传感器是指能将被测物理量的变化转换为电容量变化的一种传感器，它实质上是具有一个可变参数的电容器。

最简单的平行板电容器原理图如图 2-70 所示。当不考虑边缘电场影响时，其电容量 $C$ 为

$$C=\frac{\varepsilon S}{d}=\frac{\varepsilon_0\varepsilon_r S}{d} \tag{2-106}$$

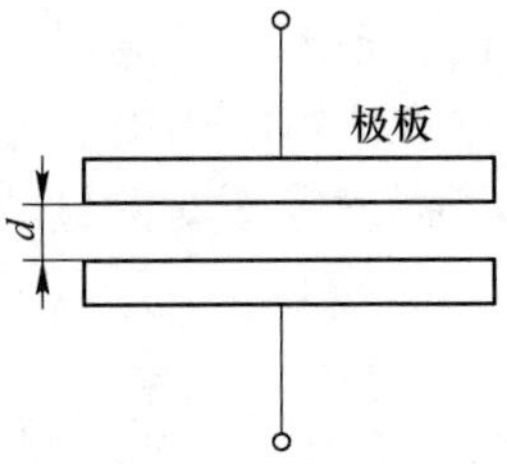


图 2-70 平行板电容器

式中 $S$——极板面积，$m^2$；

$d$——极板间距离，m；

$\varepsilon_0$——真空介电常数，$\varepsilon_0=8.85\times10^{-12}$ F/m；

$\varepsilon_r$——介质的相对介电常数。

由式（2-106）可以看出，当被测参数使得 $S$、$d$ 或 $\varepsilon$ 发生变化时，电容量 $C$ 随之变化。如果保持其中两个参数不变而仅改变另一参数，就可将该参数的变化单值地转换为电容量的变化。电容式传感器可分为改变极板间距离 $d$ 的变间隙式、改变极板面积 $S$ 的变面积式和改变介质介电常数 $\varepsilon_r$ 的变介电常数式三种类型。

变间隙式电容传感器的特点是灵敏度高，一般用来测量微小的线位移，但是其 $C$-$d$ 特性曲线为非线性特性。变面积式电容传感器的 $C$-$S$ 特性曲线为线性特性，其灵敏度较低，一般用于测量较大线位移或角位移。变介电常数式电容传感器的 $C$-$\varepsilon_r$ 特性曲线为线性特性，常用于液体和固体的物位测量以及介质的湿度测量。下面分别介绍这三种类型电容传感器。

#### 2.4.1.1 变间隙式电容传感器

由式（2-106）可见，此种传感器的电容量 $C$ 与极板间距离 $d$ 之间不是线性关系，而是如图 2-71 所示的双曲线函数关系。

若电容传感器的极板间距离由初始值 $d_0$ 变化 $\Delta d$，其电容量分别为 $C_0$ 和 $C_1$，即 $C_0=\frac{\varepsilon S}{d_0}$，而 $C_1$ 可表示为

$$C_1=\frac{\varepsilon S}{d_0-\Delta d}=\frac{\varepsilon S(1+\Delta d/d_0)}{d_0(1-\Delta d^2/d_0^2)} \tag{2-107}$$

当 $\Delta d \ll d_0$ 时，$1-\Delta d^2/d_0^2\approx1$，则上式可简化为

$$C_1=\frac{\varepsilon S(1+\Delta d/d_0)}{d_0}=C_0+C_0\frac{\Delta d}{d_0} \tag{2-108}$$

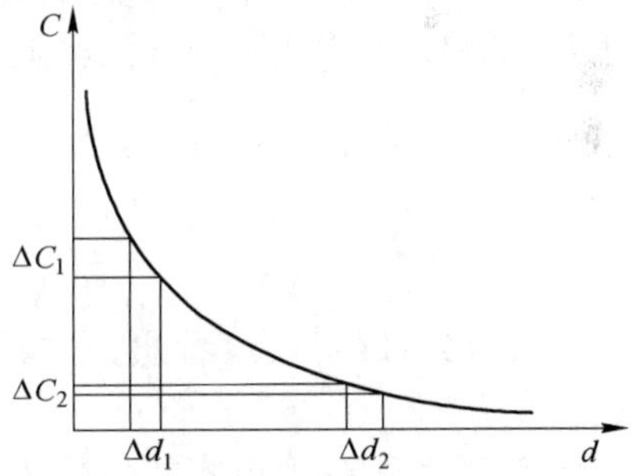


图 2-71 电容量与极板距离的关系

这时 $C_1$ 与 $\Delta d$ 近似呈线性关系，所以变间隙式电容传感器往往是设计成 $\Delta d$ 在极小的范围内变化。由式（2-108）可以看出，为提高灵敏度，应减小初始间隙 $d_0$，但 $d_0$ 的减小受到击穿电压值和加工精度的限制。同时，减小 $d_0$ 会增大非线性误差。改善击穿条件的办法是在极板间放置一层云母或塑料薄膜，如图 2-72 所示。此时电容量变为

$$C=\frac{\varepsilon_0 S}{d_1/\varepsilon_1+d_2/\varepsilon_2} \tag{2-109}$$

式中 $\varepsilon_1$——厚度为 $d_1$ 的空气的相对介电常数；

$\varepsilon_2$——厚度为 $d_2$ 的固体介质（如云母、塑料等）的相对介电常数。

一般电容式传感器的起始电容 $C_0$ 在 20~300 pF，极板间初始间隙在 25~200 μm 的范

围内，最大位移应该小于初始间隙的1/10。

在实际应用中，为了提高灵敏度，减小非线性和克服某些外界因素（如激励源电压、环境温度等）对测量的影响，通常把传感器做成差动结构形式，其原理图如图2-73所示。

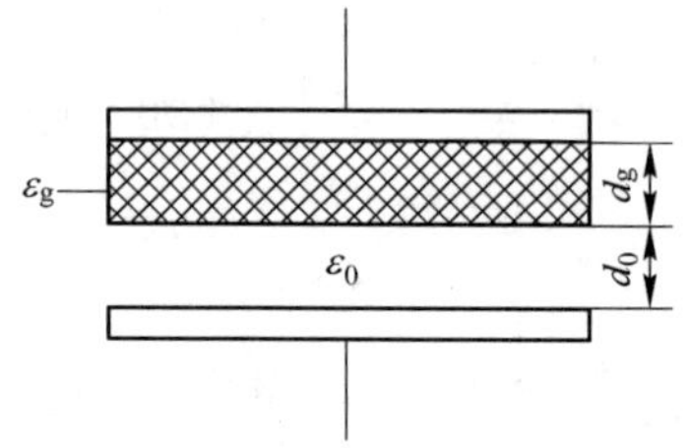


图2-72 放置云母片的电容器

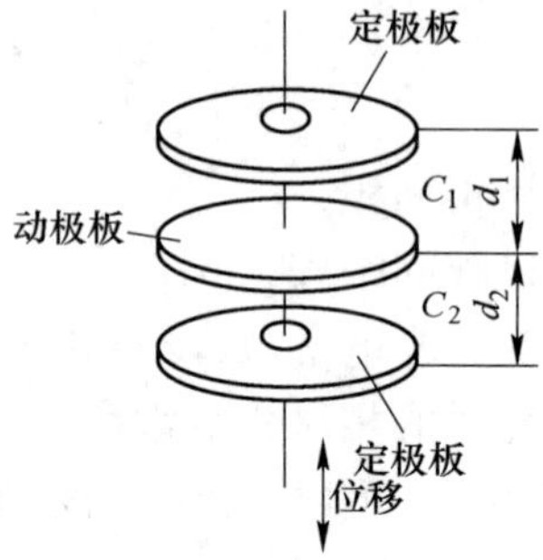


图2-73 差动电容式传感器原理

当动极板发生位移后，其中一个电容器 $C_1$ 的电容值随位移 $\Delta d$ 增加，而另一个电容器 $C_2$ 则相应减小。当 $\Delta d \ll d_0$ 时，略去非线性项，则有

$$\frac{\Delta C}{C_0} \approx \frac{2\Delta d}{d_0} \tag{2-110}$$

$$\Delta C = C_1 - C_2$$

式中 $d_0$——定极板与动极板之间的初始间隙。

可见，采用差动结构可使灵敏度提高一倍。

### 2.4.1.2 变面积式电容传感器

图2-74所示乃是角位移变面积式电容传感器的原理图。当动极板产生角位移时，动极板与定极板之间的遮盖面积就随之改变，从而改变了两极板之间的电容量。当角位移 $\theta=0$ 时，其电容量 $C$ 为 $C=C_0=\dfrac{\varepsilon S}{d}$；当角位移 $\theta\neq0$ 时，其电容量 $C$ 为

$$C = C_1 = \frac{\varepsilon S(1-\theta/\pi)}{d} = C_0 - C_0\frac{\theta}{\pi} \tag{2-111}$$

从式（2-111）可以看出，这种结构形式传感器的电容量 $C$ 与角位移 $\theta$ 是呈线性关系的。

图2-75为圆柱形电容式位移传感器的原理图。在初始位置即 $a=0$ 时，动极板与定极板相互覆盖，其电容量 $C$ 为

$$C = C_0 = \frac{2\pi\varepsilon_0\varepsilon_r l}{\ln(D_0/D_2)} = \frac{2\pi\varepsilon l}{\ln(D_0/D_2)} \tag{2-112}$$

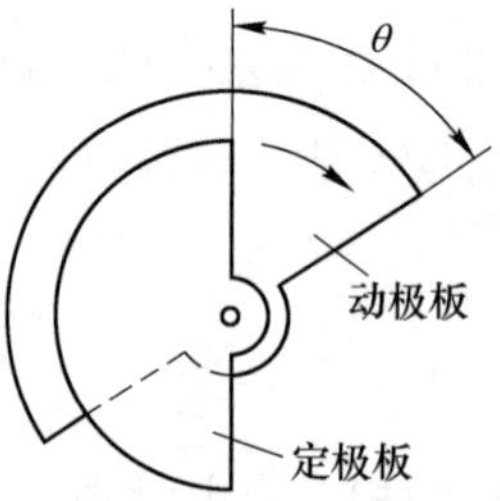


图2-74 电容式角位移传感器原理图

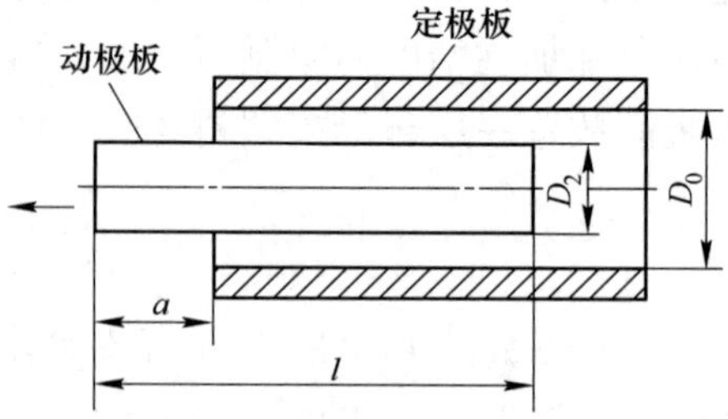


图2-75 圆柱形电容式传感器

当动极板发生位移后，其电容量 $C$ 为

$$C=\frac{2\pi\varepsilon(l-a)}{\ln(D_0/D_2)}=C_0-C_0\frac{a}{l} \tag{2-113}$$

式（2-113）表明，圆柱形电容式位移传感器的电容量 $C$ 与线位移 $a$ 是呈线性关系的。采用圆柱形结构形式的主要优点是动极板稍微有些径向位移时，对输出特性的影响很小。

2.4.1.3 变介电常数式电容传感器

电容式液面计中所使用的电容式传感器属于这一类，其原理图示于图 2-76。当被测介质的液面在两同心圆柱形电极间变化时，引起其等效介电常数的变化，因而导致电容量变化。其输出电容 $C$ 与液面高度 $x$ 的关系为

$$C=\frac{2\pi\varepsilon_0(h-x)}{\ln(R_2/R_1)}+\frac{2\pi\varepsilon_1 x}{\ln(R_2/R_1)}=\frac{2\pi\varepsilon_0 h}{\ln(R_2/R_1)}+\frac{2\pi(\varepsilon_1-\varepsilon_0)}{\ln(R_2/R_1)}\cdot x \tag{2-114}$$

式中 $\varepsilon_1$——液体介质的介电常数，F/m；

$\varepsilon_0$——空气的介电常数，F/m；

$h$——电极的总长度，m；

$R_1$——内电极的外径，m；

$R_2$——外电极的内径，m。

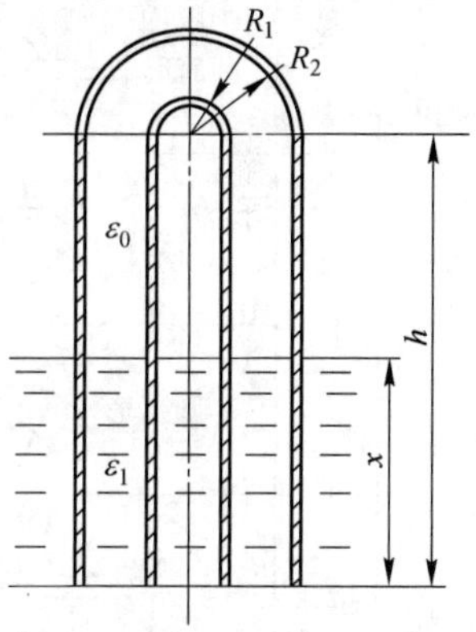

图 2-76 电容式液位传感元件

由式（2-114）可以看出，输出电容 $C$ 与液面高度 $x$ 呈线性关系；传感器的灵敏度与介电常数差值（$\varepsilon_1-\varepsilon_0$）成正比。由于液体介质的介电常数 $\varepsilon_1$ 通常随温度而变化，所以为消除温度对测量的影响，还需采取温度补偿措施。

另一种变介电常数式电容传感器的原理图示于图 2-77。当某种带状介质在两固定极板间运动时，输出电容 $C$ 与带状介质的厚度 $d$ 和介电常数 $\varepsilon_r$ 之间的关系为

$$C=\frac{S}{\dfrac{\delta-d}{\varepsilon_0}+\dfrac{d}{\varepsilon_r\varepsilon_0}}=\frac{\varepsilon_0 S}{\delta-d+\dfrac{d}{\varepsilon_r}} \tag{2-115}$$

由式（2-115）可见，当运动介质厚度 $d$ 保持不变，而介电常数 $\varepsilon_r$ 改变时，可用作介电常数测量装置；反之，若 $\varepsilon_r$ 保持不变，则可作为测厚装置使用。

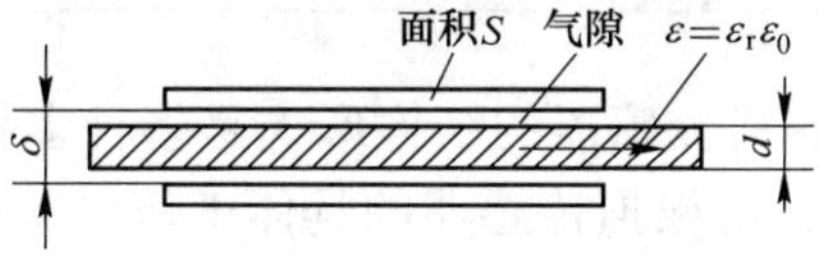

图 2-77 变介电常数的电容式传感元件

应指出，以上所有特性表达式均未考虑电场的边缘效应。当考虑边缘效应时，实际电容量将比表达式给出的电容量大。边缘效应使传感器的灵敏度降低，使特性非线性增加。

### 2.4.2 电容式传感器的结构和特点

2.4.2.1 基本结构形式

表 2-3 列出了电容式位移传感器的基本结构形式。依据将机械位移转换为电容变化的

基本原理，将电容式位移传感器分为变面积型、变极距型和变介质型三大类。这三种类型又按位移的形式分为线位移和角位移两种，每一种又依据传感器电容极板的形状分成平板形和圆筒形。依据传感器电容极板的结构形式又可分为单片型、多片型和特殊型，其中单片型又可分为单组式与差动式。

**表 2-3 电容式传感器的结构形式**

| 参数变化 | 位移方式 | 单片型 | | 多片型 | 特殊型 |
|---|---|---|---|---|---|
| | | 单组式 | 差动式 | | |
| 面积 $S$ | 线位移 | 平板形  | 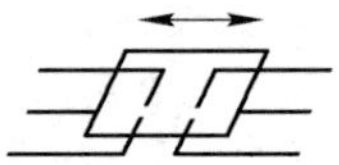 | 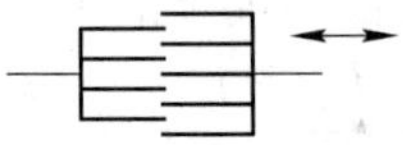 | 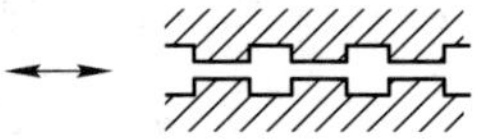 |
| | | 圆筒形 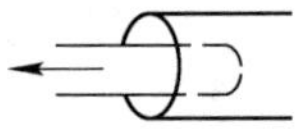 | 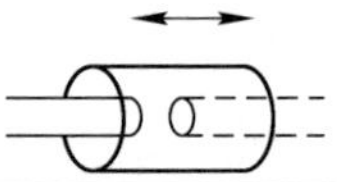 | — | 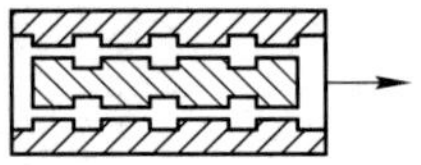 |
| | 角位移 | 平板形 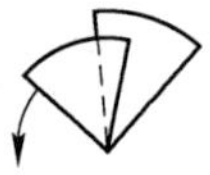 |  | — | 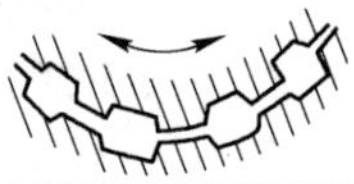 |
| | | 圆弧形  | 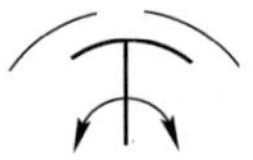 |  | — |
| 极距 $d$ | 线位移 | 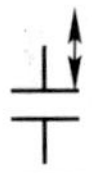 | 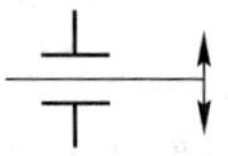 | 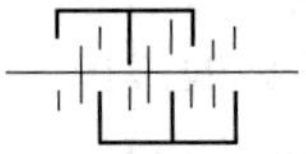 | — |
| | 角位移 | 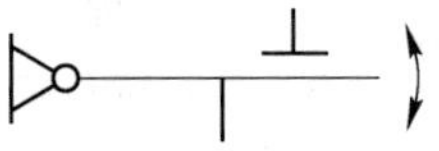 | 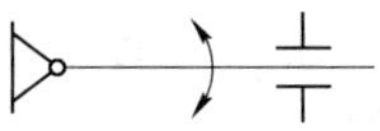 | — | — |
| 介质 $\varepsilon$ | 线位移 | 平板形  | 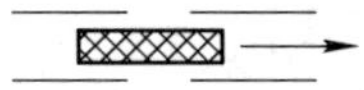 | 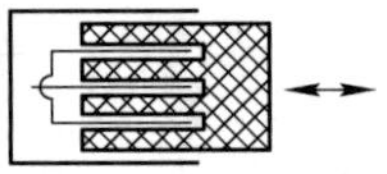 | — |
| | | 圆筒形 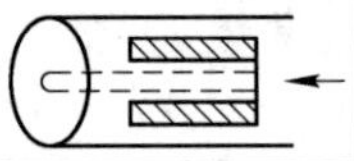 | 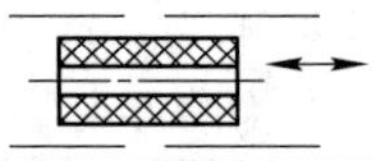 | — | — |

从表 2-3 可以看出，电容式传感器的结构形式是多种多样的，每种具体结构形式都有其特点和适用场合。因此，需根据传感器的具体工作对象和工作条件，选择合适的结构形式。通常，差动式比单组式的灵敏度高，线性范围大，并具有较高的工作稳定性。电容传感器制成一极多板的形式，相当于一个大面积的单片型电容传感器，但是它能大大缩小传感器的尺寸，并能提高传感器的灵敏度。可见，电容式传感器的结构与其特性关系密切。

### 2.4.2.2 边缘效应

在电容式传感器中，为了减小边缘电场对测量的影响，电极应制做得尽量薄（如在绝缘材料上蒸镀金属膜），并尽量减小极板之间的间距。当极板的厚度与极板间距相比不太小时，边缘电场的影响就不能忽略。对于圆平行板电容器，其电容值可按下式计算

$$C=\varepsilon_0\varepsilon_r\left\{\frac{\pi r^2}{d}+2r\left[\ln\frac{8\pi r}{d}-3+f\left(\frac{2t}{d}\right)\right]\right\} \tag{2-116}$$

式中 $t$——极板厚度；

$r$——极板半径；

$d$——极板间距。

函数

$$f\left(\frac{2t}{d}\right)=\left(1+\frac{2t}{d}\right)\ln\left(1+\frac{2t}{d}\right)-\frac{2t}{d}\ln\frac{2t}{d} \tag{2-117}$$

当 $\frac{2\pi r}{d}>750$ 时，边缘电场的影响可以忽略，因此，对于圆平行板电容传感器在确定结构尺寸时，可按此关系计算。

消除边缘效应的较好方法是采用防护环，其原理图示于图 2-78。在使用防护环时，应使防护环与被防护环的极板具有相等的电位，但二者在电气上还应绝缘。这时被防护的工作极板面积上的电场基本上保持均匀，而发散的边缘电场将发生在防护环的外周。

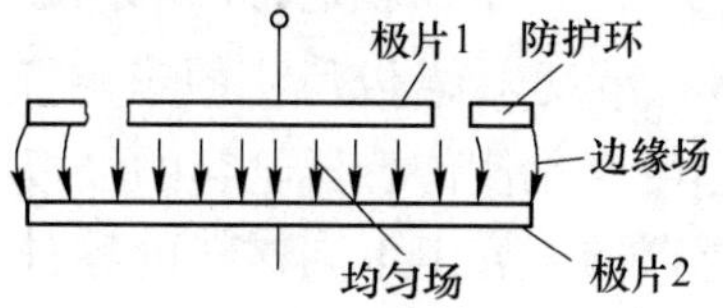

图 2-78 带有防护环的电容式传感元件

2.4.2.3 绝缘和屏蔽

电容式传感器的电容量一般都很小，仅有几十个皮法。对于如此小的电容量，若激励源频率又不高，则电容传感器本身的容抗就很高，可达几兆欧至上百兆欧。可见其绝缘和屏蔽问题十分突出。

A 绝缘问题

对于电容式传感器，几兆欧的绝缘电阻只能看作是传感器的一个漏电旁路。漏电阻将与传感器电容构成复数阻抗而通过测量电路影响输出，更为严重的是漏电阻会随环境温度和湿度而变化，以致使传感器的输出产生缓慢的零点漂移。因此在选择绝缘材料时，不仅要求有低的膨胀系数和几何尺寸的长期稳定性，还应具有高的绝缘电阻、低的吸潮性和高的表面电阻，如采用玻璃、石英、陶瓷、尼龙等材料，而不用夹布胶木等一般电气绝缘材料。为了防止水汽进入，可考虑采用密封外壳。此外，采用较高的激励源频率（如数十千赫至数兆赫），以降低传感器的容抗，也相应地降低了对绝缘电阻的要求。

B 屏蔽问题

寄生分布电容使传感器电容量改变，由于传感器本身电容量小，并且寄生分布电容又是极不稳定的，这就导致传感器特性的不稳定。克服寄生分布电容影响的最常用方法是对传感器电容及其引出线采取屏蔽措施，即将传感器电容置于金属壳体内，然后将金属壳体接大地，这样就消除了传感器电容与壳体外部导体之间不稳定的寄生电容耦合；金属外壳屏蔽同时起到了消除外界静电场和交变电磁场的干扰作用。同样，传感器电容的引出线必须采用屏蔽线，其屏蔽层应良好接地。但是，尽管采用接地良好的屏蔽线，电容传感器仍存在下列两个问题：

（1）屏蔽线本身电容量大，大的每米可达上百皮法。当屏蔽线较长且其电容与传感器电容相并联，使传感器的电容相对变化大大降低，因而使传感器的灵敏度大大降低。

（2）电缆本身的电容量由于放置位置和形状不同而有很大变化，这将使传感器特性不稳定。

电缆电容的影响是电容式传感器需要解决的关键技术问题，集成电路技术的发展，为此问题的解决创造了良好条件。一种解决方法是将测量电路的前级或全部放大环节装在离传感器机械部分很近的位置，以尽量缩短屏蔽线的长度，从而减小电缆电容的影响。另一种方法就是采用驱动屏蔽（参见 3.4 节的驱动屏蔽）技术。

2.4.2.4　温度的影响

电容式传感器的电容输出是其几何尺寸和电介质介电常数的函数。实际上传感器电容的几何尺寸和介电常数是随温度而变化的，因而温度也使电容量产生变化，从而给测量带来误差[13-14]。下面就这方面的问题分别加以介绍。

A　温度对结构尺寸的影响

温度变化使传感器电容的极板间隙和面积发生变化，产生附加电容变化。变间隙式电容传感器的电容由不同材料的零件组装而成，更应注意这一点。因为其间隙都取得很小，一般为零点几毫米左右，当零件的线膨胀系数相差较大时，因温度变化可能导致本来就很小的间隙产生较大的相对变化，造成很大的温度附加误差。下面以电容式压力传感器为例，研究此项误差及其补偿方法。

参看图 2-79 所示压力传感器，设温度为 $t_0$ 时极板间隙为 $\delta_0$，固定极板厚为 $g_0$，绝缘件厚为 $b_0$。膜片至绝缘件底部之间的壳体长度为 $a_0$，则 $\delta_0 = a_0 - b_0 - g_0$。当温度从 $t_0$ 改变 $\Delta t$，各尺寸均要膨胀，设其膨胀系数相应地为 $\alpha_a$、$\alpha_b$、$\alpha_g$，各尺寸膨胀后导致间隙改变为 $\delta_t$，则 $\delta_t = a_0(1+\alpha_a\Delta t) - b_0(1+\alpha_b\Delta t) - g_0(1+\alpha_g\Delta t)$，因此间隙的变化量为 $\Delta\delta_t = \delta_t - \delta_0 = (a_0\alpha_a - b_0\alpha_b - g_0\alpha_g)\Delta t$。因此其温度附加误差为

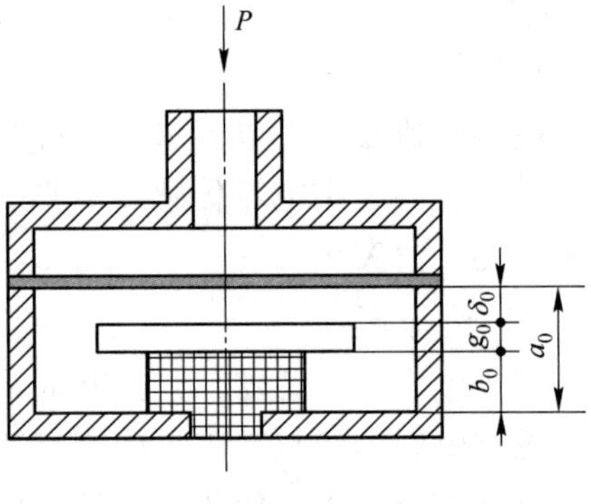

图 2-79　电容式传感器的温度误差

$$e_t = \frac{C_t - C_0}{C_0} = -\frac{(a_0\alpha_a - b_0\alpha_b - g_0\alpha_g)\Delta t}{a_0 - b_0 - g_0} \tag{2-118}$$

若进行温度补偿，其补偿条件为

$$a_0\alpha_a - b_0\alpha_b - g_0\alpha_g = 0 \tag{2-119}$$

由式（2-118）和式（2-119）可见，温度附加误差与组成零件的几何尺寸大小及零件材料的线膨胀系数大小有关，因此，通过适当选用材料及其尺寸可以减小温度附加误差。减小温度附加误差的另一重要措施，是采用差动结构，并在测量电路中加以补偿。

B　温度对介质介电常数的影响

温度变化引起介质介电常数的变化，使传感器电容改变，带来温度附加误差。温度对介电常数的影响随介质不同而异。对于以空气或云母为介质的传感器电容来说，这项误差很小，可忽略。但在电容式液位传感器中，被测介质的介电常数的温度系数较大，必须进行温度补偿。例如燃油的介电常数 $\varepsilon_t$ 是随温度升高而近似线性地减小，其关系可表示为

$$\varepsilon_t = \varepsilon_{t0}(1 + \alpha_\varepsilon \Delta t) \tag{2-120}$$

式中 $\varepsilon_t$——温度改变 $\Delta t$ 后燃油的介电常数；

$\varepsilon_{t0}$——起始温度 $t_0$ 时燃油的介电常数；

$\alpha_\varepsilon$——燃油介电常数的温度系数，对煤油 $\alpha_\varepsilon \approx -0.000684/℃$。

对于同心圆柱式电容传感器，当液面高度为 $x$ 时，由于温度变化使 $\varepsilon_t$ 改变，引起电容量的变化为

$$\Delta C_t = \frac{2\pi(\varepsilon_t - \varepsilon_0)}{\ln(R_2/R_1)}x - \frac{2\pi(\varepsilon_{t0} - \varepsilon_0)}{\ln(R_2/R_1)}x = \frac{2\pi x \varepsilon_{t0}\alpha_\varepsilon}{\ln(R_2/R_1)}\Delta t \tag{2-121}$$

上式说明 $\Delta C_t$ 既与 $\Delta\varepsilon_t = \varepsilon_{t0}\alpha_\varepsilon\Delta t$ 成比例，还与液面高度 $x$ 有关。为了补偿由于介电常数变化所引起的温度附加误差，可在测量电路中设置补偿传感器 $C_K$，并将其始终浸没在被测介质中，因此 $C_K$ 将与液位高度变化无关，而只随着温度引起介电常数变化而变化；进而用 $C_K$ 产生的温度补偿信号抵消测量传感器电容 $C_t$ 产生的温度误差信号，从而达到温度补偿的目的。

#### 2.4.2.5 等效电路

电容式传感器的等效电路如图 2-80 所示，图中 $R_p$ 为并联损耗电阻，它代表极板间的泄漏电阻和极板间的介质损耗。这部分损耗的影响通常在低频时较大，随着频率增高，容抗减小，它的影响也就减弱了。串联电阻 $R_c$ 代表引线电阻、电容器支架和极板的电阻，其值通常很小。它随着频率增高而增大，但是即使在几兆赫频率下工作，$R_c$ 仍然很小。电感 $L$ 是由电容器本身的电感和外部引线的电感所组成。电容器本身的电感与电容器的结构形式有关，引线电感则与引线长度有关。如果使用电缆连接电容器，则 $L$ 中应包括电缆的电感。

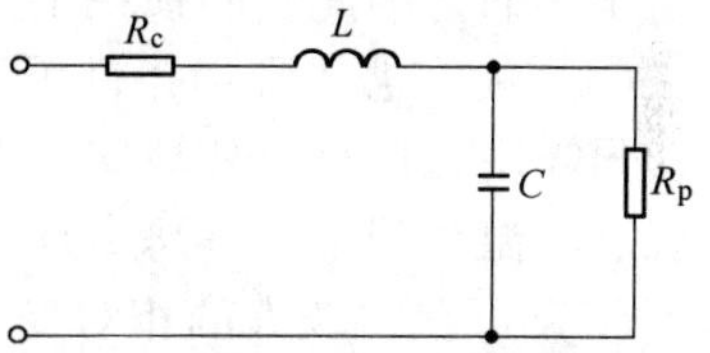


图 2-80 电容式传感元件的等效电路

由图 2-80 可见，等效电路有一谐振频率，通常为几十兆赫。在谐振或接近谐振时，等效阻抗对频率的依从性强，它破坏了电容的正常作用。因此，只有工作频率大大低于谐振频率时（通常需低于谐振频率的 1/3~1/2），才能获得电容传感元件的正常运用。同时，由于电路的感抗抵消了一部分容抗，使传感元件的等效电容 $C_e$ 有所增加，$C_e$ 可近似由下式求得

$$C_e = \frac{C}{1 - \omega^2 LC} \tag{2-122}$$

电容的相对变化量为

$$\frac{\Delta C_e}{C} = \frac{\Delta C/C}{1 - \omega^2 LC} \tag{2-123}$$

式（2-123）表明，传感器电容的实际相对变化量与其固有电感有关。因此，在实际应用时必须与标定时条件相同，即电缆长度不能改变。

#### 2.4.2.6 电容式传感器的优缺点

A 优点

（1）需要的作用能量低。传感器电容极板间的静电吸引力很小。由电工学可知，带电极板间的静电吸引力为

$$F = -\varepsilon_0 \frac{U^2 S}{2d^2} \tag{2-124}$$

式中 $F$——极板间的静电吸引力；

$U$——极板间的电压；

$S$——极板的面积；

$d$——极板间的间隙。

式中的负号表明，力 $F$ 的方向总是力图增加极板间的电容量。例如，极板直径为 12.7 mm，间隙为 0.0254 mm 的平行板电容，极板间电压 $U$ 为 10 V 时，静电吸引力为 $0.87\times10^{-4}$ N，这与电感式传感器相比是极小的。所以，电容式传感器需要的作用能量极小，特别适宜用来解决输入能量低的测量问题。

（2）动态响应快。由于电容式传感器具有较小的可动质量和只需较低的输入能量，其固有频率较高；同时，电容式传感器的介质损耗小，其激励频率可到兆赫，从而保证传感器系统具有良好的动态响应能力。

（3）本身发热的影响小。在电容式传感器中，无论是气体、还是液体介质的介质损耗都是很小的，因此介质损耗本身发热对传感器的影响，实际上可以不用考虑。

（4）能在恶劣环境条件下工作。由于传感器电容的制作通常不需要有机材料和磁性材料，只需用无机材料如玻璃、石英或陶瓷作为绝缘支架，上面镀以金属作为电极，因此在高温、低温和强辐射等恶劣环境中也能正常工作。

（5）可获得较大的相对变化量。电容式传感器的相对变化量只受其非线性和其他实际条件的限制。如匹配以高线性测量电路，电容相对变化量可达 100%，这时传感器将具有较高的信噪比。

B 缺点

（1）输出阻抗较高。通常传感器电容量都很小，因此电容式传感器的输出阻抗高。高输出阻抗使它容易受到外界干扰，产生不稳定现象。为此，需采取有效的技术措施，如适当提高激励频率，采取适当的屏蔽接地措施，尽量缩短传感器电容的引线长度等来提高其抗干扰能力。

（2）输出特性的非线性。对于变间隙式电容传感器，其电容量 $C$ 与极板间隙 $d$ 之间为非线性关系，采用差动结构可以改善非线性，但不能完全消除特性的非线性。为此，开发研究与该种电容式传感器匹配的专用测量电路，用该测量电路的非线性完全补偿传感器电容输出特性的非线性，其中较典型的是“运算放大器式电路”（参见后面的测量电路有关部分）。

### 2.4.3 电容式传感器的测量电路

在电容式传感器中，电容传感元件将被测物理量变换为电容变化后，还需要匹配以测量电路将电容变化继续变换为电压或电流信号，并同时完成电容传感元件输出特性的非线性补偿。电容式传感器的测量电路近年来发展很快，种类很多。下面仅就较为常用的一些电路进行介绍。

#### 2.4.3.1 紧耦合电感比率臂电桥

图 2-81 所示为用于电容测量的紧耦合电感比率臂电桥。其中两个耦合电感臂之间的耦合系数为 $K=\pm M/L$；紧耦合时 $K=\pm1$，不耦合时 $K=0$。耦合线圈可以等效为一个 T 形网路，如图 2-82 所示。其相应关系为

$$Z_{12} = Z_s + Z_p = j\omega L$$
$$Z_p = j\omega M = j\omega KL = KZ_{12}$$

$$Z_s = Z_{12} - Z_p = (1-K)Z_{12}$$
$$Z_{13} = 2Z_s = 2(1-K)Z_{12}$$

根据图 2-81 和图 2-82 可以列出该电桥输出电压 $U_o$ 的一般表达式为

$$\dot{U}_o = \frac{\Delta C}{C} \cdot \frac{[1 + Z_{12}(1-K)\cdot j\omega C]/[1 + Z_{12}(1+K)\cdot j\omega C]\dot{E}}{1 + \frac{1}{2}\left[Z_{12}(1-K)\cdot j\omega C + \frac{1}{Z_{12}(1-K)\cdot j\omega C}\right] + \frac{1/j\omega C + Z_{12}(1-K)}{Z_L}}$$

式中　$Z_L$——该桥路输出端的负载阻抗。

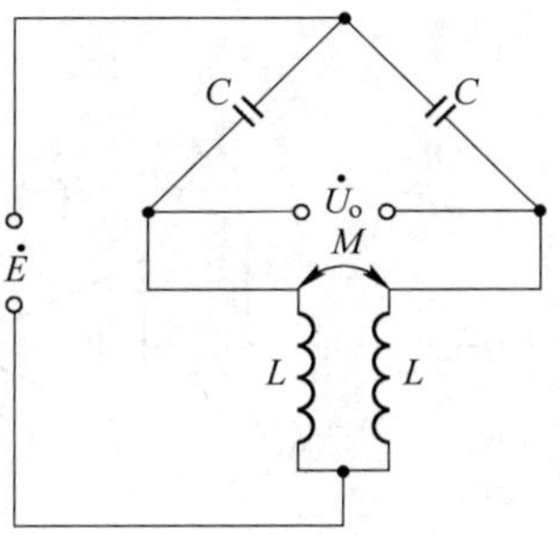


图 2-81　用于电容测量的紧耦合电感臂电桥

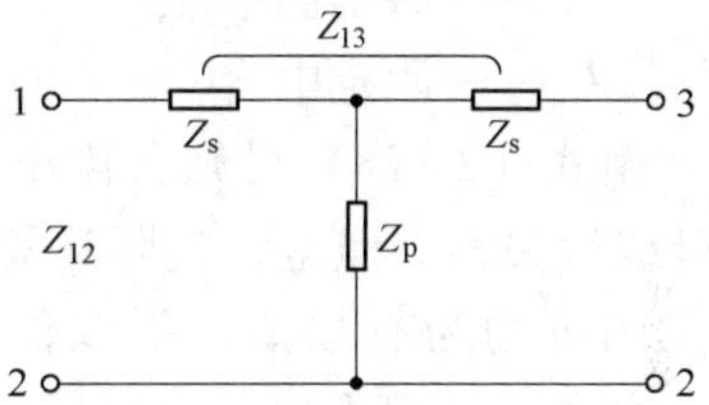


图 2-82　耦合电感臂的等效电路

在紧耦合时，$K=-1$；取 $Z_L=\infty$，代入上式可得

$$U_o = \frac{\Delta C}{C} \cdot \frac{1-2\omega^2 LC}{1-\omega^2 LC - 1/(4\omega^2 LC)}E = \frac{\Delta C}{C}E\frac{4\omega^2 LC}{2\omega^2 LC - 1} \tag{2-125}$$

式（2-125）给出了差动电容式传感器和紧耦合电感比率臂电桥在高阻抗负载时的输出电压。

系数 $4\omega^2 LC/(2\omega^2 LC-1)$ 为桥路灵敏度。灵敏度以 $\omega^2 LC$ 为变量所画的曲线示于图 2-83。从图中可以看出，谐振发生在 $\omega L = 1/2\omega C$ 处；低于谐振点，且有 $\omega^2 LC \ll 1$ 时，灵敏度与 $\omega^2 LC$ 成正比；在高于谐振点，且 $\omega^2 LC \gg 1$ 时，灵敏度渐近地趋于 2，呈现水平特性。因此为了获得高稳定度，应尽量增大 $\omega^2 LC$，使灵敏度不随频率和电感的改变而改变。

为了便于比较，取 $K=0$ 可导出无耦合时的桥路输出电压为

$$U_o = \frac{\Delta C}{C} \cdot \frac{-2\omega^2 LC}{(\omega^2 LC - 1)^2}E \tag{2-126}$$

式（2-126）以 $\omega^2 LC$ 为变量所画曲线也画在图 2-83 中，可以发现，对于高 $\omega^2 LC$ 值，无耦合电感臂电桥没有水平特性。总之，紧耦合电感比率臂电桥比其他形式电桥有较高的稳定度。应指出的是，上述结果仅适用于纯容抗的传感器和纯感抗的固定桥臂所组成的电桥。在实际应用中，只要传感器阻抗和固定桥臂阻抗的 $Q$ 值不太低，则可以有良好的近似，从而得到良好的应用效果。

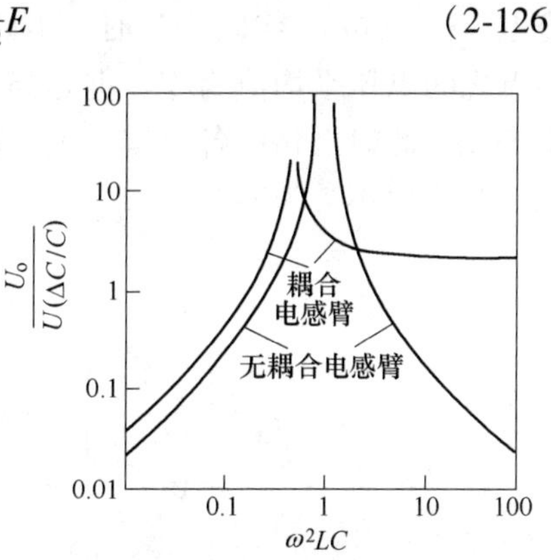


图 2-83　用紧耦合与不耦合电感作桥臂时的灵敏度

2.4.3.2　运算放大器式电路

运算放大器式电路的最大优点是能够克服变间隙式电容传感器的电容输出特性非线性，而使其输出电

压与输入位移有线性关系。图 2-84 所示为运算放大器式电路的原理图。下面推导其输出电压 $u_o$ 与传感器电容 $C_x$ 的间隙 $d$ 之间关系。设运算放大器为理想放大器，据图 2-84 可得出

$$u_o = -u_i \frac{C_0}{C_x} \tag{2-127}$$

将 $C_x=\varepsilon S/d$ 代入式（2-127），可得到

$$u_o = -u_i \frac{C_0}{\varepsilon S} d \tag{2-128}$$

式中 $u_o$——测量电路输出电压；

$u_i$——激励源电压；

$C_0$——固定电容。

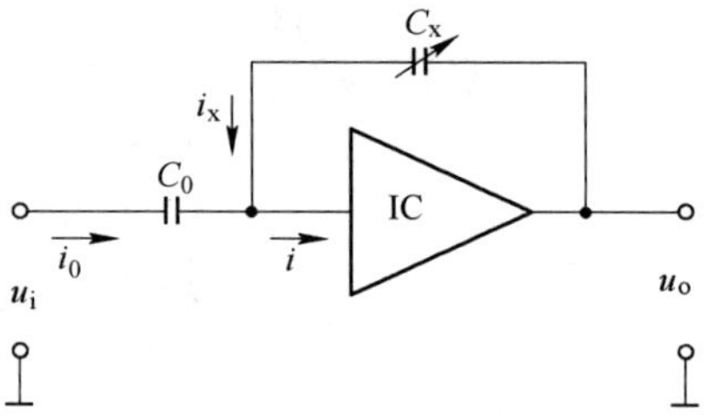

图 2-84 运算放大器式电路

由式（2-128）可知，输出电压 $u_o$ 与动极板位移 $d$ 呈线性关系。但是，实际运算放大器的放大系数和输入阻抗均为有限值，所以仍存在很小的非线性误差。此外，还可看出输出电压 $u_o$ 还与激励源电压 $u_i$、固定电容 $C_0$、$\varepsilon$ 和 $S$ 等参数有关。为减小这些参数变化对测量的影响，应相应地采取技术措施。

除了将电容传感器如图 2-84 所示连接在运算放大器反相输入端和输出端之间，还可以将 $C_0$ 和 $C_x$ 位置对调，将 $C_x$ 连接在激励源和运算放大器反相输入端之间，此时输出 $u_o$ 正比于 $C_x$[15-19]。

2.4.3.3 脉冲宽度调制电路

脉冲宽度调制电路原理图示于图 2-85。设传感器差动电容为 $C_1$ 和 $C_2$，当双稳态触发器的输出一端为高电位时，另一端为低电位。若 $A$ 点为高电位，则其通过 $R_1$ 对 $C_1$ 充电，一直到 $C$ 点充电电位高于参比电位 $U_f$ 时，比较器 $A_1$ 翻转，将使触发器翻转。在翻转前，$B$ 点为低电位，电容 $C_2$ 通过二极管 $D_2$ 迅速放电，使 $D$ 点电位迅速降为零值。一旦双稳触发器翻转后，$A$ 点变为低电位，$B$ 点变为高电位。这时将在反方向上重复上述过程，即 $C_2$ 充电，$C_1$ 放电。当 $C_1=C_2$ 时，电路中各关键点波形如图 2-86（a）所示。由图可见 $A$ 与 $B$ 两点之间电压平均值为零。但是当 $C_1 \neq C_2$ 时，若 $C_1>C_2$ 时，则 $C_1$、$C_2$ 充电时间常数将发生变化。此时电路中各关键点电压波形如图 2-86（b）所示。由图可见，$A$ 与 $B$ 两点之间电压平均值不再为零。

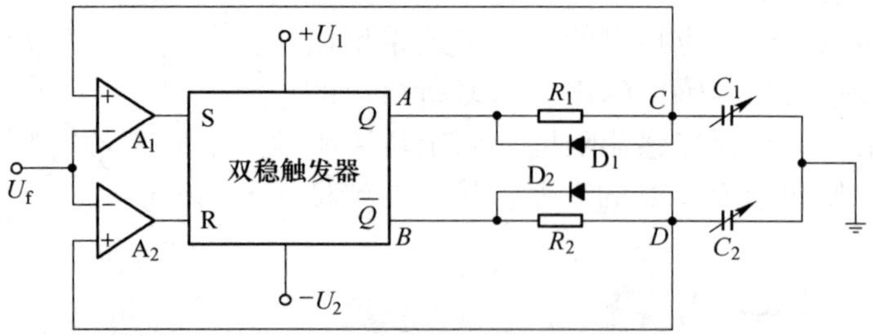

图 2-85 脉冲宽度调制电路

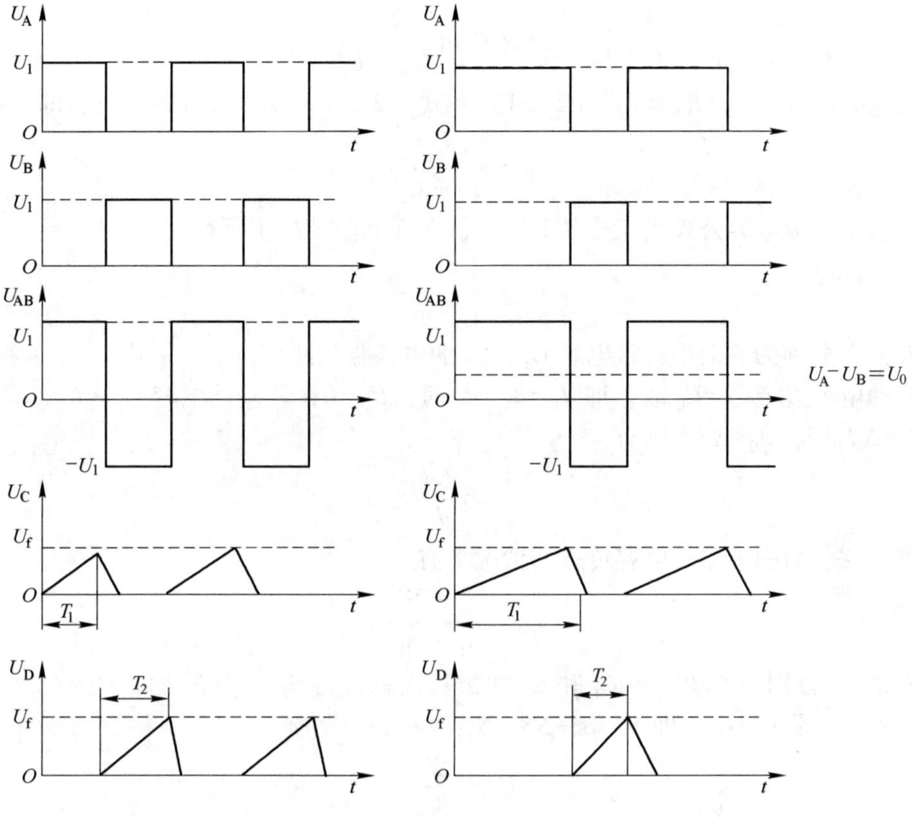


图 2-86 脉冲宽度调制电路电压波形图

矩形波电压可用傅里叶级数表示为

$$U_{AB}=\frac{T_1-T_2}{T_1+T_2}U_1+\frac{2U_1}{n\pi}\sum_{n=1}^{\infty}(-1)^n\sin\left(n\pi\frac{T_1-T_2}{T_1+T_2}\right)\cos n\omega t+\left[1-(-1)^n\cos\left(n\pi\frac{T_1-T_2}{T_1+T_2}\right)\right]\sin n\omega t \tag{2-129}$$

式中 $T_1$——$C$ 点电压充电时间；

$T_2$——$D$ 点电压充电时间；

$U_1$——双稳态触发器高电平电位值；

$\omega$——脉冲调宽角频率。

取低通滤波器截止频率 $\omega_A$ 小于调宽角频率 $\omega$；当矩形波电压通过低通滤波器后，则可得出其直流分量 $U_0$ 为

$$U_0=\frac{T_1-T_2}{T_1+T_2}U_1 \tag{2-130}$$

若使 $U_1$ 保持恒定不变，则 $U_0$ 随 $T_1$、$T_2$ 变化而改变，从而实现了输出脉冲电压的调宽。

可以证明

$$T_1=R_1C_1\ln\frac{U_1}{U_1-U_f} \tag{2-131}$$

$$T_2 = R_2 C_2 \ln \frac{U_1}{U_1 - U_f} \tag{2-132}$$

取充电电阻 $R_1=R_2=R$，将式（2-131）和式（2-132）代入式（2-130），即可得出

$$U_0 = \frac{C_1 - C_2}{C_1 + C_2} U_1 \tag{2-133}$$

将差动平行板电容公式代入式（2-133），在变间隙情况下可得

$$U_0 = \frac{d_2 - d_1}{d_2 + d_1} U_1 \tag{2-134}$$

式中，$d_1$、$d_2$ 分别为差动平行板电容 $C_1$、$C_2$ 的电极板间距离。

当差动电容 $C_1=C_2=C_0$ 时，即 $d_1=d_2=d_0$ 时，$U_0=0$；若差动电容 $C_1 \neq C_2$，设 $C_1>C_2$，即 $d_1=d_0-\Delta d$，$d_2=d_0+\Delta d$，则有

$$U_0 = \frac{\Delta d}{d_0} U_1 \tag{2-135}$$

同理，在变面积式差动电容传感器情况下有

$$U_0 = \frac{S_1 - S_2}{S_1 + S_2} U_1 \tag{2-136}$$

式中，$S_1$ 和 $S_2$ 分别为差动电容 $C_1$ 和 $C_2$ 的极板面积。当 $S_1=S_2=S_0$ 时，$C_1=C_2=C_0$，$U_0=0$；若 $C_1 \neq C_2$，设 $C_1>C_2$，即 $S_1=S_0+\Delta S$，$S_2=S_0-\Delta S$，则有

$$U_0 = \frac{\Delta S}{S_0} U_1 \tag{2-137}$$

由此可见，对于脉冲宽度调制电路，不论是改变差动平行板电容的极板间距离，还是改变差动电容的极板面积，其变化量与输出电压之间均呈线性关系。还应指出，脉冲宽度调制电路还具有以下优点，这些优点是其他测量电路无法比拟的。

（1）不需要另加解调器，只要对矩形波电压经过低通滤波器就有较大的直流电压信号输出。

（2）当 $\omega_A<\omega$ 时，调宽角频率 $\omega$ 的变化对输出电压信号无影响。

（3）由于低通滤波器作用，对输出矩形波电压纯度要求不高。

（4）对传感器电容输出特性无线性要求。

#### 2.4.3.4 调频式电路

把传感器电容接入高频振荡器的振荡回路中，当被测量使传感器电容发生变化时，则振荡频率亦产生相应的变化，也即振荡频率受传感器电容的调制，故称调频式电路。调频式振荡器的典型电路示于图 2-87。图中 $C_1$ 为传感器电容，它与 $C_2$、$C_3$、$C_4$、$L$ 及三极管 $T_1$ 接成电容三点式 $LC$ 振荡器，$T_2$ 为射极输出器。振荡器的振荡频率可由下式决定：

$$f_0 = \frac{1}{2\pi} \sqrt{\frac{C_0 + C_s}{LC_0 C_s}} \tag{2-138}$$

式中 $f_0$——振荡器初始频率；

$C_0$——传感器初始电容 $C_{10}$ 与固定电容 $C_2$ 的并联值，即 $C_0=C_{10}+C_2$；

$C_s$——振荡器与谐振回路的耦合电容，$C_s=C_3C_4/(C_3+C_4)$。

当传感器初始电容 $C_{10}$ 发生 $\Delta C_1$ 变化时，振荡频率的相对变化为

$$\frac{\Delta f}{f_0}=-\frac{1}{2}\cdot\frac{C_s}{C_s+C_0}\cdot\frac{\Delta C_1}{C_{10}}+\frac{1}{4}\cdot\frac{C_s}{C_s+C_{10}}\cdot\frac{1.5C_s+2C_{10}}{C_s+C_0}\left(\frac{\Delta C_1}{C_{10}}\right)^2+\cdots \tag{2-139}$$

若略去高次项，并考虑到一般 $C_s \gg C_0$，则得到理想输出特性为

$$\frac{\Delta f}{f_0}=-\frac{1}{2}\cdot\frac{\Delta C_1}{C_{10}}\approx\frac{1}{2}\cdot\frac{\Delta d}{d_0} \tag{2-140}$$

式（2-140）说明振荡器输出频率相对变化约为传感器电容极板位移相对变化的一半。

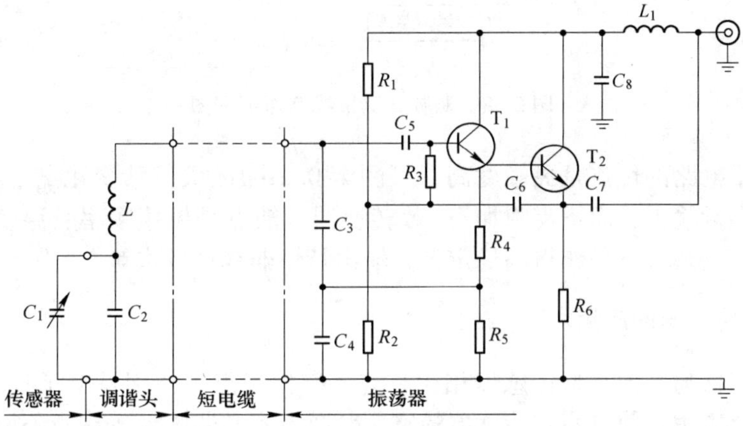


图 2-87 调频式线路

由式（2-138）可知，振荡频率除与传感器电容有关外，还受回路中其他参数的影响。若这些参数受外界干扰而发生变化时，同样将引起输出频率的改变。为此需要采用具有高稳定度的电感、电容作为谐振回路中的元件，以保证振荡频率的稳定度。由于回路中其他元件不稳定所产生的频率变化，可按下式估算：

$$\frac{df}{f_0}=-\frac{1}{2}\left(\frac{dL}{L}+\frac{C_s}{C_s+C_0}\cdot\frac{dC_2}{C_2}+\frac{C_0}{C_s+C_0}\cdot\frac{dC_s}{C_s}\right) \tag{2-141}$$

因为 $C_s \gg C_0$，由式（2-141）可知，$C_2$ 的变化比 $C_s$ 的变化对 $f$ 的影响大得多，因此调谐头应尽量靠近振荡器，以尽量减小电缆寄生电容的影响。

振荡频率除了主要与振荡回路的元件参数有关外，它还受晶体管的输入阻抗、输出阻抗等参数的影响，因此在图 2-87 电路中，除了采用稳压电源外，还采取了下列措施以稳定频率：如加大 $C_3$、$C_4$ 以减小晶体管极间电容的影响；$T_1$ 接成低输出阻抗的射极输出，并由 $T_2$ 的射极通过 $C_6$、$R_3$ 反馈至 $T_1$ 基极，构成自举电路，减小基极偏置电阻的分流作用，以保证 $T_1$ 具有高输入阻抗；$T_2$ 接成射极输出器，以减少输出负载对振荡器的影响等。总之，保证振荡频率具有足够高的稳定度是整个测量电路的关键。

振荡器输出的调频信号还需通过限幅、鉴频、直流放大，将频率变化转换成直流电压才能应用，这就是通常所说的直放式调频测量电路方案。

实际应用更为广泛的是外差式调频测量电路，其原理框图示于图 2-88。图中调频信号 $f_0$ 与本机振荡器的高频信号 $f_{本}$ 同时加至混频器，混频后得到中频信号 $f_{中}$，它仍然是受传感器电容调制的调频波，只是其中心频率下降为 465 kHz（与外差式收音机相似），即 $f_{中}=f_{0中}\pm\Delta f$，$f_{0中}=f_0-f_{本}=465$ kHz。混频的主要目的是为了降低调频波的中心频率，使在同样被测量作用下，频率相对变化增大，以提高系统的灵敏度和抗干扰能力。中频调频信号经

限幅放大后，输出振幅恒定的调频信号，经鉴频、直流放大后，将频率变化转换为直流电压，然后经过非线性补偿后，输出与被测量呈线性关系的直流电压。

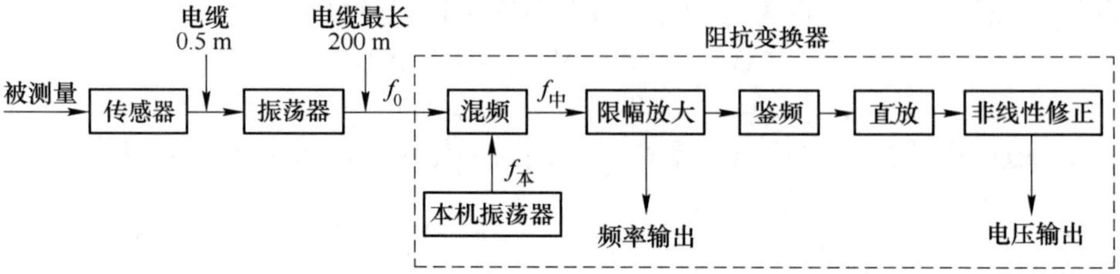


图 2-88 调频式测量线路原理框图

调频式测量电路的优点是灵敏度高，可测至 0.01 μm 级位移变化量；且为频率输出，易于转换为数字量输出，而不需附加模-数转换器。缺点是振荡频率受温度和电缆电容影响较大，电路较复杂且不易作得高稳定度，输出特性非线性较大等。

### 2.4.4 电容式传感器的应用

电容式传感器与其他类型传感器相比有许多突出优点。特别是电子技术的高速发展，集成电路的广泛应用，使电容式传感器的寄生分布电容和非线性等缺点不断得到克服，促进了非电量电测技术中广泛地采用电容传感技术。电容式传感器不但应用于位移、振动、角速度、荷重等机械量的测量，也广泛应用于压力、差压、液位、料位等参数测量。

#### 2.4.4.1 电容式压力传感器

电容式压力传感器是利用弹性膜片在压力作用下变形所产生的位移来改变传感器电容，此时膜片是作为电容器的一个动极板。图 2-89 所示的乃是用金属弹性膜片和两个镀金属膜的凹玻璃圆片组成的差动电容式压力传感器。当两个腔的压差变化时，膜片弯向低压的一侧，这一微小位移改变了作为动极板的膜片与作为定极板的凹球面形金属镀膜之间的两个差动电容的电容量。这种结构形式的压力传感器，由于采用了先进的镀膜工艺和弹性膜片张紧焊接工艺，其灵敏度和特性稳定度均很高。

#### 2.4.4.2 电容式加速度传感器

电容式加速度传感器的优点是频率响应范围宽，量程范围大。图 2-90 是空气阻尼的

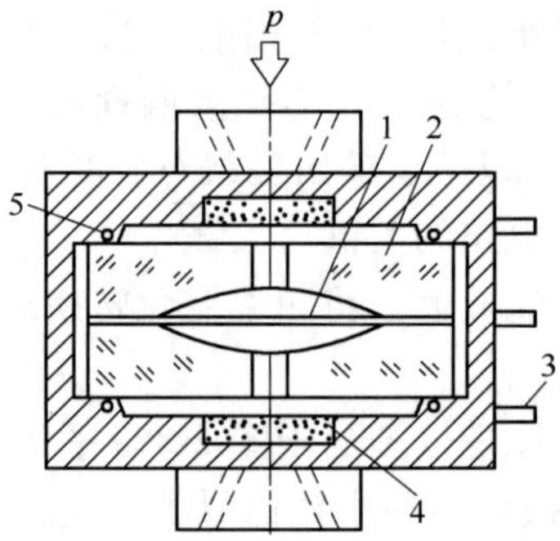


图 2-89 差动式电容压力传感器
1—膜片（动电极）；2—凹玻璃圆片（定电极）；
3—接线柱；4—过滤器；5—保护环

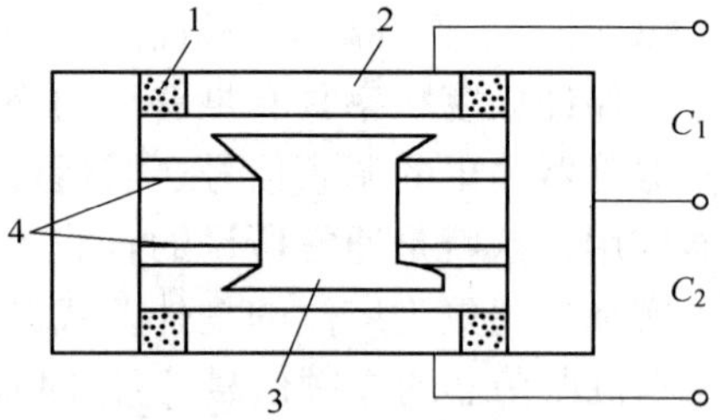


图 2-90 电容式加速度传感器
1—绝缘体；2—固定电极；
3—振动质量（动电极）；4—弹簧片

电容式加速度传感器的结构原理图。为了获得对温度不敏感的阻尼，采用了黏度的温度系数很小的空气作为阻尼介质。通过弹性系统的适当设计，可以得到所需的频率响应和量程范围。

#### 2.4.4.3　电容式荷重传感器

电容式荷重传感器的结构示意图如图 2-91 所示。在浇铸特性好、弹性极限高的镍铬钢矩形弹性体上开一排圆孔，内壁用特殊粘接剂固定两个 T 形截面的绝缘体，并保持相对两面平行又有一定间隙。在相对两面上粘贴康铜箔，以构成平行板电容器。当弹性体承受重量时，将使圆孔变形，从而使各孔的电容极板间的间隙变小，相应地使电容量增大。由于将全部电容相并联，所以传感器电容输出变化所反映的是弹性体所承受的总重量。

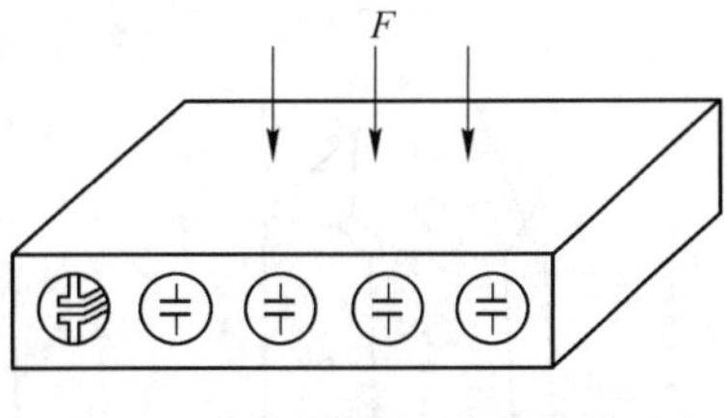

图 2-91　电容式荷重传感器结构示意图

此种荷重传感器的特点是受接触面和载荷分布的影响小，能适应较高的环境温度。

## 2.5　压电式传感器

压电式传感器是一种有源传感器，它具有频响宽、灵敏度高、结构简单、体积小等优点，适合于压力、振动、加速度等动态测量。

### 2.5.1　压电效应

压电式传感器的工作原理是以某些物质的压电效应为基础的。某些电介质物体在沿一定方向受到压力或拉力作用而发生变形，并且在其表面上会产生电荷，若将外力去掉时，它们又重新回到不带电的状态，这种现象称为压电效应。而具有这种压电效应的物体称为压电材料或压电元件。

为了说明压电材料的性质和压电效应，现以石英为例来加以说明。图 2-92 所示为天然结构的石英晶体，它是个六角形晶柱。在晶体学中可以把它用三根互相垂直的轴来表示，其中纵向轴 $z$-$z$ 称为光轴，经过正六面体棱线并垂直于光轴的 $x$-$x$ 轴称为电轴，与 $x$-$x$ 轴和 $z$-$z$ 轴同时垂直的 $y$-$y$ 轴（垂直于正六面体的棱面）称为机械轴。通常把沿电轴 $x$-$x$ 方向的力作用下产生电荷的压电效应称为“纵向压电效应”；而把沿机械轴 $y$-$y$ 方向的力作用下产生电荷的压电效应称为“横向压电效应”，在光轴 $z$-$z$ 方向受力时则不产生压电效应。

从晶体上沿轴线切下的薄片称为晶体切片，图 2-93 即为石英晶体切片的示意图。在每一切片中，当沿电轴方向加作用力 $P_x$ 时，则在与电轴垂直的平面上产生电荷 $Q_x$，它的大小为

$$Q_x = d_{33} P_x \qquad (2\text{-}142)$$

式中　$d_{33}$——压电系数，C/N。

电荷 $Q_x$ 的符号由 $P_x$ 受压还是受拉而决定，从式（2-142）中可以看出，切片上产生的电荷多少与切片的几何尺寸无关。

如果在同一切片上作用的力是沿着机械轴 $y$-$y$ 方向的，其电荷仍在与 $x$ 轴垂直的平面

上出现，而极性方向相反，此时电荷的大小为

$$Q_y = -d_{31}\frac{a}{b}P_y \tag{2-143}$$

式中　$a$，$b$——晶体切片的长度和厚度；

$d_{31}$——$y$ 轴方向受力时的压电系数。

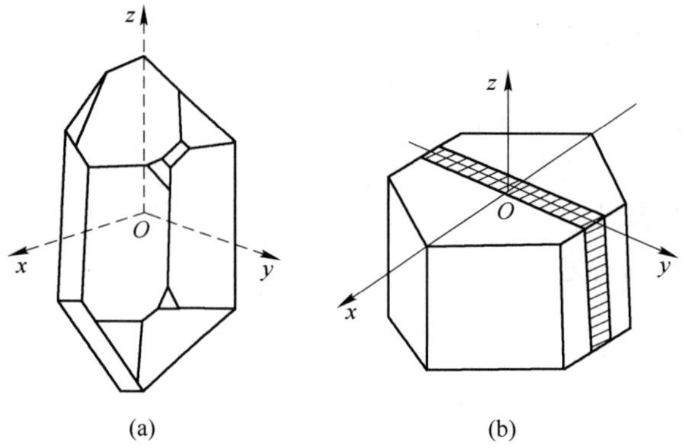


图 2-92　石英晶体

（a）天然石英晶体外形；（b）坐标轴及切片

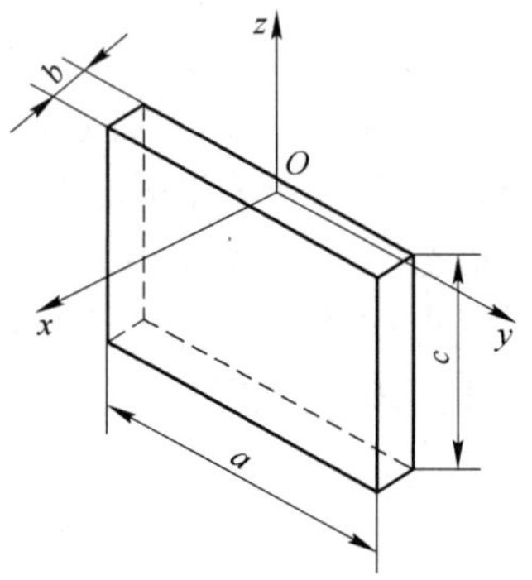


图 2-93　石英晶体切片

从式（2-143）可见，沿机械轴方向的力作用在晶体上时产生的电荷与晶体切片的尺寸有关。式中的负号说明沿 $y$ 轴的压力所引起的电荷极性与沿 $x$ 轴的压力所引起的电荷极性是相反的。

根据前面所讲，晶体切片上电荷的符号与受力方向的关系可用图 2-94 表示。图 2-94 中（a）是在 $x$ 轴方向受压力，（b）是在 $x$ 轴方向受拉力，（c）是在 $y$ 轴方向受压力，（d）是在 $y$ 轴方向受拉力。

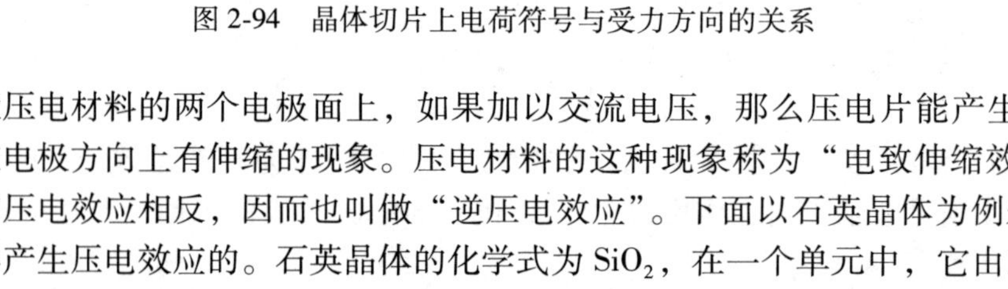


图 2-94　晶体切片上电荷符号与受力方向的关系

在片状压电材料的两个电极面上，如果加以交流电压，那么压电片能产生机械振动，使压电片在电极方向上有伸缩的现象。压电材料的这种现象称为“电致伸缩效应”。因为这种现象与压电效应相反，因而也叫做“逆压电效应”。下面以石英晶体为例来说明压电晶体是怎样产生压电效应的。石英晶体的化学式为 $SiO_2$，在一个单元中，它由三个硅原子和六个氧原子组成，如图 2-95（a）所示。硅原子核带有 4 个正电荷，而氧原子核带有 2 个负电荷，因而电荷是互相平衡的，所以外部没有带电现象。

如果在 $x$ 轴方向压缩，如图 2-95（b）所示，则硅离子 1 就挤入氧离子 2 和 6 之间，而氧离子 4 就挤入硅离子 3 和 5 之间。如果在表面 $A$ 上呈现负电荷，而在 $B$ 表面呈现正电荷。如所受的力为拉伸，则硅离子 1 和氧离子 4 向外移。在表面 $A$ 和 $B$ 上的电荷符号就与

前者正好相反。这就是纵向压电效应。

如果沿 $y$ 轴方向压缩，如图 2-95（c）所示，在电极 $C$ 和 $D$ 上仍不呈现电荷，而在表面 $A$ 和 $B$ 上，分别呈现正电荷与负电荷。如果使其受拉力，则在表面 $A$ 和 $B$ 的电荷符号与它相反，这就是横向压电效应。在 $z$ 轴方向受力时，由于硅离子和氧离子是对称的平移，故在表面上没有电荷呈现，因而没有压电效应。

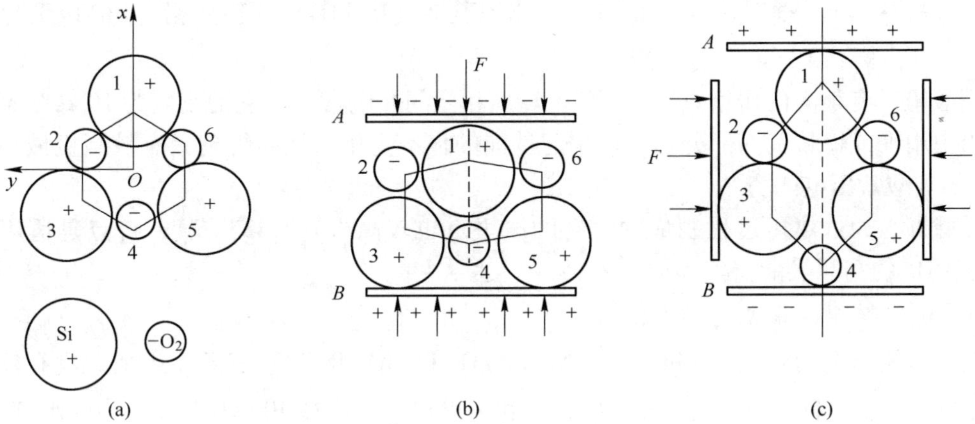


图 2-95　石英的晶体模型

### 2.5.2　压电材料

压电材料可以分为两大类，即压电晶体与压电陶瓷。前者是一种单晶体，而后者为多晶体。

2.5.2.1　压电晶体

（1）石英。石英是一种最常见的压电晶体。石英即二氧化硅（$SiO_2$）。压电效应就是在这种晶体中发现的。它的压电系数 $d_{33}=2.1\times10^{-11}$ C/N。在几百度的温度范围内，压电系数不随温度而变，575 ℃是它的居里点。它有很大的机械强度和稳定的力学性能，因而曾被广泛地应用。

（2）水溶性压电晶体。这其中最早发现的是酒石酸钾钠（$NaKC_4H_4O_6\cdot4H_2O$）它有很大的压电灵敏度，压电系数 $d=3\times10^{-8}$ C/N，但是酒石酸钾钠易于受潮，它的机械强度低，电阻系数也低，因此应用只限于在室温和湿度低的环境下。

人们发现酒石酸钾钠后，又人工培育出一系列水溶性压电晶体，并且已在实际中应用。

2.5.2.2　压电陶瓷

A　钛酸钡压电陶瓷

钛酸钡（$BaTiO_3$）是由 $BaCO_3$ 和 $TiO_2$ 二者在高温下合成的，具有比较高的压电系数（$d_{33}=(100\sim500)\times10^{-12}$ C/N）和介电常数。它的居里点约为 120 ℃，此外机械强度也不及石英。在压电式传感器中得到非常广泛的应用。

B　锆钛酸铅系压电陶瓷（PZT）

锆钛酸铅是 $PbTiO_3$ 和 $PbZrO_3$ 组成的固溶体 $Pb(Zr\cdot Ti)O_3$。它具有较高的压电系

数（$d_{33}=(200\sim600)\times10^{-12}$ C/N）和居里点（$T_c=300$ ℃以上），各项机电参数随温度、时间等外界条件的变化小，是目前经常采用的一种压电材料。在锆钛酸铅的基方中添加一种或两种微量的其他元素，如镧（La）、铌（Nb）、锑（Sb）、锡（Sn）、锰（Mn）、钨（W）等，可以获得不同性能的 PZT 材料。

C 铌酸盐系压电陶瓷

铌酸盐系压电陶瓷这一系中是以铁电体铌酸钾（$KNbO_3$）和铌酸铅（$PbNb_2O_3$）为基础的。

铌酸铅具有很高的居里点（$T_c=570$ ℃）和低的介电常数。它的密度为 10 kg/cm³。在铌酸铅中用钡或锶替代一部分铅，可引起性能的根本变化，从而得到具有较高机械品质因数 $Q_m$ 的铌酸盐压电陶瓷。

铌酸钾是通过热压过程制成的，它的居里点也较高（$T_c=435$ ℃），特点是适用于作 10～40 MHz 的高频换能器。

D 铌镁酸铅压电陶瓷（PMN）

铌镁酸铅压电陶瓷是由 $Pb(Mg_{(1/3)}Nb_{(2/3)})O_3$-$PbTiO_3$-$PbZrO_3$ 三元系组成，具有较高的压电系数（$d_{33}=(1200\sim2500)\times10^{-12}$ C/N）和居里点，它能在 $700\times10^5$ Pa 压力时继续工作，因此可作为高温下的力传感器。

### 2.5.3 压电式传感器及其等效电路

#### 2.5.3.1 压电式传感器

压电式传感器的基本原理就是利用压电材料的压电效应这个特性，即当有一力作用在压电材料上时，传感器就有电荷（或电压）输出。

由于外力作用而在压电材料上产生的电荷只有在无泄漏的情况下才能保存，即需要测量回路具有无限大的输入阻抗，这实际上是不可能的，因此压电式传感器不能用于静态测量。压电材料在交变力的作用下，电荷可以不断补充，可以供给测量回路以一定的电流，故适宜用于动态测量。

在压电式传感器中，压电材料一般不用一片，而常常采用两片（或是两片以上）粘结在一起。由于压电材料的电荷是有极性的，因此接法也有两种，如图 2-96 所示。图 2-96（a）所示接法叫做“并联”，其输出电容 $C'$为单片电容的两倍，但输出电压 $U'$等于单片电压 $U$，极板上的电荷量 $Q'$为单片电荷量 $Q$ 的两倍，即

$$Q'=2Q \quad U'=U \quad C'=2C$$

图 2-96（b）所示接法称为两压电片的“串联”。从图中可知，输出的总电荷 $Q'$等于单片电荷 $Q$，而输出电压 $U'$为单片电压 $U$ 的两倍，总电容 $C'$为单片电容 $C$ 的一半，即

$$Q'=Q \quad U'=2U \quad C'=\frac{C}{2}$$

在这两种接法中，并联接法输出电荷大、本身电容大、时间常数大，适宜用在测量慢变信号并且以电荷作为输出量的地方。而串联接法输出电压大，本身电容小，适宜用于以电压作输出信号，并且测量电路输入阻抗很高的地方。

压电片在电传感器中必须有一定的预应力。因为这样首先可以保证压电片在受力时，

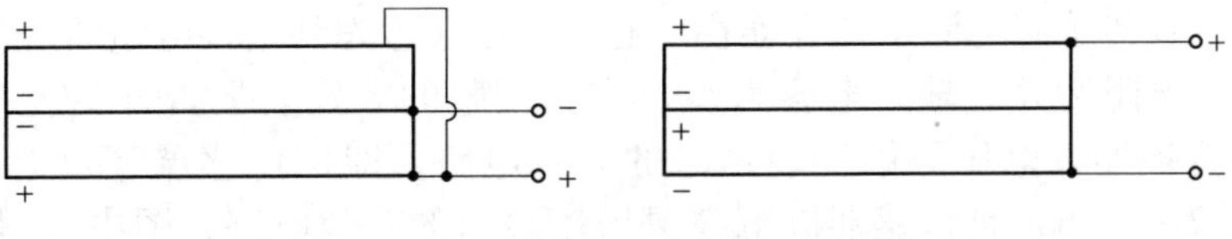


图 2-96　两个压电片的联接方式

始终受到压力。其次是保证压电材料的电压与作用力之间的线性关系。

在压电传感器中，一般利用压电材料的纵向压电效应较多，这时压电材料大多做成圆片式，也有利用其横向压电效应的。

从上面分析可知，压电式传感器主要是用于动态作用力、压力和加速度的测量，其优点为尺寸小、结构简单、工作可靠。它最主要的用途是用于加速度的测量。

#### 2.5.3.2　压电式传感器的等效电路

当压电片受力时在电极的表面就出现电荷，并且在一个极板上聚集正电荷，另一个极板上聚集负电荷。这两种电荷量相等，极性相反，如图 2-97（a）所示。两极板间聚集电荷，中间为绝缘体，使它成为一个电容器，如图 2-97（b）所示。其电容量为

$$C=\frac{\varepsilon S}{h}=\frac{\varepsilon_r\varepsilon_0 S}{h} \tag{2-144}$$

式中　$S$——极板面积；

$h$——压电片厚度；

$\varepsilon$——介质介电常数；

$\varepsilon_0$——空气介电常数，其值为 $8.86\times10^{-8}$ pF/m；

$\varepsilon_r$——压电材料的相对介电常数，随材料不同而变。

当两极板聚集异性电荷时，它们两极板间就呈现电压，其大小为

$$U=\frac{Q}{C} \tag{2-145}$$

所以可以把压电式传感器等效成为一个电压 $U=Q/C$ 和一个电容 $C$ 的串联电路，如图 2-98 所示。由图可见，只有在外电路负载无穷大，内部也无漏电时，受力所产生的电压 $U$ 才能长期保存下来。

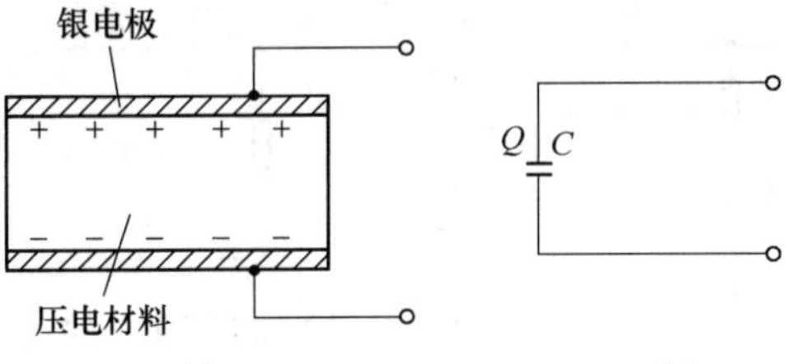


图 2-97　等效电路

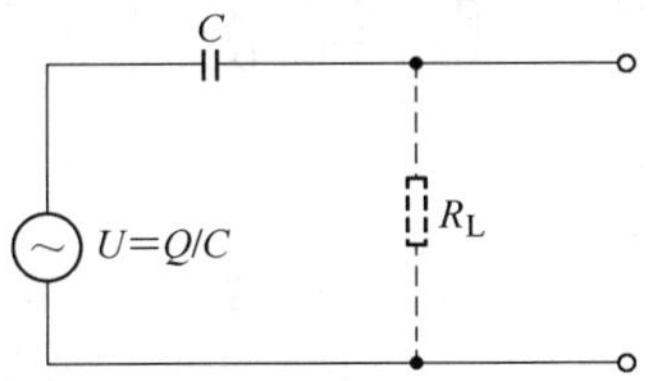


图 2-98　压电传感器的等效电路

为此在测量一个变化频率很低的参数时，就必须保证负载 $R_L$ 具有很大的数值，从而保证有很大的时间常数 $R_LC$，使漏电造成的电压降很小，不致造成显著误差。这时 $R_L$ 常要达到数百兆欧以上。

如果把压电式传感器与测量仪表连在一起时，还应考虑到连接电缆的等效电容 $C_c$。如果放大器的输入电阻为 $R_i$，输入电容为 $C_i$，那么完整的等效电路如图 2-99 所示。图 2-99（a）为压电式变换器以电压灵敏度表示时的等效电路，即把传感器等效电路再并以 $C_c$、$R_i$ 和 $C_i$；而图 2-99（b）是传感器以电荷灵敏度表示的等效电路，图中 $C_a$ 是传感器的电容，$R_a$ 是传感器的漏电阻。

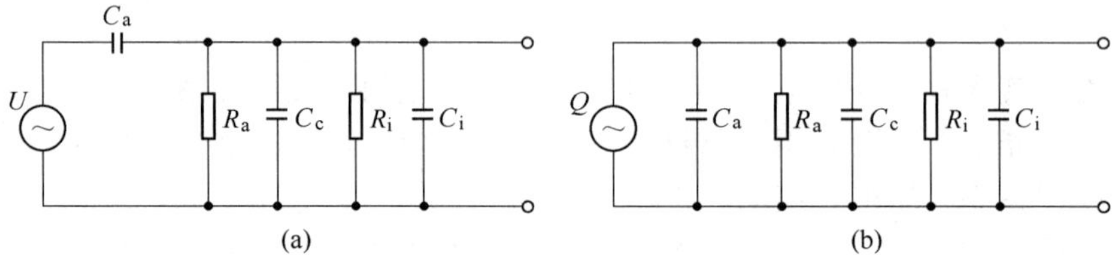


图 2-99　放大器输入端等效电路

### 2.5.4　压电式传感器测量电路

与压电式传感器配用的测量电路，必须是一个高输入阻抗的放大器。为了使放大器有高的输入阻抗，常在压电式传感器输出端后面，先接入一个高输入阻抗的前置放大器，然后再接一般的放大电路及其他电路。因此，压电式传感器的测量电路关键在于高输入阻抗的前置放大器。

前置放大器有两个作用，第一是把压电式传感器的微弱信号放大；第二是把传感器的高阻抗输出变换为低阻抗输出。

压电式传感器的输出可以是电压，也可以是电荷。因此，它的前置放大器也有电压和电荷型两种形式。

2.5.4.1　电压型前置放大器

图 2-100 为电压型前置放大器等效电路，图中 $R_1$、$R_2$ 为输出端电阻，$A$ 为放大器开环放大倍数。

前置放大器的输入端的简化等效电路，如图 2-101 所示。图中 $C = C_c + C_i$；$R = \frac{R_aR_i}{R_a + R_i}$；$u = \frac{Q}{C_a}$。其中，$Q$ 为传感器输出电荷；$u_i$ 为放大器输入电压。

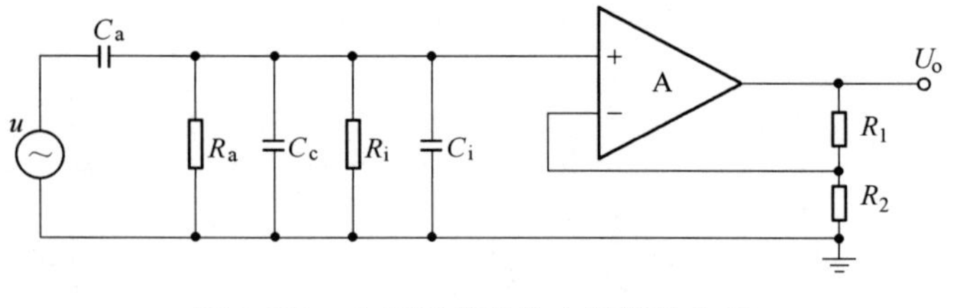


图 2-100　电压型前置放大器等效电路

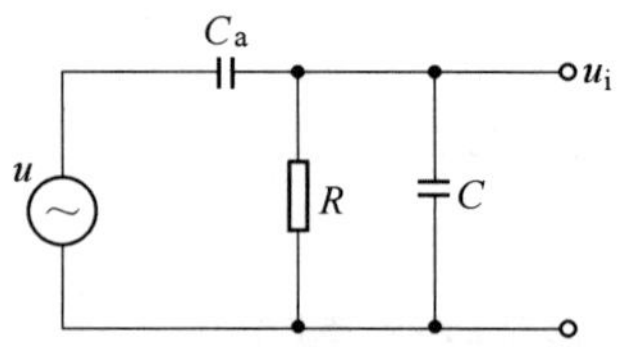


图 2-101　输入端简化等效电路

当压电传感器沿电轴受力为

$$P = P_m \sin\omega t \tag{2-146}$$

在压电元件的两极板上产生的电荷为

$$Q = d_{33}P = d_{33}P_m \sin\omega t$$

$$u=\frac{Q}{C_a}=\frac{d_{33}P_m}{C_a}\sin\omega t \tag{2-147}$$

在放大器的输入端形成的电压为

$$U_i=\frac{\dfrac{R\dfrac{1}{j\omega C}}{R+\dfrac{1}{j\omega C}}}{\dfrac{1}{j\omega C_a}+\dfrac{R\dfrac{1}{j\omega C}}{R+\dfrac{1}{j\omega C}}}U$$

$$U_i=\frac{j\omega R}{1+j\omega R(C+C_a)}d_{33}P$$

传感器的传递函数为

$$W(s)=\frac{U_i(s)}{P(s)}=\frac{Rs}{1+R(C_a+C)s}d_{33}=\frac{d_{33}}{C+C_a}\times\frac{\tau s}{\tau s+1} \tag{2-148}$$

式中，$\tau=R(C+C_a)$，$\frac{\tau s}{\tau s+1}$为实际微分环节。

放大器的输出电压 $U_o$，可根据图 2-100 求出。放大器输入端虚短，故有 $u_i\approx u_{反}$。

$$u_{反}=\frac{u_o}{R_1+R_2}R_2$$

则有

$$u_o=\frac{R_1+R_2}{R_2}u_{反}=\frac{R_1+R_2}{R_2}u_i$$

将传感器的传递函数关系代入上式，可得出

$$U_o(s)=\frac{d_{33}}{C+C_a}\times\frac{R_1+R_2}{R_2}\times\frac{\tau s}{\tau s+1}P(s) \tag{2-149}$$

将 $U_o(s)$ 取拉氏反变换，即可得到 $u_o$ 的瞬态表达式。

从式（2-149）可以看出：压电式传感器是一个实际微分环节，所以它只能用于动态测量；灵敏度与 $C=C_i+C_c$ 有关，电缆的长度及质量对灵敏度有影响，若更换电缆时必须重新标定；减慢漏电速度，需增加时常数$\tau$，$\tau$的增加只有通过提高放大器输入阻抗 $R_i$ 来实现。

#### 2.5.4.2 电荷型前置放大器

电荷型前置放大器是一种放大器输出电压与输入电荷量成正比的前置放大器，实际是具有电容负反馈的输入阻抗极高的高增益放大器，在输入阻抗足够高、增益足够大的前提下，克服了 $C_c$ 对灵敏度的影响。

##### A 工作原理

电荷型前置放大器（简称电荷放大器）的等效原理电路如图 2-102 所示。图中 $C_F$ 为反馈电容，其余各符号意义同电压型前置放大器。

为分析方便，暂不考虑电阻 $R_a$、$R_i$ 的影响。输入到放大器的电荷量 $Q_i$ 为压电元件输出电荷 $Q$ 与反馈电荷 $Q_F$ 之差。

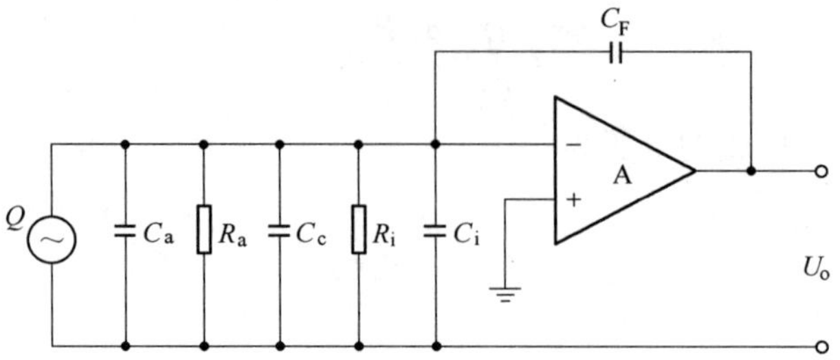


图 2-102 电荷放大器等效电路

$$Q_i = Q - Q_F$$

$$Q_F = (U_i - U_o)C_F = \left(-\frac{U_o}{A} - U_o\right)C_F = -(1 + A)\frac{U_o}{A}C_F$$

$$U_i = \frac{Q_i}{C}$$

$$C = C_i + C_c + C_a$$

$$Q_i = U_iC = -C\frac{U_o}{A}$$

所以有

$$-C\frac{U_o}{A} = Q - \left[-(1 + A)\frac{U_o}{A}C_F\right] = Q + (1 + A)\frac{U_o}{A}C_F$$

从而得到输入输出关系

$$U_o = -\frac{AQ}{C + (1 + A)C_F} \tag{2-150}$$

当 $A \gg 1$，而且在一般情况下满足 $(1+A)C_F \gg C$，因而得到输入输出关系为

$$U_o = -\frac{Q}{C_F} \tag{2-151}$$

从得到的输入输出的关系式（2-151）可以看出，由于引入了电容负反馈，使电缆分布电容对灵敏度的影响减小，以致可以忽略。

B 特性分析

（1）被测信号的频率对电荷放大器有直接影响。下面对图 2-103 所示实际等效电路进行分析。

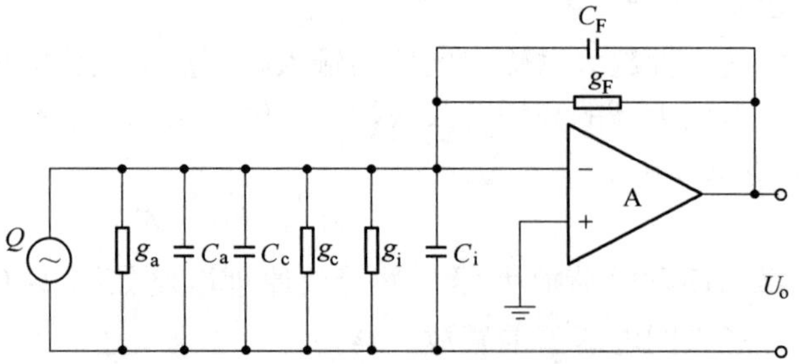


图 2-103 电荷放大器实际等效电路

图中 $g_a$、$g_c$ 和 $g_i$ 分别为压电元件、连接电缆和放大器输入端的电导，$g_F$ 为直流负反馈电导。

若用 $j\omega C+g$ 代替 $C$，用 $j\omega C_F+g_F$ 代替 $C_F$，则放大器的输出表达式为

$$U_o = \frac{-Aj\omega Q}{(g+j\omega C)+(1+A)(g_F+j\omega C_F)}$$

式中，$g=g_a+g_c+g_i$，$C=C_a+C_c+G_i$；且有 $g_F(1+A)\gg g$，$C_F(1+A)\gg C$。因此上式可简化为

$$U_o = -\frac{Q}{C_F+\dfrac{g_F}{j\omega}} \tag{2-152}$$

从式（2-152）可以看出：$U_o$ 不仅取决于输入量 $Q$，还取决于负反馈网络 $C_F$、$R_F$ 及信号频率。

当频率很高时 $C_F\gg\dfrac{g_F}{j\omega}$，$U_o$ 与频率无关，即灵敏度为常数，$U_o$ 表达式简化为

$$U_o = -\frac{Q}{C_F}$$

放大器的上限频率由运算放大器的频率响应决定。

当频率很低时，$\dfrac{g_F}{\omega}$增加，当其增至$\dfrac{g_F}{\omega}=C_F$ 时，$U_o$ 下降至原来的$\dfrac{1}{\sqrt{2}}$。这时的频率称为下限频率 $f_{min}$。

$$\omega_{min} = \frac{g_F}{C_F} = \frac{1}{R_F C_F}$$

$$f_{min} = \frac{1}{2\pi R_F C_F} \tag{2-153}$$

当 $g_i$ 与 $g_F$ 可比时

$$f_{min} = \frac{g_F+\dfrac{g_i}{A}}{2\pi C_F} \tag{2-154}$$

输出 $U_o$ 与输入 $Q$ 之间的相移为

$$\theta = \tan^{-1}\frac{1}{\omega R_F C_F} \tag{2-155}$$

（2）反馈网络 $C_F$、$R_F$ 对灵敏度及下限频率 $f_{min}$ 影响很大，具体分析如下：通过前面分析，可知电荷放大器的灵敏度 $S$ 为

$$S = -\frac{1}{C_F} \tag{2-156}$$

反馈电容 $C_F$ 对灵敏度起决定性的作用。为了提高灵敏度，就要减小 $C_F$ 值。$C_F$ 的取值受到输入端各电容的限制，取值不能太小，一般取值为 10 pF～0.1 μF。

当 $C_F$ 选定之后，下限频率就由直流反馈电阻 $R_F$ 决定。$R_F$ 的取值应考虑放大器工作稳定性、被测信号下限频率要求及与输入端的阻抗匹配等，一般取值为 $10^8$～$10^{10}$ Ω。

（3）电荷放大器是高输入阻抗（$10^{10}\ \Omega$ 左右）放大器，它对内部、外部干扰都很敏感。在设计放大器时，在保证它有高开环增益、高输入阻抗的前提下，必须考虑抗干扰问题。一般从两方面入手来解决抗干扰问题，首先用低噪声电子器件，特别是放大器的第一级；然后再采用各种抗外部干扰措施。

由式（2-153）可以看出，电荷放大器的下限频率与直流反馈电阻 $R_F$ 有关。增大 $R_F$，可使下限频率降低，但对运算放大器的漂移提出了更严格的要求。为了解决这一问题，采取给 $R_F$ 并联电子开关，定时控制电子开关的导通实现反馈电容放电复位，实际电路可参考文献［20-23］。

### 2.5.5 压电式传感器应用

压电传感器具有体积小、重量轻、结构简单和动态性能好等特点，可以测量与力相关的物理量，例如各种动态力、机械冲击与振动，在声学、医学、力学、宇航等方面都得到了非常广泛的应用。

2.5.5.1 微振动检测仪

PV-96 压电加速度传感器可用来检测微振动，其电路原理图如图 2-104 所示。该电路由电荷放大器和电压调整放大器组成。

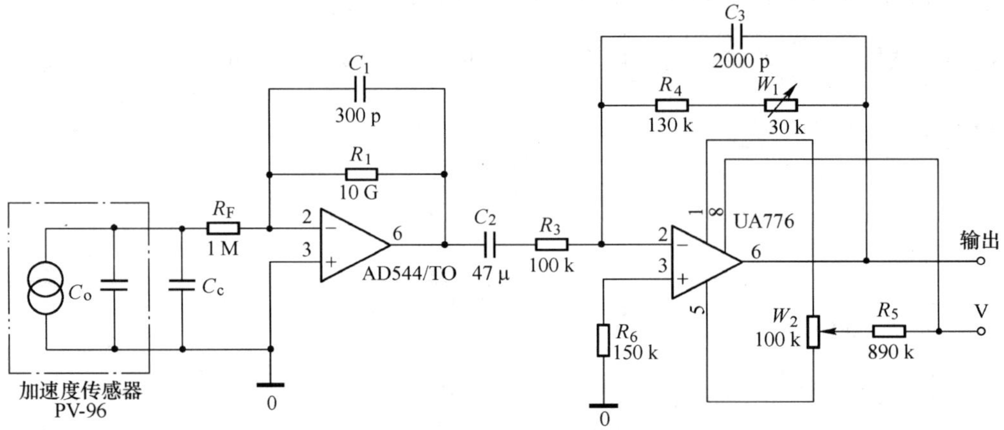


图 2-104 微振动检测电路

第一级是电荷放大器，其低频响应由反馈电容 $C_1$ 和反馈电阻 $R_1$ 决定。低频截止频率为 0.053 Hz。$R_F$ 是过载保护电阻。

第二级为输出调整放大器，调整电位器 $W_1$ 可使其输出约为 50 mV/gal（1 gal = 1 $cm/s^2$）。在低频检测时，频率越低，闪变效应的噪声越大，该电路的噪声电平主要由电荷放大器的噪声决定，为了降低噪声，最有效的方法是减小电荷放大器的反馈电容。当时间常数一定时，由于 $C_1$ 和 $R_1$ 呈反比关系，考虑到稳定性，则反馈电容 $C_1$ 的减小应适当。

2.5.5.2 基于 PVDF 压电膜传感器的脉象仪

PVDF（聚偏氟乙烯）压电薄膜具有变力响应灵敏度高、柔韧易于制备，可紧贴皮肤等特点，因此可用人类手指端大小的压电膜制成感应人体脉搏压力波变化的脉搏传感器。脉象仪的硬件组成如图 2-105 所示。

图 2-105 脉象仪的硬件组成

由于压电薄膜内阻很高，脉搏信号微弱，设计其前置电荷放大器有两个作用：一个是与换能器阻抗匹配，把高阻抗输入变为低阻抗输出；另一个是将微弱电荷转换成电压信号并放大。

为了提高测量的精度和灵敏度，前置放大电路采用线性修正的电荷放大电路，可获得较低的下限频率，消除电缆的分布电容对灵敏度的影响，使设计的传感器体积小型化。

在一般的电荷放大器设计中，时间常数要求很大（一般在 $10^5$以上），在小型的 PVDF 脉搏传感器中，很难实现，因为反馈电容不能选得太小。

在时间常数不足够大的情况下（小于 100 s），电荷放大器的输出电压跟换能器受到的压力成非线性关系，因此需要对电荷放大器进行非线性修正。

由于脉搏信号频率很低，是微弱信号，且干扰信号较多，滤波电路在设计中，非常重要。

运算放大器应尽量选择低噪声、低温漂的器件。根据脉搏信号的特点，以及考虑高频噪声及温度效应噪声的影响，带通滤波器的通带频率宽度应选择在 0.5~100 Hz 之间。

#### 2.5.5.3 压电式加速度传感器

图 2-106 是一种压电式加速度传感器的结构图，它主要由压电元件、质量块、预压弹簧、基座及外壳等组成。整个部件装在外壳内，并由螺栓加以固定。

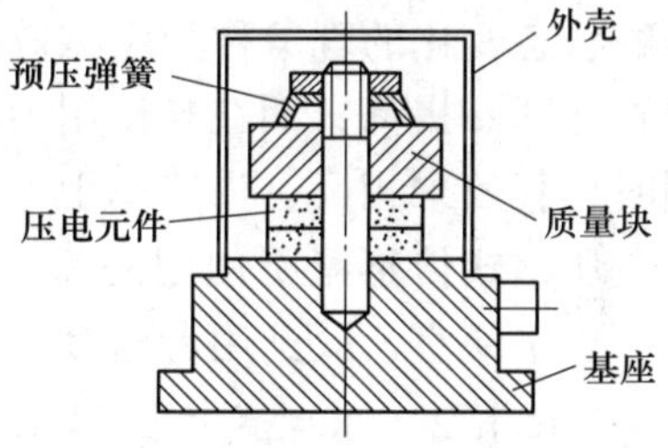


图 2-106 压电式加速度传感器结构图

当加速度传感器和被测物一起受到冲击振动时，压电元件受质量块惯性力的作用，根据牛顿第二定律，此惯性力是加速度的函数，即

$$F = ma$$

式中 $F$——质量块产生的惯性力；

$m$——质量块的质量；

$a$——加速度。

此时惯性力 $F$ 作用于压电元件上，因而产生电荷 $q$，当传感器选定后，$m$ 为常数，则传感器输出电荷 $q=d_{33}F=d_{33}ma$，与加速度 $a$ 成正比。因此，测得加速度传感器输出的电荷便可知加速度的大小。

#### 2.5.5.4 压电式声传感器

当交变信号加在压电陶瓷片两端面时，由于压电陶瓷的逆压电效应，陶瓷片会在电极方向产生周期性的伸长和缩短。

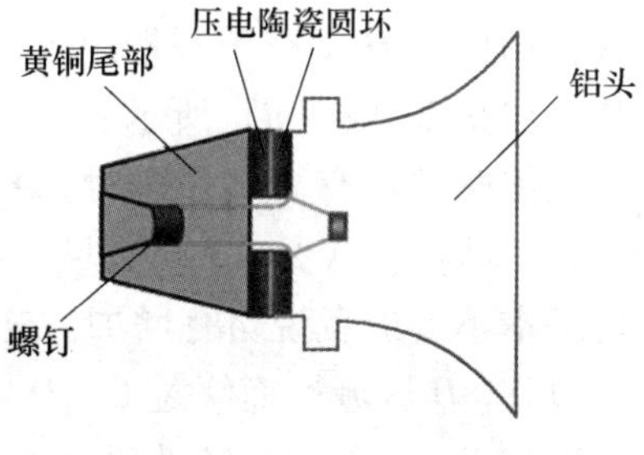


图 2-107 压电陶瓷换能器结构图

图 2-107 为压电陶瓷换能器的结构图，它由压电陶瓷圆环、铝头等组成。当一定频率的声频信号加在换能器上时，换能器上的压电陶瓷片受到外力作用而

产生压缩变形，由于压电陶瓷的正压电效应，压电陶瓷上将出现充、放电现象，即将声频信号转换成了交变电信号。这时的声传感器就是声频信号接收器。

如果换能器中压电陶瓷的振荡频率在超声波范围，则其发射或接收的声频信号即为超声波，这样的换能器称为压电超声换能器。

## 2.6 压磁式传感器

压磁式传感器是测力传感器的一种。它利用铁磁材料受力后导磁性能的变化，将被测力转换为电信号。它是一种输出信号大，输出阻抗低，抗电磁干扰能力强，结构简单，过载能力强，适用于在恶劣环境中工作的传感器。

### 2.6.1 压磁式传感器工作原理

#### 2.6.1.1 压磁效应

当铁磁材料受机械力 $P$（压力、张力、扭力、弯力）作用后，在它内部产生了机械应力 $\sigma$，从而引起铁磁材料磁导系数 $\mu$ 发生变化；还存在一种相反的现象，当把铁磁材料放在磁场中时，它的尺寸会发生变化，即外界磁场能引起铁磁材料的机械变形。

由于铁磁材料的机械状态和磁状态的相互作用引起的现象通常称为磁致伸缩效应。这里，把“磁致伸缩”理解为在外界磁场作用下尺寸的变化，而把在机械变形影响下所引起的磁状态变化的现象称为压磁效应。压磁效应规律是：铁磁材料受到拉力时，在作用力方向磁导率 $\mu$ 提高，而在与作用力相垂直的方向，磁导率 $\mu$ 略有降低；铁磁材料受到压力作用时，其效果相反。当外作用力消失后，铁磁材料的导磁性能复原。

压磁式传感器所使用的铁磁材料，一般为硅钢片、坡莫合金等。又因硅钢片性能稳定、价格便宜，故选用者居多。

#### 2.6.1.2 压磁式传感器工作原理

把硅钢片做成图 2-108 所示形状，在中间部分开有四个对称的小孔 1、2 和 3、4。在孔 1、2 和 3、4 间分别绕以绕组，其中孔 1、2 间绕组为 $W_{12}$，孔 3、4 间绕组为 $W_{34}$，并且使 $W_{12}$与 $W_{34}$成垂直状态[24]。

当在绕组 $W_{12}$上通以交流电流时，称它为激磁绕组或一次绕组。这时绕组 $W_{34}$为测量绕组或二次绕组。

现假设把压磁元件中间部分的空间分成 $A$、$B$、$C$、$D$ 四个区域。在传感器不受外力的情况下，由于铁芯中 $A$、$B$、$C$、$D$ 四个区域的磁导系数各向同性，这时磁力线分布均匀，合成磁场强度 $H$ 平行于测量绕组 $W_{34}$的平面，磁力线不与绕组 $W_{34}$交链，在 $W_{34}$上没有感应电势，如图 2-108（a）所示。

当传感器在有力 $P$ 作用时，$A$、$B$ 区域将受到很大压应力 $\sigma$，而在 $C$、$D$ 区域基本上仍处在自由状态。于是 $A$、$B$ 区域的磁导系数 $\mu$ 下降，磁阻增大；$C$、$D$ 区域的磁导系数 $\mu$ 仍保持基本不变或者说略有增加。这样就使磁力线改变了均匀分布状态，有一部分磁力线不再通过 $A$、$B$ 区域，而绕过 $C$、$D$ 区域而闭合。合成磁场强度 $H$ 不再与测量绕组 $W_{34}$平面平行，而与 $W_{34}$交链。交链的磁力线在测量绕组 $W_{34}$上产生了感应电势，如图 2-108（b）所示。力 $P$ 值越大，产生的与 $W_{34}$ 交链的磁通或称转移磁通就越多，产生的感应电势 $E$ 越大。将此感应电势 $E$ 经过处理后，就得到力 $P$ 与电压 $U$ 或电流 $I$ 的对应关系，即可用电压 $U$ 或电流 $I$ 表示被测力的大小。

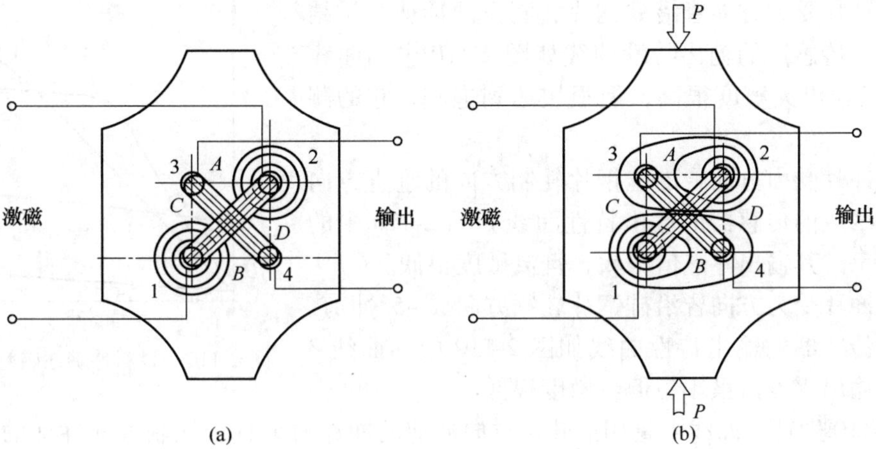


图 2-108　压磁元件工作原理

除了基于以上原理组成接触式力传感器外，还可以将激磁/测量线圈外置，与压磁元件分离，构成非接触式力传感器或扭矩传感器[24-29]。其基本原理是：当传感器在有力或扭矩的作用下，部分区域因应力作用引起磁导系数 $\mu$ 变化，进而线圈自感或线圈间的互感发生变化，测量此变化即可实现力或扭矩的非接触测量。

## 2.6.2 压磁式传感器的基本特性

### 2.6.2.1 激磁安匝特性

激磁绕组的匝数及给它所通电流的大小直接影响压磁式传感器输出特性的灵敏度和线性度，这一对应关系称为激磁安匝特性。这是因为激磁安匝数决定了磁场强度，磁场强度决定了输出特性的灵敏度和线性度。因此，对于压磁式传感器应选取合理的激磁安匝数。

图 2-109 为在不同激磁安匝数的情况下，压磁式传感器所受压力 $P$ 和输出电压 $U_2$ 之间的关系。图中曲线 1 为激磁安匝数过大，灵敏度高，但呈非线性，且零点输出大；曲线 3 为激磁安匝数过小，灵敏度低；曲线 2 为激磁安匝数合理，灵敏度较高，且线性度也好。

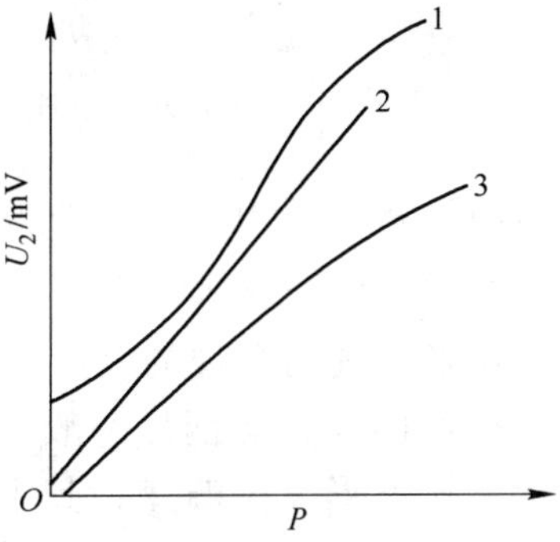


图 2-109　压力与输出关系

### 2.6.2.2 输出特性

测量过程中，当激磁安匝数选定之后，测量绕组的输出电压 $U_2$ 与压磁传感器上所承受的被测压力 $P$ 之间的关系称为传感器的输出特性，可写成

$$U_2 = f(P) \tag{2-157}$$

影响输出特性的因素很多，现主要分析以下几点。

A 材料的冲剪对输出特性的影响

由于硅钢片具有一定的组织结构，同时由于轧制加工的影响，其各向的导磁性能是不一致的，使用不同方向的冲片对传感器的性能有很大影响。

全部冲片受力方向皆沿硅钢片轧制方向冲剪、粘结成的压磁式传感器的输出特性曲线如图 2-110 中的曲线 1 所示。其输出灵敏度很高，但很快达到饱和，它的测量范围小。

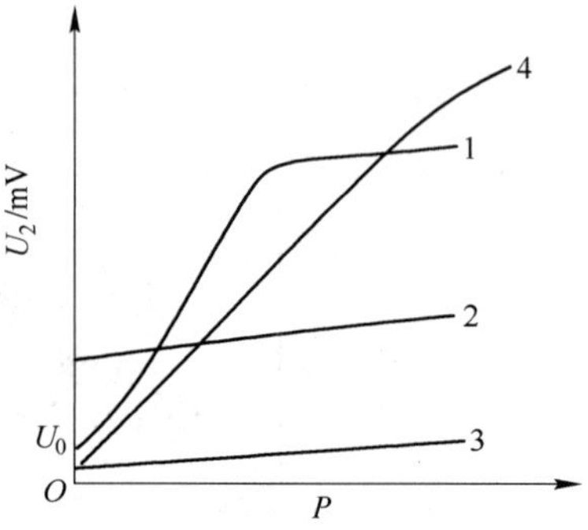

图 2-110 材料冲剪对特性的影响

全部冲片受力方向皆沿硅钢片轧制方向的垂直方向冲剪、粘结成的传感器的输出特性曲线如图 2-110 中的曲线 2 所示。其输出零点值很大，且灵敏度很低。

全部冲片受力方向皆沿硅钢片轧制方向成 45° 冲剪、粘结成的传感器的输出特性曲线如图 2-110 中的曲线 3 所示。其输出零点值虽小，但灵敏度很低。

图 2-110 中特性曲线 4 是用沿轧制方向冲剪的冲片与垂直于轧制方向冲剪的冲片交替粘结而成的传感器的输出特性曲线。它的输出零点值小、灵敏度高、线性范围较广，是比较理想的输出特性。

B 铁芯（冲片）形状对输出特性的影响

不同形状的冲片粘结成的压磁式传感器，具有不同的输出特性。为了适应各种测量要求，把传感器做成不同的形状。

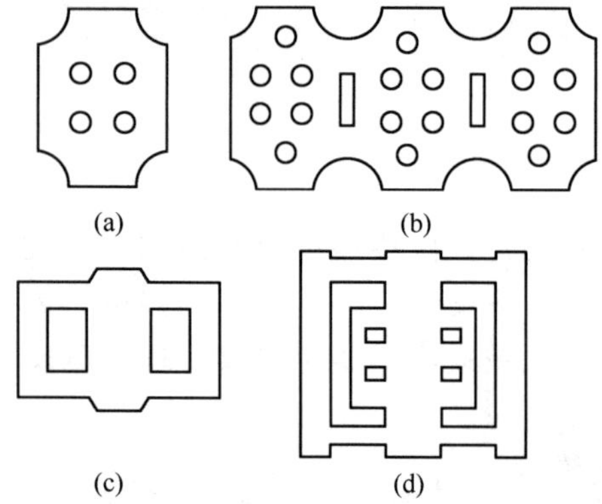

图 2-111 几种压磁元件单片的形状

压磁式传感器单片形状，通常采用图 2-111 所示的几种类型。图 2-111 中各种形状的冲片都采用倒角形式，以缩小受力面。这相当于压应力增大，从而提高了测量灵敏度。图 2-111（a）形状多用于测量 50 t 以下压力；图 2-111（b）形状用于高吨位，在四个对称孔上下两端再开两个孔，是为了分散一部分压力，以减小中间部分受力，这样就扩大了量程；图 2-111（c）形状用于要求不太高的场合，如报警等；图 2-111（d）形状是灵敏度高的传感器，中间部分为受力面，采用桥式测量电路，用测量电感量变化办法进行测量，它多用于测量 5000 N 以下的压力。

2.6.2.3 非线性

在采取选用合理的安匝数、冲剪迭片等措施后，传感器还会出现非线性。产生非线性的原因是：硅钢片一般工作在磁化曲线的饱和区，当激磁电压波形为正弦波时，输出电压波形发生畸变，其中三次和五次谐波的比重很大，如图 2-112 所示。当传感器受力 $P$ 增大时，三次和五次谐波的振幅不按比例增大，因而造成输出特性的非线性。为了解决这一矛盾，需在测量电路中加低通滤波器，滤掉三次以上各谐波，只保留基波成分。

2.6.2.4 动态响应

由于压磁式传感器本身是具有铁芯的电感性元件，惯性比较大。同时对激磁频率也有限制，频率高，铁芯损耗过大。在测量电路中，有低通滤波器，惯性也很大。因常用的激磁频率为 50 Hz 及 400 Hz，这就要求被测信号变化频率不能超过激磁频率的 1/10。可见压磁式传感器的反应速度是较慢的。

2.6.2.5 零点输出

压磁式传感器的零点输出与冲剪材料的取向有关，与材料的退火消除内应力的完善程度有关，与粘结时的质量及粘贴时施加的压力有关。一般零点输出总是存在的，但应控制在满负荷输出的 10%以下。在测量电路中应设有调零措施。

2.6.2.6 力滞回线

当压磁式传感器被施加作用力 $P$ 后，可以测得输出电压。力 $P$ 的上升曲线与下降曲线常出现不重合，如图 2-113 所示。这种回线称为力滞回线。它由材料质量决定，对压磁式传感器精度有影响。通常回线在全负荷的 25%~40%处为最大，并与最大负荷 $P_2$ 有关。$P_2$ 越大，回线也就越明显。

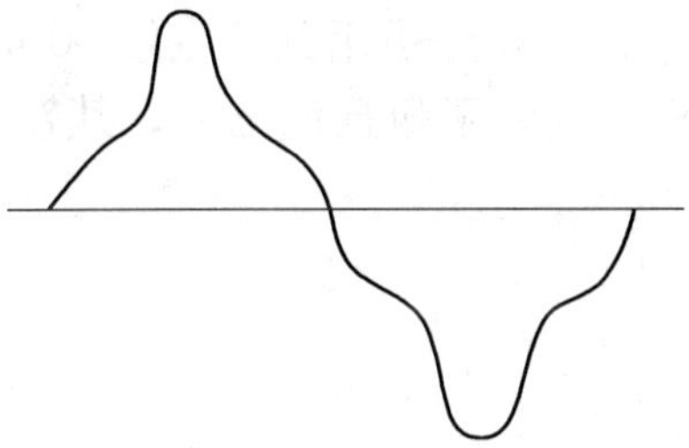

图 2-112 压磁传感器的输出波形

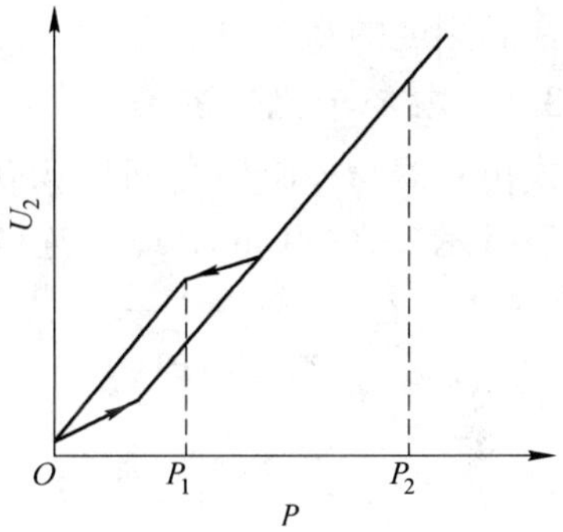


图 2-113 力滞回线

## 2.6.3 压磁式传感器环境试验

由于压磁式传感器长期工作在恶劣的环境中，对其长期使用的可靠性，必须有充分的把握。因此要进行一定的环境试验后，才能投入使用。

2.6.3.1 防水试验

防水试验如图 2-114 所示，将压磁式传感器在水面下 5 cm 处放置 24 h，要求绝缘依然良好。

2.6.3.2 浸水周期试验

浸水周期试验是将压磁式传感器交替放在 65 ℃温水和 0 ℃冷水中各浸 15 min，如图 2-115 所示。做两个周期后，再在常温下放置 4 h 以上，要求绝缘依然良好。

2.6.3.3 振动试验

（1）谐振点试验。将压磁式传感器放在振动台上，垂直、水平、前后各方向上的谐振点频率都应不低于 2000 Hz，因为一般工业信号频率在 2000 Hz 以内。

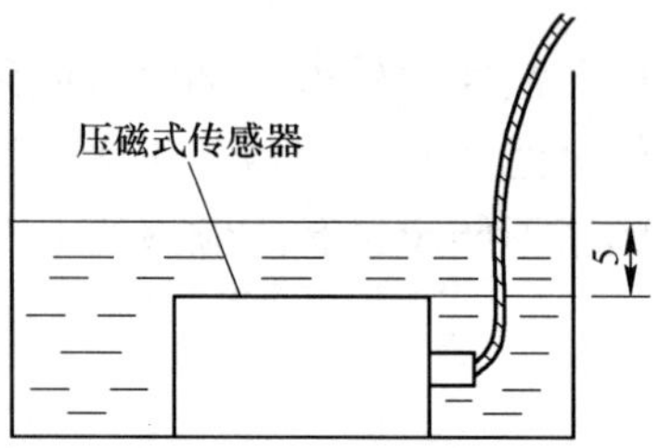


图 2-114 防水试验

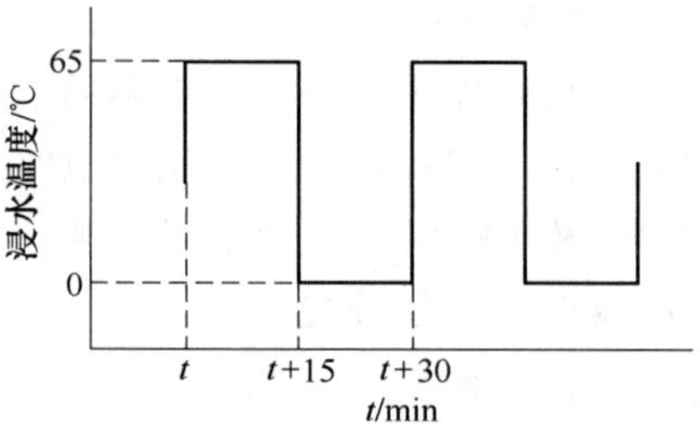


图 2-115 浸水周期

(2) 扫描寿命试验。在 10～2000 Hz 之间，分两段进行，即：10～82 Hz，振幅 1.5 mm；82～2000 Hz，加速度为 20*g*。

扫描速度：20 min/周期。

试验时间：垂直放、水平放、前后方向放各进行 6 h 的扫描寿命试验。输出变化在满刻度的 0.5%以下，如图 2-116 所示。

2.6.3.4 冲击试验

冲击试验是将压磁式传感器放在地上，垂直、水平、前后方向上加以 80 g 的冲击后，输出变化在满刻度的 0.5%以下。

2.6.3.5 磁场干扰的影响

压磁式传感器与控制柜之间用 350 m 电缆连接。在旁边用其他电缆 60 m 紧贴着它，如图 2-117 所示。在 60 m 电缆上连续通以 450A 的交流和直流电流，其输出不应有所改变。

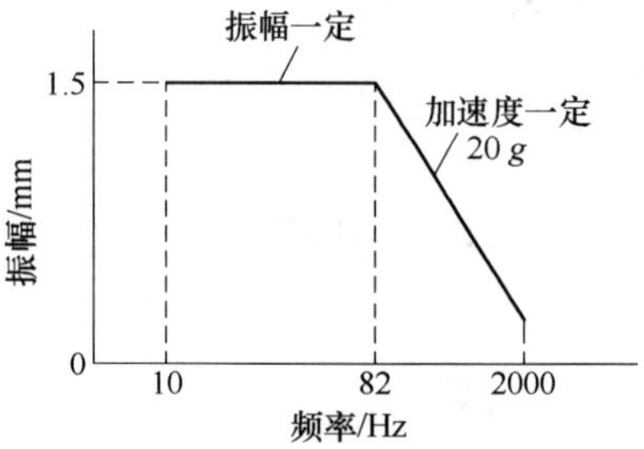


图 2-116 扫描寿命试验

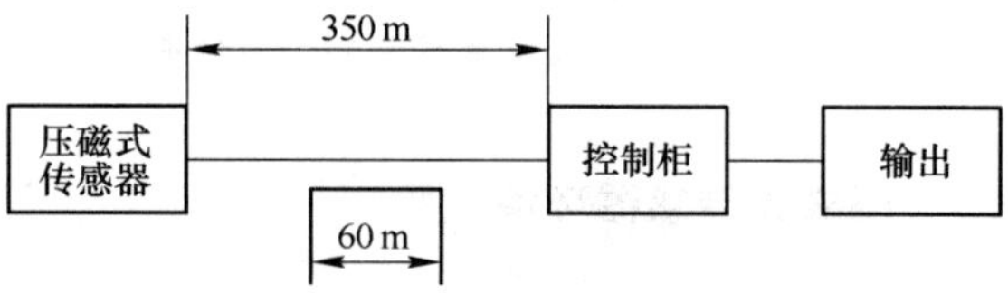


图 2-117 磁场干扰试验

### 2.6.4 压磁式传感器测量电路

压磁式传感器的测量电路一般由供电（交流）电源、滤波装置、整流、运算电路及输出、显示等几部分组成。

压磁式传感器的供电电源，可根据对传感器反应速度的要求，选择不同频率的电源。可用工频电源供电，也可以用 400 Hz 中频电源供电。为提高测量精度，还可以考虑加入稳压措施。

滤波电路是为了提高测量精度而加的。通常可以加在供电电源之后，从而保证供电电源频率的单一性。还可加在传感器的输出端，滤掉高次谐波，保证传感器输出信号频率的单一性。

整流电路是把传感器输出的交流信号变换成直流信号，以便于运算和输出。

运算电路是把传感器所测得的信号，根据需要进行放大和必要的运算（如和、差运算），以供给输出电路。

输出电路的输出方式主要有显示、输出控制或报警等。

传感器测量电路中有时还加有附加电路，如补偿电路或零位调整电路及负载调整电路等。

测量电路组成方案举例：

方案 1：在直流信号处调零，如图 2-118 所示。

方案 2：在交流信号处调零，如图 2-119 所示。

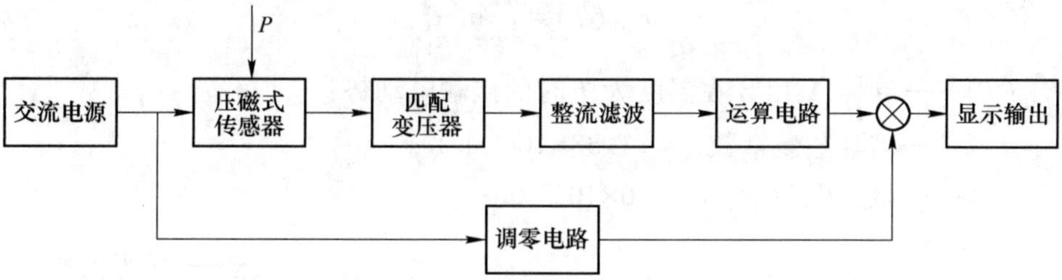


图 2-118　测量电路方案 1

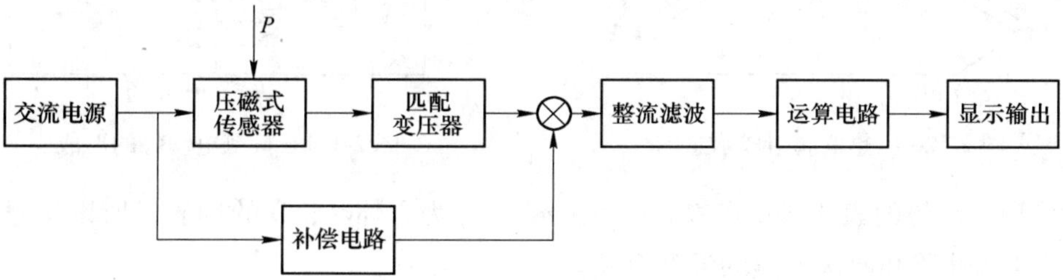


图 2-119　测量电路方案 2

图中匹配变压器是用以实现传感器与后接电路之间阻抗匹配，以达到提高信号的传输效率。

两个方案的组成环节基本相同，只是为消除传感器的零点输出所采用的方式不同。方案 1 在直流信号部分调零，调零电路为输出可调的整流电路。方案 2 在交流信号部分调零，用补偿电路来实现。它是一个幅值和相位均可调的电路，用它的输出去抵消传感器的零点输出。

# 2.7　热电式传感器

## 2.7.1　热电偶

### 2.7.1.1　热电偶传感器的测温原理

热电偶测温是基于热电效应（或称塞贝克效应），即两种不同的导体或半导体 A 和 B 连接成闭合回路，当两端温度不同时，回路中会产生电动势，称为热电动势。工业用热电偶通常采用金属丝构成。导体 A、B 称为热电极，一端置于常温或恒定温度下，称为冷端或参考端；另一端置于被测温度场中，称为热端或工作端，如图 2-120 所示。

A 接触电动势

接触电动势（又称帕尔贴电势）是指两种不同的金属导体相接触后产生的电动势，如图 2-121 所示。A、B 两种不同的导体接触后，由于电子浓度不同（$n_A>n_B$），同一瞬间自由电子从浓度高的一侧向浓度低的一侧扩散的数量比反方向扩散的数量多，这样使界面附近浓度高的一侧失去电子，带正电荷，而浓度低的一侧得到电子，带负电荷，结果在导体的接触面上形成电位差，此即帕尔贴效应。当电子扩散达到动态平衡时，界面的电动势为

$$E_{AB}(T)=\frac{kT}{e}\ln\frac{n_A}{n_B} \tag{2-158}$$

式中 $E_{AB}(T)$——导体 A 和 B 在温度为 $T$ 时的接触电动势；

$k$——玻耳兹曼常数，$k=1.38\times10^{-23}$ J/K；

$e$——电子电荷量，$e=1.6\times10^{-19}$ C。

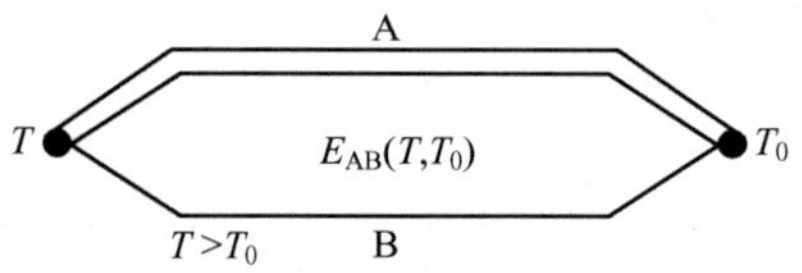


图 2-120 热电偶组成示意图

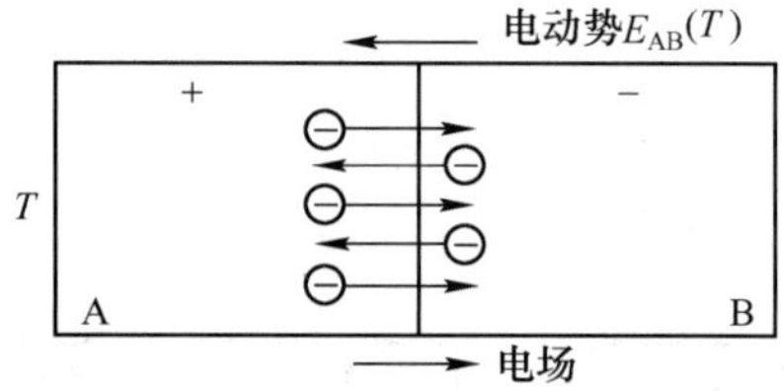


图 2-121 接触电动势的形成

从接触电动势的表达式中可知，$k$、$e$、$n_A$、$n_B$ 为导体 A，B 的性质，所以接触电动势只与 A、B 的性质和两接触点的温度有关。

B 温差电动势

温差电动势（又称汤姆逊电势）是在单一导体中，由于两端温度不同而产生的电动势，如图 2-122 所示。因为导体两端温度不同，电子动能不同，高温端的自由电子具有较大的动能，因而向低温端扩散，结果高温端失去电子带正电荷，低温端得到电子带负电荷，从而形成一个静电场，该电场阻碍电子的继续扩散，当达到动态平衡时，在导体的两端就形成了电位差，称为温差电动势，此即汤姆逊效应。

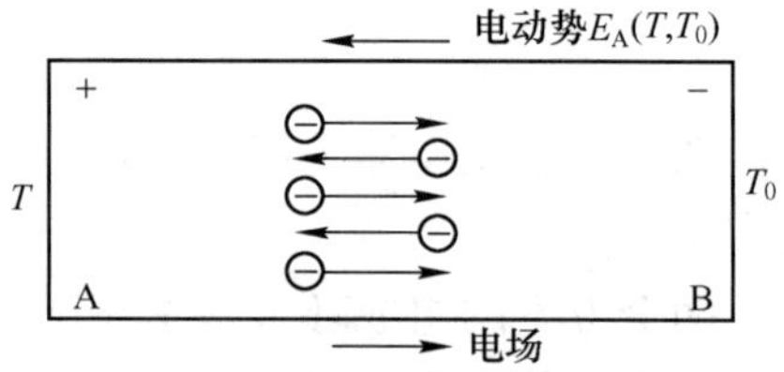


图 2-122 温差电动势的形成

若 $T>T_0$，导体 A 的温差电动势为

$$E_A(T,\ T_0)=\int_{T_0}^{T}\sigma_A\mathrm{d}T \tag{2-159}$$

式中 $\sigma_A$——导体 A 的汤姆逊系数，表示导体 A 两端温度相差 1 ℃时所产生的电动势。

从温差电动势的表达式中可知，温差电动势也只与导体的性质和两接触点的温度有关。热电偶回路中产生的总的热电动势为以上两种电动势的代数和，如图 2-123 所示，假设 $T>T_0$，$n_A>n_B$，图中箭头指示的是电动势从低到高的方向，则该回路中总的热电动势可

以表示为

$$E_{AB}(T,\ T_0) = E_{AB}(T) - E_{AB}(T_0) - E_A(T,\ T_0) + E_B(T,\ T_0) \tag{2-160}$$

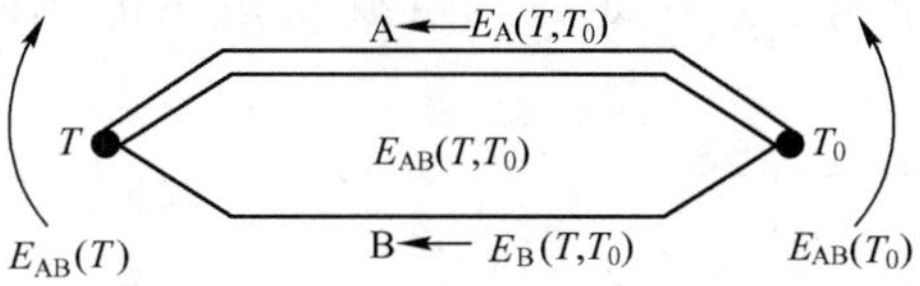


图 2-123 热电偶热电动势的组成

将接触电势和温差电势的定义代入式（2-160），得到

$$E_{AB}(T,\ T_0) = \frac{kT}{e}\ln\frac{n_{AT}}{n_{BT}} - \frac{kT_0}{e}\ln\frac{n_{AT_0}}{n_{BT_0}} - \int_{T_0}^{T}\sigma_A \mathrm{d}T + \int_{T_0}^{T}\sigma_B \mathrm{d}T \tag{2-161}$$

式中 $n_{AT}$，$n_{AT_0}$——导体 A 在温度为 $T$ 和 $T_0$ 时的电子浓度；

$n_{BT}$，$n_{BT_0}$——导体 B 在温度为 $T$ 和 $T_0$ 时的电子浓度。

理论上讲，导体的电子浓度与其温度是有关系的，但在金属导体中，由于自由电子数目很多，所以温度的变化不能显著地改变它的电子浓度，所以认为 A 和 B 的电子浓度不随温度变化，即

$$n_{AT} = n_{AT_0} = n_A$$

$$n_{BT} = n_{BT_0} = n_B$$

这样式（2-161）可以表示为

$$E_{AB}(T,\ T_0) = \frac{k(T - T_0)}{e}\ln\frac{n_A}{n_B} + \int_{T_0}^{T}(\sigma_B - \sigma_A)\mathrm{d}T \tag{2-162}$$

从式（2-162）可以得出以下结论：热电偶回路产生的热电动势的大小只与构成热电偶电极的材料和所处的温度有关，当组成热电偶的材料确定后，$n_A$、$n_B$、$\sigma_A$、$\sigma_B$ 都为常数，热电动势为温度 $T$ 的函数，所以可以用热电偶来测量温度。

如果热电偶两极的材料相同，即 $n_A = n_B$，$\sigma_A = \sigma_B$，即使两端的温度不同，热电偶总的热电动势为零；如果热电偶两极的材料不同，但两端的温度相同，即 $T = T_0$，热电偶总的热电动势也为零。

综上所述，热电偶产生热电动势的条件是：热电偶电极为不同的材料，而且热电偶两端的温度不同时，热电动势的大小只与材料和结点温度有关，与热电偶的尺寸、形状及温度沿电极的分布无关。但应注意，如果电极本身的性质是不均匀的，则由于温度梯度的影响，将会产生附加电动势。

从式（2-162）还可以得出：热电动势是 $T$ 和 $T_0$ 的函数，因此，只有当冷端温度 $T_0$ 为恒定值的时候，热电偶的热电动势才是被测温度 $T$ 的单值函数，才能进行准确的温度测量。在组成热电偶的材料为均质、没有缺陷和杂质的情况下，上面的结论成立。

#### 2.7.1.2 热电偶传感器的基本定律

##### A 中间导体定律

在由 A、B 两种导体组成的热电偶中接入第三种导体 C，若导体 C 与 A、B 的两个结点处于同一个温度，则导体 C 对热电偶回路中总的热电动势没有影响（见图 2-124）。如

图 2-124 中的第三种导体 C 接入由导体 A 和 B 组成的热电偶中，将不改变热电偶的输出电动势 $E$，无论导体 C 的温度是多少，电动势 $E$ 代表的是由导体 A-B 组成的热电偶在两端温度分别为 $T_0$ 和 $T_1$ 的热电动势。这个定律为准确测量热电偶回路中的热电动势提供了依据。

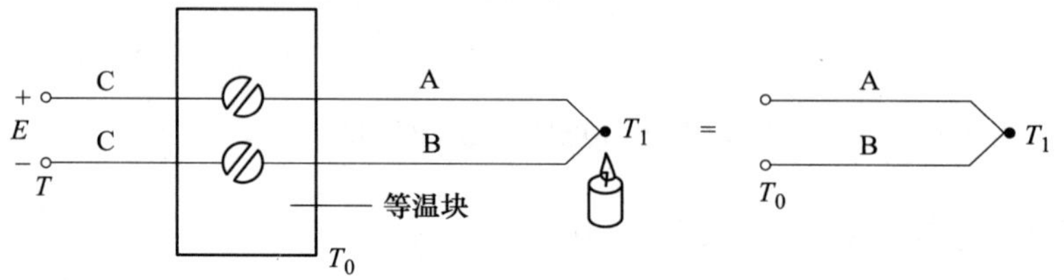


图 2-124　中间导体定律示意图

下面以图 2-124 为例，证明中间导体定律的正确性。

设导体 A、B、C 的电子浓度分别为 $n_A$、$n_B$、$n_C$，已知 $n_A>n_B$，$T_1>T_0$，则 A-B-C 回路总的热电动势包括：

（1）C、A 和 B 的温差电动势，其中 C 的温差电动势有两个，这两个温差电动势无论 $T>T_0$ 还是 $T<T_0$，都是大小相等，方向相反，在总的热电动势表达式中相抵消；

（2）接触电动势为 C 和 A、C 和 B 以及 A 和 B 共三个。所以该回路的热电动势由 5 项电动势的代数和组成，即

$$E = E_{AB}(T_1) - E_A(T_1, T_0) + E_B(T_1, T_0) + [E_{CA}(T_0) + E_{BC}(T_0)] \tag{2-163}$$

将式（2-163）与式（2-161）对比可知，如果能够证明 $E_{CA}(T_0) + E_{BC}(T_0) = -E_{AB}(T_0)$，即可证明中间导体定律的正确性。

$E_{CA}(T_0)$ 和 $E_{BC}(T_0)$ 的正、负号与它们的电子浓度有关。由于导体 C 的电子浓度未知，所以与热电偶组成电极的电子浓度相比较，分三种情况加以证明（等式右边保持两个正的热电势的和）：

（1）$n_C > n_A > n_B$，此时 $E_{CA}(T_0)$ 为正值，$E_{BC}(T_0)$ 为负值，则

$$\begin{aligned} E_{CA}(T_0) + E_{BC}(T_0) &= \frac{kT_0}{e}\ln\frac{n_C}{n_A} - \frac{kT_0}{e}\ln\frac{n_C}{n_B} \\ &= -\frac{kT_0}{e}\ln\frac{n_A}{n_B} \\ &= -E_{AB}(T_0) \end{aligned}$$

（2）$n_A > n_C > n_B$，此时 $E_{CA}(T_0)$ 和 $E_{BC}(T_0)$ 都为负值，则

$$\begin{aligned} E_{CA}(T_0) + E_{BC}(T_0) &= -\frac{kT_0}{e}\ln\frac{n_A}{n_C} - \frac{kT_0}{e}\ln\frac{n_C}{n_B} \\ &= -\frac{kT_0}{e}\ln\frac{n_A}{n_B} \\ &= -E_{AB}(T_0) \end{aligned}$$

(3) $n_A > n_B > n_C$，此时 $E_{CA}(T_0)$ 为负值，$E_{BC}(T_0)$ 为正值，则

$$
\begin{aligned}
E_{CA}(T_0)+E_{BC}(T_0) &= -\frac{kT_0}{e}\ln\frac{n_A}{n_C}+\frac{kT_0}{e}\ln\frac{n_B}{n_C}\\
&= -\frac{kT_0}{e}\ln\frac{n_A}{n_B}\\
&= -E_{AB}(T_0)
\end{aligned}
$$

上面三种情况中两个接触电动势的取值方向参考图 2-123 和与之对应的式（2-160）。

由中间导体定则可知，与热电偶连接的测量仪表，只要连线为同一种导体，而且与热电偶两端相连的部分处在同一温度下，就不会影响测量结果。所以中间导体定律还可以以另一种方法连接，如图 2-125 所示。

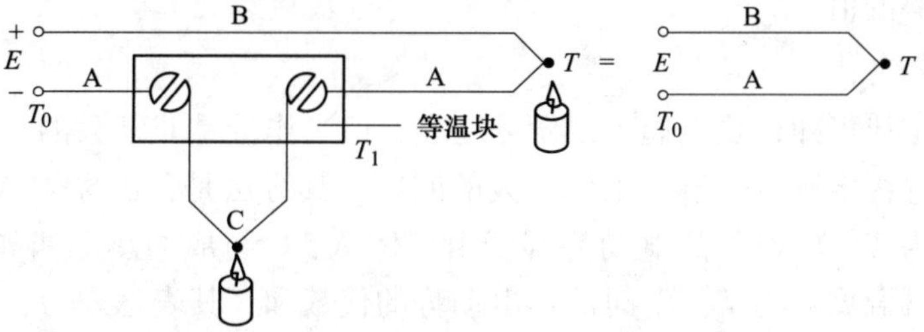


图 2-125　中间导体定律的另一种连接方法

B　中间温度定律

由式（2-160）可知，热电动势是 $T$ 和 $T_0$ 的函数，在使用热电偶测温时，测量出来的热电动势随冷端温度 $T_0$ 的不同而不同，只有在冷端温度为 0 ℃时，这个热电动势代表的温度才是被测量的温度 $T$。如果在使用热电偶测量温度时，冷端温度一定要置于恒定的 0 ℃，这样就会限制热电偶的应用范围。

由 A、B 两种导体组成的热电偶在连接点温度为 $T$、$T_0$ 时的热电动势记为 $E_{AB}(T, T_0)$，当热电偶回路中存在中间温度（$T_1$）部分时，根据中间温度定律，在连接点温度为 $T$、$T_0$ 时的热电动势等于此热电偶在连接点温度为 $T$、$T_1$ 与 $T_1$、$T_0$ 两个不同状态下的热电动势之和，其函数关系满足

$$E_{AB}(T, T_0)=E_{AB}(T, T_1)+E_{AB}(T_1, T_0) \tag{2-164}$$

下面证明式（2-164）的正确性。中间温度定律的过程如图 2-126 所示，在连接点温度为 $T$、$T_1$ 时的热电动势记为 $E_{AB}(T, T_1)$；在连接点温度为 $T_1$、$T_0$ 时的热电动势记为 $E_{AB}(T_1, T_0)$。根据式（2-162）可知：

$$E_{AB}(T, T_1)=\frac{k(T-T_1)}{e}\ln\frac{n_A}{n_B}+\int_{T_1}^{T}(\sigma_B-\sigma_A)\mathrm{d}T \tag{2-165}$$

$$E_{AB}(T_1, T_0)=\frac{k(T_1-T_0)}{e}\ln\frac{n_A}{n_B}+\int_{T_0}^{T_1}(\sigma_B-\sigma_A)\mathrm{d}T \tag{2-166}$$

两式相加即可证明。

由于热电偶热电动势的大小只与组成热电偶的导体材料和温度有关，国家有关部门已

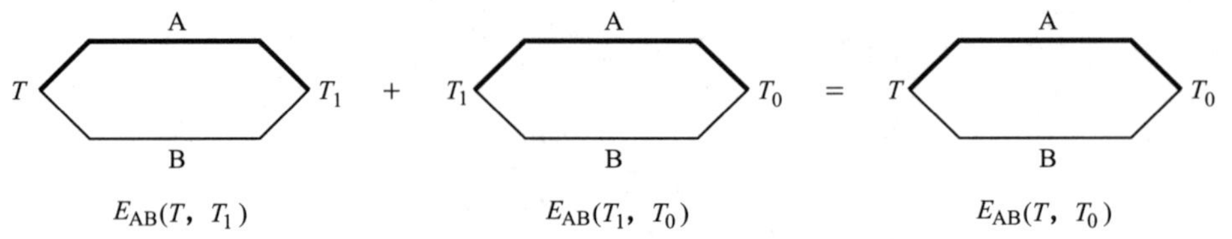


图 2-126 中间温度定律示意图

经把各种导体材料的热电偶冷端温度为 0 ℃时的热电动势与温度制成分度表，这样通过常温测量和查分度表就可以得到冷端为常温时热电偶的热电动势值，从而实现温度的测量。

根据这一定律，只需列出热电偶在冷端温度为 0 ℃的分度表，就可以求出冷端温度为其他温度热电动势的值。

C 标准电极定律

由中间温度定律可知，热电偶可以做分度表，但工作量是非常大的，因为热电偶的组合非常多，标准电极定则可以解决工作量大的问题，其方法是：由导体 A、B 组成的热电偶，其两端温度为 $T$、$T_0$ 时的热电动势等于由导体 A、C 组成的热电偶和由导体 B、C 组成的热电偶在两端温度均为 $T$、$T_0$ 时的热电动势的代数和，其表达式为：

$$E_{AB}(T,\ T_0)=E_{AC}(T,\ T_0)+E_{CB}(T,\ T_0) \tag{2-167}$$

如图 2-127 所示，由导体 A、B 组成的热电偶回路的热电动势为：

$$E_{AB}(T,\ T_0)=\frac{k(T-T_0)}{e}\ln\frac{n_A}{n_B}+\int_{T_0}^{T}(\sigma_B-\sigma_A)\mathrm{d}T \tag{2-168}$$

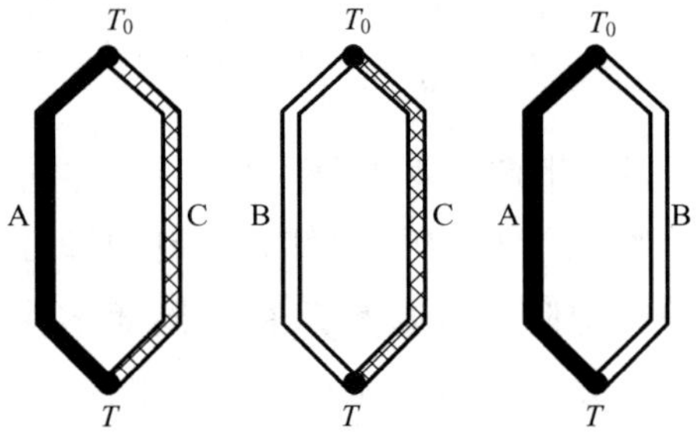


图 2-127 标准电极定律

由导体 A、C 组成的热电偶回路的热电动势为：

$$E_{AC}(T,\ T_0)=\frac{k(T-T_0)}{e}\ln\frac{n_A}{n_C}+\int_{T_0}^{T}(\sigma_C-\sigma_A)\mathrm{d}T \tag{2-169}$$

由导体 B、C 组成的热电偶回路的热电动势为：

$$E_{CB}(T,\ T_0)=\frac{k(T-T_0)}{e}\ln\frac{n_C}{n_B}+\int_{T_0}^{T}(\sigma_B-\sigma_C)\mathrm{d}T \tag{2-170}$$

将式（2-169）和式（2-170）相加，得到：

$$E_{AC}(T,\ T_0)+E_{CB}(T,\ T_0)=\frac{k(T-T_0)}{e}\ln\frac{n_A}{n_B}+\int_{T_0}^{T}(\sigma_B-\sigma_A)\mathrm{d}T \tag{2-171}$$

对比式（2-168）和式（2-171）可知，式（2-167）成立。

由此可知道，当任何热电极与某一种热电极组成的热电偶产生的热电动势已知时，就可以方便地求出这些电极之间任意组合而成的热电偶的热电动势。这种热电极常用稳定性好的铂来担当，称为标准热电极。

### 2.7.1.3 热电偶传感器的测温方法和冷端补偿方法

通常热电偶测量的是一个热源的温度或者是两个热源的温度差。一般是将热电偶的热端置于被测温度场中，冷端置于参考温度场中，这就要求冷端所处温度场的温度保持恒定，但在实际应用中，由于热电偶冷端距离热端很近，而且又处于大气中，其温度受到测量对象和周围环境温度波动的影响，因而冷端温度难以保持恒定，这就需要对热电偶的冷端进行补偿处理。此外实际热电偶测温使用的是热电偶的特性分度表，这个分度表的数据是在冷端温度为 0 ℃的条件下，给出的热电动势与热端温度的数值对照，当实际使用的热电偶冷端温度不为 0 ℃时，也需要对热电偶的冷端进行补偿处理。

热电偶冷端补偿处理有以下几种方法。

A　0 ℃恒温法

这种方法是将热电偶的冷端置于冰、水混合物中并达到热平衡。这种方法适用于做科学实验时使用，由于冷端温度为 0 ℃，测得热电动势值后直接查热电偶分度表即可得到对应的热端温度值。

B　计算修正法

这种方法是将热电偶的冷端置于一个温度相对稳定的空间内，热端置于被测温度场中进行温度测量。由于冷端通常不为 0 ℃，要得到正确的温度值还需测量冷端温度并借助分度表进行计算校正。

若测得热电偶冷端的温度为 $T_0$，测量出的热电动势的值为 $E(T, T_0)$，$T$ 为被测温度。从分度表中可以查到温度为 $T_0$ 的热电动势值 $E(T_0, 0\ ℃)$，则根据中间温度定律可以知道 $E(T, 0\ ℃)=E(T, T_0)+E(T_0, 0\ ℃)$。已知 $E(T, 0\ ℃)$ 的值，再反查分度表就可以得出对应的被测温度 $T$ 的值。

**【例 2-1】** 用某种热电偶测量某一温度，如果冷端温度为 30 ℃，在冷端测量到的热电势为 7.5 mV，求被测温度值。

**解：** 已知 $T_0=30$ ℃，$E(T, 30)=7.5$ mV，查分度表可以得到 $E(30\ ℃, 0)=0.173$ mV，因此

$$E(T, 0)=E(T, 30)+E(30, 0)=7.5+0.173=7.673\ \text{mV}$$

反查分度表可以得到 $T=830$ ℃，所以被测温度值为 830 ℃。

C　补偿导线法

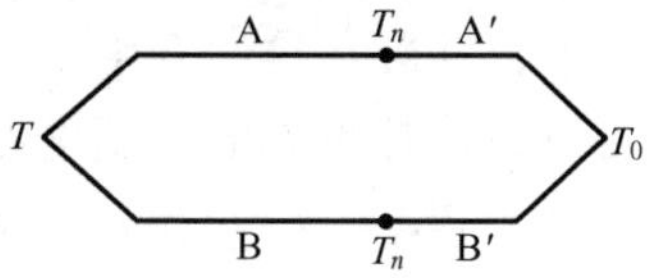

图 2-128　补偿导线法

如图 2-128 所示，当在被测温度场附近保持热电偶冷端为恒定温度有困难时，常使用补偿导线法，即采用补偿导线（廉价热电偶直接将热电偶的冷端延长），将冷端远离热端，放置到恒温或温度变化比较小的地方。补偿导线是一对与热电偶匹配使用的导线，它的特点是在工作范围内与被补偿的热电偶具有相同的特性。补偿导线与热电偶相连，使热电偶的冷端远离被测环境，从而使冷端温度恒定。

各种标准热电偶的补偿导线分别与相应的热电偶相匹配，每种补偿导线的参数中都含有能够补偿的热电偶的分度号，选择使用时要注意。我国生产的常用热电偶补偿导线的型号、线芯材质及绝缘层着色见表 2-4。

**表 2-4 补偿导线的型号、线芯材质及绝缘层着色**

| 补偿导线型号 | 配用热电偶 | 补偿导线的线芯材质 | | 绝缘层着色 | |
|---|---|---|---|---|---|
| | | 正极 | 负极 | | |
| SC 或 RC | 铂铑$_{10}$(铂铑$_{13}$)-铂 | SPC（铜） | SNC（铜镍） | 红 | 绿 |
| KC | 镍铬-镍硅 | KPC（铜） | KNC（铜镍） | 红 | 蓝 |
| KX | 镍铬-镍硅 | KPX（铜镍） | KNX（镍硅） | 红 | 黑 |
| NX | 镍铬硅-镍硅 | NPS（铜镍） | NNX（镍硅） | 红 | 灰 |
| EX | 镍铬-铜镍 | EPX（镍铬） | ENX（铜镍） | 红 | 棕 |
| JX | 铁-铜镍 | JPX（铁） | JNX（铜镍） | 红 | 紫 |
| TX | 铜-铜镍 | TPX（铜） | TNX（铜镍） | 红 | 白 |

D 补偿电桥法

这种方法是在热电偶与测量仪表之间接入一个直流不平衡电桥，电桥处于热电偶冷端所在的温度 $t_0$ 下，如图 2-129 所示，电桥由直流稳压电源供电，其输出端串联在热电偶回路中。图中 $R_1$、$R_2$、$R_3$、$R$ 的阻值几乎不随温度变化，$R_t$ 为铜电阻，当热电偶冷端所在的环境（也就是电桥所在的环境）温度升高时，$R_t$ 的阻值增加，选择适当的 $R$，使电桥的输出电压可以补偿因冷端温度变化而引起的回路热电动势的变化，使最后测量的热电动势不随冷端温度的波动而变化。一般取 $t_0=20$ ℃时，电桥平衡，所以测量的热电动势值是冷端为 20 ℃时的电动势值。

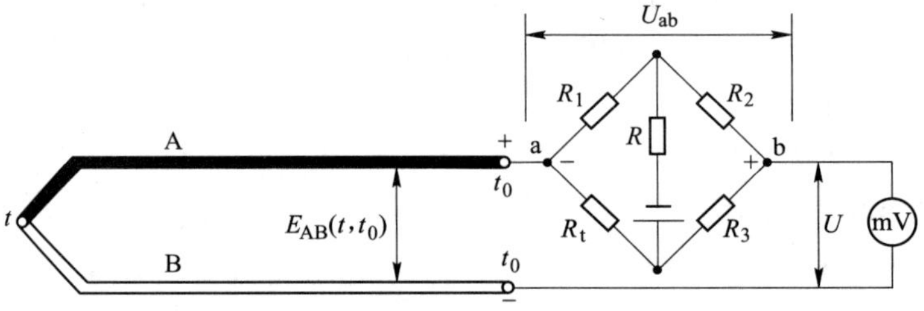


图 2-129 具有补偿电桥的热电偶测量电路

有一种装配式热电偶，直接制成“一体化温度变送器”。这种温度变送器具有冷端补偿功能，并装在接线盒中，因而不需要补偿导线，输出为 4~20 mA 的标准信号，这种装置可以简化热电偶的测温电路设计，还可以选择热电偶补偿专用电路模块。

2.7.1.4 热电偶传感器的应用

目前有 8 种标准化热电偶作为工业热电偶在不同场合中使用。同类型的热电偶具有统一的分度表，同一型号的热电极材料及其化学成分、热电性质和允许偏差是统一的，所以互换性较好。

A 几种常用工业热电偶的主要性能特点

（1）铂铑合金、铂系列热电偶。这类热电偶使用温区宽，特性稳定，可以测量较高的温度，一般用于精密温度测量。其缺点是热电动势小，在 30 ℃以下测温灵敏度低，所以适用于较高温度的测量。当热电偶冷端温度在 100 ℃以下时，由于冷端温度不为 0 ℃所附加的热电动势为微伏级，此时不需要进行冷端温度补偿。

（2）廉价金属热电偶。这类热电偶主要有以下几种：

1）镍铬-镍硅（K 型）、镍铬硅-镍硅（N 型），这种热电偶性能稳定，产生的热电动势大，线性好，使用范围宽；

2）镍铬-康铜型，这种热电偶的灵敏度最高，可以测量微小温度变化，但重复性差；

3）铜-康铜（T 型），这种热电偶稳定性好，测温精度高，是在低温区应用广泛的热电偶；

4）铁-康铜（J 型），这种热电偶有较高的灵敏度，在 700 ℃以下其热电特性基本为线性。

B 常用热电偶的结构形式

（1）普通型：普通型热电偶由热电极、绝缘管、保护套管和接线盒等组成，其结构如图 2-130 所示。整支热电偶长度由安装条件和插入深度决定，一般为 350~2000 mm，由于它的容量大，因而热惯性大，对温度变化响应慢。

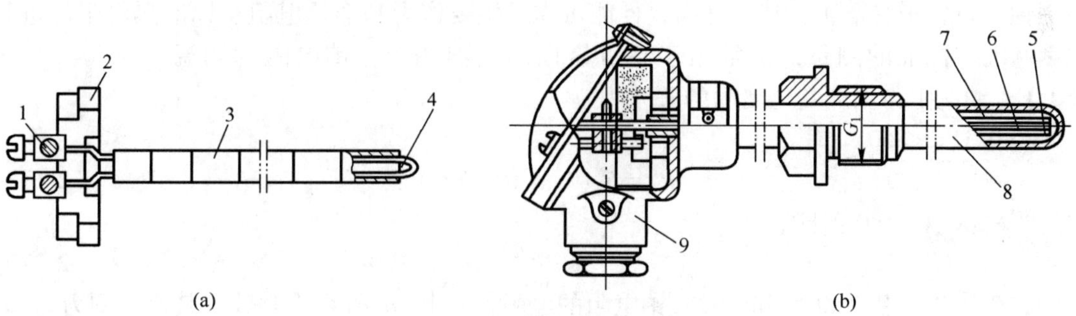


图 2-130 普通型热电偶的结构示意图

（a）保护套管内的热电偶；（b）整体结构

1—接线柱；2—接线座；3—绝缘套管；4—热电极；5—测量端；
6—热电极；7—绝缘套管；8—保护套管；9—接线盒

（2）铠装型。铠装型热电偶是将热电偶丝、绝缘材料和金属保护套管三者组合装配后，经拉伸加工而成的一种坚实的组合体，如图 2-131 所示。其外径一般为 0.5~8 mm，长度根据需要而定，最长可达 100 m。这种热电偶的热容量小，对温度变化响应快，此外，它还具有挠性好、可弯曲的特点，可以安装在狭窄或结构复杂的测量场中，应用很广泛。

由于热电偶的输出为较小的电压信号，在测量时选择可以测量小信号的运算放大器即可。

### 2.7.2 金属热电阻

几乎所有物质的电阻都随温度的变化而变化，且随着温度的变化会产生热电阻效应。根据电阻和温度之间的函数关系，可以将温度变化量转换为相应的电参量，从而实现温度的电测量。利用导体的电阻值随温度变化的特性对与温度相关的参量进行检测的装置称为热电阻式传感器，热电阻式传感器的测温范围主要在中低温区（-200~650 ℃），组成热电阻式传感器的敏感元件为金属热电阻，用于温度测量的热电阻主要包括铂和铜电阻，它们具有稳定的电阻温度系数和电阻率，而且其物理化学性能稳定，复现性好。

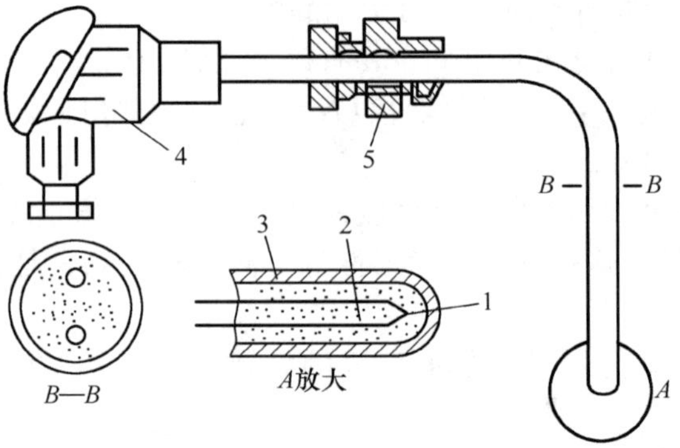


图 2-131 铠装型热电偶的结构

1—测量端；2—热电极；3—金属保护套管；4—接线盒；5—用于固定的卡套

2.7.2.1 铂电阻

铂电阻属于贵金属，其精度高，性能可靠，主要作为基准热电阻、标准热电阻等进行温度基准、标准的测量，也常用于高可靠性的测温场合。铂电阻的测温范围为-200～850 ℃，铂电阻与温度变化之间的关系为

当0 ℃<$t$<850 ℃时，

$$R_t = R_o(1 + At + Bt^2) \tag{2-172}$$

当-200 ℃<$t$<0 ℃时，

$$R_t = R_o[1 + At + Bt^2 + C(t - 100)t^3] \tag{2-173}$$

式中，$R_o$、$R_t$ 分别为0 ℃和 $t$ ℃时铂电阻的电阻值；$A$、$B$ 和 $C$ 为常数，其值分别为

$$A = 3.96847 \times 10^{-3}\ ℃^{-1}$$

$$B = -5.847 \times 10^{-7}\ ℃^{-2}$$

$$C = -4.22 \times 10^{-12}\ ℃^{-4}$$

铂热电阻的种类由其表达式中的 $R_o$ 决定，常用的有 Pt100、Pt1000 和 Pt500，代表的是铂电阻的分度号，分别表示其 $R_o$ 为 100 Ω，1000 Ω和 500 Ω。从式（2-172）和式（2-173）中可知，铂电阻温度传感器为非线性传感器，其温度的测量是通过查铂电阻温度分度表实现的，不同的分度号有不同的分度表，测量到某个温度下的电阻值 $R_t$，通过查表，可以得到对应的被测温度值 $t$。

2.7.2.2 铜电阻

由于铂电阻是贵金属，在一些测量精度要求不高且温度较低的场合，普遍采用铜电阻进行温度的测量。铜电阻的温度测量范围为-50～150 ℃，在此温度范围内，温度与铜电阻阻值为线性关系，而且铜电阻的灵敏度比铂电阻高，容易提纯、加工，且价格便宜。但是，铜电阻容易氧化，电阻率比铂电阻低，所以用于温度测量的铜电阻一般体积较大，而且只适用于没有水分和没有侵蚀性介质的温度测量。

铜电阻的阻值与温度之间的关系为

$$R_t = R_0(1 + \alpha t) \tag{2-174}$$

式中 $R_0$——温度为0 ℃时的电阻值；

$R_t$——温度为和 $t$ ℃时的电阻值；

$\alpha$——铜电阻的温度系数，取值范围：$4.25\times10^{-3}\sim4.28\times10^{-3}$ ℃$^{-1}$。

铜电阻的分度号的命名与铂电阻类似，常用的是分度号为Cu50和Cu100两种，分别表示其$R_0$值为50 Ω和100 Ω。

铜电阻属于廉价电阻，工业上用途非常广，线性特性也比较好，使用起来非常方便。

### 2.7.3 半导体热敏电阻

热敏电阻是利用半导体材料的电阻率随温度显著变化性质制成的。一般，半导体比金属导体具有更大的电阻温度系数，因而具有较高的灵敏度。

在温度传感器中热敏电阻的发展最为迅速，由于其性能得到不断改进，稳定性大为提高，在许多场合下（-40~350 ℃）热敏电阻已逐渐取代传统的温度传感器。根据热敏电阻率随温度变化的特性不同，热敏电阻可以分为以下三类：（1）负温度系数的热敏电阻（NTC），多用于温度测量和补偿；（2）正温度系数的热敏电阻（PTC），用于恒温、加热控制或温度开关；（3）临界温度系数的热敏电阻（CTR），用于温度开关。

正温度系数的热敏电阻，其电阻值随温度升高而增大，它的主要材料是掺杂$BaTiO_3$的半导体陶瓷。

负温度系数的热敏电阻，其电阻值随温度升高而下降，它的主要材料是含有过渡金属氧化物的半导体陶瓷。

临界温度系数的热敏电阻，其电阻值在某个特定的温度范围内随温度升高而降低3~4个数量级，即具有很大负温度系数。其主要材料是$VO_2$并添加一些金属氧化物。

#### 2.7.3.1 热敏电阻的特点

热敏电阻具有以下特点：

（1）电阻温度系数的范围宽。有正、负温度系数和在某一特定温度区域内阻值突变的三种热敏电阻元件。电阻温度系数的绝对值比金属大10~100倍。

（2）材料加工容易、性能好。热敏电阻可根据使用要求加工成各种形状，特别是能够做到小型化。目前，最小的珠状热敏电阻直径仅为0.2 mm。

（3）阻值在10~1 MΩ之间可供自由选择。使用热敏电阻时，一般可不考虑线路引线电阻的影响。由于其功耗小、故不需采取冷端温度补偿，适合远距离测温和用于控温。

（4）稳定性好。热敏电阻产品商用化已有30多年历史，而且近年在材料与工艺上不断得到改进。目前，在0.01 ℃小温度范围内，其稳定性可达0.0002 ℃的准确度。相比之下，热敏电阻优于其他各种温度传感器。

#### 2.7.3.2 热敏电阻的基本参数

标称电阻$R_{25}$：标称电阻值是热敏电阻在（25±0.2）℃时的阻值。

材料常数$B_N$：材料常数是表征负温度系数（NTC）热敏电阻器材料的物理特性常数。$B_N$值取决于材料的激活能$\Delta E$，具有$B_N=\Delta E/2k$的函数关系，式中$k$为玻耳兹曼常数。一般$B_N$值越大，电阻值越大，绝对灵敏度越高。在工作温度范围内，$B_N$值并不是一个常数，而是随温度的升高略有增加。

电阻温度系数（% ℃$^{-1}$）：电阻温度系数指的是热敏电阻的温度变化1 ℃时电阻值的变化率。

转变点温度 $T_c$：转变点温度是热敏电阻器的电阻-温度特性曲线上的拐点温度，主要指正电阻温度系数热敏电阻和临界温度热敏电阻。

2.7.3.3 热敏电阻的电阻-温度特性

热敏电阻的电阻-温度特性也称为 $R_T$-$T$ 特性，与其电阻率-温度的特性关系是一致的，它表示热敏电阻的阻值随温度的变化规律，一般用 $R_T$-$T$ 特性曲线表示。图 2-132 为各种热敏电阻的电阻-温度曲线。

图 2-132 中曲线 1 表示的是具有负温度系数热敏电阻的电阻-温度特性，其数学表达式为

$$R_T = R_{T_0}\exp B_n\left(\frac{1}{T}-\frac{1}{T_0}\right) \tag{2-175}$$

式中 $R_T$，$R_{T_0}$——温度为 $T$、$T_0$ 时热敏电阻的阻值，Ω；

$B_n$——负电阻温度系数热敏电阻的材料常数。

为了使用方便，一般情况下，取环境温度为 25 ℃作为参考温度（即 $T_0=298$ K），则负温度系数热敏电阻的电阻-温度特性可以写为

$$\frac{R_T}{R_{25}} = \exp B_n\left(\frac{1}{T}-\frac{1}{298}\right) \tag{2-176}$$

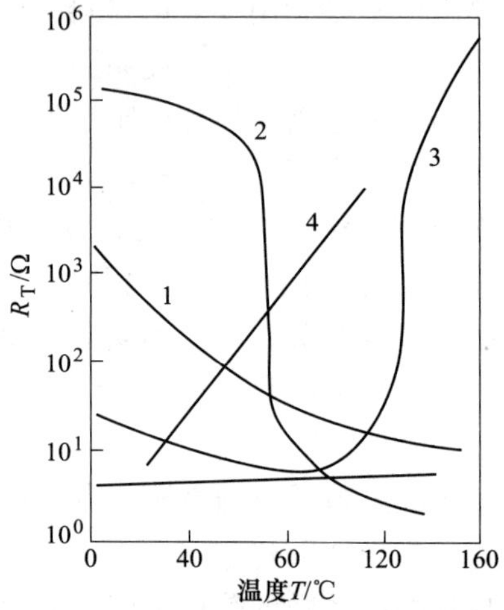


图 2-132 热敏电阻的电阻-温度特性曲线

从图 2-132 可以看出，负温度系数的热敏电阻，其电阻-温度特性呈对数特征，对式（2-175）两边取对数，则

$$\ln R_T = B_n\left(\frac{1}{T}-\frac{1}{T_0}\right) + \ln R_{T_0} \tag{2-177}$$

从式（2-177）可以看出，如果以 $\ln R_T$、$\frac{1}{T}$ 分别作为纵坐标和横坐标表示负电阻温度系数热敏电阻-温度特性，则该电阻-温度特性为斜率等于 $B_n$，通过点［$1/T_0$，$\ln R_{T_0}$］的一条直线，如图 2-133 所示。

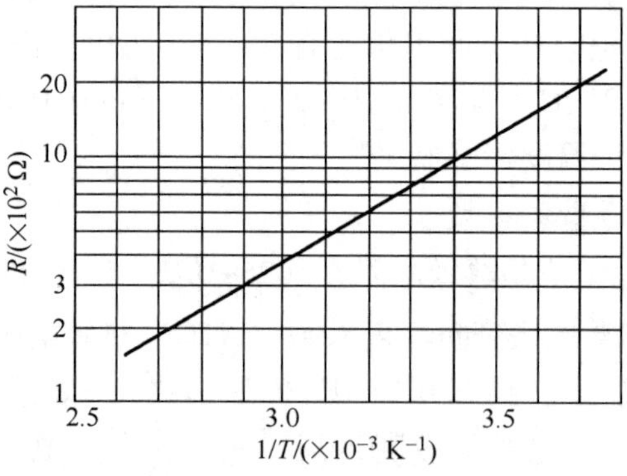


图 2-133 单对数坐标系中负温度系数热敏电阻的电阻-温度曲线

负温度系数热敏电阻是一种氧化物的复合烧结体，一般用于测量-100～300 ℃范围内

的温度。

正温度系数热敏电阻的工作温度范围较窄，对应图 2-132 中的曲线 3 和 4，在工作区，当温度升高到一定的拐点温度后，电阻值随温度值上升而剧烈增高（按指数规律迅速增大），经常用于温度开关对某个过程进行控制。

与热电阻相比，热敏电阻的电阻温度系数大，灵敏度高，其灵敏度大约是热电阻的 10 倍；热敏电阻结构简单，体积小，可测量某个点的温度；热敏电阻的电阻率高，适宜动态测量；热敏电阻便于远距离控制，使用寿命长，但其互换性差，非线性问题严重。

2.7.3.4 热敏电阻的应用

热敏电阻的应用分为两大类：一类是作为检测元件，用于温度检测，实现温度补偿，温度测量等；另一类是作为开关元件，用于温度控制。当热敏电阻用于温度测量时，必须考虑到热敏电阻较大的非线性特性。

为了改善热敏电阻的非线性特性，可以通过在热敏电阻上并联固定电阻，组成组合式元件代替单个热敏元件，使组合式元件的电路特性在一定的测量范围内获得一定程度的线性特性，假设并联的固定电阻为 $R$，热敏电阻为 $R_T$，两个电阻并联组合后的电阻为 $R_P$，则

$$R_P = \frac{RR_T}{R + R_T} \tag{2-178}$$

$R_P$ 对温度的灵敏度为

$$\frac{dR_P}{dT} = \frac{R^2}{(R + R_T)^2}\frac{dR_T}{dT} \tag{2-179}$$

从式（2-179）可以看出，组合后的电阻仍然具有非线性负温度系数热敏电阻的特性，但与单个热敏电阻相比，由于 $\frac{R^2}{(R + R_T)^2} < 1$，所以组合后的电阻 $R_P$ 随温度的变化小于 $R_T$ 随温度的变化，但获得更好的线性是以降低灵敏度为代价的。图 2-134 显示的是热敏电阻 $R_T$ 的参数为 $R_0 = 25\ \text{k}\Omega$，$B = 4000\ \text{K}$，与之并联的电阻为 $R = 18500\ \Omega$ 时的结果。

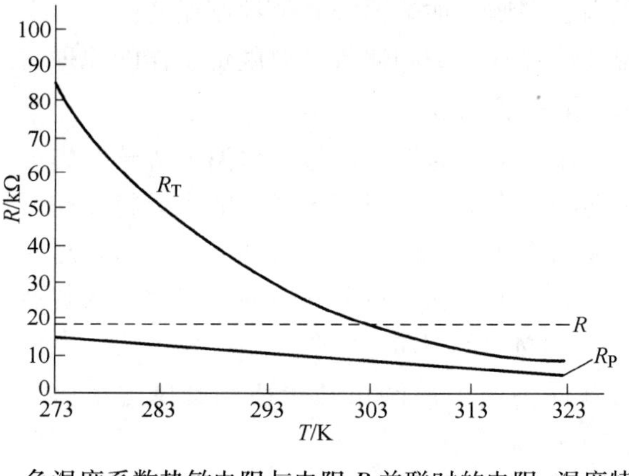


图 2-134 负温度系数热敏电阻与电阻 $R$ 并联时的电阻–温度特性曲线

图 2-135 所示的是热敏电阻进行温度控制的例子，其中 $R_t$ 为负温度系数的热敏电阻。

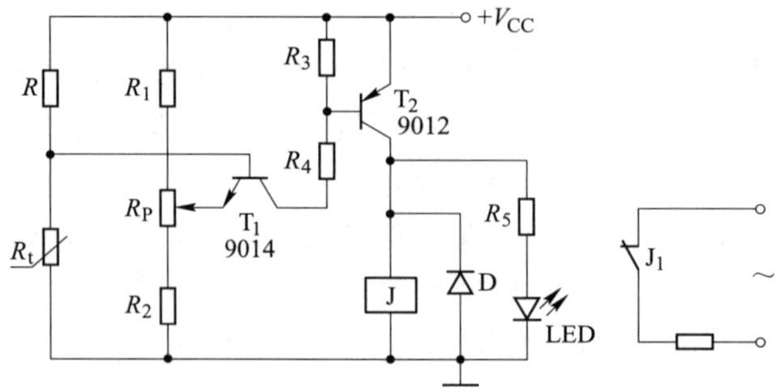


图 2-135 实现温度范围为 $t_1 \sim t_2$ 的温度控制

当实际温度低于设定温度时，热敏电阻阻值较大，$T_1$ 的基极和发射极之间的电压大于导通电压，$T_1$ 导通，$T_2$ 也导通，继电器 J 线圈得电，使触点 $J_1$ 吸合，加热丝加热，发光二极管发光，电路处于加热状态；当实际温度高于设定温度时，热敏电阻阻值较小，$T_1$ 的基极和发射极之间的电压小于导通电压，$T_1$ 截止，$T_2$ 也截止，继电器 J 线圈失电，使触点 $J_1$ 断开，加热丝断电而停止加热。

### 2.7.4 集成温度传感器

现代温度传感器需要小的体积和高的性能和可靠性，所以在制作工艺等方面提出了新的要求。一种是将测温的敏感元件以及后续的测量电路等单元集成在一个很小的空间内，这种集成需要新的工艺；另一种是增加温度传感器的智能性。

按照温度传感器输出信号的模式，分为数字式温度传感器、逻辑输出温度传感器和模拟式温度传感器。

智能温度传感器内部包含温度传感器、A/D 转换器、信号处理器、存储器（或寄存器）和接口电路。智能温度传感器的特点是能输出温度数据及相关的温度控制量，在硬件的基础上通过软件来实现测试功能。

逻辑输出型温度传感器主要用于温度控制及报警，温度超出所规定的范围，则发出报警信号，启动或关闭风扇、空调、加热器或其他控制设备。

下面以模拟集成温度传感器为例阐述集成温度传感器的原理。

2.7.4.1 集成温度传感器原理

模拟集成温度传感器输出信号为模拟信号，将温度传感器集成在一个芯片上可完成温度测量及模拟信号输出功能。模拟集成温度传感器的主要特点是线性好、灵敏度高、测温误差小、响应速度快、传输距离远、体积小、功耗低等，适合远距离测温、控测，不需要进行非线性校准，外围电路简单。它是目前在国内外应用最为普遍的一种集成传感器，典型产品有 AD590、AD592、TMP17、LM135 等。

AD590 是美国模拟器件公司生产的单片集成两端感温电流源，其管脚图及元件符号如图 2-136 所示。

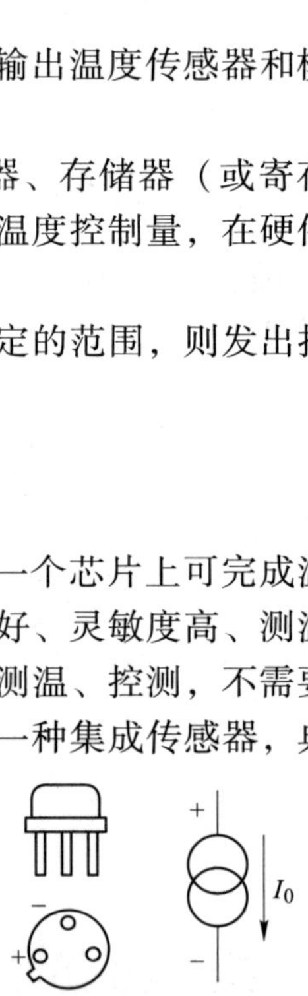


图 2-136 AD590 管脚图及元件符号

AD590 是利用晶体管 PN 结的电流电压特性与温度的关系，把感温 PN 结及有关电子线路集成在一个小硅片上，构成一个专用集成电路片。集成温度传感器实质上是一种半导体集成电路，它是利用晶体管的 b-e 结压降的不饱和值 $V_{be}$ 与热力学温度 $T$ 和通过发射极电流 $I$ 的关系实现对温度的检测。

图 2-137 是集成温度传感器基本原理图，其中 $T_1$ 和 $T_2$ 是互相匹配的晶体管，$I_1$ 和 $I_2$ 分别是 $T_1$ 和 $T_2$ 管的集电极电流，由恒流源提供。$T_1$ 和 $T_2$ 管的两个发射极和基极电压之差 $\Delta U$ 与测量温度之间的函数关系式为：

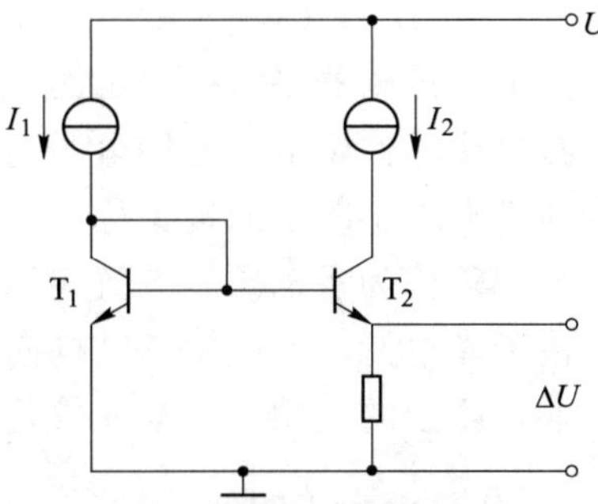

图 2-137 集成温度传感器基本原理图

$$\Delta U = \frac{kT}{q}\ln\left(\frac{I_1}{I_2}\frac{A_{E2}}{A_{E1}}\right) = \frac{kT}{q}\ln\left(\frac{I_1}{I_2}\gamma\right) \qquad (2\text{-}180)$$

式中 $k$——玻耳兹曼常数；

$q$——电子电荷量；

$\gamma$——$T_1$ 和 $T_2$ 管发射结的面积之比 $A_{E2}/A_{E1}$。

从式（2-180）可以看出，如果保证 $I_1$ 和 $I_2$ 恒定，则 $\Delta U$ 与温度 $T$ 成单值线性函数关系。这就是集成温度传感器的基本工作原理，在此基础上可设计出各种不同电路以及不同输出类型的集成温度传感器。

#### 2.7.4.2 集成温度传感器的应用

集成温度传感器受集成工艺的限制，仅限于检测较低温度的场合，高温测温常用热电偶传感器。可以使用集成温度传感器实现对热电偶冷端温度的自动补偿，补偿电路如图 2-138 所示，集成温度传感器的型号为 AD592，补偿的热电偶的型号为 K 型。

AD592 属于双端集成温度传感器，外围电路简单，在单电源供电的情况下，测量误差最高±0.3 ℃，电流温度系数为 1 μA/K，测量范围为-25～+105 ℃。

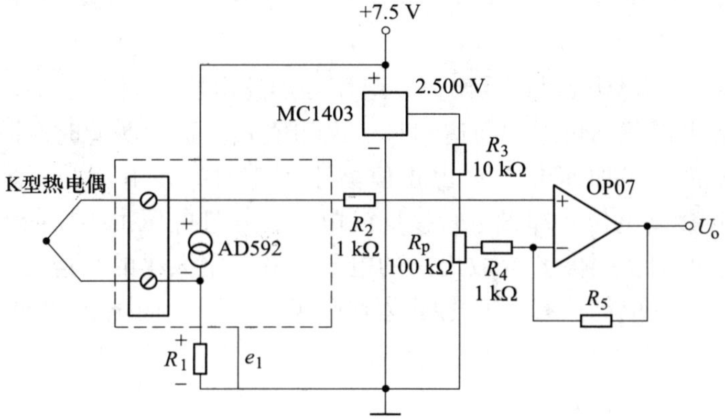

图 2-138 由 AD592 构成的热电偶冷端温度补偿电路

自动冷端补偿是通过 AD592 的接入，使得热电偶的冷端人为地加入了一个受同一环境温度控制并且与热电偶具有相同电压温度系数的相反极性的补偿电势 $e_1$，从而使冷端的总热电势不再随环境温度而变化。图 2-138 中的电阻参数值适用于 K 型热点偶，使用其他类型热电偶时，需相应调整 $R_1$ 的阻值。图中的电阻 $R_P$ 用来调节输出电压灵敏度。

# 2.8 光电式传感器

光电式传感器是将光量的变化转变为电量变化的一种变换器，其理论基础是光电效应，在光线的作用下，能使电子逸出物体表面的现象称为外光电效应；在光线作用下，能使物体的电阻率改变的现象称为内光电效应；在光线作用下，能使物体产生一定方向的电动势的现象称为阻挡层光电效应。

由于光电元件反应快、结构简单，而且有较高的可靠性等优点，它在自动化系统中得到了非常广泛的应用。光电元件是构成光电式传感器最主要的部件。

## 2.8.1 外光电效应器件

利用物质的外光电效应制成的光电器件，一般都是真空的或充气的，主要器件有光电管和光电倍增管。

2.8.1.1 光电管

图 2-139 是光电管的外形和构造示意图。它是一个抽成真空的玻璃泡，在泡的内壁上有一部分涂有金属或金属氧化物作为光电管的阴极。光电管的阳极是一根环状的细金属丝或半圆的金属球。阳极接高电位，阴极接低电位，在阳极和阴极之间形成一加速电场，电场方向由阳极指向阴极，当阴极没有受到光照射时，几乎没有电子发射；当阴极受到光照射时，阴极产生电子发射，在极电场作用下电子飞向阳极而形成电流。

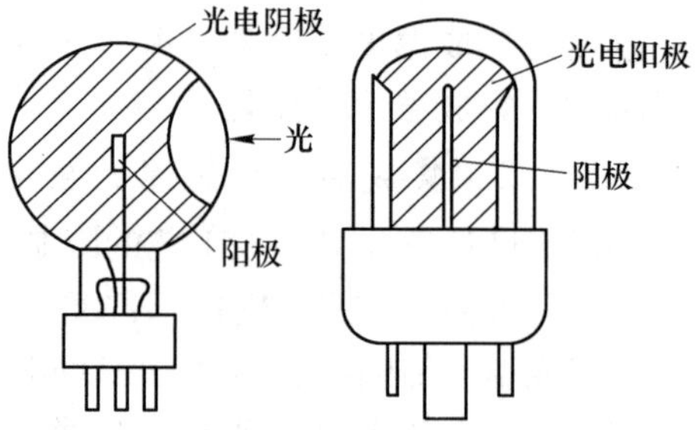


图 2-139 光电管的结构

A 光电管的伏安特性曲线

如图 2-140 所示，从图中可以看出，光电流随加速电压 $U$ 的增加而增加。当电压增加到一定数值后，光电流就不再增加而达到某一饱和值 $I_m$。这说明此时从阴极 K 释放出来的光电子全部到达阳极。当加速电压 $U$ 由正值减小到零时，光电流并不降到零，当阳极 A 接低电位，阴极 K 接高电位，即光电管接反向电压，并且电压由零反向增加时，光电流也不立刻降到零。这说明从阴极 K 释放出来的电子具有一定大小的初速度。尽管电子的运动受到电场的减速作用，但仍然有一些电子达到阳极 A。当反向电压增加到 $U_a$ 时，光电流才降到零。$U_a$ 称为截止电压。

B 光电管的光电特性

当光电管的阳极和阴极之间所加的电压一定时，光通量与光电流之间的关系叫光电管的光电特性。其特性曲线如图 2-141 所示。光电特性曲线的斜率（光电流与入射光光通量之比）称为光电管的灵敏度。

C 光电管光谱特性

光电阴极材料不同的光电管，有不同的红限 $v_0$，因此可用于不同的光谱范围。除此之外，即使照射在阴极上的入射光的频率大于红限 $v_0$，并且强度相同时，但随着频率的不同，阴极发射的光电子的数量还会不同，即同一光电管对不同频率的光的灵敏度不同，这就是光电管的光谱特性。所以，对各种不同波长区域的光，应选用不同材料的光电阴极。

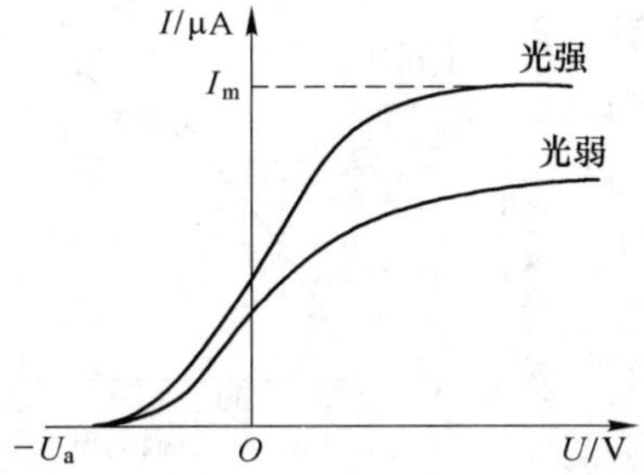


图 2-140　光电管的伏安特性曲线

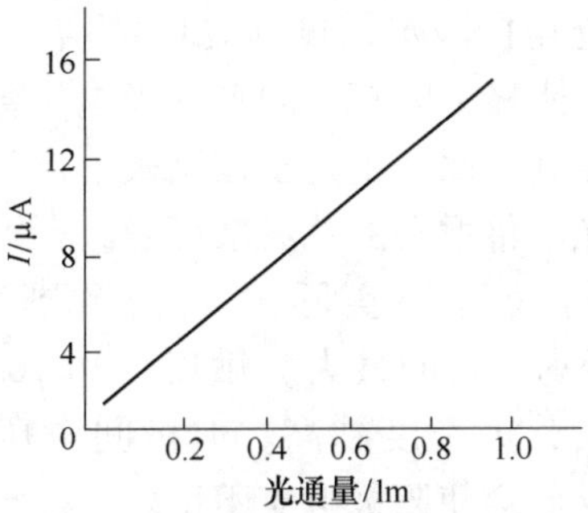


图 2-141　光电管的光电特性

#### 2.8.1.2　光电倍增管

A　光电倍增管的工作原理

当入射光很微弱时，普通光电管产生的光电流很小，只有零点几微安，很不容易探测。这时常用光电倍增管对光电流进行放大。图 2-142 是光电倍增管的外形图和工作原理图。

光电倍增管除光电阴极外，还有若干个倍增电极。使用时在各个倍增电极上均加上电压。阴极电位最低，从阴极开始，各个倍增电极的电位依次升高，阳极电位最高。同时这些倍增电极用次级发射材料制成，这种材料在具有一定能量的电子轰击下能够产生更多的“次级电子”。由于相邻两个倍增极之间有电位差，因此存在加速电场，对电子加速。从阴极发出的光电子，在电场的加速下，打到第一个倍增电极上，引起二次电子发射。每个电子能从这个倍增电极上打出3~6个次级电子。被打出来的次级电子再经过电场的加速后，打在第二个倍增电极上，电子数又增加 3~6 倍。如此不断倍增，阳极最后收集到的电子数将达到阴极发射电子数的 $10^5$~$10^8$ 倍。即光电倍增管的放大倍数可达到几万倍到几百万倍。光电倍增管的灵敏度比普通光电管高几万倍到几百万倍。因此有微弱的光照时，它就能产生很大的光电流。

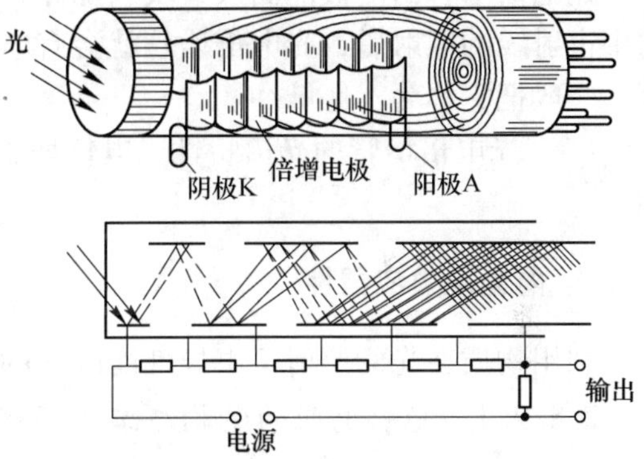


图 2-142　光电倍增管的外形及工作原理

B　光电倍增管的结构

光电倍增管由光阴极、次阴极（倍增电极）和阳极三部分组成。光阴极是由半导体光电材料锑铯做成。次阴极是在镍或铜-铍的衬底上涂上锑铯材料而形成的。次阴极多的可达 30 级，通常为 13~14 级。阳极是最后用来收集电子的。它输出的是电压脉冲。

C　光电倍增管主要参数

（1）倍增系数 $M$。倍增系数 $M$ 等于各个倍增极的二次发射电子数 $\delta_i$ 的乘积。如果 $n$ 个倍增极的 $\delta_i$ 都一样，则 $M=\delta_i^n$。

$M$ 与所加电压有关，一般 $M$ 在 $10^5$ 到 $10^8$ 之间。如果电压波动倍增系数也要波动，因

此 $M$ 具有一定的统计涨落。对所加电压越稳定越好，从而减少测量误差。

（2）光电阴极灵敏度和光电倍增管总灵敏度。一个光子在阴极上能打出的平均光电子数叫做光电阴极的灵敏度。而一个光子在阳极上产生的平均电子数叫做光电倍增管的总灵敏度。

光电倍增管的实际放大倍数或灵敏度如图 2-143 所示。它的最大灵敏度可达 10 A/lm。极间电压越大，灵敏度越高。但极间电压也不能太高，太高反而会使阳极电流不稳。

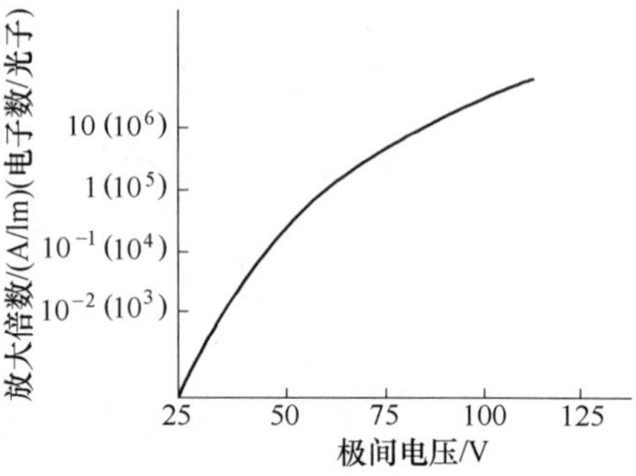

图 2-143　光电倍增管的特性曲线

另外，由于光电倍增管的灵敏度很高，所以不能受强光照射，以避免损坏。

（3）暗电流和本底脉冲。在使用光电倍增管时，必须把管子放在暗室里避光使用，使其只对入射光起作用。但是由于环境温度、热辐射和其他因素的影响，即使没有光信号输入，加上电压后阳极仍有电流，这种电流称为暗电流。这种暗电流可以用补偿电路加以消除。

光电倍增管的阴极前面放一块闪烁体，就构成闪烁计数器。在闪烁体受到人眼看不见的宇宙射线的照射后，光电倍增管就会有电流信号输出。这种电流称为闪烁计数器的暗电流，一般把它称为本底脉冲。

（4）光电倍增管的光谱特性光电倍增管的光谱特性与相同材料的光电管的光谱特性很相似。

### 2.8.2　内光电效应器件

利用物质在光的照射下电导性能改变的内光电效应器件，常见的有光敏电阻。

#### 2.8.2.1　光敏电阻的结构与工作原理

光敏电阻又称光导管，它是利用内光电效应的原理而制成的。光敏电阻几乎都是用半导体材料制成。光敏电阻在受到光的照射时，如果光子能量 $h\nu$ 大于本征半导体材料的禁带宽度，则价带中的电子吸收一个光子后就足以跃迁到导带，产生一个自由电子和一个自由空穴。从而使其导电性能增加，电阻值下降。光照停止，自由电子与空穴逐渐复合，电阻又恢复原值。

如果把光敏电阻连接到电路中，用光的照射就可以改变电路中电流的大小。

光敏电阻的结构很简单，如图 2-144 所示。它是涂于玻璃底板上的一薄层半导体物质，半导体的两端装有金属电极。金属电极与半导体层保持着可靠的电接触，再将涂有半导体物质的玻璃板压入塑料盒内。金属电极与引出线端相连接，光敏电阻就通过引出线端接入电路。为了防止周围介质的影响，在半导体光敏层上覆盖了一层漆膜。漆膜的成分选择应该使它在光敏层最敏感的波长范围内透射率最大。

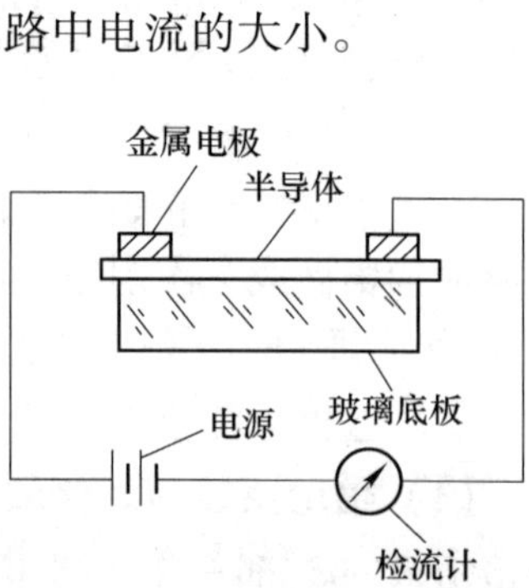

图 2-144　光敏电阻结构

并非一切纯半导体都显示出光电特性。对于不具备这一条件的物质可以加入杂质使之产生光电效应特性。用来产生这种效应的物质是由金属的硫化物、硒化物、碲化物等组成，如硫化镉、硫化铅、硫化铊、硫化铋、硒化镉、硒化铅、碲化铅等。

光敏电阻的使用取决于它的一系列特性，如暗电流、亮电流、光电流、光敏电阻的伏安特性、光照特性、光谱特性、频率特性、温度特性等，以及光敏电阻的灵敏度、时间常数和最佳工作电压等。

光敏电阻由于具有很高的灵敏度，很好的光谱特性，很长的使用寿命，高度的稳定性能，很小的体积以及简单的制造工艺，被广泛地用于自动化技术中。

#### 2.8.2.2 光敏电阻的特性

A 暗电阻、亮电阻与光电流

光敏电阻在不受光照射时的阻值称为暗电阻，此时流过的电流称为暗电流。在受光照射时的电阻称为亮电阻，此时的电流称为亮电流。亮电流与暗电流之差称为光电流。

一般希望暗电阻越大越好，亮电阻越小越好。此时光敏电阻的灵敏度高。实际光敏电阻的暗电阻的阻值一般在兆欧数量级，亮电阻在几千欧以下。

B 光敏电阻的伏安特性

光敏电阻的伏安特性曲线如图 2-145 所示。由曲线可知，所加的电压越高，光电流越大，而且没有饱和现象。在给定的光照下，电阻值的相对改变与外加电压无关。在给定的电压下，光电流的数值将随光照的增强而增大。

光敏电阻的最高使用电压是由光敏电阻的耗散功率所决定的，而耗散功率又和面积大小、散热情况等有关。

C 光敏电阻的光照特性

光敏电阻的光照特性是描述光电流和光照强度之间的关系，其特性曲线是非线性的，如图 2-146 所示。不同光敏电阻的光照特性是不相同的。

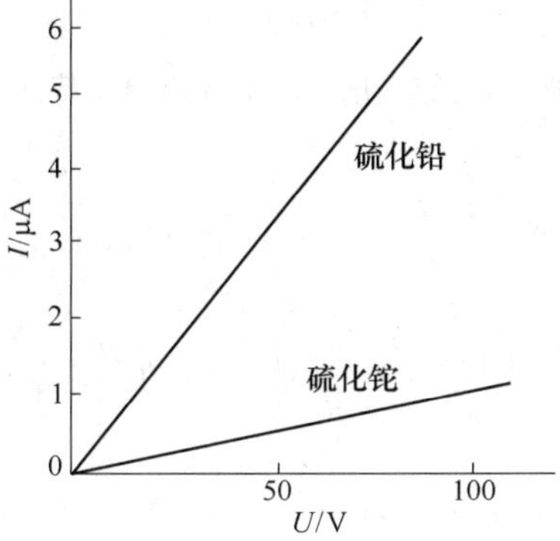


图 2-145 光敏电阻的伏安特性

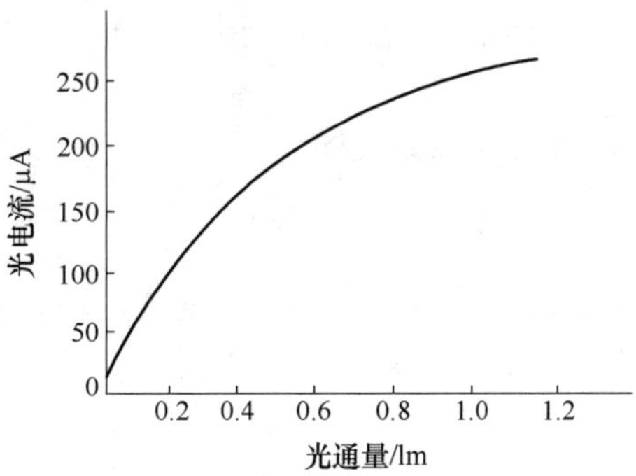


图 2-146 光敏电阻的光照特性

D 光敏电阻的光谱特性

对应于各种不同材料光敏电阻的光谱特性如图 2-147 所示。对于不同波长，光敏电阻的灵敏度是不同的。从图中看出，硫化镉的峰值在可见光区域，而硫化铅的峰值在红外区域。因此在选用光敏电阻时，应当把元件和光源的种类结合起来考虑，才能获得满意的结果。

E 光敏电阻的频率特性

光敏电阻的频率特性曲线如图2-148所示。光敏电阻中发生的光电流过程有一定的惰性，即光电流并不立刻随着光照的改变而改变。这种惰性常用时间常数$\tau$来描述。所谓时间常数即为光敏电阻自停止光照起到电流下降到原来的63%所需的时间，因此时间常数越小越好，以便反应迅速。大多数光敏电阻的时间常数都较大，这是它的缺点。

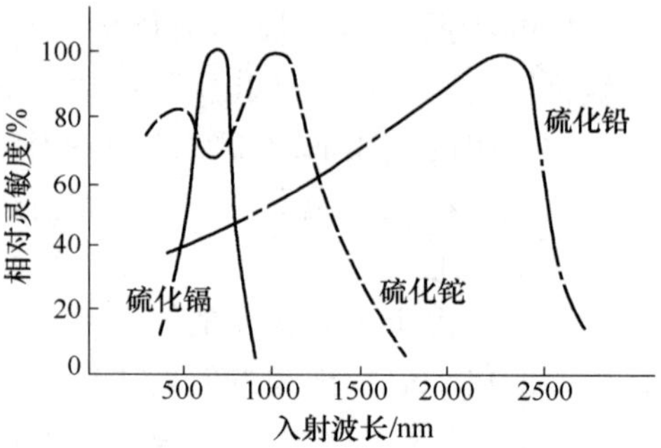


图2-147 光敏电阻的光谱特性

硫化铅的使用频率范围最大，其他都较差。目前正在通过工艺上的改进来改善各种材料光敏电阻的频率特性。

F 光敏电阻的温度特性

光敏电阻的温度特性随着温度升高，光敏电阻的暗电阻和灵敏度都要下降，同时温度变化也影响它的光谱特性曲线。图2-149表示出硫化铅的光谱温度特性曲线。从图中可以看出，它的峰值随着温度上升向波长短的方向移动。因此有时为了提高元件的灵敏度，或为了能够接受较长波段的红外辐射而采取一些制冷措施。

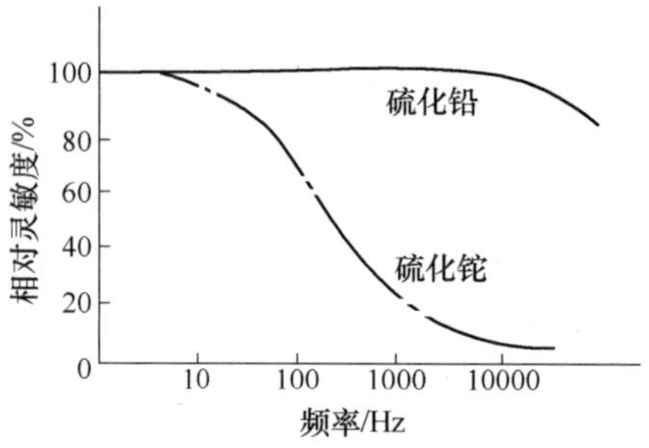


图2-148 光敏电阻的频率特性

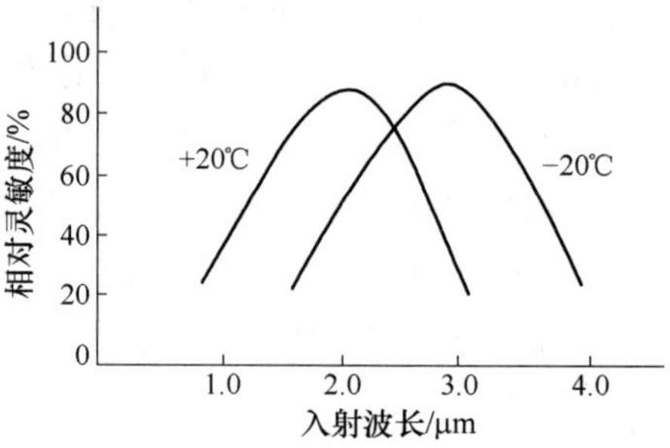


图2-149 硫化铅光敏电阻的光谱温度特性

### 2.8.3 阻挡层光电效应器件

2.8.3.1 光电池

根据阻挡层光电效应而工作的光电池，在有光线作用下实质上就是电源。电路中有了这种光电元件就不再需要外加电源。

光电池的种类很多，有硒光电池、氧化亚铜光电池、硫化铊光电池、硫化镉光电池、锗光电池、硅光电池、砷化镓光电池等。其中最受重视的是硅光电池，因为它有一系列优点，例如性能稳定、光谱范围宽、频率特性好、转换效率高、能耐高温辐射等。另外，由于硒光电池的光谱峰值位置在人眼的视觉范围，所以很多分析仪器、测量仪表也常常用到它。下面着重介绍硅光电池。

A 光电池的结构原理

硅光电池是在一块N型硅片上用扩散的办法掺入一些P型杂质（例如硼）形成P-N结，如图2-150所示。

当入射光照射 P 型区表面时，若光子能量 $h\nu$ 大于半导体材料的禁带宽度，则在 P 型区每吸收一个光子便产生一个自由电子和空穴。P 型区表面吸收的光子最多，激发出的电子空穴对也最多。越向内部电子空穴对越少。由于浓差便形成从表面向体内扩散的自然趋势。空穴是 P 型区的多数载流子。入射光所产生的空穴浓度比原有热生空穴要低得多，而入射光所产生的电子则向内部扩散。若能在它复合之前到达 P-N 结过渡区，则在结电场的作用下正好将电子推向 N 型区。这样光照所产生的电子空穴对就被结电场分离开来，从而使 P 型区带阳电，N 型区带阴电，形成光生电动势。

硒光电池是在铝片上涂硒，再用溅射的方法，在硒层上形成一层半透明的氧化镉。在正反两面喷上低熔合金作为电极，如图 2-151 所示。由于硒和氧化镉的逸出功不同，氧化镉中的电子向硒扩散，使得硒的表面带负电，氧化镉的表面因失去电子而带正电，从而在两者的交界面上出现一内电场。内电场的方向由氧化镉指向硒。当硒被光照后，原来被原子束缚的电子，吸收光子的能量后，离开原来的原子，变成自由电子。自由电子在内电场作用下，跑向氧化镉，经外电路形成光电流，所以光电池的特点是电路中不需要外接电源就能产生电流。

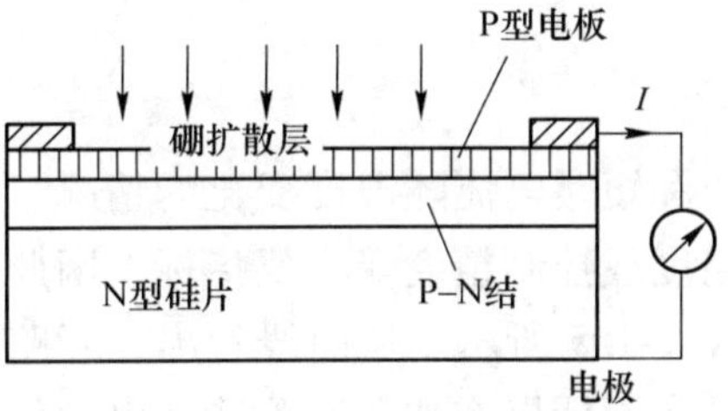


图 2-150　硅光电池结构示意图

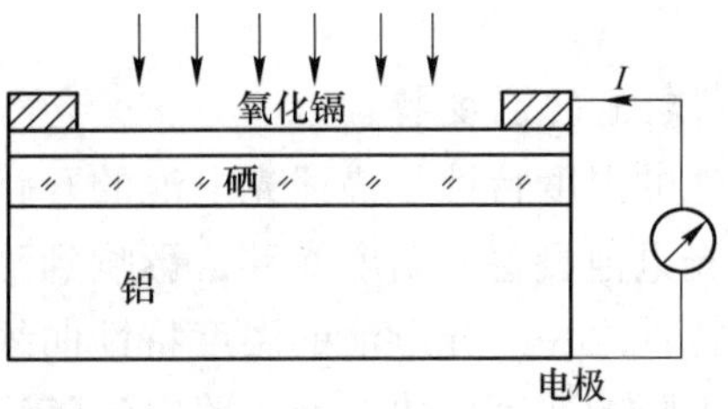


图 2-151　硒光电池结构示意图

B　光电池的光谱特性

硒光电池和硅电光池的光谱特性曲线如图 2-152 所示。从曲线上可以看出，不同的光电池，光谱峰值的位置不同，例如硅光电池在 800 nm 附近，硒光电池在 540 nm 附近。

硅光电池的光谱范围宽广，为 450～1100 nm；硒光电池的光谱范围为 340～750 nm。因此硒光电池适用于可见光，常用于照度计测定光的强度。

在实际使用中，应根据光源性质来选择光电池。反之也可以根据光电池特性来选择光源。

C　光电池的光照特性

光电池在不同的光强照射下，有不同的光电流和光生电动势。硅光电池的光照特性曲线如图 2-153 所示。从曲线可以看出，短路电流在很大范围内与光强呈线性关系。开路电压随光强变化是非线性的，并且当照度在 2000 lx 时就趋于饱和了。因此把光电池作为测量元件时，应把它当做电流源的形式来使用，不能用作电压源。

光电池的所谓短路电流，是指外接负载电阻相对于光电池内阻来讲是很小的光电流。而光电池的内阻是随着照度增加而减少的，所以在不同照度下可用大小不同的负载电阻来近似满足“短路”条件。

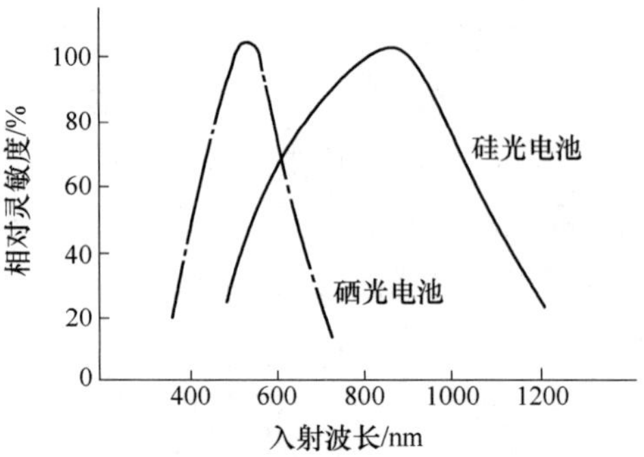


图 2-152 光电池的光谱特性

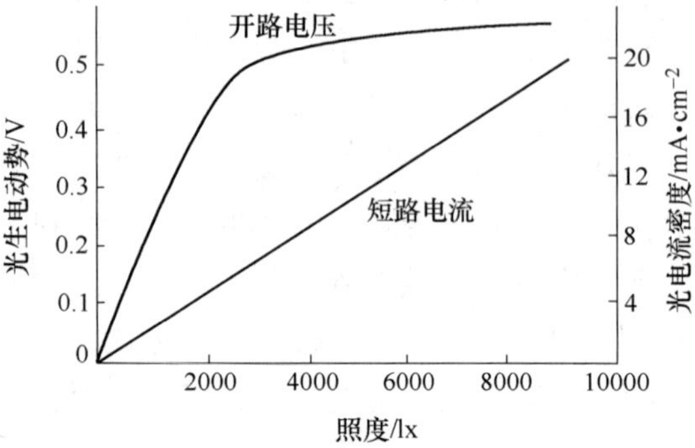


图 2-153 硅光电池的光照特性

D 光电池的频率特性

光电池作为测量、计算、接收元件时，常用交变光照。光电池的频率特性就是反映光的交变频率和光电池输出电流的关系，如图 2-154 所示。从曲线可以看出，硅光电池有很高的频率响应，可用在高速计数、有声电影方面。这是硅光电池在所有光电元件中最为突出的优点。

E 光电池的温度特性

光电池的温度特性是描述光电池的开路电压和短路电流随温度变化的情况。由于它关系到应用光电池设备的温度漂移，影响到测量精度或控制精度等主要指标，因此它是光电池的重要特性之一。光电池的温度特性曲线如图 2-155 所示。从曲线看出，开路电压随温度升高而下降的速度较快，而短路电流随温度升高而缓慢增加。因此当光电池作为测量元件时，在仪器设计时就应该考虑到温度的漂移，从而采取相应措施来进行补偿。

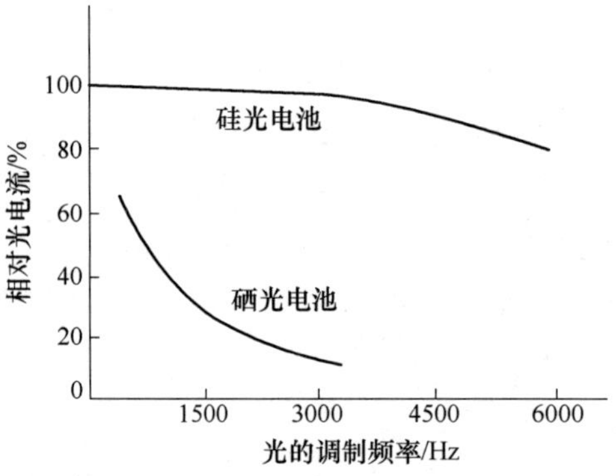


图 2-154 光电池的频率特性

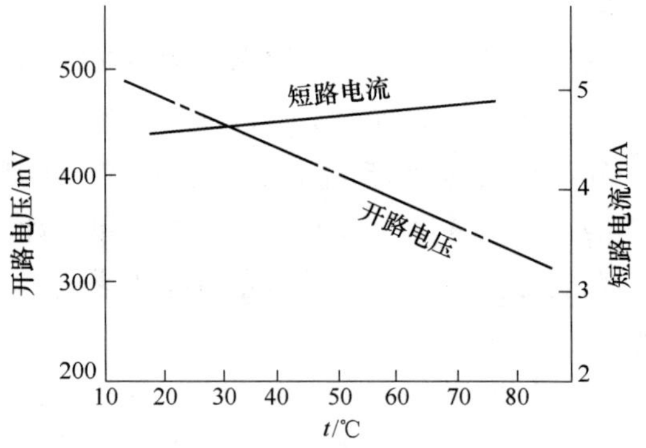


图 2-155 光电池温度特性

### 2.8.3.2 光敏晶体管

A 光敏二极管和光敏三极管的结构原理

光敏二极管的符号如图 2-156 所示。

光敏二极管的结构与一般二极管相似。它装在透明玻璃外壳中，其 P-N 结装在管顶，可直接受到光照射。光敏二极管在电路中一般是处于反向工作状态，如图 2-157 所示。

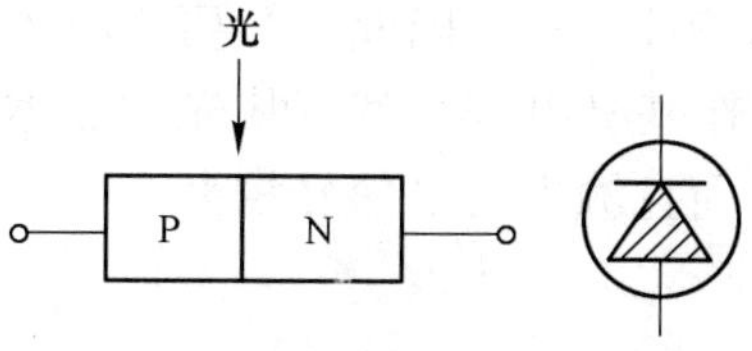


图 2-156 光敏二极管符号图

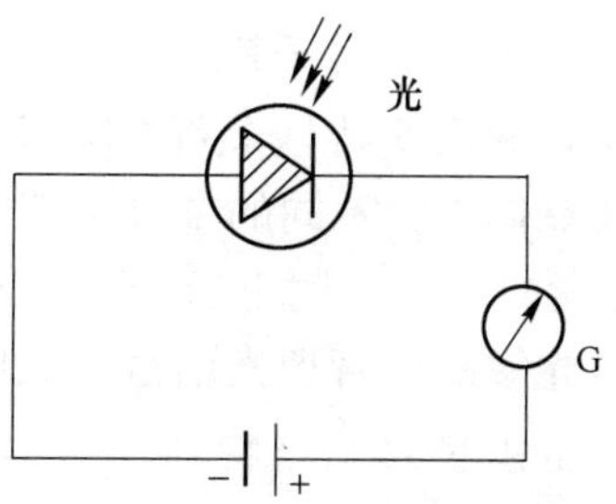


图 2-157 光敏二极管接线法

光敏二极管在没有光照射时，反向电阻很大，反向电流很小。反向电流也叫暗电流。当光照射时，光敏二极管的工作原理与光电池的工作原理很相似。光子打在 P-N 结附近，使 P-N 结附近产生光生电子和光生空穴对。这些光生电子和光生空穴，在 P-N 结处的内电场作用下作定向运动，形成光电流。光的照度越大，光电流越大。因此在不受光照射时，光敏二极管处于截止状态，受光照射时，光敏二极管处于导通状态。

光敏三极管有 PNP 型和 NPN 型，如图 2-158 所示。

光敏三极管的结构与一般三极管很相似，只是它的发射极一边做得很大，以扩大光的照射面积。

光敏三极管的工作原理是这样的，当光照射到 P-N 结附近，使 P-N 结附近产生光生电子和光生空穴对。这些光生电子和光生空穴在 P-N 结处内电场的作用下，作定向运动形成光电流，因此 P-N 结的反向电流大大增加。由于光照射发射结产生的光电流相当于三极管的基极电流，因此集电极电流是光电流的 $\beta$ 倍，所以光敏三极管比光敏二极管具有更高的灵敏度。

B 光敏晶体管的光谱特性

光敏晶体管的光谱特性曲线如图 2-159 所示。从曲线可以看出，当入射光的波长增加时，相对灵敏度要下降。这是容易理解的，因为光子能量太小，不足以激发电子空穴对。当入射光的波长缩短时，相对灵敏度也下降。这是由于光子在半导体表面附近就被吸收，并且在表面激发的电子空穴对不能达到 P-N 结，因而使相对灵敏度下降。

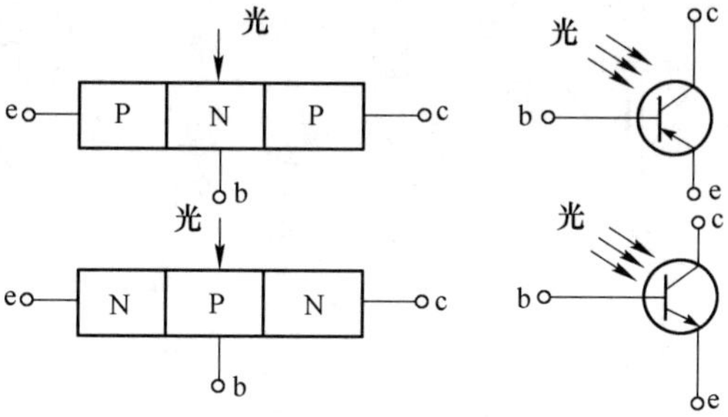


图 2-158 光敏三极管的符号图

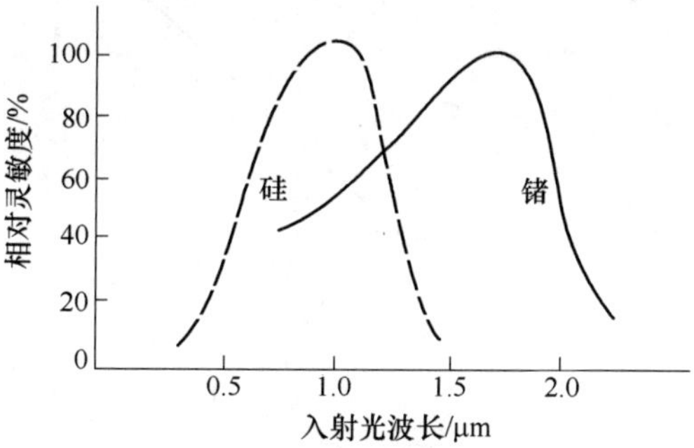


图 2-159 光敏晶体管的光谱特性

硅的峰值波长为 0.9 μm 左右，锗的峰值波长为 1.5 μm 左右。由于锗管的暗电流比硅管大，因此锗管的性能较差。故在可见光或探测赤热状态物体时，一般都选用硅管。但对红外光进行探测时，则采用锗管较为合适。

C　光敏晶体管的伏安特性

光敏晶体管的伏安特性曲线如图 2-160 所示。光敏晶体管在不同的照度下的伏安特性，就像一般晶体管在不同的基极电流时的输出特性一样。因此，只要将接收光在发射极 e 与基极 b 之间的 P-N 结附近所产生的光电流看作基极电流，就可将光敏晶体管看作成一般的晶体管。光敏晶体管把光信号变成电信号，而且输出的电信号较大。

D　光敏晶体管的光照特性

光敏晶体管的光照特性曲线如图 2-161 所示。这是描述光敏晶体管的光电流和照度之间关系的。这种光照特性曲线是线性关系，从而使光敏晶体管有可能应用于测量技术领域中。

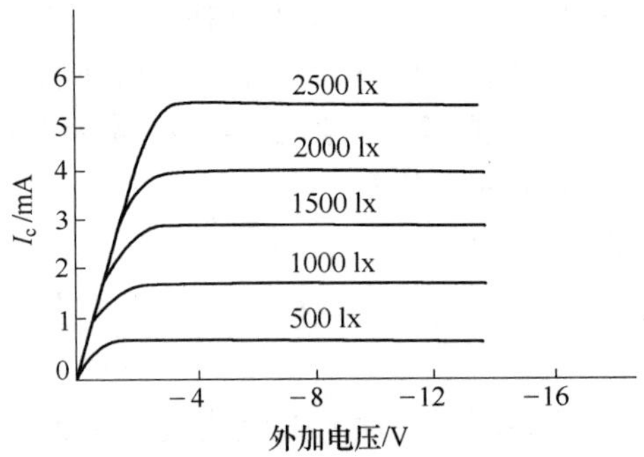

图 2-160　光敏晶体管的伏安特性

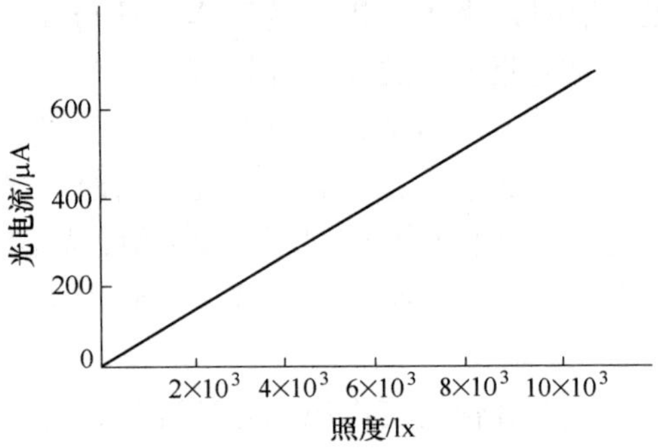

图 2-161　光敏晶体管的光照特性

E　光敏晶体管的温度特性

光敏晶体管的温度特性曲线如图 2-162 所示。它指的是光敏晶体管的暗电流及光电流与温度的关系。从特性曲线可以看出，温度变化对光电流的影响很小，因为光电流主要由光照强度来决定。另外温度变化对暗电流的影响很大。所以在电子线路中应该对暗电流进行温度补偿，否则将会导致输出误差。

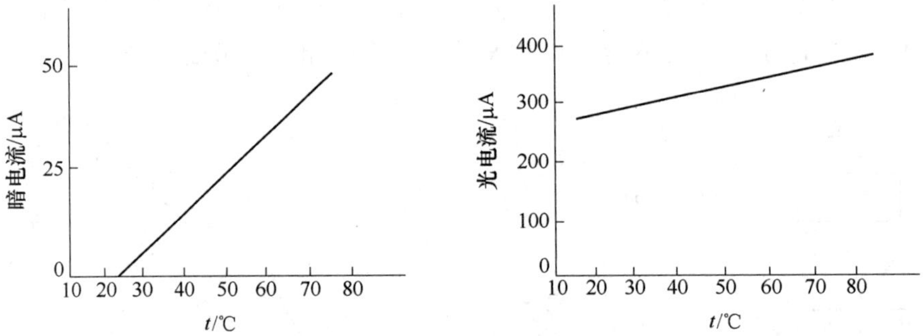

图 2-162　光敏晶体管的温度特性

F　光敏晶体管的频率特性

光敏晶体管的频率特性曲线如图 2-163 所示。对于锗管，入射光的调制频率要求在 5000 Hz 以下。硅管的频率响应要比锗管好。实验证明，光敏晶体管的截止频率和它的基区厚度成反比关系。如果要求截止频率高，那么基区就要薄；但基区变薄，光电灵敏度要降低，在制造时要适当兼顾两者。

### 2.8.4 图像传感器

图像传感器是一种能感受光学图像信息并转换成电子信号的传感器，是数字摄像头的重要组成部分，它被广泛地应用在数码相机和其他电子光学设备中。根据元件的不同，常用图像传感器可分为 CCD（Charge Coupled Device，电荷耦合元件）和 CMOS（Complementary Metal-Oxide Semiconductor，金属氧化物半导体元件）两大类，两者有着共同的历史渊源。

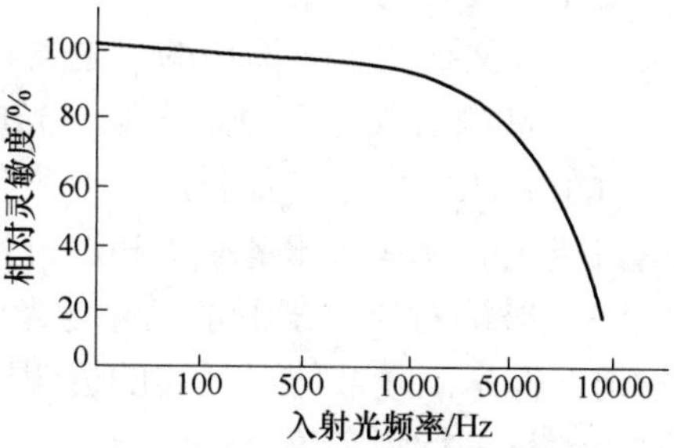

图 2-163 光敏晶体管的频率特性

电荷耦合器件 CCD（Charge Couple Device）是于 1969 年由美国贝尔实验室（Bell Labs）的维拉·波义耳（Willard S. Boyle）和乔治·史密斯（George E. Smith）所发明的。发明之初，尝试将其作为记忆装置，后来发现光电效应能使这种器件表面产生电荷，而组成数位影像。到了 20 世纪 70 年代，贝尔实验室的研究员已经能用简单的线性装置捕捉影像，CCD 图像传感器就此诞生。一个完整的 CCD 器件由光敏元、转移栅、移位寄存器及一些辅助输入、输出电路组成。CCD 的光敏元实质上是一个 MOS 电容器。CCD 工作时，在设定的积分时间内，光敏元对光信号进行取样，将光的强弱转换为各光敏元的电荷量。取样结束后，各光敏元的电荷在转移栅信号驱动下转移到 CCD 内部的移位寄存器相应单元中。移位寄存器在驱动脉冲的作用下，将信号电荷顺次转移到输出端。CCD 图像传感器从功能上可分为线阵型和面阵型两大类。CCD 图像传感器具有体积小，重量轻；功耗低，工作电压低；灵敏度高，噪声低，动态范围大等优点。

CMOS 图像传感器与 CCD 图像传感器光电转换的原理相同，它们最主要的差别在于信号的读出过程不同。由于 CCD 仅有一个（或少数几个）输出节点统一读出，其信号输出的一致性非常好；而 CMOS 芯片中，每个像素都有各自的信号放大器，各自进行电荷-电压的转换，其信号输出的一致性较差。但是 CCD 为了读出整幅图像信号，要求输出放大器的信号带宽较宽，而在 CMOS 芯片中，每个像元中的放大器的带宽要求较低，大大降低了芯片的功耗，这就是 CMOS 芯片功耗比 CCD 要低的主要原因。CCD 采用逐个光敏元输出，只能按照规定的程序输出，速度较慢。CMOS 有多个电荷-电压转换器和行列开关控制，读出速度快很多，大部分高速相机采用 CMOS 图像传感器。

CCD 技术发展较早，比较成熟，采用 PN 结或二氧化硅隔离层隔离噪声，成像质量相对 CMOS 光电传感器有一定优势。另外 CCD 图像传感器因为有着更大的感光元件，而带来更加强劲的低照度能力。由于 CMOS 图像传感器集成度高，各元件、电路之间距离很近，干扰比较严重，噪声对图像质量影响很大。随着 CMOS 电路消噪技术的不断发展，为生产高密度优质的 CMOS 图像传感器提供了良好的条件。

### 2.8.5 光电式传感器的基本形式

在非电量的自动检测技术领域中，根据把非电量变成光量，然后再通过光电器件变换成电量的方法不同，光电式传感器有如下几种类型：

（1）光电器件测量的非电量是辐射源或辐射线的照度、频谱成分或变化频率的函数，例如温度非接触测量用的光电高温计和光电比色高温计等。此外在防火报警装置、红外侦察系统、天文探测等方面用的光电器件也都属于这种类型。

（2）被测对象位于恒定光源与光电器件之间，根据被测对象阻挡光通量的多少来测量被测对象的几何尺寸（如长度、厚度等）和运动状态（如线位移、角位移、速度等），还根据阻挡光的频率来测量速度和进行计数等。

（3）被测对象位于恒定光源与光电器件之间，根据被测对象对辐射线的吸收量或对频谱的选择性来测量液体、气体的透明度和混浊度，或者对气体进行成分分析、对液体中某种物质含量进行测定等。

（4）恒定光源发出的辐射通量投射到被测对象上，光电器件测量的是它的反射通量。由于反射通量的多少决定于被测对象的表面性质和状态，因此可以测量如机械加工零件的表面光洁度、白度、露点和湿度等。

（5）恒定光源发出的辐射通量投射于目的物，光电器件接受其反射通量，然后根据发射与接收之间的时间差来测量距离。

（6）利用图像传感器获取目的物图像，对图像中目标或区域的特征进行量测和估计。图像测量主要包括几何尺寸测量、形状参数测量、距离测量、空间关系测量。

## 2.9　射线式传感器

射线式传感器是指利用核辐射或 X 射线与物质的作用实现物质属性检测的传感器，包括核辐射传感器和 X 射线传感器。其中，核辐射传感器是核辐射式检测仪表的重要组成部分。它是利用放射性同位素来进行测量的。因此，核辐射式检测仪表也称放射性同位素仪表。

核辐射传感器包括放射源、探测器以及电信号转换电路部分。本节主要介绍各种探测器及其有关电路。

### 2.9.1　放射源

各种物质都是由一些最基本的物质所组成。人们把这些最基本的物质称为元素。组成每种元素的最基本单元就是原子，每种元素的原子都不是只存在一种，具有相同的质子数而有不同的中子数的原子所构成的元素称同位素。

假如某种同位素的原子核在没有任何外因的作用下，它的核成分自动变化，这种变化称为放射性衰变。这种在衰变过程中将放出射线的同位素就称为放射性同位素。

#### 2.9.1.1　辐射的种类

放射性同位素的原子核进行变化时放出 $\alpha$ 粒子、$\beta$ 粒子或 $\gamma$ 射线而变为另外的同位素，这种现象称为核衰变（也叫放射性蜕变）。核衰变是不稳定同位素的必然现象，它不受外界条件的任何影响。有的衰变后就变成了稳定的同位素，有的衰变后仍然是不稳定的，并且继续衰变直到变为稳定的同位素为止。核衰变中放出不同的带有一定能量的粒子或射线的放射性现象称为核辐射。核辐射的种类可以分为 $\alpha$ 辐射、$\beta$ 辐射、$\gamma$ 辐射和中子辐射。

核衰变中，核辐射粒子或量子具有能量。为了估计这个能量的数量，在原子物理中使用了专用的单位电子伏特（eV）。电子伏特是一个电子在1 V电压的作用下被加速所获得的能量数值。

2.9.1.2 常用放射性同位素和放射源

从元素周期表看，放射性同位素种类很多。由于核辐射式检测仪表要采用的放射性同位素的半衰期应该比较长，对放射出来的射线能量也有一定要求，因此常用的放射性同位素只有二十种左右，例如$Sr^{90}$（锶）、$Co^{60}$（钴）、$Cs^{137}$（铯）、$Am^{241}$（镅）等。

放射源一般为圆盘状（β放射源）或丝状、圆柱状或圆片状（γ放射源）。

放射源的强度单位是“Ci”（在SI单位中，放射性强度用“Bq”作单位，$1Ci=3.7\times10^{10}$ Bq）。一居里的放射源每秒钟有$3.7\times10^{10}$次核衰变。仪表常用mCi为单位，1mCi的放射源每秒钟有$3.7\times10^{7}$次衰变。放射源的强度是随着时间按指数规律降低的，即

$$a = a_0 e^{-\lambda t} \tag{2-181}$$

式中 $a$——经过时间为$t$秒以后的放射源强度；

$a_0$——开始时的放射源强度；

$\lambda$——放射性衰变常数。

2.9.1.3 X射线

X射线是由高速电子撞击物质产生的一种电磁辐射，具有波粒二象性，由德国物理学家威廉·康拉德·伦琴于1895年在研究阴极射线时偶然发现。X射线的波长范围为0.01~10 nm，能量极高，具有很强的穿透能力。不同材料对X射线的吸收程度不同，一般，密度大、原子序数高的材料对X射线的吸收较强，穿透能力较弱；反之，密度小、原子序数低的材料对X射线的吸收较弱，穿透能力较强。

X射线的产生方式是通过灯丝加热放出热电子，再让电子通过高压电场加速后撞击金属靶，电子因为撞击突然减速，该过程中损失的动能以光子形式放出，形成X射线光谱的连续部分，此称为韧致辐射。通过加大加速电压，电子携带的能量增大，则有可能将金属原子的内层电子撞出，外层电子跃迁回内层的同时放出光子，形成了X射线谱中的特征线，此称为特征辐射。

目前，X射线已广泛应用于医学、工业等领域。X光透视和摄影是医学上最常用的诊断方法之一，通过X射线照射人体，可以观察人体内部的结构和病变情况，如骨折、肺炎、肿瘤等。X射线探伤是工业上常用的无损检测方法之一，通过X射线的照射，可以在不损害工件的前提下观察其内部结构，检测是否存在气孔、裂纹、夹杂物等缺陷。另外，基于X射线的测厚仪还可以测量材料的厚度，广泛应用于金属加工、塑料薄膜、纸张生产等场合。在机场、车站、海关等重要场所，X射线也常用于行李、货物的不开箱检查，有效帮助工作人员排查危险违禁物品。

## 2.9.2 探测器

射线和物质的作用是探测射线存在和强弱的基础，探测器就是以射线和物质的相互作用为基础而设计的。

2.9.2.1 射线和物质的作用

A 带电粒子和物质的作用

带电粒子和物质的作用，如果不考虑带电粒子深入到原子核的核力场以内时，则主要

是电离、散射和吸收，其次是次级射线如轫致辐射等。

（1）电离和激发。带电粒子通过物质时，将逐渐损失自己的能量而逐渐减速以致停止，其能量主要是消耗到对物质中原子的电离和激发上。所谓电离就是当入射粒子靠近原子时和物质中的原子发生静电作用，使原子中的束缚电子产生加速运动而变为自由电子。若入射粒子距原子远、束缚电子所获得的能量还不够使它逃出来时，则原子核由低能级跳到高能级而处于激发状态。若束缚电子变成自由电子所获得能量是从入射粒子得来的则叫直接电离，若是从入射带电粒子打出的较高能量电子得来的，则叫间接电离。

（2）散射。带电粒子穿过物质因受原子核的电场作用而改变方向称为散射。假如带电粒子垂直地射到散射体上，经散射后大部分粒子的散射角都是比较小的。当散射角大于90°时，即经过散射之后，粒子将折返回去，这样的散射称为反射或反散射。

（3）吸收。电离、激发和散射的结果就表现为入射粒子被吸收。α 粒子在通过物质时的电离和激发几乎可以代表 α 粒子所损失的全部能量。它们被阻止以前各 α 粒子的总射程是差不多的，即在较短射程内 α 粒子总数不变，到了一定射程 α 粒子很快就被阻止了，如图 2-164 所示。β 粒子的穿透本领较 α 粒子强，但它无明确的射程，就是同一能量的粒子在通过物质后，它们所走的轨迹也不一样。有的 β 粒子在比较短的射程内就被散射或吸收了，而有的却没有被散射或吸收。β 射线在物质中的吸收和 α 射线不一样，它可以近似地用指数曲线来表示，如图 2-165 所示。

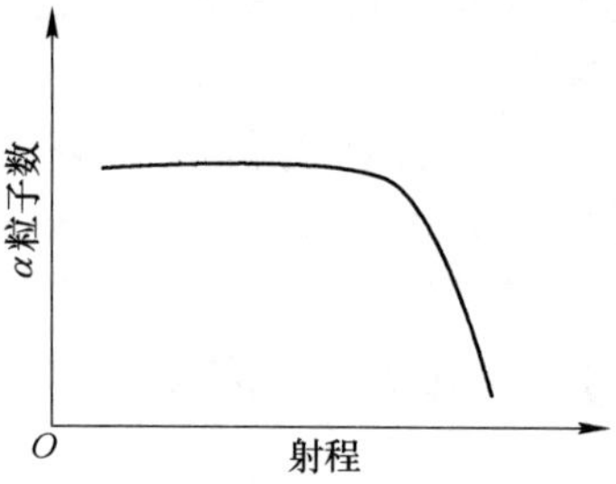


图 2-164 α 粒子在物质中的射程

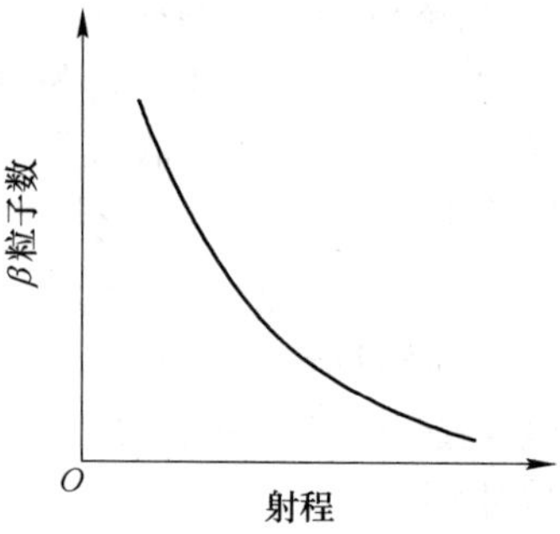


图 2-165 β 粒子在物质中的射程

（4）轫致辐射。轫致辐射就是快速电子被物质阻止突然减速，而有一部分动能转变为连续能量的电磁辐射。例如高能 β 射线打到高原子序数的物质时就产生轫致辐射。

B γ 射线和物质的作用

γ 射线和物质的作用效应主要有光电效应、康普顿效应和电子对的生成三种。γ 射线和物质的作用不像带电粒子和物质的作用那样逐渐损失自己的能量，而是整个 γ 光子的丢失。

（1）光电效应。当 γ 光子穿过物质时，γ 光子和物质中的原子发生碰撞而把自己的能量交给原子核外的一个电子使它脱离原子而运动，而 γ 光子本身则被吸收，这种反应称为光电效应。光子所带走的能量 $E_y$ 为

$$E_y = h\nu - \varepsilon_i \tag{2-182}$$

式中 $h$——普朗克常数；

$\nu$——光子的频率；

$\varepsilon_i$——从 $i$ 层移去一个电子所需的能量。

入射 γ 光子的能量越大而被吸收的几率越小。一般在 2 MeV 以上，这种产生光电效应的几率就很小了。随着入射光子的能量增高，光电效应的吸收几率的变化可以用图 2-166 所示。当能量增加时，内层电子也逐渐吸收能量，当能量相当于某一层电子的结合能时，吸收特别强烈。

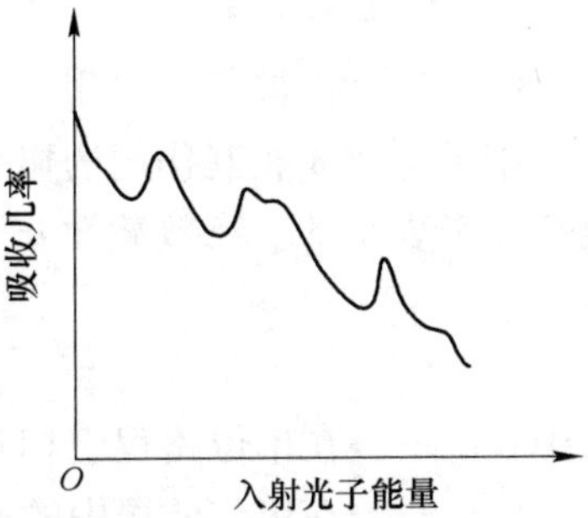


图 2-166 入射光子能量与吸收几率的关系

（2）康普顿效应。随着入射 γ 光子能量的增加，能量损失主要表现在康普顿散射。它实际上是入射 γ 光子和物质中的电子发生弹性碰撞，即 γ 光子偏离它原来的方向，失去一部分能量，然后将能量转让给了电子。电子以与光子按初始运动成 $\varphi$ 角的方向射出，随着入射光子能量的逐渐增加，散射角 $\theta$ 大于 90°的几率减少，散射情况如图 2-167 所示。

（3）电子对的生成。当 γ 光子的能量大于所形成的电子对的静止能量（大于 1.002 MeV），这时就在物质中形成电子-正电子对，而 γ 光子则消失了。电子和正电子的运动方向和光子运动的方向成一个角度，当光子的能量大时，角度变得很小。电子对生成的概率是随着 γ 辐射能量增加而增大的，且与该种物质的原子序数平方成正比关系增加。电子对的生成情况如图 2-168 所示。

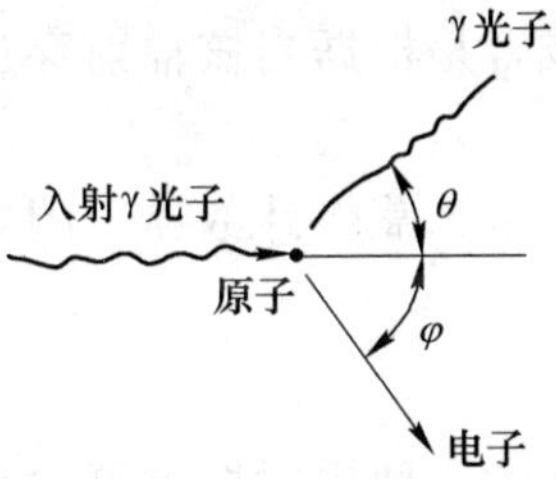


图 2-167 γ 光子的康普顿散射

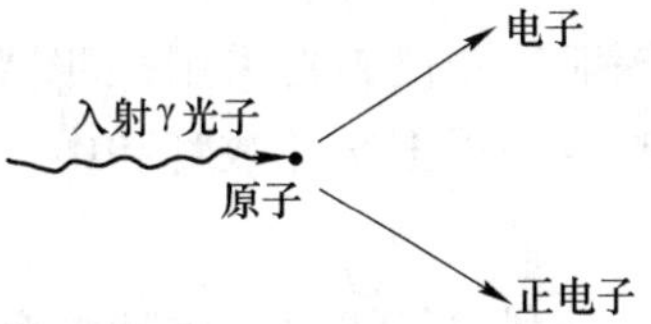


图 2-168 电子对的生成

（4）γ 射线的吸收。由于光电效应、康普顿效应和电子对的生成，γ 射线通过物质时其强度逐渐减弱，它的减弱按指数曲线下降，可用下式表示：

$$I = I_0 e^{-\mu x} \tag{2-183}$$

式中 $I$——通过物质以后的辐射强度；

$I_0$——没有通过物质以前的辐射强度；

$x$——物质的厚度；

$\mu$——物质对 γ 射线的线性吸收系数。

$\mu$ 值随着吸收物质的材料和 γ 射线的能量而改变。它是三种效应的结果，故可以用下式表示

$$\mu = \tau + \sigma + k \tag{2-184}$$

式中 $\tau$——光电吸收系数；

$\sigma$——康普顿散射吸收系数；

$k$——电子对生成吸收系数。

$\sigma$、$\tau$、$k$ 和入射 γ 光子能量的关系如图 2-169 所示。

C 中子和物质的作用

中子与物质相互作用的概率是以各种相互作用现象的有效截面来表示的。有效截面 $\sigma_s$ 由下式表示

$$\sigma_s = \frac{n_b}{n_a} \qquad (2\text{-}185)$$

式中 $n_b$——在单位路程中相互作用的次数；

$n_a$——在单位体积中的原子数。

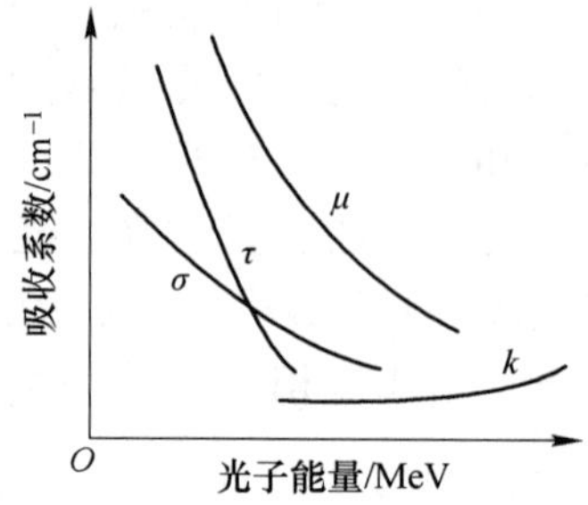


图 2-169 吸收系数与入射 γ 射线能量的关系

中子与原子核相碰击后，由于损失了一部分能量而减速。越是轻的物质越能使中子损失能量。因此当中子与氢原子核相碰击时，中子的速度大大减慢，中子的能量也损失很多。经过若干次碰击后，快中子就变成热中子，这就叫做中子的慢化过程。

慢中子与物质相互作用时，中子受到物质中原子核的俘获，从而使得慢中子很容易被很多物质所吸收。俘获了中子的原子核通常辐射出各种核子和 γ 射线。

2.9.2.2 核辐射探测器

核辐射探测器又称核辐射接收器，它是核辐射传感器的重要组成部分。核辐射探测器的用途是将核辐射信号转换成电信号，从而探测出射线的强弱和变化。由于射线的强弱和变化与测量参数有关，因此它可以探测出被测参数的大小及变化。这种探测器的工作原理或者是根据在核辐射作用下某些物质的发光效应，或者是根据当核辐射穿过它们时发生的气体电离效应。

目前，核辐射检测仪表常采用探测器有电流电离室、盖格计数器、闪烁计数器和半导体探测器。有时也采用正比计数管和中子计数管。

A 电流电离室

电流电离室是利用射线对气体的电离作用而设计的一种辐射探测器，它的重要部分是两个电极和充满在两个电极间的气体。气体可以是空气或某些惰性气体。电离室的形状有圆柱体和方盒状。

在核辐射的作用下，电离室中的气体介质即被电离。离子沿着电场的作用线移动，这时候在电离室的电路中产生电离电流。核辐射的强度越大，在电离室中所产生的离子对愈多，而产生的电流亦愈大。电流 $I$ 与两个电极间所加的电压 $U$ 的关系曲线如图 2-170 所示（曲线 1、2 和 3 分别代表不同的辐射强度下的特性曲线）。图中线段 $OU_1$ 称为线性段，在这一线段上，当电压不大时，电离室中的离子的移动速度亦不大，有部分离子在移动时就重新复合，而只有余下的部分离子能够到达电极上。电极上电压愈高，离子移动速度越快，离子复合就愈为减少，电流就会增加。线段 $U_1U_2$ 称为饱和段，在这段上的工作电压很大，所以实际上全部生成的离子都能到达电极上。一般是工作在特性曲线的饱和段，以使输出电流正比于射到电离室上的核辐射强度。

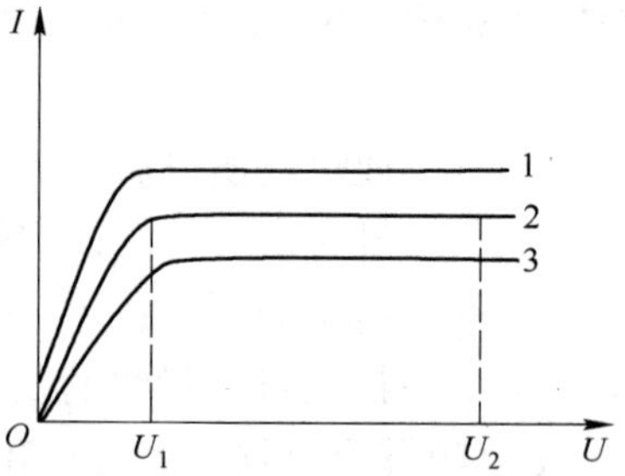


图 2-170 电离室的特性曲线

在核辐射式检测仪表中，有时用一个电离室，有时也用两个电离室。为了使两个电离室的性质一样，以减少测量误差，故通常设计成差分电离室，如图 2-171 所示。在高电阻上流过的电流为两个电离室收集的电流之差，这样可以有效减小环境温度等因素变化而引起的测量误差。

电离室内所充气体的压力，极板的大小和两极的距离对电离电流都有较大的影响，例如增大气体压力或增大电极面积都将会使电离电流增大，电离室的特性曲线也将向增大电离电流的方向移动。

电离室的结构如图 2-172 所示。电离室内有彼此绝缘得很好的两个电极，其间为有效灵敏体积。在集电极周围通常都有一个保护环，它的主要作用是把集电极上的漏电流分路掉，它的电位和集电极电位相等，并且与高压电极和集电极很好地绝缘。集电极、高压极以及保护环都利用高质量的绝缘体来固定，它可以防止高压漏电到集电极上去。高压电流绝对不漏是很难做到的，但是应使漏电电流远小于信号电流。常用的高质量绝缘材料有聚四氟乙烯和陶瓷等。

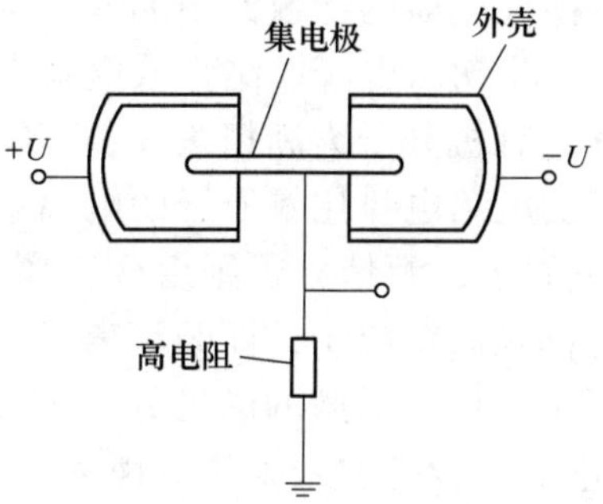


图 2-171　差分电离室

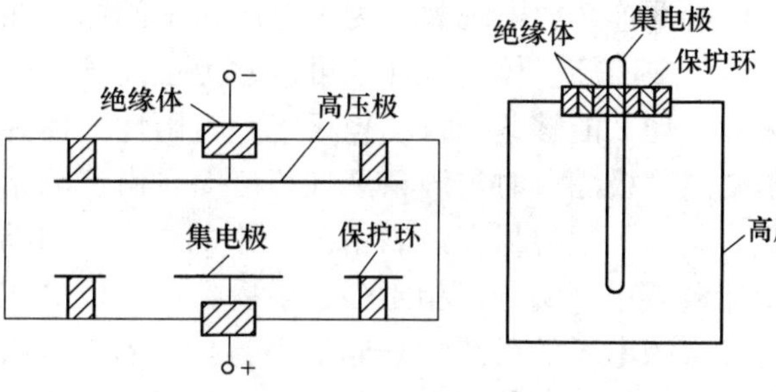


(a)　　(b)

图 2-172　电离室结构示意图

（a）平板形；（b）圆柱形

在电离室接收到射线后所产生的离子流一般是很小的，其数值可以这样估计：如每秒进入电离室内的放射性粒子数为 $n$，则这些粒子在路程 $R$ 上产生的离子流强度 $i$ 为

$$i = K' \cdot n \cdot R \times 1.6 \times 10^{-19} \tag{2-186}$$

式中　$K'$——辐射粒子在 1 cm 路程上所产生的离子对数；

$1.6\times10^{-19}$——一个电子的电荷数量，C。

在同样的条件下，进入电离室的 α 粒子比 β 粒子所产生的电流大 100 多倍。利用电离室测量 α、β 粒子时，其效率可以接近 100%，而测量 γ 射线则效率却很低。这是因为 γ 射线没有直接电离的本领，它是靠从电离室的壁上打出二次电子，而由二次电子起电离作用。若增加壁的厚度可以增加二次电子的数量，但当增到一定数量时，由于电子被壁吸收而效率不再增加。一般利用电离室测量 γ 射线的效率只有 1%~2%。

B　盖格计数器

盖格计数器也是根据射线对气体的电离作用而设计的辐射探测器。它与电离室不同的地方主要在于它工作在气体放电区域，具有放大作用。

当入射粒子在计数器中产生原始电离后，电离电子在电场作用下向正电极漂移。由于在正电极附近具有很强的电场，故当电子漂移到正极附近时，就能在很短距离内得到很大动能。这些电子再经过多次电离碰撞，结果在接近正电极的小区域内，离子很快地增多起来，形成所谓电子雪崩。在离子增多过程中，同时产生大量光子，这些光子被猝灭，气体吸收或射到阴极时打出光电子。这些光电子被电场加速又能引起离子增加，以后再产生光子，再打出光电子，如此不断继续，使离子越来越多。离子的增加主要发生在整个阳极附近，在这些粒子中，电子很快被阳极收集掉，而在很短时间内，阳极附近留下了大量正离子。这些正离子包围中央阳极而形成一个正离子鞘，正离子鞘的形成使阳极附近的电场下降，直到不再能产生离子的增殖，此时原始电离的放大过程就停止了。放大过程停止后，在电场作用下，正离子鞘向阴极移动。正离子鞘移动的结果，就在串联电阻上产生一个电压脉冲。这个脉冲既然是正离子运动所引起的，所以脉冲大小就只决定于正离子鞘的总电荷，而与原始电离无关。因此输出脉冲都一样大。在第一次放大过程停止，以及电压脉冲出现后，计数器并不回到原始的状态。由于正离子鞘到达阴极时得到一定的动能，所以正离子也能从阴极中打出次级电子。同时，由于正离子鞘到达了阴极，中央阳极电场已恢复，因此这些次级电子又能引起新的离子增殖，像原先一样再产生离子鞘，再产生电压脉冲，造成所谓连续放电现象。为了克服这个问题，在充满惰性气体的计数器中加入少量有机分子蒸气或卤族气体，这样就可以避免正离子在阴极上产生次级电子，结果放电就自动地猝灭。为什么能够达到自动猝灭呢？若惰性气体为氩气，有机分子为酒精蒸气，当氩的正离子鞘向阴极漂移时与酒精蒸气相碰撞，由于酒精分子的电离电势比氩原子的电离电势低，氩的正离子很容易夺走酒精分子中的电子而还原成氩原子，酒精分子则变成正离子。又由于计数器中酒精分子相当多，最后到达阴极的实际上都是酒精离子，而酒精离子在阴极上打出次级电子的可能性是非常小的。从阴极打出电子中和后，受激的酒精分子主要是通过自身的离解而释放多余的能量，这样放电就自动停止了。若是加入微量的卤素气体，由于卤素分子的电离电势比惰性原子的电离电势低得多，因此与有机蒸气一样可以达到自动猝灭的目的。

计数器是以金属圆筒为阴极，以筒中心的一根钨丝或钼丝为阳极，筒和丝之间用绝缘体隔开。计数器内充以惰性气体，并加少量的卤素气体或有机气体，故计数器又分有机计数器和卤素计数器。为了便于密封，计数器常用玻璃作外壳，而阴极用金属或石墨涂盖于玻璃表面内部或在外壳内用金属筒作阴极。计数器接线如图 2-173 所示。盖格计数器由于它有气体放大作用，则所产生的电流比电离室的离子流大好几千倍，因此它不需要高电阻，其负载电阻一般不超过 1 MΩ，输出的脉冲一般为几伏到几十伏。图 2-174 表示计数器的特性曲线，在一定的核辐射照射下，当增加两极间的电压时，在一定范围内只增加脉冲的幅度 $U$，而计数率 $N$ 只有微弱的增加。图中 $ab$ 段对应的曲线称为计数器的坪，这段

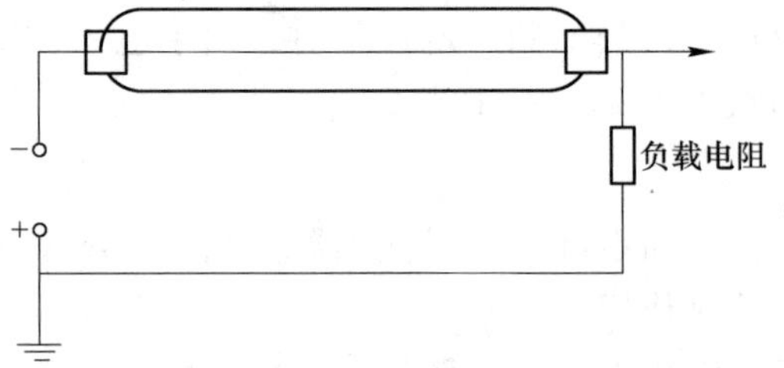


图 2-173　盖格计数器接线图

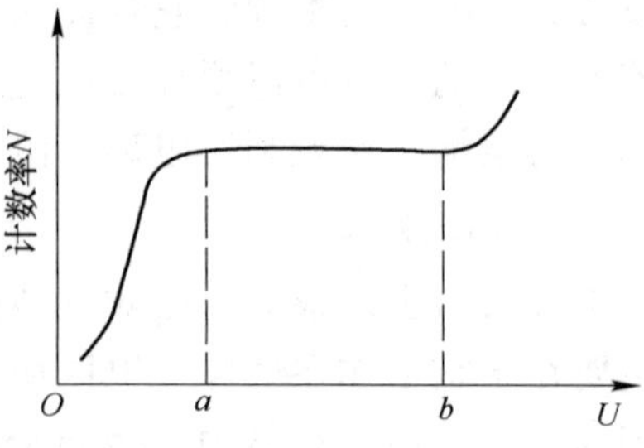


图 2-174　盖格计数器特性曲线

线的斜率一般为 0.01%~0.1%/V。计数器所加的电压由所加气体决定，卤素计数器为 280~400 V，有机计数器为 800~1000 V。

计数器输出脉冲可以为正或为负。若将输出电阻接在计数器的阴极端，则输出为正脉冲。不过一般线路都是取负脉冲。计数器的输出也可以按电流法连接，即在输出端不用射极输出器，而用积分线路，其连接情况如图 2-175 所示，它所产生的电流 $i$ 可用下面公式来表示。

$$i = Kn(U_c - U_0) \tag{2-187}$$

式中 $K$——取决于计数器的系数；

$n$——平均计数率；

$U_c$——加在计数器上的电压；

$U_0$——开始计数的电压。

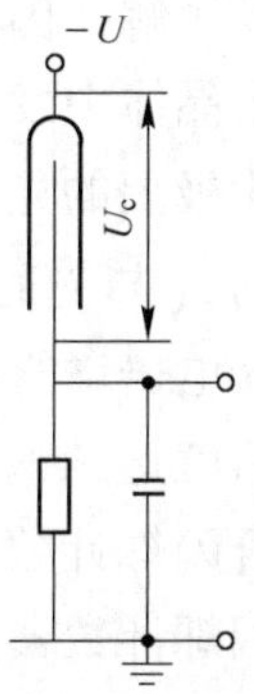


图 2-175 计数器输出按电流法接线图

计数器是常用的辐射探测器。它的优点是结构简单，缺点是记录了辐射粒子后计数器内形成电子云，从而影响了电场的分布。在这种影响没恢复前，计数器不能记录入射粒子或所产生的脉冲很小。计数器不记录粒子的时间称为死时间，图 2-176 中的 $t_D$ 即为死时间。计数器的分辨时间是接上记录装置后记录两粒子间的最短时间，它在 $t_D$ 和 $t_D+t_R$ 之间（$t_R$ 为恢复时间）。计数器的死时间一般为几十微秒，最大计数率为 $10^3 \sim 10^4$ 数量级。它探测 γ 射线的效率为 0.5%~1.5%，探测 α、β 粒子的效率接近 100%。

C 闪烁计数器

闪烁计数器先将辐射能变为光能，然后再将光能变为电能而进行探测，它由闪烁晶体、光电倍增管和输出电路所组成，如图 2-177 所示。

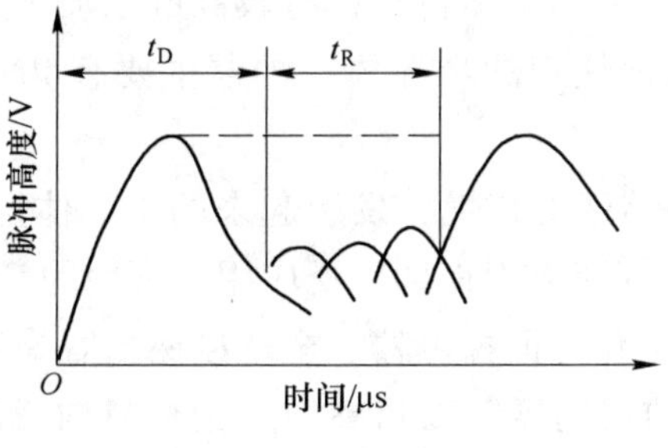


图 2-176 在示波器上看到的计数器死时间

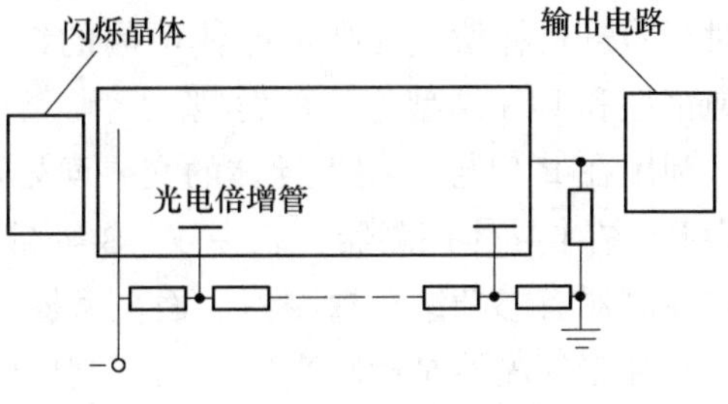


图 2-177 闪烁计数器示意图

闪烁晶体分为有机和无机两大类，同时又有固体、液体和气体等形态。放射性同位素仪表中现在常用固体晶体，如无机晶体 NaI(Tl)（铊激活的碘化钠），有机晶体 $C_{14}H_{10}$（蒽）等。它们大多数为无色透明晶体。入射粒子进入晶体后，晶体发光的持续时间一般为 $10^{-16} \sim 10^{-3}$ s 或者更短。有机和无机晶体的发光过程不一样，但总的来讲都是由于晶体中的原子受到带电粒子的激发、当原子由激发态回到基态时即发光。若入射粒子为 γ 射线，则由 γ 射线和晶体作用先产生光电子、康普顿电子或电子对，然后由这些带电粒子激发晶体中的原子。

测量 γ 射线常用的碘化钠（铊激活）晶体，是一种具有很大光能输出的闪烁体。它无色透明，体积可以做得很大。晶体的大小必须和光电倍增管的光阴极大小相配合。若两者大小不一样，则可以在中间加光导体。碘化钠晶体的发光时间为 0.25 μs，它的缺点是十分容易潮解，因此需把它装在密封的匣子内。

由晶体中发射的光子投到光电倍增管的光阴极上，根据光电特性而打出光电子。入射到光阴极上的光通量 $F$ 与阳极电流 $i_A$ 之间关系称为光电倍增管的光电特性。一般光电倍增管的 $i_A$ 与光通量 $F$ 成正比（在 $F$ 为 $10^{-13}\sim10^{-4}$ lm 之间的条件下）。在一定的光通量 $F$ 下，光电倍增管的阳极电流与工作电压的关系是电流随工作电压的增加而急剧上升，到某一值后就达到饱和。光谱响应是指光阴极发射光电子的效率随入射光波长而变化的关系。在组合闪烁计数器时，光电倍增管的光谱灵敏度范围必须和闪烁晶体发出的光谱相配合。

闪烁计数器负载电阻上产生的脉冲，其幅度一般为零点几伏到几伏，输出脉冲与入射粒子的能量成正比。

D 半导体探测器

半导体探测器是用半导体材料作为探测器介质的一种辐射探测器，它的发展、完善是与半导体材料科学的发展密切相关的，随着半导体新材料、新工艺的发展，新型半导体探测器不断开拓新的局面，在 α、β、γ 及中子的能谱测量方面得到了越来越多的应用。

最通用的半导体材料是锗和硅，其基本原理与气体电离室相类似，故又称固体电离室。半导体探测器有两个电极，加有一定的偏压。当入射粒子进入半导体探测器的灵敏区时，即产生电子-空穴对。在两极加上电压后，电荷载流子就向两极作漂移运动，收集电极上会感应出电荷，从而在外电路形成信号脉冲。但在半导体探测器中，入射粒子产生一个电子-空穴对所消耗的平均能量为气体电离室产生一个离子对所消耗的十分之一左右，因此半导体探测器比闪烁计数器和气体电离探测器的能量分辨率好得多。半导体探测器的灵敏区应是接近理想的半导体材料，而实际上一般的半导体材料都有较高的杂质浓度，必须对杂质进行补偿或提高半导体单晶的纯度。通常使用的半导体探测器主要有 PN 结型、高纯锗型和 PIN 结型等几种类型。

利用在 P 型与 N 型半导体的交界面处形成的结区的特性，发展起来的半导体探测器，即为 PN 结半导体探测器，它在 α、β 等带电粒子探测方面得到广泛应用。常用的 PN 结半导体探测器有掺杂结型探测器、面垒型探测器、钝化平面探测器、全耗尽探测器等类型。

高纯锗探测器是用超高纯度的锗制成的 PN 结探测器。以超高纯度锗材料构成的探测器的耗尽层可达几个厘米，能够对 γ 射线能谱进行较高效率的测量。

在 PN 结的 P 和 N 之间构建一本征层 I，I 层位于内电场中，没有载流子，处于耗尽状态。此时，耗尽层宽度主要由 I 层的宽度决定，能达到几个厘米，可用于 γ 射线能谱测量。I 层是通过补偿效应，利用间隙性杂质 $Li^+$ 在 Si 或 Ge 中的漂移实现的。这种方法制成的探测器称为锂漂移探测器，也称为 PIN 结探测器。用硅和锗都可以制作锂漂移探测器，分别叫做硅锂探测器和锗锂探测器。锂漂移探测器的灵敏层厚度可以做的较大，适合用于高能粒子和 X 射线、γ 射线的测量。到 20 世纪 80 年代，锗锂探测器已逐步被高纯锗探测器所取代，但硅锂探测器仍具有重要的实用价值，尤其适用于低能 γ 射线和 X 射线的探测。

### 2.9.3 射线式传感器测量电路

射线式传感器测量电路的种类很多，它随着所用探测器的不同而不同。尽管用于不同的射线式检测仪表中的前置放大器略有不同，但不管对哪一种结构的探测器来说，前置放大电路都是必不可少的。

2.9.3.1 用于电离室的前置放大电路

因为一个电离粒子每损失 1 MeV 的能量，约产生 3 万个电子或 $5\times10^{-15}$ C（即 A · s）电荷。当电离室的积分电容取 20 pF 典型数值时，其脉冲幅度也只有 0.25 mV/MeV，因此所得脉冲必须放大。放大电路中系统的噪声，限制了仪表的能量分辨率及灵敏度。

通常放大过程由低噪声前置放大器和主放大器两部分承担。而低噪声前置放大器是基本输入电路。图 2-178 中给出了两种典型前置放大电路。增益为 $A$ 的差分放大器有一个反相输入端（-）和一个正相输入端（+）。

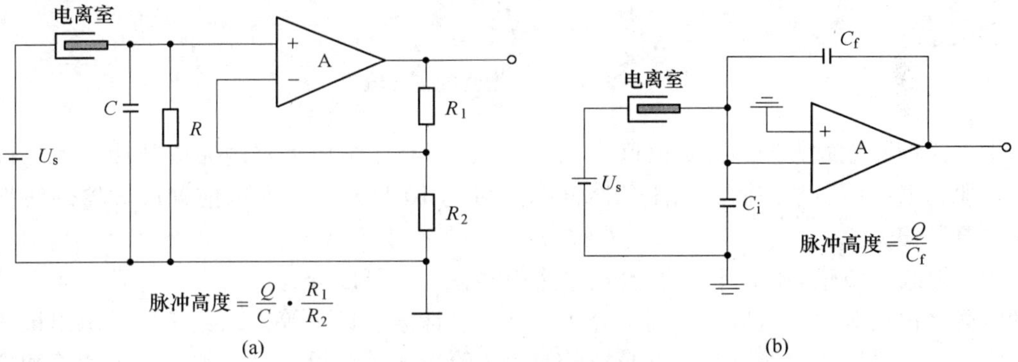


图 2-178 前置放大器的电路图
（a）电压放大器；（b）电荷灵敏放大器

从图 2-178（a）可以看出，电容 $C$ 两端的电压脉冲被放大。$C$ 代表电离室输出端的总电容，它等于电离室电容、从电离室到前置放大器输入的电缆电容及前置放大器输入电容的总和。由分压器 $R_1$ 及 $R_2$ 组成的反馈回路，当 $R_2 \ll R_1$ 和 $AR_2 \gg R_1$ 时，使增益稳定在近似 $R_1/R_2$ 值上。脉冲形状一方面由电离室几何形状决定，另一方面由输入网络的时间常数 $RC$ 所决定。前置放大器的输入阻抗包括在 $R$ 内。通常选择 $RC \gg T_{电子}$（电子收集时间），同时在主放大器的第一级进行微分，因为这样可以得到比较好的信噪比。

由于回路增益较高，这类前置放大器的电压增益能保持恒定，并与元件的寿命无关。但是由于最后还是要从总的脉冲电荷 $Q$ 来得知能量信息，而电压脉冲幅度又由 $Q/C$ 决定，所以系统增益的稳定性最终还要依赖于电容 $C$ 的稳定性。在电离室中，从结构上讲电容是不变化的，除非发生撞击或是振动。如果采用图 2-178（b）中的电路，可以避免这种影响。电路中加一个电容反馈，这时前置放大器就变成电荷灵敏型前置放大器。具有反馈电容 $C_f$ 的电荷灵敏放大器，其输出脉冲幅度为 $Q/C_f$。当回路增益很高即 $A\to\infty$ 时，系统增益的稳定性不依赖于杂散电容 $C_i$（等于从电离室到放大器 A 的反相输入端的电缆电容及放大器 A 输入电容之和）。

2.9.3.2 用于闪烁计数器的前置放大电路

在以闪烁计数器作为探测器时，信号脉冲幅度比一般前置放大器的噪声电平往往高很多，所以前置放大器就不需要是低噪声型的。它往往只起一个作用，就是让光电倍增管的输出阻抗与所连接的屏蔽电缆的特性阻抗相匹配。图 2-179 中给出了光电倍增管输出端的情况。假如阴极接地，大约有一千伏高压全部加在阳极上，因此前置放大器必须通过一个高压耦合电容 $C_1$ 与之连接。$C_a$ 及 $C_b$ 分别表示光电倍增管输出端和前置放大器输入端的寄生电容，而且 $C_p=C_a+C_b$ 表示总的寄生电容。大多数的情况下，$C_a \approx C_b = 10\times10^{-6}$ μF。假如阳极电路接地，负高压 $-U_s$ 加于阴极上，就不再需要专门的高压电容 $C_{10}$。图中 $R_a$ 代表阳极电阻，$R_b$ 代表前置放大器的输入阻抗。

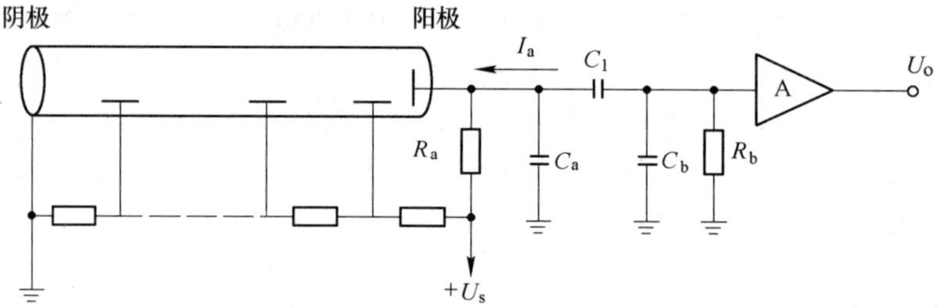


图 2-179 光电倍增管的信号输出

由于这种前置放大器的计数时间常数 $\tau$ 较大，而且在主放大器内完成脉冲成形，许多脉冲迭加起来后，通常使输出电压的脉冲幅度可达 10 V 左右，所以前置放大器的线性范围必须要足够大。

用于射线式传感器的各种特殊测量电路很多，大概可以分为两大类。一类是属于信号处理电路，包括对脉冲信号的甄别、分频、整形、计数、显示等，以数字量显示出被测量的数值，或通过数模变换电路，以模拟量的形式给出测量结果。另一类是为了使检测仪表提高测量精度、灵敏度或改善性能的辅助电路。它包括猝灭电路，稳定电路，线性化电路以及各种补偿电路等。

### 2.9.4 射线式传感器的应用

射线式传感器是根据被测物质对射线的吸收、反散射或射线对被测物质的电离激发作用而进行工作的。所谓被测物质对射线的吸收是指当射线投射到被测物以后，一部分射线为被测物质吸收，而一部分射线穿过被测物质。穿过被测物质后的射线强度，在物质成分一定的情况下和被测物的厚度和密度有关。因此若被测物的密度为已知时，则可以根据射线强度来测出被测物质的厚度。厚度仪表就是利用这种关系制成的。若被测物质的厚度已知，则可以制成密度计。被测物质对射线的反散射是指射线投射到被测物质时，有一部分射线反散射回来，而反散射回来的射线强度在物质成分一定的情况下，和物质厚度、密度以及射线源与被测物的相互位置有一定关系，因此在密度和相互位置已知的情况下就可以制成反射式厚度计。

近年来，除了以上射线传感器以外，穿透式 X 射线测厚仪在冶金工业板带厚度测量中获得了广泛应用。由 X 射线管发出的 X 射线穿过被测物体时射线强度按指数曲线逐渐减弱，类似于 γ 射线通过物质时的吸收作用。X 射线测厚方法与使用同位素的射线测厚方法相比，具有高精度、可以通过单独设定 X 射线管高压对入射辐射进行最优调整、停止 X 射线管高压给定后放射立即停止而没有任何残余辐射等优点。应当指出，虽然 X 射线与 γ

射线都是波长很短的电磁辐射，两者没有本质区别，但产生的方式不同，尽管可以利用放射性同位素作激发源，激发某些元素原子中的电子跃迁而得到，但并非放射性同位素原子核直接放出，因此 X 射线不属于核辐射。另外工业及医疗用 X 射线通常由 X 射线管产生。

## 2.10 激光式传感器

激光技术是 20 世纪 60 年代初发展起来的一门新兴技术，目前在生产和科研等许多方面都已有很多应用。

激光式传感器是对它输入一定形式的能量，经转换变成一定波长的光的形式发射出来。激光式传感器包括激光发生器、激光接收器及其相应的有关电路。

### 2.10.1 激光的特点

（1）高方向性。高方向性就是高平行度，即光束的发散角小。激光束的发散角已达到几分甚至可小到 1 s，所以通常称激光是平行光。

（2）高亮度。激光在单位面积上集中的能量很高。一台较高水平的红宝石巨脉冲激光器亮度达 $10^{15}$ W/($cm^2$ · sr)，比太阳发光亮度高出很多倍。把这种高亮度的激光束会聚后能产生几百万度的高温。在这种高温下，就是最难熔的金属，在一瞬间也会熔化。

（3）单色性好。单色光是指谱线宽度很窄的一段光波。用 $\lambda$ 表示波长，$\Delta\lambda$ 表示谱线宽度，则 $\Delta\lambda$ 越小，单色性越好。在普通光源中，最好的单色光源是氪（$Kr^{86}$）灯。它的波长 $\lambda = 605.7$ nm，$\Delta\lambda = 0.00047$ nm。而普通的氦氖激光器所产生的激光，其波长 $\lambda = 632.8$ nm，$\Delta\lambda < 10^{-8}$ nm。由此可以看出：激光光谱单纯，波长范围小于 $10^{-8}$ nm 与普通光源相比缩小了几万倍。

（4）高相干性。相干性就是相干波在叠加区得到稳定的干涉条纹所表现的性质。普通光源是非相干光源，激光是极好的相干光源。

相干性有时间相干性和空间相干性。时间相干性是指光源在不同时刻发出的光束间的相干性，它与单色性密切相关，单色性好，相干性就好；空间相干性是指光源处于不同空间位置发出的光波间的相干性，一个激光器设计得好，则有无限的空间相干性。

从波动方程

$$y = A\sin\left(2\pi \frac{t}{T} - 2\pi \frac{x}{\lambda} + \varphi_0\right) \tag{2-188}$$

可以看出两束光因时间 $t$ 或空间位置 $x$ 不同而造成相干。

由于激光具有上述特点，利用激光可以导向，做成激光干涉仪测量物体表面的平整度、测量长度、速度、转角，切割硬质材料等。随着科学技术的发展，激光的应用会更加普遍。

### 2.10.2 激光器

激光器分类方法很多。按工作物质可分为气体、液体、固体、半导体激光器。

#### 2.10.2.1 气体激光器

气体激光器的工作物质是气体，其中有各种惰性气体原子，金属蒸气，各种双原子和多原子气体、气体离子等。

气体激光器通常是利用激光管中的气体放电过程来进行激励；光学共振腔一般由一个平面镜和一个球面镜构成，球面的半径要比腔长大一些，如图 2-180 所示。

氦氖激光器是应用最广泛的气体激光器。它的结构形式如图 2-181 所示。它有内腔式、外腔式。在放电管内充有一定气压和一定氦氖混合比的气体。共振腔长 $l$ 要满足

$$l = \frac{N\lambda}{2} \tag{2-189}$$

式中，$N$ 为任意整数。

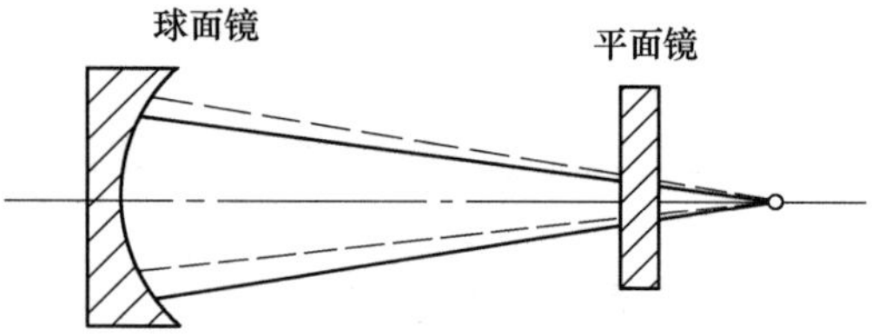


图 2-180 平凹腔

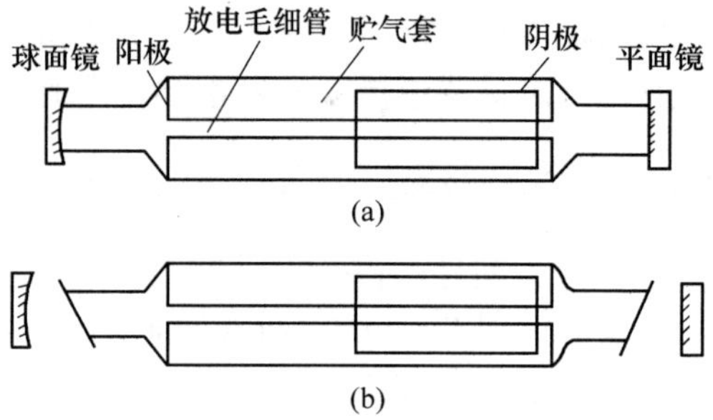


图 2-181 氦氖激光器结构示意图
（a）内腔式；（b）外腔式

氦氖激光器有许多振荡谱线。主要振荡波长是 632.8 nm（最强，呈橘红色）、1152.3 nm 和 3391.3 nm（红外光）。它的能量小，转换效率低，输出功率从几毫瓦到几百毫瓦。

二氧化碳（$CO_2$）激光器是典型的分子气体激光器，如图 2-182 所示。它的工作物质是 $CO_2$ 气体，常加入氮、氦及一些其他辅助气体。最常用的激光波长是 10.6 μm 的红外光。$CO_2$ 激光器的能量转换效率很高，可达 10%~30%。它的输出功率大，可有几十瓦到上万瓦。因此它可用于打孔、焊接、通信等方面。

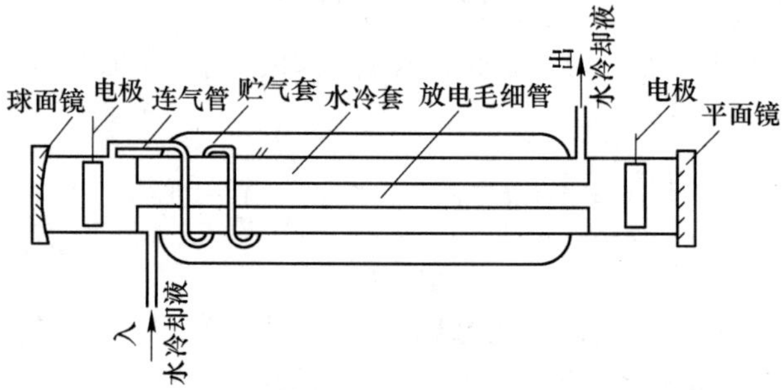


图 2-182 二氧化碳激光器

2.10.2.2 固体激光器

固体激光器的工作物质主要是掺杂晶体和掺杂玻璃，最常用的是红宝石（掺铬）、钕玻璃（掺钕）、钇铝石榴石（掺钕）。

固体激光器的常用激励方式是光激励（简称光泵），也就是用强光去照射工作物

质（一般为棒状，在光学共振腔中，它的轴线与两个反光镜相垂直），使它激发起来，从而发出激光。为了有效地利用泵灯（用脉冲氙灯、氪弧灯、汞弧灯、碘钨灯等各种灯作为光泵源的简称）的光能，常采用各种聚光腔，如图 2-183 所示。如果工作物质和泵灯一起放在共振腔内，则腔内壁应镀上高反射率的金属薄层，使泵灯发出的光能集中照射在工作物质上。

红宝石激光器是世界上第一台成功运转的激光器，它发出的是红色的波长为 694.3 nm 的激光。但在常温下，它只能脉冲运转，而且效率较低。

图 2-184 示出了固体激光器的一般结构。

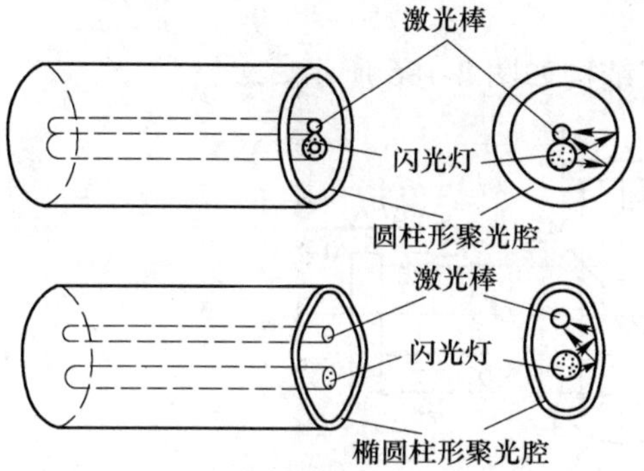


图 2-183　常用的各种聚光腔

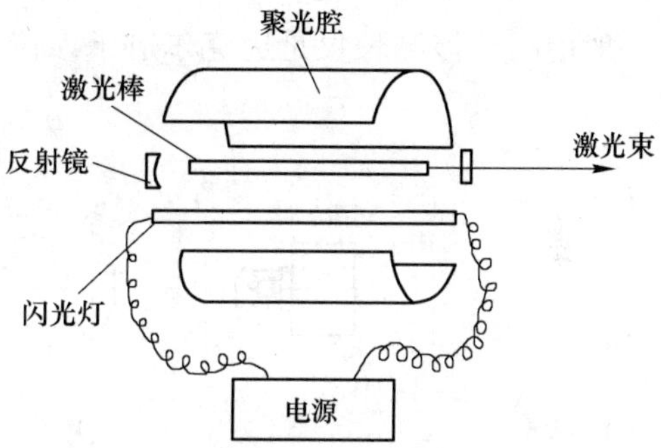


图 2-184　固体激光器的一般结构

2.10.2.3　半导体激光器

半导体激光器最明显的特点是体积小、重量轻、结构紧凑。

半导体激光器的工作物质是某些性能合适的半导体材料，如砷化镓等。其中砷化镓应用最广，常常将它做成二极管。当把适当大的电流（如每平方厘米面积上通过上万安培脉冲电流）通过 P-N 结时，就会发出激光。这种激励方式称为注入式电流激励。砷化镓激光器的共振腔也十分巧妙，它是利用这种晶体的两个自然解理面而形成的。它们本身十分平滑，而且彼此平行，无需再外加反射镜，如图 2-185 所示。

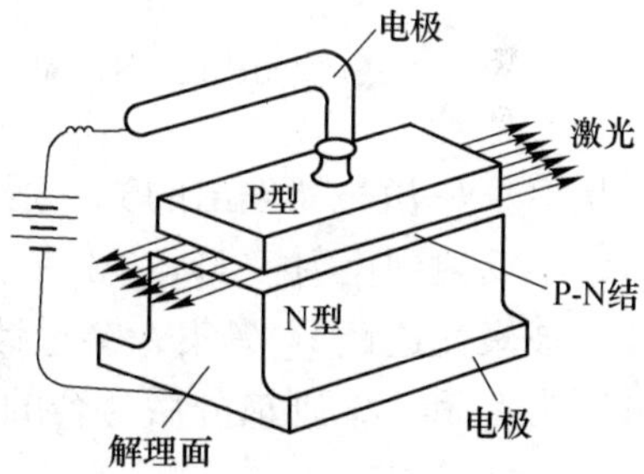


图 2-185　砷化镓激光器的谐振腔

半导体激光器效率很高，但是它也有缺点，如激光方向性比较差，输出功率比较小，受环境温度影响比较大等。

## 2.10.3　激光式传感器的基本组成

激光式传感器由激光器、激光检测器和测量电路组成，其核心优点在于能实现无接触远距离测量。

激光传感器工作时，先由激光发射二极管对准目标发射激光脉冲，经目标反射后激光向各方向散射，部分散射光返回到传感器接收器，被光学系统接收后成像到雪崩光电二极管上。雪崩光电二极管是一种内部具有放大功能的光学传感器，因此它能检测极其微弱的光信号，并将其转化为相应的电信号。

常见的是激光测距传感器，它通过记录并处理从光脉冲发出到返回被接收所经历的时间，即可测定目标距离。

### 2.10.4 激光的应用

激光具有高亮度、高方向性、高单色性和高相干性的特点，应用于测量方面，可实现无触点远距离测量，高速、高精度测量，测量范围广，抗光、电干扰能力强，因此激光在长度测量、速度测量、角速率测量、成分分析等方面得到了广泛的应用。下面举例说明应用激光实现长度、流速及气体浓度、位移测量的原理。

2.10.4.1 长度测量

一般用的干涉测长仪是迈克尔逊干涉仪，其结构如图 2-186 所示。

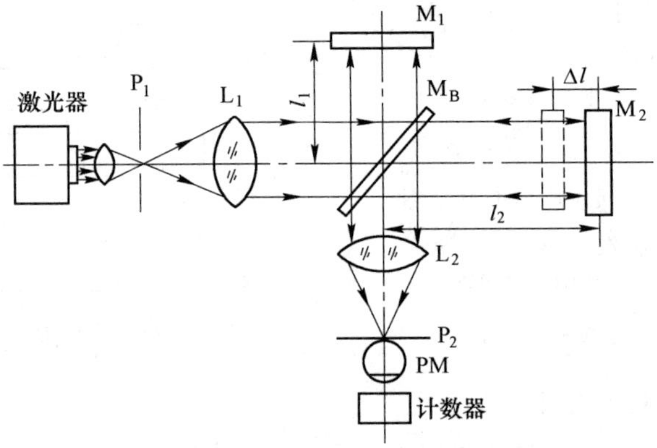


图 2-186 迈克尔逊干涉仪

$M_B$—半透过式分光镜；$M_1$，$M_2$—反射镜；$L_1$—准直透镜；$L_2$—聚光透镜；PM—光电倍增管

从 He-Ne 激光器发出的光，通过准直透镜 $L_1$ 变成平行的光束，被分光镜 $M_B$ 分成两半：一半反射到反射镜 $M_1$，另一半透射到反射镜 $M_2$。被 $M_1$ 和 $M_2$ 反射的两路光又经 $M_B$ 重叠，被聚光透镜 $L_2$ 聚集，穿过针孔 $P_2$ 进到光电倍增管 PM。设从 $M_B$ 到 $M_1$ 和 $M_2$ 的距离分别为 $l_1$ 和 $l_2$，则被分后再合的两束光的光程差 $\delta$ 为

$$\delta = 2(l_2 - l_1) = 2\Delta l \tag{2-190}$$

如果反射镜 $M_2$ 沿光轴方向从 $l_2=l_1$ 的点平行移动 $\Delta l$ 的距离，那么光程差 $\delta=2\Delta l$。当 $\Delta l=N\dfrac{\lambda}{4}$ 时出现明暗干涉条纹。因此，在移动 $M_2$ 过程中，PM 端计数得到的干涉条纹数 $N$，将 $N$ 乘以 $\dfrac{\lambda}{4}$，就得到了 $M_2$ 移动的距离 $\Delta l$，从而实现了长度检测。

2.10.4.2 流速测量

用激光进行流速测量的原理结构，如图 2-187 所示。

激光器产生的激光被四方棱镜分成两束光，这两束光经透镜 $L_1$ 汇聚于 $A$ 点。两束光同时照在 $A$ 点的被测流体的某一微粒上，这时便产生向各个方向的散射。用一组透镜 $L_2$ 收集散射光，并汇集到光电倍增管的阴极上。由于两束光入射方向不同，产生多普勒频移的结果，使产生的散射光频不同，因而光电倍增管所接收到的光频不同。利用光电倍增管

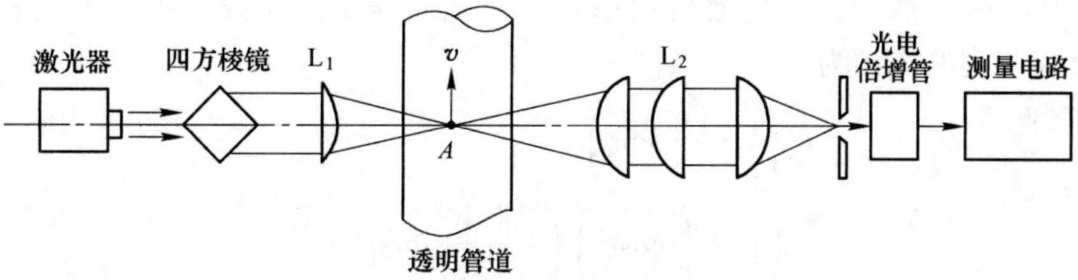


图 2-187 流速测量结构原理图

的非线性，将两束不同频率的光进行混频，产生和频及差频信号，用滤波器取出差频信号，然后再利用差频信号与流速之间的固定关系测出流速 $u$。

光学多普勒效应是光源发出 $\nu_0$ 频率的光时，接收器相对于光源以速度 $v$ 运动，或光源相对于接收器以速度 $v$ 运动，这时接收器接收到的频率 $\nu$ 为

$$\nu = \nu_0\left(1 \pm \frac{v}{c}\right) \tag{2-191}$$

式中，$c$ 为光速。“+”为二者相对运动，“-”为二者远离运动。

根据光学多普勒效应可推导测速关系式。流体中粒子 $A$ 的直径与激光波长相当，当光束 $\Phi_1$、$\Phi_2$ 照射 $A$ 后，因散射，$A$ 实际上变成了点光源。在 $A$ 没有运动时，散射光与入射光频率相同。当 $A$ 以速度 $v$ 运动时，在 $B$ 处观察其频率变化，如图 2-188（a）所示。

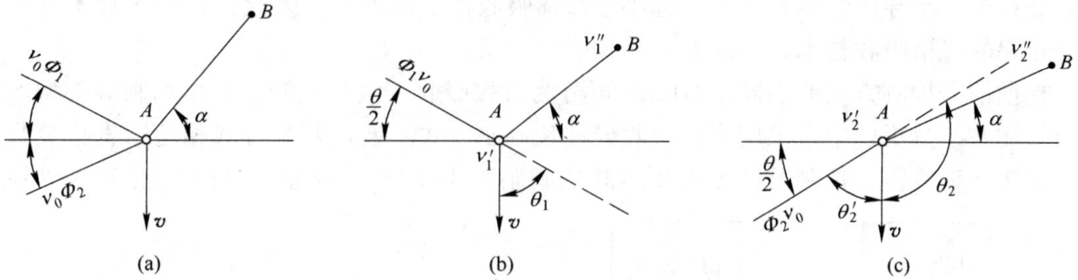


图 2-188 $B$ 处频率的变化

入射光 $\Phi_1$ 在 $B$ 处被接收到的频率 $\nu_1''$：$A$ 处所接收到 $\Phi_1$ 的光频 $\nu_1'$为

$$\nu'_1 = \nu_0\left(1 - \frac{v}{c}\cos\theta_1\right)$$

如图 2-188（b）所示，$\nu_1'$是散射频率。作为光源的粒子 $A$，它相对于接收器 $B$ 也有运动，在 $B$ 处接收到的光频为

$$\begin{aligned}\nu_1'' &= \nu_1'\left(1 - \frac{v}{c}\sin\alpha\right)\\ &= \nu_0\left(1 - \frac{v}{c}\cos\theta_1\right)\left(1 - \frac{v}{c}\sin\alpha\right)\\ &= \nu_0\left[1 - \frac{v}{c}(\cos\theta_1 + \sin\alpha)\right]\end{aligned} \tag{2-192}$$

入射光 $\Phi_2$ 在 $B$ 处接收到的频率 $\nu_2''$：$A$ 处接收到光束 $\Phi_2$ 的光频 $\nu_2'$为

$$\nu'_2 = \nu_0\left(1 + \frac{v}{c}\cos\theta_2\right) = \nu_0\left(1 - \frac{v}{c}\cos\theta_2\right)$$

如图 2-188（c）所示，$\nu'_2$是散射频率。粒子 $A$ 同样作为光源，相对于接收器 $B$ 有运动，在 $B$ 处接收到的光频为

$$\begin{aligned}\nu''_2 &= \nu'_2\left(1 - \frac{v}{c}\sin\alpha\right)\\ &= \nu_0\left(1 - \frac{v}{c}\cos\theta_2\right)\left(1 - \frac{v}{c}\sin\alpha\right)\\ &= \nu_0\left[1 - \frac{v}{c}(\cos\theta_2 + \sin\alpha)\right]\end{aligned} \tag{2-193}$$

因此在 $B$ 处得到的多普勒频移 $\nu_D$ 为

$$\nu_D = \nu''_2 - \nu''_1 = \nu_0\frac{v}{c}(\cos\theta_1 - \cos\theta_2) = 2\nu_0\frac{v}{c}\sin\frac{\theta}{2} \tag{2-194}$$

由式（2-194）可以看出：$\nu_D$ 与 $\alpha$（即 $B$ 点的位置）无关，与 $v$ 成正比。由于 $\theta$、$\nu_0$ 为已知，测出频移 $\nu_D$ 就可以计算出流速 $v$。

2.10.4.3　激光气体在线分析仪

激光气体在线分析仪是基于可调谐激光光谱技术（Tunable Diode Laser Absorption Spectroscopy，TDLAS）的气体浓度在线测量仪器。TDLAS 本质上是一种光谱吸收技术，通过分析激光被气体的选择性吸收来实现气体浓度的测量。它与传统红外光谱吸收技术的不同之处在于，半导体激光光谱宽度远小于气体吸收谱线的展宽。因此，TDLAS 技术是一种高分辨率的光谱吸收技术。

根据信号检测方法的不同，TDLAS 可分为直接吸收、波长调制、频率调制等类型。在激光气体在线分析仪中常采用直接吸收或波长调制方式。波长调制方式相比于直接吸收方式抗干扰能力更强，检测灵敏度更高。波长调制式 TDLAS 系统原理框图如图 2-189 所示。

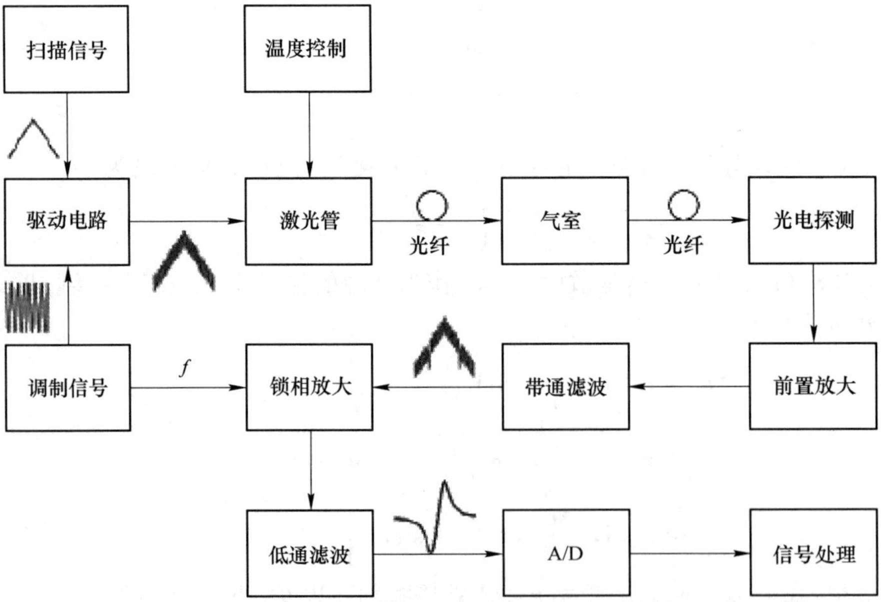


图 2-189　波长调制式 TDLAS 系统原理框图

直接吸收式TDLAS系统相比于波长调制式TDLAS系统，激光管驱动信号仅需要扫描信号，不需要加调制信号，相应的信号检测电路部分不需要锁相放大电路，其余部分基本相同。TDLAS系统中半导体激光管的温度调整是使用半导体制冷器（Thermoelectric Cooler, TEC）来实现的，温度检测元件采用热敏电阻。

#### 2.10.4.4 激光位移传感器

激光位移传感器是一种利用激光技术进行高精度位移（距离）测量的传感器。其中，三角测量法是最常见的一种激光位移测量方式之一，其原理结构如图2-190所示。激光三角测量法是利用光线空间传播过程中的光学反射规律和相似三角形原理计算待测位移，通常适用于高精度、短距离的测量。

三角测量法的基本过程为：激光器发射一束激光，经过镜头照射到被测物体表面，经物体反射的激光通过接收器镜头，被内部的成像元件（如CCD线性相机）接收。不同距离下，成像元件上光斑的投影位置不同。根据这个角度以及已知的激光和相机之间的距离，就能计算出传感器和被测物体之间的距离。

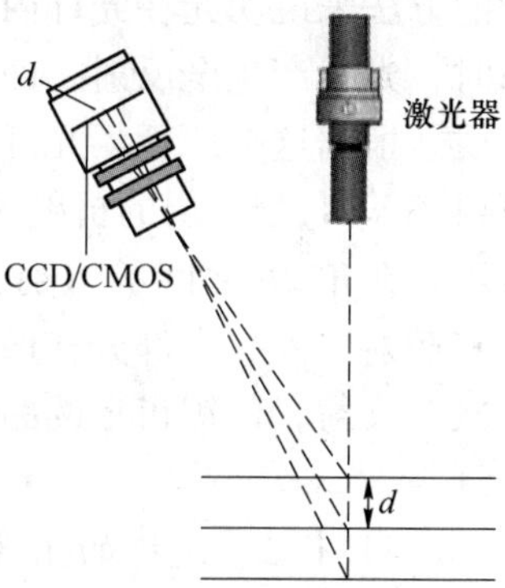

图2-190 激光三角法位移传感器

激光位移传感器通常具备以下特点：

（1）高精度。运用三角法等测量方式，能够实现微米级甚至纳米级的测量，在对位移测量精度要求极高的运用场合具有不可替代的优势。

（2）高速度。通过与其他数字电子设备相结合，能够快速获得测量结果，满足高速运动物体的测量需求。

（3）具备较强的抗干扰能力。激光束不易受到外界光线、电磁场等干扰因素的影响，能在复杂的工业环境中保持较高的测量精度和稳定性。

（4）非接触式测量。非接触式测量不会对测量物体造成损伤，在取得测量结果的同时，有效保证被测对象的材料、结构等属性不会发生改变。

激光位移传感器在工业自动化生产中常应用于机械臂定位、精密工件尺寸测量、部件的表面粗糙程度检测等。同时，在高新技术领域，激光测距多用于实现机器人的定位、导航等功能。在建筑工程中，激光位移传感器则能检测桥梁、高楼、水坝等建筑的细微变化，及时发现潜在危险，有效保障公众的财产和生命安全。

## 2.11 光纤传感器

光纤传感器是20世纪70年代以来异军突起的一项新技术。与传统的传感器相比，它不受电磁干扰，体积小，重量轻，可挠曲，灵敏度高，动态范围大，电绝缘性能好，在易燃易爆、强腐蚀、高压、强电磁场等恶劣环境中发挥其传感器功能。它能用于位移、速度、加速度、压力、液位、流量、温度、声、磁、电流等各种物理量的测量，具有极为广泛的应用前景。

## 2.11.1 光纤

### 2.11.1.1 光纤及其传输原理

A 光纤

光导纤维简称为光纤，它是用直径为微米级的石英玻璃制成的。每根光纤由一个圆柱形的内芯和包层组成，内芯的折射率略大于包层的折射率。

B 光纤的传输原理

光在空间是直线传播的。在光纤中，光的传输却能限制在光纤中，随光纤的弯曲而走弯曲的路线，并能传送到很远的距离。当光纤的直径比光的波长大很多时，可以用几何光学的方法来说明光在光纤内的传播。当光线从光密物质射向光疏物质，而入射角大于临界角时，光线产生全反射，即反射光不再离开光密介质。根据这个原理，光纤由于其圆柱形内芯的折射率 $n_1$ 大于包层的折射率 $n_2$，因此如图 2-191 所示，在角 $2\theta$ 之间的入射光，除了在内芯中吸收和散射之外，大部分在内芯和包层界面上产生多次全反射，以锯齿形的路线在光纤中传播，在光纤的末端以与入射角相等的出射角射出光纤。

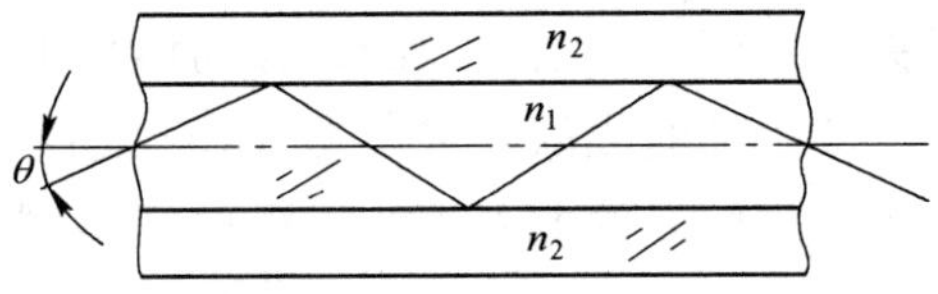


图 2-191 光传输原理

### 2.11.1.2 光纤的主要参数

A 数值孔径

角 $2\theta$ 与光纤内芯和包层材料的折射率有关，且将 $\theta$ 的正弦定义为光纤的数值孔径（$N \cdot A$）。

$$N \cdot A = \sin\theta = \sqrt{n_1^2 - n_2^2} \tag{2-195}$$

数值孔径反应纤芯接收光量的多少，是标志光纤接收性能的一个重要参数。其意义是：无论光源发射功率有多大，只有 $2\theta$ 张角之内的光功率能被光纤接收。一般希望有大的数值孔径，这有利于耦合效率的提高，但数值孔径太大，光信号畸变也越严重，所以要适当选择其数值。

B 光纤模式

光纤模式简单地说，就是光波沿光纤传播的途径和方式。在光纤中传播模式很多，这对信息的传输是不利的，因为同一光信号采取很多模式传播，就会使这一光信号分裂为不同时间到达接收端的多个小信号，从而导致合成信号畸变。因此希望模式数量越少越好。阶跃型的圆筒波导内传播的模式数量可简单表示为

$$V = \pi d(n_1^2 - n_2^2)^{\frac{1}{2}}/\lambda_0 \tag{2-196}$$

式中 $d$——纤芯直径；

$\lambda_0$——真空中入射光的波长。

希望 $V$ 小，$d$ 则不能太大，$d$ 一般为几个微米，不会越过几十微米；$n_1$ 与 $n_2$ 之差要很小，一般不大于 1%。

C 传播损耗

由于光纤纤芯材料吸收、散射以及光纤弯曲处的辐射损耗等影响，光信号在光纤中的

传播不可避免地要损耗。假设从纤芯左端输入一个光脉冲，其峰值强度（光功率）为 $I_0$，如图 2-192 所示。当通过光纤时，其强度通常按指数下降，即光纤中任一点处的光强度为

$$I = I_0 e^{-al} \tag{2-197}$$

式中 $I_0$——光进入纤芯始端的初始光强度；

$l$——光沿光纤的纵向长度；

$a$——强度衰减系数。

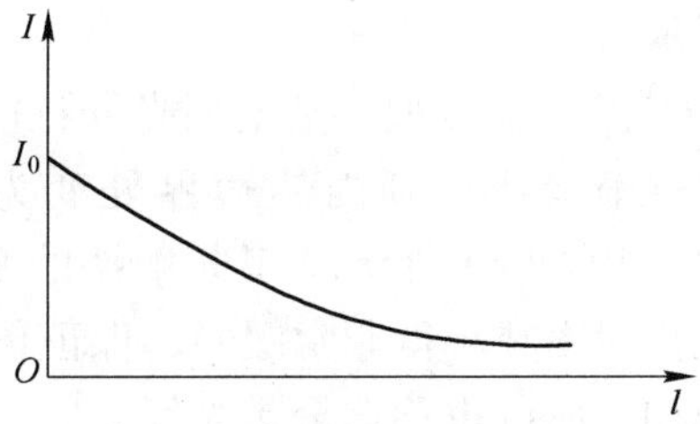


图 2-192 光的损耗衰减

以每公里分贝损失（dB/km）来定义衰减率，在 $l=1$ km 时，衰减速率定义为

$$A = -10\lg\left(\frac{I}{I_0}\right) \tag{2-198}$$

D 色散

输入光纤的光可以是强度连续变化的光束，或者是一组轮廓清晰的光脉冲。当光脉冲通过光纤传播时，其幅值因衰减而降低。此外，由于许多其他因素的影响，光脉冲也会展宽。如果光脉冲变得太宽，它们将在时间和空间两方面都发生互相重叠或完全重合。如果这种情况发生，原来施加在光束上的信息就会丧失。在光纤中产生的脉冲展宽现象称为色散。它依赖于各种允许模式的传播速度差以及模式速度随光波长度的变化。色散以光脉冲在光纤中每传输一公里时脉冲宽度增加纳秒数（ns/km）为单位来表示。

E 光纤强度

光纤强度主要取决于光纤包层包制后外表面上的擦伤和其他缺陷的程度，以及包层表面在缠绕、成缆和使用期间得到保护的程度，其单位为 $kN/m^2$。

### 2.11.1.3 光纤的类型

下面介绍按折射率变化和按传输模式多少的两种分类，如图 2-193 所示。

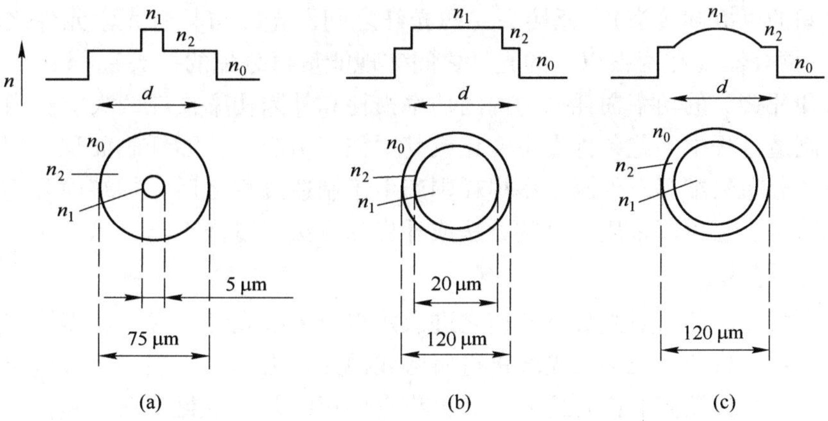


图 2-193 光纤的类型

（a）单模阶跃型；（b）多模阶跃型；（c）多模渐变型

A 按折射率变化分类

（1）阶跃型。阶跃型光纤的纤芯与包层间的折射率是突变的，如图 2-193（a）、（b）

所示。

（2）渐变型。渐变型光纤在横截面中心处折射率最大，其值为 $n_1$，由中心向外折射率逐渐变小，到内芯边界处变为包层折射率 $n_2$。通常折射率变化为抛物线形式，如图 2-193（c）所示。其折射率的变化，在中心轴附近有较陡的折射率梯度，而在接近边缘处折射率减小得非常缓慢，保证传递的光束集中在光纤轴附近前进。因为这类光纤有聚焦作用，所以也称自聚焦光纤。

B 按传输模式分类

（1）单模光纤。单模光纤是指阶跃型光纤中内芯直径很小（通常仅有几个微米），因而光纤传播的模式很少，原则上只能传递一种模式的光纤。这类光纤传输性能好，频带很宽，制成的单模传感器较多模传感器有更好的线性、灵敏度及动态范围。但单模光纤由于芯径太小，制造连接及耦合工艺都很困难。

（2）多模光纤。多模光纤是指阶跃型光纤中，内芯直径较大（大部分为几十微米），因而传输模式很多。这类光纤性能较差、带宽较窄，但内芯直径大，容易制造，连接耦合也比较方便。

#### 2.11.1.4 光纤元件之间的连接

目前，光纤中的光功率损耗已降到 0.14 dB/km。降低光纤衰减速率势必使光纤元件连接所产生的衰减成为需要考虑的问题，特别对于比通信光纤短得多的光纤传感器尤为重要。

A 光纤的接头

接头在光纤传感器制造中的作用为：光源和探测器与光纤的连接；光源的输出在多个传感器之间的分束；干涉仪中光的分束与合并以及光纤之间的连接等。所有接头都必须在设计时考虑反射和必然产生的插入损耗，使插入损耗最小。

接头可以分为三类：活接头（两光纤元件间或光纤与某些元件，如光源、探测器或集成电路片之间的可拆卸接头）、死接头（两光纤之间，光纤与某些光学元件之间的烙触式永久接头）、耦合器（在两根以上的光纤之间实现能量再分配的接头）。

活接头和死接头的功率损耗分为内因功率损耗和外因功率损耗两大类。内因功率损耗是由于光纤制造过程中工艺条件发生变化或其不完善引起的，如纤芯面积失配、数值孔径失配、折射率分布失配等。外因功率损耗则产生于制造过程之后，如端面分离、角度没对准、侧向偏移等。它可以采用机械的方法或外界的方法加以修正。

B 光纤耦合器

在有必要将光源的出射光分束并使之进入两根或多根光纤中时，就需要应用光纤耦合器。光纤耦合器是将两根或多根光纤进行研磨或抛光，去掉保护层和部分包层，并把它们重叠或对准，以获得期望的耦合比，然后再将它们扭绞并固定封装在一起，根据不同的加工方法即可制成各种类型的光纤耦合器。

### 2.11.2 光纤传感器

光纤传感器可以分为传光型（结构型）和传感型（功能型）两大类。利用其他敏感元件感受被测量，而后用光纤进行信息传输的传感器称为传光型光纤传感器。利用外界物理因素改变光纤中的光的强度、相位、偏振态或波长，从而对外界物理量进行检测和数据传输的传感器称为传感型光纤传感器。

2.11.2.1 传光型光纤传感器

传光型光纤传感器有两种类型，如图 2-194 所示。一种是在送光光纤和受光光纤间放置对被测对象敏感的传感器，并用机械或光学方法接通或断开传输路径一部分或全部，改变光的透射率，如图 2-194（a）所示。另一种是在光纤端面安装对被测对象敏感并发光的传感器，或用光学系统收集被测对象发出的光。光纤只作为光的传送路径，它可以用单模光纤，也可以用多模光纤，如图 2-194（b）所示。

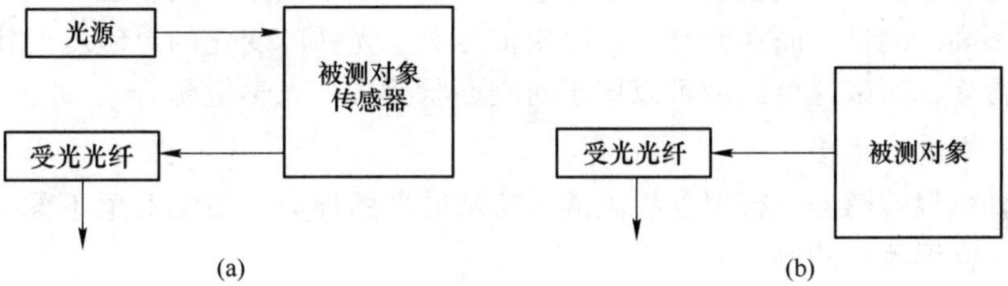


图 2-194 传光型光纤传感器类型

下面举两个应用例子。

A 光纤位移传感器

光纤位移传感器是利用光纤传输光信号的功能，根据探测到的反射光的强度来测量被测反射表面的距离[30-32]，其原理示意图如图 2-195 所示。

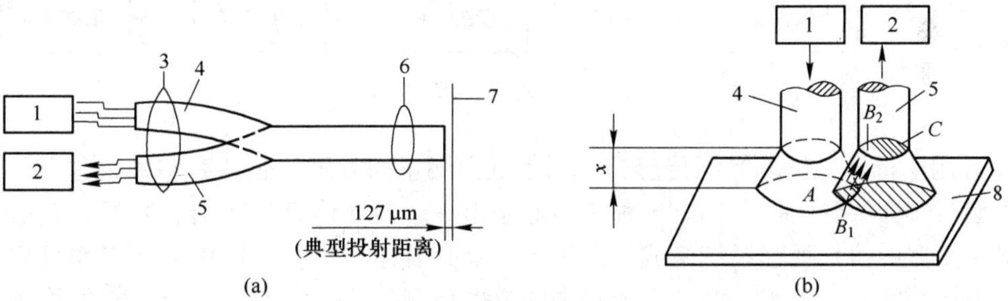


图 2-195 光纤位移传感器的工作原理示意图

（a）结构示意图；（b）测量原理图

1—发光器件；2—光敏元件；3—分叉端；4—发射光纤束；

5—接收光纤束；6—测量端；7—被测体；8—被测面

光纤位移传感器的工作原理是：光源发出的光，经发射光纤到达被测位移表面，反射光由接收光纤传回到光敏元件并转换为电信号，由反射光的大小测量位移的大小。当光纤探头端部紧贴被测表面时，即位移为 0，发射光纤中的光不能反射到接收光纤中去，因而不能产生光电信号。当被测表面逐渐远离光纤探头时，即有位移信号，发射光纤照亮被测表面的面积 $A$ 越来越大，相应的发射光纤重合面积 $B_1$ 越来越大，因而接收光纤端面上照亮的 $B_2$ 区也越来越大，即接收的光信号越来越强，并为一个线性增长的输出信号。当整个接收光纤端面被全部照亮时，输出信号就达到了位移-输出曲线上的“光峰”点。光峰点以前的这段曲线称为前坡区。当被测表面继续远离时，由于被反射光照亮的 $B_2$ 面积大于接收光纤截面积 $C$，即有部分反射光没有反射进入接收光纤，由于接收光纤更加远离被测表面，接收到的光强逐渐减弱，光敏元件的输出信号逐渐减小，便进入曲线的后坡区，如图 2-196 所示。在后坡区，信号的减弱与探头和被测表面之间的距离的平方成反比。

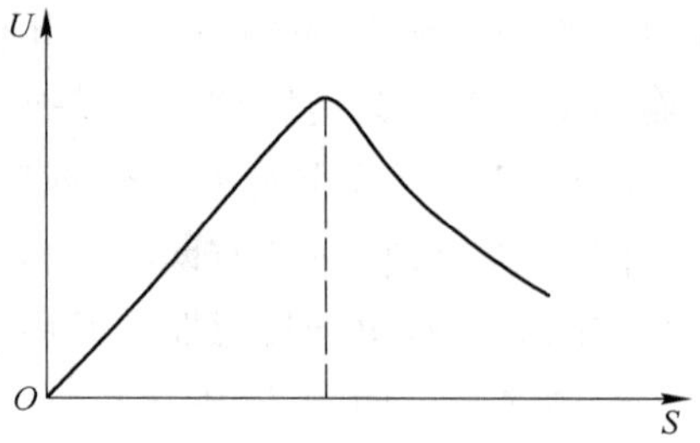

图 2-196　输出特性

在位移-输出曲线的前坡区，输出信号的强度增加得很快，所以这一区可以进行微位移测量。后坡区可以用于距离较远而灵敏度、线性度和精度要求不高的测量。而在光峰区，输出信号对于光强度变化的灵敏度要比对位移变化的灵敏度大得多，所以这个区域可以用于对表面状况进行光学检测。

B　光纤测温传感器

应用光纤测温传感器进行温度检测的方法和原理的种类因被测对象不同而异。下面介绍用于低温、高温测量的例子。

（1）用于高温检测的光纤测温传感器。这种传感器是利用被测对象表面辐射能随温度变化而变化的特性，利用光纤将辐射能量传输到温度敏感元件上，经过信号处理再变换成可供记录或显示的电信号，它的构成框图如图 2-197 所示。这种传感器的突出优点是克服光路干扰、环境温度影响、探头体积小、光路可以弯曲，因而对于许多工艺上有特别要求的地方，都可以进行准确地测量。

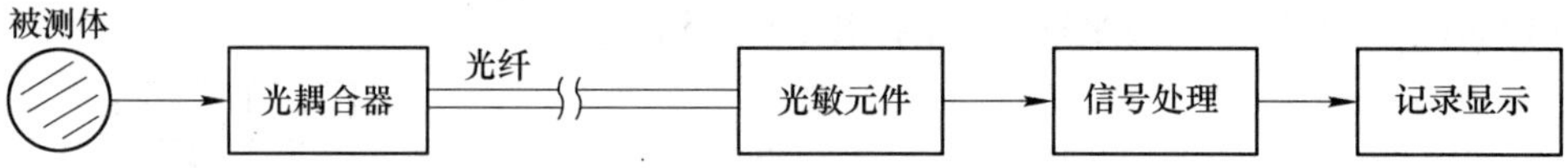

图 2-197　光纤测温传感器

（2）用于低温检测的光纤传感器。用于低温测量的温度传感器有多种，这里以半导体光吸收型为例介绍其工作原理。这种传感器是由一个半导体光吸收器、光纤、发射光源和包括光探测器的信号处理系统组成。这种传感器具有体积小，灵敏度高，工作可靠，没有杂散光损耗等特点，适用于高压力装置中的温度检测等特殊需要的场合。它的构成原理简图如图 2-198 所示。

工作原理：半导体具有陡峭的光学基带吸收沿波长 $\lambda_g(T)$，通过 $\lambda_g(T)$ 波长的光几乎全部被吸收，而且 $\lambda_g(T)$ 随着温度升高向长波一侧移动，如图 2-199 所示。如果选用 $\lambda_g(T)$ 处于光源的发光光谱内的半导体材料，把半导体与光发射、光接收装置用光纤连接起来，则半导体的透射光强度随温度升高而降低，根据从光纤输出的透射光强度就能够测定温度。温度的测量范围为−60～300 ℃，精度可达±0.5 ℃，反应速度为 2 s。

实用的半导体光吸收型光纤温度传感器如图 2-200 所示。其工作原理是：两个脉冲发射器 1 发出的电脉冲，经驱动器 2 分别作用在两个发光二极管 3、4 上，3 上产生 $\lambda_1$ = 0.88 μm、4 上产生 $\lambda_2$ = 1.27 μm 波长光脉冲，经光耦合器 5 传输到输入光纤上，再经光连接器 10 作用于光传感器 11 上。两个波长光脉冲进探头后，传感器中半导体元件对 $\lambda_1$ 光的吸收随被测温度 $T$ 而变化，对 $\lambda_2$ 光不吸收，故 $\lambda_2$ 光作为参考信号。经过传感器的

$\lambda_1$、$\lambda_2$ 光脉冲由输出光纤传输到光接收器 6 后变换成电脉冲、进入采样放大器 7 变换成正比于脉冲高度的直流信号。除法器 8 以参考光（$\lambda_2$）为标准将与被测温度 $T$ 相关的信号 $\lambda_1$ 进行处理，而得到被测温度值。

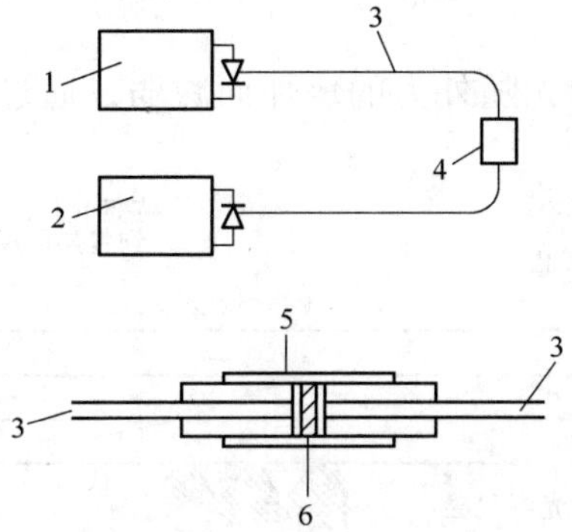

图 2-198 半导体光纤传感器原理

1—光发射器；2—光接收器；3—光纤；4—光传感器；5—支架；6—半导体光吸收器

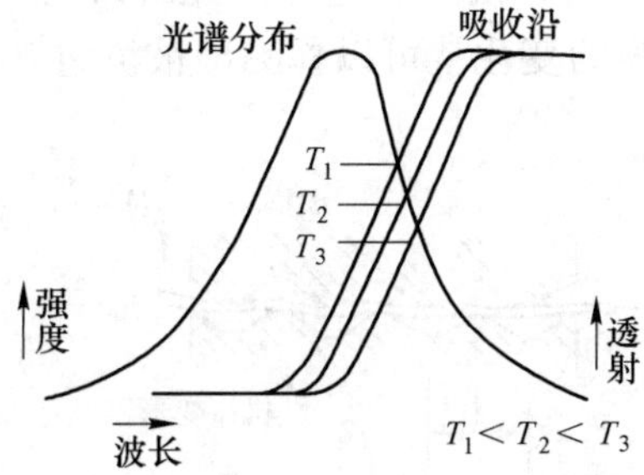


图 2-199 温度特性

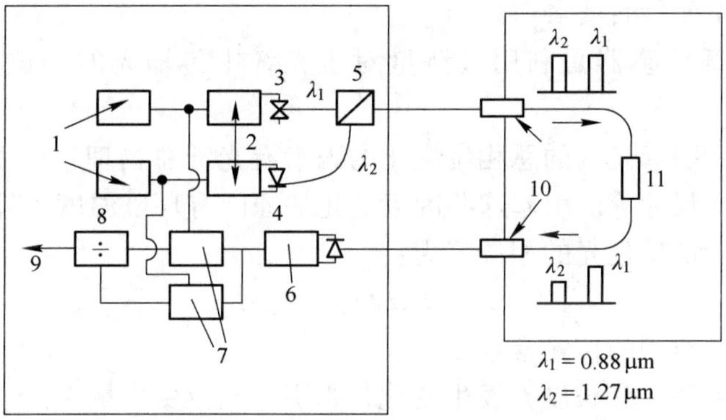


图 2-200 实用半导体光纤传感器

1—光发射器；2—LED 驱动器；3—AlGaAs 发光二极管；4—InGaAsP 发光二极管；5—光耦合器；6—光接收器；7—采样放大器；8—除法器；9—输出；10—光连接器；11—光传感器

### 2.11.2.2 传感型光纤传感器

传感型光纤传感器分为振幅调制型、相位干涉型及偏振变化态等多种类型。

#### A 振幅调制型光纤传感器

振幅调制型光纤传感器是利用在外部被测量作用下，使光纤中传输光的强度发生变化的传感器。利用被测量进行光强调制的主要形式有：改变光纤对光波的吸收特性；改变光纤中的折射分布，从而改变传输功率；改变光纤中的微弯曲状态等。下面以微弯光纤传感器为例，介绍其工作原理。

微弯光纤传感器由光源、光纤、微弯曲器和光纤接收及信号处理等部分组成，如图 2-201 所示。它可以用来进行力、位移等参数的测量[33]。

微弯器的结构如图 2-202 所示。光纤置于使光纤发生微弯曲的齿板中间，相邻齿间距离为 $A_1$，决定变形器的空间几何频率，使在光纤纤芯传输的光部分地透射进包层，如

图 2-201　微弯光纤传感器

图 2-202（b）所示，这样使光纤纤芯中传输的光随外力的增加而减弱，通过检测光纤中传输光强的变化就可以检测出被测量。

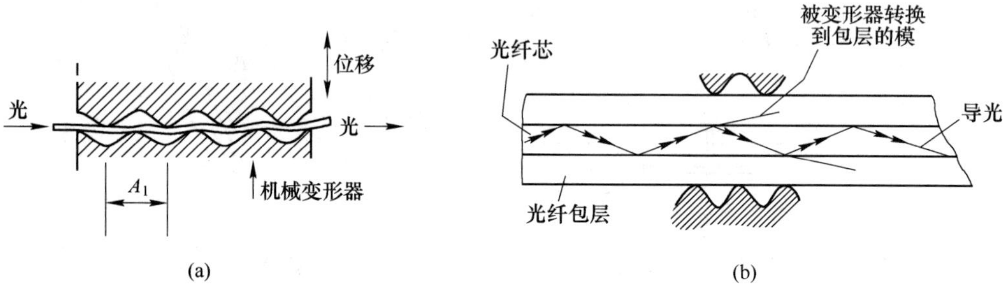


图 2-202　微弯器结构

B　相位调制型光纤传感器

相位调制型光纤传感器是利用被测量对于光纤中传输光的相位产生影响而实现测量的。

在单模光纤中，引起光程的总相位变化的因素有光纤总物理长度 $L$、折射率 $n$ 及其分布、光纤的横向几何尺寸等。引起这些因素变化的原因有环境温度、外力作用等。对于确定的单模光纤中传输的单色光的相位移为：

$$\varphi = 2\pi L/\lambda_0 = K_0 nL \tag{2-199}$$

式中　$K_0$——光在真空中的传输常数。

如果光纤的折射率 $n$ 和长度 $L$ 发生变化，则引起相位变化量为：

$$\Delta\varphi = K_0(L\Delta n + n\Delta L) \tag{2-200}$$

根据光纤中单色相位的变化，采用适当的调制方法，可以实现对温度、压力、应变、位移、振动和速度等参数的检测。下面介绍一种光纤加速度计。

光纤加速度传感器工作原理示意图如图 2-203 所示。光源采用激光光源，光纤用单模光纤，变形体材料为橡胶或塑料。质量块 $M$、变形体及其在上缠绕的 $N$ 匝光纤构成加速度 $a(t)$ 的检测器。直径为 $d$ 的光纤受到加速度作用后，产生的伸长量

$$\Delta l = 4\sigma NMa(t)/(ED) \tag{2-201}$$

式中　$\sigma$——变形体的泊松比；

$E$——杨氏模量；

$D$——变形体直径。

在已变形的光纤中传播的激光产生的相位变化为

$$\Delta\varphi = \beta\Delta l\left[1 - \frac{1}{2}n^2(1-\sigma_1)p_{11} - \sigma_1 p_{11}\right] \tag{2-202}$$

$$\beta = 2\pi n/\lambda$$

式中　$\lambda$——激光波长；

$n$——纤芯折射率；
$\sigma_1$——光纤泊松比；
$p_{ij}$——应变-光学张量。

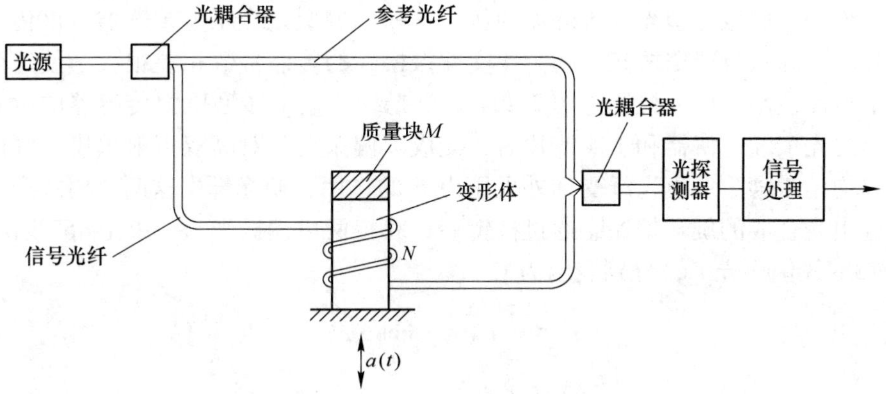


图 2-203　光纤加速度工作传感器原理示意图

激光光源发出的单色光射入单模光纤，经光耦合器分成参考光纤和信号光纤两路，信号光纤经过加速度检测器把光相移 $\Delta\varphi$，再与参考光纤传输的光一起经光耦合器送入光探测器，两路光产生相干，再由信号处理装置进行处理，输出与被测加速度成正比的输出信号。

C　偏振变化态光纤传感器

偏振变化态光纤传感器是利用外界因素使光纤中的光偏振态发生变化，并加以检测的光纤传感器。

光的偏振态有线偏振、圆偏振、椭圆偏振。多种物理现象都会影响光的偏振状态，通过这些物理现象对光进行偏振态调制。

偏振光调制的探测，可有已知光处在特殊的偏振状态（例如线性偏振和圆偏振）和完全未知光的偏振状态两种情况。对于线性偏振光，可把入射的正交偏振线性分量的输出分解为水平方向 $I_1$ 和垂直方向 $I_2$。当入射光处在未调制位置时，两轴的输出 $I_1=I_2$。当取向偏离这个平衡位置 $\theta$ 角时，则有

$$I_1 = A\sin\left(\frac{\pi}{4} + \theta\right) \quad I_2 = A\cos\left(\frac{\pi}{4} + \theta\right)$$

可以测得的强度正比于两个分量振幅的平方，由此可得到：

$$\sin 2\theta = \frac{I_1 - I_2}{I_1 + I_2} \tag{2-203}$$

从式（2-203）可以看出，这一结果纯属比例关系，它与光源的强度起伏及光源与探测器之间的通路的衰减变化无关。一般可实现偏振分辨率为 0.1°，测量系统采用一定措施和选用精密性能的光学元件，偏振分辨率可达 0.01°。

对于一般的偏振状态光的探测，因为这种偏振光的两正交轴上分量不再是相移 90°，可以通过求解一个分量，例如说 $y$ 轴上的分量转变成为一些沿 $x$ 轴旋转的同相或 90°相移的分量，就可以得到总的输出偏振。也就是说，可以分出一个等幅正交分量形成圆偏振。

而在 $y$ 轴上余下的分量与 $x$ 轴分量同相地相加形成线性偏振。最后，这些圆的和线性的分量又可以相加形成离轴的椭圆偏振。这就可以把一般偏振态的探测转化为线性偏振光的探测。

下面介绍一个偏振态型光纤传感器的例子——偏振型光纤压力传感器。该传感器是利用单模光纤产生高双折射偏振光，两个正交偏振模式的传播常数相差很大，使这两个模式之间产生干涉而被用于压力检测。图 2-204 为单光纤偏振干涉型压力传感器的示意图。激光光源发出的光束经起偏器和 1/4 波片后，变成圆偏振光，对高双折射单模光纤的两个正交偏振模式均匀激励。单模光纤受到外界压力 $P$ 的作用，使光纤中这两个模式产生了不同的相移，输出光合成的旋转偏振态通过棱镜后，获得两束偏振光，一束是 45°线偏振光 $I_1$。另一束是 135°线偏振光 $I_2$，分别表示为

$$I_1 = \frac{1}{2}I_0(1 + \cos\Delta\varphi) \tag{2-204}$$

$$I_2 = \frac{1}{2}I_0(1 - \cos\Delta\varphi) \tag{2-205}$$

式中　$I_0$——入射激光的强度；

$\Delta\varphi$——光纤模式由外界压力 $P$ 作用而引起的相移。

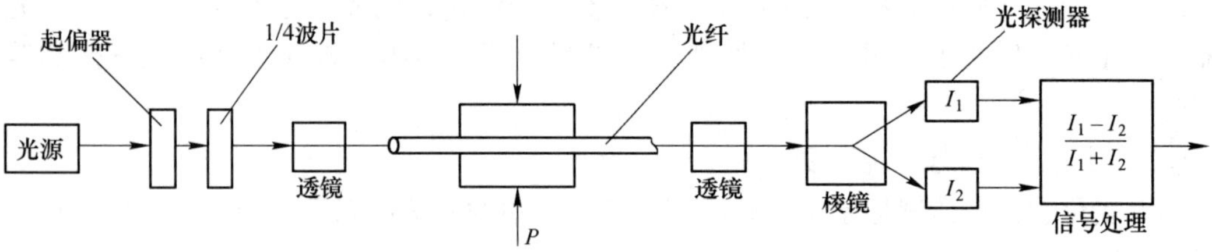


图 2-204　偏振型光纤压力传感器

为了抵消光源强度波动的影响，通过两个光探测器把这两束偏振光接收后，经信号处理装置，可得到：

$$\frac{I_1 - I_2}{I_1 + I_2} = \cos\Delta\varphi \tag{2-206}$$

式中的测量结果与相移是余弦函数关系，这将导致小信号区域灵敏度降低。为了改善这种情况，可在光路加个补偿器，使输出光信号产生 1/4 波长相位移，这样输出结果与 $\Delta\varphi$ 将变成正弦函数关系：

$$\frac{I_1 - I_2}{I_1 + I_2} = \cos\left(\frac{\pi}{2} + \Delta\varphi\right) = -\sin\Delta\varphi \tag{2-207}$$

由于相移 $\Delta\varphi$ 是两个正交偏振模式所形成的，这里的 $\varphi$ 为

$$\varphi = (\beta_x - \beta_y)l = \Delta\beta \cdot l \tag{2-208}$$

式中　$\beta_x$，$\beta_y$——分别为两个正交偏振模式的传播常数；

$l$——光纤长度。

若认为

$$\Delta\beta = K_0(n_x - n_y) = K_0 \cdot \Delta n$$

则有

$$\Delta\varphi = K_0 \cdot \Delta n \cdot \mathrm{d}l + K_0 \cdot l \cdot \mathrm{d}(\Delta n)$$

或
$$\frac{\Delta\varphi}{l\cdot\Delta l}=\frac{\Delta\beta}{l}+\frac{\mathrm{d}(\Delta\beta)}{\mathrm{d}l} \tag{2-209}$$

对于高双折射光纤，只考虑轴向应变时，$\Delta l$ 与被测压力 $P$ 的关系为

$$\Delta l=-Pl(1-2\mu)/E \tag{2-210}$$

将式（2-210）代入式（2-209）得

$$\frac{\Delta\varphi}{Pl}=-\left[\frac{\Delta\beta}{l}+\frac{\mathrm{d}(\Delta\beta)}{\mathrm{d}l}\right]l(1-2\mu)/E \tag{2-211}$$

或
$$\Delta\varphi=-\left[\frac{\Delta\beta}{l}+\frac{\mathrm{d}(\Delta\beta)}{\mathrm{d}l}\right]Pl^2(1-2\mu)/E$$

从而得到光纤中两个正交模式之间相移变化与被测压力 $P$ 的关系，通过对 $\Delta\varphi$ 的检测可实现对压力 $P$ 的检测。

D 光纤光栅传感器

光纤光栅是一种通过一定方法使光纤纤芯的折射率发生轴向周期性调制而形成的衍射光栅，是一种无源滤波器件[34]。由于光纤光栅具有体积小，熔接损耗小，全兼容于光纤的特点，并且其谐振波长对温度、应变等外界变化比较敏感，在光纤通信和光纤传感领域具有广泛的应用。

目前常用的光纤光栅传感器为光纤布拉格光栅传感器。世界上第一根光纤布拉格光栅（Fiber Bragg Grating，FBG）诞生于1978年，由加拿大通信研究中心的Hill等发明[35]。布拉格光纤光栅是通过改变光纤芯区折射率，使其产生小的周期性调制而形成，如图2-205所示。由于周期性折射率的扰动仅会对较窄的一段光谱产生影响（典型光谱宽度为0.05~0.3 nm），当宽带光波在光栅中传输时，入射光将在相应的频率上被反射回来，其余的透射光波则几乎不受影响，如图2-206所示。这样光纤光栅实际上就起到了光波选择反射镜的作用，根据光纤耦合模理论，当宽带光在FBG中传输时，就会产生模式耦合，满足反射条件（式（2-212））的光被反射。

$$\lambda_B=2n_{\mathrm{eff}}\Lambda \tag{2-212}$$

式中 $\lambda_B$——反射中心波长；

$n_{\mathrm{eff}}$——有效折射率；

$\Lambda$——光栅周期。

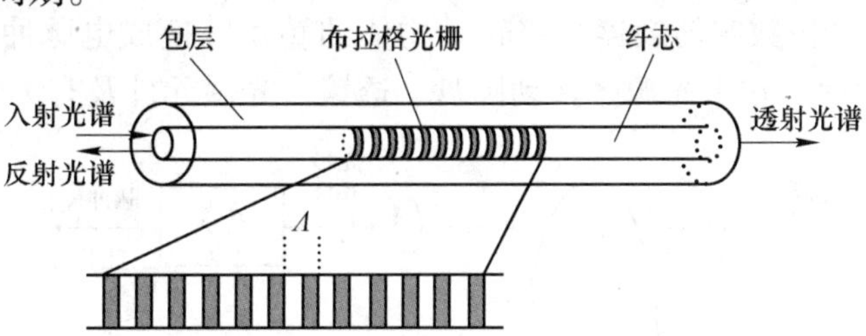


图2-205 布拉格光纤光栅结构图

当FBG的温度或者应力发生变化时，将导致光栅栅距周期及纤芯折射率的变化，从而使光纤光栅中心波长发生移动，通过检测FBG波长移动的情况，即可以获得待测温度、应力、应变的变化情况。进一步来说，力、位移、加速度等参数，只要它能够引起光栅轴

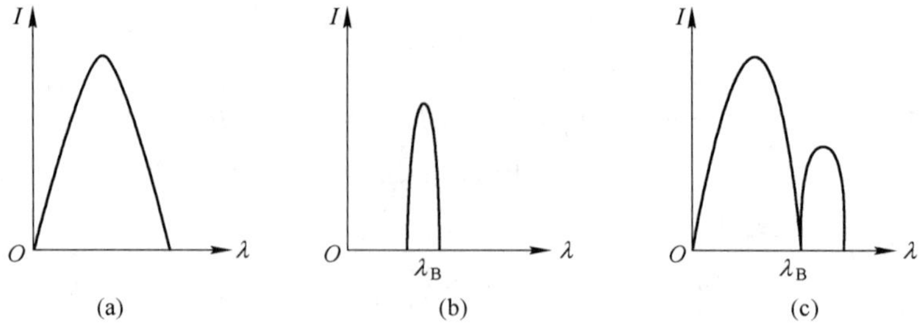


图 2-206 FBG 光谱特性示意图

（a）入射光谱；（b）反射光谱；（c）透射光谱

向变形从而引起光栅周期变化，就可以转换为 FBG 波长变化。通过检测 FBG 波长移动的情况，就可以实现这些参数的检测。

光纤光栅除光纤布拉格光栅外，还有近年来出现的长周期光纤光栅（Long Period Fiber Grating，LPFG）。两者工作原理不同。光纤布拉格光栅的光学性质是基于光纤反向模式之间的谐振耦合而实现的，而长周期光纤光栅的光学性质则是基于光纤内满足相位匹配条件的同向模式之间的谐振耦合。因此，与光纤布拉格光栅相比，长周期光纤光栅具有许多显著不同的特点。长周期光纤光栅也可用于温度、应力、应变等参数的测量，具体内容请参考相关文献。

## 2.12 数字式传感器

随着工业生产的发展，对测量提出了高精度、数字化等方面的要求。用码盘、光栅、磁栅、感应同步器等数字式传感器能适应这一要求。数字式传感器可借助于电子技术，达到足够高的测量精度，且没有人为读数误差；易于实现测量系统的快速、自动化和数字化；测量范围广，抗干扰能力强。

### 2.12.1 转角-数字式传感器

#### 2.12.1.1 光电脉冲盘式转角-数字转换器

光电脉冲盘式转角-数字转换器是将转动物体的转角转换成电脉冲的变换器。它的结构形式如图 2-207 所示。它由光源、转动圆盘、透镜、光敏元件及有关电路组成。

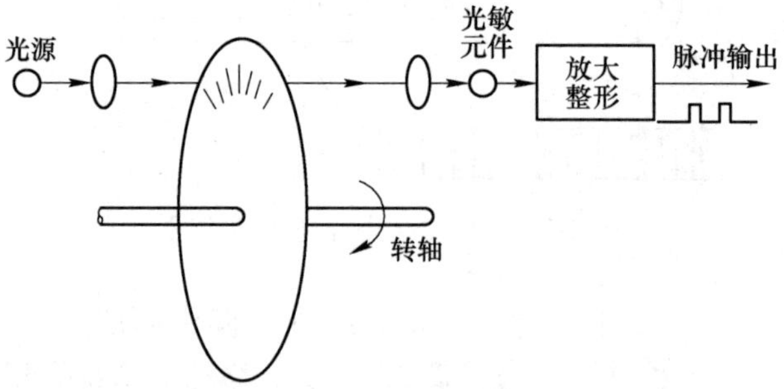


图 2-207 光电脉冲盘式转角-数字转换器

在转动圆盘边缘上开等角距的孔或采用光栅均可，视测量对象和要求而定。开孔一般数量较少，精度较低。对测量精度要求较高者，则采用光栅。

将圆盘安装在被测物体的转轴上，使其与被测物体一起转动。光源发出的光经圆盘的孔或光栅透过，被光敏元件接收。当圆盘转动时光源发出的光就经圆盘遮挡交替地照射到光敏元件上，经放大整形后，就有一个个脉冲输出。转动角度越大，产生的脉冲个数越多。经过计算脉冲个数，可测得转角的大小；经过电路的适当变换亦可测量转动物体的转速。

2.12.1.2 磁电式转角-数字转换器

磁电式转角-数字转换器的结构如图 2-208 所示。此种结构形式多用于转速测量。转子和定子均用工业纯铁做成，在它们的圆形端面上均匀地铣出等角距的槽子，使其成为齿状，如图 2-208（b）所示。

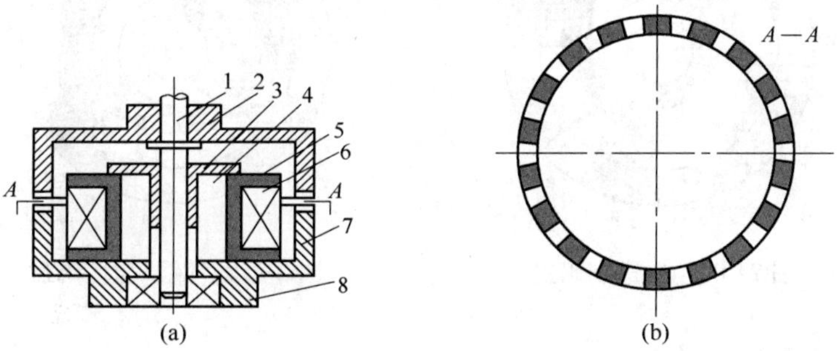


图 2-208 磁电式转角-数字转换器结构示意图

（a）结构图；（b）转子（定子）磁齿

1—转轴；2—转子；3—压块；4—永久磁铁；5—线圈框架；6—线圈；7—定子；8—轴承

在测量时，将转轴 1 与被测物转轴相连接，因而被测物就带动转子 2 转动。当转子与定子的齿凸凸相对时，气隙最小，磁通最大；当转子与定子的齿凸凹相对时，气隙最大，磁通最小。这样定子不动而转子转动时，磁通就周期性地变化，从而在线圈 6 中感应出近似正弦波的电压信号。该信号经整形后可变为脉冲输出。输出脉冲的频率为

$$f = 60Nn \tag{2-213}$$

式中 $N$——定子和转子端面的齿数；

$n$——被测物体的转速。

当测得输出电脉冲频率 $f$ 后，根据已知的 $N$，可以求得转速 $n$，从而达到测量的目的。

2.12.1.3 码盘式转角-数字转换器

码盘式转角-数字转换器是按角度直接进行编码的转换器。按其结构可分为接触式、光电式和电磁式。

A 接触式码盘

图 2-209 所示为一个四位接触式码盘。涂灰部分为导电区，输出为“1”；空白部分不导电，输出为“0”。所有导电部分连在一起，接高电位。共有四圈码道，在每圈码道上都

有一个电刷，电刷经电阻接地。当码盘与被测物转轴一起转动时，电刷上将出现相应的电位，对应一定的数码。

若采用 $n$ 位码盘，则能分辨的角度为 $\alpha=\dfrac{360°}{2^n}$。位数 $n$ 越大，能分辨的角度越小，测量越精确。

二进制码盘很简单，但在实际应用中对码盘制作和电刷安装（或光电元件安装）要求十分严格，否则就会出现非单值性误差。

为了消除非单值性误差，可采用循环码盘，其结构如图 2-210 所示。它的特点是相邻的两个数码间只有一位是变化的，因此即使安装制作有误差，产生的误差最多也只是最低位的一位数。

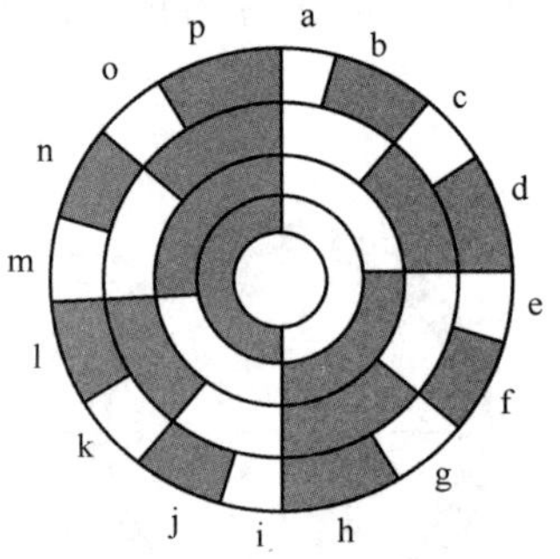


图 2-209 二进制码盘

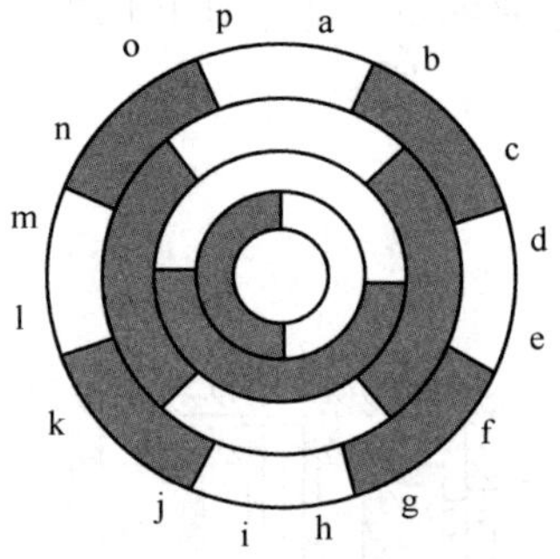


图 2-210 四位循环码盘

B 光电式码盘

码盘是用透明及不透明区按一定编码构成。码盘上的码道条数就是数码的位数。对应每一条码道有一个光电转换元件。当码盘处于不同角度时，光电转换器的输出呈现出不同的数码，如图 2-211 所示。

C 电磁式码盘

电磁式码盘是在导磁体（软铁）圆盘上用腐蚀的方法做成一定的编码图形，使导磁性有的地方高，有的地方低。再用一个很小的马蹄形磁芯作磁头，上面绕两组线圈，原边用正弦电流激励。由于副边感应电势与整个磁路磁导有关，因而可以区分出码盘随被测物体所转动的角度。

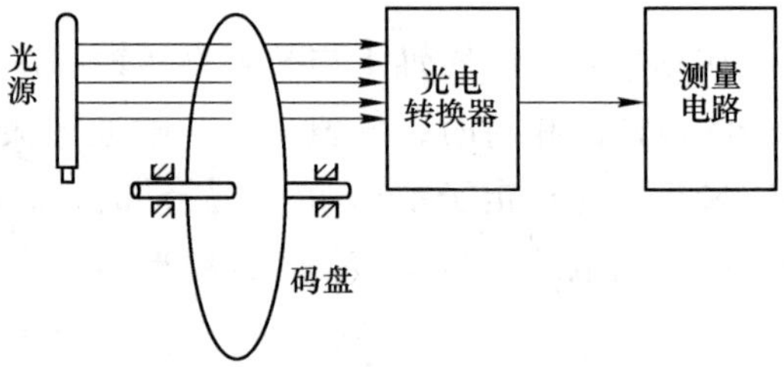


图 2-211 光电式码盘转角-数字转换示意图

## 2.12.2 光栅式传感器

计量光栅广泛用于测量技术中，它可以测量直线位移和转角位移。

### 2.12.2.1 光栅结构

计量光栅是在透明的玻璃上均匀地刻划线条，或是在不透明但具有强反射能力的基体上均匀地刻划间距、宽度相等的条纹。使用的透明材料一般是主光栅用普通工业用白玻璃，而指示光栅最好用光学玻璃；非透明材料基体一般用不锈钢。

根据用途不同，光栅做成长光栅和圆光栅两种。光栅根据刻划的形式不同分为黑白光栅（或叫幅值光栅）和相位光栅。按光栅的光线走向又可分为透射光栅和反射光栅两种。

A 长光栅

图 2-212（a）所示为透射长光栅结构示意图。将黑白光栅线纹放大，如图 2-212（b）所示，$a$ 表示线纹宽，$b$ 表示刻线的间距，$W$ 为光栅节距（栅距）或称光栅常数，$W=a+b$。计量光栅条纹密度一般为 25 条/mm、50 条/mm、100 条/mm 和 250 条/mm 四种。

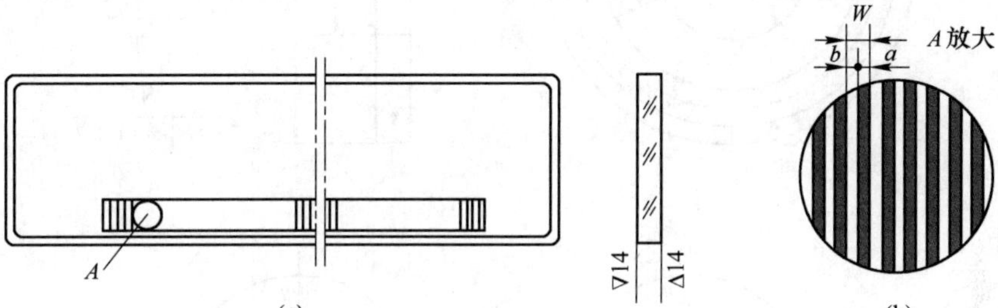

(a) (b)

图 2-212 透射长光栅

图 2-213 所示为反射式相位光栅的线纹结构。光栅的沟槽截面做成这种形状，其目的是使 0 次和 1 次衍射光的强度大约相等并且特别强。这样就会增强莫尔条纹的反差，使光电元件得到较大的信号。其斜面的倾角是根据光栅材料的折射率与入射光的波长来确定的。这种光栅的线纹是直接刻制的，条纹密度一般为每毫米 100~200 条，刻线宽一般为 0.4~7 μm。

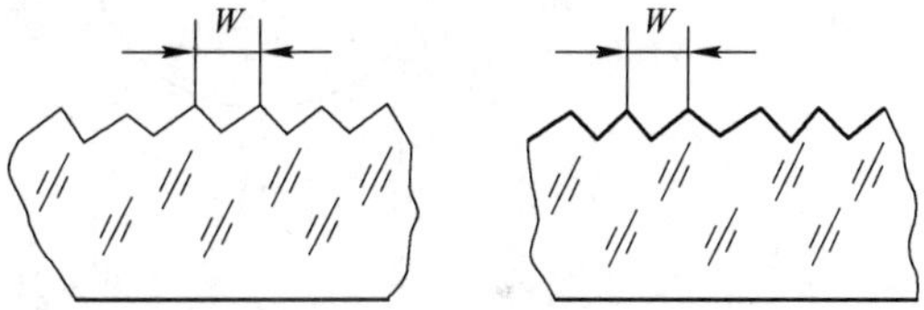

(a) (b)

图 2-213 反射式相位光栅线纹形状
（a）不对称型；（b）对称型

B 圆光栅

图 2-214 为圆光栅的结构示意图。圆光栅只有黑白透射光栅，整个圆周刻线数为 2700~86400 条，$W=0.01\sim0.05$ mm。

径向光栅可用于各种场合，切向光栅适用于精度要求较高的场合，因为采用整个光栅平均效应可减少光栅刻划安装误差的影响。

### 2.12.2.2 工作原理

光栅传感器由光栅、光路和光电元件以及转换电路等组成。下面以黑白透射光栅为例说明光栅传感器的工作原理。

如图 2-215 所示，主光栅与指示光栅之间的距离为 $d$。$d$ 应根据光栅的栅距来选择，对于每毫米 25~100 线的黑白光栅，指示光栅应置于主光栅的“费涅耳第一焦面上”，即

$$d = W^2/\lambda \tag{2-214}$$

式中 $d$——两光栅的距离；

$W$——光栅栅距；

$\lambda$——有效光的波长。

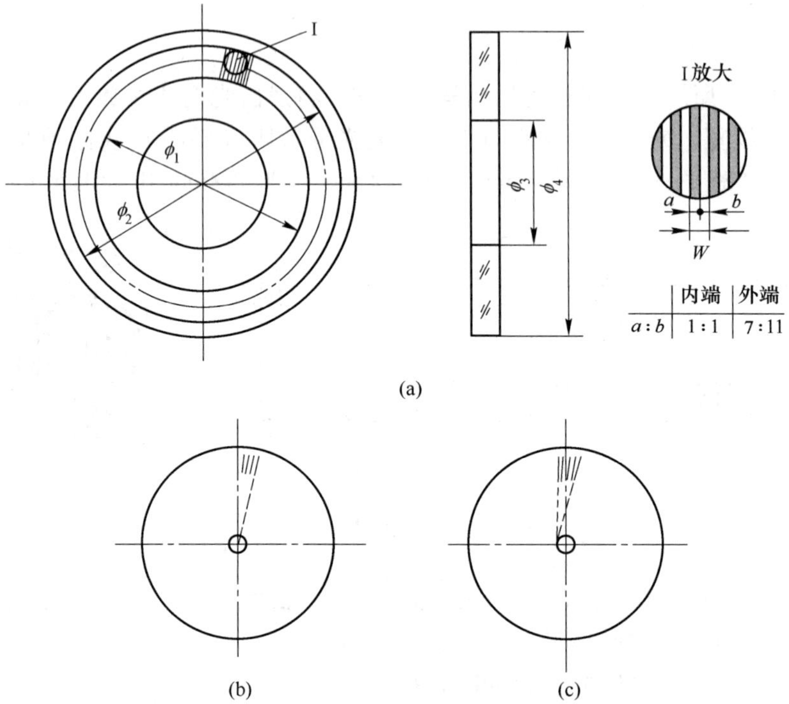


图 2-214 圆光栅

（a）结构图；（b）径向光栅；（c）切向光栅

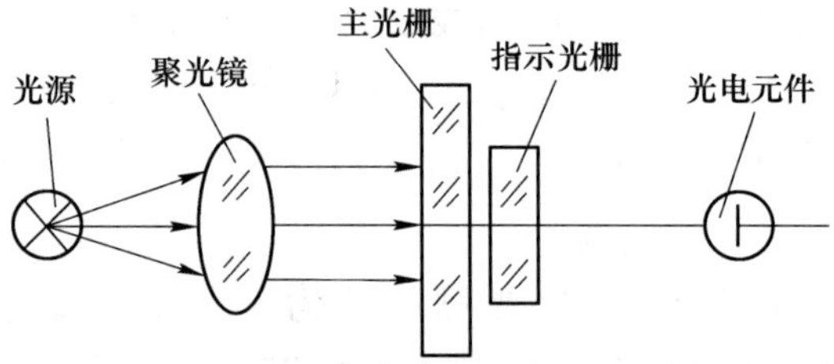


图 2-215 黑白透射光栅光路

采用一般的硅光电池，$\lambda$ 可取 0.8 μm，对于每毫米 25 条线的光栅，$d=2$ mm；对于每毫米 100 条线的光栅，$d=0.125$ mm；对于每毫米 250 条线的光栅，因为 $d$ 太小，结构上不易保证，故很少使用。

当指示光栅的线纹与主光栅的线纹相交一个微小的夹角，由于挡光效应（对线纹密度≤50 条/mm 的粗光栅，衍射现象是次要的）或光的衍射（对线纹密度≥100 条/mm 的细光栅）在与光栅线纹大致垂直的方向上，即两刻线交角的二等分线处，产生明暗相间的条纹。这些条纹称为莫尔条纹，如图 2-216 所示。它有如下特征：

（1）莫尔条纹由光栅的大量刻线共同形成，对光栅刻线的刻线误差有平均作用，从而能在很大程度上消除短周期误差的影响。

（2）在两块光栅沿刻线垂直方向作相对移动。莫尔条纹通过栅外固定点（装有光电元件的测量点）的数量则刚好与光栅移动的刻线数量相等。光栅作反向移动时，莫尔条纹移动方向亦相反。从固定点观察到的莫尔条纹光强的变化近似于正弦波变化，光栅移动一个栅距，光强变化一个周期，如图 2-217 所示。

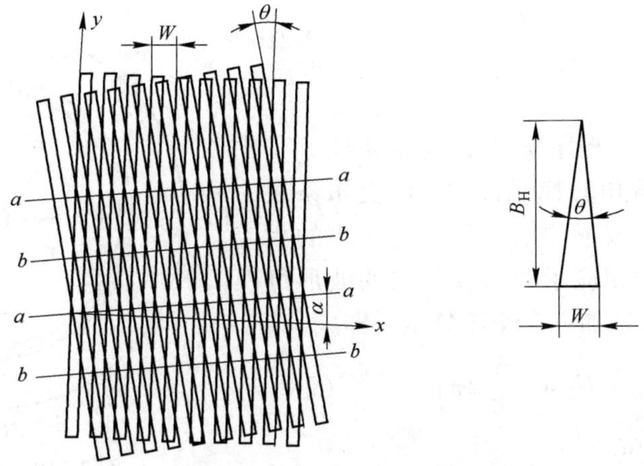


图 2-216 光栅和横向莫尔条纹

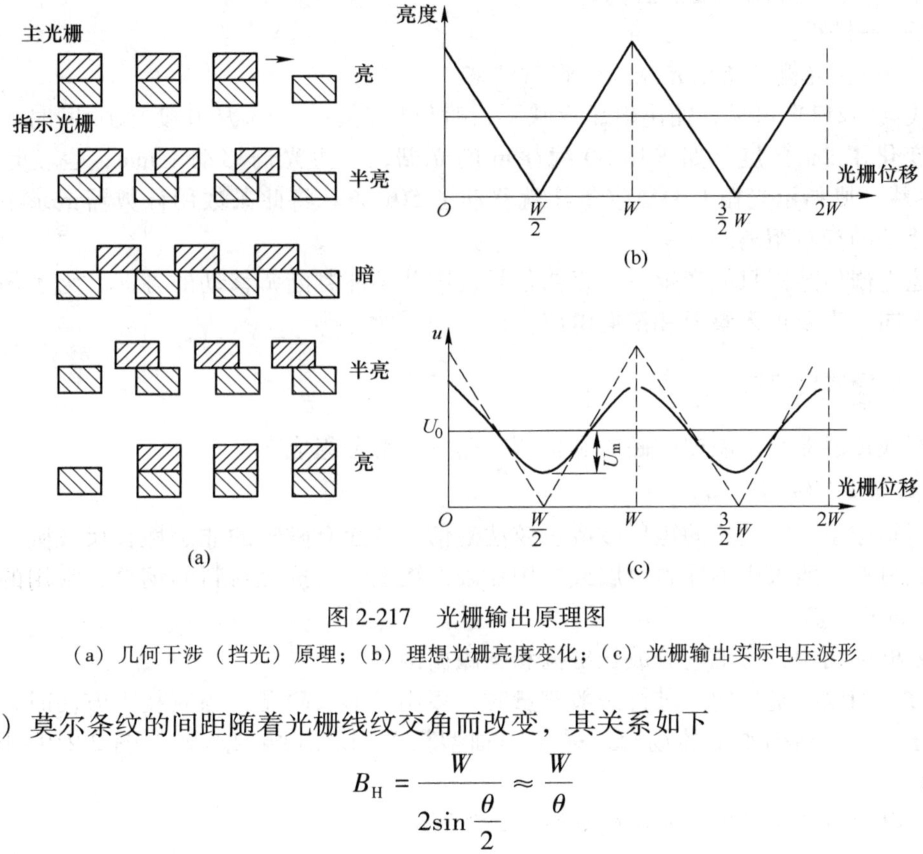


图 2-217 光栅输出原理图

(a) 几何干涉（挡光）原理；(b) 理想光栅亮度变化；(c) 光栅输出实际电压波形

(3) 莫尔条纹的间距随着光栅线纹交角而改变，其关系如下

$$B_H = \frac{W}{2\sin\frac{\theta}{2}} \approx \frac{W}{\theta} \tag{2-215}$$

式中 $B_H$——条纹间距；

$W$——光栅栅距；

$\theta$——两光栅线纹夹角。

从式（2-215）可以看出，$\theta$ 越小，$B_H$ 越大，相当于把栅距扩大了 $1/\theta$ 倍。

应用两块刻线数相同，切线圆半径分别为 $r_1$、$r_2$ 的切向圆光栅同心放置，所产生的环形莫尔条纹，如图 2-218 所示。其条纹间距 $B_H$ 为

$$B_H = \frac{WR}{r_1 + r_2} \tag{2-216}$$

通常 $r_1 = r_2$。

当主光栅移动一个栅距 $W$ 时，莫尔条纹就变化一个周期 $2\pi$。通过光电转换元件，可将莫尔条纹的变化变成近似于正弦波形的电信号。电压小的相应于暗条纹，电压大的相应于明条纹。它的波形可视为在一个直流分量上迭加一个交流分量，即

$$U = U_0 + U_m \sin\left(\frac{x}{W}2\pi\right) \tag{2-217}$$

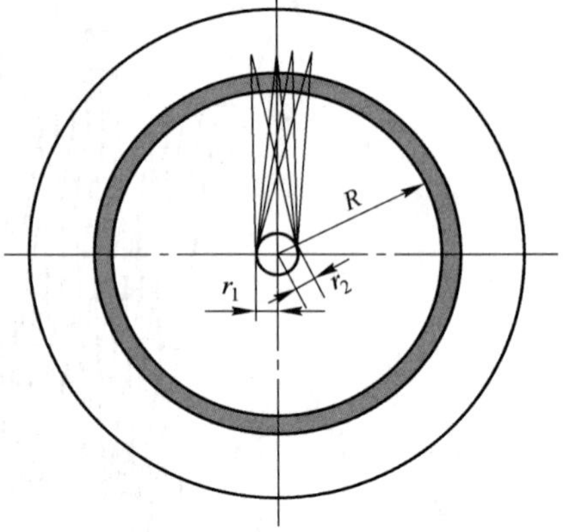

图 2-218　环形莫尔条纹

式中　$U$——输出电压；

$U_0$——电压直流分量；

$U_m$——电压交流分量幅值；

$W$——栅距；

$x$——主光栅与指示光栅间的瞬时位移。

从式（2-217）可见，输出电压反映了瞬时位移大小。当 $x$ 从 0 变化到 $W$ 时，相当于电角度变化了 $2\pi$ 角度。如采用 50 线/mm 的光栅，当主光栅移动 $x$ mm，也就是移动了 $50x$ 条刻线，则指示光栅上的莫尔条纹就移动了 $50x$ 条。将此条数用计数器记录下来，就可知道移动的相对距离。

上述光栅传感器只能产生一个正弦信号，因此不能判断 $x$ 移动的方向。为了便于计数和判断方向，需要加入整形和辨向电路。

### 2.12.3　磁栅式传感器

磁栅式传感器是由磁栅、磁头和检测电路等三部分组成。

2.12.3.1　*磁栅*

磁栅是记录一定波长的矩形波或正弦波磁信号的涂有磁粉的非磁性长尺或圆盘。非磁性的基底材料一般采用不导磁金属或采用在表面镀上一层抗磁材料的钢材，常用的基底材料是 Ni-Co-P 合金。

按磁栅的结构，可把它分成长磁栅和圆磁栅两种。

长磁栅用以测量长度。进行一般测量时，多用尺形长磁栅；当安装不方便时，采用带形长磁栅；要求结构紧凑的场合，采用同轴型长磁栅。其结构形式如图 2-219 ~ 图 2-221 所示。

圆磁栅用以测量角度，其结构如图 2-222 所示。

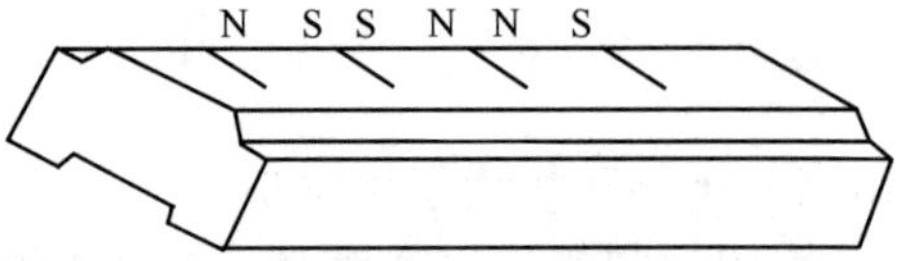

图 2-219　尺形长磁栅

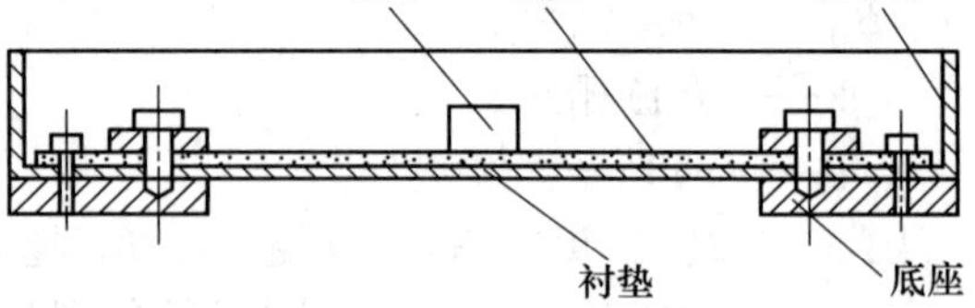

图 2-220　带形长磁栅传感器

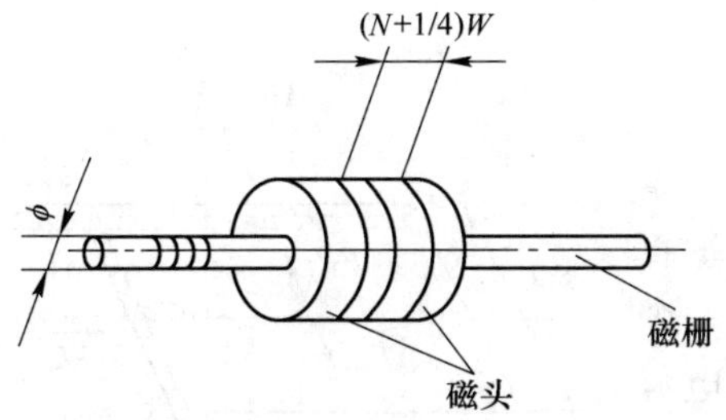


图 2-221 同轴型长磁栅

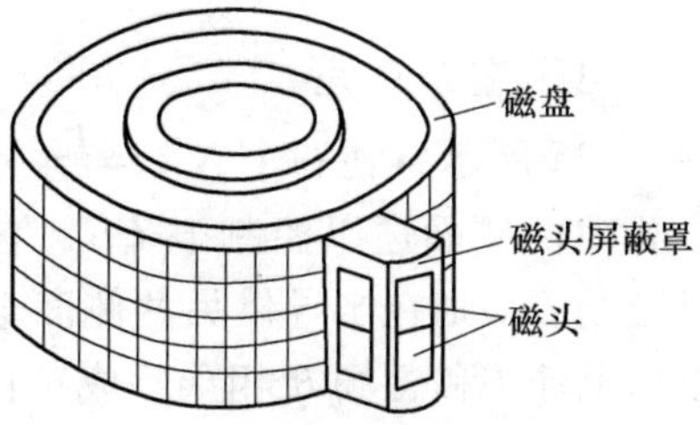


图 2-222 圆磁栅传感器

2.12.3.2 *磁头*

磁头的作用是把磁栅的信号检测出来，并转换成电信号。按读取信号方式，可将磁头分为动态和静态两种。

动态磁头又称速度响应式磁头。它只有一组输出绕组。只有磁头与磁栅之间有相对运动时，才有信号输出。读出信号为正弦，该信号在 N、N 重叠处为正的最强，在 S、S 重叠处为负的最强，如图 2-223 所示。

静态磁头又称磁通响应式磁头，用它可以在没有相对运动时进行检测。它有两组绕组，一组绕组为激磁绕组 $W_1$，另一组绕组为输出绕组 $W_2$，如图 2-224 所示。在激磁绕组中通入交变的激磁信号，使截面小的铁芯部分在每周期内两次被电流产生的磁通所饱和。这时铁芯的磁阻很大，磁栅上漏磁通就不能由铁芯流过输出绕组产生感应电动势。只有在激磁电流每周期两次过零时，可饱和的截面小的铁芯不出现饱和，磁栅上的漏磁通因变化率大，才使输出绕组上产生电动势，其频率为激磁电流频率的两倍。输出幅值与磁栅进入铁芯漏磁通的大小成比例，由磁尺与磁头的相对位置决定。

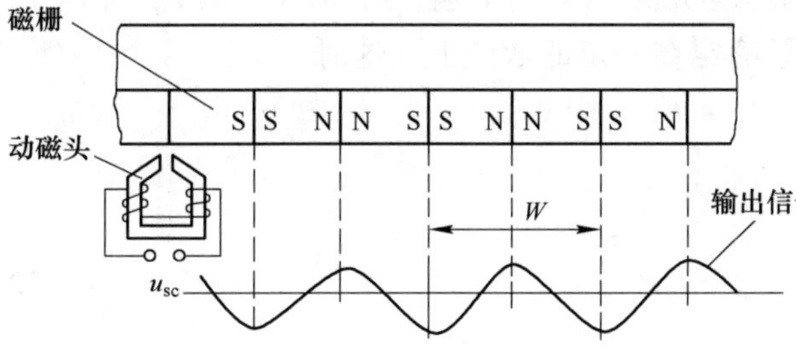


图 2-223 动态磁头

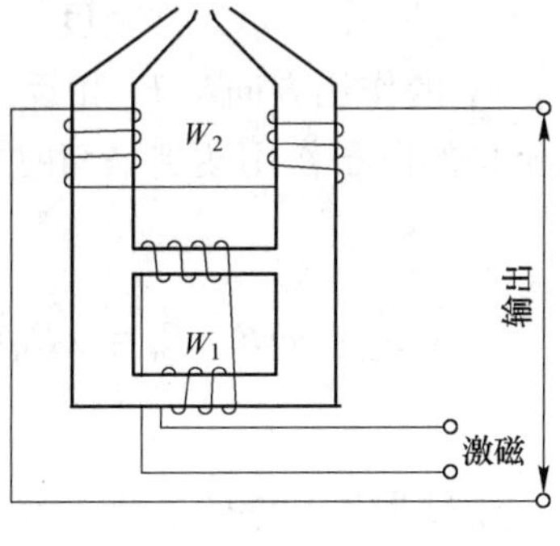


图 2-224 静态磁头

## 2.13 霍尔式传感器

霍尔式传感器是一种利用霍尔效应进行工作的传感器。根据霍尔效应原理制成的元件称为霍尔元件，它是霍尔式传感器的核心敏感部件。

## 2.13.1 霍尔元件的工作原理

### 2.13.1.1 霍尔效应

如图2-225所示，在一个N型半导体薄片（霍尔元件）相对两侧面通以控制电流 $I$，在薄片垂直方向加以磁场 $B$，则在半导体另两侧面会产生一个大小与控制电流 $I$ 和磁场 $B$ 相乘积成正比例的电势 $U_H$，即

$$U_H = K_H IB \tag{2-218}$$

这一现象叫做霍尔效应。产生的电势 $U_H$ 叫做霍尔电势。

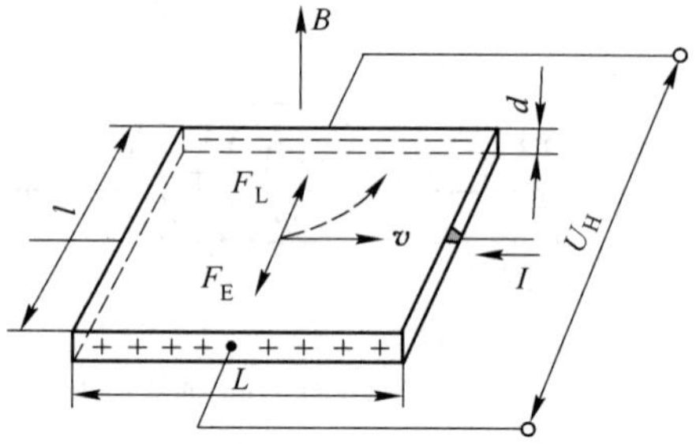

图2-225 霍尔效应原理图

设霍尔元件为N型半导体制成，其导电机构是自由电子。在磁场中运动的电子（电流）受洛伦兹力 $F$ 的作用，即

$$F_L = q\boldsymbol{v} \times \boldsymbol{B} \tag{2-219}$$

式中 $\boldsymbol{v}$——电子运动的速度矢量；
$\boldsymbol{B}$——磁场矢量；
$q$——带电粒子的电量。

由于洛伦兹力 $F_L$ 的作用，使电子向垂直于磁场和自由电子运动的方向移动，并在端面上产生电荷积累。由于电荷的积累而产生了静电场，这个电场对电子的作用力 $F_E$ 为

$$F_E = -eE_H = -eU_H/l \tag{2-220}$$

式中 $F_E$——电场力；
$E_H$——霍尔电场强度；
$U_H$——霍尔电势；
$l$——霍尔元件宽度。

$F_E$ 的作用方向与 $F_L$ 相反。随着电荷积累增多，电场增强，$F_E$ 增大。当 $F_E$ 与 $F_L$ 对导电机构的电子作用达到平衡时，电荷积累稳定在一定的数值上。这时

$$F_E = F_L$$

因为 $F_L = -evB$，$F_E = -eE_H = -e\dfrac{U_H}{l}$，所以有

$$U_H = lvB \tag{2-221}$$

流过霍尔元件的电流 $I$ 为

$$I = \frac{\mathrm{d}Q}{\mathrm{d}t} = l \cdot d \cdot v \cdot n \cdot (-e) \tag{2-222}$$

式中 $Q$——电量；
$d$——霍尔元件的厚度；
$n$——单位体积内的电子数；
$e$——电子的电量。

将式（2-222）代入式（2-221）得到

$$U_H = -\frac{IB}{ned} \tag{2-223}$$

若是P型半导体霍尔元件，则

$$U_H = \frac{IB}{ped} \tag{2-224}$$

式中 $p$——单位体积内空穴数。

为方便起见，一般对N型半导体霍尔元件的表达式也不写负号。

2.13.1.2 霍尔系数及灵敏度

把式（2-223）中的$\frac{1}{ne}$用$R_H$表示，即取

$$R_H = \frac{1}{ne}$$

则有

$$U_H = R_H \frac{IB}{d} \tag{2-225}$$

式中 $R_H$——霍尔系数。

霍尔系数$R_H$由半导体材料决定，它反映了材料的霍尔效应的强弱。单位体积内导电粒子数越少，霍尔效应越强。半导体比金属导体霍尔效应强。

另外定义

$$K_H = \frac{R_H}{d} \tag{2-226}$$

为霍尔元件的灵敏度。这时，霍尔电势表示为

$$U_H = K_H IB \tag{2-227}$$

式中，$K_H$表示在单位电流、单位磁场作用下，开路的霍尔电势输出值。它与元件的厚度成反比，降低厚度$d$，可以提高灵敏度。但在考虑提高灵敏度的同时，必须兼顾元件的强度和内阻。

2.13.1.3 霍尔元件的基本电路

根据霍尔效应原理，霍尔元件的基本电路形式，如图2-226所示。控制电流$I$由电源$E$供给，$R$为可调电阻，以保证得到所需的控制电流数值。霍尔输出端接负载电阻$R_L$，它可以是放大器输入电阻或表头内阻。磁场$B$要与元件平面垂直，图示为$B$指向纸面。在$I$和$B$作用下，产生霍尔电势输出。

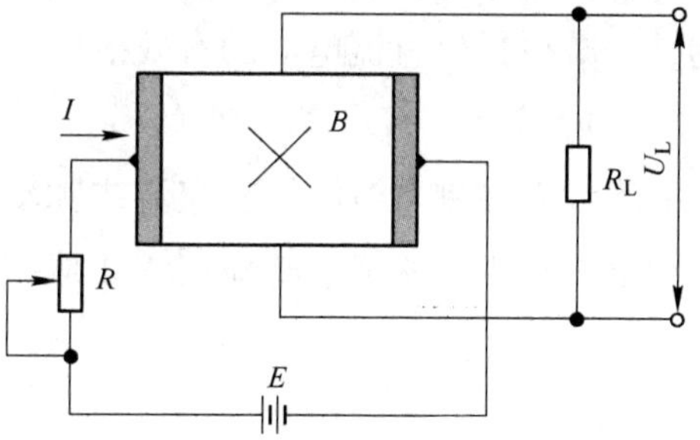

图2-226 霍尔元件基本电路

在实际测量中，可以把$I$与$B$的乘积作为输入，也可把$I$或$B$单独作为输入，通过霍尔电势输出得到测量结果。

## 2.13.2 零位误差及补偿

霍尔元件在不加控制电流或不加磁场时，出现的霍尔电势称为零位误差。它主要有下

面几种。

2.13.2.1 不等位电势 $U_0$

不等位电势是零位误差的主要来源。由于在制作两个霍尔电势极时不可能绝对对称地焊在霍尔元件两侧，如图 2-227（a）所示，因此当控制电流 $I$ 流过时，$c$、$d$ 两电极就不处在同一等位面上。这时虽未加磁场，$c$、$d$ 之间也存在电位差，该电位差称为不等位电势。

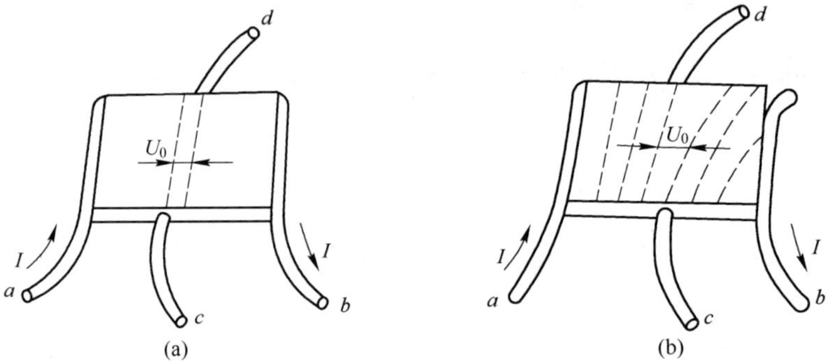


图 2-227 不等位电势产生示意图

（a）电势极不对称；（b）电流极接触不良

由于电阻率不均匀、霍尔元件的厚度不均匀或控制电流极的端面接触不良，如图 2-227（b）所示，也会产生不等位电势。在使用中为了克服不等位电势带来的影响，可以通过电桥平衡原理加以补偿。

2.13.2.2 寄生直流电势

在没有磁场下，元件通以交流控制电流，它的输出除了交流不等位电势外，还有一直流电势分量，此电势称为寄生直流电势。

元件制作及安装时，尽量改善电极的欧姆接触性能和元件的散热条件，并做到散热均匀，是减少寄生直流电势的有效措施。

2.13.2.3 感应零电势 $U_{i0}$

当没有控制电流时，在交流或脉动磁场作用下产生的电势称为感应零电势 $U_{i0}$。它与霍尔电势极引线构成的感应面积 $A$ 成正比，如图 2-228（a）所示。根据电磁感应定律

$$U_{i0} = -A\frac{\mathrm{d}B}{\mathrm{d}t} \tag{2-228}$$

感应零电势的补偿可采用图 2-228（b）、（c）所示的方法，使霍尔电势极引线围成的感应面积 $A$ 所产生的感应电势互相抵消。

2.13.2.4 自激场零电势

当霍尔元件通以控制电流时，此电流就会产生磁场，这一磁场称为自激场，如图 2-229（a）所示。由于元件的左右两半场相等，故产生的电势方向相反而抵消。实际应用时元件多为图 2-229（b）所示形状，由于控制电流引线也产生磁场，使元件左右两半场

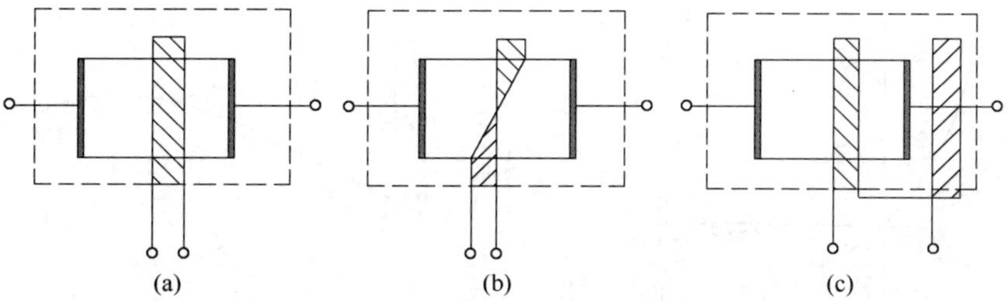


图 2-228　磁感应零电势及其补偿

（a）感应零电势示意图；（b）自身补偿法；（c）外加补偿法

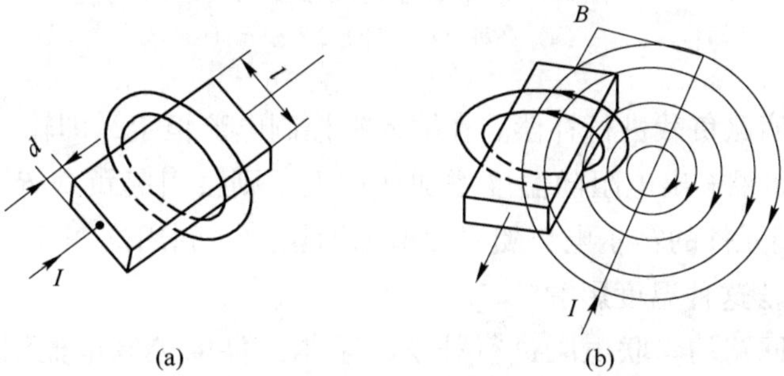


图 2-229　元件自激场零电势示意图

强不等，因而有霍尔电势输出，这一输出电势称为自激场零电势。

要克服自激场零电势的影响，只要将控制电流引线在安装过程中适当安排即可。

### 2.13.3　霍尔元件的特性

#### 2.13.3.1　霍尔元件的温度特性及补偿方法

一般半导体元件对温度都比较敏感，其输入、输出电阻及霍尔电势都与温度有关。

A　温度对内阻的影响

所谓内阻是霍尔元件控制电流两端之间的输入电阻和霍尔电势两输出端的输出电阻。不同材料制成的霍尔元件，其内阻与温度的关系不同。

B　温度对霍尔输出的影响

图 2-230 绘出了各种材料的霍尔输出随温度变化的情况。从图 2-230（a）中可以看出锑化铟（InSb）变化最显著，硅的霍尔电势温度系数最小，其次是砷化铟（InAs）和锗（Ge）。

HZ 型元件的霍尔输出电势与温度的关系，如图 2-230（b）所示。当温度在 50 ℃左右时，HZ-1、HZ-2、HZ-3 输出的温度系数由正变负，而 HZ-4 则在 80 ℃左右由正变负。此转折点的温度称为元件的上限温度。考虑到元件工作时的温升，工作温度还要适当降低。

C　温度补偿

（1）恒流源补偿。当负载电阻比霍尔元件输出电阻大很多时，输出电阻变化对输出的影响很小。在这种情况下，只考虑在输入端进行补偿。一种简单的办法就是采用恒流源。

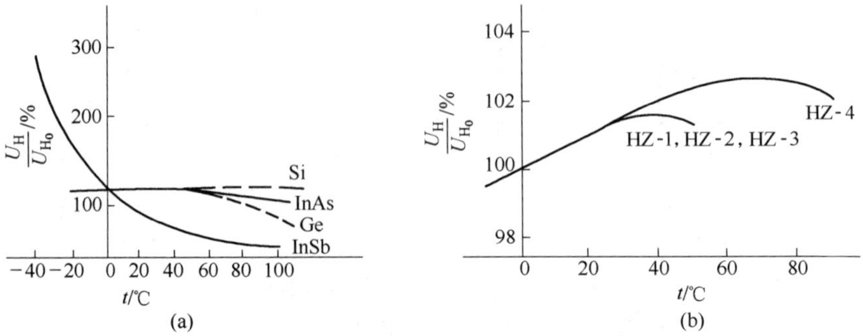


图 2-230 霍尔电势与温度的关系

（a）各种材料；（b）HZ 型元件

（2）利用输出回路负载进行补偿。在输入端控制电流恒定，即输入电阻随温度变化可以忽略的情况下，如果输出电阻随温度增加而增大，则会引起负载 $R_L$ 上的电压随温度上升而减小，而 HZ 型元件的霍尔电势随温度增加而增加。利用这一关系，只要选择合适的负载 $R_L$，有可能补偿这种温度影响。

（3）利用输入回路的串联电阻进行补偿。霍尔元件的控制电流回路用稳压电源 $E$ 供电，霍尔输出端开路状态工作，当输入回路串联适当的电阻 $R$ 时，霍尔电势随温度的变化可得到补偿。

（4）利用热敏电阻及电阻丝进行补偿。对于用温度系数大的半导体材料制成的霍尔元件，例如锑化铟材料的元件，常采用热敏电阻进行补偿。

锑化铟元件的霍尔输出随温度升高而下降，若能使控制电流随温度升高而上升，就能进行补偿。在输入回路串热敏电阻，当温度上升时其阻值下降，使控制电流上升。在输出回路补偿，负载上得到的霍尔电势随温度上升而下降，被热敏电阻阻值减小所补偿。

在使用时，热敏电阻或电阻丝最好和霍尔元件封在一起或靠近，使它们温度变化一致。

### 2.13.3.2 霍尔元件的电磁特性

霍尔元件的电磁特性包括输出电势与控制电流、外加磁场的关系，输入、输出电阻与外加磁场的关系等。

#### A 霍尔电势与控制电流的关系

在固定的磁场下，温度不变时，霍尔输出电势 $U_H$ 与控制电流 $I$ 有良好的线性关系，如图 2-231 所示。其直线斜率以 $K_I$ 表示，即

$$K_I = (U_H/I)_{B=C} \qquad (2\text{-}229)$$

式中，$C$ 为常数。

从式 $U_H = K_H IB$ 可以得到

$$K_I = K_H B \qquad (2\text{-}230)$$

定义 $K_I$ 为霍尔元件的控制电流灵敏度。

B 霍尔电势与磁场的关系

在控制电流恒定、温度不变的条件下，元件的霍尔电势 $U_H$ 与磁场 $B$ 的关系如图 2-232 所示。纵坐标为 $\frac{U_H(B)}{U_H(B_0)}$，$U_H(B)$ 为磁感应强度为 $B$ 时的测量值，$U_H(B_0)$ 为磁感应强度为 $B_0$ 时的计算值。由图 2-232 可见，锑化铟的霍尔电势 $U_H$ 对磁场 $B$ 的线性度最差，硅的线性度最好。对锗而言，沿着（100）晶面切割的晶片的线性度优于沿着（111）晶面切割的晶片的线性度。

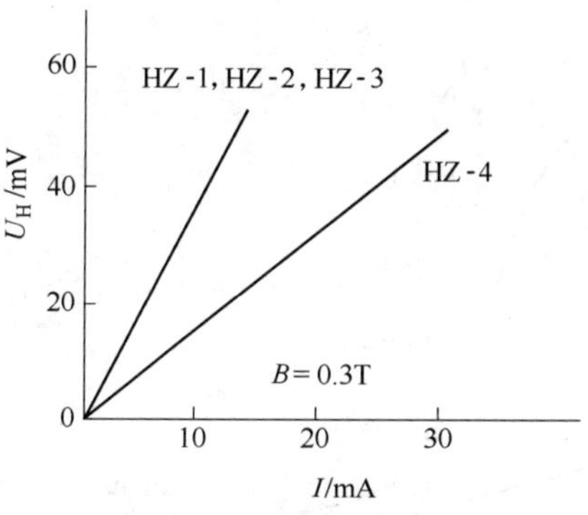


图 2-231 元件的 $U_H$-$I$ 关系

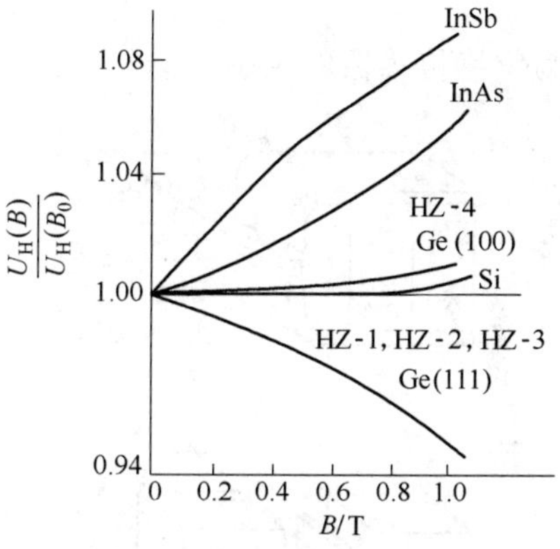


图 2-232 元件的 $U_H$-$B$ 关系

C 输入、输出电阻 $R$ 与磁场的关系

霍尔元件的内阻 $R$ 随磁场的绝对值增加而增加，这种现象称为磁阻效应。磁阻效应对霍尔元件工作很不利，特别是在强磁场时更为突出。由于磁阻效应的存在使霍尔电势减小。

2.13.3.3 霍尔元件的频率特性

霍尔效应本身的频率响应是很好的，一般霍尔效应的建立时间为 $10^{-12}\sim12^{-13}$ s，工作频率可达 $10^9$ Hz。但在交流磁场中，霍尔元件产生一些附加效应影响了 $U_H$ 而造成误差。

### 2.13.4 霍尔式传感器的应用

由霍尔元件制成的传感器，具有在静止状态下感受磁场的能力，而且具有结构简单、小型、频率响应宽、动态范围大、无接触、寿命长等特点，但它的温度稳定性较差，转换效率较低。

根据霍尔电势的表达式，霍尔式传感器可以用于下述三个方面：

（1）当控制电流不变时，使传感器处于非均匀磁场中，传感器的输出正比于磁感应强度。因此，对能转换为磁感应强度变化的量都能进行测量，例如可以进行磁场、位移、角度、转速、加速度等测量。

（2）磁场不变时，传感器输出值正比于控制电流值。因此，凡能转换成电流变化的各量，均能进行测量。

（3）传感器输出值正比于磁感应强度和控制电流之积。因此，它可以用于乘法、功率等方面计算与测量。

霍尔传感器可以实现非接触测量，可以进行位移的测量，进行探伤，也可以用于接近开关等。以下分别对霍尔式位移传感器、霍尔式速度传感器、霍尔接近开关、霍尔电流传感器进行介绍。

2.13.4.1 霍尔式位移传感器

霍尔式位移传感器的原理图如图 2-233 所示。在保持霍尔元件的控制电流恒定情况下，使霍尔元件在一个均匀梯度的磁场中沿 $z$ 方向移动，则输出的霍尔电动势为

$$U_H = kx \tag{2-231}$$

式中，$k$ 为位移传感器的灵敏度。

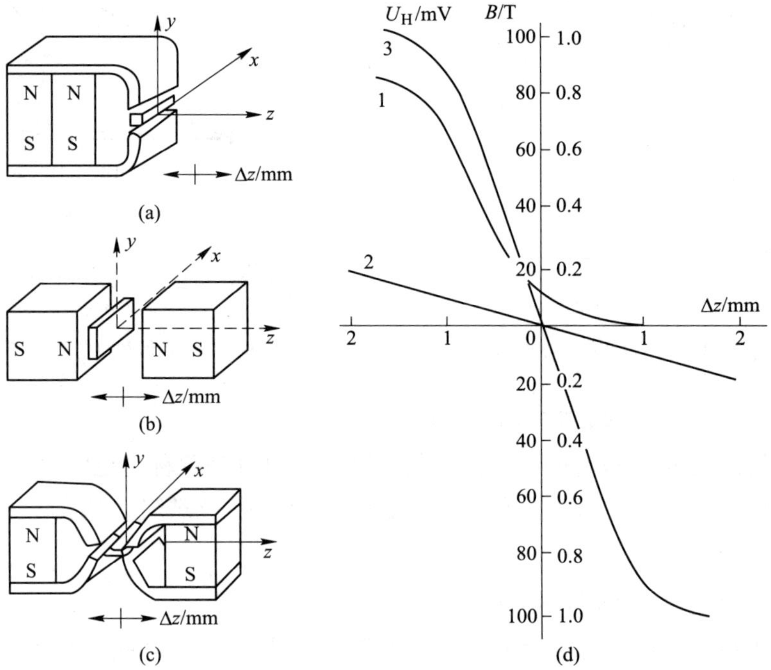


图 2-233 霍尔式位移传感器原理图

(a)~(c) 产生梯度磁场的不同类型磁系统；(d) 对应的传感器输出特性曲线

霍尔电动势的极性代表了元件位移的方向。而磁场梯度越大，则灵敏度越高；磁场梯度越均匀，输出的线性度就越好。为了得到均匀的磁场梯度，通常将磁钢的磁极片设计成特殊形状。这种位移传感器可用来测量 ±0.5 mm 的小位移，因此适用于微位移、机械振动等测量。若霍尔元件在均匀磁场内转动，则产生与转角的正弦函数成比例的霍尔电压，可以用来测量角位移。

2.13.4.2 霍尔式速度传感器

霍尔式速度传感器的特点是能检测慢速运动物体的速度。如图 2-234 所示为霍尔式速度传感器，当测速的靶转到霍尔传感器的位置时，霍尔传感器位于靶和磁铁之间，霍尔传感器可以检测到靶感应的磁通量变化。与可变磁阻传感器测磁通量的变化率不同，霍尔传感器感测的是磁通量的大小。

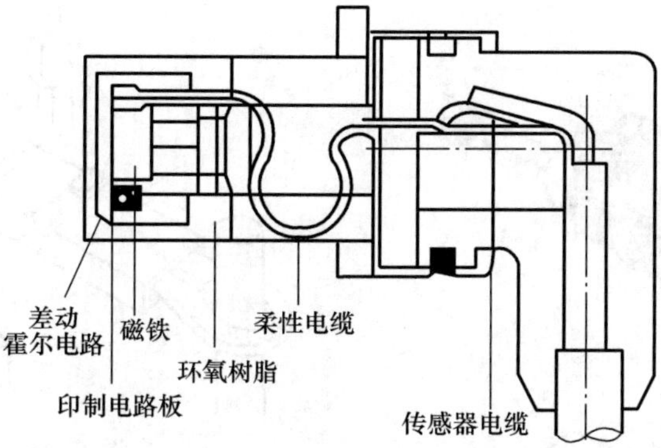


图 2-234 霍尔式速度传感器

霍尔式速度传感器的另一个重要特点是已经集成了信号处理电路而无需外加，从而提高了抗干扰能力。大多数的霍尔式速度传感器可直接提供数字信号输出，与数字逻辑、微机及 PLC 兼容。

虽然霍尔式速度传感器由于工作温度范围所限，限制了其应用，但由于霍尔式速度传感器集成了信号处理电路，能检测接近零速的运动物体速度，并能输出数字信号，其在速度检测中仍具有广泛的应用。

#### 2.13.4.3 霍尔接近开关

霍尔接近开关应用示意图如图 2-235（b）中，磁极的轴线与霍尔接近开关轴线在同一直线上。当磁铁随运动部件移动到距霍尔接近开关几毫米时，霍尔接近开关的输出由高电平变为低电平，经驱动电路使继电器吸合或释放，控制运动部件停止移动（否则将撞坏霍尔接近开关）起到限位的作用。

#### 2.13.4.4 霍尔电流传感器——钳形电流表

钳形电流表能够测量直流电流，其弱电回路与主回路隔离，能够输出与被测电流波形相同的“跟随电压”，容易与计算机及二次仪表接口，其准确度高、线性度好、响应时间快、频带宽，不会产生过电压等。

A 工作原理

用一个环形（有时也可以是方形）导磁材料做成铁芯，套在被测电流流过的导线（也称电流母线）上，将导线中电流感生的磁场聚集在铁芯中。在铁芯上开一个与霍尔传感器厚度相等的气隙，将线性霍尔 IC 紧紧地夹在气隙中央。电流母线通电后，磁力线就集中通过铁芯中的霍尔 IC，霍尔 IC 就输出与被测电流成正比的输出电压或电流。霍尔电流传感器原理及外形如图 2-236 所示。

B 技术指标及换算

霍尔电流传感器可以测量高达 2000 A 的电流，电流的波形可以是高达 100 kHz 的正弦波和电工技术较难测量的高频窄脉冲。它的低频端可以一直延伸到直流电；响应时间小于 1 μs，电流上升率（$di/dt$）大于 200 A/μs。

在霍尔电流传感器中，$N_P$被定义为“一次测线圈”的匝数，一般取 $N_P=1$；$N_S$为厂家所设定的“二次侧线圈的匝数”。因此有：

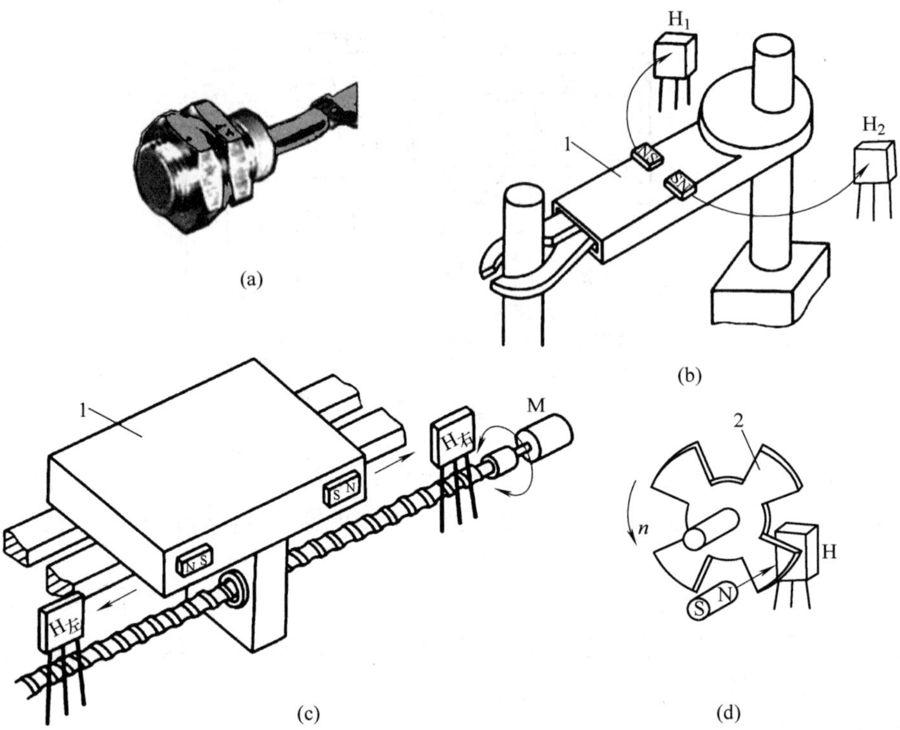


图 2-235 霍尔接近开关应用示意图

（a）外形；（b）接近式；（c）滑过式；（d）分流翼片式

1—运动部件；2—软铁分流翼片

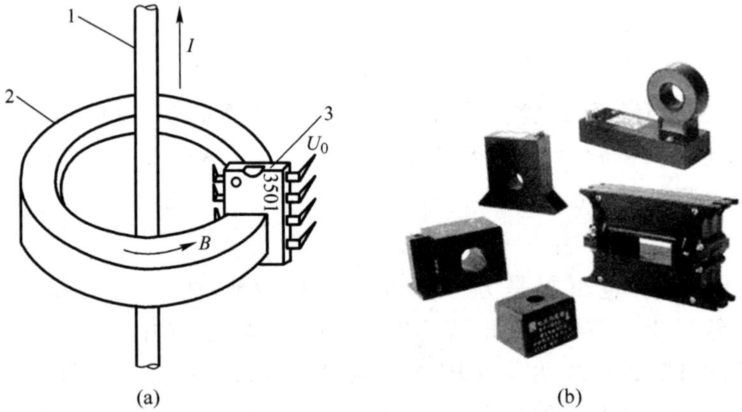


图 2-236 霍尔电流传感器原理及外形

（a）基本原理；（b）外形

1—被测电流母线；2—铁芯；3—线性霍尔 IC

$$\frac{N_P}{N_S}=\frac{I_S}{I_P} \tag{2-232}$$

依据霍尔电流传感器的额定技术参数和输出电流 $I_S$ 以及式（2-232），就可以计算得到被测电流。

如果将一只负载电阻 $R_S$ 并联在“二次侧”的输出电流端，就可以得到一个与“一次侧电流”（被测电流）成正比的、大小为几伏的电压输出信号。

隔离作用：霍尔电流传感器的“一次侧”与“二次侧”电路之间的击穿电压可以高达 6 kV，可直接将“二次侧”的输出信号接到计算机电路。

## 2.14 其他传感器

### 2.14.1 气体传感器

气体传感器也称为气敏传感器，是一种可以测量气体的成分、浓度和类型等信息的传感器，可以将气体中的特定成分检测出来，并将该成分参量转换成电信号的一种器件或装置。在自动控制、环境监测和安全防范等方面被广泛应用，例如进行一氧化碳气体、瓦斯气体、煤气等多种气体的检测，以及呼气中乙醇、人体口腔口臭的检测等。

气体传感器是基于化学反应原理或物理效应，通过测量气体浓度来进行气体检测。它利用被测气体与气敏元件发生的化学反应或物理效应等机理，把被测气体的种类或浓度的变化转化成气敏元件输出电压或电流的变化。

气体传感器包括半导体气体传感器、电化学气体传感器、催化燃烧式气体传感器、热导式气体传感器、红外线气体传感器和固体电解质气体传感器等。

半导体气体传感器在气体传感器中约占 60%，根据其机理分为电阻型和非电阻型，其中电阻式气敏元件为电导控制型，是以金属氧化物为主，而非电阻式气敏传感器是电压控制型，以硅为主。这两种类型的气体传感器主要物理特性、工作温度等对比内容列于表 2-5 中。

**表 2-5　电阻式和非电阻式气体传感器的对比列表**

| 类型 | 主要物理特性 | 传感器举例 | 工作温度 | 代表性被测气体 |
|---|---|---|---|---|
| 电阻式 | 表面控制型 | 氧化锡、氧化锌 | 室温~450 ℃ | 可燃性气体 |
| | 体控制型 | 氧化钛、氧化钴 | 300~450 ℃ | 酒精、可燃气体、氧气 |
| | | 氧化镁、氧化锡 | 700 ℃以上 | |
| 非电阻式 | 表面电位 | 氧化银 | 室温 | 硫醇 |
| | 二极管整流特性 | 铂/硫化镉、铂/氧化钛 | 室温~200 ℃ | 氢气、一氧化碳、酒精 |
| | 晶体管特性 | 铂栅 MOS 场效应管 | 150 ℃ | 氢气、硫化氢 |

#### 2.14.1.1 电阻型半导体气敏传感器

电阻型半导体气敏传感器的结构分为烧结型、薄膜型和厚膜型，如图 2-237 所示，其工艺和应用场合都不相同，其中烧结型的结构如图 2-237（a）所示，是以氧化物半导体材料做为基体，将电极和加热器部分埋入金属氧化物中，然后进行加热和加压，再使用低温制陶工艺烧结成形，这类传感器如果采用直热式加热方法，则具有工艺简单，成本低，寿命长的优点，但是其容量小，容易受到环境气流的影响，其测量回路与加热回路会互相影响，导致误差比较大；如果采取旁热式加热方式，由于这种方法是将加热丝放置在陶瓷绝缘管内进行加热，则会克服直热式结构的缺点，提高了稳定性。薄膜型的结构如

图 2-237（b）所示，这种结构使用蒸发和溅射的方法在绝缘的基片上形成氧化物薄膜（如 $SnO_2$ 和 ZnO 等），再引出电极。其特点是灵敏度高，响应速度快，机械强度高。厚膜型的结构如图 2-237（c）所示，这种结构首先将气敏材料和硅凝胶制成厚膜胶，然后将厚膜胶用丝网印刷到装有铂电极的基片上，经过烧制完成，其一致性好，适合进行批量生产。

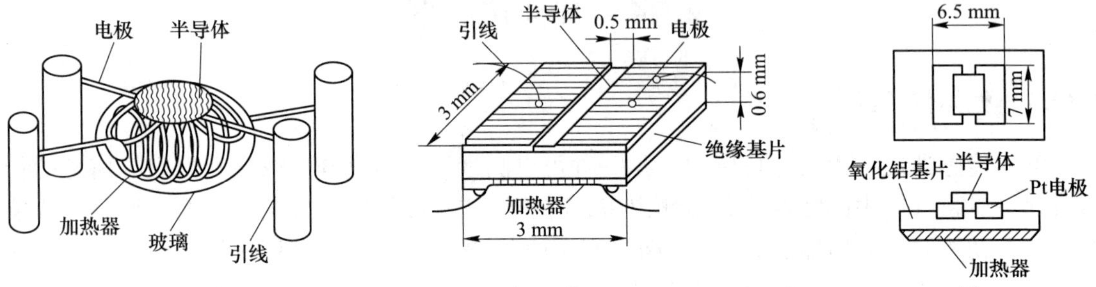


图 2-237 电阻型半导体气敏传感器的结构

（a）烧结型；（b）薄膜型；（c）厚膜型

电阻型的传感器元件分为表面敏感型和容积控制型，表面敏感型通过使半导体载流子增多和减少来引起半导体电阻率变化；容积控制型通过使半导体体内晶格发生变化而引起电阻变化，常见的气敏电阻大都属于表面敏感型。

表面敏感型气体传感器可检测气体为各种可燃性气体、CO、$NO_2$、氟利昂等。容积控制型半导体气体传感器可检测气体为液化石油气、酒精、燃烧炉尾气。

下面以 $SnO_2$ 半导体气敏传感器为例进行说明。

$SnO_2$ 半导体是典型的表面型气敏元件，$SnO_2$ 为白色粉末，不溶于水，能够溶解于温度高的强酸和碱中，$SnO_2$ 为 N 型半导体材料，其晶胞图如图 2-238 所示，其晶体结构具有晶红石结构，属于四方晶系，当接通加热开关，其阻值迅速下降，经过一段时间后开始上升，最后达到恒定阻值，这个过程一般称为初始稳定过程，这个过程完成后，由于半导体材料温度升高时，会加速气体的吸附，被吸附的氧与还原性气体发生氧化还原反应，会减少电离氧密度，使半导体表面电阻下降，电导上升，电导变化与气体浓度成比例。

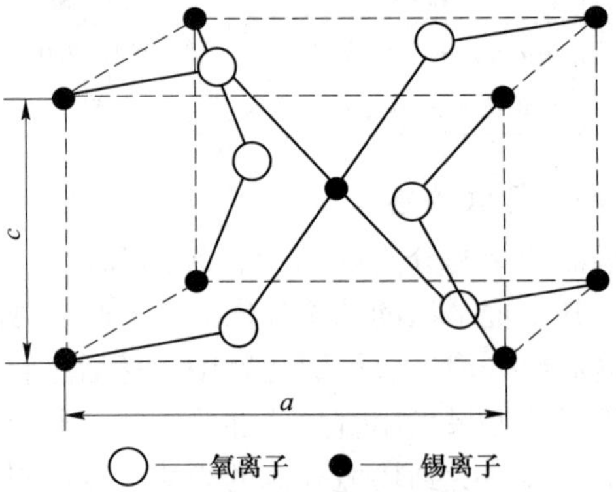


图 2-238 $SnO_2$ 氧化物晶胞图

*a*，*c*—晶格常数

$SnO_2$半导体气敏传感器主要用于测量$H_2$、CO、$CH_4$、$H_2S$和$C_2H_5OH$等可燃性气体。

#### 2.14.1.2 非电阻型半导体气敏传感器

非电阻型半导体气敏传感器是利用其他参数，如二极管伏安特性和场效应晶体管的阈值电压变化来检测被测气体，这种类型传感器的特点是不需要设置温度，主要有结型和MOSFET型两种。

##### A 二极管式气敏器件

二极管式气敏器件主要是利用二极管的某种特性与被测气体的浓度有关来实现气体测量，图2-239为Pd-$TiO_2$二极管气敏器件结构图，它是利用二极管的整流特性与气体浓度相关实现测量的，气体不同的浓度，其对应的电流电压特性曲线不同，如图2-240所示，图中的气体为$H_2$，当二极管吸附氧时，会使Pd的功函数变大，Pd-$TiO_2$界面的肖特基势垒增高，正向电流较小。该二极管遇到氢气时，其势垒降低，从而引起正向电流变大。

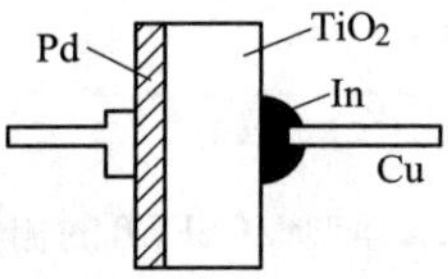


图2-239 Pd-$TiO_2$二极管气敏器件结构图

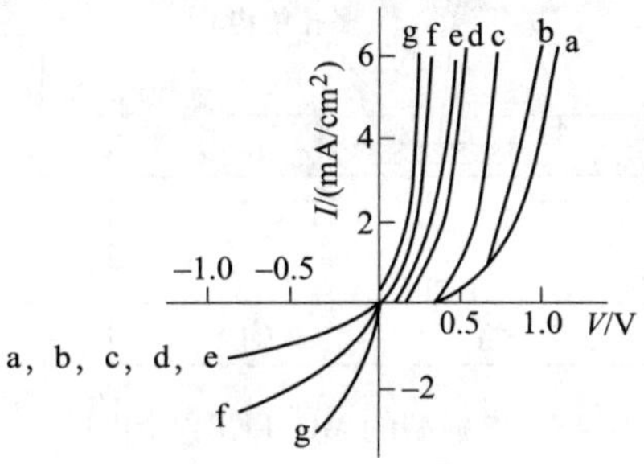


图2-240 不同浓度的$H_2$对应的二极管电流电压特性曲线

室温$H_2$的浓度：a—0；b—0.0014%；c—0.014%；d—0.14%；e—0.715%；f—1%；g—1.5%

MOS二极管其电容-电压特性与被测气体浓度相关，根据这一特性制成气敏器件实现气体浓度的测量，图2-241所示为这类二极管的结构图和等效电路，其等效电路为两个电容串联电路，图2-242为不同气体浓度对应的电容-电压曲线示意图，从图中可以看到，不同的$H_2$浓度，对应的曲线分别为a和b，其原理是MOS二极管的钯对$H_2$特别敏感，当钯吸附了$H_2$后，会降低钯的功函数，这会导致MOS二极管的电容-电压特性曲线向负偏压方向偏移，即从曲线a移动到曲线b，从而实现$H_2$浓度的测量。

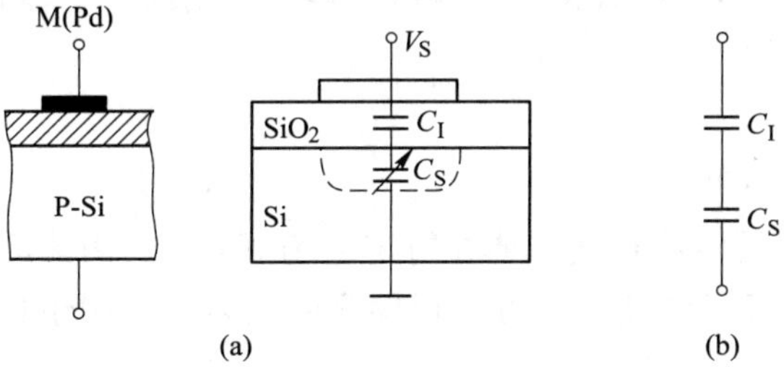


图2-241 MOS二极管型气敏器件

（a）结构图；（b）等效电路

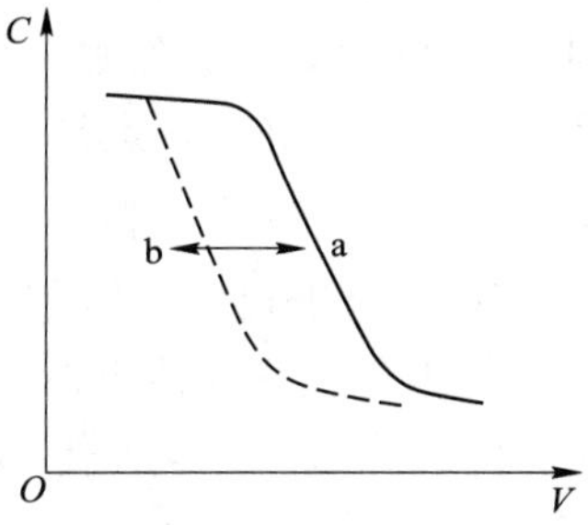


图2-242 不同气体浓度对应的电容-电压特征曲线

B MOS 场效应管气敏器件

MOS 场效应管气敏器件是利用 MOSFET 的阈值电压 $V_T$ 对栅极材料表面吸附的气体非常敏感的特性实现对气体的检测过程。增强型的 MOSFET 结构如图 2-243 所示，当栅极吸附气体后，栅极与半导体的功函数差和表面状态都发生了变化，$V_T$ 也会随之变化。

具体过程为当氢原子扩散到 Pd-$SiO_2$ 界面时，会在 Pd 一侧产生激化，从而形成偶极层，使钯的功函数减小，从而使阈值电压减小。由于 Pd 具有催化的作用，可以促进氢原子的扩散。除了 Pd，Pt 和 Co 都具有类似的催化作用。

图 2-244 为增强型 MOSFET 的栅源电压和源漏电流的关系曲线，从图中可以看出，当它的栅源电压大于阈值电压 $V_T$ 后，其源漏电流随着电压的增加迅速增大。

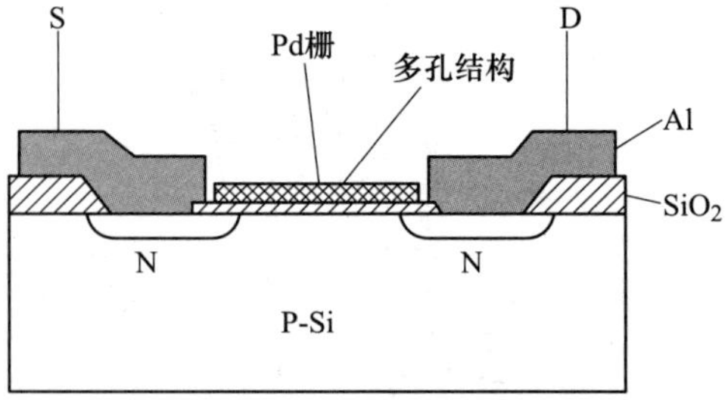


图 2-243 增强型的 MOSFET 结构图

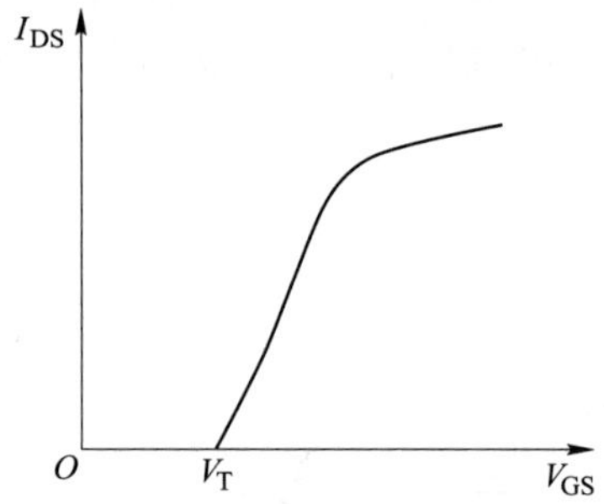


图 2-244 增强型 MOSFET 的栅源电压和源漏电流的关系曲线

2.14.1.3 气体类型的气敏传感器

A 固体电解质气体传感器

这种传感器为离子对固体电解质隔膜传导，分为阳离子传导和阴离子传导，是选择性强的传感器，应用较多的是氧化锆固体电解质传感器。氧化锆固体电解质传感器已成功地应用在钢水中氧的测定和发动机空燃比成分测量等。为弥补固体电解质导电的不足，近几年来在固态电解质上镀一层气敏膜，把围周环境中存在的气体分子数量和介质中可移动的粒子数量联系起来。

B 接触燃烧式气体传感器

接触燃烧式气体传感器适用于可燃性气体 $H_2$、CO、$CH_4$ 的检测。可燃气体接触表面催化剂 Pt、Pd 时燃烧、发热，燃烧热与气体浓度有关。这类传感器的应用面广、体积小、结构简单、稳定性好，缺点是选择性差。

C 电化学气体传感器

电化学方式的气体传感器常用的有以下两种：

（1）恒电位电解式传感器，这种传感器是将被测气体在特定电场下电离，由流经的电解电流测出气体浓度。这种传感器灵敏度高，改变电位可选择检测的气体，可用于检测毒性气体。

（2）原电池式气体传感器，这种传感器是在 KOH 电解质溶液中，Pt-Pb 或 Ag-Pb 电极构成电池。其已成功用于检测 $O_2$，其灵敏度高。其缺点是透水逸散吸潮，电极易中毒。

D 光学气体传感器

光学气体传感器有以下几种：

（1）直接吸收式气体传感器。红外线气体传感器是典型的吸收式光学气体传感器，它是根据气体具有固有的光谱吸收谱检测气体成分，非分散红外吸收光谱对 $SO_2$、CO、$CO_2$、NO 等气体具有较高的灵敏度。另外紫外吸收、非分散紫外线吸收、相关分光、二次导数、自调制光吸收法对 NO、$NO_2$、$SO_2$、烃类（$CH_4$）等气体具有较高的灵敏度。

（2）光反应气体传感器。这种传感器是利用气体反应产生色变引起光强度吸收等光学特性改变，传感元件是理想的，但是气体光感变化受到限制，传感器的自由度小。

（3）气体光学特性的新型传感器。光导纤维温度传感器是这种类型，在光纤顶端涂敷触媒与气体反应、发热。温度改变，导致光纤温度改变。利用光纤测温已达到实用化程度，检测气体也是成功的。此外，利用其他物理量变化测量气体成分的传感器在不断开发，如声表面波传感器检测 $SO_2$、$NO_2$、$H_2S$、$NH_3$、$H_2$ 等气体也有较高的灵敏度。

2.14.1.4 气敏传感器的应用

A 家用气体报警装置

图 2-245 为一种简易家庭使用的气体报警装置的电路原理图。这种装置可以直接安装在厨房等容易发生煤气泄漏的地方，其采用的气敏传感器型号为 TGS109，当其周围的可燃性气体浓度增加时，该气敏传感器接触到可燃性气体，其电阻阻值减小，从而使回路的电流增加，驱动蜂鸣器（BZ）报警。

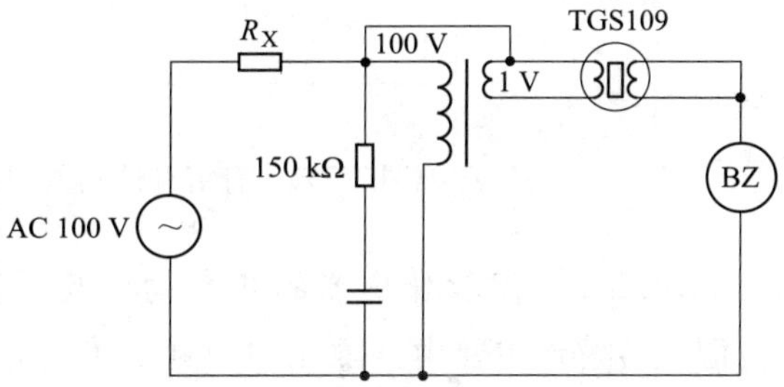

图 2-245 家用气体报警装置原理图

B 有害气体的鉴别与控制

图 2-246 为一种用于有害气体的鉴别、报警与控制装置的原理图，这种装置可以鉴别周围环境中有无有害气体，或者周围环境中的液体是否有超出报警浓度的挥发气体，如果超出报警值，可以自动打开装置的排气扇进行排气，直到浓度降低到报警值以下。

## 2.14.2 湿敏传感器

湿敏传感器是能够感受外界湿度变化，并通过器件材料的物理或化学性质变化，将湿度转化成有用信号的器件。

2.14.2.1 湿度的基本概念

在计量法中规定，湿度定义为“物象状态的量”。湿度用数量来表示较为困难，所以对湿度的表示方法有绝对湿度、相对湿度、露点、湿气与干气的比值（重量或体积）等。

日常生活中所指的湿度为相对湿度，相对湿度是指被测气体（通常为空气）中，实际所含水蒸气量（水蒸气压）与该气体在相同温度下饱和水蒸气量（饱和水蒸气压）的百分比，无量纲，用%RH 表示。可以表示为

$$h_T = (p_W/p_N)_T \times 100\%RH \quad (2\text{-}233)$$

式中 $h_T$——空气相对湿度；

$p_W$——待测空气温度为 $T$ 时的水汽分压；

$p_N$——相同温度下饱和水汽的分压。

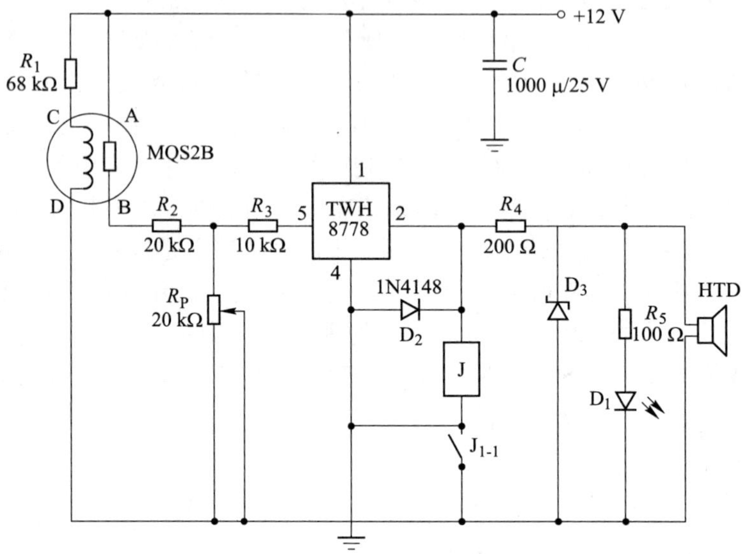


图 2-246　有害气体的鉴别、报警与控制装置原理图

### 2. 14. 2. 2　湿敏传感器的基本构成及特性

湿敏传感器主要由湿敏元件和测量转换电路组成，测量转换电路的类型和具体形式取决于湿敏元件的输出信号类型。

湿敏元件主要有电阻式和电容式两大类。电阻式湿敏元件也称为湿敏电阻，其特点是在基片上覆盖一层用感湿材料制成的膜，当空气中的水蒸气吸附在感湿膜上时，元件的电阻率和电阻值都发生变化，利用这一特性即可测量湿度。湿敏电阻的种类很多，例如金属氧化物湿敏电阻、硅湿敏电阻、陶瓷湿敏电阻等。湿敏电阻的优点是灵敏度高，主要缺点是线性度和产品的互换性差。

电容式湿敏元件称为湿敏电容，一般是用高分子薄膜电容制成的，常用的高分子材料有聚苯乙烯、聚酰亚胺、酪酸醋酸纤维等。当环境湿度发生改变时，湿敏电容的介电常数发生变化，使其电容量也发生变化，其电容变化量与相对湿度成正比。湿敏电容的主要优点是灵敏度高、产品互换性好、响应速度快、湿度的滞后量小、便于制造、容易实现小型化和集成化，其精度一般比湿敏电阻要低一些。

如果使用的湿敏元件为湿敏电阻，其测量转换电路参考应变电阻式传感器的测量电路；如果使用的湿敏元件为湿敏电容，其测量转换电路参考电容式传感器的测量电路。

湿敏传感器的特性为：湿度传感器的输出信号会受到大气压强、温度等因素的影响，湿敏元件的线性度及抗污染性差，在检测环境湿度时，湿敏元件要长期暴露在待测环境中，很容易被污染而影响其测量精度及长期稳定性。

### 2. 14. 2. 3　湿敏传感器的分类

湿敏传感器分为氯化锂湿度传感器、碳湿敏元件、氧化铝湿度计、陶瓷湿度传感器。

A 氯化锂湿度传感器

(1) 电阻式氯化锂湿度计。氯化锂湿度计具有较高的精度，同时其结构简单、价廉，适用于常温常湿环境下的湿度测量和控制。

氯化锂湿度计元件的测量范围与湿敏层的氯化锂浓度及其他成分有关。单个元件的有效感湿范围一般在20%RH以内。例如0.05%的浓度对应的感湿范围约为（80~100)%RH，0.2%的浓度对应范围是（60~80)%RH等。由此可见，要测量较宽的湿度范围时，必须把不同浓度的元件组合在一起使用。可用于全量程测量的湿度计组合的元件数一般为5个，采用元件组合法的氯化锂湿度计可测范围通常为（15~100)%RH，国外有些产品声称其测量范围可以达到（2~100)%RH。

(2) 露点式氯化锂湿度计。露点式氯化锂湿度计是由美国的Forboro公司首先研制出来的，其后我国和许多国家都做了大量的研究工作。这种湿度计和上述电阻式氯化锂湿度计形式相似，但工作原理却完全不同，它是利用氯化锂饱和水溶液的饱和水汽压随温度变化进行工作的。

B 碳湿敏元件

碳湿敏元件是美国的E. K. Carver和C. W. Breasefield于1942年首先提出来的，与常用的毛发、肠衣和氯化锂等探空元件相比，碳湿敏元件具有响应速度快、重复性好、无冲蚀效应和滞后环窄等优点。我国于20世纪70年代初开始进行碳湿敏元件的研制工作，现在可以达到湿度测量的不确定度不超过±5%RH，时间常数在正温时为2~3 s，滞差一般在7%左右。

C 氧化铝湿度计

氧化铝传感器的突出优点是体积可以非常小（例如用于探空仪的湿敏元件厚度为90 μm，重量为12 mg)、灵敏度高（测量下限为-110 ℃露点)、响应速度快（一般在0.3~3 s之间)、测量信号直接以电参量的形式输出等。另外，它还适用于测量液体中的水分，大量应用在高空大气探测。

D 陶瓷湿度传感器

在湿度测量领域中，低湿和高湿的测量以及在低温和高温条件下的测量比较薄弱，高温条件下的湿度测量使用的是陶瓷元件组成的湿度传感器。陶瓷元件不仅具有湿敏特性，而且还可以作为感温元件和气敏元件。所以可以使用陶瓷元件组成多功能的传感器，不仅可以测量和控制温度和湿度，还可以用来测量诸如酒精等多种有机蒸气的湿度，这种传感器主要用在食品加工方面。

湿度传感器是非密封性的，为保护测量的准确度和稳定性，应尽量避免在酸性、碱性及含有机溶剂的气氛中使用。也要避免在粉尘较大的环境中使用。为正确反映被测空间的湿度，还应避免将传感器安放在离墙壁太近或空气不流通的死角处。如果被测的房间太大，需要放置多个传感器。

除电阻式、电容式湿敏元件外，还有电解质离子型湿敏元件、重量型湿敏元件（利用感湿膜重量的变化来改变振荡频率)、光强型湿敏元件、声表面波湿敏元件等。

2.14.2.4 湿度传感器的应用

湿度传感器广泛用于各种场合的湿度测量、监控和报警。

A　湿度测量和控制

图 2-247 为湿度测控电路原理图。其中 $R_H$ 为湿敏电阻，当湿度增加时，$R_H$ 的阻值减小，电阻上的电压下降，$D_1$ 的电流减小，晶体管 $T_3$ 截止，$T_4$ 导通，继电器 $J_2$ 的触点接通干燥设备，此时 $LED_2$ 被点亮；同时晶体管 $T_2$ 截止，$T_1$ 截止，继电器 $J_1$ 的触点失去电流释放，增湿设备被关闭；当湿度减小时，$R_H$ 的阻值增加，电阻上的电压升高，当电压升高到一定值的时候，晶体管 $T_3$ 导通，$T_4$ 截止，继电器 $J_2$ 的触点失去电流释放，$LED_2$ 被熄灭。同时晶体管 $T_2$ 和 $T_1$ 导通，继电器 $J_1$ 的触点接通增湿设备，$LED_1$ 被点亮。电路中的两个电位器 $RP_1$ 和 $RP_2$ 用来调节控制湿度的范围。

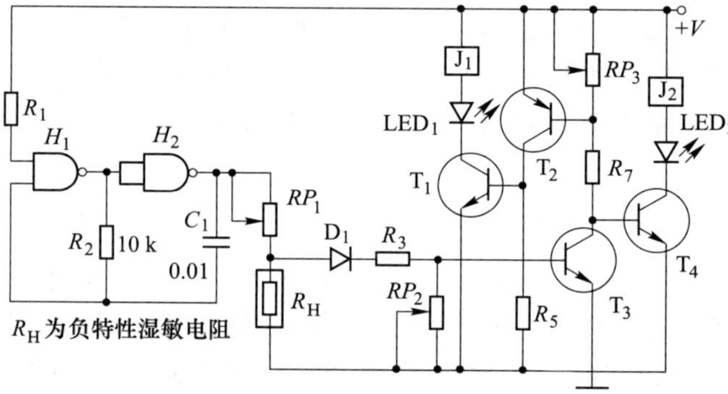


图 2-247　湿度测控电路

$J_1$—连接增湿设备的继电器；$J_2$—连接干燥设备的继电器

B　土壤的湿度测量

土壤的含水量测量可以帮助农民了解灌溉农作物的大致时间和灌溉量，可以节约水电从而节省灌溉农作物的成本。

图 2-248 为一种用于土壤湿度测量的电路原理图，电路包含三个部分，分别为湿度检测部分、信号放大部分和电源稳压部分。图中的湿敏电阻 $R_H$ 可以改变晶体管 T 的偏置电流大小。实际使用时，可以将湿敏电阻所在的探头部分插入土壤中，湿度不同，该湿敏电阻的阻值不同，引起基极电流变化，从而使晶体管发射极电流 $I_e$ 发生变化，在电阻 $R_2$ 上转换为电压的变化后输入到运算放大器 A 进行信号放大。

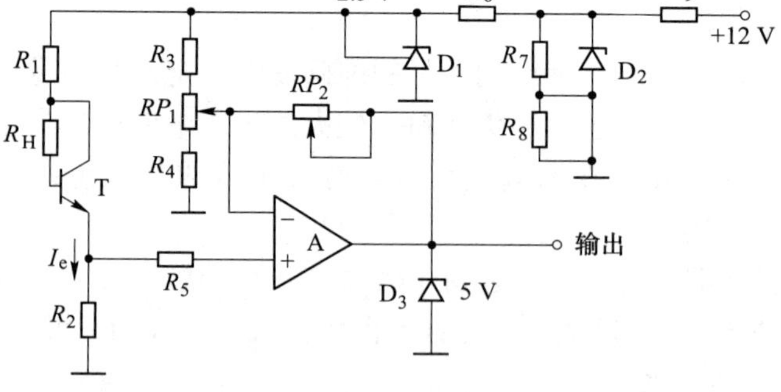


图 2-248　土壤湿度测量电路

该电路在实际使用时，首先要对其测量范围进行标定，方法是将测量探头浸入水中，等待其湿度为 100%RH，调节 $RP_2$ 使输出值达到 5 V；再将探头完全吹干，保证其湿度为 0%RH，调节 $RP_1$ 使输出为 0 V。如果需要提高测量精度，还可以在该范围内再增加一些标定点，这需要高一级精度等级的湿度仪表作为标定仪表，实现起来比较麻烦。

### 2.14.3 生物传感器

生物传感器是由生物敏感元件与信号转换器构成的，它能对化学成分，特别是与生物相关联的分子进行响应。生物敏感元件中核心的部分是生物敏感材料，包括各种生物或生物物质（酶、抗体和微生物等），也包括一些类似于生物物质的合成物质，如适配体、多肽、MIPs 聚合物。

生物敏感元件的作用是识别目标物质，主要包括抗体、酶、核酸、细胞等生物物质，信号转换装置的作用是将生物敏感元件与目标分子之间的相互作用转换成不同的信号，如酶催化特定的物质发生化学反应，转换成电信号。

2.14.3.1 生物传感器的测量原理

生物传感器在进行测量时，当待测物质经过扩散作用进入传感器的生物敏感膜层，经过分子识别后，发生生物学反应（物理、化学变化），产生的光、热或者其他物理量和化学量，被相应的信号转换器转换为电信号，这些电信号经过信号调理进行测量，测量到的值通过换算，得到被测物质的量或浓度值，生物传感器测量原理框图如图 2-249 所示。

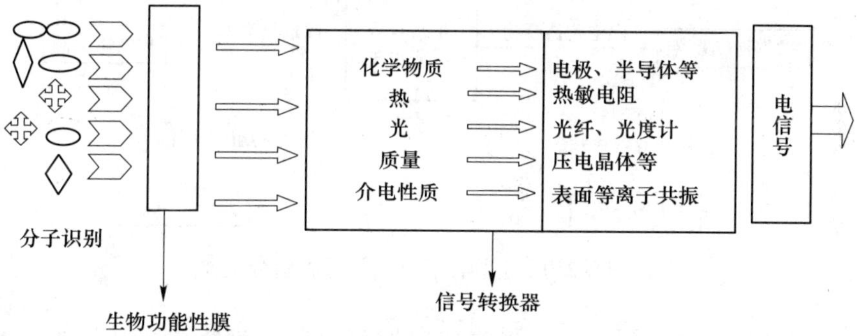


图 2-249 生物传感器的测量原理框图

生物敏感膜又称为分子识别元件，它与被测物质接触时会发生物理、化学变化的生化反应，可以进行分子识别。生物敏感膜是生物传感器的关键元件，它决定了生物传感器的功能和质量，目前的生物敏感膜根据选择材料的不同，有酶膜、全细胞膜、组织膜、免疫膜、细胞器膜和复合膜等。

由于膜片上吸附蛋白质或者其他物质，或者传感器表面对生物敏感元件产生污染，生物传感器的读数会产生误差，需要定期校准。

生物传感器的寿命取决于进行的总的测量次数和被测分析物的浓度和温度。高浓度和高温会降低生物敏感元件的灵敏度。为了保存生物活性，生物传感器在不工作时尽量冷藏。由于温度也会影响扩散系数、制作传感器物体的气体溶解度和化学溶解度以及传感器的反应速度，所以生物传感器需要在等温条件下工作。

传感器中使用的生物材料有酶、抗体、细胞和组织切片。酶是由活细胞产生的促进其生物化学反应的蛋白质，当与某种特殊酶发生生物化学作用后，产生的产物由输出传感器检测。

酶的稳定性与化学参数和热环境参数有关，特别是与 pH 值有关。酶的活性容易受到某些重金属和高于 50 ℃温度的抑制，使用时需要避免。利用酶的生物传感器可以用于探测葡萄糖和能够被其他酶分解形成葡萄糖的其他糖类（例如果糖、麦芽糖、乳糖和蔗糖等）。

抗体是由特定细胞经过抗原（蛋白质或碳水化合物）刺激后产生的 Y 形蛋白质，它在免疫反应中可以起到专门对付抗原的作用。单态无性抗体可以识别某些特殊抗原；多态无性抗体则用于识别某类密切相关的抗原。由于抗原-抗体结合并不能产生任何分子，输出传感器必须检测由这类结合造成的微小质量变化以及电特性和光学特性的变化。

2.14.3.2 生物传感器的分类

按照敏感材料的不同，生物传感器可以分为基因传感器、微生物传感器、免疫传感器、酶传感器和组织传感器五大类，如图 2-250 所示。

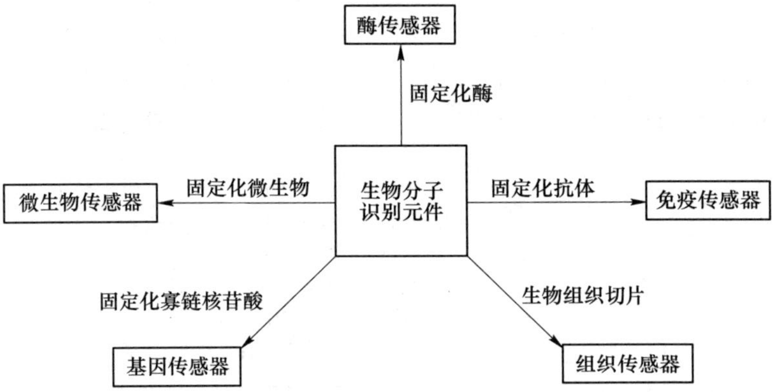


图 2-250 生物传感器按敏感材料分类

按照敏感元件的工作原理不同，生物传感器可以分为生物电极传感器、热生物传感器、压电晶体生物传感器、半导体生物传感器、光生物传感器和介体生物传感器六大类，如图 2-251 所示。

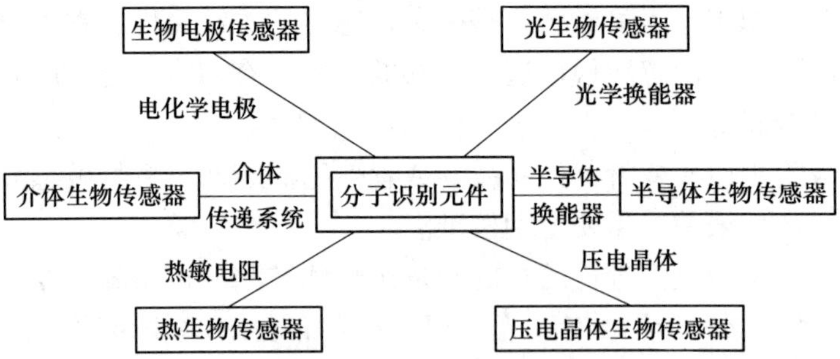


图 2-251 生物传感器按敏感元件分类

2.14.3.3 微生物传感器

微生物传感器是随着微生物固化技术的发展产生的，其微生物的反应过程如图 2-252 所示，当微生物通过呼吸或代谢，或者可能消耗溶液中的溶解氧，或者可能产生一些电活性物质，微生物传感器检测到这些变化，将这些变化转换为电信号输出实现检测。

微生物本身是具有生命活性的细胞，具有各种生理机能，其主要机能有呼吸机能和新陈代谢机能，这两种机能的原理图如图 2-253 所示。

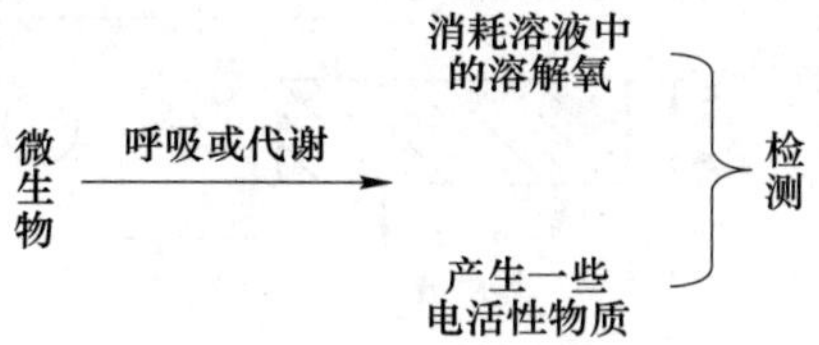


图 2-252 微生物反应过程

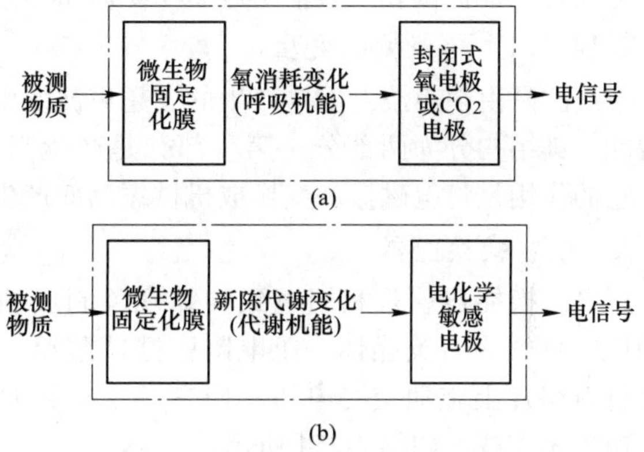


图 2-253 微生物传感器原理结构图
（a）呼吸机能型；（b）代谢机能型

2.14.3.4 生物传感器的应用

生物传感器广泛应用于食品、制药、化工、临床经验、生物医学以及环境监测等各个方面。

A 在食品工业中的应用

生物传感器在食品工业中主要用于食品分析，包括食品成分、食品添加剂及食品鲜度等的测定分析。

（1）食品成分分析。在食品工业中，葡萄糖的含量是衡量水果成熟度和贮藏时间的一个重要指标。酶电极型生物传感器可以用来分析白酒、苹果汁、果酱和蜂蜜中的葡萄糖。其他的糖类，如果糖、啤酒、麦芽汁中的麦芽糖，也有成熟的测定传感器。

（2）食品添加剂的分析。亚硫酸盐通常用作食品工业的漂白剂和防腐剂，采用亚硫酸盐氧化酶为敏感材料制成的电流型二氧化硫酶电极用于测定食品中的亚硫酸盐含量，测定的线性范围为 $0\sim6\times10^{-4}$ mol/L。

B 在环境监测中的应用

生物传感器主要用于对环境中的污染物进行连续、快速、在线的监测。

（1）水环境监测。生化需氧量（BOD）是一种广泛采用的表征有机污染程度的综合性指标。在水体监测和污水处理厂的运行控制中，生化需氧量也是最常用、最重要的指标之一。

硝酸根离子是主要的水污染物之一，如果添加到食品中，对人体的健康极其有害。

（2）大气环境监测。二氧化硫（$SO_2$）是酸雨酸雾形成的主要原因，传统的检测方法很复杂。Martyr 等将亚细胞类脂类（含亚硫酸盐氧化酶的肝微粒体）固定在醋酸纤维膜上，和氧电极制成安培型生物传感器，对 $SO_2$ 形成的酸雨酸雾样品溶液进行检测，10 min 可以得到稳定的测试结果。

### 2.14.4 超声波传感器

超声波传感器是利用超声波的特性研制而成的传感器。

声波是一种机械波。频率超过 20000 Hz 的称为超声波，一般可以高达 $10^{11}$ Hz。

2.14.4.1 超声波的发生

超声波是由超声波发生器产生的。超声波发生器主要是电声型，它是将电磁能转换成机械能。其结构分为两部分，第一部分是产生高频电流或电压的电源；另一部分是换能器，它的作用是将电磁振荡变换成机械振荡而产生超声波。

A 压电式换能器

压电式换能器就是利用电致伸缩现象制成的。常用的压电材料为石英晶体、压电陶瓷锆钛酸铅等。在压电材料切片上施加交变电压，使它产生电致伸缩振动而产生超声波，如图 2-254 所示。

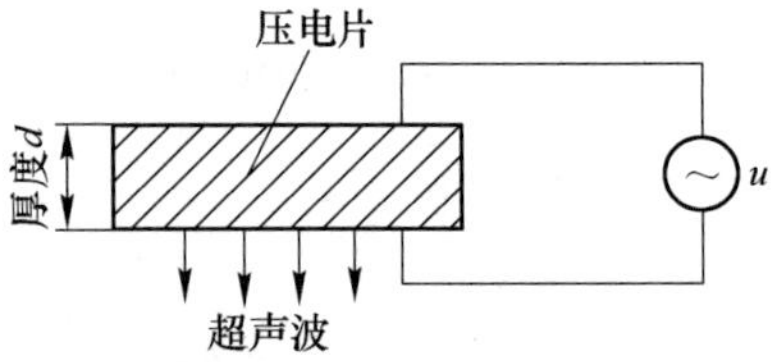

图 2-254 压电式换能器

压电材料的固有频率与晶片厚度 $d$ 有关，即

$$f = n\frac{c}{2d} \tag{2-234}$$

式中，$n=1, 2, 3, \cdots$是谐波的级数；$c$ 为波在压电材料里的传播速度（纵波）。

$$c = \sqrt{\frac{E}{\rho}} \tag{2-235}$$

式中 $E$——杨氏模量；

$\rho$——压电材料的密度。

对于石英

$$E = 7.70 \times 10^{10}\ \mathrm{N/m^2}$$
$$\rho = 2654\ \mathrm{kg/m^3}$$

对于锆钛酸铅

$$E = 8.30 \times 10^{10}\ \mathrm{N/m^2}$$
$$\rho = 7400\ \mathrm{kg/m^3}$$

因此压电材料的固有频率为

$$f = \frac{n}{2d}\sqrt{\frac{E}{\rho}} \tag{2-236}$$

根据共振原理，当外加交变电压频率等于晶片的固有频率时，产生共振，这时产生的超声波最强。

压电效应换能器可以产生几十千赫兹到几十兆赫兹的高频超声波，产生的声强可达每平方厘米几十瓦。

B 磁致伸缩换能器

磁致伸缩换能器是把铁磁材料置于交变磁场中，使它产生机械尺寸的交替变化，即机械振动，从而产生出超声波。

磁致伸缩换能器是用厚度为0.1～0.4 mm的磁致伸缩材料薄片叠加而成的，片间绝缘以减少涡流电流损失。其结构形状有矩形、窗形等，如图2-255所示。

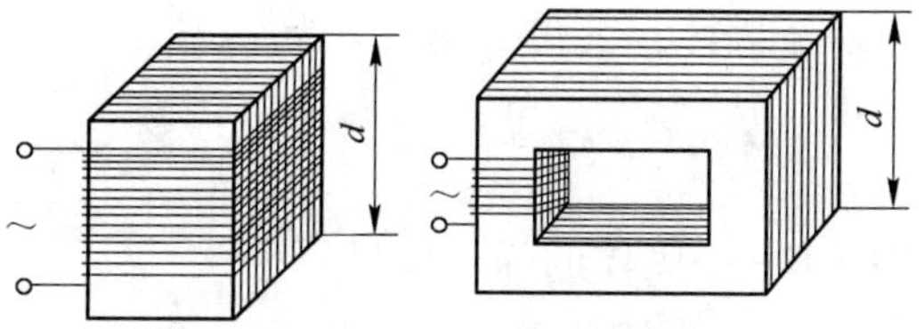


图2-255　磁致伸缩换能器

换能器的机械振动固有频率的表达式与压电式的相同，即$f=\frac{n}{2d}\sqrt{\frac{E}{\rho}}$，如果振动器是自由的，则$n=1$，2，3，…，如果振动器的中间部分固定，则$n=1$，3，5，…。

磁致伸缩换能器只能用在几万赫兹的频率范围以内，但功率可达十万瓦，声强可达每平方厘米几千瓦，能耐较高的温度。

### 2.14.4.2　超声波的接收

在超声波技术中，除了需要能产生一定的频率和强度的超声波发生器以外，还需要能接收超声波的接收器。一般的超声波接收器是利用超声波发生器的逆效应而进行工作的。

压电式超声波接收器是利用正压电效应进行工作的。它的结构和超声波发生器基本相同，有时就用同一个换能器兼做发生器和接收器两种用途。

磁致伸缩超声波接收器是利用磁致伸缩的逆效应而进行工作的。当超声波作用到磁致伸缩材料上时，使磁致材料伸缩，引起它的内部磁场（即导磁特性）的变化。根据电磁感应，磁致伸缩材料上所绕的线圈里便获得感应电势。它的结构也与发生器差不多。

### 2.14.4.3　超声波的传播特性

超声波是一种在弹性介质中的机械振荡，它是由与介质相接触的振荡源所引起的。设有某种弹性介质及振荡源，如图2-256所示。振荡源在介质中可产生两种形式的振荡，即横向振荡（图2-256（a））和纵向振荡（图2-256（b））。横向振荡只能在固体中产生，而纵向振荡可在固体、液体和气体中产生。为了测量在各种状态下的物理量多采用纵向振荡。

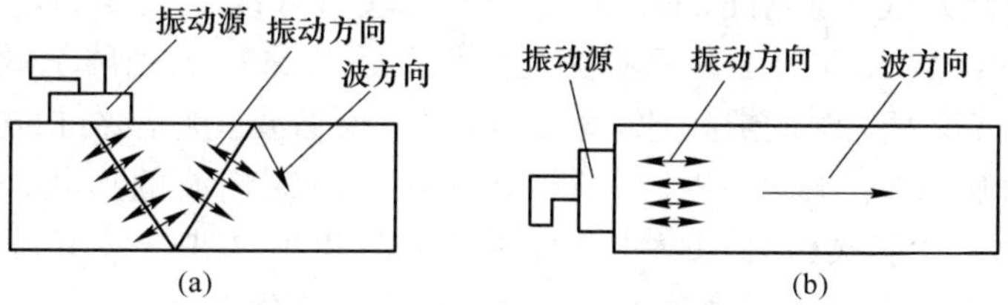


图2-256　介质中的振荡形式

（a）横向振荡；（b）纵向振荡

超声波的传播速度与介质的密度和弹性特性有关。

对于液体及气体，其传播速度$c$为

$$c=\sqrt{\frac{1}{\rho B_g}} \tag{2-237}$$

式中　$\rho$——介质的密度；

$B_g$——绝对压缩系数。

对于固体，其传播速度 $c$ 为

$$c = \sqrt{\frac{E}{\rho} \times \frac{1-\mu}{(1+\mu)(1-2\mu)}} \tag{2-238}$$

式中 $E$——固体的弹性模量；

$\mu$——泊松系数。

超声波在通过两种不同的介质时，产生折射和反射现象。超声波在通过同种介质时，随着传播距离的增加，其强度因介质吸收能量而减弱。

2.14.4.4 超声波在检测中的应用

超声波已广泛地用于工业的各技术部门中。下面举几个例子说明它在检测中应用的测量原理。

A 超声探伤

高频超声波，由于它的波长短，不易产生绕射，碰到杂质或分界面就会有明显的反射，而且方向性好，能成为射线而定向传播，在液体、固体中衰减小，穿透本领大。这些特性使得超声波成为无损探伤方面的重要工具。

（1）穿透法探伤。穿透法探伤是根据超声波穿透工件后的能量变化状况，来判断工件内部质量的方法。穿透法用两个探头，置于工件相对两面，一个发射声波，一个接收声波。发射波可以是连续波，也可以是脉冲。其结构如图 2-257 所示。

在探测中，当工件内无缺陷时，接收能量大，仪表指示值大；当工件内有缺陷时，因部分能量被反射，接收能量小，仪表指示值小。根据这个变化，就可把工件内部缺陷检测出来。

（2）反射法探伤。反射法探伤是以声波在工件中反射情况的不同，来探测缺陷的方法。下面以纵波一次脉冲反射法为例，说明检测原理。

结构图 2-258 是以一次底波为依据进行探伤的方法。高频脉冲发生器产生的脉冲（发射波）加在探头上，激励压电晶体振动，使之产生超声波。超声波以一定的速度向工件内部传播，一部分超声波遇到缺陷 $F$ 时反射回来；另一部分超声波继续传至工件底面 $B$ 后，也反射回来。由缺陷及底面反射回来的超声波被探头接收时，又变为电脉冲。发射波 $T$、缺陷波 $F$ 及底波 $B$ 经放大后，在显示器荧光屏上显示出来。荧光屏上的水平亮线为扫描线（时间基准），其长度与时间成正比。由发射波、缺陷波及底波在扫描线上的位置，可求出缺陷位置。由缺陷波的幅度，可判断缺陷大小；由缺陷波的形状，可分析缺陷的性质。当缺陷面积大于声束截面时，声波全部由缺陷处反射回来，荧光屏上只有 $T$、$F$ 波，没有 $B$ 波。当工件无缺陷时，荧光屏上只有 $T$、$B$ 波，没有 $F$ 波。

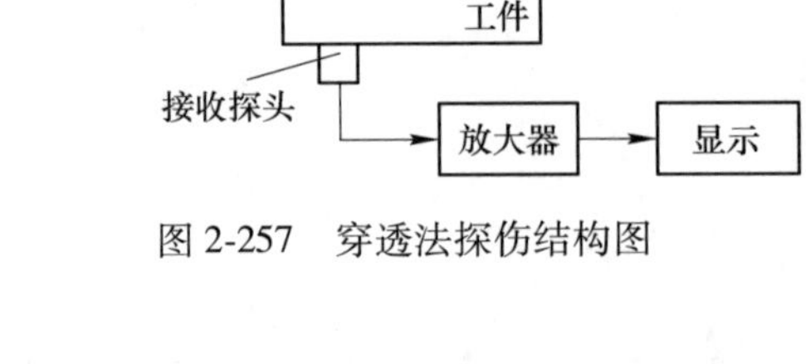


图 2-257 穿透法探伤结构图

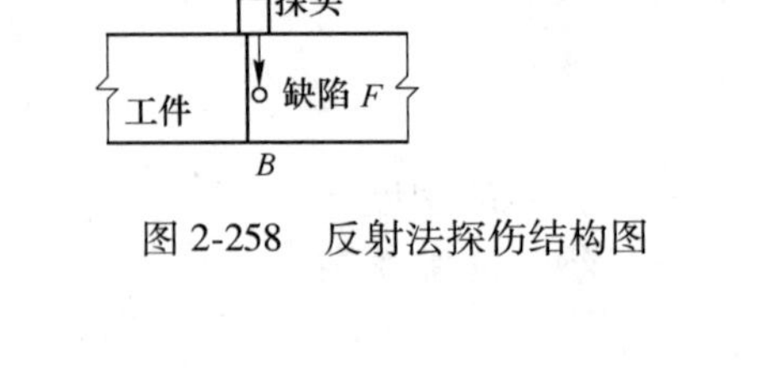


图 2-258 反射法探伤结构图

B　超声测液位

超声测液位是利用回声原理进行工作的，如图 2-259 所示。当超声探头向液面发射短促的超声脉冲，经过时间 $t$ 后，探头接收到从液面反射回来的回声脉冲。因此探头到液面的距离 $L$ 可由式（2-239）求出。

$$L = \frac{1}{2}ct \tag{2-239}$$

式中　$c$——超声波在被测介质中的传播速度。

由此可见，只要知道超声波速度，就可以通过精确地测量时间 $t$ 的方法来精确测量距离 $L$。

声速 $c$ 在各种不同的液体中是不同的。即使在同一种液体中，由于温度和压力不同，其值也不相同。由于液体中其他成分的存在及温度的不均匀都会使 $c$ 发生变化，引起测量误差，故在精密测量时，要考虑采取补偿措施。

C　超声波测厚度

在超声波测厚技术中，应用较为广泛的是脉冲回波法，其原理框图如图 2-260 所示。

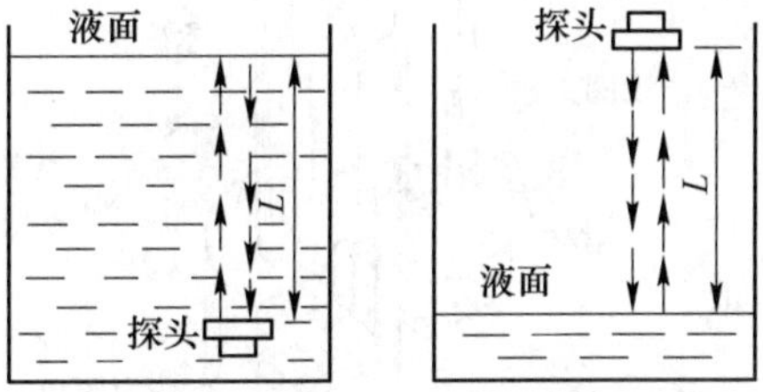


图 2-259　超声测液位原理示意图

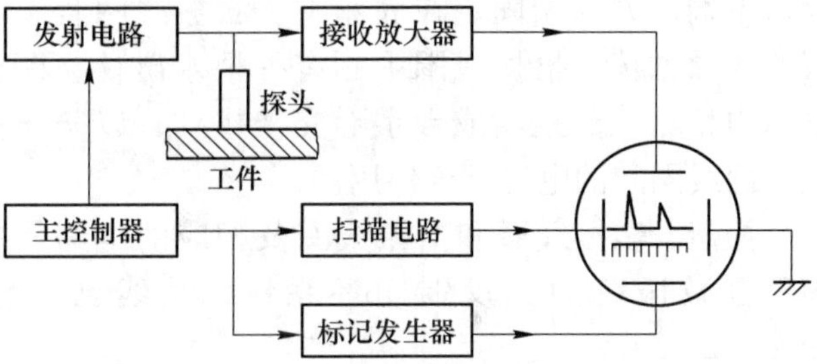


图 2-260　脉冲回波法测厚方框图

脉冲回波法测量试件厚度原理主要是测量超声波脉冲通过试件所需的时间间隔，然后根据超声波脉冲在试件中的传播速度求出试件的厚度。

主控制器产生一定频率的脉冲信号并控制发射电路把它经电流放大接到换能器上去。换能器激发的超声脉冲进入试件后，到底面反射回来，并由同一换能器接收。收到的脉冲信号经放大器加至示波器垂直偏转板上。标记发生器输出一定时间间隔的标记脉冲信号，也加到示波器的垂直偏转板上。扫描电压加到示波器的水平偏转板上。这样，在示波器荧光屏上可以直接观察到发射脉冲和接收脉冲信号。根据横轴上的标记信号可以测出从发射到接收间的时间间隔 $t$。试件厚度 $d$ 可用下式求出

$$d = \frac{ct}{2} \tag{2-240}$$

标记信号一般是可调的，可根据测量要求选择。如果预先用标准试件进行校正，可以根据荧光屏上发射与接收两个脉冲间的标记信号直接读出厚度值。

### 2.14.5　振动式传感器

振动式传感器是利用弹性元件的振动频率随被测力的变化来实现测量的。弹性元件的谐振频率可用式（2-241）表示：

$$f_0 = k\sqrt{\frac{EK}{m}} \tag{2-241}$$

式中 $f_0$——零输入时，弹性元件的谐振频率；

$k$——与量纲有关的常数；

$E$——弹性元件的模量；

$m$——弹性元件的质量；

$K$——弹性元件的刚度。

当弹性元件受力之后，其振动频率会发生变化。根据弹性元件结构不同，可制成振筒式、振弦式、振膜式和振梁式等各类传感器。

2.14.5.1 振筒式传感器

振筒式传感器由振动筒、激振线圈和拾振线圈、底座、屏蔽与外壳等部分组成，其结构示意图如图 2-261 所示。振动筒是传感器的敏感元件，通常是一个壁厚仅为 0.08 mm 左右的合金材料薄壁圆筒。通过改变壁厚可获得不同的测压范围。圆筒一端密闭，为自由端，另一端固定在底座上。激振线圈骨架中心装有一根导磁棒，拾振线圈中心有一根永磁棒，两线圈在振筒内相隔一定距离成十字形交叉排列，以防止或尽量减少两线圈间的电磁耦合作用。

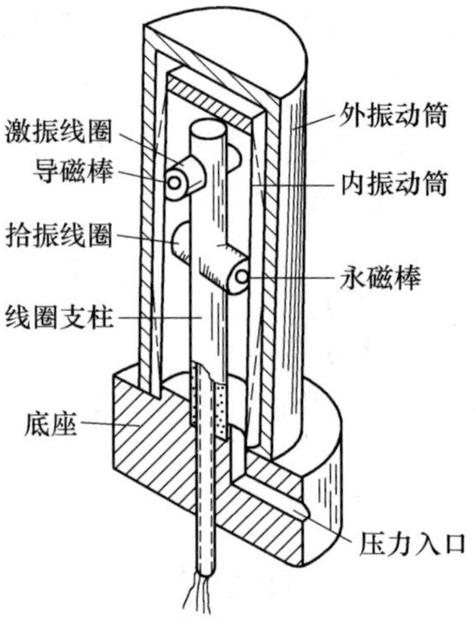


图 2-261 振动筒压力传感器的结构示意图

振筒、激振线圈和拾振线圈及相应的电路构成一个满足自激振荡的正反馈闭环系统，其线路方框图如图 2-262 所示。

在被测压力为零时，要使内振筒工作在谐振状态。在电源未接通时，振筒处于静止状态，一旦直流电源接通激振放大器，放大器的固有噪声便在激振线圈中产生微弱的随机脉冲。该脉冲通过激振线圈时引起磁场改变，形成脉动力，从而引起筒壁变形，使圆筒以低振幅的谐振频率振动。筒壁位移被拾振线圈感受，在拾振线圈上就有感应电势产生。通过外电路将这一感应电势反馈到激振线圈，使振筒迅速进入大幅度的谐振状态，以一定的振型维持振荡。

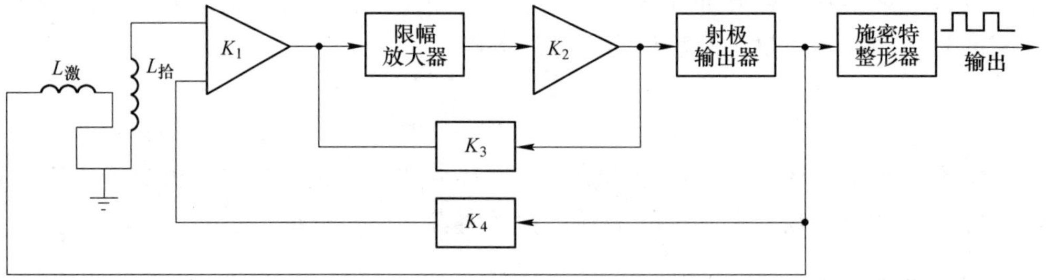


图 2-262 激励放大器方框图

当被测压力通过圆筒内腔时，由于被测压力的作用，沿轴向和径向被张紧的振筒的刚度发生变化，从而改变了振筒的谐振频率。拾振线圈一方面直接检测出随压力而变的振动频率增量，另一方面又不断地把感应电势反馈到激振线圈产生激振力，使振筒维持振动。

系统的振动频率是振筒材料和形状的函数。当振筒材料选定，在不考虑温度等外界因素影响的条件下，振动频率$f_p$为被测压力$P$的单值函数关系，其特性如图2-263所示。振动频率$f_p$与被测压力$P$的关系式为：

$$P = a'_1(\Delta f) + a'_2(\Delta f)^2 + a'_3(\Delta f)^3 \tag{2-242}$$

式中，$a'_1$、$a'_2$、$a'_3$可用实验方法求得。

$$\Delta f = f_p - f_0$$

一般情况下，系数$a'_3$很小，可忽略。在系数$a'_1$、$a'_2$满足一定条件下，可得到输出频率$f_p$与被测压力$P$的关系式为

$$f_p = f_0\sqrt{1 + AP} \tag{2-243}$$

式中　$P$——待测压力；

$A$——振筒常数，它与振筒材料和物理尺寸有关，当压力通入振筒内腔时取正值，通入外腔时取负值。

传感器通常工作在3~6 kHz范围，$\Delta f$变化约为0.8~1.2 kHz。在测量中等压力时，其非线性一般在5%~6%左右。

### 2.14.5.2　振膜式传感器

振膜式传感器利用恒弹性膜片的固有频率可随膜片上所受力而变化的原理构成的，广泛用于压力测量。用金属膜片构成的振膜式传感器的结构如图2-264所示。它由空腔、压力膜片、振动膜片、激振线圈、拾振线圈及放大振动电路组成。

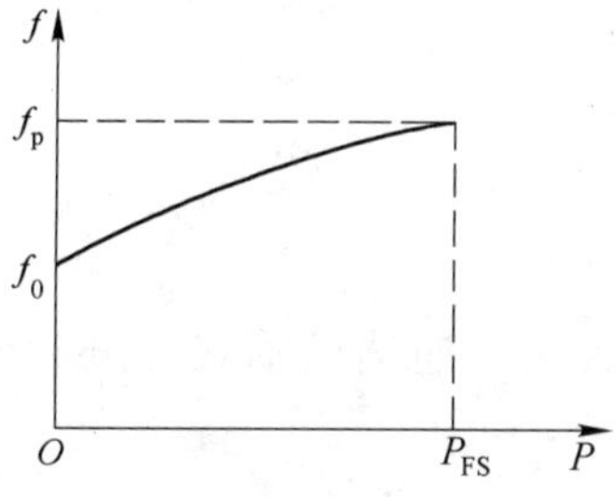


图2-263　$P$-$f$特性

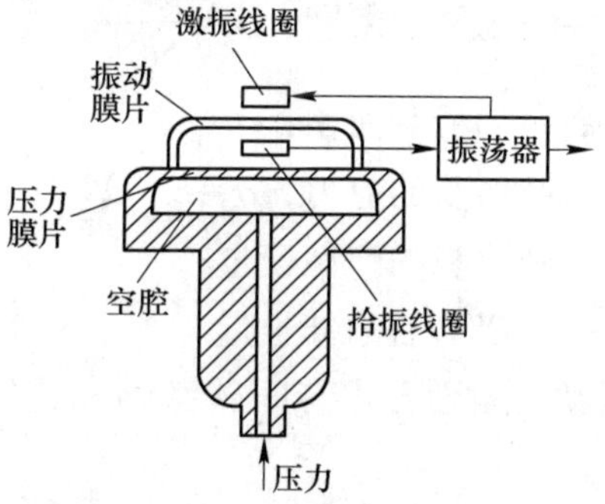


图2-264　振膜式传感器

在空腔受到被测压力作用时，压力膜片发生变形，在压力膜片的支架上装有一振膜，压力引起压力膜片变形，使支架角度改变并张紧振动膜片使其刚度变化。膜片的振动频率取决于振膜的刚度、压力膜片和支架的刚度。在振膜的两侧分别放置激振线圈和拾振线圈。当电路接通时，激振线圈中流过交流电流而产生一激励信号使膜片产生振动，通过拾振线圈及放大振荡电路输出，又正反馈给激振线圈，以维持振膜的振动。当被测压力变化时，振膜的振动频率亦发生变化。振动的角频率$\omega$与压力$P$的关系为

$$\omega = k\frac{1}{r^2}\sqrt{\frac{Eh^2}{P}} \tag{2-244}$$

式中　$r$——振动膜片的半径；

$E$——振动膜片材料的弹性模量；

$h$——振动膜片的厚度；

$k$——常数。

2.14.5.3　振弦式传感器

振弦式传感器是以被拉紧的钢弦作为敏感元件，其固有频率与拉紧力的大小有关。当弦的长度确定后，弦的振动频率的变化量即可表征拉力的大小。振弦式传感器的原理结构如图 2-265 所示，振弦 1 放置在永久磁铁 4 形成的磁场内，振弦的一端固定，另一端与传感器的弹性敏感元件相连；弦的中部固定一软铁块 6，永久磁铁与线圈 5 构成弦的激振器，同时兼作振弦振动的拾振器；感压膜片 3 受外力 $P$ 作用，使振弦受到随被测力 $P$ 驱使的张力 $T$ 作用。振弦的振动固有频率为

$$f_0=\frac{1}{2l}\sqrt{\frac{T}{\rho_1}} \tag{2-245}$$

式中　$l$——弦的长度；

$\rho_1$——振弦的线密度，$\rho_1=m/l$，$m$ 为弦的质量；

$T$——振弦受的张力，$T=\sigma S$。

式（2-245）可变换为

$$f_0=\frac{1}{2l}\sqrt{\frac{\sigma Sl}{m}}=\frac{1}{2l}\sqrt{\frac{\sigma}{\rho_V}} \tag{2-246}$$

式中　$\rho_V$——弦的体积密度，$\rho_V=\frac{m}{Sl}$；

$S$——弦的横截面积；

$\sigma$——弦所受的应力，$\sigma=E\cdot\Delta l/l$；

$E$——弦材料的弹性模量；

$\Delta l$——弦受力后的伸长量。

振弦振动的激励方式有间歇激励和连续激励两大类。连续激励又可分为电流法和电磁法。

2.14.5.4　应用实例

以振弦式压力传感器为例介绍振动式传感器的应用。图 2-266 为振弦式压力传感器结构图。它由底座、铁芯、电磁线圈、振弦及其夹紧装置、引线等部分组成。

在测量时，传感器底座上的膜片和被测压力直接接触，被测压力一变化，膜片即受到压力后发生挠曲，带动两个振弦支架向两侧张开，振弦因此被拉紧，于是振弦的频率改变。从频率变化的大小可测知膜片受压力的大小。

在传感器中，磁力线通过铁芯—振弦—底座—铁芯形成磁回路。当振弦振动时，由于铁芯与振弦间的空隙发生变化，使得电磁线圈铁芯中通过的磁通也发生变化，因而在线圈中就产生了感应电势。这个电势的变化频率与振弦振动的频率相同。把感应电势通过电缆引到测量电路，就可测出电路的变化频率。

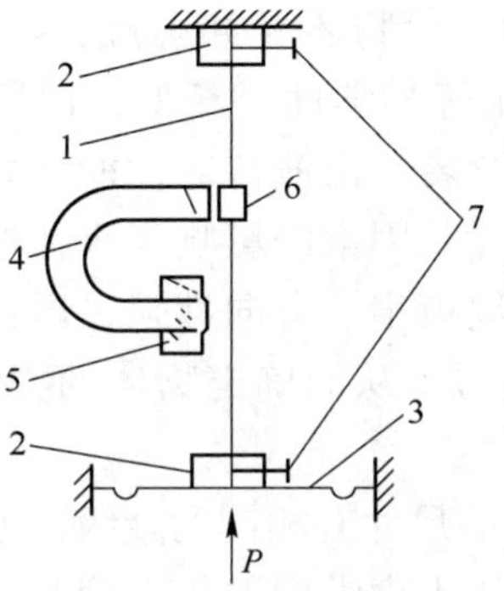

图 2-265 振弦式传感器原理结构图
1—振弦；2—夹块；3—感压膜片；4—永久磁铁；
5—线圈；6—软铁块；7—紧固螺钉

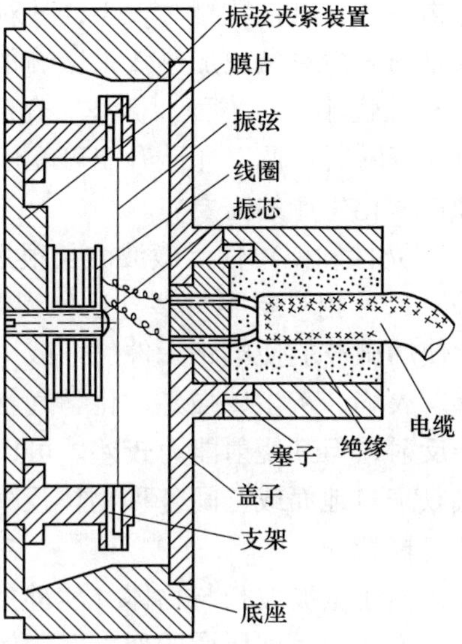

图 2-266 振弦式压力传感器

### 2.14.6 微波传感器

微波传感器是利用微波特性检测某些物理量的器件。微波传感器可以感应物体的存在，测量物体的运动速度、距离以及角度等。

#### 2.14.6.1 微波的概念及特性

波长在 1 mm~1 m 的电磁波，称为微波。微波可以细分为分米波、厘米波和毫米波三个波段。微波在电磁谱中介于无线电的短波与红外线之间，它们的本质都是电磁波。由于微波的频率很高，也称为超高频电磁波。目前我国主要是 915 MHz 和 2450 MHz 两个频段被广泛使用。

微波具有穿透、反射和吸收三个基本特性。对玻璃、塑料和瓷器，微波几乎是穿越而不被吸收，食物等就会吸收微波，使自身发热，而金属类物体则会反射微波。

从电子学和物理学观点看，微波具有以下不同于其他波段电磁波的重要特点：

（1）穿透性。由于微波比其他用于辐射加热的电磁波，如红外线、远红外线等的波长更长，其具有更好的穿透性。当微波透入介质时，由于介质损耗引起介质温度升高，使得介质材料的内部、外部几乎同时加热升温，从而形成体热源状态。这不仅大大缩短了常规加热中的热传导时间，而且在介质损耗因数与介质温度呈负相关关系时，物料内、外加热均匀一致。

（2）选择性加热。物质吸收微波的能力，主要是由其介质损耗因数决定的。介质对微波的吸收与介质的介质损耗因数成正比。介质损耗因数大的物质对微波的吸收能力强。反之，介质损耗因数小的物质吸收微波的能力弱。由于各种物质的介质损耗因数存在差异，微波加热表现出选择性加热的特点。物质不同，产生的热效果也不同。例如水分子属极性分子，介电常数较大，其介质损耗因数也很大，对微波具有强吸收能力；而蛋白质、碳水化合物等物质的介电常数相对较小，其对微波的吸收能力比水也小得多。因此，对食品来说，含水量的多少对微波加热效果影响很大。

（3）热惯性小。一方面，微波对介质材料是瞬时加热升温，能耗很低。另一方面，微波的输出功率随时可调，介质升温可无惰性地随之改变，不存在“余热”现象，有利于自动控制和连续化生产的需要。

（4）似光性和似声性。微波波长很短，比地球上的一般物体（如飞机、舰船、汽车、建筑物等）尺寸相对要小得多。这使得微波的特点与几何光学性质相似，即所谓的似光性。因此使用微波能使电路元件尺寸减小，使系统更加紧凑。微波传输性能良好，传输过程中受烟、火焰、灰尘、强光、化学气氛以及高低温环境等因素的影响很小，遇到工作障碍物易于反射，但其绕射能力较差。可以制成体积小、波束窄、方向性强、增益高的天线系统，接收来自地面或空间各种物体反射回来的微弱信号，从而确定物体的方位和距离，以便分析目标特征。

此外，由于微波波长与物体（实验室中无线设备）的尺寸有相同的量级，使得微波的特点又与声波相似，即所谓的似声性。例如微波波导类似于声学中的传声筒，喇叭天线和缝隙天线类似于声学喇叭、箫与笛，微波谐振腔类似于声学共鸣腔。

（5）非电离性。微波的量子能量还不够大，不足以改变物质分子的内部结构或破坏分子之间的键。一方面，分子原子核在外加电磁场周期力作用下所呈现的许多共振现象都发生在微波范围内，因而微波成为探索物质内部结构和基本特性的有效研究手段。另一方面，利用这一特性，还可以制作许多微波器件。

（6）信息性。由于微波频率很高（300 MHz~300 GHz），在相对不大的带宽下，其可用的频带很宽，可达数百甚至上千兆赫兹，可根据被测对象的特点选择不同的测量频率。这是低频无线电波无法比拟的，这意味着微波的信息容量大。而且其时间常数小，反应速度快，加之测量信号本身就是电信号，无需进行非电量的转换，从而简化了传感器与处理器间的接口。因此，现代多路通信系统，包括卫星通信系统，几乎无例外都是工作在微波波段。另外，微波信号还可以提供相位信息、极化信息、多普勒频率信息，这些信息在目标检测、遥感目标特征分析等应用中起到了十分重要的作用。

（7）无显著辐射危害。微波无显著辐射危害，没有公众健康问题。

以上这些特点构成了微波检测的基础。微波检测技术广泛应用在工业、农业、地质勘探、能源、材料、国防、公安、生物医学和环境保护等领域。

#### 2.14.6.2 微波传感器的原理

微波传感器主要由微波振荡器和微波天线组成。微波振荡器是产生微波的装置。构成微波振荡器的装置有速调管、磁控管及某些固体元件。由微波振荡器产生的振荡信号需用波导管传输，并通过天线发射出去。为了使发射的微波具有一致的方向性，天线应具有特定的构造和形状。

由发射天线发出的微波，遇到被测物体时将被吸收或反射，使其功率发生变化。若利用接收天线接收通过被测物体或由被测物反射回来的微波，并将它转换成电信号，再由测量电路处理，就实现了微波检测。

根据上述原理，微波检测传感器可分为反射式与遮断式两种。

反射式传感器是通过检测被测物反射回来的微波功率或经过的时间间隔，来表达被测物的位置、厚度等参数。

遮断式传感器通过检测接收天线接收到的微波功率大小来判断发射天线与接收天线间有无被测物或被测物的位置等参数。

2.14.6.3 微波传感器的分类

按照具体应用可将微波传感器分为微波液位计、微波物位计和微波测厚仪等。

A 微波液位计

图2-267为微波液位计的示意图。相距为$S$的发射天线与接收天线，相互成一定角度。波长为$\lambda$的微波从被测液面反射后进入接收天线。接收天线收到的功率将随被测液面的高低不同而异。

接收天线收到的功率$P_r$为

$$P_r=\left(\frac{\lambda}{4\pi}\right)^2\frac{P_tG_tG_r}{S^2+4d^2} \tag{2-247}$$

式中 $d$——两天线与被测液面间的垂直距离；

$P_t$，$G_t$——发射天线的发射功率和增益；

$G_r$——接收天线的增益。

当发射功率、波长、增益均恒定时，式（2-247）可改写为

$$P_r=\left(\frac{\lambda}{4\pi}\right)^2\frac{P_tG_tG_r}{4}\frac{4}{(S+2)^2+d^2}=\frac{K_1}{K_2+d^2} \tag{2-248}$$

式中 $K_1$——取决于波长、发射功率和天线增益的常数；

$K_2$——取决于天线安装方法和安装距离的常数。

由式（2-248）可知，只要测得接收到的功率$P_r$，就可获得被测液面的高度。

B 微波物位计

图2-268所示为微波物位计的示意图。当被测物位较低时，发射天线发出的微波束全部由天线接收，经检波、放大与定电压比较器比较后，发出正常的工作信号。当被测物位升高到天线所在高度时，微波束部分被吸收、部分被反射，接收天线接收到的功率则相应减弱，经检波、放大后，低于定电压信号，微波物位计发出被测物位高出设定物位的信号。

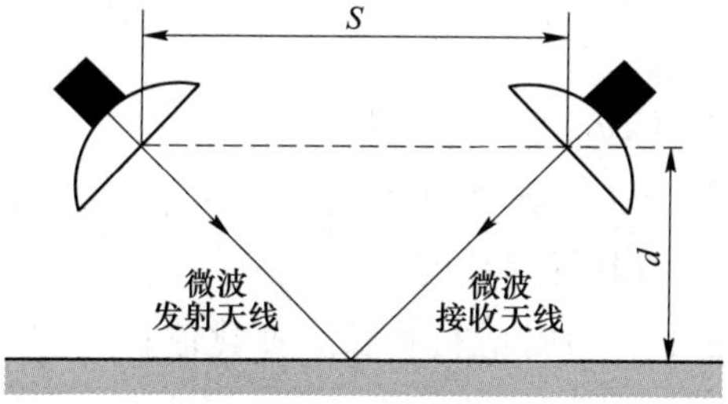


图2-267 微波液位计

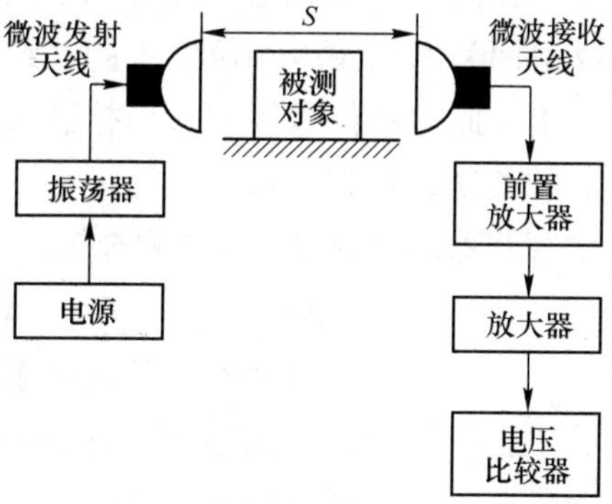


图2-268 微波式物位计

当被测物位低于设定物位时，接收天线接收的功率为

$$P_r = \left(\frac{\lambda}{4\pi S}\right)^2 P_t G_t G_r \qquad (2\text{-}249)$$

被测物位升高到天线所在高度时，接收天线接收的功率为

$$P_r = \eta P_0 \qquad (2\text{-}250)$$

式中 $\eta$——由被测物的形状、材料性质、电磁性能等因数决定的系数。

C 微波测厚仪

图 2-269 为微波测厚仪的原理图。该测厚仪是利用微波在传播过程中遇到金属表面会被反射，而且反射波的波长和速度都不改变这一特性来进行测量的。

如图 2-269 所示，在被测金属上、下两面各安装有一个终端器。微波信号源发出的微波，经环行器 A、上传输波导管传输到上终端器。由上终端器发射到被测金属上表面的微波，经全反射后又回到上终端器，再经传输波导管、环行器 A、下传输波导管到达下终端器。由下终端器发射到被测金属下表面的微波，则经全反射后又回到下终端器，再经传输波导管回到环行器 A。因此，被测金属厚度与微波传输过程中电行程长度密切相关，即被测金属厚度增大时，微波行程长度便减小。

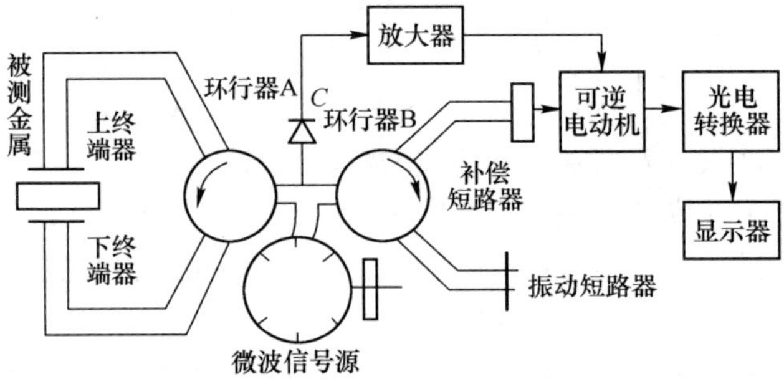


图 2-269 微波测厚仪原理图

显然，微波传输过程中电行程变化是非常微小的。为了测量这一微小的变化，通常采用微波自动平衡电桥构成一个参考臂完全模拟测量臂微波的传输过程。若测量臂和参考臂电行程完全相同，则反相叠加的微波经检波器检波后，输出为零；若两者电行程长度不同，则反射回来的微波因相位角不同，经反向叠加后不能抵消，经检波器检波后便有不平衡信号输出。此差值信号经放大后控制可逆电动机，使补偿短路器产生位移，从而改变补偿短路器的长度，直到测量臂电行程完全相同为止。

补偿短路器的位移 $\Delta S$ 与被测金属厚度变化值 $\Delta h$ 间的关系为

$$\Delta S = L_B - (L_A - \Delta L) = L_B - (L_A - \Delta h) = \Delta h \qquad (2\text{-}251)$$

式中 $L_A$，$L_B$——测量臂和参考臂在电桥平衡时的电行程长度；

$\Delta L$——被测金属厚度变化 $\Delta h$ 后引起的测量臂电行程长度变化值；

$\Delta h$——被测金属厚度的变化值。

由式（2-251）可知，被测短路器的 $\Delta S$ 值即为被测金属的厚度变化值 $\Delta h$。因此，利

用光电转换器测出 $\Delta S$ 值，即可由显示器显示 $\Delta h$ 值后直接显示被测金属厚度。图 2-269 中所示振动短路器用于对微波进行调制，使检波器输出交流信号，其相位随测量臂和补偿臂电行程长度的差值变化作反向变化，可控制可逆电动机产生正反向转动，使电桥自动平衡。

#### 2.14.6.4 微波传感器的应用

微波应用十分广泛，除了前面介绍的测量方面应用和传统的通信、雷达方面应用外，目前又与许多相关学科融合，开辟了新的分支，例如量子电子学、射电天文学、微波化学、微波生物学、微波医学、微波气象学等。

##### A 微波辐射计（温度传感器）

任何物体，当它的温度高于环境温度时，都能向外辐射热能。微波辐射计能测量对象的温度。普朗克公式在微波领域可近似为

$$L_0(\lambda, T) = \frac{2CkT}{\lambda^4} \tag{2-252}$$

就微波辐射计而言，它以一定的频带宽检测来自物体的微波辐射辉度 $L(\lambda, T)$。由于此电信号输出正比于物体的发射率 $\varepsilon(\lambda, T)$ 和绝对温度的乘积，因此微波辐射计指示的温度不是物体的真实温度，而是辉度温度 $\varepsilon(\lambda, T)T$。

图 2-270 给出了微波温度传感器的原理方框图。图中 $T_i$ 为输入（被测）温度，$T_c$ 为基准温度，C 为环行器，BPF 为带通滤波器，LNA 为低噪声放大器，IFA 为中频放大器，M 为混频器，LO 为本机振荡器。

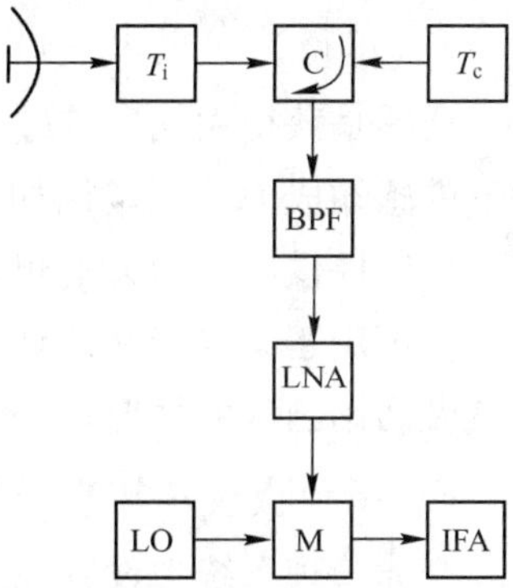

图 2-270 微波温度传感器原理图

微波温度传感器最有价值的应用是微波遥测，将它装在航天器上，可以遥测大气对流层的状况，进行大地测量与探矿，遥测水质污染程度，确定水域范围，判断植物品种等。

##### B 无损检测成像技术

微波技术使分米分辨本领的非接触成像技术成为可能。作为无损检测工具，高分辨微波成像技术的应用能力已经被验证。

英国 ERA 工程部已经完成了对地下管道及电缆定位的表面穿透雷达系统的研究。表面雷达技术用于探测地下非导体材料物体已被业界认可。在空气与土壤界面高于管道 1 m 的情况下，可探测直径 150 mm 的塑料管。

##### C 用于寻找和救护

微波可用于寻找因地震、滑坡、建筑物倒塌而被掩埋的生命体。微波对微小的运动以及标示生命存在的呼吸运动等信息很敏感，即使是失去意识的生命体，它也能探测到。例如利用微波双锥形天线，由天线发出的场被周围的物体和生命体反射，反射波可以由接收天线测得。生命体的呼吸运动使反射波频率变化 0.1~0.3 Hz，胃肠的蠕动使反射波频率变化 0.7~3.0 Hz。法国自然和工程探险国家安全部的研究表明，0.5~1.0 GHz 的装置可以有效地探测到呼吸运动。

D 利用反射波检测物位、液位

冶金工业中常需要对高炉料位、平炉/转炉钢水液位、连续浇铸的钢水液面的厚度或高度进行测量。在这种高温、多粉尘、强噪声的环境下特别适合采用微波技术进行测量，其优势如下：

（1）温度变化 2000 ℃，微波传播速度的变化不超过 0.03%。其反射时间变化和温度的关系曲线如图 2-271 所示。

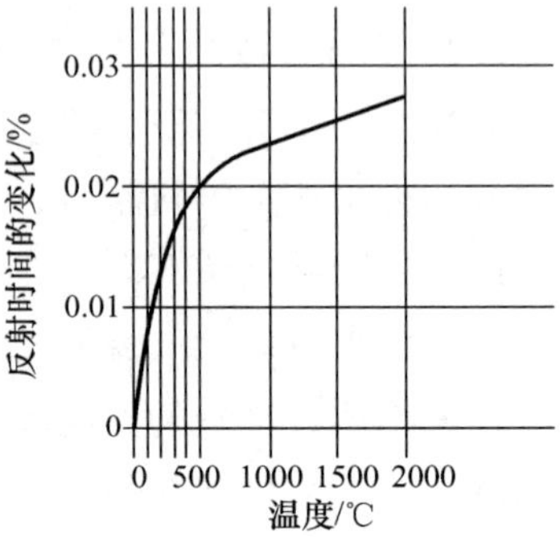

图 2-271 微波随温度变化曲线

（2）所选用微波波长比烟雾、粉尘、水汽粒尺寸大得多，传播时绕射能力大，穿透本领强。

（3）机械噪声对微波传播、接收无影响。

（4）只要被测介质的介电常数大于 2 都可测量。

（5）测量时，发射/接收天线可以安装在槽的上方，对塑料一类密封罐可不用打开，在上方即可测液位，安装维护都很方便。

英国钢铁公司采用射频技术测量钢水，可以对装得过多的钢水包进行报警。由于可以在生产过程中实时在线测量，从而缩短了钢凝时间，提高了经济效益。

E 用微波实现大气遥感

遥感是获得大气形成过程中瞬间状态的唯一途径。在分米、毫米和亚毫米波段使空间大气的感知成为可能。例如，用相关检测技术，微波接收器可以精确描述大气的发散路径，可以提供所有的天气测量参数，并且是唯一可以直接观测到云中水含量的方式。微波观测器可用于高空情况观测。不同的微波装置绕地球飞行可提供大气信息，如降雨量、水蒸气及降雨云气的情况。

F 新型微波车辆感知器

交通管理系统中设置在道路上的微波车辆感知器，利用汽车反射回的微波，确定汽车的位置，并根据多普勒频移确定汽车的运动速度，然后将数据传给交通管理中心，经过分析进行合理疏导与统计。如图 2-272 所示，微波车辆感知器由微波收发器和控制器组成，其中微波收发器设置在高于地面 5~6 m 处，控制器安装在支柱上。收发器的天线向地面发射波束的扩散角为 70°。主波束与行驶在中心线上的车辆相对应，旁波束与中心线两侧的车辆相对应。

微波车辆感知器的工作程序如图 2-273 所示。

微波收发器中的高频振荡器产生 13 GHz 的高频波，脉冲信号发生器产生同步脉冲对高频波进行调制，送至循环器，再由天线向路面发射。天线接收通过车辆的反射波，又送回循环器。车辆感知器检出反射波的感知信号，与此同时，多普勒检测器检测出多普勒信号频率。控制器部分根据微波发送器送来的车辆感知信号判定车辆的存在与否。同时由多普勒频率测定车辆的速度。由控制器测定出的车辆感知信号和速度信号，经转换器，使用专线传送给交通管理中心。

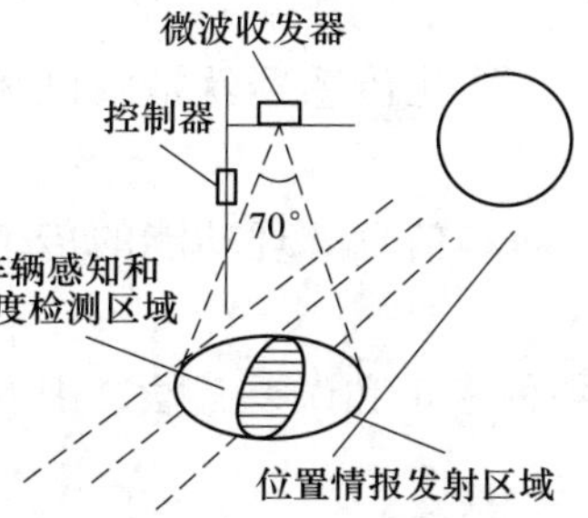


图 2-272 微波车辆感知器

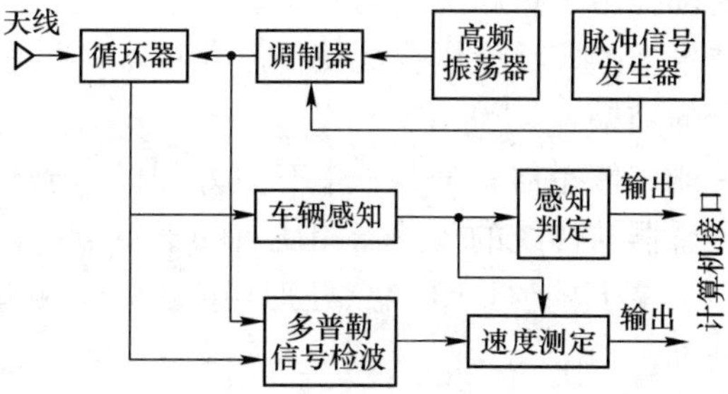


图 2-273 微波车辆感知器的工作程序

G 利用穿透特性测量介质厚度

航空工业中，复合材料在高温、高压情形下，对它的均匀性及特性的控制至关重要。通常只有材料的一面是可以接近的，另一面则被导体板挡上了。因此，需要采用无损、快速、精确地检测厚度的技术。微波能够穿透介质材料并且对表面两层边缘的敏感度极高，因此特别适合这种测量。

介质厚度是由介质的导纳、微波频率、被测介质的介电特性决定的。如果介质的介电特性已知，微波频率一定，那么对导纳的测定就能反映厚度信息。如果测量是非接触的，孔径和样品间的空气也需要考虑。在最佳频率下，对介质厚度小于 5 mm 的，测量精度达到 0.5%。对厚一些的介质片，测量精度达到 3.0%。

H 微波湿度分析仪

由 CEM 公司生产的 Labwave9000TM 是一种以微波为热源干燥样品来测定物体湿度的仪器。微波法与湿度法及近红外反射或透射法（NIR）等相比具有如下优点：

（1）测定范围宽，适合于湿度为 0.01%~99.99%的液体、固体、浆料。

（2）天平称量方便。

（3）单型操作程序并提供标准软件。

（4）精确测湿度可获重现性结果，且不破坏样品。

（5）测量周期短，较非微波法快 4~10 倍，且无需校准。

一种新型的湿度在线测量方法已经在澳大利亚试验成功。它利用微波的透射原理，即被测样品的湿度是由穿透被测样品的微波信号的衰减和相移决定的。样品的厚度和密度对信号的影响可以在测量过程中得到补偿。实验表明，对含湿量在 3.3%~16%的样品测量精度达到 0.63%。对含湿量在 0~7%的样品测量精度达到 0.34%~0.99%。

微波技术最早应用在军事、国防工业，如雷达、微波通信等领域。目前已部分转向民用工业，并且取得了一定的成果。由于微波应用具有广泛的前景，国外许多的研究机构都投入了大量人力、物力进行开发。随着微波器件、电子器件、材料工业的发展以及市场需求的不断扩大，微波检测技术必将得到大力发展。

### 2.14.7 智能传感器

#### 2.14.7.1 概述

随着现代科学技术飞速发展，对传感器的要求越来越高，从精度、品种、功能、体积等方面都提出了更新更高的要求，微电子技术的发展，特别是微机技术的迅猛发展和它在传感技术中的广泛应用，促使传感器技术产生一个飞跃。智能化传感器就是微机与传感器相结合的结果。

智能式传感器就是一种带有微处理机，兼有检测、判断和信息处理功能的传感器。智能式传感器与传统的传感器相比有如下特点：

（1）它具有判断和信息处理功能，可对测量值进行各种修正和误差补偿，因此提高了测量精度。

（2）可实现多传感器多参数复合测量，扩大了测量与使用范围。

（3）它具有自诊断、自校准功能，提高了可靠性。

（4）测量数据可以存取，使用方便。

（5）具有数字通信接口，能与计算机直接联机。

#### 2.14.7.2 智能式传感器的构成

智能式传感器的基本组成部分有：

（1）主传感器，用于检测被测参数。

（2）微处理器，包括地址/数据总线、存储器等，用于信号的处理、运算、存储等。

（3）接口，包括 A/D 转换器，数字通信接口等，用于传感器模拟信号转换及与微机的通信。

（4）辅传感器，用于检测影响测量精度的温度、湿度、压力等环境条件变化，并运用微处理器的判断、计算功能，对主传感器测量值作出修正。

（5）电源，用于供给传感器和微处理器能源。

#### 2.14.7.3 智能式传感器举例

##### A 智能式压阻压力传感器

压阻式压力传感器已经得到广泛的应用，但是它的测量精度受到非线性和环境温度的影响。利用单片微机构成智能化传感器，对其非线性和温度变化产生的误差进行修正，可使环境温度和非线性误差的95%得到修正，在 10~60 ℃范围内，其输出值几乎不变。

智能式压阻压力传感器的硬件结构如图 2-274 所示。其中压阻式压力传感器用于被测压力测量；温度传感器用来测量环境温度，以便进行温度误差修正。两个传感器的输出经

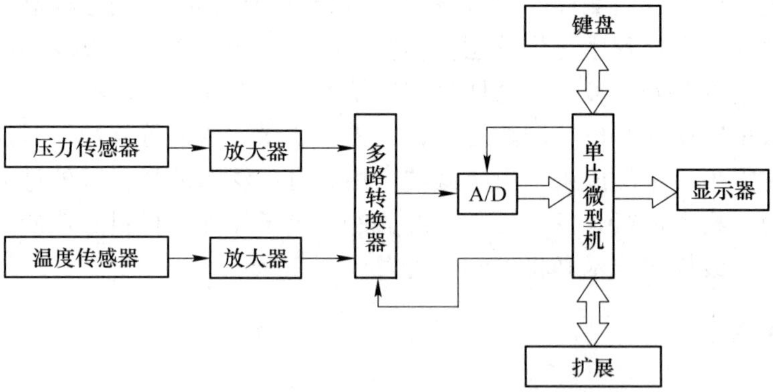


图 2-274 智能式压阻压力传感器硬件框图

前置放大器放大成0~5 V的电压信号送至多路转换器，多路转换器将根据单片机发出的命令选择一路信号送到A/D转换器，A/D将输入的模拟信号转换为数字信号送入单片机，单片机根据已定程序进行工作，将被测量显示出来。

智能式压阻压力传感器系统是在软件支持条件下工作的，由软件来协调各部分的工作和各种功能的实现。除按常规的使被测参数从检测到显示完成整个流程外，还实现了自动调零和非线性及温度误差的实时自动修正。

B　智能转速传感器

智能转速传感器可实现全量程等精度测量。它由转速-脉冲转换器和以单片机为核心的信号处理系统组成，其结构框图如图2-275所示。

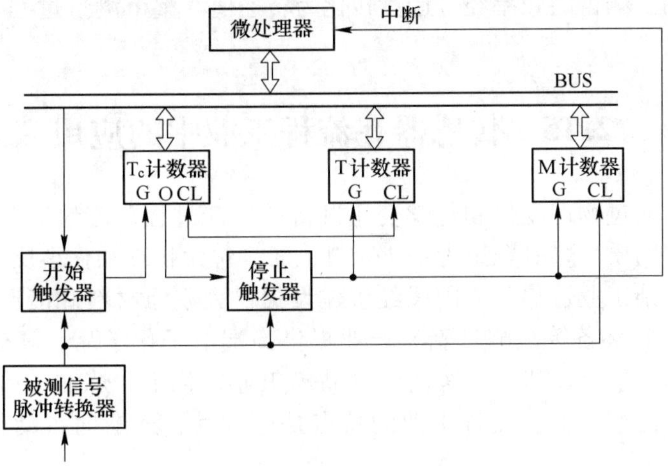


图2-275　结构框图

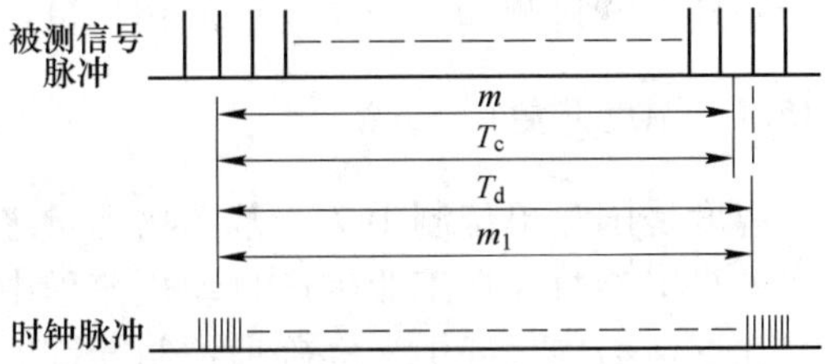


图2-276　不定周期法信号关系

为了实现全量等精度测量，采用不定周期测量法。这种方法是一种完全同步的多周期测量法，但一次所测的周期个数是不固定的，取决于被测信号的频率。如图2-276所示，$T_c$为定时信号，相当于测频法中的时基时间，$T_d$为完整的$m+1$个脉冲信号的时间，$m$为$T_c$时间内完整脉冲个数，$m_1$为$T_d$时间内的时标脉冲个数。

测量开始时，由来自转速-脉冲转换器的信号脉冲启动定时器开始计时，同时另一计数器开始对信号脉冲计数。当计时时间$T_c$到时，对信号脉冲的计数并不停止，而是等到下一个信号脉冲到达时，再同步地停止计数，这样测量的开始与结束都与被测信号同步。设时标频率为$f_c$，则被测信号频率为

$$f_x = \frac{m+1}{T_d} = \frac{m+1}{m_1/f_c} = \frac{m+1}{m_1}f_c \tag{2-253}$$

其误差为：

$$\frac{\Delta f_x}{f_x} = \frac{\Delta f_c}{f_c} - \frac{\Delta m_1}{m_1} \tag{2-254}$$

其中，$\Delta f_c/f_c$ 为时标频率误差，相对于计数误差可忽略不计，因此，测量误差可表示为：

$$\frac{\Delta f_x}{f_x}=\frac{\Delta m_1}{m_1}=\pm\frac{1}{m_1} \tag{2-255}$$

设 $T_x$ 为被测信号周期，$T_c$ 恒定，$f_c$ 为时标频率，当 $T_c>T_x$ 时

$$m_1 = T_x f_c + \Delta t f_c$$

其中，$\Delta t=T_d-T_c$。这时 $m_1$ 最大为 $2T_c f_c$，最小为 $T_c f_c$；当 $T_x>T_c$ 时，$m_1=T_x f_c$，这时不定周期测量法实际演变为一般的测频法。由此可见这种方法具有一定的自适应能力。

由于不定期测量法的精度可通过设定时间 $T_c$ 来保证，且误差的最大值是与频率无关的。因此这是一种能同时兼顾测量速度与测量精度的频率测量方式，在整个测量范围内，精度基本是恒定的。测得的频率经过运算转化为转速值。整个测量过程是在软件支持下运行的。

## 2.15 传感器在流程工业中的应用

流程工业是指通过物理变化和化学变化进行的生产过程，流程工业制造过程以石油、天然气、矿石、生物质、煤等资源为主要原料，通过包含物理和化学反应、气-液-固多相共存、连续化的复杂工业过程，为国民经济建设提供大宗原材料和能源，也为集成电路、5G、航空航天、高端装备等战略性新兴产业提供高端电子化学品、高分子和合金钢等材料。如石化、电力、冶金、造纸、医药、食品等工业，化工、炼油、冶金、轻工、建材、制药等行业均属于流程工业。流程工业的特点是连续性，逐渐向自动化、集中化、集成化、整体化发展。

在流程工业中，过程监测、过程控制、产品质量监控以及系统运行工况的监测都需要进行物理量的检测和处理，主要的物理量包括温度、流量、物位和成分等。

### 2.15.1 温度测量

温度是国际单位制中 7 个基本物理量之一，是工业生产和科学实验中非常普遍、非常重要的热工参数。在工业生产自动化流程中，温度测量点要占全部测量点的一半左右。例如，在钢铁冶炼过程中，准确地控制冶炼温度可以明显提高产品质量，还能节能降耗；在石油炼化厂，准确地控制裂解温度，可以得到不同品质的柴油系列产品。

根据测量方法温度测量仪表可分为接触式、非接触式两大类。其中，接触式测温仪表的工作原理是依据物体受热膨胀、导体或半导体电阻值随温度变化、热电效应等；非接触式测温仪表则是依据物体的热辐射原理。

在流程工业中，完成温度测量的仪表一般称为温度变送器。温度变送器是将温度变量转换为可传送的标准化输出电信号的仪表，主要用于工业过程温度参数的测量和控制，温度测量也可以用于温度补偿或者其他物理量的间接测量，下面通过例子加以说明。

#### 2.15.1.1 测量特定区域平均温度

流程工业中的某些特殊区域需要连续监测其平均温度，测量方法是将多个相同型号的热电偶传感器均匀布置在被测区域，并且将这些相同型号的热电偶的正极和负极分别连接在一起，也就是并联线路，如图 2-277 所示。

假设布置的传感器有 $n$ 个，每个热电偶传感器的电阻值都相等，则并联测量线路的总的热电势为 $n$ 支热电偶热电势的平均值。每个传感器输出的电势分别记为 $E_1$，$E_2$，…，$E_n$，则该区域测量到的平均电势为：

$$E=\frac{E_1+E_2+\cdots+E_n}{n} \tag{2-256}$$

被测区域的平均温度记为 $\overline{T}$，则 $E$ 对应的温度为 $(\overline{T},\ T_0)$。如果已知热电偶的类型和测量端的温度 $T_0$，则被测区域的平均温度 $\overline{T}$ 对应的热电势 $E(\overline{T},\ 0\ ℃)$ 为：

$$E(\overline{T},\ 0\ ℃)=E+E(T_0,\ 0\ ℃) \tag{2-257}$$

通过查对应的分度表，就可以得出平均温度 $\overline{T}$ 的值。

使用这种方法测量的平均温度，其优点是测量的相对误差仅为单支热电偶的 $1/\sqrt{n}$，而且当其中某一支热电偶发生断路故障时，测温系统仍然能够工作。

2.15.1.2　光纤温度传感器在流程工业中的应用

光纤温度传感器，作为一种创新的测温技术，其核心在于利用光纤作为核心元件或信号传输的媒介，展现出多样化的形态，包括直接接触的与非接触式的设计。此类传感器以卓越的灵敏度、出色的电绝缘性能著称，即便在强电磁干扰、高辐射等极端环境中，也能稳定运行。其紧凑的结构、轻盈的材质以及良好的柔韧性，使得光纤传感器在部署上更为灵活，特别是其全光型探头设计，实现了无电操作的便捷性。近年来，光纤温度传感器在多个工业及科研领域展现出了广泛的应用潜力。

图 2-278 为一种光纤辐射温度计的连接图，光纤辐射温度计的光纤可以直接延伸为敏感探头，也可以经过耦合器，用刚性光导棒延伸。光纤敏感探头有多种形式，例如直型、楔型、带透镜型和黑体型等。

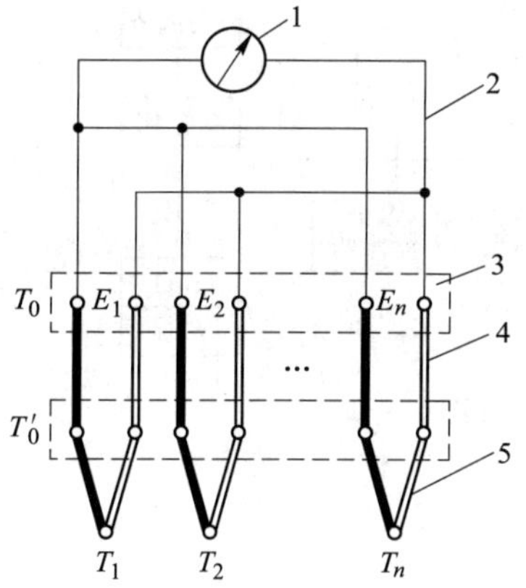


图 2-277　热电偶并联测量连接图

1—显示仪表；2—铜导线；3—恒温器或补偿电桥；4—补偿导线；5—热电偶

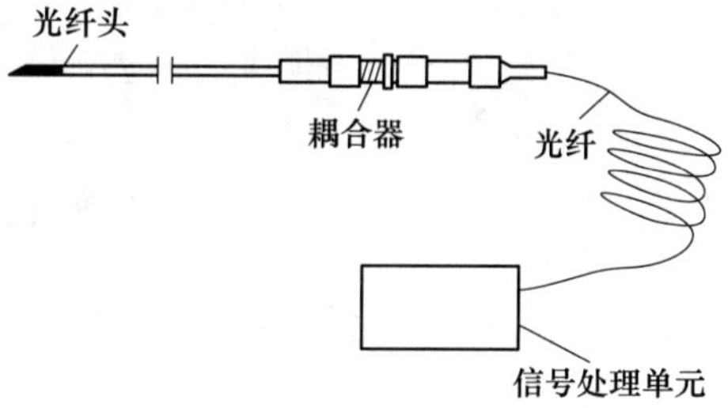


图 2-278　光纤辐射温度计连接图

典型的光纤辐射温度计的测量范围为 200～4000 ℃，分辨率可达 0.01 ℃，在高温时精度可优于±0.2%读数值，其探头耐温一般可达 300 ℃，加冷却后可到 500 ℃。

光纤测温与普通温度传感器相比，在某些领域中有着绝对优势，因为它既无导电部分引起的附加升温，又不受电磁场干扰，具体体现在：

（1）可以对处于强磁场范围内的目标物体进行温度测量，如金属的高频熔炼与橡胶的硫化，以及木材、织物、食品、药品等的微波加热烘烤过程的炉内温度测量。

（2）可以进行高压电器的温度测量，例如对高压变压器绕组热点的温度测量，对各种高压装置、发电机、高压开关、过载保护装置等进行温度测量，了解其工作状态。

（3）可以对易燃易爆物生产过程的设备进行温度测量。因为光纤传感器在本质上是防火防爆器件，它不需要采用隔爆措施，十分安全可靠。

（4）可以对某些高温介质进行温度测量。例如，在冶金工业中，当温度高于 1300 ℃或 1700 ℃时，或者温度虽不高但使用条件恶劣情况下的温度测量；钢水和铁液在连铸过程中进行连续测温。

2. 15. 1. 3　红外测温在流程工业中的应用

红外测温仪是利用热辐射体在红外波段的辐射通量测量温度。当物体温度低于 1000 ℃时，其向外辐射的不再是可见光而是红外光，可用红外探测器检测其温度。

图 2-279 为红外测温仪结构框图。其光学系统是一个固定焦距的透视系统，滤光片一般采用只允许 8~14 μm 的红外辐射能通过的材料。步进电机带动调制盘转动，将被测的红外辐射能调制成交变的红外辐射射线。红外探测器一般为热释电探测器，透镜的焦点落在其光敏面上。被测目标的红外辐射能量通过透镜聚焦在红外探测器上，红外探测器将红外辐射变换为电信号输出。

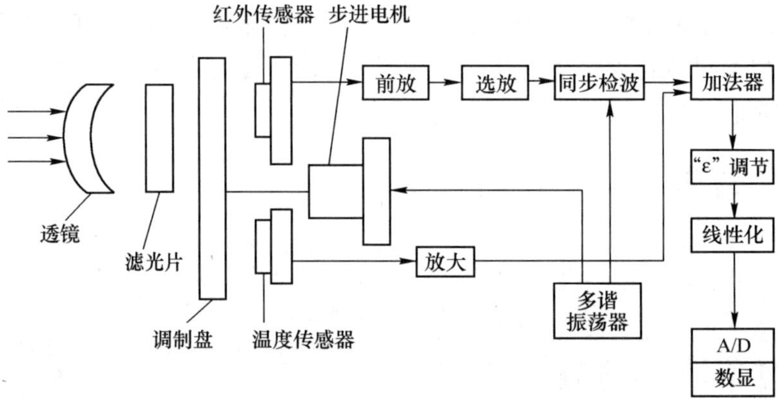


图 2-279　红外测温仪结构框图

红外测温仪的光学系统可以是透射式，也可以是反射式。

## 2. 15. 2　压力测量

在工业生产中，许多生产工艺过程经常要求在一定的压力或一定的压力范围内进行，生产设备过压存在破坏或爆炸的风险，另外通过测量压力或压差可间接测量其他物理量。因此，压力或压差的测量在各类工业生产中占有很重要的地位。

压力测量仪表，按敏感元件和工作原理的特性不同，一般分为弹性式压力计、电气式压力计、负荷式压力计、液柱式压力计等几类。其中，电气式压力检测仪表是利用压敏元件将被测压力转换成各种电量来实现测量的，便于进行压力的自动检测与控制，在流程工业生产过程中获得广泛应用。下面通过例子说明其应用。

2.15.2.1 电容式差压变送器在流程工业中的应用

差压是流程工业生产过程中的一个重要的测控参数。差压变送器可以检测液体、气体或蒸气的差压、流量、液位的工艺参数，并转换成统一的标准信号输出，作为指示记录仪、调节器或计算机装置的输入信号，以实现对这些参数的显示、记录或自动控制。电容式差压变送器是工业上广泛使用的一种变送器。

电容式差压变送器的核心是一个差动电容式压力传感器，其作用是把输入的差压转换为差动电容器的电容量变化，其内部结构如图 2-280 所示。中心感压膜片 11（可动电极）与高、低压侧弧形电极 12、10（固定电极）形成电容 $C_H$、$C_L$。中心感压膜片 11 分别与高、低压侧隔离膜片 14、8 构成封闭空腔，空腔内充以硅油作为填充液。这里，隔离膜片为弹性元件，既起到传递压力的作用，又能够避免电容极板受到被测介质的腐蚀。

被测压力经高、低压侧导压口分别被引入高、低压室，作用于高、低压侧隔离膜片上，再通过硅油传递到中心感压膜片两侧。当高、低压侧的压力相等时，中心膜片无位移，中心膜片与两侧弧形电极等间距，两电容 $C_H=C_L$。当高、低压侧的压力不相等时，中心感压膜片在差压 $\Delta p$ 的作用下发生微小位移 $\delta$，使中心膜片与两侧弧形电极的间距改变，致使两电容值变化。

传感器的结构决定了这种变送器具有过压能力强的特点，它适用于绝对压力很高，而差压很小的情况。为了测量小差压，中心感压膜片要做得很薄，但如果一侧压力消失，膜片将承受极高压差，可能破裂。在这种结构中，膜片贴在球形支撑面上，由该支撑面代替膜片承受高压，从而保护膜片。通常，膜片厚度为 0.05~0.25 mm，直径 7.5~75 mm，最大位移在 0.1 mm 以内。

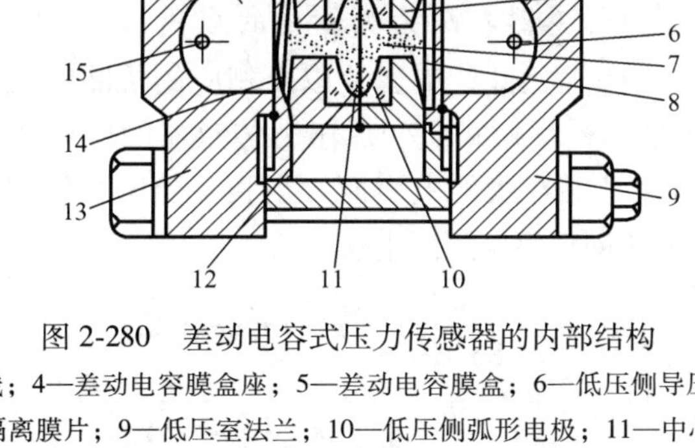


图 2-280 差动电容式压力传感器的内部结构

1~3—电极引线；4—差动电容膜盒座；5—差动电容膜盒；6—低压侧导压口；7—硅油；8—低压侧隔离膜片；9—低压室法兰；10—低压侧弧形电极；11—中心感压膜片；12—高压侧弧形电极；13—高压室法兰；14—高压侧隔离膜片；15—高压侧导压口；16—放气排液螺钉；17—O 形密封环；18—插头

差压变送器的转换放大电路将传感器输出的差动电容量变化转换成标准的 4~20 mA 电流信号或数字信号。

2.15.2.2 霍尔式压力传感器的应用

任何非电量只要能转换成位移量的变化，均可利用霍尔式位移传感器的原理转换成霍尔电动势。霍尔式压力传感器正是利用这个原理，如图 2-281 所示。它主要由压力—位移转换部分、位移—电势转换部分和直流稳压电源等组成。它把压力先转换成位移，再应用霍尔电势与位移的关系测量压力。作为压力敏感元件的弹簧管，其一端固定，另一端安装霍尔元件。当输入压力为 0 时，霍尔元件处在两块磁铁的中间，此时位移 $\Delta x=0$。由于磁铁中间的磁感应强度 $B=0$，霍尔元件输出的霍尔电势 $U_H$ 也等于零；当输入压力增加时，弹簧管自由端的位移带动处于恒定梯度磁场中的霍尔元件产生相应的位移，霍尔元件感受到的磁感应强度也随之改变，这时的霍尔电势可用下式表示

$$U_H = R_H IB \tag{2-258}$$

式中 $R_H$——霍尔常数，$R_H=K_H f(L/b)/d$；

$K_H$——霍尔系数；

$L$——霍尔电势输出端长度；

$B$——霍尔电势电流输入端宽度；

$d$——霍尔片的厚度。

从式（2-258）可知，霍尔电势 $U_H$ 的大小反映出霍尔元件与磁铁之间相对位置的变化量，从霍尔元件的输出电压的大小即可反映出压力的大小。霍尔元件的位移在±1.5 mm 范围内，输出为 0~20 mV，如增加毫伏变送装置，即可把此毫伏信号转换为统一的标准信号。另外，由于霍尔电势对温度变化比较敏感，在实际使用时应采取温度补偿措施。

2.15.2.3 互感式差动变压器在压力测量中的应用

差动变压器式传感器与弹性敏感元件（膜片、膜盒和弹簧管等）相结合，可以组成开环压力传感器和闭环力平衡式压力传感器，用来测量压力或压差。

图 2-282 所示为微压力变送器的结构示意图。在无压力作用时，膜盒处于初始状态，连接在膜盒中心的衔铁位于差动变压器线圈的中部，输出电压为零。当被测压力经过接头输入膜盒后，推动衔铁移动，从而使差动变压器输出正比于被测压力的电压。这种微压力传感器可以测量 $(-4\sim6)\times10^4$ Pa 的压力。

2.15.2.4 应变式压力传感器在压力测量中的应用

应变式压力传感器是由弹性元件、应变片以及相应的桥路组成。应变式压力传感器有很多结构形式，图 2-283 是一种粘贴式应变片压力传感器的应变片分布及应力曲线。被测压力作用在膜的下方，应变片贴在膜的上表面。当膜片受压力作用变形向上凸起时，膜片上任一点的径向应变 $\varepsilon_r$ 和切向应变 $\varepsilon_t$ 分别为

$$\varepsilon_r = \frac{3p}{8\delta^2 E}(1-\nu^2)(r_0^2-3r^2) \tag{2-259}$$

$$\varepsilon_t = \frac{3p}{8\delta^2 E}(1-\nu^2)(r_0^2-r^2) \tag{2-260}$$

式中 $\delta$——膜片的厚度；

$E$——膜片材料的弹性模量；

$\nu$——膜片材料的泊松比；

$r_0$——膜片自由变形部分的半径。

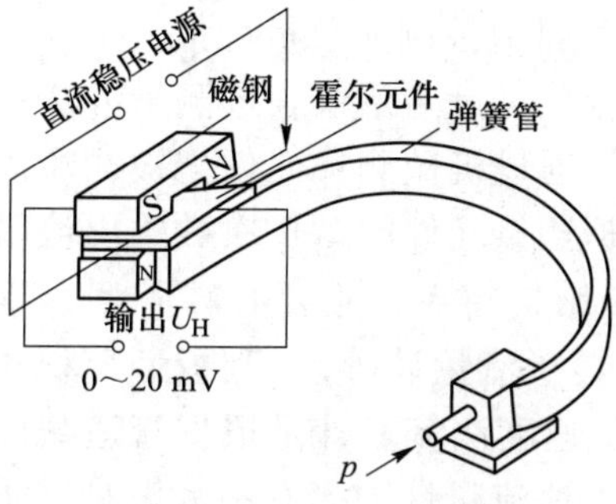


图 2-281 霍尔式压力传感器

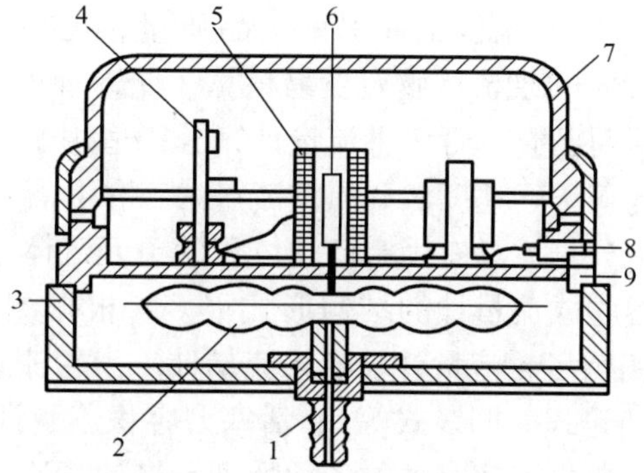


图 2-282 微压力变送器的结构示意图

1—接头；2—膜盒；3—底座；4—线路板；5—差动变压器线圈；6—衔铁；7—罩壳；8—插头；9—通孔

图 2-283（b）是 $\varepsilon_r$ 和 $\varepsilon_t$ 沿径向的分布曲线。可以看出，在 $r=0$ 处，$\varepsilon_r$ 和 $\varepsilon_t$ 都达到最大值，且相等；在 $r=r_0/\sqrt{3}\approx 0.58r_0$ 处，$\varepsilon_r=0$；当 $r>0.58r_0$ 时，$\varepsilon_r$ 成为负值；当 $r=r_0$ 时，$\varepsilon_r$ 达到负的最大值。

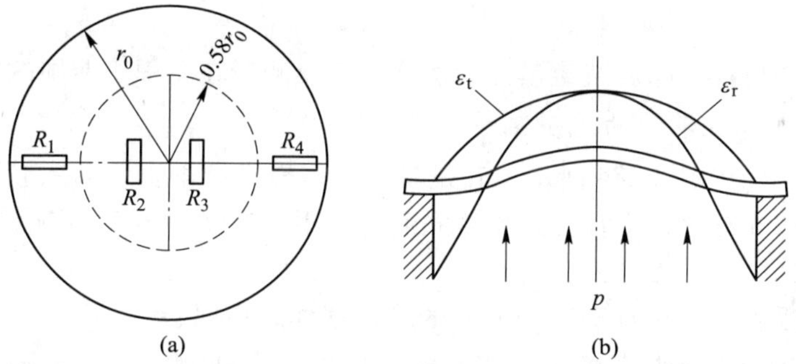


图 2-283 平膜片上的应变片分布及应力曲线

膜片上应变片的粘贴位置就是根据上述应变分布规律来确定的，如图 2-283（a）所示。图中贴有四个应变片 $R_1$、$R_2$、$R_3$和 $R_4$，在膜片受压力作用时，$R_2$和 $R_3$受到正 $\varepsilon_r$ 的拉伸电阻值增大；$R_1$和 $R_4$受到负的 $\varepsilon_r$ 作用，电阻值减小。把这四个应变片接在一个桥路的四个桥臂上，其中 $R_1$ 和 $R_4$，$R_2$和 $R_3$互为对边，则桥路的输出信号反映了被测压力的大小。由于金属材料有电阻温度系数，特别是弹性元件和应变片两者的膨胀系数不等，会造成应变片的电阻值随环境温度而变，必须要考虑补偿措施。

目前最常用的方法是采用图 2-283（a）所示的形式，四个应变片的静态性能完全相同，它们处在同一电桥的不同桥臂上，温度升降将使这两个电阻同时增减，从而不影响电桥平衡；有压力作用时，相邻两臂的阻值一增一减，使电桥能有较大的输出。但尽管这样，应变式压力传感器仍有比较明显的温漂和时漂。因此，这种压力传感器较多地用于一般要求的动态压力检测。

### 2.15.3 流量测量

流量是指流体流过一定截面的量。流量测量在流程工业领域占有重要地位，主要表现为：（1）为流程工业保证产品质量、提高生产效率、节约能源和降低成本提供必要信息；（2）实现流体物资贸易核算、储运管理和污水废气排放控制的总量计量。

目前已有一百多种流量计，分别适用于不同的场合。流量测量仪表按测量方法一般可分为容积法、速度法和质量流量法三种。容积式流量计通过机械测量元件把被测流体连续不断地分割成具有固定已知体积的单元流体，然后根据测量元件的动作次数给出流量的总量。容积式流量计的结构形式很多，根据测量元件的结构特点，主要有转子型容积流量计（椭圆齿轮流量计、腰轮流量计、齿轮流量计、双转子流量计等）、刮板型容积式流量计（凸轮式、凹线式等）、活塞型容积流量计等几种。速度法流量计是根据管道截面上平均流速或与流速有关的各种物理量来计算流量。在速度法流量计中，有一大类是基于伯努利方程工作的，主要包括节流式差压流量计、转子流量计、靶式流量计等，该类流量计在工业生产和科学实验中应用广泛，但因会造成流体压力损失且在被测流体中有固体颗粒时测量元件易发生磨损，其在工业方面的应用面临挑战。此外属于速度法的流量计还有叶轮流量计、电磁流量计、涡街流量计和超声波流量计等。质量流量计的输出信号直接反映被测流体质量流量而与介质所处的状态参数（温度、压力）和物性参数（黏度、密度）等无关，具有高准确度、高重复性和高稳定性的特点，常用的类型有科里奥利质量流量计和热式质量流量计。

下面以光纤流量计、超声波流量计为例介绍流量测量在流程工业中的应用。

#### 2.15.3.1 光纤流量计的流量测量

光纤流量计结构如图 2-284 所示。它是将一根多模光纤垂直地装入管道，当液体或气体流经与其垂直的光纤时，光纤受到流体涡流的作用而振动，振动的频率与流速有关，测出频率就可知流速。

当流体运动受到一个垂直于流动方向的非流线体阻碍时，根据流体力学原理，在某些条件下，在非流线体的下游两侧产生有规则的漩涡，其漩涡的频率 $f$ 与流体的流速可表示为

$$f = Sr\frac{v}{d} \tag{2-261}$$

式中 $v$——流体流速，m/s；

$d$——相对于流体流向的光纤直径，m；

$Sr$——斯特劳哈尔数（Strouhal），与流体的雷诺数（$Re$）有关，对不同的流体，$Re$ 有一定的范围，在此范围内 $Sr$ 为常数。

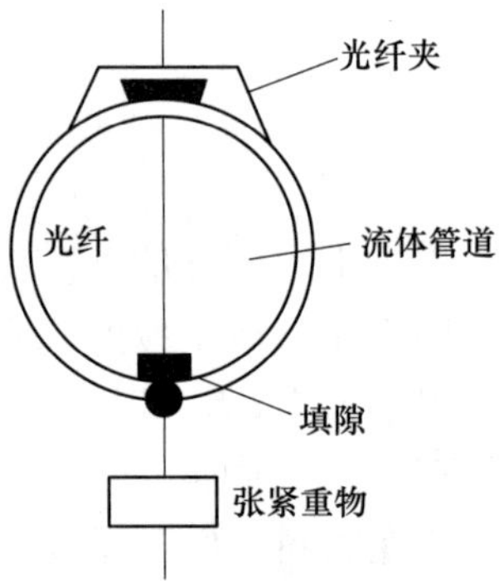

图 2-284 光纤流量计

在多模光纤中，光以多种模式进行传输，在光纤的输出端，各模式的光就形成了干涉图样，这就是光斑。一根没有外界扰动的光纤所产生的干涉图样是稳定的，当光纤受到外界扰动时，干涉图样的明暗相间的斑纹或斑点发生移动。如果外界扰动是由流体的涡流引起的，那么干涉图样斑纹或斑点就会随着振动的周期变化来回移动，测出斑纹或斑点的移动，即可获得对应于振动频率 $f$ 的信号，根据式（2-261）

推算流体的流速 $v$。

光纤流量计可测量液体和气体的流量，因为传感器没有活动部件，测量可靠，而且对流体流动不产生阻碍作用，压力损耗非常小。这些特点是孔板、涡轮等许多传统流量计所无法比拟的。

2.15.3.2 *超声波流量计的应用*

超声波流量计主要由换能器和转换器（或称为电子线路及流量显示和累积系统）组成。换能器负责将电能转换为超声波能量并发射到被测流体中，同时接收返回的超声波信号。转换器则负责处理这些信号，将其转换为代表流量的电信号，并进行显示和计算。

超声波流量计采用的测量方法有多普勒法、速度差法（包括直接时差法、时差法、相位差法和频差法）、波束偏移法、噪声法及相关法等多种类型。不同类型的超声波流量计在测量原理、适用范围和精度等方面有所差异。

超声波流量计广泛应用于各种流体测量领域，包括水处理、石油和天然气行业、化工工业、食品和饮料生产以及环境监测等。它们为实时流速测量提供了一种高效、准确的方法，有助于提高生产效率和监测系统性能。

图 2-285 为超声波流量计的结构图，采用的是时差法实现流量的测量，即通过测量超声波在流体中已知传播距离的时间差，从而求出超声波在该流体中的流速，间接计算出流体的流量。超声波流量计的超声换能器一般是斜置在管壁外侧，图中采用了两对换能器，实际应用时也可以用一对换能器，每一个换能器分时作为声波的发射、接收单元。

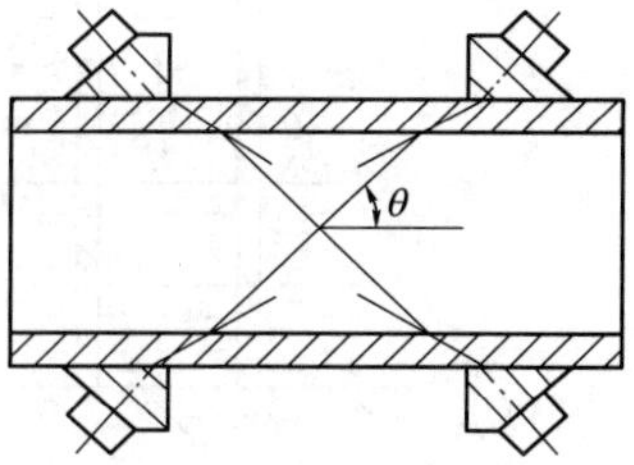

图 2-285 超声波流量结构

超声波流量计的最大优点是超声波换能器可以安装在管外壁，不会对管内流体的流动带来影响，实现不接触测量。但是，流速沿管道的分布情况会影响测量结果，超声波流量计所测得的流速与实际平均流速之间存在一定差异，而且与雷诺数有关，需要进行修正。

## 2.15.4 物位测量

物位测量设备依据其监测对象的不同，细分为液位仪、固体料位仪及界面检测仪，这些设备共同构成了物位测量技术的核心，亦称作物位计。鉴于物位监测领域广泛，涵盖了从液体到固体乃至不同介质分界面的多种对象，且各种监测场景下的条件、环境及具体需求大相径庭。因此，为了精准适应各类生产流程中的物位监测需求，物位检测技术与仪表呈现出多样化的特点，每一种都旨在解决特定场景下的测量难题，确保测量结果的准确性和可靠性。

2.15.4.1 *超声波物位检测*

超声波物位传感器是一种利用超声波回声测距原理来测量物位或液位的设备。它通过发射超声波脉冲并接收其反射回来的信号，根据声波的传播时间计算换能器与被测物位之间的距离，从而实现非接触式的物位测量。图 2-286 是超声波物位检测原理示意图。

对单换能器而言，超声波从发射器到液面，又从液面反射到换能器的时间为

$$t = 2h_1/c \tag{2-262}$$

则　　$$h_1 = ct/2 \tag{2-263}$$

式中　$h_1$——换能器距液面的距离；

$c$——超声波在介质中的传播速度。

对双换能器而言，超声波从发射到接收经过的路程为 $2s$，而

$$s = ct/2 \tag{2-264}$$

因此换能器距液面的距离为

$$h_1 = \sqrt{s^2 - a^2} \tag{2-265}$$

式中　$s$——超声波从反射点到换能器的距离；

$a$——两换能器间距的一半。

液位指示及控制器由于超声波在空气中有一定的衰减，发送到液面及从液面反射回来的信号大小与液位有关，液面位置越高，信号越大；液面越低，则信号越小。

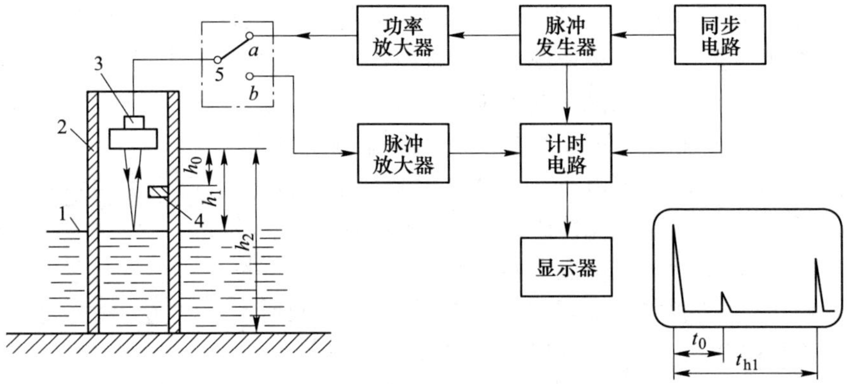


图 2-286　超声波物位检测原理示意图

1—液面；2—直管；3—空气超声波探头；4—反射小板；5—电子开关

## 2.15.4.2　反射式激光物位计的应用

激光式物位计是光学式物位测量仪表的代表，因为激光具有单色性、方向性极好且亮度极高的相干光特点，所以其具有光的反射、透射、折射、干涉等特性。激光式物位计可以实现远距离、大量程的非接触测量，适合恶劣工况下的物位测量。图 2-287 为反射式激光物位计的原理图，它由激光发射器、接收器和测量控制电路组成。激光物位计一般只用作定点物位的检测和控制，不用于物位的连续测量。

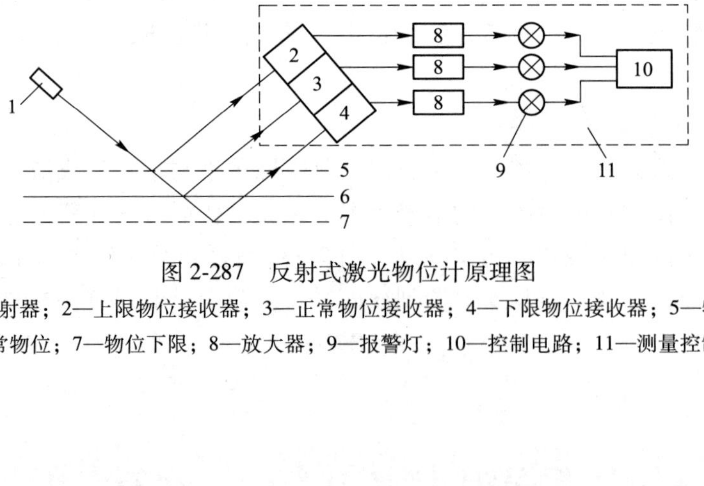


图 2-287　反射式激光物位计原理图

1—激光发射器；2—上限物位接收器；3—正常物位接收器；4—下限物位接收器；5—物位上限；6—正常物位；7—物位下限；8—放大器；9—报警灯；10—控制电路；11—测量控制电路

图 2-287 所示的激光物位计的发射器采用氦-氖激光器，其发射的激光波长为 6.328×$10^{-7}$ m。激光束以一定角度照射到被测的液面上，经过液面发射到接收器的光敏检测元件上，使用回波测距技术构成 TOF 物位测量仪表。

当物位在正常范围时，上、下限位接收器的光敏元件都接收不到激光的反射信号，只有正常物位对应的硅光电池接收到信号，此时液位正常的灯被点亮，不会报警；当物面上升或下降到上、下限位置，对应的接收器会接收到激光的反射信号，对应的硅光电池会接收到光电信号，实现物位的报警功能。

激光光束散射小，方向性好，定点控制准确度高；激光物位计无活动部件，安装维护较方便简单，价格相对较低；其缺点是光学镜头容易受到污染，影响测量结果。

2.15.4.3　电容式物位计

电容式物位计是一种以电容器作为敏感元件，将被测物位（液位或料位）转换为电容容量变化，再经信号调理电路处理后进行液位（料位）显示或记录的测量系统。它具有结构简单、安装方便、分辨力高、体积小、可非接触测量，并能在高温、辐射和强烈振动等恶劣条件下工作等一系列突出优点，但也存在分布电容、非线性、易受干扰等不足之处。随着微电子加工技术、集成电路技术和计算机技术的发展，多种技术的综合应用正在促使电容传感器扬长避短，电容传感器将会进一步向小型化、智能化、高精度、高可靠性和高稳定性等方向发展，其综合性能将进一步提高，应用领域不断扩大。目前，电容式物位计已广泛应用于物位、位移、振动、角度、加速度等非电量的精确测量。

常用的电容式物位计多采用平行板或圆筒型电容传感器，如图 2-288 所示。工作原理可参考电容式传感器一节。

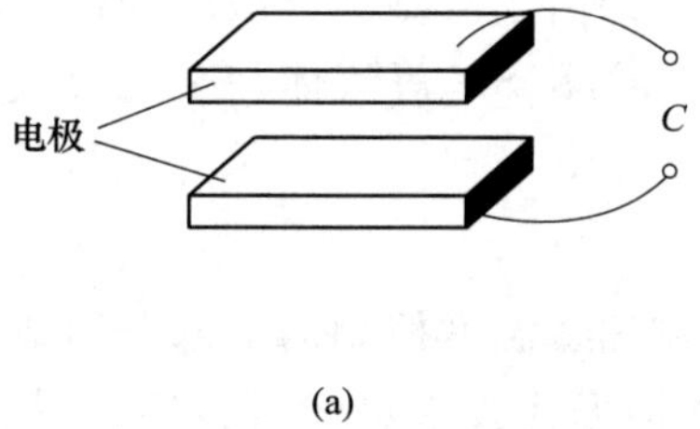


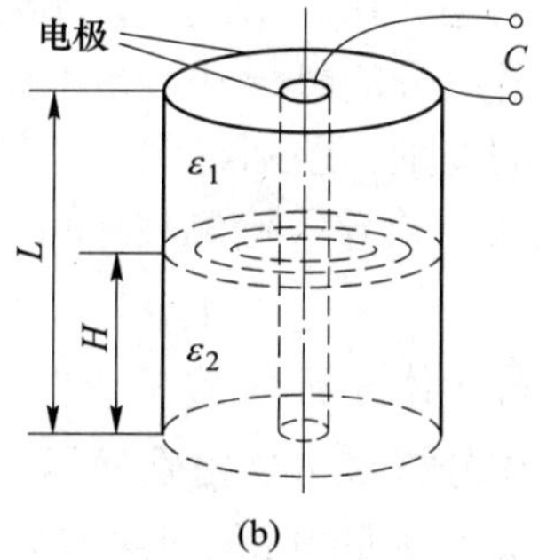


图 2-288　电容式物位计传感器原理图
（a）平行板电容传感器；（b）圆筒型电容传感器

## 2.15.5　成分测量

2.15.5.1　热导式气体分析仪

热导式检测技术是根据待测组分的热导率与其他组分的热导率有明显的差异这一事实，当被测气体的待测组分含量变化时，将引起热导率的变化，通过热导池，转换成电热丝电阻值的变化，从而间接得知待测组分的含量。利用这一原理制成的仪表称为热导式气体分析仪，它是一种应用较广的物理式气体成分分析仪器。

A　检测原理

表征物质导热能力大小的物理量是热导率 $\lambda$，$\lambda$ 越大，说明该物质传热速率越大、更容易导热。不同的物质，其热导率是不一样的。

应当指出，即使同一种气体，其热导率不是固定不变的，它随温度的升高而增大，设 0 ℃和 $t$ ℃时的热导率分别为 $\lambda_0$ 和 $\lambda_t$，则它们之间存在如下关系式

$$\lambda_t = \lambda_0(1 + \beta t) \tag{2-266}$$

式中　$\beta$——在一定温度范围内气体的热导率的温度系数。

由多种组分组成的混合气体，若彼此之间无相互作用，实验证明其热导率可近似由下式计算：

$$\lambda = \sum_{i=1}^{n} \lambda_i c_i \tag{2-267}$$

式中　$\lambda_i$——混合气体中第 $i$ 组分的热导率；

$c_i$——混合气体中第 $i$ 组分的浓度。

设待测组分的浓度为 $c_1$，相应的热导率为 $\lambda_1$；混合气体中其他组分的热导率近似相等即 $\lambda_2 \approx \lambda_3 \approx \lambda_4 \approx \cdots$，则利用式（2-267）可得待测组分浓度 $c_1$ 与混合气体的热导率之间的关系：

$$c_1 = \frac{\lambda - \lambda_2}{\lambda_1 - \lambda_2} \tag{2-268}$$

式（2-268）表明，当待测组分浓度 $c_1$ 变化时，将引起热导率 $\lambda$ 的变化。如果测得 $\lambda$，即可求得待测组分的浓度。

值得注意的是，在应用式（2-268）时，必须满足以下两个条件：混合气体中除待测组分外，其余各组分的热导率应相同或十分接近；待测组分的热导率与其余组分的热导率，要有显著的差别，差别越大，灵敏度越高，即由于待测组分浓度变化引起的混合气体的 $\lambda$ 变化就越大。热导式检测技术可用于 $H_2$、$CO_2$ 和 $SO_2$ 等气体在某混合气体中所占浓度的检测。

B　热导式气体分析仪的组成

热导式气体分析仪主要由发送器、电源控制器、温度控制器等部分组成，发送器包括热导池以及相应的测量电桥。热导池有多种结构形式，常见的有直通式（又称分流式）、对流式、扩散式及对流扩散式等。发送器一般由四个热导池构成，每个热导池中的电阻丝作为电桥的一个桥臂电阻，如图 2-289 所示。图中 $R_1$、$R_3$ 气室称为测量气室，通以被测气体；$R_2$、$R_4$ 气室称为参比气室，充以测量下限气体。当流经测量气室的待测组分含量与参比气室中的标准气样相等时，各个热导池的散热条件相同，四个桥臂电阻相等，电桥输出为零。当流经测量气室的待测组分含量发生变化时，$R_1$、$R_3$ 将发生变化，电桥失去平衡，其输出信号的大小表示待测组分的含量。

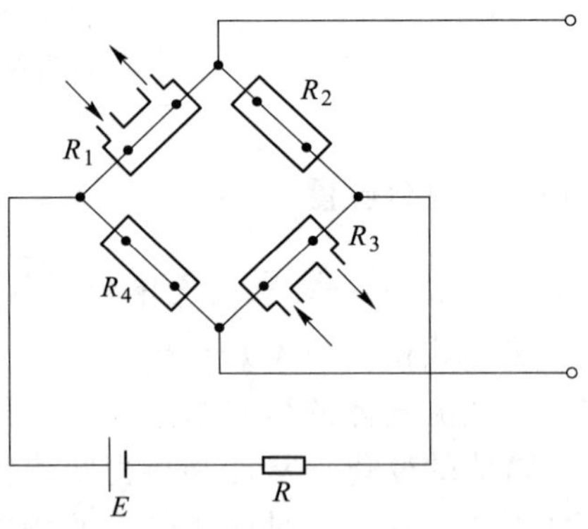

图 2-289　测量电桥

电源控制器包括为电桥提供的直流稳压电源，为发送器温度控制系统提供的加热电源等。

温度控制器主要由加热线圈和带电接点的水银温度计组成，通过水银温度计上的电接点控制加热线圈电源的通或断，使发送器保持恒定的温度。

在图 2-289 中，用两个测量气室可以提高测量电桥的灵敏度，设置参比桥臂的目的是要减小发送器温度波动对测量的影响，因此，图 2-289 所示的单电桥测量系统比只采用一个测量气室（无参比气室）要好许多，但电源电压的波动对电桥输出有直接影响。为提高测量精度，可采用双电桥测量系统。

2.15.5.2 热磁式气体分析仪

热磁式检测技术是利用被测气体混合物中待测组分比其他气体有高得多的磁化率以及磁化率随温度的升高而降低等热磁效应来检测待测气体组分的含量。根据该原理制成的仪表称为热磁式气体分析仪，它主要用来检测混合气体中的氧含量，测量范围为 0~100%，具有反应快，稳定性好等特点。

A 检测原理

根据物理学原理，任何介质处于外磁场中要受到力或力矩的作用而显示出磁性，也就是说介质在磁场中被磁化。所谓磁化，就是介质分子磁矩沿一个方向顺序排列。磁化的强度用磁化强度矢量 $J$ 表示，$J$ 取决于外磁场强度 $H$ 并与介质的本身性质有关，即

$$J = \chi H \tag{2-269}$$

式中 $\chi$——介质的磁化率，是一个反映介质磁性的系数。

当介质的磁化率 $\chi > 0$ 时，称该介质为顺磁性物质，它在外磁场中表现为被磁场吸引；当介质的磁化率 $\chi < 0$ 时，称该介质为逆磁物质，在外磁场中表现为被磁场排斥。磁化率的数值越大，则该介质在磁场中所受到的吸引或排斥的力也越大。

气体磁化率的数值都比较小，但是，各种不同的气体，其磁化率有很大的差异。可以看出，除了氧气、一氧化氮等气体的 $\chi$ 值相对较大，其他气体的 $\chi$ 值均很小，它们与氧气的磁化率有很大的差异。

气体磁化率的另一个特点是它随温度和压力而变化。实验证明，顺磁性气体，其磁化率与温度、压力有如下关系：

$$\chi = \frac{CMp}{RT^2} \tag{2-270}$$

式中 $C$——居里常数；

$M$——气体的分子量；

$p$——气体的压力；

$R$——气体常数；

$T$——气体的温度。

式（2-270）表明，气体压力升高时，磁化率增大；而温度升高时，其磁化率剧烈下降。实验证明，互相不发生化学反应的多组分混合气体，在常温常压下，其磁化率为：

$$\chi = \sum_{i=1}^{n} \chi_i c_i \tag{2-271}$$

式中　$\chi_i$ ——混合气体中第 $i$ 组分的磁化率；

$c_i$ ——混合气体中第 $i$ 组分的浓度。

若在混合气体中，待测组分为氧气，其磁化率为 $\chi_1$，浓度为 $c_1$；同时假设混合气体中非氧组分的磁化率近似相等，则式（2-271）可简写为：

$$\chi = \chi_1 c_1 + \chi_2 (1 - c_1) \tag{2-272}$$

式中　$\chi_2$ ——混合气体中其他组分的等效磁化率。

由于氧气的磁化率较绝大多数其他气体大很多，即 $\chi_1 \geqslant \chi_2$，则式（2-272）中 $\chi_2(1-c_1)$ 项可以略去不计。这时，混合气体的磁化率可写成：

$$\chi = \chi_1 c_1 \tag{2-273}$$

因此，热磁式气体分析仪是利用气体磁化率以下特性工作的：

（1）待测组分（氧气）较混合气体中其他组分的磁化率大很多，并且后者的磁化率近似相等。

（2）随温度的升高，气体的磁化率将迅速下降。

（3）在满足条件（1）的情况下，混合气体的磁化率近似为待测组分的磁化率与该组分所占浓度的乘积。

B　发送器原理

发送器是热磁式气体分析仪中的检测部件，在经过了一系列复杂的变换过程后，最终将混合气体中氧含量的变化转换为电信号的变化。发送器有内对流式和外对流式两种，下面主要介绍前一种。内对流式发送器的工作原理图见图 2-290。

发送器的结构是一个中间有通道的环形气室。被测气体由下部进入，到环形气室后沿两侧往上走，最后由上部出口排出。当中间通道不加磁场时，两侧的气流是对称的，中间通道无气体流动。

在中间通道外面，均匀地绕以热电阻丝（常用铂丝），它既起到加热中间通道的作用，同时也是温度的敏感元件。电阻丝的中间有一抽头，把电阻丝分成两个阻值相等（在相同的温度下）的电阻 $R_1$、$R_2$，$R_1$、$R_2$ 与另两个固定电阻 $R_3$、$R_4$ 一起构成测量电桥。当电桥接上电源时，$R_1$、$R_2$ 因发热使中间通道温度升高。若此时中间通道无气流通过，则中间通道上各处温度相同，$R_1 = R_2$，测量电桥输出为零。

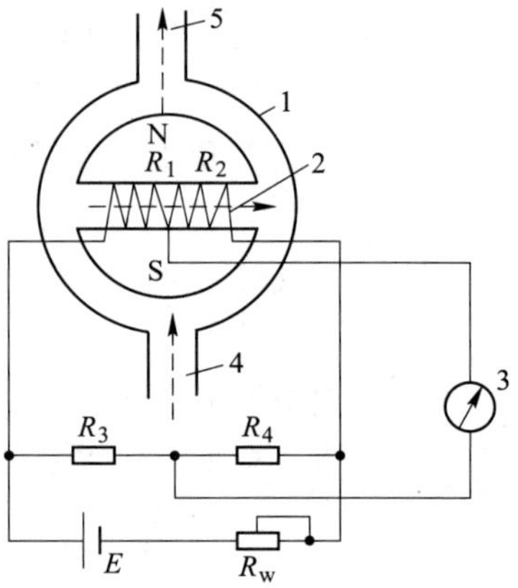


图 2-290　内对流式发送器原理

1—环形管；2—中间通道；3—显示仪表；4—被测气体入口；5—被测气体出口

在中间通道的左端装有一对磁极。当温度为 $T_0$ 在环形气室中流动的气体流经该强磁场附近时，若气体中含有氧气等顺磁性介质，则这些气体受磁场吸引而进入中间通道，同时被加热到温度 $T$。被加热的气体由于磁化率的减小受磁场的吸引力变弱，而在磁极左边尚未加热的气体继续受较强磁场吸引力而进入通道，结果将原先已进入通道，受磁场引力变弱的气体推出。如此不断进行，在中间通道中自左向右形成一个连续的气流，这种现象称热磁对流现象，该气流称作磁风。若控制气样的流量、温度、压力和磁场强度等不变，则磁风大小仅随气样中氧含量的变化而变化。

热磁对流的结果将带走电阻丝 $R_1$ 和 $R_2$ 上的部分热量，但由于冷气体先经 $R_1$ 处，故 $R_1$ 上被气体带走的热量要比 $R_2$ 上带走的热量多，于是 $R_1$ 处的温度低于 $R_2$ 处的温度，电阻值 $R_1<R_2$，电桥就有一个不平衡电压输出。输出信号的大小取决于 $R_1$ 和 $R_2$ 之间的差值，也即磁风的大小，进而反映了混合气体中氧含量的多少。

因此，发送器的信号转换过程可简单表示为：被测气体中氧含量变化→被测气体的磁化率变化→发送器中间通道磁风的变化→$R_1$、$R_2$ 上热量散发变化→$R_1$、$R_2$ 温度变化→$R_1$、$R_2$ 阻值变化→测量电桥输出信号变化。

### 2.15.5.3　红外线气体分析仪

红外式成分检测是根据气体对红外线的吸收特性检测混合气体中某一组分的含量，由此构成的检测仪器称为红外线气体分析仪，这是一种光学式分析仪器。它具有选择性高、灵敏度高、测量范围宽、精度高以及通用性好等特点。

人的肉眼能看到的光波长在 0.4~0.76 μm 之间，红光的波长最长，紫光的波长最短。红外线是波长比红光还要长一些的光波，其波长范围为 0.76~1000 μm 之间。红外线是一种电磁波，它具有折射、反射、散射、干涉和吸收等性质。红外线气体成分检测主要是利用红外线的吸收性质，归纳起来有以下几个特点：

（1）同种气体对红外线的吸收能力因红外线的波长不同而不同。图 2-291 给出了几种气体在不同波长时对红外线的吸收情况，这种图称为红外吸收光谱图。

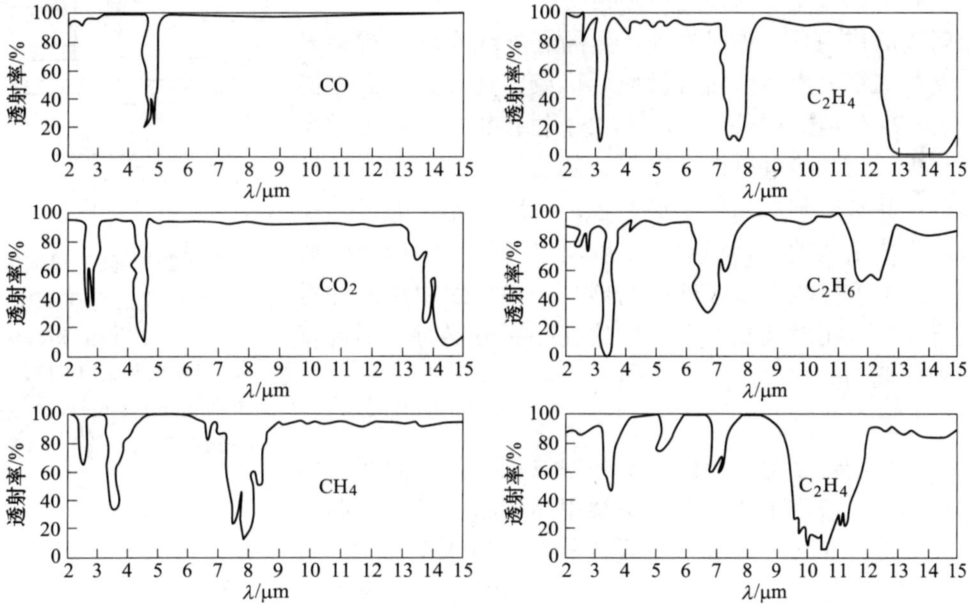


图 2-291　部分气体对红外线的吸收特性

（2）单原子分子气体和无极性的双原子分子气体不吸收红外线；而具有异核分子的大多数气体对红外线一般都具有吸收能力，并且在某些特定的波长范围内对红外线有强烈的吸收。由图 2-291 可以看出，CO 气体对波长为 4.65 μm 附近的红外线具有很强的吸收能力，$CO_2$ 气体在波长为 2.78 μm 和 4.26 μm 附近以及波长大于 13 μm 的范围对红外线有较强吸收能力。

（3）气体吸收红外辐射后温度上升，若气体的体积一定，则在温度升高的同时，使压力增加。气体吸收红外辐射越多，则温度升高也越多。

（4）气体对红外线的吸收遵循朗伯-比尔定律，即红外线通过物质前后的能量变化随着待测组分浓度的增加而以指数下降。

其公式为：

$$I = I_0 e^{-K_\lambda cl} \tag{2-274}$$

式中 $I$——通过被测气体后的光强度；

$I_0$——通过被测气体前的光强度；

$K_\lambda$——待测组分对波长为 $\lambda$ 的红外线的吸收系数；

$c$——待测组分的浓度；

$l$——红外线穿过的被测气体的长度。

图 2-292 是工业用红外线气体分析仪的结构原理图，它由红外线辐射光源、测量室、红外检测器及电路等部分组成。

A 红外线辐射光源

红外线辐射光源一般由通电加热镍铬丝得到，可发出波长为 3～10 μm 的红外线。辐射光源有单光源和双光源两种形式，单光源可以避免两个光源不完全一致，但在安装和调试上比较麻烦；双光源的特点正好相反。

反射镜的作用是将辐射光源产生的红外线变成平行辐射线照射到各气室。反射镜面常做成球形或圆柱形，镜面粗糙度 $Ra$ 为 0.2～0.4 μm，一般用铜镀金、铜镀铬或铝合金抛光制成。切光片由同步电机带动以十几赫兹的频率转动。常见切光片的形状有半圆形和十字形两种，使用切光片的目的是将光源调制成断续的红外辐射线，以便电气线路中信号的放大。用薄膜电容接收器作红外探测器时，必须使用切光片对光束进行调制，用对波长无选择性的红外探测器时，则可以不用切光片调制。

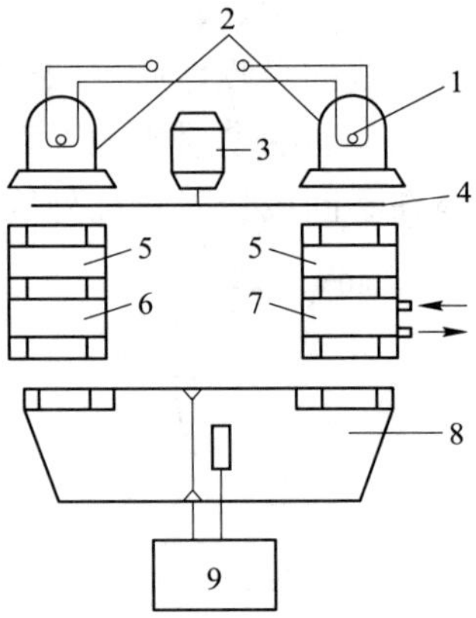

图 2-292 红外线气体分析仪结构原理图

1—光源；2—抛物体反射镜；3—同步电动机；4—切光片；5—滤波气室；6—参比气室；7—测量气室；8—红外检测器；9—放大器

B 气室

气室包括测量气室、参比气室和滤波气室。它们在结构上基本相同，一般都是圆筒形，两端用晶片密封。气室的内壁光洁度很高，而且还要求不吸收红外线、不吸附气体，化学稳定性好，一般采用铜镀金、玻璃镀金或铝合金抛光制成。气室两端的晶片要求不吸收红外线、有高的透光系数、不易潮解、有足够的机械强度及良好的化学稳定性。常用的晶片材料有氟化锂、氟化钙、石英及蓝宝石等。滤波气室可以用滤光片取代。使用滤光片的优点是仪器结构可以简化，使用时比较灵活方便，但滤光片制造工艺复杂，使用上还存在一定的局限性，因此滤波气室目前仍被广泛使用。

测量气室的长度与待测组分的浓度大小有关。由朗伯-比尔定律可知，若待测组分的浓度较低，为提高仪器的灵敏度，可选用较长的测量气室；反之，应取较短的气室。

C 红外探测器

红外探测器是把红外辐射量的变化转换成电量变化的装置。根据工作原理，红外探测器可分为光电导型、光生伏特型、热敏型以及薄膜电容型等，其中前三种探测器对波长一般没有选择性，若要提高选择性，从原理上讲可在探测器前加滤光片。

D 电气线路

电气线路的任务是将红外探测器的输出信号进行放大变成统一的直流电流信号，使电流大小与待测组分的浓度成正比。由于探测器阻抗很高，输出信号十分微弱，且又属于超低频信号，对信号检测放大部分要求很高。一般应做到有高的稳定性、足够的灵敏度及较强的抗干扰能力。由于不同的气体有不同的红外吸收光谱图，同热导式、热磁式气体分析仪相比红外线气体分析仪更适合用于多种气体的成分分析，目前，多用于 CO、$CO_2$、$CH_4$、$NH_3$、$SO_2$、NO 等气体的检测。受红外探测器检测气室、滤波气室、参比气室的限制，通常一台仪器只能测量一种组分的一定浓度范围。

2.15.5.4 固态电解质气敏元件及成分检测

固态电解质气敏元件一般体积都比较小，可以直接与被测对象接触，通常不需专用的取样系统，因此使用和安装方便。另外，它还具有对气体的选择性好，反应速度快等特点。所以，基于固态电解质气敏元件的各种气体成分分析仪近年来发展较快。

在一般固态无机材料中，离子和电子往往都牢牢地被束缚在晶格和组成晶格的原子内，离子和电子的远距离迁移很难实现，因此导电能力非常弱。然而，有某些固态无机材料，由于其结构的特殊性，部分离子可以相对自由地在晶格结构内移动，表现出一定的导电性能，这一类固态无机材料通常称为固态电解质。

作为检测气体用的固态电解质材料有通用固态电解质和气敏电解质两种。通用固态电解质是指不受被测气体性质限制，可制成多种气敏传感器的固态电解质。正是由于这个特性，通用固态电解质不能单独制作气敏传感器，必须与气敏膜联合使用才能构成加膜型气敏传感器。气敏膜材料通常是低离子电导率的气敏固态电解质，也可能是非固态电解质。它们可直接涂加在通用固态电解质的表面，也可经化学反应来制备。通用固态电解质的材料主要有各种 β-氧化铝、钠离子超离子导体（Nasicon）和沸石等。

气敏固态电解质是指本身具有气敏功能，而且只对某一气体组分具有气敏作用的固态电解质材料。其种类较多，包括氧离子固态电解质、质子固态电解质、卤素离子固态电解质以及各类无机含氧盐电解质。可制成氧气、氢气、卤素气体及各种无机氧化物气体的检测元件。氧离子固态电解质是最常用的气敏固态电解质，其材料主要有氧化锆（$ZrO_2$），其次还有氧化铈（$CeO_2$）、氧化铋（$Bi_2O_3$）等。

用固态电解质构成气敏检测元件有两种形式，一种是电位式气敏元件，它的输出信号为电位差形式，即气敏元件的输出电位差与被测气体中某一组分的含量有关；另一种是安培式气敏元件，它的输出信号为电流量，即气敏元件的输出电流与被测气体中某一组分的含量有关。一般情况下，一种固态电解质材料可构成某一形式的气敏元件，有的材料，如 $ZrO_2$，既可构成电位式气敏元件，也可以构成安培式气敏元件。

下面将主要介绍用 $ZrO_2$ 固态电解质检测氧含量的原理及应用。

A　氧化锆氧含量检测原理

氧化锆是一种氧离子固态电解质。纯 $ZrO_2$ 晶体在高温时以正方的氟化物结构存在，当温度降至 1000 ℃以下时转化为单斜晶结构。正方氟化物结构的 $ZrO_2$ 具有很高的离子电导率，而单斜晶结构的离子电导率很低。作为氧含量检测用的氧化锆一般都掺入一定量（通常为 15%）的化学纯氧化钙 CaO（也可以是氧化钇 $Y_2O_3$）作为稳定剂，使 $ZrO_2$ 晶体的正方氟化物结构稳定到较低的使用温度，并称之为“稳定化氧化锆”。掺入 CaO 的 $ZrO_2$ 经高温焙烧后形成置换式固溶体，它是一种金属氧化物陶瓷，在一定的温度范围内，其晶体结构保持不变。氧化钙固溶在氧化锆中，其中 $Ca^{2+}$ 置换了 $Zr^{4+}$ 的位置，而在晶体中留下了氧离子空穴。空穴的多少与掺杂量有关。在数百摄氏度的高温（470~550 ℃）下，掺有 CaO 的 $ZrO_2$ 固态电解质便是一种良好的氧离子导体。此时，如果在一块 $ZrO_2$ 电解质的两侧分别附上一个多孔铂电极，若两侧气体的含氧量不同则在两电极间就会出现电势，该电势称为浓差电势，如图 2-293 所示。通常铂电极两侧气体中一侧为参比气体，其氧分压用 $p_R$ 表示；另一侧为被测气体，其分压用 $p_X$ 表示。电极两侧氧含量不同表现为氧分压的差异，假设 $p_R>p_X$，则在高氧 $p_R$ 侧，吸附在电极上的氧分子离解得到 4 个电子，形成两个氧离子 $O^{2-}$，生成的氧离子进入固态电解质，通过氧离子空穴迁移到低氧侧固态电解质的表面。在低氧 $p_X$ 侧电极上，氧离子给出电子变成氧分子。这样，高氧侧的电极因失去电子而带正电，而低侧的电极因得到电子而带负电。这就构成了一种电极浓差电池。

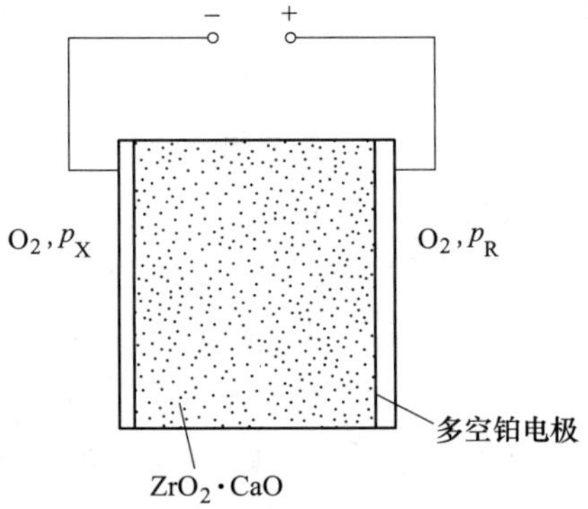

图 2-293　氧化锆浓差电池工作原理图

浓差电势的大小可由能斯特公式决定，即：

$$E = \frac{RT}{nF}\ln\frac{p_R}{p_X} \tag{2-275}$$

式中　$E$——浓差电势；

$R$——理想气体常数；

$T$——氧化锆固态电解质浓差电池温度；

$n$——迁移一个氧分子的电子数（$n=4$）；

$F$——法拉第常数。

由式（2-275）可见，若温度 $T$ 保持某一定值，并选定一种已知氧浓度的气体作参比气（一般选用空气），则测得氧浓差电势 $E$，即可求得被测气体的氧含量（即 $p_X$）。若考虑氧化锆在高温条件下自由电子导电，致使浓差电池有内部短路电流而降低输出电势；因两侧气流温度不同和因流速差别形成温差而产生热电势以及存在本底电势等，都会使氧化锆浓差电池的输出偏离式（2-275）所给出的理论值。因此，在实际使用时，应对式（2-275）进行修正。

B　氧化锆探头

氧化锆探头的主要部件是氧化锆管。要保证氧化锆管成为良好的氧离子导体，温度必须在 470~550 ℃。提高温度有利于提高灵敏度，同时还会提高响应速度，降低氧化锆内阻，应选择氧化锆管工作在较高的温度下，一般在 650~850 ℃范围内。要达到氧化锆管所需的工作温度，通常有两个办法：一是利用高温的被测气体直接加热氧化锆管；二是在氧化锆探头内设有电加热器。前者要求被测气体的温度在 650~850 ℃，且温度变化速度慢、变化范围小；后者需消耗额外的电能。

由式（2-275）可知，氧浓差电势不仅与氧化锆管两侧的氧分压 $p_R$ 和 $p_X$ 有关，而且还与温度 $T$ 有关，因此不论采用何种方法，均需要测出氧化锆探头内的温度。电加热式的探头，除了测温元件外，一般还有温度控制器，从而使氧化锆探头稳定在所需的温度值上。这种氧化锆探头的结构如图 2-294 所示。被测气体经陶瓷过滤器后流过氧化锆管的外部，空气从另一边进入一端封闭的氧化锆管内部作为参比气体。为了稳定氧化锆管的温度，在氧化锆管外围装有加热电阻丝。管内部还装有热电偶，用来检测管内温度，并通过温度调节器调整加热丝电流的大小，使氧化锆管稳定在 850 ℃左右。

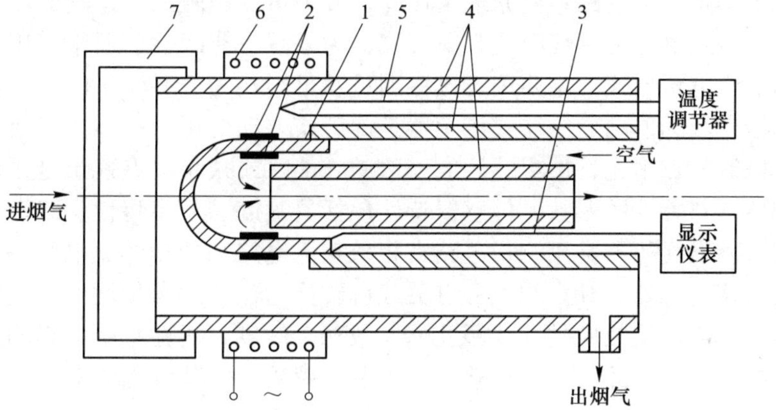


图 2-294　氧化锆探头结构

1—氧化锆管；2—内外铂电极；3—电极引线；4—$Al_2O_3$ 管；5—热电偶；6—加热电丝；7—陶瓷过滤器

氧化锆氧量分析仪由氧化锆探头和相应的电子线路组成。由于氧化锆电解质内阻很大，要求前置放大器的输入阻抗足够高。另外氧浓差电势与被测气体氧浓度之间为对数关系，需要用专用的电路进行放大和处理。

气体成分检测和其他参数的检测有较大的区别，一般它要有一个专门的取样系统，把被测气体引入到分析仪中的检测器内。取样系统不只是一个简单的取样管，通常包括过滤、分离、恒温（压）以及稳流等装置，使进入检测器内的被测气体满足检测器的要求。另外，被测气体在进入检测器前还需进行预处理，除去对测量结果影响大，但含量较小的一些干扰组分。例如，用红外线气体分析仪检测气体成分时，需除去被测气体中的水蒸气；用热导式气体分析仪检测 $CO_2$ 气体含量时，要设法除去混合气体中可能存在的 $H_2$ 和 $SO_2$ 气体。

除此之外，用于成分参数检测的气体分析仪还具有以下特点：由于取样系统的存在，取样点与检测器的距离有时较远，加上检测器反应速度一般较慢（红外线气体分析仪和氧化锆氧量分析仪除外），因此测量滞后较大；大多数气体成分检测器受环境温度及被测气体温度的影响较大，所以，在气体成分分析仪内部，一般要有温控系统或温度补偿系统；

目前大多数的气体成分分析仪的测量精度不够高，一般在 2.5 级左右。

## 本章小结

传感器是非电量电测系统中完成将被测非电量单值地变换为电量的环节。传感器一般是依据某些物理效应实现此变换的。

金属导体材料或半导体材料的电阻应变效应是应变式传感器赖以工作的物理基础。应变式传感器通常由弹性体、应变片与应变胶、桥路组成。应变片存在横向效应，受其影响电阻应变片工作时的灵敏系数与标定的灵敏系数可能不相等。当应变片用于动态测量时，应考虑应变片长度的平均效果所造成的测量误差。弹性体、应变胶均参与物理量转换，在设计、加工、粘贴时应予以高度重视。应变式传感器通常采用桥路将应变片的电阻变化转换为输出电压或电流变化，设计时需考虑参数调整与补偿问题。应变式传感器可用于力、力矩、压力、加速度、位移等物理量的测量。

电感式传感器是基于电磁感应原理工作的，分为可变磁阻式、差动变压器式、电涡流式。可变磁阻式传感器分为变气隙式和螺管式；为了减小非线性，通常采用差动结构；测量电路多采用交流电桥形式；主要用于位移测量及可转换为位移测量的压力、张力等参数的测量。应用最广泛的差动变压器式传感器是螺管式差动变压器；零点残余电压的存在使差动变压器在机械零点附近特性变差，应采取措施消除或减小零点残余电压；基于特性分析，确定影响传感器特性的参数，传感器特性包括灵敏度、频率特性、线性范围、温度特性、吸引力等；差动变压器常用测量电路有相敏整流电路和差动整流电路等；差动变压器式传感器作为位移传感器，凡是与位移有关或可转换为位移的参量均可用它实现测量。电涡流式传感器是基于涡流效应的；线圈几何参数对灵敏度、线性范围的影响是设计传感器线圈的重要依据，被测导体材质、形状、尺寸及传感器的安装等因素对传感器特性均有影响；常用测量电路包括调幅法、调频法测量电路；应用包括位移测量、振幅测量、转速测量、厚度测量、涡流探伤等。

电容式传感器实质上是具有一个可变参数的电容器，根据可变参数的不同分为变间隙式、变面积式、变介电常数式三种，这三种各有特点；边缘效应、绝缘、屏蔽是电容式传感器应用中影响较大的问题，同时温度会引起传感器尺寸变化以及介质介电常数变化；电容式传感器的测量电路种类很多，如紧耦合电感比率臂电桥、运算放大器式电路、脉宽调制电路、调频电路等；广泛应用于位移、振动、角速度、压力、差压、液位等参数测量。

压电式传感器是一种基于压电效应的有源传感器；压电式传感器的前置放大器作用是放大压电式传感器的微弱信号并将传感器的高阻抗输出转换为低阻抗输出，有电压型和电荷型两种。

压磁式传感器是基于压磁效应的一种测力传感器，它是一种输出信号大，输出阻抗低，抗电磁干扰能力强，结构简单，过载能力强，适用于在恶劣环境中工作的传感器。压磁式传感器长期工作在恶劣环境中，必须进行一定的环境试验后才能投入使用。

以热电偶、金属热电阻为代表的热电式传感器在温度测量中发挥了重要作用。其中热电偶测温是基于热电效应（或称塞贝克效应），金属热电阻是基于物质的电阻都随温度的变化而变化的特性的。

光电式传感器的理论基础是光电效应。根据其工作原理，光电元件分为外光电效应器件、内光电效应器件、阻挡层光电效应器件。主要的外光电效应器件有光电管、光电倍增管；常用的内光电器件有光敏电阻；常用的阻挡层光电效应器件有光电池、光敏晶体管。光电效应器件的光电特性、伏安特性、光谱特性、频率特性、温度特性等对应用十分重要。

核辐射传感器是利用放射性同位素来进行测量的，包括放射源、探测器以及测量电路等部分。核辐射的种类分为 α 辐射、β 辐射、γ 辐射和中子辐射。射线与物质的作用是设计探测器的基础，常用的探测器包括电流电离室、盖革计数器、闪烁计数器和半导体探测器。核辐射传感器测量电路随着探测器不同而不同。核辐射传感器根据被测物质对射线的吸收、反散射或射线对被测物质的电离激发作用进行工作，可实现密度、厚度等的测量。

激光式传感器包括激光发生器、激光接收器及其相应的有关电路。激光发生器分为气体激光器、固体激光器、半导体激光器。激光具有高亮度、高方向性、高单色性和高相干性的特点，应用于测量方面，可实现无触点远距离测量，高速、高精度测量，测量范围广，抗光、电干扰能力强，因此激光在长度测量、速度测量、角速率测量、成分分析等方面得到了广泛的应用。

光纤传感器可以分为传光型（结构型）和传感型（功能型）两大类。利用其他敏感元件感受被测量，而后用光纤进行信息传输的传感器称为传光型光纤传感器。利用外界物理因素改变光纤中的光的强度、相位、偏振态或波长，从而对外界物理量进行检测和数据传输的传感器称为传感型光纤传感器。

以码盘、光栅、磁栅为代表的数字式传感器具有抗干扰能力强、测量精度高、无人为读数误差等优点。

在工业上常用的传感器还有霍尔式传感器、超声式传感器、振动式传感器、微波式传感器等。霍尔式传感器是利用霍尔效应进行磁场测量的传感器，零位误差补偿及温度补偿是需要在应用中解决的主要问题。超声式传感器采用压电式换能器或磁致伸缩换能器来发射、接收超声波；超声波应用广泛，如探伤、测厚、测液位等。振动式传感器是利用弹性元件的振动频率随被测力而变化的性质实现测量的；根据弹性元件不同，可制成振筒式、振弦式、振膜式和振梁式等各种传感器。微波传感器是利用微波特性来检测某些物理量的器件。微波传感器可以感应物体的存在，测量物体的运动速度、距离以及角度等。

智能传感器是微机与传感器相结合的结果，具有判断和信息处理功能，可实现多参数复合测量，可对测量值进行各种修正和误差补偿，提高了测量精度。

传感器在流程工业中广泛应用于温度、压力、流量、物位、成分等的测量，在过程检测与控制中发挥着重要作用。

## 习题及思考题

2-1 非电量电测技术有哪些优点？怎样构成非电量的电测系统？各组成环节的功能是什么？

2-2 什么是金属导体的应变效应？电阻应变片由哪几部分组成？各部分的作用是什么？

2-3 什么是电阻应变片的横向效应？怎样表示？它对测量有什么影响？什么是电阻应变片的灵敏系数？它的标定条件是什么？

2-4 电阻应变式传感器由哪几部分组成？各部分的功能是什么？

2-5 将应变式传感器用于动态测量时，怎样根据测量误差要求选择应变片线栅长度？

2-6 对电阻应变式传感器应考虑进行哪些参数调整与补偿？其内容要点是什么？

2-7 一电阻应变式传感器，其弹性体为圆柱形，材质为合金结构钢，其弹性模量 $E=205\times10^{9}$ N/m²，线膨胀系数为 $\beta_{n}=11\times10^{-6}$ ℃$^{-1}$；电阻应变片的应变丝材质为康铜，其电阻温度系数 $\alpha=15\times10^{-6}$ ℃$^{-1}$，线膨胀系数 $\beta_{m}=14.9\times10^{-6}$ ℃$^{-1}$，应变片灵敏系数 $K=2$；弹性体直径 $D=10$ cm，被测力为 500 kN；若设计传感器时没有考虑温度补偿，试计算由于温度变化所造成的测量误差（可忽略横向效应影响）。

2-8 如图 2-295 所示的应变片贴在圆轴上，应变片灵敏轴与圆轴的轴线成 45°角。已知应变片的纵向应变 $\varepsilon_{Z}=1000\mu\varepsilon$，横向应变 $\varepsilon_{H}=-1000\mu\varepsilon$，纵向灵敏系数 $K_{Z}=2.0$，横向效应系数 $C=4\%$，求应变片的电阻相对变化 $\Delta R/R$。

2-9 图 2-296 所示为硅固态压力传感器的结构原理图。它的敏感元件是硅杯，其结构原理图示于图 2-297。用平面工艺在硅杯的杯底制造四个扩散电阻，两个分布在正应力区，两个分布在负应力区。当压力或差压作用在膜片时，沿径向的应力分布如图 2-298 所示。硅膜片上的四个扩散电阻作为四臂电桥的四个桥臂电阻，则该不平衡电桥的输出电压即可表示作用在硅膜片上的压力或差压的大小。试分析该压力传感器的工作原理，并与贴片式应变传感器进行比较，指出其特点。

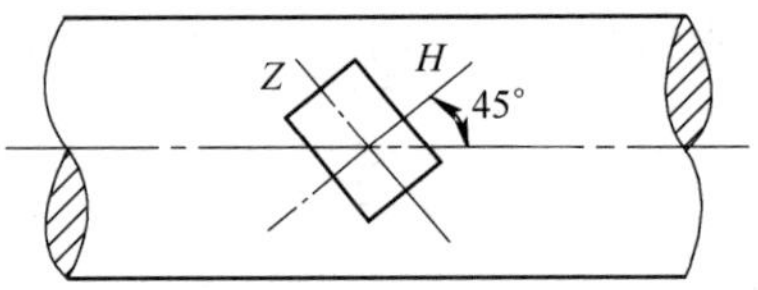

图 2-295 习题 2-8 图

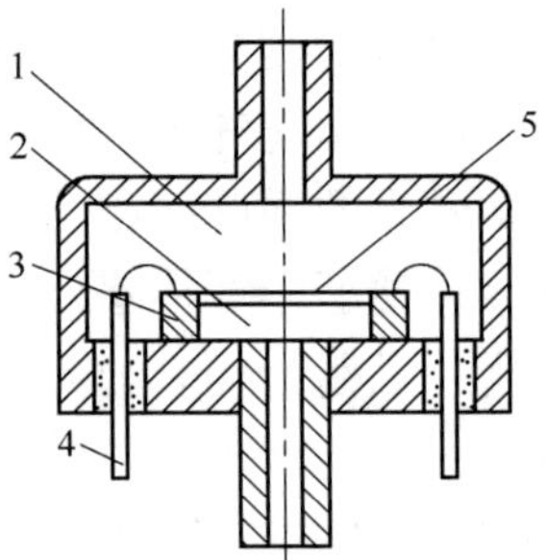

图 2-296 固态压力传感器结构简图

1—低压腔；2—高压腔；3—硅杯；4—引线；5—硅膜片

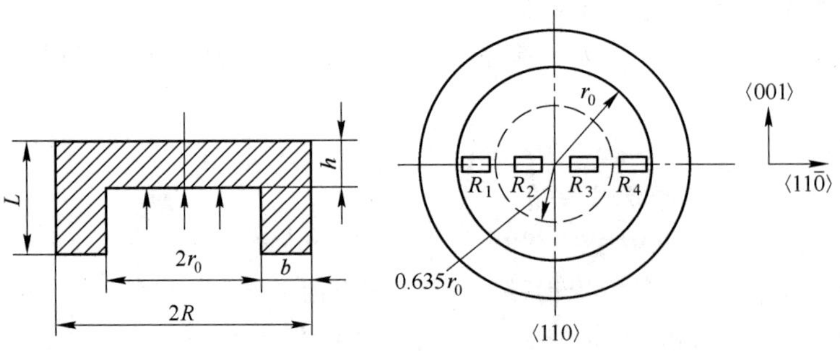

(a) (b)

图 2-297 硅杯上法线为〈110〉晶向的膜片

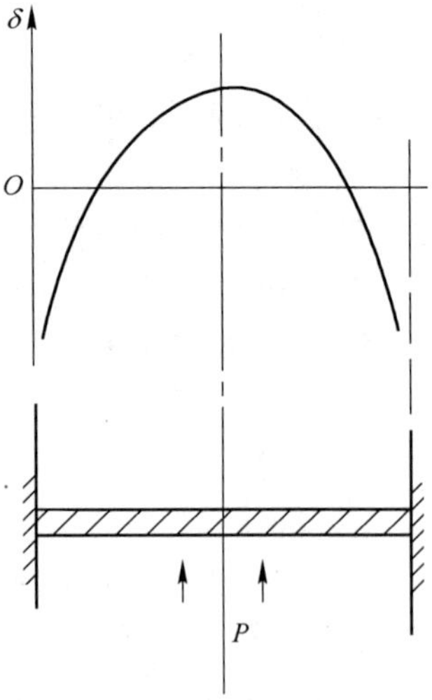

图 2-298 习题 2-9 图

2-10 电阻应变式传感器作为测力传感器，与其他测力传感器相比有什么特点？试举例说明它在测力方面的应用。

2-11 电阻应变片有几种？各有什么特点？

2-12 常用弹性体的结构形式有几种？各有什么特点？适用于什么场合？在确定弹性体几何尺寸时，应考虑哪些因素？

2-13 电阻应变式传感器的测量电路多采用四臂电桥，试说明组桥原则与方式，直流和交流供桥电源二者的特点及应用场合。

2-14 何谓应变式传感器的输出灵敏度？它与哪些因素有关？

2-15 可变磁阻式电感传感器有几种结构形式？特点如何？应用场合如何？

2-16 可变磁阻式电感传感器的等效电路包括哪些元件？各自的含义是什么？

2-17 变气隙式电感传感器的输出特性与哪些因素有关？怎样改善其非线性？怎样提高其灵敏度？

2-18 螺管式电感传感器的灵敏度与哪些因素有关？欲提高其灵敏度有哪些可能途径？

2-19 差动变压器式传感器有几种结构形式？各有什么特点？应用场合如何？

2-20 差动变压器式传感器的等效电路包括哪些元件和参数？各自的含义如何？

2-21 影响差动变压器式传感器灵敏度的因素有哪些？怎样提高其灵敏度？

2-22 当环境温度变化时，对差动变压器的特性带来什么影响？怎样补偿温度对它的影响？

2-23 什么是差动变压器的零点残余电压？产生的原因是什么？怎样减小和消除它的影响？

2-24 差动变压器的激磁电压频率对其特性有什么影响？怎样选择其激磁频率？

2-25 差动变压器与差动螺管式电感传感器同属电感式传感器，且均是位移传感器，试从工作原理、特性、测量电路、应用场合等方面对二者进行比较，并指出异同点。

2-26 变压器电桥与桥式相敏整流电路均是可变磁阻式电感传感器的测量电路，二者在应用时各有什么特点？

2-27 相敏整流电路和差动整流电路均可以作为与差动变压器相匹配的测量电路，二者在应用和特性上各有什么特点？

2-28 已知变气隙式电感传感器的铁芯截面积 $S=1.5\ \mathrm{cm}^2$，磁路长度 $l=20\ \mathrm{cm}$，相对磁导率 $\mu_s=5000$；气隙 $\delta_0=0.5\ \mathrm{cm}$，$\Delta\delta=\pm 0.1\ \mathrm{mm}$，真空的磁导率 $\mu_0=4\pi\times 10^{-7}\ \mathrm{H/m}$；线圈匝数 $W=3000$。求单端式传感器的灵敏度 $\Delta L/\Delta\delta$，若做成差动结构形式，其灵敏度将如何变化？

2-29 若将差动变压器用于动态位移测量，应考虑采取哪些技术措施？

2-30 何谓涡流效应？怎样利用涡流效应进行位移测量？

2-31 在高频反射式涡流传感器中，由于电涡流的影响，将使线圈的等效阻抗怎样变化？其等效电路包括哪些参数？含义如何？

2-32 何谓电涡流的轴向渗透深度？它与哪些因素有关？

2-33 在高频反射式涡流传感器中，线圈的几何参数对传感器的灵敏度和线性范围有什么影响？

2-34 用高频反射式涡流传感器测量金属导体的位移，被测金属导体的材质对其灵敏度有什么影响？

2-35 在高频反射式涡流传感器中，常用的测量电路有几种？其测量原理如何？各有什么特点？

2-36 用低频透射式涡流传感器测量金属板材厚度时，其发射线圈的激励源工作频率如何选取？被测板材的材质对测量有什么影响？怎样减小或消除材质对测量的影响？

2-37 根据电容式传感器的工作原理，可将其分为几种类型？每种类型有什么特点？各适用于什么场合？

2-38 什么是电容式传感器的边缘效应？有哪些方法可以减弱或消除它的影响？

2-39 寄生分布电容对电容式传感器的特性有何影响？怎样减小或消除寄生分布电容的影响？

2-40 环境温度变化对电容式传感器的特性有何影响？怎样减小或消除温度对其特性的影响？

2-41 图 2-299 所示为电容式液位计的电容测头原理图。请为该测头设计匹配测量电路，要求输出电压 $U_0$ 与液位 $x$ 之间为线性关系，并要求使用集成运算放大器作为信号放大环节。

2-42　图 2-300 所示为电容式传感器的双 T 电桥测量电路，已知 $R_1=R_2=R=40\ \mathrm{k\Omega}$，$R_L=20\ \mathrm{k\Omega}$，$E=10\ \mathrm{V}$，$f=1\ \mathrm{MHz}$，$C_0=10\ \mathrm{pF}$，$C_1=10\ \mathrm{pF}$，$\Delta C_1=1\ \mathrm{pF}$。求 $U_L$ 的表达式及对应上列已知参数时的 $U_L$ 值。

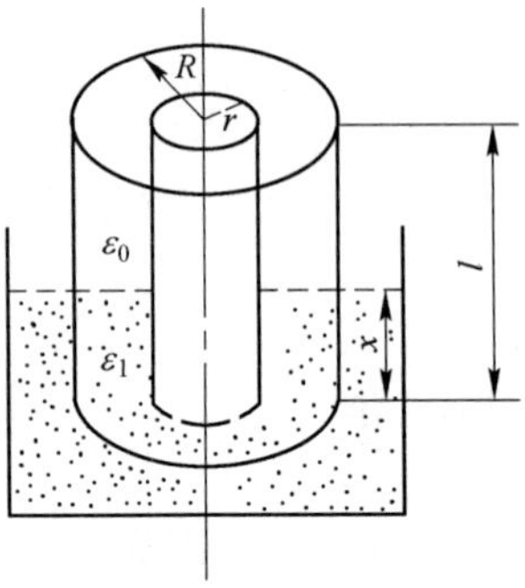


图 2-299　电容式液位计的电容测头原理图

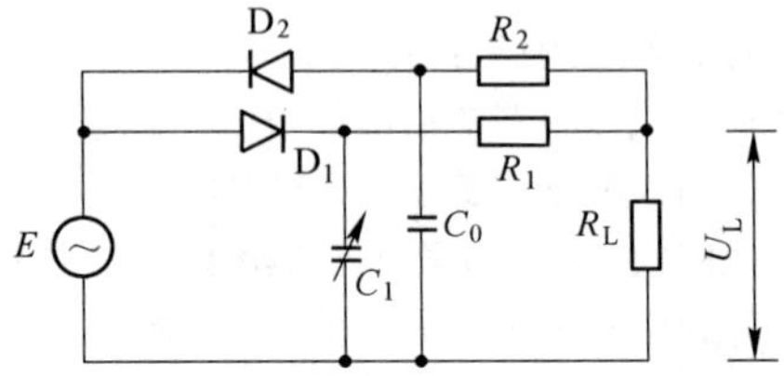


图 2-300　电容式传感器双 T 电桥测量电路

2-43　何为介质的压电效应？以石英晶体为例说明它的原理。

2-44　试画出压电式传感器的低频等效电路，并指出各元件的含义。

2-45　压电式传感器测量电路（前置放大器）的作用是什么？有几种类型？指出其各自的特点。

2-46　电荷放大器所要解决的核心问题是什么？试推导其输入输出关系。

2-47　用压电敏感元件和电荷放大器组成的测量系统能否用于静态测量？对被测信号的变化速度有何限制？这种限制由哪些因素决定？

2-48　图 2-301 所示为压电式加速度传感器，试说明它的工作原理。

2-49　什么是铁磁材料的压磁效应？在外力的作用下，其磁导率变化有什么规律？

2-50　压磁式传感器有哪些主要特性？它们分别与哪些因素有关？

2-51　压磁式传感器为什么要进行环境试验？它包括哪些试验内容？

2-52　压磁式传感器产生零点输出的原因是什么？怎样进行补偿？

2-53　在压磁式传感器测量电路中，为什么要加入滤波电路？

2-54　试述压磁式传感器的工作原理和特点。

2-55　图 2-302 为测量 5000 N 以下压力所采用的压磁元件示意图。试说明其测量原理，并画出测量电路（提示：用四个测量线圈，采用差动桥式测量原理）。

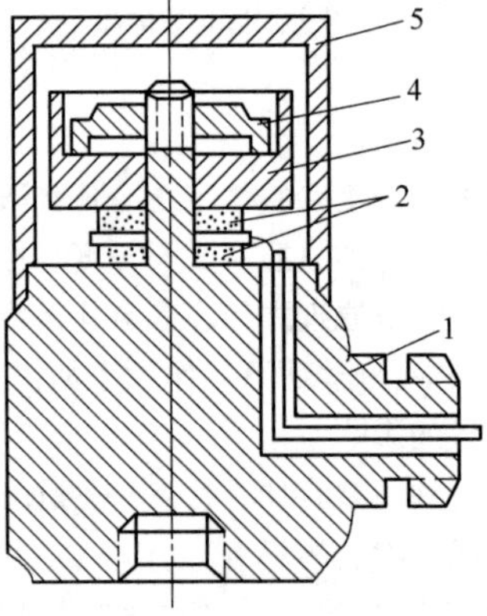


图 2-301　习题 2-48 图

1—基座；2—压电片；3—质量块；4—弹簧；5—壳体

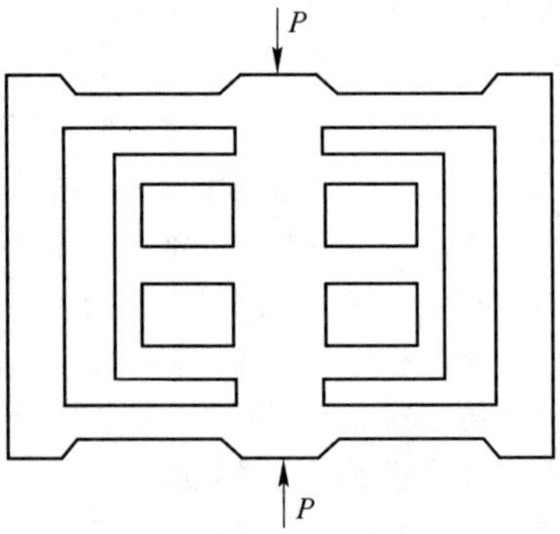


图 2-302　压磁元件示意图

2-56 简述热电偶的测温原理，热电偶回路产生热电势的条件是什么？

2-57 热电偶测温时为什么要进行冷端温度补偿，常采用哪几种补偿方法？

2-58 用分度号为 S 的热电偶测量温度，环境温度为 30 ℃，显示仪表指示值为 900 ℃。试问：实际温度是多少？如果热端温度不变，使冷端温度为 20 ℃，此时显示仪表指示值应为多少？

2-59 用一支 K 型热电偶测量温度，已知冷端温度为 25 ℃，测得的热电势为 21.995 mV，求被测温度是多少？

2-60 将一支灵敏度为 0.08 mV/℃ 的热电偶与毫伏表相连，已知接线端温度为 50 ℃，毫伏表读数是 60 mV，问热电偶热端温度是多少？

2-61 金属热电阻温度计的测温原理是什么？

2-62 常用热电阻有哪些，其分度号及 $R_0$ 各为多少？各有何特点？

2-63 热电阻的引线方式主要有哪些，各自的原理和特点是什么？

2-64 绘图说明热电阻测温电桥的两线制接法和三线制接法有什么不同，并说明三线制连接的优点是什么。

2-65 热敏电阻测温有什么特点？热敏电阻随温度变化的典型特性有哪几种？

2-66 简述半导体热敏电阻与金属热电阻在特性上的主要区别。

2-67 已知某半导体热敏电阻在温度为 20 ℃时，阻值为 10 kΩ，当温度升高到 30 ℃时，阻值变为 6 kΩ，该热敏电阻在这个温度区间内的平均温度系数 $\alpha$ 为多少？（$\alpha$ 的计算公式为：$\alpha = (R_2 - R_1)/(R_1 \times (T_2 - T_1))$，$T$ 为温度，$R$ 为电阻值）

2-68 简述集成温度传感器的工作原理。

2-69 请列举集成温度传感器相对于传统温度传感器（如热电偶、热电阻）的优点。

2-70 说明集成温度传感器的主要类型及其输出信号特点。

2-71 什么是物质的光电效应？光电效应分为几种？各自的物理含义是什么？

2-72 应用外光电效应可以做成什么器件？它们的工作原理是什么？有哪些主要特性？

2-73 试述光敏电阻的工作原理和主要特性。

2-74 试述光电池的工作原理和主要特性。

2-75 何谓物质的核辐射？它有哪几种？各有什么特点？

2-76 射线被物质吸收的规律是什么？利用 β 射线、γ 射线进行对物体的厚度和密度测量的原理是什么？

2-77 电离室由哪几部分组成？试述它的工作原理。在电离室中加金属保护环的作用是什么？

2-78 试述闪烁计数器的结构和工作原理，指出各部分所完成的变换。

2-79 现有一个运动中的钢材厚度待测，运动速度为 10 m/s，标准厚度为 5 mm，试为这一测量任务设计一个测量系统，并说明所采用的各主要部件的作用。

2-80 图 2-303 所示为一镀层厚度测量系统，试说明它的工作原理。

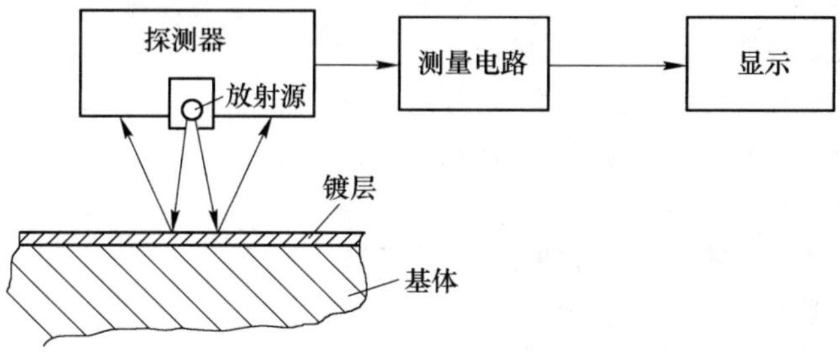


图 2-303　镀层厚度测量系统

2-81 什么是激光？它有什么特点？产生激光的条件是什么？

2-82 激光器有哪几类？各有什么特点？以氦氖激光器为例说明它的工作原理。

2-83 用激光测量流体的流速（流量）的原理是什么？可否用于纯净流体的流速测量？

2-84 用激光测量长度或距离的原理是什么？为什么它的测量精度高？

2-85 光在光纤中是怎样传输的？对光纤及入射光的入射角有什么要求？

2-86 标志光纤性能的主要参数有哪几种？各自的含义是什么？

2-87 光纤分哪几类？各有什么特点和用途？

2-88 光纤元件之间的连接方式有哪几种？各有什么用途？为什么要考虑光纤之间的连接问题？

2-89 传光型光纤传感器中，光纤的作用是什么？以位移传感器为例，说明这类传感器的工作原理。

2-90 光纤温度传感器有什么优点？以用于低温测量的半导体光纤温度传感器为例，说明它的工作原理。

2-91 传感型光纤传感器中，光纤的作用是什么？这类传感器可分为几种类型？

2-92 何谓光的偏振态？偏振态光纤传感器由哪几部分组成？以偏振型压力传感器为例说明其工作原理。

2-93 数字式传感器有什么特点？可分几种类型？

2-94 转角-数字式传感器有哪几种？其基本组成部分有哪些？

2-95 码盘式转角-数字传感器的工作原理是什么？采用循环码盘有什么优点？

2-96 光栅有哪几种？采用光栅作为测量传感器的工作原理是什么？

2-97 什么是光栅的莫尔条纹？它有什么特点？在测量中应用莫尔条纹有什么优点？

2-98 磁栅式传感器有几种？静磁头、动磁头各适用于什么场合？

2-99 什么是半导体材料的霍尔效应？霍尔电势与哪些因素有关？

2-100 影响霍尔元件输出零点的因素有哪些？怎样补偿？

2-101 温度变化对霍尔元件输出电势有哪些影响？怎样补偿？

2-102 影响霍尔元件电磁特性的因素有哪些？

2-103 霍尔式传感器有何特点？可以应用到哪些方面的测量？

2-104 欲进行两个电压 $U_1$、$U_2$ 乘法运算，若采用霍尔元件作为运算器，请提出设计方案，画出测量系统的原理图。

2-105 图 2-304 所示为转速测量系统，转轮以转速 $n$ 转动，在磁铁 N 极端面上贴有霍尔元件，试说明它的工作原理。

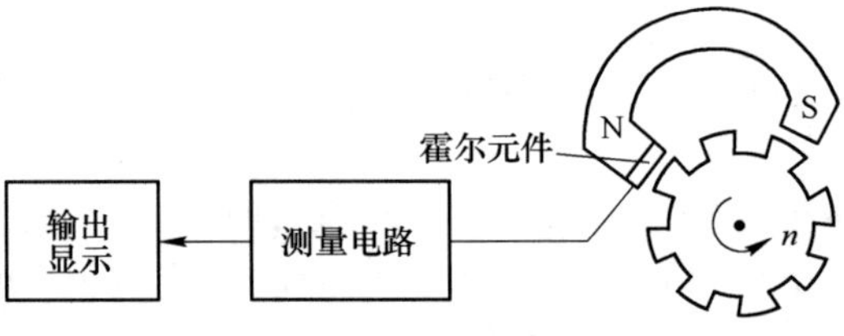


图 2-304 转速测量系统图

2-106 气体传感器的主要性能指标有哪些并解释。

2-107 气体传感器的响应恢复特性包括哪两个过程？

2-108 说明半导体气体传感器中掺杂对其气敏性能的影响。

2-109 气体传感器有哪些种类并简要介绍。

2-110 湿度的常用表示方法有哪几种？分别是如何定义的。

2-111 常见的湿敏传感器有哪些类型？

2-112 简述电阻式湿敏传感器的原理，并说明其工作原理。

2-113 简述电容式湿敏传感器的原理，并说明其工作原理。

2-114 除了电阻式和电容式湿敏传感器外，还有哪些类型的湿敏传感器？选择一种类型，进行简要描述。

2-115 简述湿敏传感器的接口电路。
2-116 生物传感器有哪些组成部分？
2-117 简述生物传感器的工作原理。
2-118 按工作原理分，生物传感器有哪些种类？
2-119 根据敏感物质的不同，生物传感器可以分为哪些类别？
2-120 简要说明生物传感器的特点。
2-121 常用的超声波发生器（换能器）有哪几种？简述它们的工作原理。
2-122 超声波在介质中传播的速度和强度变化规律是什么？与哪些因素有关？
2-123 超声波用于探伤有哪两种方法？试述反射法探伤的原理？
2-124 振动式传感器有哪几种类型？它们适合于应用在什么场合？
2-125 作为敏感元件的弹性体，它的谐振频率与哪些因素有关？
2-126 振弦式传感器由哪几部分组成？试述它的工作原理。
2-127 振膜式传感器由哪几部分组成？试述它的工作原理。
2-128 振筒式传感器由哪几部分组成？试述它的工作原理。
2-129 微波的波长范围是多少？
2-130 根据波长特征，微波可以细分为哪三个波段？
2-131 简述微波传感器的特点。
2-132 试分析反射式和遮断式微波传感器的工作原理。
2-133 微波传感器的定义及分类。
2-134 可用于测力的传感器有哪几种？各有什么特点？适用于什么场合？
2-135 可用于位移测量的传感器有哪几种？各有什么特点？适用于什么场合？
2-136 可用于材料厚度测量的传感器有哪几种？各有什么特点？适用于什么场合？
2-137 学过的测量电路有哪几种形式？各适用于什么场合？
2-138 智能式传感器有什么特点？它的基本组成结构是什么？

# 3　电测技术中的抗干扰问题

## 3.1　干扰与防护

### 3.1.1　干扰与防护

检测仪表在工作过程中，有时会出现某些不正常的现象，例如指针式仪表的指针抖动、突跳以及数字式仪表的数码不规则跳动等。产生这些现象的原因，可能是仪表本身电路结构、器件质量、制造工艺等存在问题，也可能是受仪表外部的工作环境如电源电压波动、环境温度变化或其他电气设备等的影响。这说明，对于电测装置永远存在着影响其工作的各种外部和内部因素，尤其是当被检测信号很微弱的时候，问题就更加突出。这些来自外部和内部，影响仪表和装置正常工作的各种因素，总称为“干扰”。例如，在开启或关闭某一电气设备时，附近的数字式电压表乱跳几个字，晶体管毫伏表的指针不规则抖动，收音机出现“喀啦”声，电视机屏幕上出现闪烁的亮点等。

为了消除或减弱各种干扰对仪表或装置工作的影响，必须采取必要的技术措施。各种抗干扰技术措施，总称为“防护”。辩证法告诉我们，任何事物总是与周围物质世界有着各种具体的联系，并且通过这些联系相互作用着，相互影响着。当然，电测装置和仪表也不例外。仪表和装置与外界事物的联系可分为两类：一类是有用的联系，它包括输入信号、输出信号和电源；另一类是有害的联系，它包括各种外界环境条件，例如，温度、湿度、压力、电场强度、磁场强度和机械振动等，它是外界干扰的来源。仪表和装置的内部各部分之间的联系亦可分为两类：有用的联系包括有用信号的正向传输与反馈，有害的联系主要是指各部分之间的寄生耦合与寄生反馈。防护的任务是消除或减弱各种干扰对仪表和装置正常工作的影响，防护的手段就是设法割断或减弱那些有害的联系，而同时又不损害那些为了正常进行测量所需要的联系。实践证明，不同的测量原理和测量方法受干扰的影响不同。例如，数字式检测仪表的数字部分受干扰的影响要小一些，即抗干扰能力强一些。这是因为较小的电压和电流干扰不至于影响电脉冲的变换与传输。这表明，干扰对检测仪表工作的影响是通过仪表的内在原因而起作用的，即外因通过内因起作用。可见，研究仪表和装置的抗干扰问题，不能完全归结为防护措施问题，而应当与测量原理、测量方法结合在一起统一研究。

### 3.1.2　干扰的类型及防护

根据产生干扰的物理原因，通常可分为下列几种类型的干扰。

#### 3.1.2.1　机械的干扰

机械的干扰是指由于机械的振动或冲击，使仪表或装置中的电气元件发生振动、变形，使连接导线发生位移，使指针发生抖动等。这些都将影响仪表和装置的正常工作。声波的干扰类似于机械振动，从效果看，也可列入这一类中。对于机械的干扰主要是采取减振措施来解决，例如应用减振弹簧或减振橡胶垫等。

#### 3.1.2.2 热的干扰

设备和元器件在工作时产生的热量所引起的温度波动和环境温度的变化等都会引起仪表和装置的电路元件参数发生变化，或产生附加的热电势等，从而影响仪表或装置的正常工作。

对于热的干扰，工程上通常采取下列几种方法进行抑制：

（1）采用热屏蔽，将某些对温度变化敏感的元器件或电路中的关键元器件和组件，用导热性能良好的金属材料做成的屏蔽罩包围起来，使罩内温度场趋于均匀和恒定。

（2）采用恒温措施，例如将石英振荡晶体和基准稳压管等与精确度有密切关系的元器件置于恒温槽中。

（3）采用对称平衡结构，如采用差分放大电路、电桥电路等，使两个与温度有关的元器件处于平衡结构的两侧对称位置，因此温度对二者的影响，在输出端可互相抵消。

（4）采用温度补偿元件，以补偿环境温度变化对仪表和装置的影响。

#### 3.1.2.3 光的干扰

在检测仪表中广泛使用着各种半导体元器件，但是半导体材料在光线的作用下会激发出电子-空穴对，使半导体元器件产生电势或引起阻值的变化，从而影响检测仪表的正常工作。因此，半导体元器件应封装在不透光的壳体内。对于具有光敏作用的元件，尤其应该注意光的屏蔽问题。

#### 3.1.2.4 湿度变化的影响

湿度增加会使绝缘体的绝缘电阻下降，漏电流增加；会使高值电阻的阻值下降；会使电介质的介电常数值增加；会使吸潮的线圈骨架膨胀等。这样必然会影响检测仪表的正常工作。在设计检测仪表时，应当考虑潮湿的防护。尤其是用于南方潮湿地带，船舶及锅炉房等地方的仪表，更应注意密封防潮措施。例如，电气元件和印刷电路板的浸漆、环氧树脂封灌和硅橡胶封灌等。

#### 3.1.2.5 化学的干扰

化学物品，如酸、碱、盐及腐蚀性气体等，一方面会通过化学腐蚀作用损坏仪表元件和部件，另一方面会与金属导体形成化学电势。例如应用检流计时，手指上脏物（含有酸、碱、盐等）被弄湿后，与导线形成化学电势，使检流计偏转。因此，良好的密封和注意清洁对仪表是十分必要的防护化学干扰的措施。

#### 3.1.2.6 电和磁的干扰

电和磁可以通过电路和磁路对检测仪表产生干扰作用，电场和磁场的变化也会在检测仪表的有关电路中感应出电势，从而影响检测仪表的正常工作。这种电和磁的干扰对于检测仪表来说是最为普遍和影响最严重的干扰。因此，必须认真对待这种干扰。有关电和磁的干扰及抑制方法，将在本章后面内容中加以详细讨论。

#### 3.1.2.7 射线辐射的干扰

射线会使气体电离、半导体激发出电子-空穴对、金属逸出电子等，从而影响检测仪表的正常工作。射线的防护是一门专门技术，主要用于原子能工业、核武器生产等方面。

## 3.2 噪声源与噪声耦合方式

### 3.2.1 噪声与信噪比

3.2.1.1 噪声

检测仪表在工作时，往往除了有用信号之外，还附带着一些无用的信号。这种无用的、变化不规则的信号会影响测量结果，有时甚至会完全将有用信号淹没掉，使测量工作无法进行。这种在检测仪表中出现的、不希望有的、无用的信号称之为“噪声”，通常所说的干扰就是噪声造成的不良效应。当噪声电压使电路不能正常工作时，该噪声电压就称之为干扰电压。噪声与有用信号不同，有用信号可以用确定的时间函数来描述，而噪声则不能够用一个预先确定的时间函数来描述。噪声属于随机过程，必须用描述随机过程的方法来描述。

3.2.1.2 信噪比

在测量过程中，人们不希望有噪声，但是人们也无法完全排除噪声，实际上只能要求噪声尽可能小些。究竟允许多大的噪声存在，则必须与有用信号联系在一起考虑。显然，有用信号很强，则允许有较大的噪声；当有用信号很微弱时，则允许的噪声必须很小。于是，很自然就产生了“信噪比”这一概念。

“信噪比” $S/N$ 指的是在信号通道中，有用信号功率与伴随的噪声功率之比。它表示噪声对有用信号影响的大小。设有用信号功率为 $P_S$，有用信号电压为 $U_S$，噪声功率为 $P_N$，噪声电压为 $U_N$，则用贝尔（B）单位表示的信噪比为

$$S/N = \lg \frac{P_S}{P_N}$$

由于贝尔单位太大，常用分贝（dB）单位表示信噪比，其表达式为

$$S/N = 10\lg \frac{P_S}{P_N}[\mathrm{dB}] = 20\lg \frac{U_S}{U_N}[\mathrm{dB}] \quad (3\text{-}1)$$

由式（3-1）可知，信噪比越大，表示噪声的影响越小。

### 3.2.2 噪声源

噪声来源于噪声源。噪声源是多种多样的，常见的噪声源主要可归纳为三类：放电噪声源、电气设备噪声源和固有噪声源。

3.2.2.1 放电噪声源

由各种放电现象产生的噪声称为放电噪声。在放电过程中，放电噪声会向周围辐射出从低频到甚高频的电磁波，而且还会传播到很远的距离。它是对电子仪表影响最严重的一种噪声干扰。在放电现象中属于持续放电的有电晕放电、辉光放电和弧光放电；属于过渡现象的有火花放电。

A 电晕放电噪声

电晕放电具有间歇性质，并产生脉冲电流，而且随着电晕放电过程还会出现高频振

荡，这些都是产生噪声的原因。电晕放电噪声主要来自高压输电线。电晕放电噪声随距离的衰减特性大致与距离的平方成反比。因此，对于一般的检测仪表来说，电晕放电噪声对其影响不大。

B 火花放电噪声

自然界的雷电，电机整流子炭刷上的火花，接触器、断路器、继电器接点在闭合和断开时的火花，电蚀加工过程中产生的电火花，汽车发动机的点火装置以及高电压器件由于绝缘不良等引起的闪烁放电等都是火花放电噪声源。火花放电噪声可以通过直接辐射和电源电路向外传播，它可以在低频至甚高频造成干扰。

C 放电管噪声

放电管放电属于辉光放电或弧光放电。通常放电管具有负阻特性。所以与外电路连接时很容易引起振荡，此振荡有时可达甚高频段。对于交流供电的荧光灯，在半个周期内，由于其起始和终了时放电电流的变小，也会产生再点火振荡和灭火振荡。当前大量使用的荧光灯和霓虹灯，也成为一种较严重的噪声源。

3.2.2.2 电气设备噪声源

A 工频干扰

大功率输电线是典型的工频噪声源。低电平的信号线只要有一段距离与输电线相平行，就会受到明显的干扰。即使是室内的一般交流电源线，对于输入阻抗和灵敏度很高的检测仪表来说也是很强的干扰源。另外，在电子装置的内部，由于工频感应也会产生交流噪声。如果工频电源的电压波形失真较大（如供电系统接有大容量的晶闸管设备），由于高次谐波分量的增多，它产生的干扰更大。

B 射频干扰

高频感应加热、高频焊接等工业电子设备以及广播机、雷达等通过辐射或通过电源线会给附近的电子测量仪表带来干扰。

C 电子开关

电子开关虽然在通断时并不产生火花，仅由于通断的速度极快，使电路中的电压和电流发生急剧的变化，形成冲击脉冲，从而成为噪声干扰源。在一定电路参数条件下，电子开关的通断还会带来相应的阻尼振荡，从而构成高频干扰源。使用可控硅的电压调整电路对其他电子装置的干扰就是典型例子。这种电路在可控硅的控制下周期性地通断，形成前沿陡峭的电压和电流，并且使电源波形畸变，从而干扰由该电源系统供电的其他电子设备。

3.2.2.3 固有噪声源

固有噪声是由于物理性的无规则波动所造成的噪声。它具有随机性质，只能用概率论的方法进行估计，确定其有效值。固有噪声主要包括下列三种噪声。

A 热噪声

任何电阻即使不与电源相接，在它的两端也存在着极微弱的电压。此电压是由于电阻中电子的热运动所形成的噪声电压。因电子热运动具有随机性质，所以电阻两端的热噪声电压也具有随机性，而且它几乎覆盖整个频谱。这种因电子热运动而出现在电阻两端的噪声电压称为热噪声。它决定了电路中的噪声下限。

电阻两端出现的热噪声电压的有效值可表示为

$$U_t = \sqrt{4kTR\Delta f} \tag{3-2}$$

式中　$k$——玻耳兹曼常数，$k=1.38\times10^{-23}$ J/K；

$T$——绝对温度，K；

$R$——电阻值，Ω；

$\Delta f$——噪声带宽，Hz。

式（3-2）表明，热噪声电压与绝对温度、噪声带宽及电阻值的平方根成比例。因此减小电阻值、带宽和降低温度有利于降低热噪声。无源元件任意连接时所产生的热噪声等于其等效阻抗中实数部分的电阻所产生的热噪声。此结论对于复杂无源网络的热噪声计算是很有用的。热噪声功率的频率分布是均匀的，即在频谱中任何一处，在一定的带宽下，有效噪声功率是常数。因此热噪声属于"白噪声"。热噪声的瞬时幅值服从正态分布，其均值为零。为加深对热噪声的认识，现举例计算放大器输入电阻引起的噪声。设放大器输入电阻 $R_i=500$ kΩ，带宽 $\Delta f=10^6$ Hz，环境温度 $T=300$ K，则 $U_t=1.3\times10^{-10}\sqrt{5\times10^5\times10^6}=$ 92 μV。可见，若输入信号的数量级为微伏级，则将被热噪声所淹没。

B　散粒噪声

散粒噪声存在于电子管和半导体元件中。在电子管里，散粒噪声来自阴极电子的随机发射；在半导体元件内，散粒噪声是通过晶体管基区载流子的随机扩散以及电子-空穴对的随机发生及其复合形成的。散粒噪声的方根噪声电流等于

$$I_{sh} = \sqrt{2qI_{DC}\Delta f} \tag{3-3}$$

式中　$q$——电子电荷，$q=1.6\times10^{-19}$ C；

$I_{DC}$——平均直流电流，A；

$\Delta f$——噪声带宽，Hz。

散粒噪声的功率密度在不同频率时为常数，其幅度服从正态分布，因此它属于"白噪声"。用带宽的方根除式（3-3）的两边得

$$\frac{I_{sh}}{\sqrt{\Delta f}} = \sqrt{2qI_{DC}} = 5.66\times10^{-10}\sqrt{I_{DC}} \tag{3-4}$$

由式（3-4）可见，只要测出经过该器件的直流电流，就可以方便地求得散粒噪声值。

C　接触噪声

接触噪声是由于两种材料之间的不完全接触，从而形成电导率的起伏而产生的。它发生在两个导体相连接的地方，如继电器的接点、电位器的滑动触点等，接触噪声正比于直流电流的大小，其功率密度正比于频率的倒数，其大小服从正态分布。每平方根带宽的噪声电流源 $I_f$ 近似表示为

$$\frac{I_f}{\sqrt{B}} \approx \frac{KI_{DC}}{\sqrt{f}} \tag{3-5}$$

式中　$K$——由材料和几何形状确定的常数；

$I_{DC}$——平均直流电流，A；

$f$——频率，Hz；

$B$——用中心频率表示的带宽，Hz。

由于接触噪声功率密度正比于频率的倒数，在低频时两个导体的接触噪声可能是很大的，接触噪声通常是低频电路中最主要的噪声源。

### 3.2.3 噪声电压的叠加

噪声电压或噪声电流的产生是彼此独立的，即互不相关的，则总噪声功率等于各个噪声功率之和。把几个噪声电压 $U_1$，$U_2$，…，$U_n$ 按功率相加时，得

$$U_{总}^2 = U_1^2 + U_2^2 + \cdots + U_n^2 \tag{3-6}$$

总噪声电压可表示为

$$U_{总} = \sqrt{U_1^2 + U_2^2 + \cdots + U_n^2} \tag{3-7}$$

两个相关噪声电压可用下式叠加

$$U_{总} = \sqrt{U_1^2 + U_2^2 + 2\gamma U_1 U_2} \tag{3-8}$$

式中，$\gamma$ 为相关系数，它取值范围在-1 与 1 之间。

### 3.2.4 噪声耦合方式

#### 3.2.4.1 噪声形成干扰的三要素

噪声源产生的噪声能够对检测仪表的正常工作造成不良影响，还必须经过一定的耦合通道。换句话说，噪声形成干扰需要同时具备三要素：噪声源、对噪声敏感的接收电路及噪声源到接收电路之间的耦合通道。噪声形成干扰的三要素之间的联系关系示于图 3-1。要使电路受干扰的程度小，则必须在这三方面想办法：将客观存在的噪声源强度在发生处抑制得很小；将噪声在传播途径上给予很大的衰减；在受干扰处用各种措施提高电路的抗干扰能力。

图 3-1 噪声形成干扰的三要素之间联系

分析噪声干扰问题时，首先应搞清楚噪声源是什么？接收电路是什么？噪声源与接收电路之间是怎样耦合的？噪声耦合方式主要有：静电耦合、电磁耦合、共阻抗耦合和漏电流耦合。

#### 3.2.4.2 静电耦合

静电耦合又称电容性耦合，它是由于两个电路之间存在有寄生电容，使一个电路的电荷变化影响到另一个电路。图 3-2 为两根平行导线之间存在静电耦合的典型例子。

电容 $C_{12}$是导线 1 和 2 之间的分布电容，$C_{1G}$、$C_{2G}$分别为导线 1 和 2 的对地电容，$R$ 是导线 2 的对地电阻。设导线 1 上的电压 $U_1$ 为噪声源电压，导线 2 为被干扰对象。为分析方便，设噪声源电压为正弦量，于是可求得 $R$ 上的干扰电压为

$$U_N = \frac{j\omega\left(\dfrac{C_{12}}{C_{12} + C_{2G}}\right)}{j\omega + \dfrac{1}{R(C_{12} + C_{2G})}} U_1 \tag{3-9}$$

由于在一般情况下有 $R \ll \dfrac{1}{\omega(C_{12}+C_{2G})}$，故式（3-9）可进一步简化为

$$U_N = j\omega R C_{12} U_I \tag{3-10}$$

从式（3-10）可以看出，干扰电压正比于噪声源的角频率、分布电容 $C_{12}$、接收电路输入电阻 $R$。显然，欲降低静电耦合效应，应减小 $R$ 和 $C_{12}$。

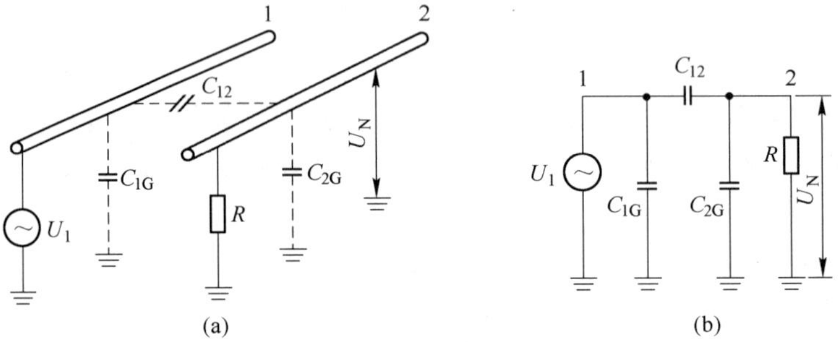


图 3-2　两根平行导线间的静电耦合

（a）示意图；（b）等效电路

在一般情况下，静电耦合可用图 3-3 等效电路表示。图中 $E_n$ 是噪声源电势，$C_m$ 是造成静电耦合的寄生电容，$Z_i$ 是被干扰电路的等效输入阻抗。根据等效电路可以写出被干扰电路的干扰电压 $U_N = \dfrac{j\omega C_m Z_i}{1+j\omega C_m Z_i} E_n$，考虑到在一般情况下 $|j\omega C_m Z_i| \ll 1$，故此式可简化为

$$U_N \approx j\omega C_m Z_i E_n \tag{3-11}$$

通过分析式（3-11）可以得到下列结论：

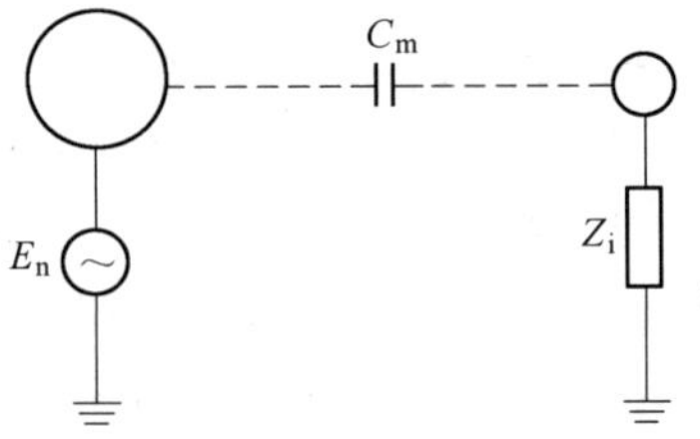


图 3-3　静电耦合等效电路

（1）被干扰电路接收到的干扰电压 $U_N$ 正比于噪声源的角频率 $\omega$。这表明，在频率很高的射频段，静电耦合干扰最严重。但是，对于极低电平接收电路，即使在音频范围，静电耦合干扰也不能忽视。

（2）干扰电压 $U_N$ 正比于接收电路的输入阻抗 $Z_i$。这说明，降低接收电路的输入阻抗，可减小静电耦合干扰。对于微弱信号放大器，其输入阻抗应尽可能低，一般希望在数百欧以下。

（3）干扰电压 $U_N$ 正比于噪声源与接收电路之间的分布电容 $C_m$。这说明，应通过合理布线和适当防护措施减小分布电容。

当有几个噪声源同时经静电耦合干扰同一个接收电路时，可以使用迭加原理分别对各噪声源干扰进行分析。

图 3-4 为电子仪器受静电耦合干扰的示意图及其等效电路。图中导体 A 为具有对地电压为 $U_{Ng}$ 的噪声源，B 为电子仪器信号输入端裸露在仪器机壳外的信号线，$C_m$ 为 A 与 B 之间的分布电容，$Z_i$ 为电子仪器的输入阻抗。假设 A、B 间的耦合很弱，$C_m = 0.01$ pF，噪声源电压也不大，$U_{Ng} = 5$ V，频率 $f = 1$ MHz，电子仪器的放大器放大倍数为 100，频响带宽超过 1 MHz，其输入电阻为 0.1 MΩ，则作用于 B 点的干扰电压为

$$|\dot{U}_{Ni}| = |j\omega C_m Z_i \dot{U}_{Ng}| = 2\pi \times 10^6 \times 0.01 \times 10^{-12} \times 0.1 \times 10^6 \times 5 = 31.4 \text{ mV}$$

经放大器放大后，将出现 3 V 左右的干扰电压，这显然是不能允许的。因此，必须采取相应的技术措施，才能使仪器正常工作。

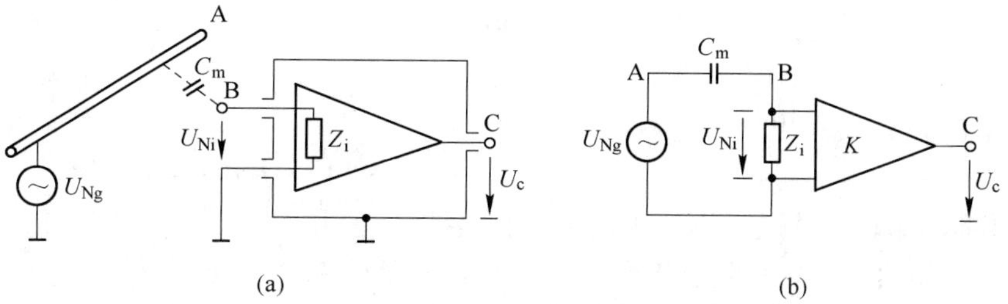


图 3-4　通过静电耦合对电子仪器的干扰

（a）示意图；（b）等效电路

### 3.2.4.3　电磁耦合

电磁耦合又称互感耦合，它是由于两个电路之间存在互感，使一个电路的电流变化通过磁交链影响到另一个电路。例如，在电子装置内部线圈或变压器的漏磁是对邻近电路的一种很严重干扰；在电子装置外部当两根导线在较长一段区间平行架设时，也会产生电磁耦合干扰。在一般情况下，电磁耦合干扰可用图 3-5 所示等效电路表示。图中 $I_n$ 表示噪声电流源，$M$ 表示两个电路之间的互感系数，$U_N$ 表示通过电磁耦合在被干扰电路感应的干扰电压。设噪声源的角频率为 $\omega$，由交流电路理论和等效电路可以得到

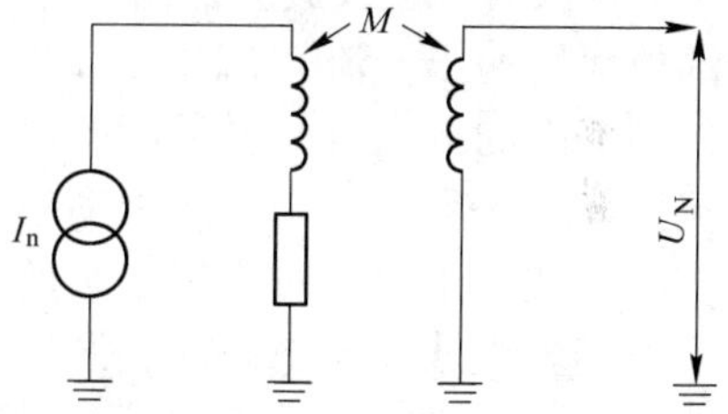


图 3-5　电磁耦合干扰等效电路

$$U_N = j\omega M I_n \tag{3-12}$$

通过分析式（3-12）可以得出下列三点结论：

（1）被干扰电路感应的干扰电压 $U_N$ 正比于噪声源的角频率。

（2）干扰电压 $U_N$ 正比于互感系数。

（3）干扰电压 $U_N$ 正比于噪声源电流 $I_n$。

显然，对于电磁耦合干扰，降低接收电路的输入阻抗并不会减少干扰。电磁耦合干扰电压是与接收电路导线相串联的，这不同于静电耦合干扰。

当两条平行导线有电流流过时，它们彼此之间会通过磁交链产生电磁耦合干扰。假设有一条信号传输线与一条电压为 100 V、负荷为 10 kVA 的输电线相距 1 m，并在 10 m 长的一段区间彼此平行架设，则此信号线由于电磁耦合感应的干扰电压可如下计算。两条平行导线之间的互感系数（nH）可由下列经验公式给出

$$M = 2L\left(\ln\frac{2L}{D} - 1\right) + 2D \tag{3-13}$$

式中，$L$ 为两导线平行段长度，$D$ 为两平行导线之间的中心距，二者单位均取 cm。将已知数据代入式（3-13）中可得到 $M = 4.2\ \mu\text{H}$。再将已知数据代入式（3-12）中，可得到 $U_N = 132\ \text{mV}$。从此例可见，电磁耦合干扰是很严重的，应予以足够重视。

### 3.2.4.4　共阻抗耦合

共阻抗耦合是由于两个电路共有阻抗，当一个电路中有电流流过时，通过共有阻抗便在另一个电路中产生干扰电压。例如，几个电路由同一个电源供电时，会通过电源内阻互相干扰；在放大器中，各放大级通过接地线电阻互相干扰。

在一般情况下，共阻抗耦合可以用图 3-6 所示等效电路表示。图中 $Z_c$ 表示两个电路之

间的共有阻抗，$I_n$ 表示噪声电流源，$U_N$ 表示被干扰电路的感应电压。

由等效电路很容易写出

$$U_N = I_n Z_c \tag{3-14}$$

可见，共阻抗耦合干扰电压 $U_N$ 正比于共有阻抗 $Z_c$ 值和噪声源电流 $I_n$。显然，消除共阻抗耦合干扰的核心是消除两个或几个电路之间的共有阻抗。共阻抗耦合干扰在测量仪表的放大器中是一种很常见的干扰，由于它的影响使放大器很容易产生自激振荡，破坏正常工作。现以几个实例说明共阻抗耦合干扰的分析方法。

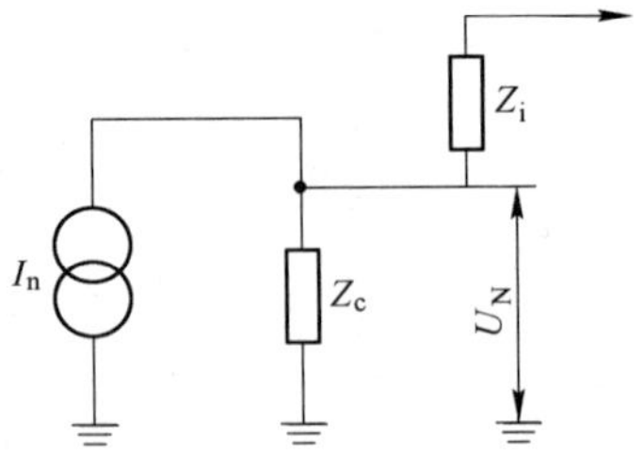

图 3-6　共阻抗耦合等效电路

（1）通过电源内阻抗的共阻抗耦合干扰。当用同一个电源对几个电子线路供电时，高电平电路的输出电流通过电源的内阻抗变换成干扰电压，造成对其他低电平电路的干扰。图 3-7 表示两台三级放大器由同一个直流电源供电的情况。由于电源具有内阻抗 $Z_c$，当上面的放大器输出电流 $i_I$ 流过 $Z_c$ 时，就在 $Z_c$ 上产生干扰电压 $U_I=i_I Z_c$，此电压 $U_I$ 通过电源线传到下面的放大器，对下面的放大器工作产生干扰。对于每个三级放大器，末级的动态电流比前级大得多，因此末级动态电流流经电源内阻抗时所产生的压降，对前两级来说相当于电源波动干扰，对于第一级的影响最大。

对于多级放大器来说，电源波动干扰乃是一种寄生反馈。当它符合正反馈条件时，轻则造成工作不稳定，重则引起自激振荡。

（2）通过接地线的共阻抗耦合干扰。在电子装置内部的接地线上有各种信号电路的电流流过，并由接地线阻抗变换成干扰电压。对于多级放大电路来说，它实质上也是一种寄生反馈。在数台电子装置的公共线接地时，若此线流过较大电流也会通过接地线阻抗产生共阻抗耦合干扰。

如图 3-8 所示，3 号板是功率级，其负载电流较大，通过地线 BA 接地，并在 BA 阻抗上形成压降；1 号板接地点在 A 点，所以 A 点的电位变化将通过 $R_1$ 影响 2 号板的输入端；2 号板的接地点在 B 点，所以 BA 线的压降就成为 2 号板的干扰电压，此干扰电压通过 2 号

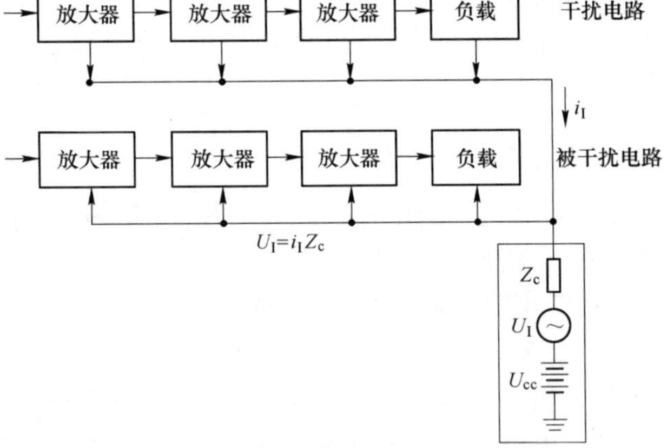

图 3-7　通过公共电源的内阻抗耦合干扰

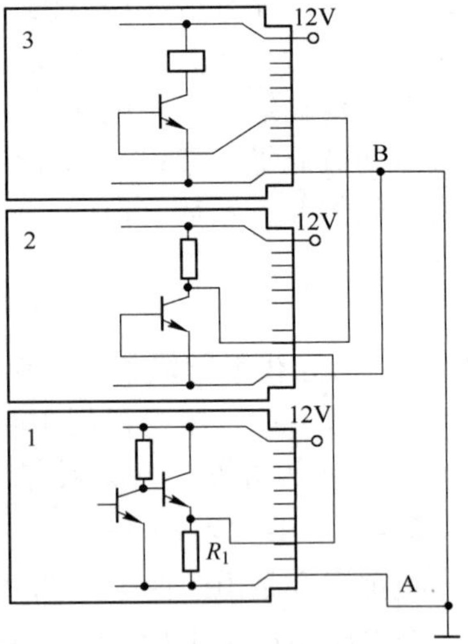

图 3-8　接地线阻抗引起的共阻抗耦合干扰

板放大后再输入到 3 号板，3 号板受影响后的输出电流又要在 BA 线上形成压降，从而通过 BA 线共阻抗耦合形成寄生反馈通道，当满足一定条件时会使电路工作不稳定或产生自激振荡。

（3）信号输出电路的相互干扰。当电子装置的信号输出电路具有几种负载时，则任一个负载的变化都会通过输出阻抗的共阻抗耦合而影响其他输出电路。图 3-9 为具有三路负载的例子。每路负载为 $Z_L$，假定电路参数匹配，即 $Z_L=Z_0+Z_S$。其中 $Z_0$ 为输出线路的阻抗，$Z_S$ 为电路的输出阻抗。一般 $Z_S \ll Z_0$，所以 $Z_0 \approx Z_L$。设输出电路 A 产生的波动电压为 $\Delta U_A$，它在负载 B 上将引起 $\Delta U_B$ 的电压变化。按图 3-9 电路可推导出

$$\Delta U_B = \frac{Z_S \mathbin{/\!/} (Z_0+Z_L) \mathbin{/\!/} (Z_0+Z_L)}{Z_0+Z_L+Z_S \mathbin{/\!/} (Z_0+Z_L) \mathbin{/\!/} (Z_0+Z_L)} \cdot \frac{Z_L}{Z_0+Z_L} \cdot \Delta U_A \approx \frac{1}{4} \cdot \frac{Z_S}{Z_0} \cdot \Delta U_A$$

从上式可以看出，为减弱多路输出电路负载间的相互干扰，应尽量减小输出阻抗 $Z_S$。

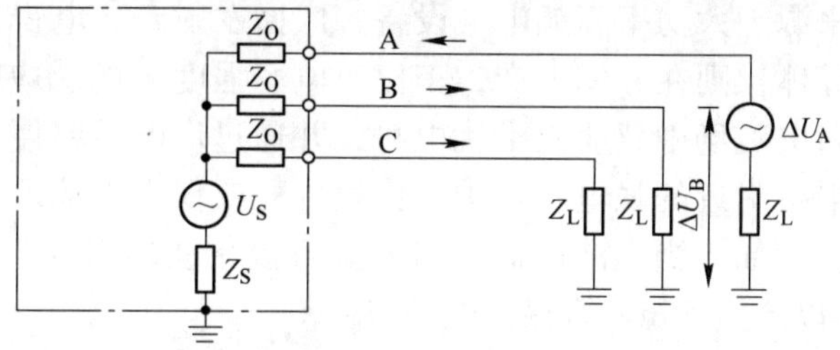


图 3-9　通过输出阻抗引起的共阻抗耦合干扰

#### 3.2.4.5　漏电流耦合

漏电流耦合是由于绝缘不良，由流经绝缘电阻的漏电流所引起的噪声干扰。一般情况下的漏电流感应可用图 3-10 所示等效电路表示。图中 $E_n$ 表示噪声源电势，$R$ 表示漏电阻，$Z_i$ 表示被干扰电路的输入阻抗，$U_N$ 表示干扰电压。从等效电路可以得出干扰电压表达式

$$U_N = \frac{Z_i}{R+Z_i} \cdot E_n \tag{3-15}$$

漏电流耦合干扰经常发生在下列情况下：

（1）当用仪表测量较高的直流电压时。

（2）在检测仪表附近有较高的直流电压源。

（3）在高输入阻抗的直流放大器中。

设直流放大器的输入阻抗 $r_i=10^8\ \Omega$，干扰源电势 $E_n=15\ \mathrm{V}$，绝缘电阻 $r_a=10^{10}\ \Omega$，其示意图如图 3-11 所示。下面估算漏电流干扰对此放大器的影响。根据图 3-11 和已知数据可得出 $U_N=\dfrac{r_i}{r_a+r_i} \cdot E_n=0.148\ \mathrm{V}$。

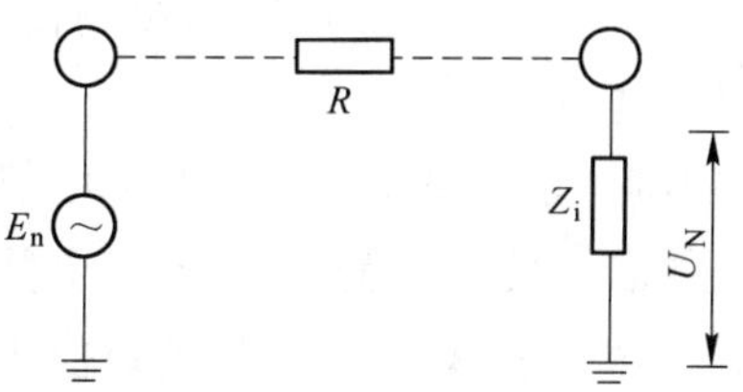


图 3-10　漏电流耦合等效电路

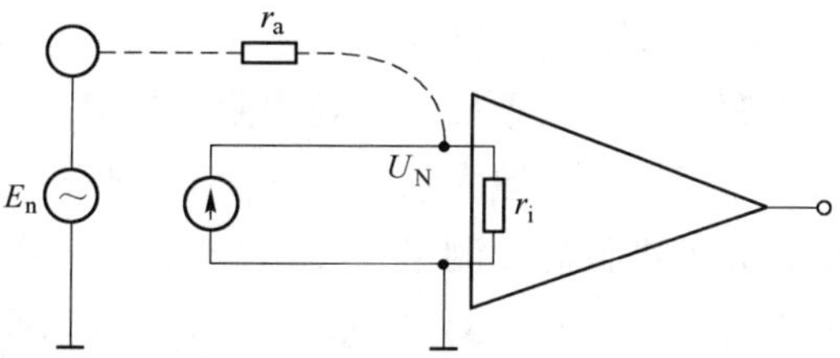


图 3-11　高输入阻抗放大器漏电干扰

从上面估算可知，即使是微弱漏电流干扰也将对高输入阻抗放大器造成严重的后果。所以必须严密注意与输入端有关的绝缘水平，以及它周围的电路安排。

3.2.4.6　传导耦合

噪声经导线耦合到电路中去是最明显的事实，但却经常被人们所忽视。当导线经过具有噪声的环境时，即拾取噪声，并经导线传送到电路而造成干扰。传导耦合的主要例子是噪声经电源线传到电路中来。通常，交流供电线路在生产现场的分布实际上构成了一个吸收各种噪声干扰的网络，而且噪声十分方便地以导线传导的形式传到各处，并经过电源线进入各种电子装置造成干扰。实践证明，经电源线引入电子装置的干扰无论从广泛性和严重性来说都是十分明显的，但常常被人们忽视。

3.2.4.7　辐射电磁场耦合

辐射电磁场通常来源于大功率高频电气设备、广播发射台、电视发射台等。如果在辐射电磁场中放置一个导体，则在导体上产生正比于电场强度 $E$ 的感应电势。配电线特别是架空配电线都将在辐射电磁场中感应出干扰电势，并通过供电线路侵入电子装置，造成干扰。在大功率广播发射机附近的强电磁场中，仪表外壳或仪表内部尺寸较小的导体也能感应出较大的干扰电势。例如，当中波广播发射的垂直极化波的强度为 100 mV/m 时，长度为 5 cm 的垂直导体可以产生 5 mV 的感应电动势。

上面分析了各种噪声的传播途径，并在原理上作了一些说明。但应指出，在实际工作中判断和寻找噪声干扰的原因和途径时，其复杂性往往远超过上述这些例子。通常从干扰源到被干扰点的途径是多种多样的，界面也是不明显的，甚至噪声源也是多方面的；有时干扰是时隐时现的。所以必须根据上述这些噪声耦合途径，对复杂的实际问题作仔细的分析，必要时还需借助测量手段来区分和判断。

## 3.3　共模干扰与差模干扰

各种噪声源产生的噪声必然要通过各种耦合方式进入仪表，并对其产生干扰。根据噪声进入信号测量电路的方式以及与有用信号的关系，可将噪声干扰分为差模干扰与共模干扰。

### 3.3.1　差模干扰

差模干扰又称串模干扰、正态干扰、常模干扰、横向干扰等。它使检测仪表的一个信号输入端子相对另一个信号输入端子的电位差发生变化，即干扰信号是与有用信号按电压源形式串联起来作用于输入端。因为它和有用信号迭加起来直接作用于输入端，所以它直接影响测量结果。差模干扰可用图 3-12 所示两种方式表示。图 3-12 中 $E_I$ 表示等效干扰电压，$I_I$ 表示等效干扰电流，$Z_I$ 表示干扰源等效阻抗。当干扰源的等效内阻抗较小时，宜用串联电压源形式；当干扰源等效内阻抗较高时，宜用并联电流源形式。

造成差模干扰的原因很多，图 3-13 列举了几个典型例子。图 3-13（a）表示用热电偶作为敏感元件进行温度测量时，由于有交变磁通 $\Phi$ 穿过信号传输回路产生干扰电势，造成差模干扰。图 3-13（b）表示高压直流电场通过漏电流对动圈式检流计造成差模干扰的示意图。图 3-13（c）表示信号输入回路中因接触不良引入的差模干扰。

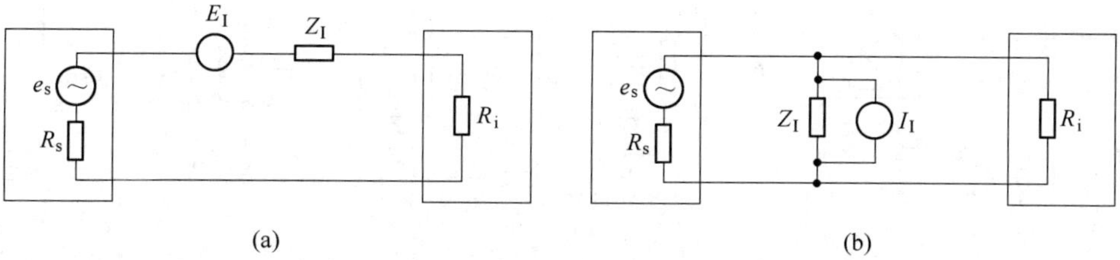


图 3-12　差模干扰等效电路

（a）串联电压源形式；（b）并联电流源形式

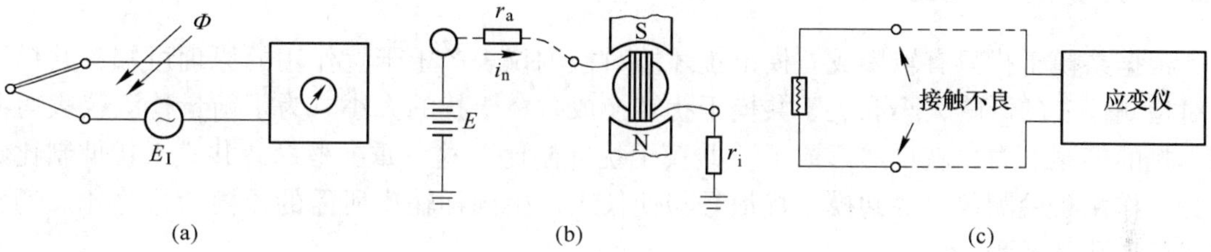


图 3-13　差模干扰举例

### 3.3.2　共模干扰

共模干扰又称纵向干扰、对地干扰、同相干扰、共态干扰等。它是相对于公共的电位基准点（通常为接地点），在检测仪表的两个输入端子上同时出现的干扰。虽然它不直接影响测量结果，但是当信号输入电路参数不对称时，它会转化为差模干扰，对测量产生影响。在实际测量过程中由于共模干扰的电压数值一般都比较大，而且它的耦合机理和耦合电路不易搞清楚，排除也比较困难，所以共模干扰对测量的影响更为严重。共模干扰通常用等效电压源表示。图 3-14 给出了一般情况下的共模干扰电压源等效电路。图中 $e_I$ 表示干扰电压源，$Z_{cm1}$、$Z_{cm2}$ 表示干扰源阻抗，$Z_1$、$Z_2$ 表示信号传输线阻抗，$Z_{s1}$、$Z_{s2}$ 表示信号传输线对地漏阻抗，$R_i$ 表示仪表输入电阻，$R_s$ 为信号源内阻。从图 3-14 可以看出，共模干扰电流的通路只是部分地与信号电路所共有；共模干扰会通过干扰电流通路和信号电流通路的不对称性转化为差模干扰，从而影响测量结果。

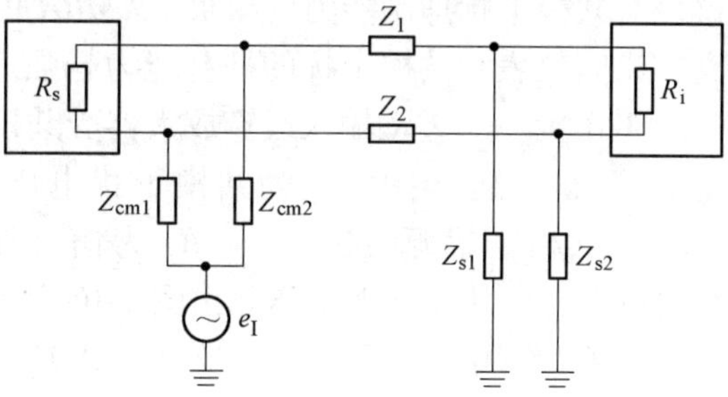


图 3-14　共模干扰等效电路

造成共模干扰的原因很多，图 3-15 给出了几个具体例子。图 3-15（a）所示热电偶测温系统中，热电偶的金属保护套管通过炉体外壳与生产管路接地。而热电偶的两条温度补偿导线与显示仪表外壳没有短接，但仪表外壳接大地，地电位差造成共模干扰。图 3-15（b）表示动力电源通过漏电阻对热电偶测温系统形成共模干扰。图 3-15（c）表示通过电源变压器的初次级间的分布电容耦合形成共模干扰。

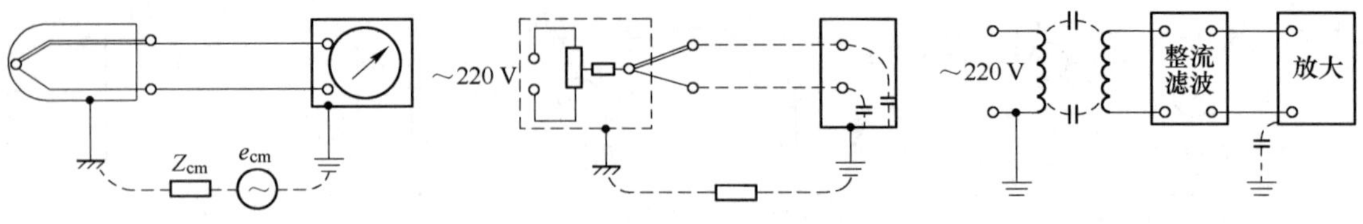


图 3-15 共模干扰举例

### 3.3.3 共模干扰抑制比

根据共模干扰只有转换成差模干扰才能对检测仪表产生干扰作用的原理可知，共模干扰对检测仪表的影响大小取决于共模干扰转换成差模干扰的大小。为了衡量检测仪表对共模干扰的抑制能力，就自然形成了“共模干扰抑制比”这一重要概念。共模干扰抑制比定义为，作用于检测仪表的共模干扰信号与使仪表产生同样输出所需的差模信号之比。通常以对数形式表示为

$$CMRR = 20\lg\frac{U_{cm}}{U_{cd}} \tag{3-16}$$

式中，$U_{cm}$为作用于仪表的实际共模干扰信号；$U_{cd}$为使仪表产生同样输出所需的差模信号。

共模干扰抑制比也可以定义为检测仪表的差模增益 $K_d$ 与共模增益 $K_c$ 之比，其数学表达式为

$$CMRR = 20\lg\frac{K_d}{K_c} \tag{3-17}$$

式（3-17）特别适用于放大器的共模抑制比计算。

以上两种定义都说明，共模抑制比是检测仪表对共模干扰抑制能力的量度。*CMRR* 值越高，说明仪表对共模干扰的抑制能力越强。

图 3-16 是一个差动输入运算放大器受共模干扰的等效电路。图中 $E_{cm}$ 为共模干扰电压，$Z_1$、$Z_2$ 为共模干扰源阻抗，$R_1$、$R_2$ 为信号传输线路电阻，$E_s$ 为信号源电压。由图 3-16 很容易写出在 $E_{cm}$ 作用下出现在放大器两输入端子之间的差模干扰电压表达式

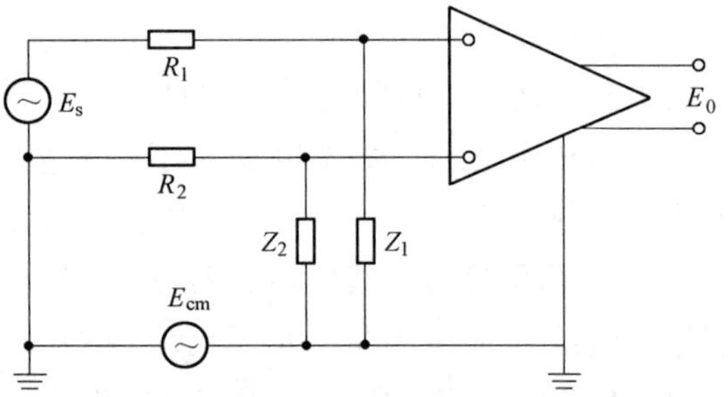


图 3-16 差动输入运算放大器受共模干扰等效电路

$$E_{cd} = E_{cm}\left(\frac{Z_1}{R_1 + Z_1} - \frac{Z_2}{R_2 + Z_2}\right)$$

从而可求得差动运算放大器的共模抑制比为

$$CMRR = 20\lg\frac{E_{cm}}{E_{cd}} = 20\lg\frac{(R_1 + Z_1)(R_2 + Z_2)}{Z_1R_2 - Z_2R_1}$$

从上式可以看出，若 $Z_1R_2 = Z_2R_1$，则 *CMRR* 趋于无穷大，但实际上很难做到这一点。一

般，$|Z_1|$，$|Z_2| \gg R_1$，$R_2$，并且 $Z_1 \approx Z_2 = Z$，则上式可简化表示为

$$CMRR = 20\lg \frac{Z}{R_2 - R_1} \tag{3-18}$$

式（3-18）表明，使 $R_1$ 与 $R_2$ 尽量相等，使 $Z_1$、$Z_2$ 的值尽量高可以提高差动放大器的抗共模干扰能力。通过上例分析可见，共模干扰在一定条件下是要转换成差模干扰的，而电路的共模干扰抑制比与电路对称性密切相关。

## 3.4 屏蔽、接地、浮置与其他噪声抑制技术

在电子装置的抗干扰措施中要经常使用屏蔽、接地和浮置等技术措施。根据具体情况，对干扰加以认真分析后有针对性地正确使用这些技术，往往可以得到满意的效果。在对具体问题进行分析时，一定要注意信号与干扰之间的辩证关系。显然，干扰对测量结果的影响程度是相对信号而言的。高电平信号允许有较大的干扰；而信号电平越低，对干扰的限制也越严。通常，干扰的频率范围是很宽的，但是对于一台具体的电子装置并非一切频率的干扰所造成的效果都相同。直流测量仪表一般都具有较大的惯性，即仪表本身具有低通滤波特性，因此它对频率较高的交流干扰不敏感；对于低频测量仪表，若输入端装有滤波器则可将通带频率以外的干扰大大衰减。但是对于工频干扰，用滤波器会将 50 Hz 的有用信号滤掉。因此工频干扰是低频电子仪表的最严重且不易除去的干扰。对于宽频带电子仪表，在工作频带内的各种干扰都将起作用。在非电量的电测技术中动态测量日趋重要，所用的放大器、显示器、记录器的频带越来越宽，因此这类仪表的抗干扰问题日趋重要。

### 3.4.1 屏蔽技术

#### 3.4.1.1 屏蔽的目的及种类

A 屏蔽的目的

在电子仪表或电子装置中，有时需要将电力线或磁力线的影响限定在某个范围，如限定在线圈的周围；有时需要阻止电力线或磁力线进入某个范围，例如阻止其进入仪表外壳内。这时，可以用低电阻材料铜或铝制成的容器将需要防护的部分包起来，或者用导磁性良好的铁磁材料制成的容器将需要防护的部分包起来。人们将防止静电的或电磁的相互感应所采用的上述技术措施称之为“屏蔽”。屏蔽的目的就是隔断“场”的耦合，也就是说，屏蔽主要是抑制各种场的干扰。

B 屏蔽的种类

屏蔽可分为以下三类：

（1）静电屏蔽，防止静电耦合干扰。

（2）电磁屏蔽，利用良导体在电磁场内的涡流效应，以防止高频电磁场的干扰。

（3）磁屏蔽，采用高导磁材料制作屏蔽层，防止低频磁通干扰。

#### 3.4.1.2 静电屏蔽

A 静电屏蔽原理

由静电学知道，处于静电平衡状态下的导体内部各点等电位，即导体内部无电力线。

利用金属导体的这一性质，并加上接地措施，则静电场的电力线就在接地金属导体处中断，从而起到隔离电场的作用。

图 3-17（a）表示空间孤立存在的导体 $A$ 上带有电荷 $+Q$ 时的电力线分布，这时电荷 $-Q$ 可以认为在无穷远处。图 3-17（b）表示用导体 $B$ 将 $A$ 包围起来后的电力线分布。这时在导体 $B$ 的内侧有感应电荷 $-Q$，在外侧有感应电荷 $+Q$。在导体 $B$ 的内部无电力线，即电力线在导体 $B$ 处中断。这时从外部看 $B$ 和 $A$ 所组成的整体，对外仍呈现由 $A$ 导体所带电荷 $+Q$ 和 $B$ 导体几何形状所决定的电场作用，所以单用导体 $B$ 将导体 $A$ 包围起来还是没有静电屏蔽作用。图 3-17（c）是导体 $B$ 接大地时的情况。这时导体 $B$ 外侧的电荷 $+Q$ 被引到大地，因此导体只与大地等电位，导体 $B$ 外部的电力线消失。也就是说，由导体 $A$ 产生的电力线被封闭在导体 $B$ 的内侧空间，导体 $B$ 起到了静电屏蔽作用。如果导体 $A$ 上的电荷是随时间变化的，那么在接地线上就必定有对应于电荷变化的电流流过。由于导体 $B$ 外侧还有剩余电荷，于是在导体 $B$ 的外部空间将出现静电场和感应电磁场。因此，所谓完全屏蔽是不可能的。另外，在实际布线时如果在两导线之间敷设一条接地导线，如图 3-18 所示，则导线 $A$ 与 $B$ 之间的静电耦合将明显减弱。若将具有静电耦合的两个导体在间隔保持不变的条件下靠近大地，其耦合也将减弱。

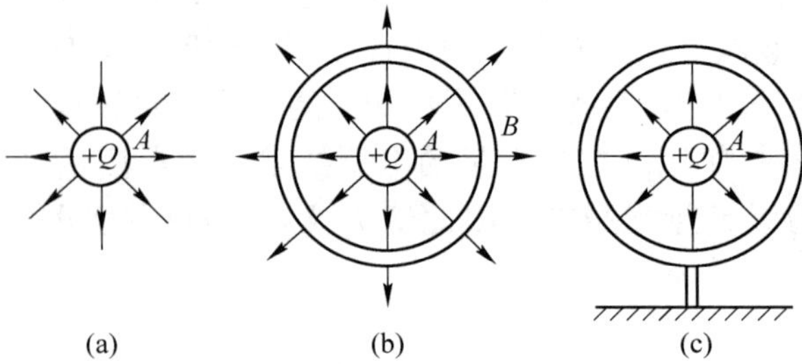


图 3-17　静电屏蔽原理

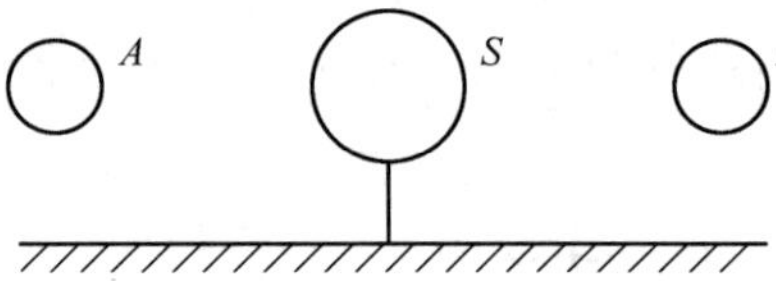


图 3-18　接地导体的屏蔽作用

B　静电屏蔽效果估算

下面举几个实例说明静电屏蔽效果估算方法。

（1）在接收电路周围加屏蔽后的电容耦合。如图 3-19 所示，导线 2 被屏蔽体全部包围。在图中标出了有关的寄生分布电容，导线 1 带有噪声干扰电压 $U_1$。由等效电路可以求出屏蔽导体上的干扰电压为

$$U_S = \frac{C_{1S}}{C_{1S} + C_{SG}} \cdot U_1 \tag{3-19}$$

由于 $C_{2S}$ 中无电流流过，因此导线 2 上的干扰电压 $U_N$ 与 $U_S$ 相等，即

$$U_N = U_S = \frac{C_{1S}}{C_{1S} + C_{SG}} \cdot U_1 \tag{3-20}$$

如果将屏蔽体接地，即 $U_S=0$，则 $U_N$ 也等于零。

（2）被屏蔽导线伸出屏蔽体时的电容耦合。导体全部被屏蔽而不伸出屏蔽体的情况是较少见的，大多有一部分导体伸出屏蔽体外。如图 3-20 所示，伸出屏蔽体外的这部分导线与导线 1 必然存在寄生电容 $C_{12}$，并已与地之间存在寄生电容 $C_{2G}$。在屏蔽体接地的情况

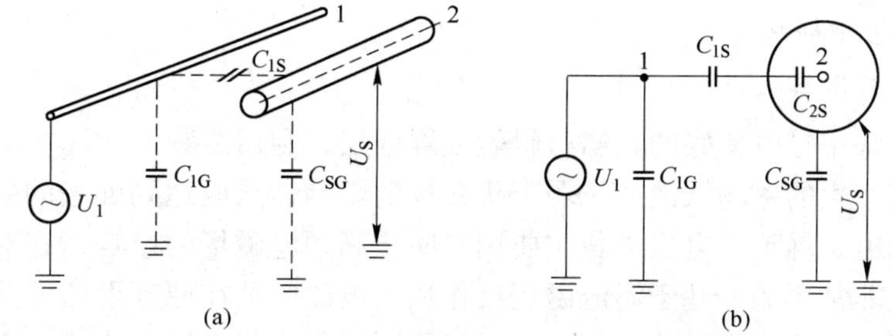


图 3-19 在导线周围加屏蔽后的电容性耦合

（a）示意图；（b）等效电路

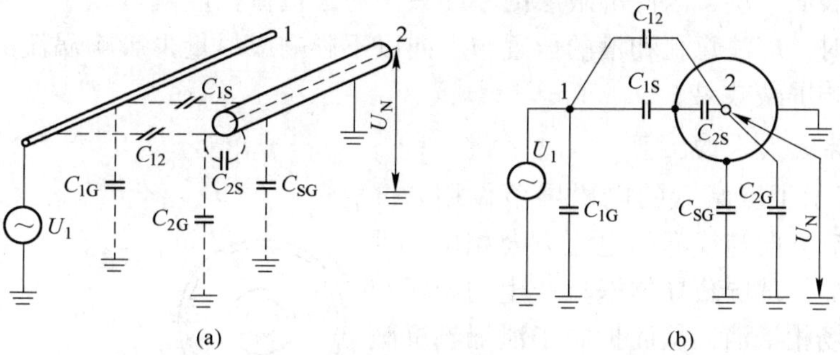


图 3-20 导线伸出屏蔽体时的电容性耦合（屏蔽体一点接地）

（a）示意图；（b）等效电路

下，导线 2 上的干扰电压 $U_N$ 可根据等效电路求出。

$$U_N = \frac{C_{12}}{C_{12} + C_{2G} + C_{2S}} \cdot U_1 \tag{3-21}$$

式中，$C_{12}$取决于导线 2 伸出屏蔽体外的长度，而干扰电压 $U_N$ 与寄生电容 $C_{12}$的大小有关。

如果导线 2 对地电阻为有限值，并且有 $R \ll \frac{1}{\omega(C_{12} + C_{2G} + C_{2S})}$，则根据图 3-21 等效电路可得出导线 2 上的干扰电压

$$U_N \approx \omega R C_{12} U_1 \tag{3-22}$$

这说明，干扰电压 $U_N$ 正比于 $C_{12}$。因此，在采用屏蔽时只有尽量减少导线 2 伸出屏蔽体的长度才能有效地抑制静电耦合干扰。

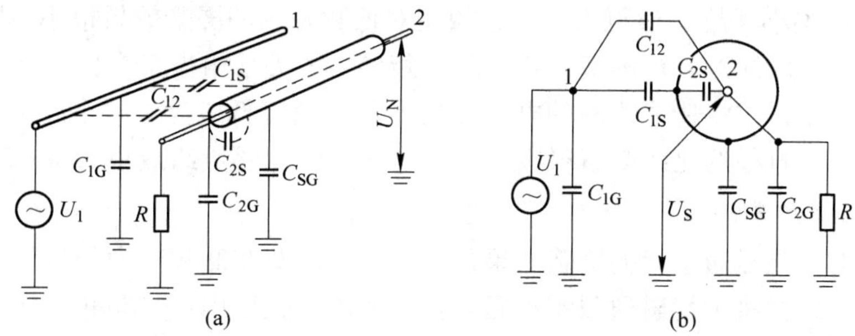


图 3-21 被屏蔽电路对地有电阻时的电容性耦合

（a）示意图；（b）等效电路

### 3.4.1.3 电磁屏蔽

A 电磁屏蔽原理

电磁屏蔽是采用导电良好的金属材料做成屏蔽层，利用高频电磁场在屏蔽金属内产生电涡流，由涡流产生的磁场抵消或减弱干扰磁场的影响，从而达到屏蔽的效果。一般所说的屏蔽多数是指电磁屏蔽。电磁屏蔽主要用来防止高频电磁场的影响，它对于低频磁场干扰的屏蔽效果是非常小的。基于涡流磁场反作用的电磁屏蔽在原理上与屏蔽体是否接地无关，但一般应用时屏蔽体都是接地的，这样又可同时起到静电屏蔽作用。电磁屏蔽依靠涡流产生作用，因此必须用良导体如铜、铝等做屏蔽层。考虑到高频集肤效应，高频涡流仅流过屏蔽层的表面一层，因此屏蔽层的厚度只需考虑机械强度就可以了。当必须在屏蔽层上开孔或开槽时，应注意孔和槽的位置与方向以不影响或尽量少影响涡流的形成和涡流的途径，以免影响屏蔽效果。

B 电磁屏蔽效果的估算

图 3-22 表示了屏蔽盒的电磁屏蔽作用。屏蔽导体中的电流方向与线圈的电流方向相反。因此，在屏蔽盒的外部屏蔽导体涡流产生的磁场与线圈产生的磁场相抵消，从而抑制了泄漏到屏蔽盒外部的磁力线，起到了电磁屏蔽作用。如果将电磁屏蔽导体看作是匝数 $W_s = 1$ 的线圈，其电阻、电感分别为 $r_s$、$L_s$，流过电流为 $i_s$；线圈的匝数为 $W_c$，电感为 $L_c$，流过电流 $i_c$；线圈与屏蔽导体的互感为 $M$，则有

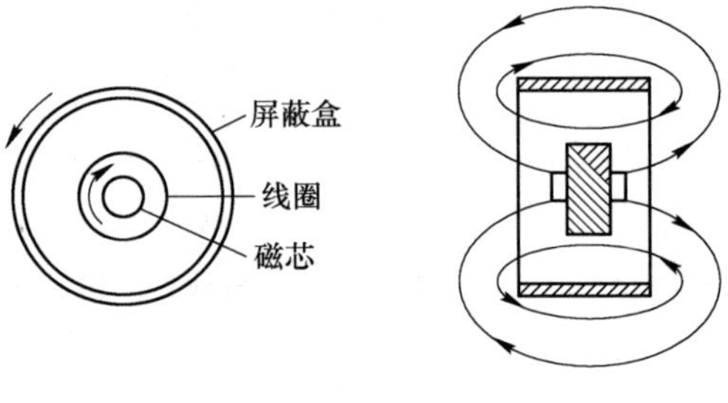

图 3-22 屏蔽盒的电磁屏蔽作用

$$\dot{I}_s = \frac{j\omega M}{r_s + j\omega L_s}\dot{I}_c \tag{3-23}$$

在高频情况下可以认为 $r_s \ll j\omega L_s$，于是

$$i_s \approx \frac{M}{L_s}i_c = k\sqrt{\frac{L_c}{L_s}}i_c \approx k\frac{W_c}{W_s}i_c = kW_c i_c \tag{3-24}$$

但是，在低频时因为 $r_s \gg j\omega L_s$，所以有

$$\dot{I}_s = \frac{j\omega M}{r_s}\dot{I}_c \tag{3-25}$$

即在低频时 $\omega$ 值很小，故 $i_s$ 值也很小。这说明对低频磁场的屏蔽效果很小，因此这种方法只适用于高频。但应注意，被屏蔽的线圈与屏蔽导体的关系相当于变压器初级线圈与短路的次级线圈的关系，它将造成线圈的电感量减小和 $Q$ 值降低。为了减小此影响，一般将屏蔽罩做得较大，其直径约比线圈直径大一倍，这时线圈电感量约减小 15%~20%。

### 3.4.1.4 低频磁屏蔽

电磁屏蔽对低频磁通干扰的屏蔽效果是很差的，因此在低频磁通干扰时要采用高导磁材料作屏蔽层，以便将干扰磁通限制在磁阻很小的磁屏蔽体内部，防止其干扰作用，为了有效地进行低频磁屏蔽，屏蔽层材料要选用诸如坡莫合金之类对低磁通密度有高磁导率的铁磁材料，同时要有一定的厚度以减小磁阻。由铁氧体压制成的罐形磁芯可作为磁屏蔽使

用，并可以把它和电磁屏蔽导体一同使用。为提高屏蔽效果可采用多层屏蔽。第一层用低磁导率的铁磁材料，作用是使场强降低；第二层用高磁导率铁磁材料，以充分发挥其屏蔽作用。某些高导磁材料，如坡莫合金经机械加工，其导磁性能会降低。因此用这类材料制成的屏蔽体在加工后应进行热处理。图 3-23 给出了线圈磁屏蔽时的磁通分布。在磁屏蔽时磁通要进入磁屏蔽体内部，因此在设计磁屏蔽罩时应注意它的开口和接缝不要横过磁力线的方向，以免增加磁阻使屏蔽性能变坏。

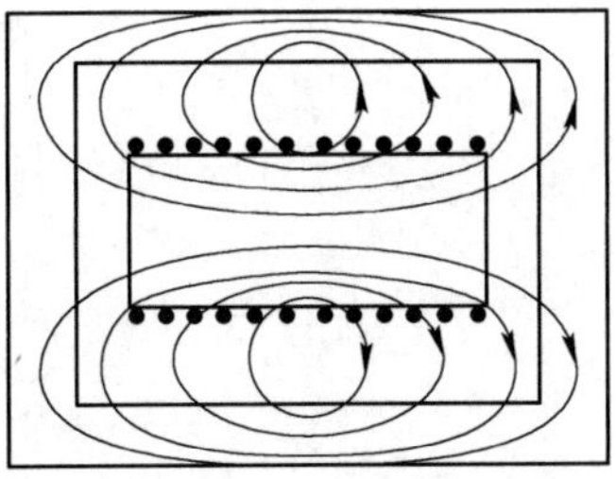

图 3-23　磁屏蔽

3.4.1.5　驱动屏蔽

A　驱动屏蔽原理

驱动屏蔽就是用被屏蔽导体的电位通过 1∶1 电压跟随器来驱动屏蔽导体的电位，其原理图示于图 3-24。若 1∶1 电压跟随器是理想的，即在工作中导体 B 与屏蔽层 C 之间的绝缘电阻为无穷大，并且二者等电位，则在 B 导体之外与屏蔽层内侧之间的空间无电力线，各点等电位。这说明，噪声源导体 A 的电场影响不到导体 B。这时，尽管导体 B 与屏蔽层 C 之间有寄生电容存在，但是因 B 与 C 等电位，故此寄生电容无容性干扰电流流过，即不起寄生耦合作用。因此驱动屏蔽能有效地抑制通过寄生电容的耦合干扰。应指出的是，在驱动屏蔽中所应用的 1∶1 电压跟随器不仅要求其输出电压与输入电压的幅值相同，而且要求两者之间的相移为零。另一方面，此电压跟随器的输入阻抗与 $Z_i$ 相并联。为减小其并联作用，则要求电压跟随器的输入阻抗值应足够高。实际上这些要求只能在一定程度上得到满足。驱动屏蔽属于有源屏蔽，只有当线性集成电路出现以后，驱动屏蔽才有了实用价值，并在工程中获得了愈来愈广泛的应用。

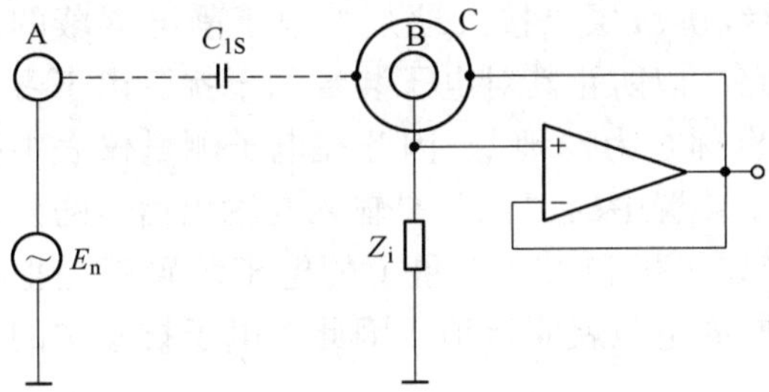


图 3-24　驱动屏蔽

B　驱动屏蔽应用举例

利用集成运算放大器的同相输入端与反相输入端在工作时近于等电位，可实现对屏蔽层的等电位驱动。其电路原理图示于图 3-25。尽管屏蔽层与同相端信号线之间的寄生电容 $C_s$ 较大，因 $C_s$ 的两端近于等电位，所以屏蔽层与被屏蔽信号线之间的容性泄漏电流是非常小的。这就保证了对交流输入信号的高输入阻抗。这时，屏蔽层与公共线、输出端子之间仍有寄生电容存在。但流过这些电容的泄漏电流是输出电流的一部分，而输出电流是属于放大后的高电平信号，并且电阻 $R_1$、$R_2$ 的阻值较低，因此 $C_1$、$C_2$ 的并联作用不大，可忽略。值得指出的是，在工程实践中驱动屏蔽往往不单独使用，而是将它与静电屏蔽结合在一起使用。这就是通常所说的“双层屏蔽等电位传输技术”。这一技术的基本思路是，连接电缆采用内外双层屏蔽，使内层屏蔽与被屏蔽的信号线等电位，从而使信号线与内屏蔽层之间的电缆电容不起作用，而外层屏蔽仍将接地，起静电屏蔽作用。

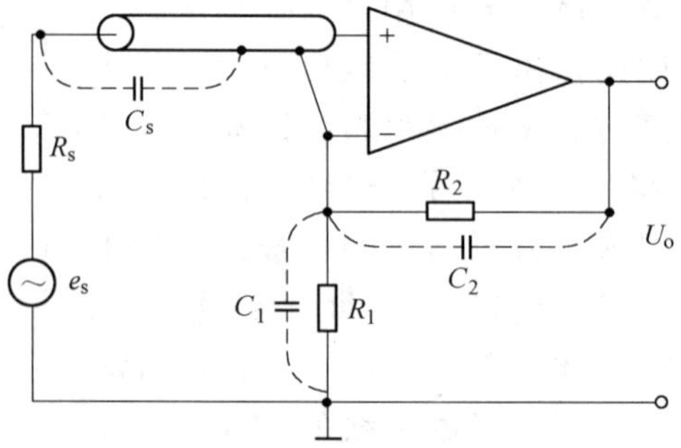


图 3-25 驱动屏蔽实现高输入阻抗

### 3.4.2 接地

接地是一种技术措施，它起源于强电技术。对于强电，由于其电压高、功率大，容易危及人身安全。为此，有必要将电网的零线和各种电气设备的外壳通过接地导线与大地连接，使之与大地等电位，以保障人身和设备的安全。因此强电技术的接地概念是指与大地相短接，着眼于安全。电子测量仪表外壳或导线屏蔽层等接大地是着眼于静电屏蔽的需要，即通过接大地给高频干扰电压形成低阻通路，以防止其对电子装置的干扰。出于习惯的原因，在电子技术中把电信号的基准电位点也称之为“地”。因此在电子测量仪表中的所谓接地就是指接电信号系统的基准电位。电子装置中的“地”是输入与输出信号的公共零电位，它本身却是可能与大地相隔离的。例如飞机和人造卫星上的电子装置就是把机身、壳体看作基准零电位，与它相接，保持和它同电位就叫接地。因此，电子技术中的接地概念是着眼于构成基准电位和干扰的抑制。

#### 3.4.2.1 电气设备与电子装置中的多种地线

A 保安地线

为了安全起见，作为三相四线制电源电网的零线、电气设备的机壳、底盘及避雷针等都需要接大地。为了保证用电的安全性，应采用具有保安接地线的单相三线制配电方式。图 3-26 所示为 220 V 三线制交流配电原理图。“火线”上装有熔断丝，保安地线应与设备外壳相连。当电流超过容限时熔断丝切断电源，但不管漏电流大小或熔断丝是否熔断，用电设备外壳始终保持地电位，从而保障了人身安全。

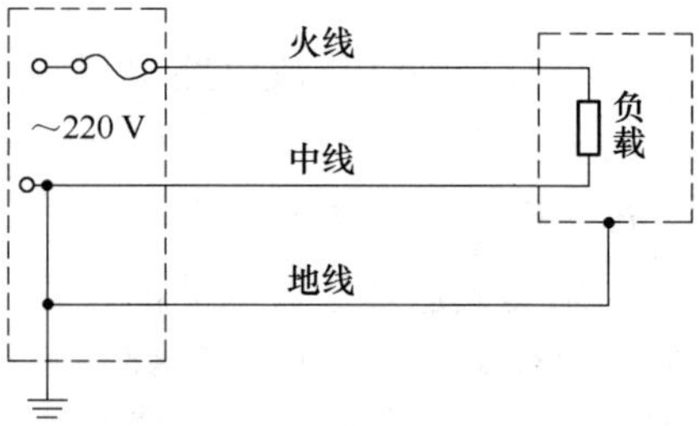


图 3-26 单相三线制配电原理图

B 信号地线

电子装置中的地线除特别说明接大地的以外一般都是指作为电信号的基准电位的信号地线，电子装置的接地是涉及抑制干扰和保证电路工作性能稳定可靠的关键问题。信号地线既是各级电路中静、动态电流的通道，又是各级电路通过某些共同的接地阻抗而相互耦合，从而引起内部干扰的薄弱环节。所以沿用电气工作上以通路为要求的习惯的接地方法，对于电子电路来说是行不通的。

信号地线又可分为以下两种：

（1）模拟信号地线。它是模拟信号的零信号电位公共线。因为模拟信号一般较弱，因此对模拟信号地线要求较高。

（2）数字信号地线。它是数字信号的零电平公共线。由于数字信号一般较强，对数字信号的地线要求可低些。但由于数字信号处于脉冲工作状态，动态脉冲电流在杂散的接地阻抗上产生的干扰电压，即使尚未达到足以影响数字电路正常工作的程度，但对于微弱的模拟信号来说往往已成为严重的干扰源。为了避免模拟信号地线与数字信号地线之间的相互干扰，二者应分别设置。

C　信号源地线

传感器可看作是测量装置的信号源。通常传感器安装在生产现场，而显示、记录等测量装置则安装在离现场有一定距离的控制室内，在接地要求上二者不同，有差别。信号源地线乃是传感器本身的零信号电位基准公共线。

D　负载地线

负载的电流一般较前级信号电流大得多。负载地线上的电流在地线中产生的干扰作用也大，因此负载地线和测量放大器的信号地线也有不同的要求。有时二者在电气上是相互绝缘的，它们之间通过磁耦合或光耦合传输信号。

在电子装置中上述四种地线一般应分别设置。在电位需要连通时可选择合适的位置作一点相连，以消除各地线之间的相互干扰。

#### 3.4.2.2　电路一点接地准则

为了使屏蔽在防护电测装置不受外界电场的电容性或电阻性漏电影响时充分发挥作用，应将屏蔽接大地。通常把大地看作等电位体，但是由于各种原因，实际上大地各处的电位是不相同的。如果一个测量系统在两点接地，则由于这两点间的地电位差而引起干扰。对于某一电子装置中的接地母线或电子线路的接地走线来说，由于各种接地电流的流通，也会使同一接地系统上各点电位不同，这样就又给电路引进了内部干扰。这时采用一点接地就可以有效地削弱这些干扰。因此对一个测量电路只能“一点接地”。

A　单级电路的一点接地

如图 3-27（a）所示，单级选频放大器的原理电路上有 7 个线端需要接地。如果只从原理图的要求进行接线，则这 7 个线端可以任意地接在接地母线上不同位置。这样，不同点间的电位差就有可能成为这级电路的干扰信号。因此，应采用图 3-27（b）所示的一点接地方式。

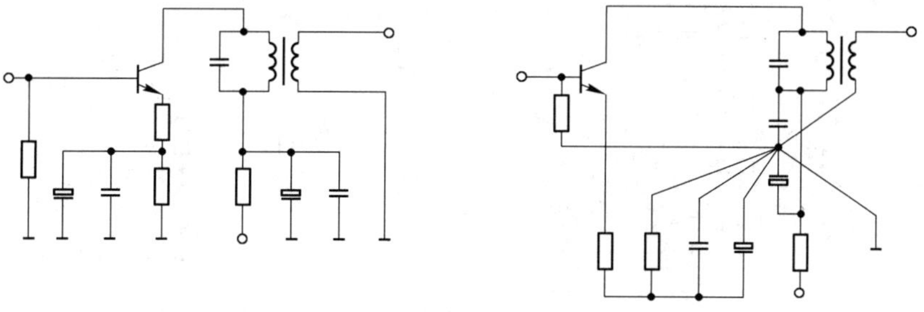

(a)　　(b)

图 3-27　单级电路的一点接地

B 多级电路的一点接地

图 3-28（a）所示的多级电路利用一段公用地线后再在一点接地，它虽然避免了多点接地可能产生的干扰，但是在这段公用地线上却存在着 A、B、C 三点不同的对地电位差，其中 $U_A=(I_1+I_2+I_3)R_1$，$U_B=(I_1+I_2+I_3)R_1+(I_2+I_3)R_2$，$U_C=(I_1+I_2+I_3)R_1+(I_2+I_3)R_2+I_3R_3$。当各级电平相差不大时，这种接地方式还勉强可以使用。如果各电路的电平相差很大时就不能使用，因为高电平电路将会产生较大的地电流并干扰到低电平电路。此种接地方式的优点是布线简便，因此常应用在级数不多，各级电平相差不大以及抗干扰能力较强的数字电路方面。在使用这种接地方式时还应注意把低电平的电路放在距接地点最近的地方，因为该点最接近于地电位。

图 3-28（b）采取了一点接地方式。此方式对低频电路是最适用的，因为各电路之间的电流不致形成耦合。这时 A、B、C 三点对地电位分别为 $U_A=I_1R_1$，$U_B=I_2R_2$，$U_C=I_3R_3$，它们只与本电路的地电流和地线阻抗有关。但是，这种方式需要连很多根地线，布线不方便，在高频时反而会引起地线之间的互感耦合干扰，因此只在频率为 1 MHz 以下时才予以采用。当频率高于 10 MHz 时应采用多点接地方式。在 1 MHz 至 10 MHz 之间，如用一点接地时，其地线长度不得超过波长的 1/20（例如 10 MHz 时不得超过 1.5 m），否则也应采用多点接地。

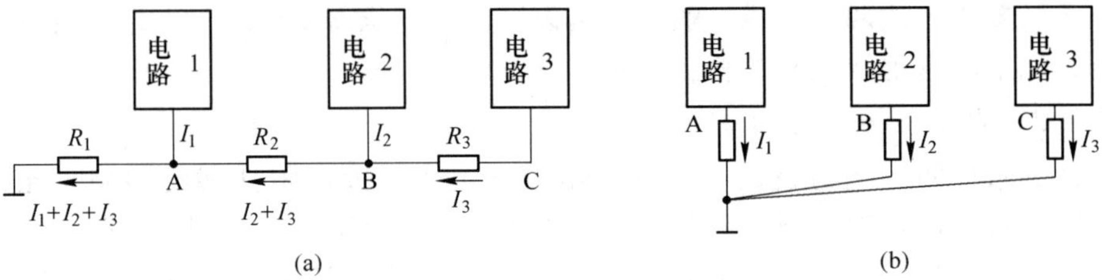


图 3-28 多级电路的一点接地

C 测量系统的一点接地

图 3-29 所示为两点接地测量系统。图中 $U_s$、$R_s$ 为信号源电压及其内阻，$U_G$、$R_G$ 为两接地点之间的地电位差及其地电阻，$R_{L1}$、$R_{L2}$为信号传输线等效电阻，$R_i$ 为放大器的输入电阻。若 $R_G$、$R_{L2}$均远小于（$R_s+R_i+R_{L1}$），则放大器输入端的噪声电压为

$$U_N=\frac{R_i}{R_i+R_{L1}+R_s}\cdot\frac{R_{L2}}{R_{L2}+R_G}U_G \tag{3-26}$$

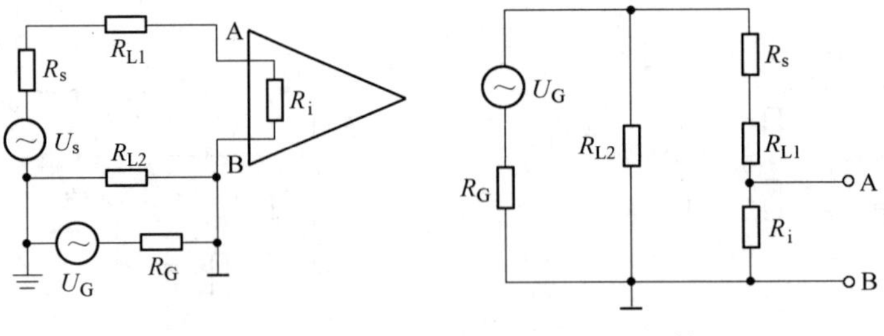


图 3-29 两点接地测量系统
（a）示意图；（b）等效电路

设 $U_G=100$ mV，$R_G=0.10\ \Omega$，$R_s=1\ k\Omega$，$R_{L1}=R_{L2}=1.0\ \Omega$，$R_i=10\ k\Omega$，代入式（3-26）后可得出 $U_N=82.6$ mV，即 100 mV 地电位差几乎全部加到放大器输入端。

为了解决上述问题可采用一点接地，即保持信号源与地隔离，如图 3-30 所示。图中 $Z_{sG}$是信号源对地的漏阻抗。如 $R_{L2}\ll(R_s+R_{L1}+R_i)$ 和 $Z_{sG}\gg(R_{L2}+R_G)$，则放大器输入端子上的噪声电压为

$$U_N=\frac{R_i}{R_i+R_{L1}+R_s}\cdot\frac{R_{L2}}{Z_{sG}}U_G \tag{3-27}$$

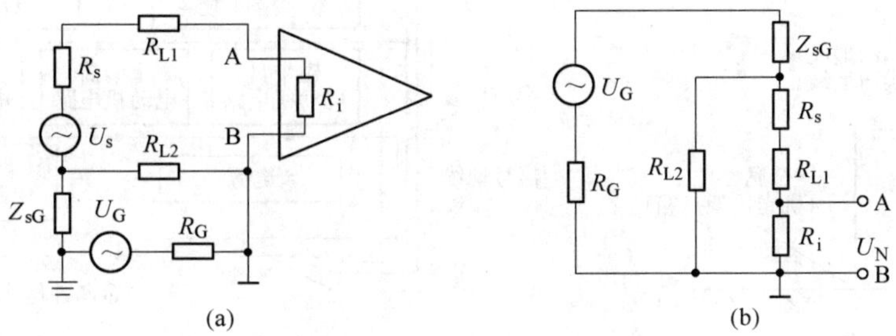


图 3-30　一点接地测量系统

（a）示意图；（b）等效电路

若 $Z_{sG}\to\infty$ 则 $U_N\to0$；若 $Z_{sG}=2$ MΩ，代入前例数据，则 $U_N=45.5$ nV。可见干扰情况比信号源接地时大有改善。

信号电路一点接地是消除因公共阻抗耦合干扰的一种重要方法。在一点接地的情况下，虽然避免了干扰电流在信号电路中流动，但还存在着绝缘电阻、寄生电容等组成的漏电通路，所以干扰不可能全部被抑制掉。

图 3-31 是一个两点接地测量系统，它分别在信号源和测量装置处接地。由于两点接地，地电位差产生较大的干扰电流流经信号零线造成严重干扰。图 3-32 是将两点接地改为一点接地后的测量系统。此时地电位差造成的干扰电流很小。主要是存在容性漏电流，但该电流流经屏蔽层，不流经电路的信号零线。

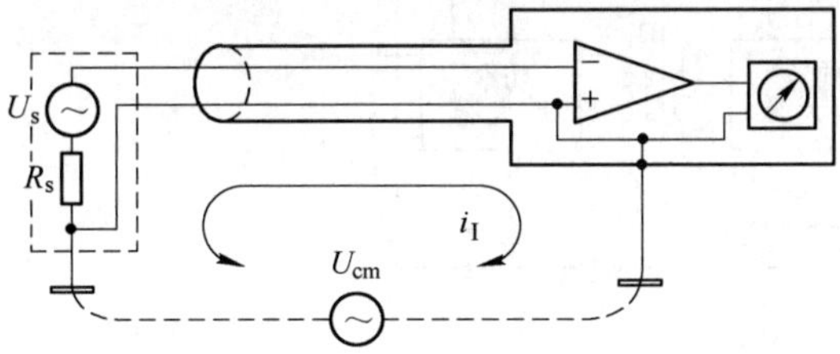


图 3-31　地电位差对两点接地系统的干扰

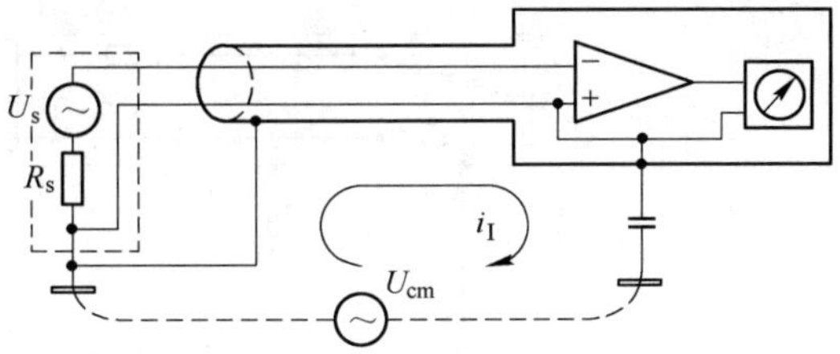


图 3-32　采用一点接地减小地电位差干扰

### 3.4.2.3　电子设备的地线系统

通常在电子设备中有信号地线、金属件地线和噪声地线三种性质的地线。这三种地线应分开设置，并通过一点接地。图 3-33 说明了这三种地线的接地方式。使用这种接地方式，对各种电子设备来说可解决大部分接地问题。图 3-34 表示一台九通道数字式磁带记录装置的地线系统。其中共有三条信号地线、一条驱动电路地线（即噪声地线）、一条金属件地线。九个读出放大器最灵敏，所以用了两条信号地线；九个写入放大器因工作电平

较高所以和数字接口电路、数控逻辑电路共用第三条信号地线。另外，这三种地线还要和电源的地线相连接。当设计电子设备的接地系统时可参照图 3-34 的方式，首先按各部分电路的性质进行区分若干条接地线，然后拟定总体的接地系统。

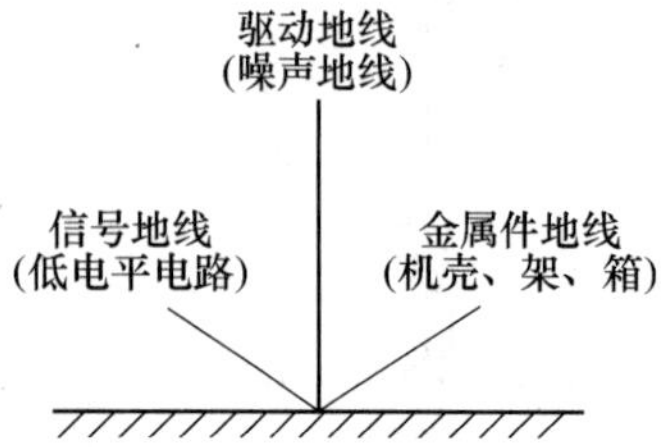


图 3-33　各种地线的分开设置

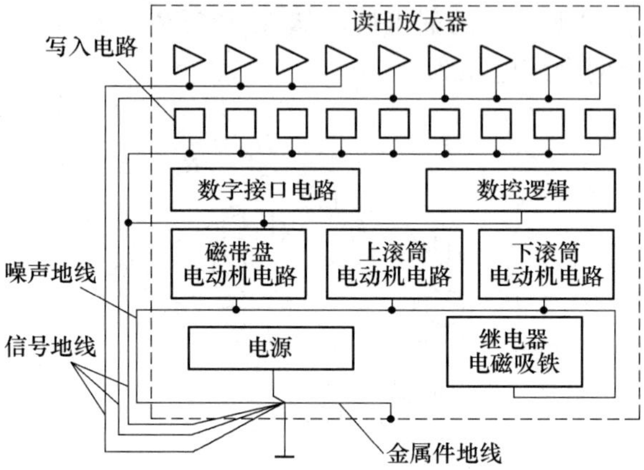


图 3-34　九通道数字式磁带记录装置的典型接地系统

### 3.4.3　浮置

浮置又称浮空、浮接，它指的是测量仪表的输入信号放大器公共线（即模拟信号地）不接机壳或大地。对于被浮置的测量系统，测量电路与机壳或大地之间无直流联系。

图 3-35 所示的温度测量系统，其前置放大器通过三个变压器与外界联系。$B_1$ 是输出变压器，$B_2$ 是反馈变压器，$B_3$ 是电源变压器。前置放大器的两个输入端子均不接外壳和屏蔽层，也不接大地。它的两层屏蔽之间也互相绝缘，外层屏蔽接大地，内层屏蔽延伸到信号源处接地。从图中可明显看出，采用浮置后地电位差所造成的干扰电流大大减小，并属于容性漏电流。

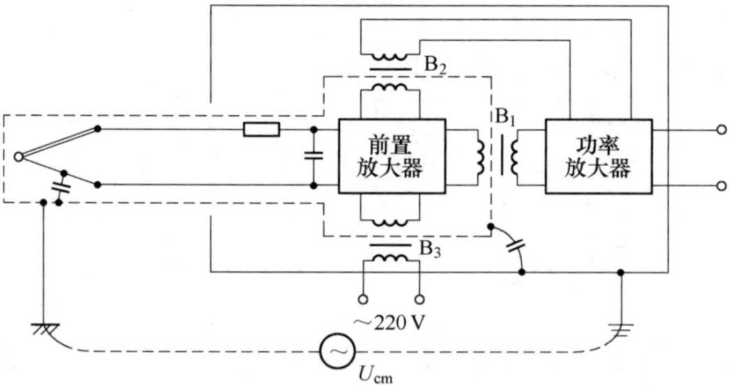


图 3-35　浮置的温度测量系统

屏蔽接地的目的是将干扰电流从信号电路引开，即不让干扰电流流经信号线，而让干扰电流流经屏蔽层到大地。浮置与屏蔽接地相反，是阻断干扰电流的通路。测量系统被浮置后，明显地加大了系统的信号放大器公共线与大地或外壳之间的阻抗，因此浮置能大大减小共模干扰电流。但是浮置不是绝对的，不可能做到“完全浮空”。其原因是信号放大器公共线与地（或外壳）之间虽然电阻值很大（为绝缘电阻级），可以大大减小电阻性漏电流干扰，但是其间仍存在着寄生电容，即容性漏电流干扰仍然存在。

测量系统被浮置后，因共模干扰电流大大减小，所以其共模干扰抑制能力大大提高。下面以实例分析说明。图 3-36 所示为浮置的桥式传感器测量系统。测量电路有两层屏蔽，其测量电路与内层屏蔽罩不相连，因此是浮置输入；其内层屏蔽罩通过信号线的屏蔽层在信号源处接地，外层屏蔽（外壳）接大地。共模干扰源（地电位差）形成的干扰电流分两路：一路经 $R_s$、$C_3$ 到地；另一路经 $R_L$、$C_2$、$C_3$ 到地，因为 $R_L+X_{c2} \gg R_s$，故此路电流很小。若取 $C_2=C_3=0.01\ \mu F$，$C_1 \approx 3\ pF$，对工频干扰 $f=50\ Hz$，则有 $X_{c1} \gg R_L$，$X_{c2} \gg R_L$，$X_{c3} \gg R_L$，则 $R_L$ 两端的干扰电压可表示为

$$U_N \approx \left(\frac{R_s R_L}{X_{c2} X_{c3}} + \frac{R_L}{X_{c1}}\right) \cdot E_{cm} \tag{3-28}$$

共模抑制比

$$CMRR(\mathrm{dB}) = 20\lg \frac{E_{cm}}{U_N} = -20\lg\left(\frac{R_s R_L}{X_{c2} X_{c3}} + \frac{R_L}{X_{c1}}\right) \tag{3-29}$$

代入给定参数

$CMRR(\mathrm{dB}) \approx 20\lg \dfrac{X_{c1}}{R_L} = 119\ \mathrm{dB}$。若以漏电阻 $R_1$、$R_2$、$R_3$ 代替 $C_1$、$C_2$、$C_3$，则可以看出，浮置同样能抑制直流共模干扰。

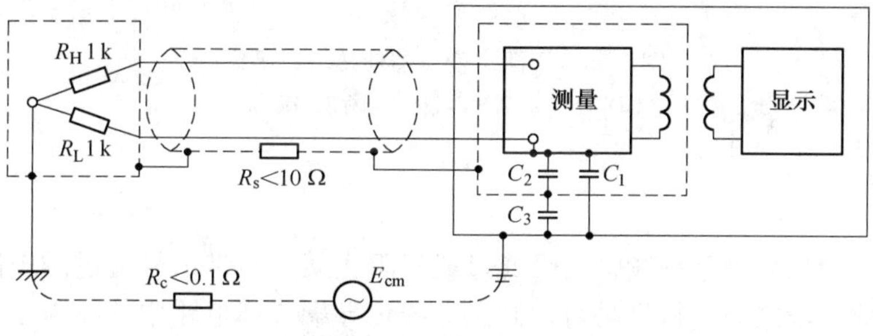


图 3-36　桥式传感器浮置输入测量系统

### 3.4.4　平衡电路

平衡电路又称对称电路。它是指双线电路中的两根导线与连接到这两根导线的所有电路，对地或对其他导线电路结构对称，对应阻抗相等。例如，电桥电路和差分放大器等电路就属于平衡电路。采用平衡电路可以使对称电路结构所捡拾的噪声相等，并可以在负载上自行抵消。图 3-37 所示电路是最简单的平衡电路。$U_{N1}$、$U_{N2}$ 为噪声电压源，$U_{s1}$、$U_{s2}$ 为信号源，二噪声源所产生的噪声电流为 $I_{N1}$、$I_{N2}$。由电路原理图可求出在负载上产生的总电压为 $U_L=I_{N1}R_{L1}-I_{N2}R_{L2}+I_s(R_{L1}+R_{L2})$，式中前两项表示噪声电压，第三项表示信号电压。若电路对称，则 $I_{N1}=I_{N2}$，$R_{L1}=R_{L2}$，所以负载上噪声电压可互相抵消。但实际上电路很难做到参数完全对称，此时抑制噪声的能力决定于电路参数的对称性。

在一个不平衡系统中，电路的信号传输部分可用两个变压器而得到平衡，其原理图示于图 3-38。因为长导线最易捡拾噪声，显然这种方法对于信号传输电路在噪声抑制上是很

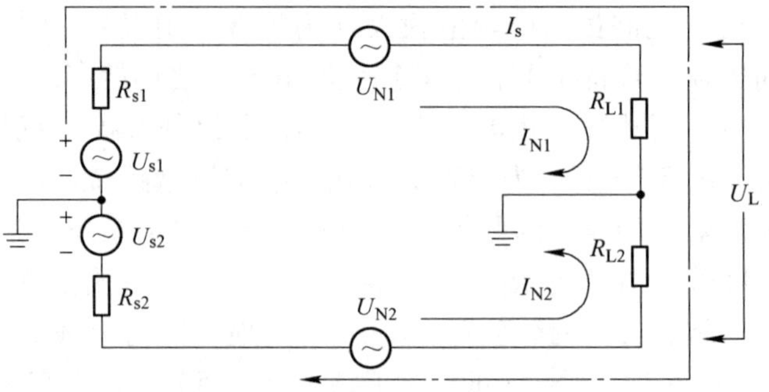


图 3-37 最简单的平衡电路

有用的。同时，变压器还能断开地环路，因此能消除负载与信号源之间由于地电位所造成的噪声干扰。

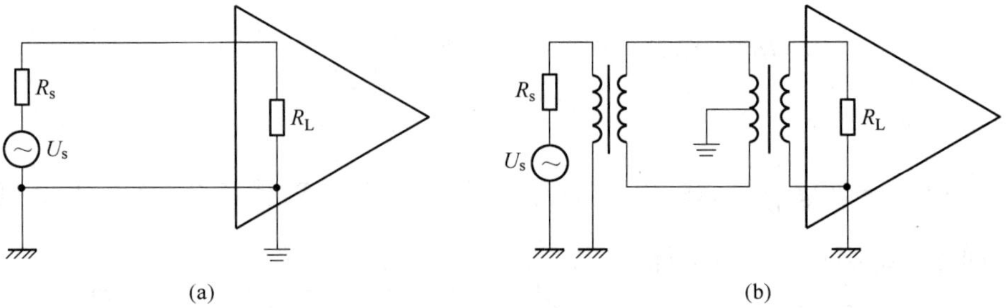


图 3-38 用两个变压器使传输线平衡

（a）不平衡系统；（b）平衡传输系统

### 3.4.5 滤波器

滤波器是一种只允许某一频带信号通过或只阻止某一频带信号通过的电路，是抑制噪声干扰的最有效手段之一。特别是对抑制经导线传导耦合到电路中的噪声干扰，它是一种被广泛采用的技术手段。下面介绍在仪表中广泛使用的各种滤波器。

3.4.5.1 交流电源进线的对称滤波器

任何使用交流电源的电子测量仪表，噪声经电源线传导耦合到测量电路中去对仪表工作造成干扰是最明显的事实。为此，在交流电源进线端子间加装滤波器是十分必要的。图 3-39 所示的高频干扰电压对称滤波器对于抑制中波段的高频噪声干扰是很有效

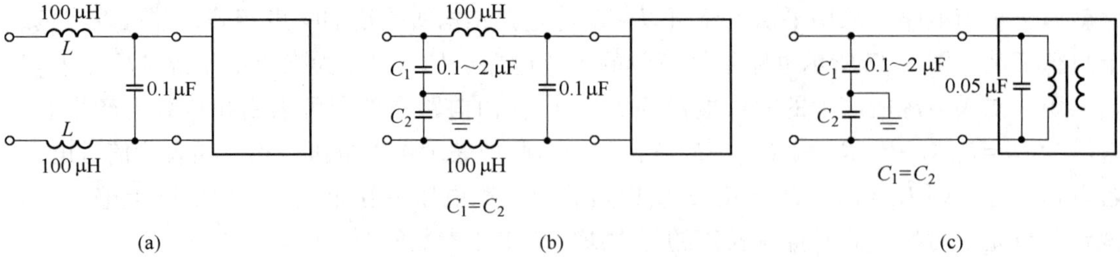


图 3-39 高频干扰电压对称滤波电路

（a）基本型；（b）功能增强型；（c）电源变压器原边并联电容型

的。图3-40是低频干扰电压抑制电路。此电路对抑制因电源波形失真而含有较多高次谐波的干扰很有效。

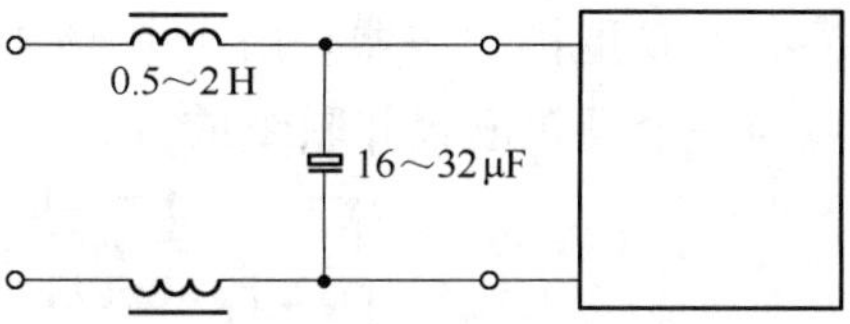


图 3-40　低频干扰电压滤波电路

### 3.4.5.2　直流电源输出的滤波器

任何直流供电的仪表，其直流电源往往是被几个电路公用。因此，为了减弱经公用电源内阻在各电路之间形成的噪声耦合，对直流电源输出还需加装滤波器。图 3-41 是滤除高、低频成分干扰的滤波器。

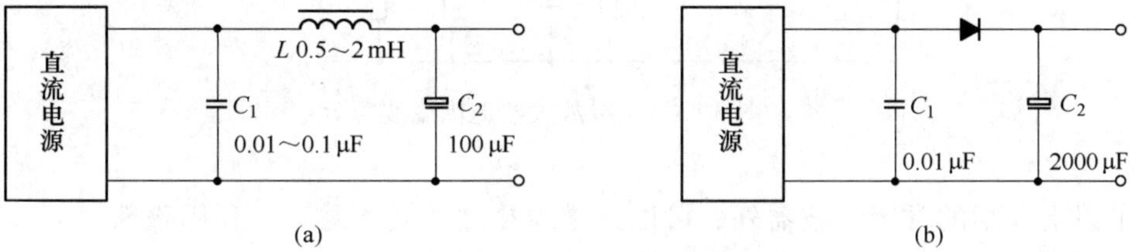


图 3-41　高、低频干扰电压滤波器

（a）LC 滤波器；（b）带有二极管保护功能的电容滤波器

### 3.4.5.3　退耦滤波器

当一个直流电源对几个电路同时供电时，为了避免通过电源内阻造成几个电路之间互相干扰，应在每个电路的直流电源进线与地线之间加装退耦滤波器。图 3-42 是 *R-C* 和 *L-C* 退耦滤波器的应用方法示意图。应注意，*L-C* 滤波器有一个谐振频率，其值为

$$f_r = \frac{1}{2\pi\sqrt{LC}} \tag{3-30}$$

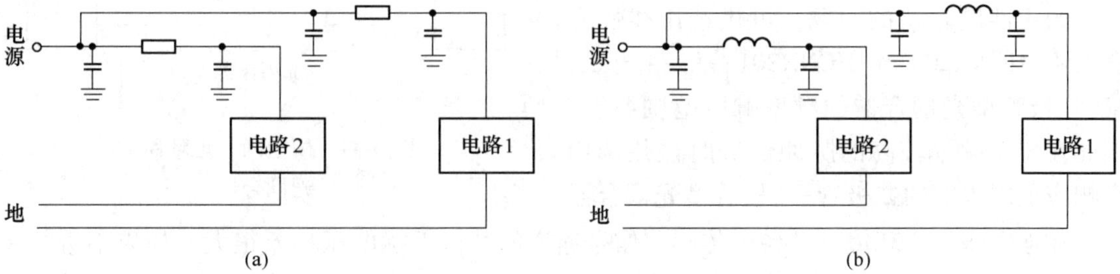


图 3-42　电源退耦滤波器

（a）*R-C* 退耦滤波器；（b）*L-C* 退耦滤波器

应将这个谐振频率取在电路的通频带之外。在谐振频率时滤波器的增益与阻尼系数 $\zeta$ 成反比。*L-C* 滤波器的阻尼系数

$$\zeta = \frac{R}{2}\sqrt{\frac{C}{L}} \tag{3-31}$$

式中，$R$ 是电感线圈的等效电阻。为了将谐振时增益限制在 2 dB 以下，应取 $\zeta > 0.5$。

对于一台多级放大器，各放大级之间会通过电源的内阻抗产生耦合干扰。因此多级放大器的级间及供电必须进行退耦滤波。图 3-43 是一个三级阻容耦合放大器，在供电和级

间接有 *R-C* 退耦滤波器。由于电解电容在高频时呈现电感特性，退耦电容常常由一个电解电容与一个高频电容并联组成。

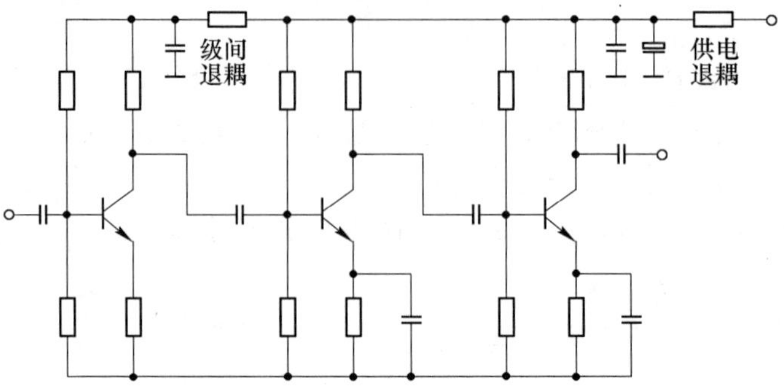


图 3-43 三级放大器退耦滤波

除了以上介绍的常用滤波器外，可以让导线穿过铁氧体磁珠，利用磁珠对高频噪声或振荡的阻尼作用来滤除高频噪声；可以将浪涌吸收器用于电源电路中作为滤波器以吸收电源中的各种浪涌脉冲噪声；在信号调理电路中合理地使用有源滤波器也可以滤除通带外的噪声。

### 3.4.6 光耦合器与隔离放大器

使用光耦合器切断地环路电流干扰是十分有效的。其原理图示于图 3-44。由于两个电路之间采用光束来耦合，能把两个电路的地电位隔离开，两电路的地电位即使不同也不会造成干扰。光耦合对数字电路很适用，但在模拟电路中需应用光反馈技术，以解决光耦合器特性的线性度较差的问题，可供选用线性光耦合器有 HCNR200 和 HCNR201 等。由于二极管-三极管型光耦合器的频率响应范围不够宽，因此在传输频率较高的脉冲信号时往往选用频率响应范围很宽的二极管-二极管型光耦合器。

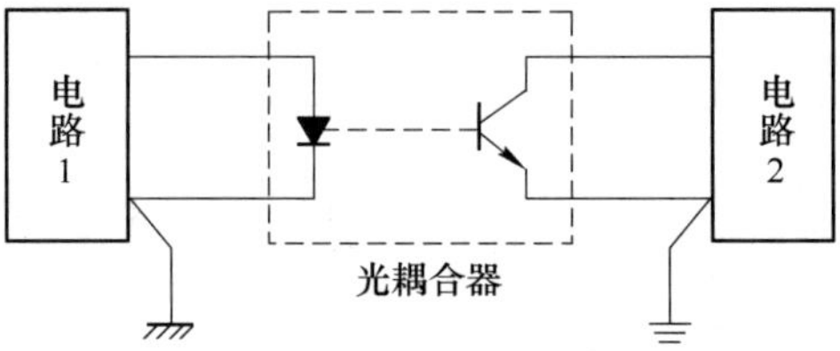


图 3-44 用于断开地环路的光耦合器

在强电磁干扰环境下，各个传感器信号通道的共模干扰电压相差很大。如果不进行有效的隔离，则几个通道之间将相互干扰，导致数据跳动，严重时将导致系统瘫痪。在过程检测与控制装置中，多采用隔离放大器来实现共模干扰的隔离。隔离放大器由输入电路和输出电路两部分组成。输入电路和输出电路之间没有直接的电气连接。两部分之间的耦合方式有变压器耦合、光电耦合等。常用型号有 AD202、AD203、AD204、AD208、AD210、AD215、ISO121、ISO122、ISO124、AMC1100、AMC1200 等。

### 3.4.7 脉冲电路的噪声抑制技术

#### 3.4.7.1 积分电路

在脉冲电路中为了抑制脉冲型的噪声干扰，使用积分电路是有效的。当脉冲电路以脉冲前沿的相位作为信息传输时，通常用微分电路取出前沿相位。但是，如果有噪声脉冲存在，其宽度即使很小也会出现在输出端。如果使用积分电路，则脉冲宽度大的信号输出大，而脉冲宽度小的噪声脉冲输出也小，所以能将噪声脉冲干扰滤除掉。图 3-45 以波形图的形式说明了用积分电路消除干扰脉冲的原理。

3.4.7.2 脉冲干扰隔离门

可以利用硅二极管的正向压降对幅度较小的干扰脉冲加以阻挡，而让幅度较大的脉冲信号顺利通过。图 3-46 给出了脉冲隔离门的原理电路。图中二极管应选用开关管。

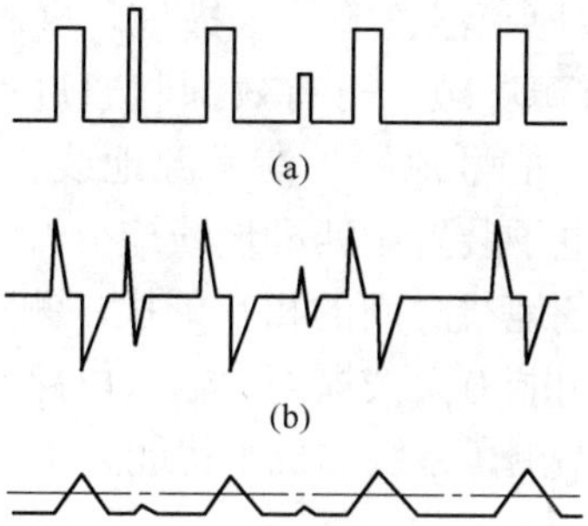


图 3-45 用积分电路消除干扰脉冲
（a）带有脉冲型噪声干扰的脉冲信号；
（b）图（a）中信号经过微分电路后的输出；
（c）图（a）中信号经过积分电路后的输出

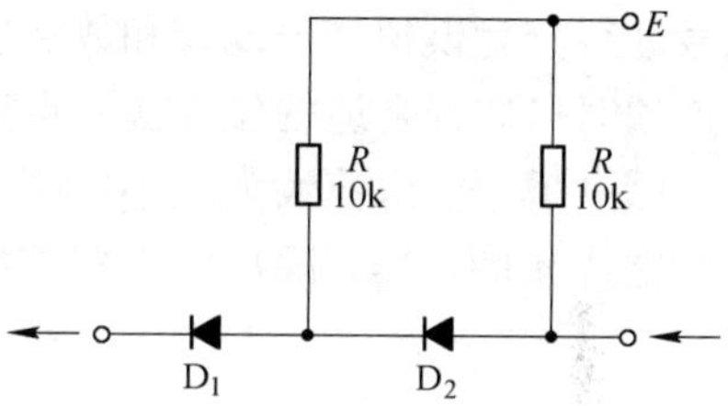


图 3-46 脉冲隔离门

3.4.7.3 削波器

当噪声电压低于脉冲的波峰值时，亦可使用图 3-47 所示的削波器。该削波器只让高于电压 $E$ 的脉冲信号通过，而低于电压 $E$ 的干扰脉冲则被削掉。

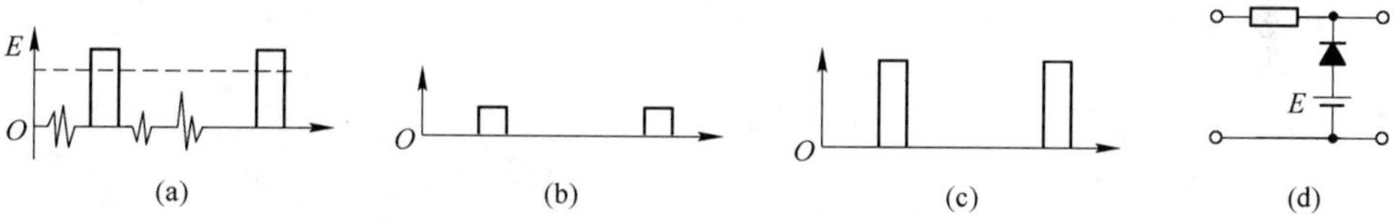


图 3-47 削波器
（a）带有噪声的脉冲信号；（b）削波后输出；（c）削波并整形后输出；（d）削波器电路

## 本 章 小 结

为了消除或减弱各种干扰的影响，保证仪表或装置工作正常，必须根据具体情况采取必要的防护措施。根据产生干扰的物理原因，通常可分为机械的、热的、光的、化学的、电和磁的、射线辐射的干扰以及湿度变化的影响。根据干扰的类型不同可采取不同的防护措施，如对于机械的干扰主要是采取减振措施，对于热的干扰可采用的措施有热屏蔽、恒温、对称平衡结构、温度补偿元件等。

信噪比是指在信号通道中有用信号功率与伴随的噪声功率之比；信噪比越大，表示噪声的影响越小。常见噪声源主要可归纳为三类：放电噪声源、电气设备噪声源和固有噪声源。彼此独立的噪声的迭加按功率相加。噪声形成干扰需要同时具备三要素：噪声源、对噪声敏感的接收电路及噪声源到接收电路之间的耦合通道。噪声耦合方式主要有：静电耦合、电磁耦合、共阻抗耦合和漏电流耦合。

根据噪声进入信号测量电路的方式以及与有用信号的关系，可将噪声干扰分为差模干扰与共模干扰。差模干扰和有用信号迭加起来直接作用于输入端，直接影响测量结果。共模干扰虽然不直接影响测量结果，但是当信号输入电路参数不对称时，它会转换为差模干扰，对测量产生影响。共模干扰抑制比是检测仪表对共模干扰抑制能力的量度。

在电子装置的抗干扰措施中要经常使用屏蔽、接地和浮置等技术措施。屏蔽分为静电屏蔽、电磁屏蔽、低频磁屏蔽。驱动屏蔽则是一种有源屏蔽，可有效抑制通过寄生电容的耦合干扰。在电子装置中，有多种地线：保安地线、信号地线、信号源地线、负载电线，其中信号地线分为模拟信号地线和数字信号地线。在电子装置中四种地线应分开设置，在电位需要连通时可选择合适的位置作一点连通，以消除各地线之间的相互干扰。测量系统被浮置以后，因共模干扰电流大大减小，所以共模干扰抑制能力大大提高。输入电路采用平衡电路、滤波器、光耦合器、隔离放大器等技术措施对提高测量系统的抗干扰能力也十分有效。

## 习题及思考题

3-1 干扰的类型有哪几种？怎样进行防护？

3-2 试分析一台你所熟悉的测量仪表在工作过程中经常受到的干扰及应采取的防护措施。

3-3 如图 3-48 所示，放大器 $A_1$ 和 $A_2$ 用以放大热电偶的低电平信号。有一个用开关 K 周期性通断的大功率负载接到同一个电源上。说明噪声源、耦合通道和被干扰电路。

3-4 图 3-49 所示两平行导线之间杂散电容 $C_m = 50$ pF，每根导线对地电容为 $C_n = 150$ pF。若导线 1 上施加 $E_n = 10$ V，频率为 100 kHz 的交流电压，求导线 2 上捡拾的噪声电压 $U_N$。设它的终端电阻 $R$ 为：（1）无穷大；（2）100 Ω；（3）50 Ω。

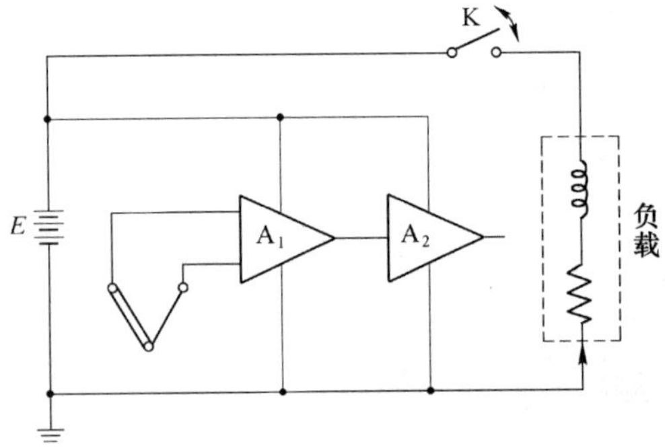


图 3-48 习题 3-3 图

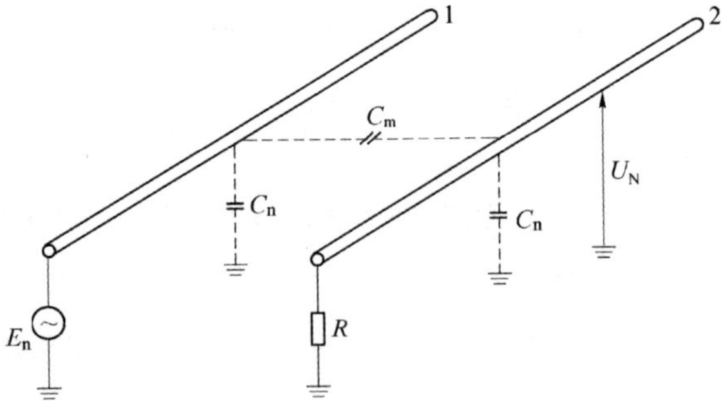


图 3-49 习题 3-4 图

3-5 噪声电压由交变磁场感应到图 3-50 所示电路，试求放大器输入端子上以 $R_1$ 为函数的噪声电压。并根据接收器的输入阻抗对由磁场感应所产生的总噪声电压没有影响，对求出的关系式进行解释。

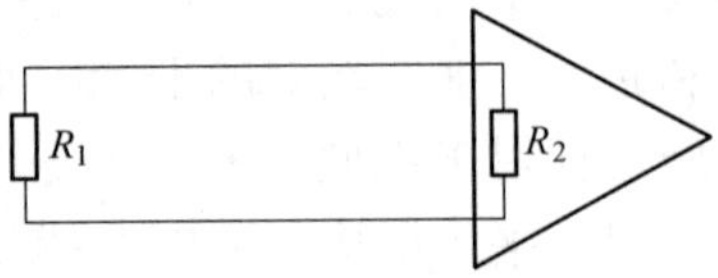


图 3-50 习题 3-5 图

3-6 图 3-51 所示为一个单端输入运算放大器受静电耦合干扰的等效电路。已知噪声源 $E_n = 220$ V，频率 $f = 50$ Hz，寄生电容 $C_m = 20$ pF，放大器输入端电阻 $R_i = 500$ kΩ，试求放大器输入端子间的静电耦合干扰电压。

3-7　图 3-52 所示测量放大器，为使接地噪声 $U_m$ 耦合到放大器输入端子间的差模干扰小于信号电压 $U_s$ 的 1%，试求 $R_i$ 应取值在什么范围？（已知 $U_m = 1$ V，$U_s = 10$ mV）

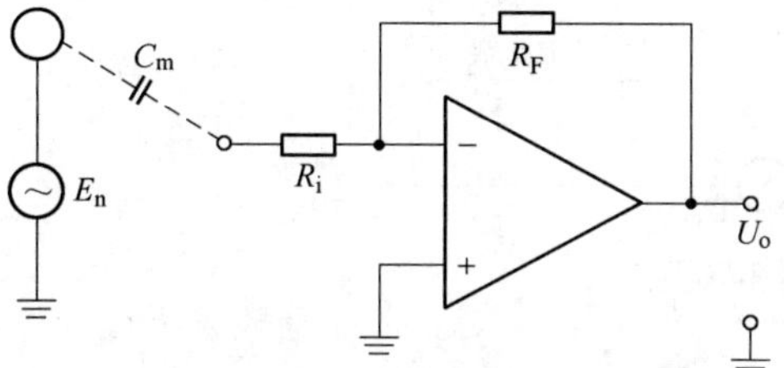

图 3-51　习题 3-6 图

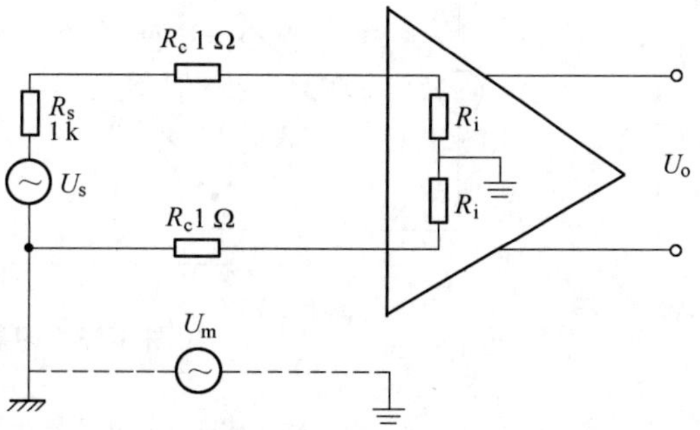

图 3-52　习题 3-7 图

3-8　图 3-53 所示测量系统，它包括位于 *A* 的一个接地的、低电平的、低频的信号源，一个位于 *B* 的差分放大器，一个位于 *C* 的接地的负载。要求不用变压器，在 *A* 的信号源和在 *C* 的负载必须保持接地。试为该系统确定理想的电缆连线和接地方式。

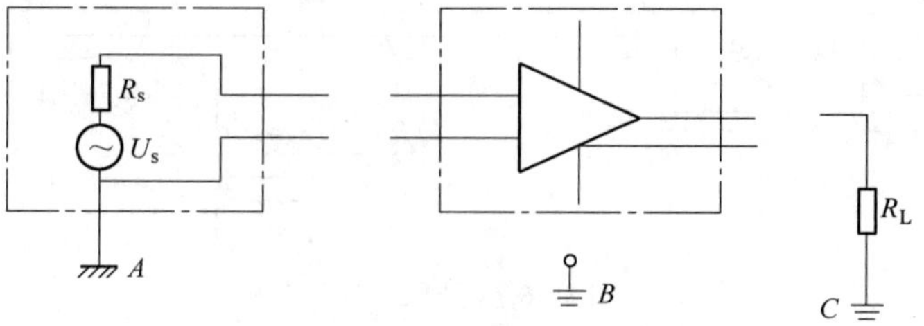

图 3-53　习题 3-8 图

3-9　图 3-54 所示为一个磁带录音机结构框图，请为它设计一个接地系统。

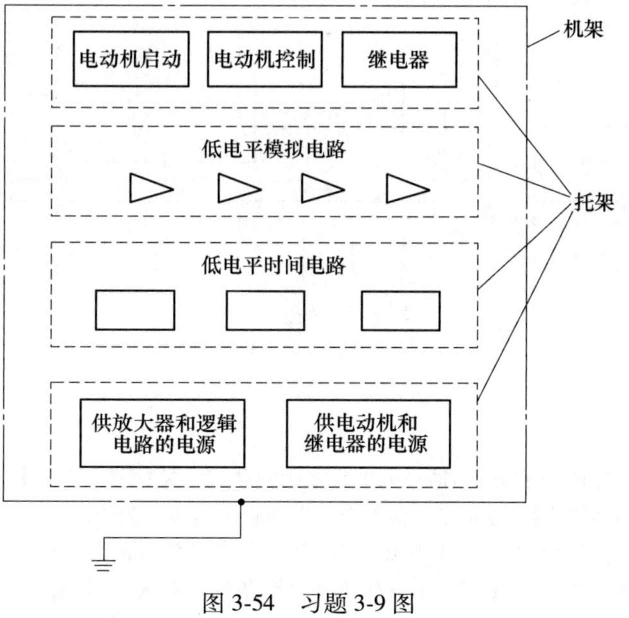

图 3-54　习题 3-9 图

3-10　图 3-55 为用一个带屏蔽罩的数字电压表测量电桥对角线电压的电路原理图。试求：（1）共模干扰源是什么？(2) 为减少干扰电压对测量的影响，屏蔽罩应连接到哪点？为什么？

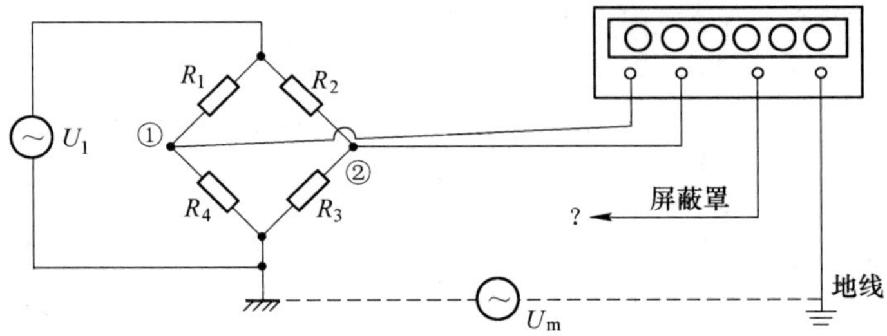


图 3-55 习题 3-10 图

3-11 图 3-56 所示为一接地的电阻应变电桥及单端放大测量系统。试为该系统确定理想的电缆连线和接地方式。

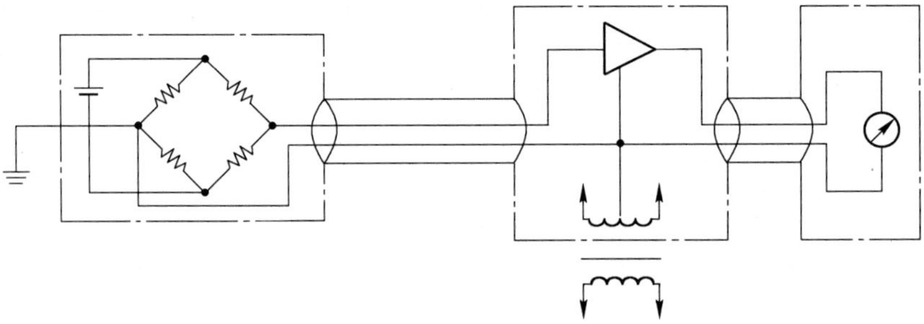

图 3-56 习题 3-11 图

3-12 图 3-57 所示为一个热电偶接地和一个单端放大器组成的测量系统。试分析图示的防护屏蔽系统中测量电路的工频干扰，并提出改进措施。

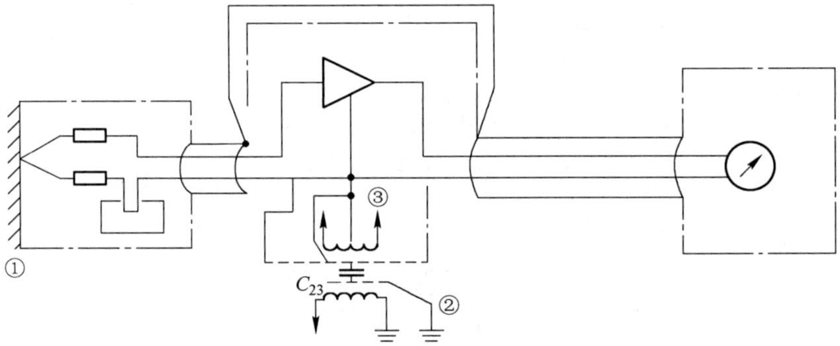


图 3-57 习题 3-12 图

3-13 图 3-58 所示电路表示利用幅值与信号电平成比例的载波电压信号通过磁耦合穿过静电屏蔽层，用来在两个独立屏蔽区域间传递信号。试对系统的防护措施进行分析。

3-14 图 3-59 所示为用三支热电偶测量某加热炉内三个不同位置温度的测量系统方案。图中 $R_1$、$R_2$ 为高温条件下耐火材料的等效漏电阻。试分析由于高温条件下耐火材料绝缘不良对该测温系统测量结果所造成的影响。

3-15 如图 3-43 所示三级阻容耦合放大器，试对其各放大级之间通过电源内阻产生共阻抗耦合的过程进行分析；怎样根据电源内阻、各级工作电流、各级增益、信号频带等估算退耦滤波器参数？

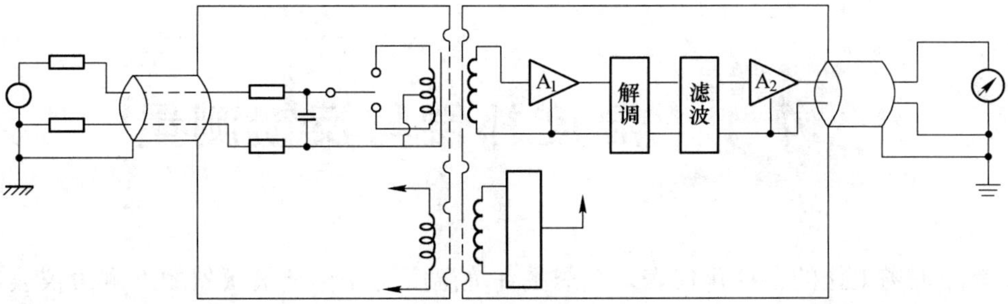


图 3-58　习题 3-13 图

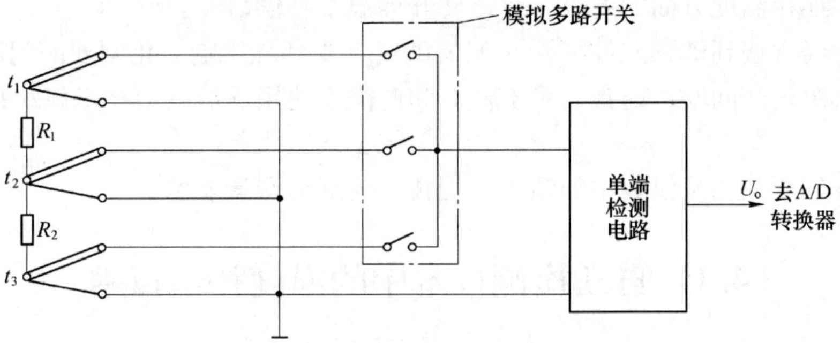


图 3-59　习题 3-14 图

# 4 温度补偿与反馈测量

在生产现场工作的自动化仪表，其周围环境温度的变化是很激烈的。测量仪表基本环节的静特性都与环境温度有关，尤其是敏感元件的静特性与环境温度关系更为密切。显然仪表基本组成环节特性随温度变化，必然造成整台仪表的特性随环境温度变化。为了满足生产对仪表性能在温度方面的要求，就需要开展温度补偿研究。

在测量中经常遇到敏感元件特性（如灵敏度）受环境影响变化剧烈的问题。采用常规的技术手段解决这些问题，通常效果不佳。为此需要使用反馈测量技术解决敏感元件特性变化问题。

本章将详细介绍测量仪表中的温度补偿技术与反馈测量技术。

## 4.1 自动检测技术中的温度补偿技术

### 4.1.1 概述

在生产现场工作的自动化仪表，其周围环境温度的变化是剧烈的，冬天会降到零下十几度，而夏天又会上升到零上几十度。按国家部颁标准要求，在现场工作的自动化仪表应该能够在很宽的环境温度变化范围内正常工作，并要求其温度附加误差不超过规定值。仪表在出厂前必须做“环境温度影响试验”，以鉴别其适应环境温度变化的能力。在控制室工作的自动化仪表，如各种指示、记录、控制仪表等，虽然其周围环境温度的变化范围不像现场那样大，但是也不处于恒温条件，因此对这些仪表也有类似的规定和要求。

任何测量仪表都是由几个基本环节，如敏感元件、变换放大环节、显示环节等组合而成。然而，这些基本环节的静特性都与环境温度有关，尤其是敏感元件的静特性与环境温度关系更为密切。例如作为压力敏感元件使用的金属波纹膜片，它的材料都是合金材料，而这些合金材料的弹性模量是随温度而变化的。这就决定了金属波纹膜片的刚度系数随环境温度而变化，从而使其静特性随温度而变化。

对于电子线路，由于电阻的阻值、电容器的电容值、二极管和三极管的特性等都随环境温度而变化。这就造成放大器的放大倍数以及直流放大器的零点都随环境温度而变化。对于机械零件，由于固体线膨胀系数的存在，造成零件尺寸随环境温度而变化。对于仪表中使用的液体介质（如硅油）也存在着随温度升高而产生的体膨胀现象。

显然仪表的基本组成环节特性随温度而变化，必然造成整台仪表的特性随环境温度而变化。为了满足生产对仪表性能在温度方面的要求，就需要在仪表的研究、设计、制造过程中采取一系列具体的技术措施，以抵消或减弱环境温度变化对仪表特性的影响，从而保证仪表特性基本上不随环境温度而变化。人们统称这些技术措施为温度补偿技术。

### 4.1.2 温度补偿原理

4.1.2.1 测量仪表及其组成环节对温度的有害灵敏度

测量仪表及其组成环节对温度的有害灵敏度就是指仪表或其组成环节的输出变化量与引起该输出变化量的温度变化量之比。用数学式表示则为

$$S_T = \frac{\partial y}{\partial T} \tag{4-1}$$

显然，对于一台仪表或仪表组成环节，其对温度的有害灵敏度 $S_T$ 值越小，说明其适应环境温度 $T$ 变化的能力越强，其温度附加误差越小。

为了便于研究环境温度 $T$ 对仪表工作的影响，可用图4-1所示框图表示仪表的输入（即被测量）$x$、环境温度 $T$ 与仪表输出 $y$ 之间的关系。从框图可以看出，仪表的输出 $y$ 是输入 $x$ 和环境温度 $T$ 的函数，即 $y=f(x, T)$。当仪表的输出 $y$ 与输入 $x$ 之间为线性关系时，则有

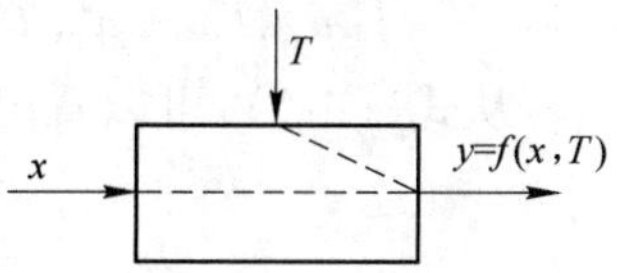


图 4-1 研究温度对仪表输出影响的框图

$$y = f(x, T) = a_0(T) + a_1(T) \cdot x \tag{4-2}$$

式中，$a_0(T)$ 为仪表的输出零点，其值随 $T$ 而变，是 $T$ 的函数；$a_1(T)$ 为仪表的灵敏度，其值随 $T$ 而变，是 $T$ 的函数。

这时，仪表对温度的有害灵敏度可表示为

$$S_T = \frac{\partial f(x, T)}{\partial T} = \frac{da_0(T)}{dT} + \frac{da_1(T)}{dT}x \tag{4-3}$$

式（4-3）表明，$S_T$ 由两项组成：$\frac{da_0(T)}{dT}$ 为仪表输出零点对温度的有害灵敏度，它的大小反映了仪表输出零点随温度漂移的快慢；$\frac{da_1(T)}{dT}$ 为仪表输出特性曲线斜率（即灵敏度）对温度的有害灵敏度，它的大小反映了仪表量程随温度变化的快慢。

当仪表的输出 $y$ 与输入 $x$ 之间是非线性函数关系时，这种关系可用有限项的幂函数近似表示为

$$y = f(x, T) = a_0(T) + a_1(T) \cdot x + a_2(T) \cdot x^2 + \cdots + a_n(T) \cdot x^n$$

这时，仪表对温度的有害灵敏度为

$$S_T = \frac{da_0(T)}{dT} + \frac{da_1(T)}{dT} \cdot x + \cdots + \frac{da_n(T)}{dT} \cdot x^n \tag{4-4}$$

从上面分析可以看出，为了降低环境温度对仪表工作的影响，应设法减小仪表对温度的有害灵敏度。这可以从两个方面着手，一方面减小仪表输出零点对温度的有害灵敏度，另一方面减小仪表灵敏度对温度的敏感性。

对于一台仪表进行温度补偿的目的就是通过理论分析和实验研究找出相应的技术措施，使仪表的 $\frac{da_0(T)}{dT} \approx 0$ 和 $\frac{da_1(T)}{dT} \approx 0$。

4.1.2.2 并联式温度补偿原理

并联式温度补偿就是人为地附加一个温度补偿环节，从框图结构形式看，该补偿环节

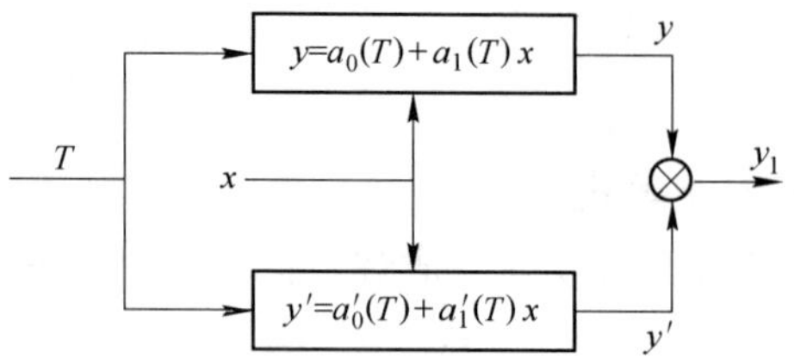


图 4-2 并联式温度补偿原理框图

与被补偿仪表（或仪表组成环节）成并联形式，其目的是使被补偿后的仪表静特性基本上不随环境温度而变化。并联式温度补偿原理框图示于图 4-2。图中 $y=a_0(T)+a_1(T)x$ 为仪表被补偿部分特性，$y'=a'_0(T)+a'_1(T)x$ 为补偿环节特性。

由框图 4-2 可以写出总输出 $y_1$ 与输入 $x$、温度 $T$ 的增量表达式

$$\Delta y_1=\Delta y+\Delta y'=\left[\frac{\mathrm{d}a'_0(T)}{\mathrm{d}T}+\frac{\mathrm{d}a_0(T)}{\mathrm{d}T}\right]\cdot\Delta T+x\left[\frac{\mathrm{d}a_1(T)}{\mathrm{d}T}+\frac{\mathrm{d}a'_1(T)}{\mathrm{d}T}\right]\cdot\Delta T+\left[a_1(T)+a'_1(T)\right]\cdot\Delta x \tag{4-5}$$

从式（4-5）可以看出，为了达到温度补偿目的，应按下列条件选择温度补偿环节

$$\begin{cases}\dfrac{\mathrm{d}a'_0(T)}{\mathrm{d}T}\approx-\dfrac{\mathrm{d}a_0(T)}{\mathrm{d}T}\\[2ex]\dfrac{\mathrm{d}a'_1(T)}{\mathrm{d}T}\approx-\dfrac{\mathrm{d}a_1(T)}{\mathrm{d}T}\end{cases} \tag{4-6}$$

需指出，采用并联式温度补偿虽然从理论上可以实现完全补偿，但是实际上只能近似补偿。也就是说，特性曲线的温度补偿只能做到有限点（通常为两点或三点）是全补偿，而其他点不是“过补偿”就是“欠补偿”。

并联式温度补偿在仪表设计中已经获得较广泛应用，例如热电偶的冷端温度补偿，直流放大器的差分对输入级、对数放大器的温度补偿等。

#### 4.1.2.3 反馈式温度补偿原理

反馈式温度补偿就是应用负反馈原理，通过自动调整过程，保持仪表的零点和灵敏度不随环境温度而变化。图 4-3 为反馈式温度补偿的原理框图。图中 $A_0$、$A_1$ 是仪表零点 $a_0(T)$、灵敏度 $a_1(T)$ 的检测环节，$B_0$、$B_1$ 是信号变换环节，$U_{ra0}$、$U_{ra1}$ 是恒定的参比电压，$K_0$、$K_1$ 是电子放大器，$D_0$、$D_1$ 是执行环节，$y=f(x,T,x_{a0},x_{a1})$ 是仪表被补偿部分特性。

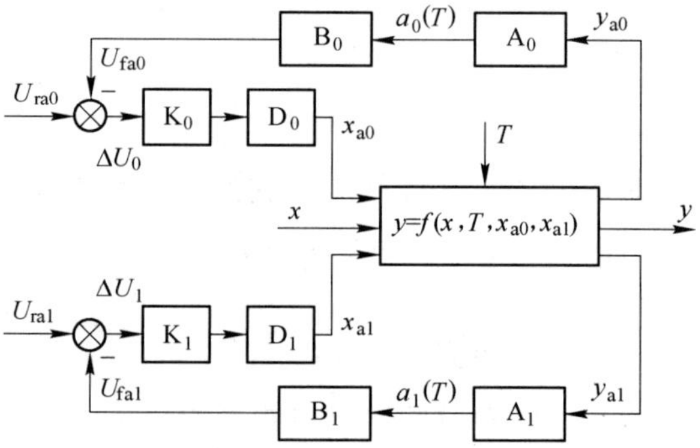


图 4-3 反馈式温度补偿原理框图

从图 4-3 可以看出，反馈式温度补偿的关键问题有两个：

（1）如何将仪表输出零点 $a_0(T)$、灵敏度 $a_1(T)$ 通过 $A_0$、$A_1$、$B_0$、$B_1$ 检测出来，并且变换成电压信号 $U_{fa0}$、$U_{fa1}$；

（2）如何用 $K_0$、$K_1$ 输出，通过 $D_0$、$D_1$ 产生控制作用，自动改变 $a_0(T)$、$a_1(T)$，以达到自动补偿掉环境温度 $T$ 对 $a_0(T)$ 和 $a_1(T)$ 的影响。

在采用反馈式温度补偿时应通过理论分析找出仪表刻度方程的分析表达式，进而通过

刻度方程分析找出能反映 $a_0(T)$ 和 $a_1(T)$ 值变化的参数，最后确定控制 $a_0(T)$ 和 $a_1(T)$ 的手段。

差动变压器式传感器在工程测量中获得了广泛应用。温度补偿对于这种类型传感器十分重要，下面介绍它的反馈式温度补偿原理。

差动变压器及测量电路原理图示于图 4-4。图 4-4（a）是半波差动整流测量电路，图 4-4（b）是全波差动整流测量电路。差动变压器及测量电路的等效电路如图 4-5 所示。图中变压器设为理想变压器，即不考虑涡损、磁损及杂散电容，并且设副边负载电阻值很高。图中 $I_p$ 为原边一次电流，$L_p$ 为原边电感，$R_p$ 为原边绕组的电阻，$E_1$、$E_2$ 为副边感应电势，$E_0$ 为激励源电势，$U_1$、$U_2$ 为副边整流后直流电压，$r_{s1}$、$r_{s2}$为副边绕组电阻。

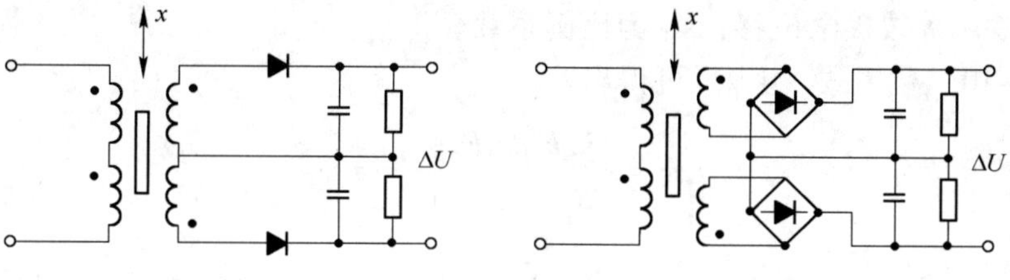


图 4-4　差动变压器及测量电路原理图

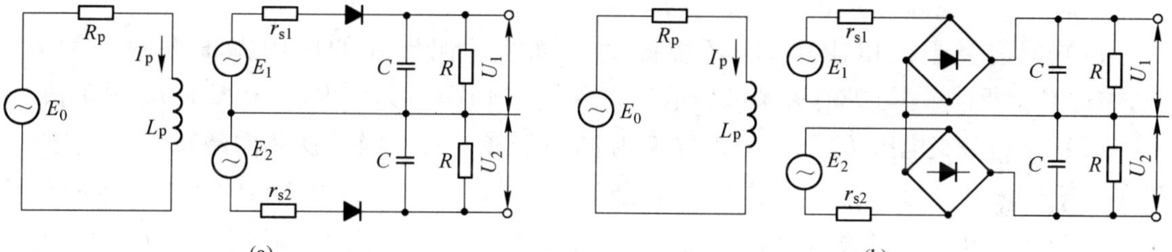


图 4-5　差动变压器及测量电路的等效电路

（a）半波整流；（b）全波整流

由等效电路可得出差动变压器副边绕组的感应电势表达式

$$\begin{cases} \dot{E}_1 = \mathrm{j}\omega M_1 \dot{I}_\mathrm{p} = \mathrm{j}\omega M_1 \dfrac{\dot{E}_0}{R_\mathrm{p} + \mathrm{j}\omega L_\mathrm{p}} \\ \dot{E}_2 = \mathrm{j}\omega M_2 \dot{I}_\mathrm{p} = \mathrm{j}\omega M_2 \dfrac{\dot{E}_0}{R_\mathrm{p} + \mathrm{j}\omega L_\mathrm{p}} \end{cases} \tag{4-7}$$

经整流滤波后得到的 $U_1$、$U_2$ 可表示为下列形式

$$\begin{cases} U_1 = \left| \mathrm{j}\omega M_1 \dfrac{k_\mathrm{ad}\dot{E}_0}{R_\mathrm{p} + \mathrm{j}\omega L_\mathrm{p}} \right| \\ U_2 = \left| \mathrm{j}\omega M_2 \dfrac{k_\mathrm{ad}\dot{E}_0}{R_\mathrm{p} + \mathrm{j}\omega L_\mathrm{p}} \right| \end{cases} \tag{4-8}$$

式中，$k_\mathrm{ad}$为交-直流电压变换系数。

输出电压可表示为

$$\Delta U = U_1 - U_2 = \left| j\omega(M_1 - M_2)\frac{k_{ad}E_0}{R_p + j\omega L_p} \right| \tag{4-9}$$

当差动变压器铁芯位于中心位置，即铁芯位移 $x=0$ 时，副边两差动绕组感生电势相等，即 $M_1=M_2=M_0$；当铁芯偏离中心位置，且位移 $x$ 在线性范围之内，则可将 $M_1$、$M_2$ 表示为

$$\begin{cases} M_1 = M_0 + \Delta M = M_0 + \dfrac{1}{2}k_M x = \dfrac{1}{2}k_M(X_0 + x) \\ M_2 = M_0 - \Delta M = M_0 - \dfrac{1}{2}k_M x = \dfrac{1}{2}k_M(X_0 - x) \end{cases} \tag{4-10}$$

式中，$X_0$ 为铁芯等效极限位移；$k_M$ 为比例系数。

将式（4-10）代入式（4-9）可得出

$$\Delta U = \left| \frac{j\omega k_{ad}k_M\dot{E}_0}{R_p + j\omega L_p} \right| \cdot x = Sx \tag{4-11}$$

式中，$S = \left| \dfrac{j\omega k_{ad}k_M\dot{E}_0}{R_p + j\omega L_p} \right|$ 为差动变压器式传感器的灵敏度。式（4-11）则是差动变压器及测量电路的刻度方程。

下面分析环境温度 $T$ 对灵敏度 $S$ 的影响：

（1）原边绕组的电阻 $R_p$ 随环境温度 $T$ 而变。铜导线的电阻温度系数约为 $\alpha=+0.4\%/℃$，所以 $R_p$ 与 $T$ 的关系可表示为 $R_p=R_{p0}(1+aT)$。其中 $R_{p0}$为 0 ℃时 $R_p$ 的阻值。

（2）原边绕组电感 $L_p$ 随环境温度 $T$ 升高而下降。其原因是铁芯的磁特性（磁导率、磁滞损耗及涡损）与 $T$ 有关。对于小型差动变压器在工频下原边绕组的感抗与电阻值相当。$L_p$ 与 $T$ 之间关系可表示为 $L_p=L_{p0}(1-\beta T)$，式中 $\beta$ 为电感 $L_p$ 的温度系数，$L_{p0}$为 0 ℃时 $L_p$ 的电感值。

（3）变换系数 $k_M$ 随环境温度 $T$ 升高而下降。其原因是随着 $T$ 升高，互感系数 $M_1$、$M_2$ 下降。$k_M$ 与 $T$ 关系可表示为 $k_M=k_{M0}(1-\gamma T)$，其中 $\gamma$ 为温度系数，$k_{M0}$为 $k_M$ 在 0 ℃时的值。

（4）由于副边绕组的电阻 $r_{s1}$、$r_{s2}$及二极管正向电阻 $r_D$ 都随温度而变，造成变换系数 $k_{ad}$随温度 $T$ 而变。一般激励源频率 $\omega$ 也随 $T$ 变。

综合上述几点可以看出，差动变压器式传感器的灵敏度 $S$ 是温度 $T$ 的复杂函数。实验证明，在保持 $E_0$ 恒定不变的前提条件下，灵敏度 $S$ 随温度 $T$ 升高而下降。对于小型差动变压器在 $\omega$ 值较低（接近工频时），灵敏度的温度系数大约是-0.3%/℃；在 $\omega$ 值较高时，灵敏度的温度系数大约是（-0.05~0.1)%/℃。这充分说明，即使有稳定的振荡器供给恒定的激励电势 $E$，也不能克服差动变压器自身造成的灵敏度 $S$ 随温度升高而下降，因此必须进行温度补偿。若采用并联式温度补偿，可在差动变压器的原边线路或副边线路中串接热敏电阻。这样可使温度附加误差缩小到原来的几分之一。但这种温度补偿方法只能满足一般要求，效果不十分理想。如采用反馈式温度补偿，不仅可以自动补偿环境温度对灵敏度的影响，而且可以自动补偿激励源电势 $E_0$ 和频率 $\omega$ 变化所造成的影响，同时也改善了

仪表的线性关系。由前述可知，对差动变压器进行温度补偿的目的就是保持灵敏度 $S=\left|\frac{\mathrm{j}\omega k_{\mathrm{ad}}k_{\mathrm{M}}\dot{E}}{R_{\mathrm{p}}+\mathrm{j}\omega L_{\mathrm{p}}}\right|$ 不随温度 $T$ 而变，其关键问题之一是如何将灵敏度 $S$ 值检测出来。为了解决此问题可以从分析式（4-8）着手。

将 $U_1$ 与 $U_2$ 的表达式相加可得出

$$U_1+U_2=\left|\mathrm{j}\omega(M_1+M_2)\frac{k_{\mathrm{ad}}\dot{E}_0}{R_{\mathrm{p}}+\mathrm{j}\omega L_{\mathrm{p}}}\right|=\left|\mathrm{j}\omega k_{\mathrm{M}}X_0\frac{k_{\mathrm{ad}}\dot{E}_0}{R_{\mathrm{p}}+\mathrm{j}\omega L_{\mathrm{p}}}\right|=X_0S \tag{4-12}$$

式中，$X_0$ 为恒定不变的常数。从式（4-12）可以看出，通过检测电压（$U_1+U_2$）或检测与电压（$U_1+U_2$）成比例的电压可把灵敏度 $S$ 检测出来。

反馈式温度补偿的第二个关键问题是怎样产生控制作用去自动调整 $S$ 值，使 $S$ 值不随温度 $T$ 而变。从 $S$ 表达式可以看出，通过控制振荡器的电源电压，可间接控制振荡器的输出电压 $\dot{E}_0$，从而达到控制 $S$ 值的目的。基于上列分析可以提出反馈式温度补偿的具体电路方案，如图 4-6 所示。此方案检测灵敏度 $S$ 的方式是通过在差动变压器副边增加两个绕组Ⅰ′和Ⅱ′。Ⅰ与Ⅰ′绕组、Ⅱ与Ⅱ′绕组采用双线并绕方式绕制而成，但是Ⅰ′与Ⅱ′绕组之间不是采用“差接”，而是采用“和接”方式。（Ⅰ′+Ⅱ′）绕组的“和接”电压经整流、滤波后所取出的信号 $U_{\mathrm{f}}$ 显然正比于（$U_1+U_2$），即 $U_{\mathrm{f}}$ 正比于灵敏度 $S$。$U_{\mathrm{r}}$ 是恒定的参比电压。$U_{\mathrm{f}}$ 与 $U_{\mathrm{r}}$ 相比较，其差值经“集成运放” $A$ 放大，再经 $Q_3$ 功率放大，进而控制多谐振荡器 $Q_1$、$Q_2$ 的电源电压，从而达到控制多谐振荡器输出电压 $\dot{E}_0$ 幅值的目的。这样就可以通过闭环负反馈方式自动调整 $S$ 值，使其保持恒定。

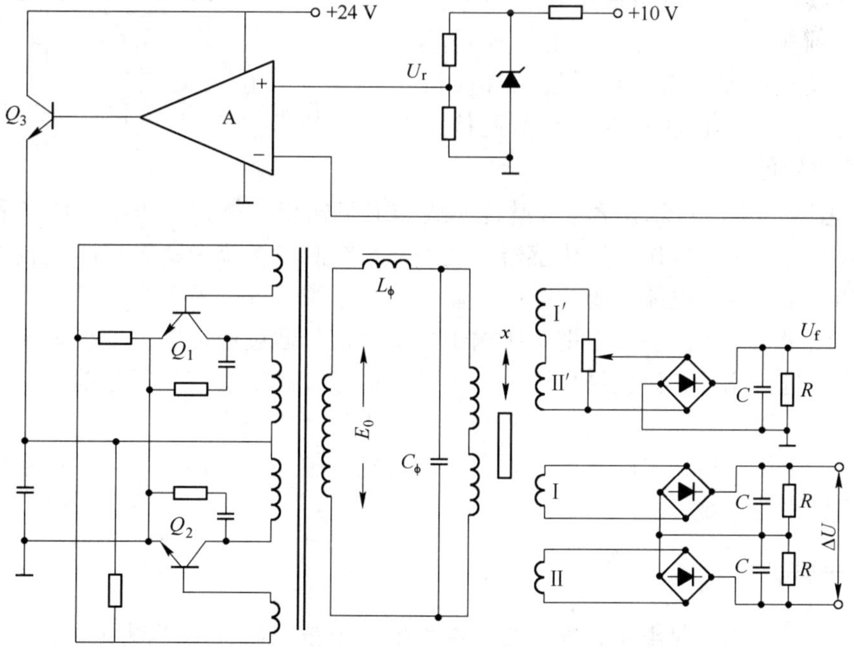


图 4-6　差动变压器式传感器的反馈式温度补偿原理电路图

此电路方案的温度补偿精度主要取决于参比电压源 $U_r$ 的稳定度和“集成运放”$A$ 的输入失调参数温漂。其温度补偿精度可用下式估算

$$\delta = \frac{\Delta S}{S} = \frac{\beta + U_r\alpha}{U_r}\Delta T \tag{4-13}$$

式中，$\beta$ 为“集成运放”$A$ 输入失调参数温漂系数；$\alpha$ 为基准稳压管温度系数。

通过前面对仪表温度补偿理论的概略阐述，可以得出下列结论：

（1）并联式温度补偿适用于仪表中温度敏感参数的单一温度补偿，在仪表设计中已经获得了较广泛应用。

（2）反馈式温度补偿适用于仪表中复杂温度敏感参数的综合温度补偿，它是一种很有发展前途的综合温度补偿方法。

## 4.2 反馈测量技术

### 4.2.1 反馈测量系统

众所周知，“反馈”在放大器和控制系统中获得了广泛的应用。但能否将“反馈”引入到检测技术中去呢？理论和事实证明，将反馈技术引入到检测技术中去，不仅可以提高测量精度，改善测量系统动态性能，而且能使某些用传统测量系统无法解决的问题得以解决。

典型的反馈测量系统原理框图如图 4-7 所示。由图可以看出，反馈测量系统与一般测量系统的区别在于，它具有一个由“逆传感器”构成的反馈回路。由闭环系统的性质可知，反馈测量系统的特性基本上是由逆传感器的特性所决定的。

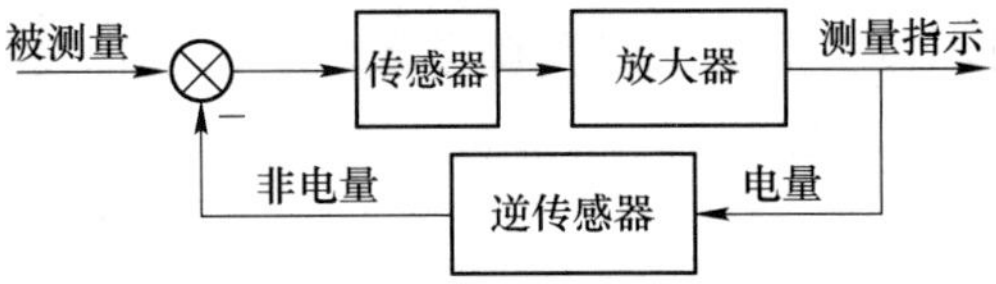

图 4-7 反馈测量系统原理方框图

“逆传感器”是将一个电学输入量转换成非电量输出。例如，压电晶体和利用磁电效应的动圈式元件等都可以作为逆传感器来使用。反馈测量系统中所采用的比较方式和平衡方式有力和力矩平衡、电流平衡、电压平衡、热流平衡、温度平衡等。

在反馈测量系统中，一般是把系统输出的电量信号通过逆传感器变换成非电量，然后与非电被测量进行比较，比较结果产生一个偏差信号，此偏差信号通过前向通道中的传感器变换成电量，再经过测量放大电路，最后输出供指示或记录。

为了说明反馈测量技术的有关原理，下面分别介绍逆传感器、力矩平衡系统、热流平衡系统和温度平衡系统。

### 4.2.2 逆传感器

逆传感器的输入量是电量，输出是小功率的非电量，而且反馈测量系统的特性主要由逆传感器的特性所决定。常用的逆传感器是角位移动圈式元件、线位移动圈式元件和压电器件。下面讨论这三种类型的逆传感器。

线位移和角位移动圈式元件是利用通电导体与磁场垂直时将产生电磁力的原理而制成的。这两种元件均可把速度转换成电压，作为速度传感器使用，但是又可以将电流转换成力或力矩，作为逆传感器使用。图 4-8（a）和（b）示出了角位移动圈式元件两种可能结构形式。在作为逆传感器使用时，反馈电流 $I$ 产生的反馈力矩 $T_f$ 与被测力矩 $T$ 相平衡，因此线圈不动，或者只有几个毫弧度的角位移。电流 $I$ 产生的力矩由下式给出

$$T_f = B_g AWI \tag{4-14}$$

式中，$B_g$ 为空气隙的磁通密度；$A$ 为线圈的有效面积；$W$ 为线圈的匝数。使用这种元件的力矩测量系统，其瞬态响应特性取决于可动系统的转动惯量、阻尼系数大小和动圈的时间常数。如果动圈用电流源驱动，则动圈时间常数的影响将减小，响应时间有可能达到毫秒数量级。可动系统一般可采用摩擦较小的宝石轴承来支承。如果要求较高，可采用吊丝支承。

图 4-8（c）示出了线位移动圈式元件的基本结构形式。将线圈绕在铜制或银制的圆筒上，以提供涡流阻尼。当该元件作为逆传感器使用时，电流 $I$ 产生的反馈力 $F_f$ 与被测力 $F$ 相平衡，线圈的位移量很小，通常大大小于 1 mm。电流 $I$ 产生的力 $F_f$ 由下式给出

$$F_f = B_g \pi dWI \tag{4-15}$$

式中，$B_g$ 为气隙磁通密度；$d$ 为线圈的平均直径；$W$ 为线圈匝数。一般使用这种逆传感器的系统带宽约为 100 Hz。

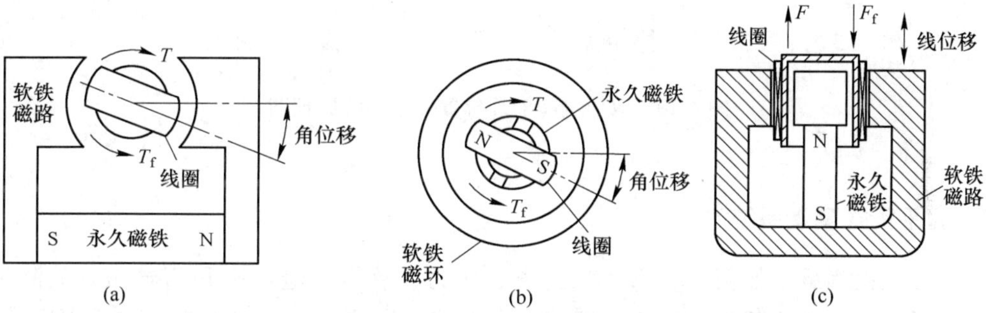


图 4-8 角位移和线位移动圈式逆传感器结构原理图

压电陶瓷材料在受到机械压力时会产生电场。反之，在电场的作用下这种材料会出现相反的效应。最常用的压电陶瓷材料是锆钛酸铅，该材料坚硬、韧性大，化学上为中性，并可在任选的极化方向制成任意的形状和尺寸。一般的压电陶瓷棒甚至在 10 kV 的电压作用下也只伸长几个微米，但是如图 4-9 所示的悬臂式双压电陶瓷片，在低电压作用下可产生较大的挠度。在这种三层结构式双压电陶瓷片的 $x$ 和 $y$ 端子之间施加电压 $u$ 时，悬臂发生偏转，它的自由端在 $d$ 范围内移动。其原因是，由于逆压电效应上层压电陶瓷沿悬臂长度方向伸长，下层压电陶瓷则沿悬臂长度方向缩短。在低压工作时，挠性元件按图 4-9 所示那样进行并行极化，这时将产生超过 3000 pF 的较大电容和较低的阻抗。在约 $10^5$ V/m 的场强（图 4-9 所示双压电陶瓷片，相当于 $x$ 和 $y$ 之间电压为 50 V 时的场强）以内，灵敏度 $d/u$ 约为 1 μm/V。这种挠性元件的固有频率很低，约在 100 Hz 以内，其大小取决于元件尺寸、材料性能及安装方式。这种挠性元件的共振是正弦型的。可以用橡皮或塑料架来抑制共振，不过这将降低灵敏度。

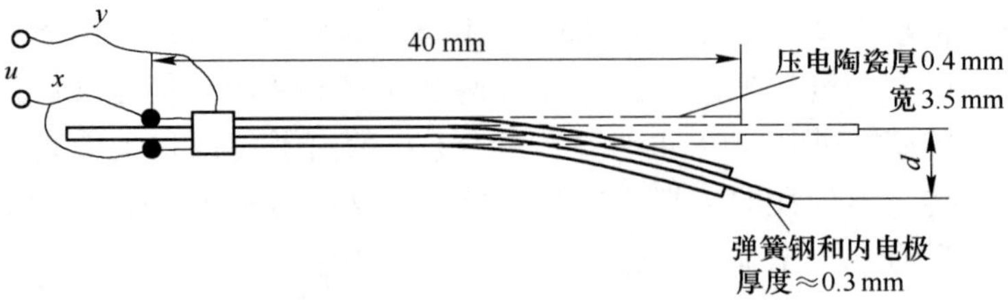


图 4-9　悬臂式双压电陶瓷片逆传感器结构原理图

悬臂式双压电陶瓷片逆传感器尺寸小，可在 300 ℃的环境温度下工作，寿命长，可靠性高，功耗小；但是其迟滞和漂移相对较大。在外加电场低于 100 V/mm 时，可将迟滞减到最小。采用如图 4-10 所示的负反馈回路可以减小迟滞和漂移的影响。将双压电陶瓷片两面粘贴上应变片，并将其组成桥路，使其产生一个与陶瓷片偏转量成正比的反馈电压。将此电压与输入电压相比较而得出误差信号。该误差信号被积分后迫使激励放大器的输出发生变化，一直到误差消除为止。此位置控制系统的总精度主要取决于应变片电桥及其匹配放大器的性能。

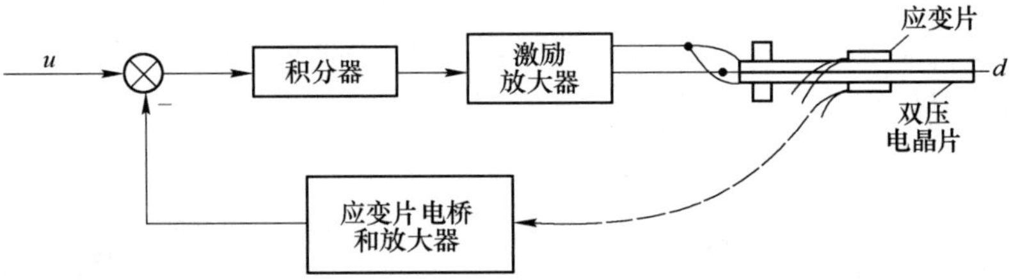


图 4-10　双压电陶瓷片位置控制系统原理图

### 4.2.3　力平衡式测量系统

在进行工程测量，如精密称重、加速度、压力、流量、电功率和高电压等的测量时，都可能应用到力平衡原理。力平衡原理就是先将被测量转换成力或力矩，然后用反馈力与其相平衡。

图 4-11 示出了常用的力平衡装置结构原理。图中 $F_1$ 为被测力，$F_2$ 是动圈式逆传感器产生的反馈力（即平衡力）。在力平衡状态建立以前，这些装置在 $F_1$ 的作用方向产生很小位移，该位移就是仪表通过逆传感器产生 $F_2$ 所需要的偏差信号。

如图 4-11（e）、（f）所示，使用位移传感器、测量放大电路和动圈式逆传感器可以把开环式力平衡装置变换成闭环式力平衡装置。闭环式力平衡仪表的工作主要依赖于 $F_2$ 与电流 $I_f$ 之间关系的线性度和长期稳定性。这种仪表对 $F_1$ 的变化反应快，但是仪表的结构较复杂。

下面介绍用于直流高压精密测量的绝对吸引式圆盘电压表。图 4-12 是该电压表的结构原理图。该仪表的平衡力是由两个金属圆盘之间的静电吸引力产生的。一个圆盘接在未知电压 $U$ 的一端，另一个圆盘连到“接地”的平衡杠杆的一端，而杠杆的另一端则施加有一个补偿电磁力。观测杠杆的倾斜就可以探测两力之间的不平衡。杠杆的偏转量用一个光学装置放大，并由一对硅光电池将其转换成与该偏转量成比例的电信号。硅光电池的输

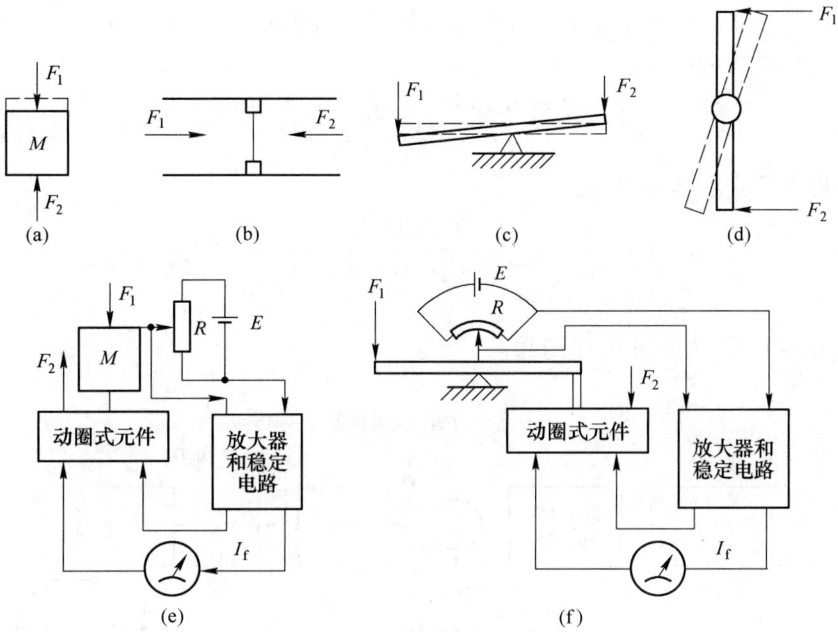


图 4-11 各种力和力矩平衡装置结构原理图

(a) 质量块；(b) 膜片；(c) 杠杆；(d) 转轴；

(e) 质量块式闭环力平衡装置；(f) 杠杆式闭环力矩平衡装置

出电流经放大后用来激励线位移动圈元件，从而产生一个足以使杠杆回到平衡位置的补偿力。于是，通过测量动圈电流就可以连续测得圆盘之间吸引力，因此也就可以测得加在两个圆盘之间的电压。这种电压表可以测出 30~400 kV 的电压，精度可达 0.1%，灵敏限为 0.01%。它基本是一个测量静电吸引力的有差自动调节系统。

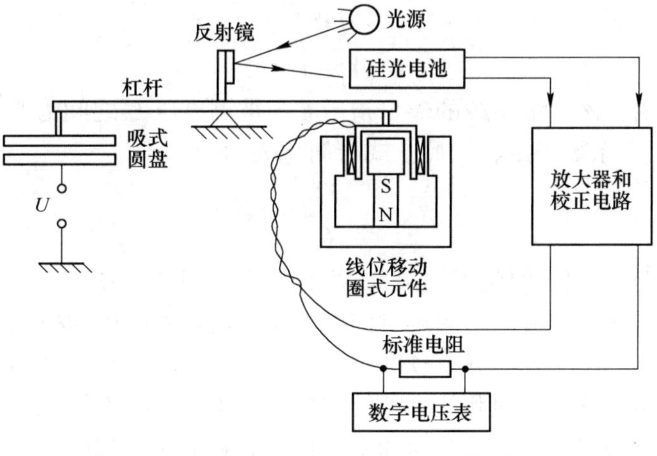


图 4-12 绝对吸引式圆盘电压表结构原理图

图 4-13 示出了绝对吸引式圆盘电压表的方框图。图中标出了各方框所代表的环节名称和传递函数，并指出了每一点的信号种类。如图所示，在工作过程中杠杆是处于力矩平衡状态的。输出指示采用数字电压表。该测量系统的闭环力矩平衡装置部分的输入量是

$F_1$，输出量是显示器的输出指示 $\theta$，因此它的传递函数为 $G(s)=\theta(s)/F_1(s)$。根据方框图及系统变量之间关系可列写出

$$[F_1(s) - G_e I_f(s)]G_b G_o G_a G_s = I_f(s) \tag{4-16}$$

$$\theta(s) = G_i I_f(s) \tag{4-17}$$

将上面两式联立求解可以得到

$$G(s) = \frac{\theta(s)}{F_1(s)} = \frac{G_b G_o G_a G_s G_i}{1 + G_b G_o G_a G_s G_e} = \frac{G_i}{G_e\left(1 + \dfrac{1}{A}\right)} \tag{4-18}$$

式中，$A=G_b G_o G_a G_s G_e$ 为开环传递函数。

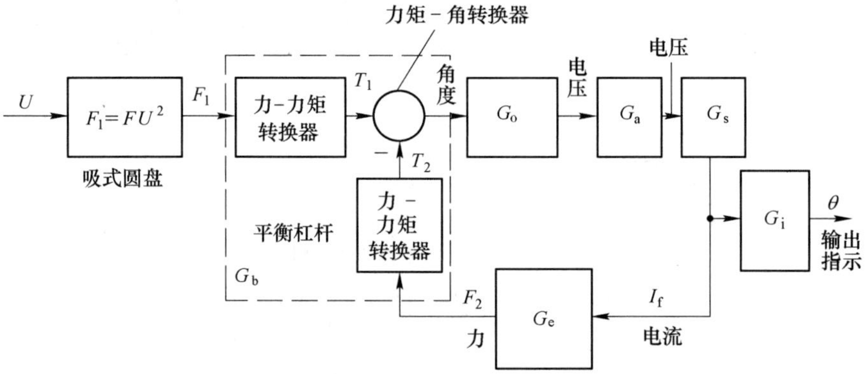


图 4-13 绝对吸引式圆盘电压表原理框图

设两圆盘之间静电场分布是均匀的，且两金属圆盘之间电位差为 $U$，则两圆盘之间的静电吸引力 $F_1$ 与 $U^2$ 成正比，即是 $F_1=FU^2$。将此关系代入式（4-18），则可以得到

$$\theta(s) = \frac{FG_i}{G_e(1 + 1/A)}U^2(s) \tag{4-19}$$

式（4-19）表明，该测量系统的输出指示 $\theta$ 与被测电压 $U$ 之间为非线性关系。对于实际系统，$|A| \gg 1$，且系统稳定，因此上式可简化表示为

$$\theta(s) \approx \frac{FG_i}{G_e}U^2(s) \tag{4-20}$$

式（4-20）说明，$\theta/U^2$ 的精度主要取决于吸引式圆盘、动圈元件和显示器的性能。应当指出，仪表只能测量直流高压的绝对值，不能指示被测电压的极性。

绝对吸引式圆盘电压仪表的静态校准主要取决于吸引式圆盘、动圈元件和显示器的静态传递系数，而光路、硅光电池和放大器的漂移影响均可忽略不计。仪表对输入电压 $U$ 变化的响应快慢取决于动圈元件、显示器和平衡杠杆装置的频率响应。

### 4.2.4 温度平衡式测量系统

在必须用接触方式进行温度测量时，使用温度平衡法往往会取得良好的效果。图 4-14（a）表示测量某发热体内部温度的一种简单方法，即在该发热体表面装一个温度传感器。由于热量散失，从发热体中心到表面有一温度梯度，使得发热体表面温度低于中心温度，

即 $T_1<T_B$。这可以用热衰减网络框图 4-14（b）来表示。温度衰减量决定于物体周围的介质状况，因此采用这种开环式测量方法不可能获得准确的测量结果。

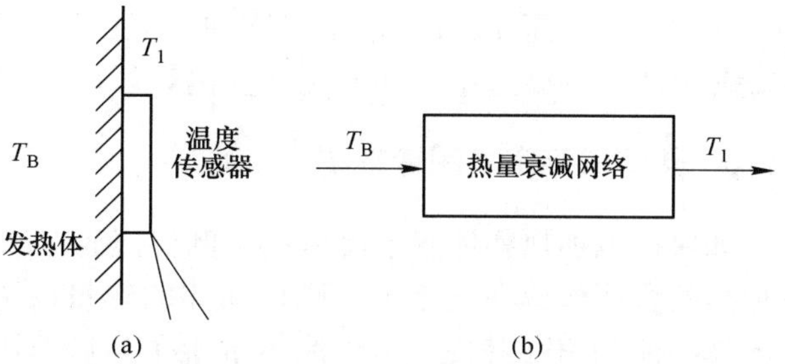


图 4-14 测量物体内部温度的开环系统
（a）示意图；（b）方框图

为了获得比较精确的测量结果，可采用闭环式测量方法。即先把与发热体表面相接触的绝热体内外表面的温度差测量出来，然后把该温差信号放大并用来驱动绝热体外面的加热器。如果放大器的放大系数足够大，则这种闭环式测量系统将使绝热体内外表面温差几乎为零即 $T_2\approx T_1$。这时由于在检测点位置的发热体表面对周围的热散失很小，因而有 $T_1\approx T_B$。显然，用温度传感器很容易测得 $T_1$。

采用温度平衡原理测量发热体内部温度的示意图和方框图如图 4-15 所示。图中 $T_H$ 为周围环境温度，$R_B$ 是发热体内部到表面之间的热阻，$R_{12}$是绝热体内表面到外表面之间的热阻，$R_H$ 是绝热体外表面到周围环境之间的热阻，$K_{T1}$、$K_{T2}$为温度传感器的传递系数，$K_y$ 为放大器增益，$K_c$ 为加热器的传递系数。对该系统，当放大器增益足够高，并取两个温度传感器特性相同，即 $K_{T1}=K_{T2}$，则有 $\Delta T_1\approx\Delta T_2$。因此根据方框图可以写出

$$\Delta T_1=\Delta T_2\frac{R_B}{R_B+R_{12}}+\Delta T_B\frac{R_{12}}{R_B+R_{12}} \tag{4-21}$$

将 $\Delta T_2\approx\Delta T_1$ 代入上式，可以得到 $\Delta T_1\approx\Delta T_B$，因此输出 $\Delta U_o$ 与输入 $\Delta T_B$ 之间关系可表示为

$$\Delta U_o=K_{T1}\Delta T_1\approx K_{T1}\Delta T_B \tag{4-22}$$

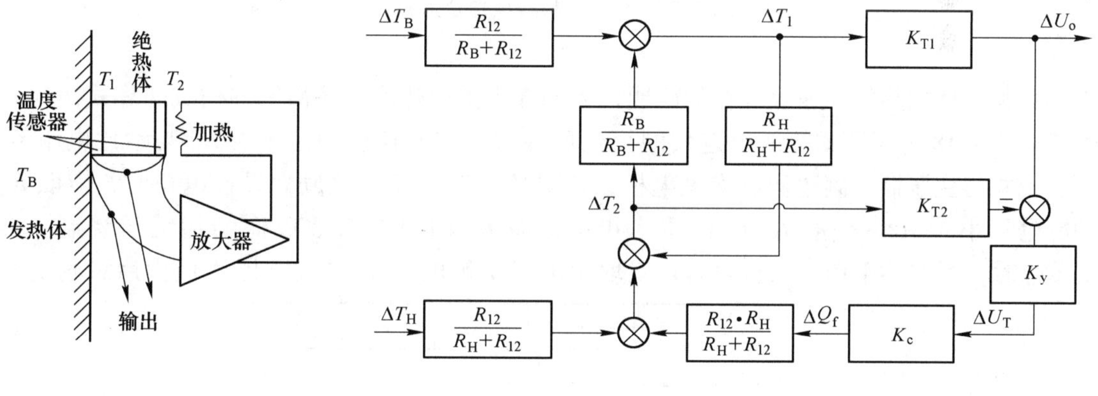


图 4-15 测量物体内部温度的闭环系统
（a）示意图；（b）方框图

实际上由于放大器增益 $K_y$ 的值总是有限，因此 $\Delta T_1$ 与 $\Delta T_2$ 之间总是存在差值，即总有 $\Delta T_1-\Delta T_2>0$，从而造成 $\Delta T_B>\Delta T_1$。这说明，采用温度平衡原理测量发热体内部温度，实际得到的测量结果总是略低于发热体内部的真实温度，然而这比开环系统的测量误差小得多。从方框图还可以看出，当环境温度升高，即 $\Delta T_H>0$ 时，由于 $K_y$ 值有限，必然有

$\Delta T_2>\Delta T_1>0$，从而使输出 $U_o$ 略有增加。但由于负反馈的补偿作用，环境温度变化对闭环系统输出的影响要远小于环境温度变化对开环系统输出的影响。

### 4.2.5 热流量平衡式测量系统

如果把电加热物体置于流体中，例如把通电的热敏电阻放于流动的液体中，或是把通电加热的金属丝放在气流中，则该物体的热量散失与流体的流动速度有关。由于流体带走了热敏电阻或金属丝的热量，使热敏电阻或金属丝的电阻随之发生变化。在工程上常用此原理进行流体流动速度的测量。

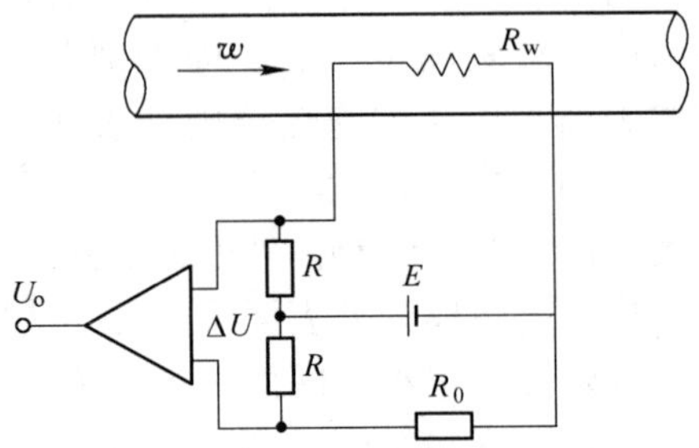


图 4-16 开环式热线风速仪简化原理图

图 4-16 为开环式热线风速仪的简化原理图。将电加热的热金属丝（一般称其为热线）放于流动的空气中，气流带走热线的热量，造成热线温度下降，从而使热线的电阻值发生变化。由于热线是四臂电桥的一臂，因此热线电阻值的变化通过桥路可以转换为桥路对角线的电压变化。用放大器将此电压变化放大作为仪表的输出。图 4-17 是表示开环式热线风速仪中物理量变换过程和信号变换过程的方框图。从方框图可以看出，由于采用开环结构，造成每个组成环节的特性变化都直接影响整台仪表的特性。它的另一个缺点是，由于热线本身的热惯性大，从而造成整台仪表的惯性大。

图 4-17 开环式热线风速仪方框图

为了克服开环式热线风速仪存在的问题，人们提出采用热流量平衡原理构成闭环式热线风速仪。图 4-18 为闭环式热线风速仪的简化原理图。在本仪表中，热线 $R_w$ 与参比电阻 $R_0$ 相连，并与变压器的副边构成交流电桥，该电桥由变压器 $T$ 激励。设计电路时，应取 $R_w$ 的冷电阻小于 $R_0$。一般 $R_w$ 的材质为铂丝，而 $R_0$ 用温度系数极低的锰铜丝绕制。当 $R_w<R_0$ 时，桥路不平衡，从桥路对角线取出的不平衡电压 $u_e$ 经放大器 $A$ 放大后激励变压

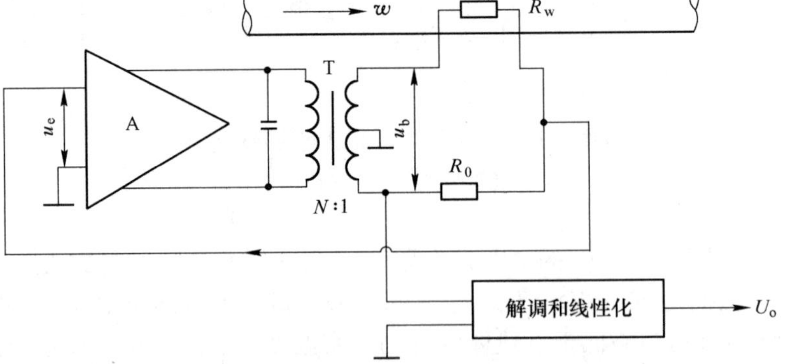


图 4-18 热流量平衡式热线风速仪简化原理图

器$T$，使变压器$T$副边的输出电压$u_b$幅度增加，随着$u_b$幅度的增加，$R_w$值增加。一直到$R_w=R_0$时，电压达到平衡，电压$u_b$的幅度稳定下来。当$R_w>R_0$时，从桥路对角线取出的不平衡电压$u_e$反相，因此使变压器$T$副边输出电压$u_b$幅度减小。随着$u_b$幅度的减小，$R_w$值减小。一直到$R_w=R_0$时，电桥达到平衡，电压幅度稳定下来。

从上面分析可知，不管气流速度怎样变化，通过反馈作用总能使处于气流中的热线电阻$R_w$保持与参比电阻$R_0$大致相等，因此使热线保持恒温。例如，若气流速度突然变小，因气流从热线带走的热量与气流流速平方根成正比，因此$R_w$温度升高，阻值变大，通过反馈作用使$u_b$幅值下降，一直到$R_w=R_0$，电桥达到新的稳定工作点为止。这时电功率提供的热量与气流带走的热量相等，即达到热流量平稳。用数学式表示则有

$$\frac{1}{4}(u_b^2/R_w)=K\sqrt{w} \tag{4-23}$$

式中，$w$为气流速度；$K$为比例常数。因此可以用$u_b$的幅值来表示被测气流的流速$w$。为方便测量，通常要借助解调电路将交流信号$u_b$转换为直流信号。由于$w$与$u_b$之间为非线性关系，因此在解调之后还需要进行线性化处理。

在闭环式热线风速仪表中是采用交流反馈形成闭环，为了确保仪表工作的稳定性，还需要设置相位校正电路，以防止寄生反馈引起自激振荡。

图4-19为闭环式热线风速仪方框图。从图的结构形式可知，闭环式热线风速仪的特性主要取决于输入环节、反馈环节和输出环节的特性，而被反馈环所包围的各环节，只要其总放大系数充分大，则其特性对整台仪表特性的影响甚小。从闭环方框图还可以看出，虽然热线本身热惯性较大，但是由于热线本身热惯性所对应的一阶惯性环节被反馈环所包围，因此整台仪表的等效时间常数很小。由此可见，闭环式热线风速仪能用于变化迅速的气流速度测量。

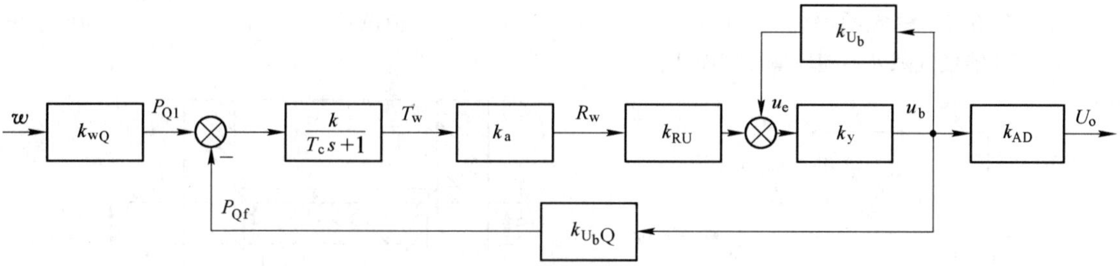


图4-19 闭环式热线风速仪方框图

## 本 章 小 结

任何测量仪表都是由几个基本环节，如敏感元件、变换放大环节、显示环节等组合而成。然而，这些基本环节的静特性都与环境温度有关，尤其是敏感元件的静特性与环境温度关系更为密切，这必然造成整台仪表的特性随环境温度而变化。为了满足生产对仪表性能在温度方面的要求，就需要在仪表的研究、设计、制造过程中采取温度补偿技术，以抵消或减弱环境温度变化对仪表特性的影响，即设法减小仪表对温度的有害灵敏度，从而保证仪表特性基本上不随环境温度而变化。这可以从两个方面着手，一方面减小仪表输出零点对温度的有害灵敏度，另一方面减小仪表灵敏度对温度的敏感性。常用的温度补偿方法

有两种：并联式温度补偿和反馈式温度补偿。并联式温度补偿适用于仪表中温度敏感参数的单一温度补偿，在仪表设计中已经获得了较广泛应用；反馈式温度补偿适用于仪表中复杂温度敏感参数的综合温度补偿，它是一种很有发展前途的综合温度补偿方法。

反馈测量系统与一般测量系统的区别在于，它具有一个由“逆传感器”构成的反馈回路。由闭环系统的性质可知，反馈测量系统的特性基本上是由逆传感器的特性所决定的。在反馈测量系统中，一般是把系统输出的电量信号通过逆传感器变换成非电量，然后与非电被测量进行比较，比较结果产生一个偏差信号，此偏差信号通过前向通道中的传感器变换成电量，再经过测量放大电路，最后输出供指示或记录。逆传感器是反馈测量系统的关键。反馈测量系统中所采用的比较方式和平衡方式有力和力矩平衡、电流平衡、电压平衡、热流平衡、温度平衡等。

## 习题及思考题

4-1 什么是测量仪表对温度的有害灵敏度？若测量仪表具有线性刻度特性，问其对温度的有害灵敏度包含哪些内容？

4-2 简述并联式温度补偿的特点及实现温度补偿的条件，并指出选择和安排补偿环节的原则。

4-3 在用热电偶测温时，经常使用冷端温度补偿电桥进行其冷端温度补偿。试分析说明冷端温度补偿电桥工作原理和温度补偿条件。

4-4 图 4-20 所示为四臂电阻电桥原理图。图中 $E$ 为供桥电源，$U_{cd}$ 为桥路输出电压，$R_1$、$R_2$、$R_3$、$R_4$ 为桥臂电阻，其中一个随某被测参数（如应变 $\varepsilon$ 等）而变化。试根据并联式温度补偿原理分析推导桥路温度补偿条件，并指出选择桥臂电阻材料的温度系数原则。

4-5 图 4-21 所示为电容式压力传感器结构原理图。图中 1 是测压膜片，同时也是电容的一个极板；2 是电容另一极板，但与 1 是不同种材料；3 是绝缘材料。已知三者的温度线膨胀系数分别为 $\alpha_a$、$\alpha_b$、$\alpha_g$。若极板 1 与 2 之间气隙在 20 ℃时为 $d_0=a_0-b_0-g_0$。若 $d_0$ 值已给定，$b_0$ 已选定，问应如何求出 $g_0$ 值才能使气隙 $d$ 不随环境温度而变？

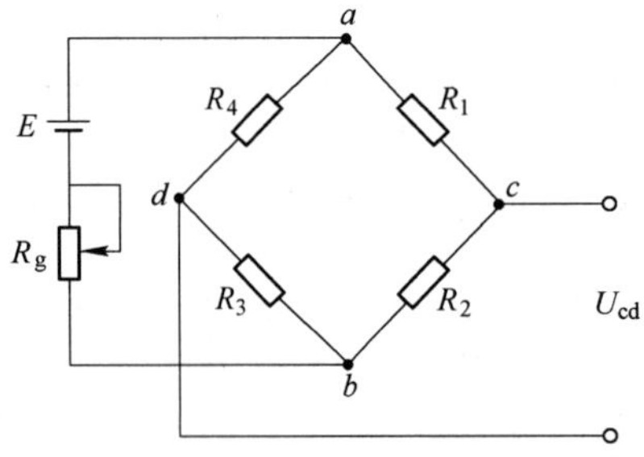


图 4-20 习题 4-4 图

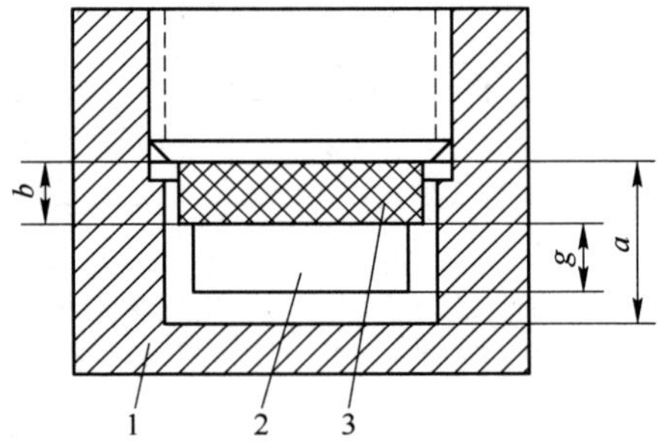


图 4-21 习题 4-5 图

4-6 图 4-22 为一个电压-电流变换器的框图。主线放大器的传递系数为 $K$，反馈环为锰铜线绕制的电阻 $R$。已知 $K$ 的温度系数 $\alpha_K=0.5\%/℃$，$R$ 的温度系数 $\alpha_R=5\times10^{-6}/℃$。在 0 ℃时 $K=10^4\ \dfrac{1}{\Omega}$，$R=1\ \Omega$，问环境温度从 0 ℃变到 50 ℃时，变换器输出电流 $I$ 的温度附加误差

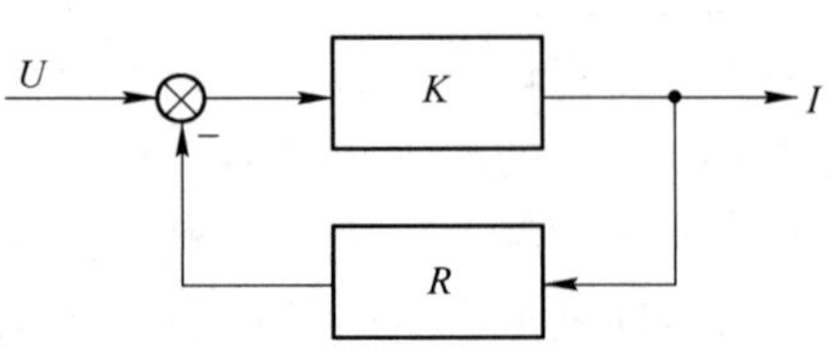


图 4-22 习题 4-6 图

是多少?

4-7 怎样构成反馈测量系统?影响反馈测量系统性能的关键环节有哪些?请简要说明之。

4-8 怎样构成无差反馈测量系统?请举例说明之。

4-9 图 4-23 是用于测量气体微差压的静电力平衡传感器系统。请分析说明该测量系统的工作过程,并推导系统的输入-输出关系。

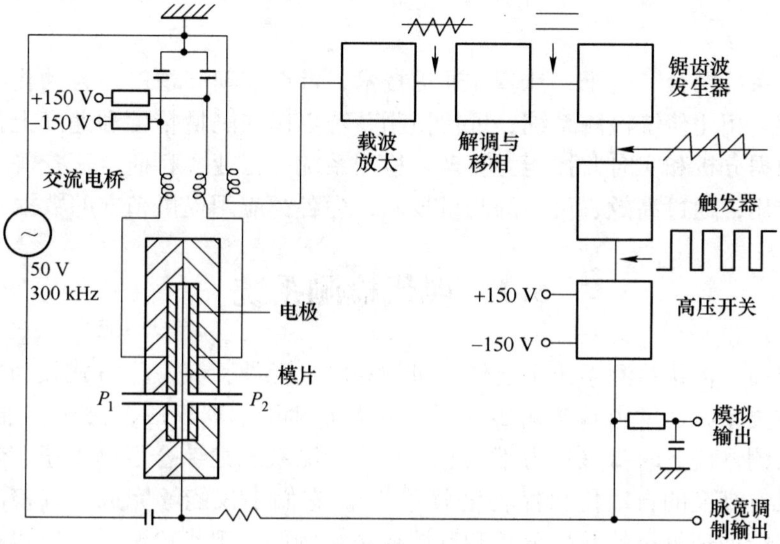


图 4-23 习题 4-9 图

# 5 现代检测系统新进展

现代检测系统融合了电子、计算和通信技术，旨在实现高精度、自动化和智能化的测量和数据处理。相比传统检测系统，现代检测系统不仅在测量精度和速度上显著提升，还具备更强的数据分析和实时监控能力。现代检测系统在工业、科研、医疗等领域中发挥着至关重要的作用，通过高效、可靠的测量技术，为各类应用提供精准的数据支持。

## 5.1 现代检测系统

在机理层面，传统检测系统主要依赖机械和电气元件，其工作方式较为简单，自动化程度较低。这类系统通常由基本的传感器、放大器和指示器组成，操作和维护较为直观，但在面对复杂测量任务时就显得力不从心；现代检测系统则综合了微电子、计算机技术和通信技术，具有高度的自动化和智能化水平[111]。它们不仅能够完成传统检测系统的基本测量任务，还能处理复杂的数据分析和反馈控制。例如，现代检测系统可以通过先进的信号处理算法，从噪声中提取有用信号，进行多维度的数据分析，并在数据异常时自动报警或调整测量策略[112]。

在检测效果层面，传统检测系统的测量精度和速度受限于机械和电气元件的性能，速度也受到手动操作和信号传输延迟的制约，仅适用于基本的测量任务；现代检测系统则依靠高精度传感器和快速的数据处理单元，能够在短时间内完成高精度测量。例如，基于激光或光纤技术的现代传感器可以实现纳米级的位移测量，而高速数据采集卡和处理器可以在微秒级别完成信号采集和处理，极大地提高了系统的整体性能[113]。

在数据处理能力层面，传统检测系统的数据处理能力较弱，通常需要人工干预进行数据分析，系统自身通常只设计了简单的模拟电路进行初步信号处理，复杂的数据分析需要通过外部计算设备完成；现代检测系统则内置了强大的数据处理能力，能够实时分析和反馈测量结果。例如现代检测系统配备的高性能数字信号处理器（DSP）或现场可编程门阵列（FPGA），能够在信号采集的同时进行复杂的数学运算和逻辑判断，实现数据的实时处理和分析[114]。

最后，在通信和集成方式层面，传统检测系统通常独立使用，无法与其他分立系统开展有效通信和集成检测，其信息传输主要依靠电线电缆连接，数据的共享和分析离不开人工操作；现代检测系统则具备高速通信接口，能够与其他系统无缝集成，实现网络化和远程监控。例如现代检测系统采用无线通信技术（如 Wi-Fi、Bluetooth、ZigBee 等）和有线通信技术（如 Ethernet、USB、CAN 等），能够实现数据的远程传输和分布式处理，方便使用者进行实时监控和集中管理[115]。

### 5.1.1 现代检测系统的基本结构

现代检测系统通常由以下几个主要部分组成：

（1）传感器：用于检测物理量或化学量，并将其转换为电信号。传感器是检测系统的前端设备，负责将被测量的物理现象转换为可测量的电信号。

（2）数据采集模块：将传感器信号转换为数字信号，并进行初步的信号处理。数据采集模块通常包括模数转换器（ADC）、放大器和滤波器，负责将传感器输出的模拟信号转换为数字信号，并进行必要的预处理。

（3）信号处理单元：信号处理单元执行更复杂的信号处理任务，如滤波、放大和转换，以提取有用信息。信号处理单元通常由数字信号处理器（DSP）或现场可编程门阵列（FPGA）组成，能够实时处理大量的数据，并执行复杂的算法。

（4）数据存储和处理单元：数据存储和处理单元通常是嵌入式计算机或工业计算机，负责存储和进一步处理数据。这一单元不仅存储测量数据，还可以进行复杂的计算和分析，生成用户所需的报告和结果。

（5）通信接口：用于与其他系统或设备进行数据传输和通信，支持有线或无线通信。通信接口确保检测系统可以与外部设备进行数据交换，实现远程控制和监控。

（6）用户界面：提供用户与系统交互的平台，通常有显示屏、控制面板或软件界面。用户界面使操作人员能够方便地监控系统状态、设置参数和查看测量结果。

对应的工作流程为：

（1）传感器检测：传感器感知被测物理量或化学量，并输出相应的电信号。

（2）信号采集：数据采集模块将传感器输出的模拟信号转换为数字信号，并进行初步处理，如滤波和放大。

（3）信号处理：信号处理单元对数字信号进行进一步处理，提取有用信息并去除噪声。

（4）数据存储和分析：处理后的数据存储在数据存储单元中，并通过嵌入式计算机或工业计算机进行进一步分析。

（5）数据传输：通过通信接口将数据传输到远程服务器或其他设备，实现远程监控和管理。

（6）结果显示：用户界面显示测量结果和系统状态，供操作人员查看和分析。

### 5.1.2 基于虚拟仪器的检测系统

#### 5.1.2.1 虚拟仪器的基本概念

虚拟仪器把计算机技术、电子技术、传感器技术、信号处理技术、软件技术结合起来，除继承传统仪器的已有功能外，还增加了许多传统仪器所不能及的先进功能。虚拟仪器的最大特点是其灵活性，用户在使用过程中可以根据需要添加或删除仪器功能，以满足各种需求和各种环境，并且能充分利用计算机丰富的软硬件资源，突破了传统仪器在数据处理、表达、传送以及存储方面的限制。

虚拟仪器（Virtual Instrument）是指通过应用程序将计算机与功能化模块结合起来[116]，用户可以通过友好的图形界面来操作这台计算机，就像在操作自己定义、自己设计的仪器一样，从而完成对被测量的采集、分析、处理、显示、存储和打印。

虚拟仪器实质上是一种创新的仪器设计思想和测试平台，而非一种具体的仪器。虚拟仪器可以有各种各样的形式，完全取决于实际的物理系统和构成仪器数据采集单元的硬件类型，但是有一点是相同的，那就是虚拟仪器离不开计算机的控制和数据处理，软件是虚拟仪器的灵魂。

虚拟仪器包括硬件和软件两个基本要素。硬件的主要功能是实现与真实世界之间信息与能量的交换，即获取真实世界的被测信号以及向真实世界施加影响，其功能是通过各种传感器、执行器、数据采集卡以及各种总线仪器和接口设备来实现的。而软件的作用是控制实现数据采集、处理、显示等功能，集成并形成仪器操作、运行的指令环境，包括应用程序和 I/O 接口仪器驱动程序等。

5.1.2.2　虚拟仪器的分类

按照虚拟仪器硬件接口总线类型不同，可分为数据采集插卡式（DAQ）虚拟仪器、GPIB 虚拟仪器、VXI 虚拟仪器、PXI 虚拟仪器、RS-232/RS-422 串行接口虚拟仪器、USB 虚拟仪器和最新的 IEEE 1394 接口虚拟仪器等类型。虚拟仪器系统构成如图 5-1 所示。

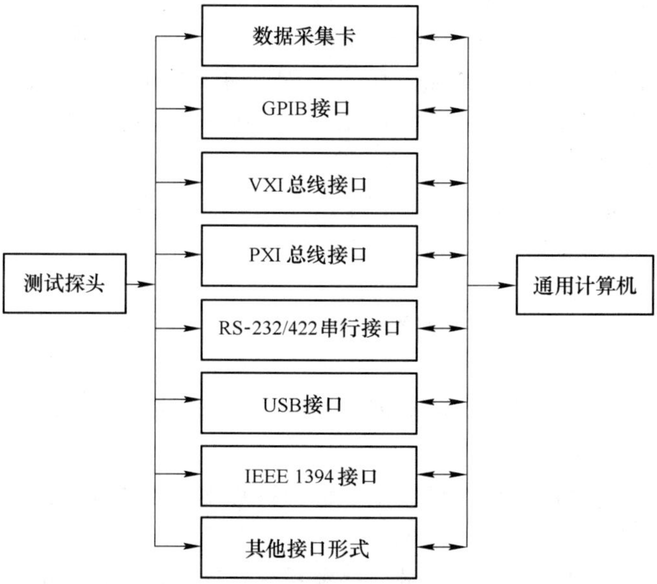


图 5-1　虚拟仪器系统构成

在给定计算机运算能力和必要的仪器硬件之后，虚拟仪器的实质是利用计算机显示器的显示功能来模拟传统仪器的控制面板，以多种形式表达输出检测结果；利用计算机强大的软件功能实现信号的运算、分析和处理；利用 I/O 接口设备完成信号的采集与调理，从而完成各种测试功能的计算机测试系统。使用者用鼠标或键盘操作虚拟面板，就如同使用一台专用测量仪器一样。因此，虚拟仪器的出现，使测量仪器与计算机的界限模糊了。

虚拟仪器的“虚拟”两字主要包含以下两方面的含义：

（1）虚拟仪器面板上的各种“图标”与传统仪器面板上的各种“器件”所完成的功能是相同的：由各种开关、按钮、显示器等图标实现仪器电源的“通”“断”，实现被测信号的“输入通道”、“放大倍数”等参数的设置，以及实现测量结果的“数值显示”、“波形显示”等。

传统仪器面板上的器件都是实物，而且是由手动和触摸进行操作的；虚拟仪器前面板是外形与实物相像的“图标”，每个图标的“通”、“断”、“放大”等动作通过用户操作计算机鼠标或键盘来完成。因此，设计虚拟仪器前面板就是在前面板设计窗口中摆放所需的图标，然后对图标的属性进行设置。

（2）虚拟仪器测量功能是通过对图形化软件流程图的编程来实现的，虚拟仪器是在以PC为核心组成的硬件平台支持下，通过软件编程来实现仪器功能的。因为可以通过不同测试功能软件模块的组合来实现多种测试功能，所以在硬件平台确定后，就有“软件就是仪器”的说法。这也体现了测试技术与计算机深层次的结合。

#### 5.1.2.3 虚拟仪器的优点

虚拟仪器的突出优点是不仅可以利用PC组建成为灵活的虚拟仪器，更重要的是它可以通过各种不同的接口总线，组建不同规模的自动测试系统。它可以通过与不同的接口总线的通信，将虚拟仪器、带总线接口的各种电子仪器或各种插件单元调配并组建成为中小型甚至大型的自动测试系统。与传统仪器相比，虚拟仪器有以下特点：

（1）传统仪器的面板只有一个，其上布置着种类繁多的显示单元与操作元件，易于导致许多识别与操作错误。而虚拟仪器可通过在几个分面板上的操作来实现比较复杂的功能，这样在每个分面板上就实现了功能操作的单纯化与面板布置的简捷化，从而提高操作的正确性与便捷性。同时，虚拟仪器面板上的显示单元和操作元件的种类与形式不受“标准件”和“加工工艺”的限制，它们由编程来实现，设计者可以根据用户的认知要求和操作要求，设计仪器面板。

（2）在通用硬件平台确定后，由软件取代传统仪器中的硬件来完成仪器的各种功能。

（3）仪器的功能是根据需要由软件来定义的，而不是事先定义好的。

（4）仪器性能的改进和功能扩展只需更新相关软件设计，而不需购买新的硬件。

（5）研制开发周期较传统仪器大为缩短。

（6）虚拟仪器开放、灵活，可与计算机同步发展，与网络及其他周边设备互联。

决定虚拟仪器具有传统仪器不可能具备的特点的根本原因在于“虚拟仪器的关键是软件”。虚拟仪器软件将可选硬件（如DAQ、GPIB、RS-232、VXI、PXI）和可以重复使用源码库函数的软件结合起来，实现模块间的通信、定时与触发，源码库函数为用户构造自己的虚拟仪器系统提供了基本的软件模块。当用户的测试要求变化时，可以方便地由用户自己来增减软件模块，或重新配置现有系统以满足其测试要求。

#### 5.1.2.4 虚拟仪器的软件

虚拟仪器软件包括应用程序和I/O接口设备驱动程序。

应用程序包含以下两个方面的程序：

（1）实现虚拟仪器前面板功能的软件程序，即测试管理层，是用户与仪器之间交流信息的纽带。虚拟仪器在工作时利用软面板去控制系统。与传统仪器前面板相比，虚拟仪器软面板的最大特点是软面板由用户自己定义。因此，不同用户可以根据自己的需要组成灵活多样的虚拟仪器控制面板。

（2）定义测试功能的流程图软件程序，利用计算机强大的计算能力和虚拟仪器开发软件功能强大的函数库，极大提高了虚拟仪器的数据分析处理能力。如 HP-VEE 可提供 200 种以上的数学运算和分析功能，从基本的数学运算到微积分、数字信号处理和回归分析。LabVIEW 的内置分析能力能对采集到的信号进行平滑、数字滤波、频域转换等分析处理。

I/O 接口设备驱动程序则用来完成特定外部硬件设备的扩展、驱动与通信。

虚拟仪器（VI）的概念，是美国国家仪器公司（NI）于 1986 年提出的。20 世纪 80 年代以来 NI 公司研制和推出了许多总线系统的虚拟仪器，成为这类新型仪器世界第一生产大户。此后，美国的惠普（HP）公司、Tektronix 公司、Racal 公司等也相继推出了许多此类仪器，目前，虚拟仪器在发达国家已经十分普及。虚拟仪器已成为 21 世纪仪器发展的方向，并且有逐步取代传统硬件化电子仪器的趋势。

近年来，世界各国的虚拟仪器公司开发了许多虚拟仪器开发平台软件，以便使用者利用这些仪器公司提供的开发平台软件组建自己的虚拟仪器或测试系统，并编制测试软件。其中最早和最具影响力的是 NI 公司的 LabVIEW 和 LabWindows/CVI 开发软件。LabVIEW 采用图形化编程方案，是非常实用的开发软件[117]。LabWindows/CVI 是为熟悉 C 语言的开发人员准备的、使用 Windows 环境下的标准 ANSIC 开发环境。除了上述的开发软件之外，美国 HP 公司的 HP-VEE 和 HPTIG 平台软件，美国 Tektronix 公司的 Ez-Test 和 Tek-TNS 软件，以及美国 HEM Data 公司的 Snap-Master 平台软件，也是国际上公认的优秀虚拟仪器开发平台软件。

#### 5.1.2.5 虚拟仪器设计案例

虚拟仪器的设计方法与实现步骤和一般软件的实现步骤基本相同，区别在于虚拟仪器在设计过程中需要考虑与实际硬件部分的连接。以下将结合经典案例“虚拟示波器”说明其设计步骤：

（1）确定信号接口形式，并检查接口装置是否具有设备驱动程序，若无则需要自己编写设备驱动程序。设计“虚拟示波器”时，首先要确定输入信号的接口形式。例如，对模拟电压信号的采集，可使用由 National Instruments（NI）生产的 USB 或 PCIe 数据采集卡（DAQ），如 NI USB-6008，它支持多通道的模拟电压输入，且提供适配 LabVIEW 的驱动程序，使得信号采集和通信实现简便稳定。

对自行搭建的 RS232 串口信号或自定义的信号采集模块，则需确认是否存在对应的驱动程序支持，特别是在 LabVIEW 中控制串口时，需保证 LabVIEW 能正确识别和访问接口。对更复杂的应用场景，如缺少官方驱动支持，可能需要编写适配的驱动程序并通过 LabVIEW 调用，从而实现 LabVIEW 与硬件接口的直接通信，从而确保硬件采集的信号数据能准确地传送至虚拟仪器进行进一步处理。

（2）确定应用程序的编程语言，选择虚拟仪器开发平台软件或 C 语言、VB、VC 等通用编程语言。一般情况下，LabVIEW 因其模块化编程和集成的数据采集功能而被优先选用，它具备丰富的虚拟仪器开发资源，尤其适用于采集和处理模拟信号的应用场景。此外，LabVIEW 支持图形化编程，能够高效直观地设计程序逻辑，并提供了丰富的信号处理和数据显示控件。

在特殊需求下，如需使用底层硬件控制或实现复杂算法，可以通过 LabVIEW 的 Call Library Function Node 调用 C 语言编写的动态链接库（DLL），从而实现自定义控制逻辑或高效计算。这种 LabVIEW 与 C 语言的结合可以在提升灵活性的同时，保证开发过程的高效性。

（3）编写和调试应用程序。在 LabVIEW 中构建电压信号虚拟示波器的核心功能模块，主要包括信号采集、波形显示、时基调整和触发功能模块，具体步骤如下：

1）信号采集：利用 LabVIEW 的 DAQ 助手模块或串口通信模块，配置数据采集设备的采样率、通道数和信号范围。对 NI 的 DAQ 设备，可通过 LabVIEW 的 DAQ 助手直接完成信号采集设置，采集后的电压信号可以无缝输入到波形显示控件中。

2）波形显示与调整：将采集信号输入至 LabVIEW 的波形图表控件，实现实时显示。可配置时基调整和幅度缩放控件，方便用户根据需求观察信号的细节变化。

3）触发功能：设置触发条件，如电压阈值和触发模式，以保证输入信号达到设定条件时自动刷新波形显示。

4）调试程序：调试过程中，检查信号显示的稳定性和准确性，测试采样速率、时基和触发条件的配置效果，确保虚拟示波器在显示效果上达到要求。

（4）封装应用程序，形成可执行文件。完成调试后，可将 LabVIEW 应用程序打包成可执行文件（如 .exe 文件），以便在其他计算机或操作系统上独立运行。LabVIEW 支持将应用程序封装为独立的可执行文件，并可通过 LabVIEW Runtime 引擎在其他设备上执行，适用于跨平台的需求。同时，如果程序中包含了调用 C 语言编写的 DLL 库，则在封装时需确保相关库文件随同打包，以确保可执行文件在其他设备上能正常运行。

从以上四个步骤也可以看出，在选定数据采集硬件以后，虚拟仪器设计的关键在于软件设计，确保硬件信号采集和软件数据处理的高效配合，从而实现精确的数据采集和实时显示。

## 5.2 软测量技术

近年来，随着现代科学技术的迅猛发展，各类工业生产过程，如冶金、化工、石化、电力、造纸、食品制造和污水处理等，已经发生了显著的变化。以往简单的、局部的、常规的控制方法无法满足现代生产工艺和环境的要求。为了保证生产过程的正常进行和获取最大的经济效益，先进控制和优化控制技术纷纷被用于现代生产过程中，而应用中首先遇到的一个难题就是许多产品的质量指标无法测量，或者只能定时通过人工实验室化验得到。随着现代工业生产过程对控制、计量、节能增效、环保和运行可靠性等要求的不断提高，各种测量要求日益增多。现代过程检测的内涵和外延正在发生深刻变化。一方面，仅获取温度、流量、压力和物位等常规过程参数的测量信息已不能满足工艺操作和控制的要求，需要连续获取诸如成分、物性等与过程操作和控制密切相关的参数测量信息。同时对复杂的大型工业过程，还需要获知反映过程二维/三维的时空分布信息（例如高炉软融带形状、位置信息，高炉内温度、成分分布信息等）。另一方面，对测量精度的要求越来越高，测量从静态向动态测量发展，在许多应用场合还需要综合运用所获得的各种过程测量信息，才能实现有效的过程控制、对生产过程进行故障诊断、状态监测等。

无论是过程控制中先进过程控制算法和策略的具体实施，还是过程优化、生产协调、故障诊断、状态监测等，其工程实现的前提是能有效地获取反映过程的信息。过程检测技术发展水平的限制，极大阻碍了过程控制、故障诊断、状态监测等的发展。

为了解决工业过程的复杂参数测量要求，往往采用以下两种方法：一是通过研制基于新型检测原理的传感器及测量仪表，直接在线测量复杂过程参数；二是采用间接测量的思路，对与被测物理量有关的、易于实现测量的几个量进行测量，通过计算来实现被测复杂过程参数的估计，软测量技术（Soft-Sensing Technique）正是这一思想的集中体现[118]。

软测量技术也称为软仪表技术（Soft Sensor Technique），软测量技术就是利用易测变量（常称为辅助变量或二次变量，例如压力、温度、流量、物位等），依据这些易测变量与难以直接测量的待测变量（常称为主变量，例如反应物浓度和反应速率等）之间的数学关系（模型），通过各种数学计算和估计方法，从而实现对待测变量的测量。

研制基于新型检测原理的传感器及测量仪表，涉及传感机理研究、敏感材料研制、封装技术研究、仪表检测电路设计、仪表制造和定型等多个环节，研发成本高、周期长、风险大。而采用软测量技术实现复杂参数检测是以目前可有效获取的测量信息为基础，其核心是软件算法，具有智能性，可方便地根据被测对象特性的变化进行修改和改进，因此在可实现性、通用性、灵活性和成本等方面有明显的优势。

软测量技术的基本思想起源于间接测量，早就被应用到实验室测试数据处理中。在 20 世纪 70 年代 Brosilow 就提出了推断控制的思想。推断控制的基本思想是采集过程中比较容易测量的辅助变量[119]，通过构造推断估计器来估计并克服扰动和测量噪声对过程主导变量的影响。推断控制包括推断估计器和控制器的设计，两者可以独立进行，其中推断估计器是推断控制系统设计的关键，如果主导变量的估计值足够精确，就为控制器的设计提供了良好的支持。这可以看作软测量技术的早期萌芽。然而软测量技术作为一个概括性的科学术语被提出始于 20 世纪 80 年代中后期，随着微处理器在测量仪器中的广泛应用，在世界范围内掀起了一股软测量技术研究的热潮。1992 年过程控制专家 T. J. Macvoy 在著名学术刊物 Automatica 上发表了题为“Contemplative Stance for Chemical Process Control”的 IFAC 报告，明确提出了软测量技术将是今后过程控制的主要发展方向之一，对软测量技术研究起到了重要的促进作用[120]。

经过多年的发展，目前已提出了不少构造软仪表的方法，并对影响软仪表性能的因素以及软仪表的在线校正等方面也进行了深入研究，软测量技术已渗透到需要实现难测参数在线测量的各个领域，已成为检测技术领域的一大研究热点和主要发展方向之一。

### 5.2.1　软测量技术原理

软测量技术的基本思想是根据某种最优准则，选择一组与主导变量有密切关系又容易测量的变量，构造某种数学关系来估计主导变量。软测量建模的步骤包括：辅助变量的选择、数据采集与预处理、软测量模型的建立以及软测量模型的在线校正四个环节。

#### 5.2.1.1　辅助变量的选择

辅助变量的选择确定了软测量的输入信息矩阵，因而直接影响软测量模型的结构和输出。辅助变量的选择包括变量的类型、数量和测点位置。这三个方面是相互关联的，并由过程特性决定，同时在实际应用中还应当考虑可行性、可靠性、维护的难易程度以及经济性等因素的制约。

辅助变量的选择范围是对象的可测变量集，一般根据工业对象的机理和实际工况的了解，按照如下若干原则进行选择：

（1）过程适用性，工程上易于获得并能达到一定的测量精度。

（2）灵敏性，能对被测主变量或不可测扰动的变化敏感。

（3）选择性，对过程输出和不可测扰动之外的干扰不敏感。

（4）准确性，构成的软测量仪表应能满足精度要求。

（5）鲁棒性，对模型误差不敏感。

现代工业某些对象具有数百个检测变量，面对如此庞大的可测变量集，若采用定性分析的方法对每个变量逐一进行判断，工作量非常大，不可行。现在主要根据对象的机理、工艺流程以及专家经验选择辅助变量。这样确定的辅助变量仍可能不少，并且相关程度差异大，如果将它们全部作为软测量的输入变量，模型势必十分复杂，不但未必能提高精度，而且重要信息仍有可能被遗漏。知识发现（数据挖掘）和数据融合技术是两种可帮助我们从浩瀚的数据海洋中自动挑选出合适信息的方法。

显然辅助变量可选数目的下限是被估计的变量数，而最佳数目则与过程的自由度、测量噪声以及模型的不确定性有关。至于如何选取最佳个数仍是一个有待研究的问题，至今尚无较为统一的结论。一般建议从系统的自由度出发，先确定辅助变量的最小个数，再结合实际过程的特点适当增加，以便更好地处理动态特性等问题。检测点的位置主要由过程的动态特性决定。

辅助变量的选择通常首先根据先验知识初步确定待选的辅助变量集，然后根据统计方法选择最佳的变量集。

#### 5.2.1.2 数据预处理

软测量模型的性能很大程度上依赖于所获得过程测量数据的准确性和有效性，所以在进行数据采集时，要使采集的样本空间尽量覆盖整个操作范围，同时要本着有代表性、均匀性和精简性的原则进行选取。数据驱动软测量模型一般为静态模型，所以在采集数据时应尽量采集装置平稳运行时的数据。

测量数据受仪表精度、可靠性和测量环境等因素的影响，不可避免地带有各种测量误差，采用低精度或失效的测量数据可能导致软测量仪表性能的大幅度下降，严重时甚至导致软测量模型的失效，因此测量数据的预处理对保证软测量仪表正常可靠运行非常重要。

测量数据预处理包括测量误差处理和测量数据变换两部分。

测量数据的误差可分为随机误差和疏失误差两大类。

随机误差的产生是受随机因素的影响，一般是不可避免的，但符合一定的统计规律，可通过数字滤波方式减小。数据协调方法是近年来提出的减小随机噪声影响的新方法，其基本思想是根据物料平衡和能量平衡等方程建立精确的数学模型，以估计值与测量值的方差最小为优化目标，构造一个估计模型，为测量数据提供一个最优估计，以便及时准确地检测误差的存在，进而剔除或补偿其影响。数据协调本质上是一个在等式或不等式约束下的线性或非线性优化问题。

疏失误差包括常规测量仪表的偏差和故障，以及不完全或不正确的过程模型。在实际过程中疏失误差出现的几率很小，但它的存在严重恶化了数据的品质，因此必须及时侦测和剔除。常用的处理方法有：统计假设检验法、广义似然比法、贝叶斯法等。

测量数据变换不仅影响模型的精度和非线性映射能力，而且对数值算法的运行效果也有重要作用。测量数据的变换包括标度、转换和权函数三个方面。

实际过程测量数据可能有着不同的工程单位，各变量在数值上也可能差几个数量级，直接使用原始测量数据进行计算可能丢失信息和引起数值计算的不稳定。因此需要采用合适的因子对数据进行标度，以改善算法的精度和计算稳定性。通过对数据的转换，可有效地降低非线性特性。权函数则可实现对变量动态特性的补偿。

5.2.1.3　软测量模型的建立

软测量模型的建立是软测量技术的核心。软测量模型是研究者在深入理解过程机理的基础上，利用建模、辨识的方法得出的适用于估计的模型。它不同于一般意义下的数学模型，强调的是通过辅助变量来获得对主导变量的最佳估计。

5.2.1.4　软测量模型的在线校正

由于对象的时变性、非线性以及模型的不完整性等因素，必须考虑模型的在线校正，才能适应新的工况。软测量模型的在线校正包括模型参数的修正和模型结构的优化两方面。模型的参数修正具体方法有自适应法、增量法和多时标法等。模型结构的优化是通过学习新获取的样本对模型的结构进行优化。

### 5.2.2　软测量建模方法

软测量技术的分类一般都是依据软测量模型的建立方法。软测量建模方法多种多样，而且各种方法互有交叉，目前有相互融合的趋势，因此很难妥当而全面地分类。在此暂且根据人们对过程的认识程度，分为基于机理的传统建模方法、基于数据驱动的建模方法以及机理和数据驱动相结合的混合建模方法。基于机理的传统建模方法还可细分为基于工艺机理分析的建模方法以及基于对象数学模型的建模方法两种。基于数据驱动的建模方法可细分为基于回归分析的建模方法、基于人工智能的建模方法两种。下面将对这几种建模方法做逐一介绍。

5.2.2.1　基于工艺机理分析的建模方法

基于工艺机理分析的软测量主要是运用化学反应动力学、物料平衡、能量平衡等原理，通过对过程对象的机理分析，找出不可测主导变量与可测辅助变量之间的关系，建立机理模型，从而实现主导变量的软测量。

清晰知道工艺机理的对象，可以通过该方法建立性能良好的软测量模型，而对工艺机理研究不充分的对象，难以单独建立合适的机理模型。此时该方法就需要与其他参数估计方法相结合才能构造软仪表。

这种软测量方法是工程中常用的方法，其特点是简单，工程背景清晰，便于实际应用，但应用效果依赖于对工艺机理的了解程度，应用于工艺复杂对象时建模的难度较大。

5.2.2.2　基于对象数学模型的方法

由于软测量是控制学科中的一个分支，在其发展初期，很多研究者尝试使用控制学科中基于对象数学模型的方法建立软测量模型。这些方法将状态估计、参数估计、系统辨识和自适应控制等理论用于获取软测量模型。设计方法可分为基于状态空间模型和基于过程的输入与输出模型两种。

基于状态空间模型的方法主要有状态观测器、自适应观测器等方法。这种软测量技术是建立对象的动态数学模型（包括广义动态数学模型）时，将不可测主导变量看作状态变量或者未知参数，将可测的辅助变量看作输入与输出变量，这样对主导变量的估计问题就转化为控制理论中典型的状态估计或参数估计命题，进而可以采用 Luenberger 观测器、高增益观测器、Kalman 滤波器、自适应 Kalman 滤波器或自适应观测器等方法实现。基于状态空间模型的软仪表由于可以反映主导变量和辅助变量之间的动态关系，因此有利于处理各变量间动态特性的差异和系统滞后等情况。这种软测量方法的不足是对于复杂的工业过程，常常难以有效地建立系统的状态空间模型，这在一定程度上限制了该方法的应用。同时在许多工业生产过程中，常会出现持续缓慢变化的工作点迁移，从而导致原来建立的状态空间模型准确性降低，在这种情况下，该种软仪表可能会导致显著的误差。

基于过程输入与输出的动态模型，可以转化为基于 ARMAX 模型的递推估计问题进行求解或采用自适应输入与输出估计方法在线辨识过程参数。这种方法同样需要一个准确的数学模型，而我们得到的控制模型通常是简化的数学模型，过程噪声与理想白噪声相差甚远，因此这种方法应用实例并不多。

#### 5.2.2.3 基于回归分析的建模方法

经典的回归分析是一种建模的基本方法，应用范围相当广泛。以最小二乘法原理为基础的一元和多元线性回归技术目前已相当成熟，常用于线性模型的拟合。对于辅助变量较少的情况，一般采用多元线性回归中的逐步回归技术以获得较好的软测量模型。对于辅助变量较多的情况，通常要借助机理分析，首先获得模型各变量组合的大致框架，然后再采用逐步回归方法获得软测量模型。为简化模型，也可采用主元回归分析法 PCR（principal component regression）和部分最小二乘回归法 PLSR（partial least squares regression）等方法。

基于回归分析的软测量建模方法简单实用，但需要足够有效的样本数据，对测量误差较为敏感且模型物理量概念不明了。

#### 5.2.2.4 基于人工智能的建模方法

基于人工智能的软测量建模方法有很多，如人工神经网络、模糊集合理论等。

人工神经网络（Artificial Neural Networks，ANN）无需具备对象的先验知识，可以根据对象的输入与输出数据直接建模，在解决高度非线性和严重不确定性系统控制方面具有巨大的潜力。目前人工神经网络已成功地用于复杂工业过程的动态建模、系统辨识、控制、数据分析及故障诊断等方面，显现出强大的生命力。ANN 是软测量的一种十分便利和有效的方法，将过程易测量的辅助变量作为神经网络的输入，将待测的主导变量作为 ANN 的输出，通过网络的自学习能力完成主导变量的估计。

常用的人工神经网络方法有多层前向网络（Multilayer Feedforward Networks，MFN）、径向基函数网络（Radial Base Function，RBF）以及与模糊技术结合的 TSK 模糊神经网络等。

虽然人工神经网络在建模时无需具备对象的先验知识，并且已被证明了可以任意精度逼近非线性连续函数，但是该证明实质上是一个存在性证明而非构造性证明，所以应用中经常碰到不收敛的情况；另外，由于其优化目标是经验风险最小而不是结构风险最小，算法的泛化能力在实践中应用效果有着一些不足。

模糊技术模仿人脑的思维逻辑，可以处理模型未知或不精确的控制问题。已经证明，采用模糊模型也可以以任意精度逼近任意的连续非线性函数。近年来，模糊集理论大量应用在软测量中，但是通常与神经网络结合构成模糊神经网络以建立复杂过程的软测量模型。

尽管以上介绍的各种人工智能方法在软测量中得到了广泛的关注，且研究结果也充分说明了其在处理对象非线性、不确定性及复杂性方面的能力，但是应该注意到，大部分文献都是采用仿真例子进行说明。即采用典型仿真模型或涉及工业数据仿真来进行说明，将人工智能方法的软测量模型投入到现场运行的实例较少。虽然这里有目前硬件条件限制的影响，但模型本身的问题也是很大的一个原因。因此，人工智能方法仍需要进一步研究和完善。

#### 5.2.2.5 混合建模方法

早期的软测量建模都是停留在单一方法的研究上，现在越来越多的研究已经开始热衷于研究多种建模方法相结合的混合软测量模型。虽然目前软测量混合建模方法多种多样，但由于简化机理建模和数据驱动建模可以互为补充，所以两者的结合受到较多的关注，也取得了很好的效果。

### 5.2.3 软测量技术的应用

软测量技术工业应用成功实例不少。国外有 Inferential Control 公司、Setpoint 公司、DMC 公司、Profimatics 公司、Simcon 公司、Applied Automation 公司等以商品化软件形式推出各自的软测量仪表，这些已广泛应用于常减压塔、FCCU 主分馏塔、焦化主分馏塔、加氢裂化分馏塔、汽油稳定塔、脱乙烷塔等先进控制和优化控制。它增加了轻质油收率，降低了能耗并减少了原油切换时间，取得了明显经济效益。

国内引进和自行开发软测量技术在石油化工、炼油工业过程应用比较多，例如催化裂化装置分馏塔轻柴油凝固点软测量，基于现场数据分析并结合工艺机理分析，建立了多层前向网络柴油凝固点的软测量模型设计简单在线校正。

目前软测量技术在化工、冶金、生化、造纸、锅炉、污水处理等工业过程应用日趋广泛。下面以火电厂锅炉烟气含氧量测量为例介绍软测量技术的应用。

#### 5.2.3.1 火电厂锅炉烟气含氧量测量现状

在电力市场深入改革的今天，厂网分开、竞价上网使各发电厂为了加强市场竞争力而努力提高发电效率，降低发电成本。随着电网调峰任务加重，电厂机组负荷变化频繁，为能达到锅炉安全、经济运行的目的，运行人员必须对燃烧器出口风速和风率、炉膛风量等进行适当调整，通过改变烟气中的氧量来优化锅炉燃烧工况。燃烧过程常规的控制方式是按风煤比（经验数据或统计的平均值）粗调风量，以保证完成燃烧所需要的足够风量，在稳定情况下还需要按烟气含氧量大小修正风煤比，对风量细调。烟气含氧量的设定值应随负荷的变化进行相应调整，以保证锅炉的燃烧效率，前提是对烟气含氧量进行及时、准确测量。

目前电厂测量烟气含氧量的氧气传感器主要是热磁式氧量传感器和氧化锆氧量传感器。热磁式氧量传感器是利用烟气组分中氧气的磁化率特别高这一物理特性来测定烟气中的氧气含量。虽然其具有结构简单、便于制造和调整等优点，但由于反应速度慢、测量误差大、容易发生测量环室堵塞和热敏元件腐蚀严重等缺点，在火电厂的应用日渐减少。而氧化锆氧量计相对于热磁式氧量计，具有结构和采样预处理系统简单、灵敏度和分辨率高、测量范围宽、响应速度较快等优点，已逐渐取代了热磁式氧量计在火电厂的应用。但是氧化锆氧量计也具有如下缺点：传感器高温下易出现裂纹或铂电极脱落，使用寿命短、投资大；测量滞后大，不利于过程的在线监视和提供在线闭环控制所需的反馈信号；本底电势离散性大，经常需要调整；氧化锆表面尘粒等污染会带来较大测量误差。基于其他类型氧量传感器的测量方法（如磁力机械式氧量仪等），由于安装难度、现场环境等原因的限制在火电厂很少应用，而且这些少数的应用也并未取得很好的效果。因此，许多学者希望用软测量的方法来解决烟气含氧量的测量问题。

#### 5.2.3.2 辅助变量选取

合理选择二次变量不仅对软测量精度有重要作用，而且还可以使软测量模型得到简化，使模型更加容易理解。烟气含氧量软测量模型中的二次变量（即软测量模型的输入）应选择对烟气含氧量有直接或隐含关系的可实时检测变量。尾部烟气含氧量主要受煤质变化、锅炉炉膛漏风、未完全燃烧等因素的影响。因此，需要选择能反映负荷、燃料、风量、排烟等方面的变量作为辅助变量。本应用案例选择主蒸汽压力、主蒸汽流量、总燃料量、总风量、一次风压、A、B 送风机电流、A、B 引风机电流、风箱与炉膛差压、给水温度、给水流量作为辅助变量。

#### 5.2.3.3 软测量建模方法

本应用案例在基于 BP 神经网络原始算法改进的基础上，通过对网络的训练学习构造烟气含氧量的预测模型，实现锅炉燃烧系统的闭环控制和优化。构建一个多输入单输出的 BP 网络预测模型，模型包括三层。输入层的输入量为主蒸汽压力、主蒸汽流量、总燃料量、总风量、一次风压、A、B 送风机电流、A、B 引风机电流、风箱与炉膛差压、给水温度、给水流量；输出层的输出量为烟气含氧量。模型结构如图 5-2 所示。

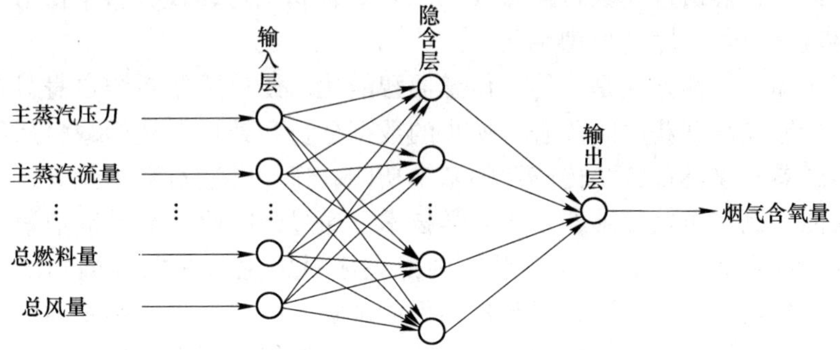


图 5-2 BP 神经网络烟气含氧量预测模型

先对试验数据进行归一化处理后，送入神经网络进行训练，同时逐步调整和确定模型中隐层神经元的数目，训练中数目取为 64 时，可以满足网络稳定性和收敛性较好的要求。将训练样本之外的 8 组试验数据作为测试样本用于神经网络的预测效果检验。训练好的神经网络能较好地预测烟气含氧量的值，从而建立了烟气含氧量的预测模型。

在实际应用中样本数据库可以不断更新，即在存储了足够数量新样本后，将旧样本挤掉，每隔一定时间在线进行网络模型训练，对软测量模型进行修正，提高测量精度。

## 5.3 现代检测与智能感知

### 5.3.1 智能感知原理

智能感知是通过传感器获取环境信息，利用人工智能算法处理数据，从而实现对环境的智能理解和响应的过程。这一过程不仅涉及传感器数据的采集和传输，还包括数据的预处理、分析和决策，是一个复杂且全面的系统工程。随着物联网（Internet of Things, IoT）、大数据和人工智能（Artifical Intellgence, AI）技术的快速发展，智能感知技术已经渗透到各个领域，成为推动现代科技进步的重要力量[121]。

智能感知的发展可以追溯到20世纪中期，最初的研究集中在传感器技术的改进和应用上。早期的传感器主要用于工业自动化和军事领域，随着技术的进步，传感器的种类和应用范围不断扩大。进入21世纪，随着计算能力的提升和人工智能技术的进步，智能感知开始逐渐走向成熟。特别是深度学习技术的发展，使得智能感知在图像识别、语音识别等领域取得了突破性进展。目前，智能感知技术已经在多个领域得到了广泛应用。例如，在智能交通系统中，通过智能感知技术实现对交通流量的实时监测和管理，有效缓解了交通拥堵问题；在医疗健康领域，通过智能感知技术实现对患者生理参数的实时监测和分析，提升了医疗服务的质量和效率[122]。

本书第2章介绍的传统传感器是智能感知系统的核心组件，其基本原理是将物理、化学或生物信息转化为电信号。传感器种类繁多，根据测量对象的不同，可以分为温度传感器、压力传感器、光传感器、气体传感器、生物传感器等。传统传感器的数据获取过程通常包括信号采集、信号转换和数据传输三个阶段。信号采集通过感知目标物理量，将其转换为电信号；信号转换通过模数转换器（ADC）将模拟信号转换为数字信号；数据传输通过通信接口将数字信号传输到处理单元。

实现智能感知的一种方式是将传统传感器智能化，使传感器系统自身具备一定的计算和处理能力，能够在数据获取阶段进行初步的数据分析和处理，从而减轻后续处理单元的负担。智能传感器不仅具备传统传感器的基本功能，还能够进行数据预处理、状态监测和故障诊断等功能，例如血氧传感器基于光学技术，通过光吸收差异推断血氧饱和度，为了提高数据的准确性和稳定性，需要在系统内部完成对传感器获取数据的滤波、校准和补偿，用以消除手指运动等外界因素对测量结果的影响。除此之外，传感器的智能化还包括自适应传感器和可重构传感器，例如，自适应光传感器能够根据环境光强的变化，自动调整其灵敏度和响应速度，保证在不同光照条件下都能准确测量光强，模拟人眼自我调节行为，主要应用在智能监控、自动驾驶、机器人视觉等领域；可重构气体传感器能够通过更换传感材料或调整工作模式，测量不同种类的气体，提高传感器的通用性和适应性。

对于更加复杂的智能感知系统而言，传感器不仅是数据获取的工具，更是实现智能感知的关键。智能感知系统中的传感器不仅要具备高灵敏度和高精度，还需要具有自适应能力，能够根据环境的变化进行自我调整和优化。例如，在智能交通系统中，通过超声波、（激光）雷达、摄像头（包括可见光与红外）等多种传感器实时监测交通流量、车速、车距等信息，结合人工智能算法进行数据分析和处理，实现交通信号灯的智能控制和交通流量的优化管理。由上述案例可以看出，传感器赋予了智能感知系统“感知”所对应的功能，而智能感知系统的大脑，也就是“智能”所对应的功能，则依靠人工智能算法实现。整体而言，智能感知系统的架构通常包括传感器层、网络层、数据处理层和应用层。传感器层负责数据采集，通过多种传感器采集环境数据；网络层负责数据传输，通过有线或无线通信技术，将数据传输到数据处理层；数据处理层通过机器学习和深度学习算法，对数据进行分析和处理；应用层负责智能决策和响应，实现对外部设备的控制和管理。

### 5.3.2 智能感知算法与应用

在感知系统的设计阶段，获取待感知对象与系统传感器直接输出量之间的数据集后，使用人工智能算法构建数学模型，从数据中学习规律，训练感知系统，从而在投入应用后对未知数据进行预测和分类。在众多人工智能算法中，机器学习是实现智能感知的核心技术，在智能感知应用中常见的机器学习算法包括线性回归、支持向量机、决策树等。

#### 5.3.2.1 线性回归

线性回归（Linear Regression）是一种最基本的回归分析方法，通过最小化观测数据点与预测值之间的平方误差，来拟合线性关系，例如在环境监测系统中，线性回归算法可以用于预测空气污染水平。通过采集历史空气质量数据（如 PM2.5 浓度、温度、湿度等），线性回归模型可以预测未来几小时的空气质量变化，帮助城市管理者采取相应措施。

#### 5.3.2.2 支持向量机

支持向量机（Support Vector Machine，SVM）是一种用于分类和回归的监督学习模型，其主要思想是找到一个最佳超平面将不同类别的数据点分开，以最大化数据点到超平面的间隔。对于线性不可分的数据，SVM 通过核函数（如多项式核、径向基函数等）将数据映射到更高维空间，使其线性可分。例如在医疗影像分析中，SVM 可以用于肿瘤的识别和分类。通过提取影像中的特征（如边缘、纹理等），SVM 能够准确区分良性和恶性肿瘤，为医生提供诊断参考。

#### 5.3.2.3 决策树

决策树（Decision Tree）是一种树状结构的模型，用于分类和回归。每个内部节点表示一个特征的测试，每个分支代表一个特征测试结果，每个叶子节点代表一个类别或回归值。决策树通过递归地将数据集分成子集，直到满足停止条件（如达到最大深度或分割纯度）。例如在农业传感系统中，决策树可以用于病虫害的识别。通过分析土壤湿度、温度、叶片颜色等传感器数据，决策树模型能够准确判断农作物是否受到了病虫害侵袭，并提供相应的防治建议。

上述的基础机器学习算法适用于感知目标简易的场合，在传感器种类较少或数据量较小的应用场景中表现良好，但其性能可能会因为传感器数据特征不显著和数据量的增加而受限，例如无人驾驶、无人机编队等多传感器、大数据量感知场景。面对这些复杂场景，则需采用深度学习算法。实际上，深度学习算法是机器学习的一个子领域，主要基于人工神经网络，特别是深层神经网络（具有多个隐藏层的神经网络），自动提取数据中的特征，大幅度减少了对特征手动提取和筛选的依赖。不过，深度学习的优势在一定程度上也增加了智能感知系统的复杂程度，其模型训练和应用通常需要大量的数据才能有良好的表现，这对感知系统的计算能力提出了远高于普通机器学习算法的要求。

深度学习算法日新月异，近些年来飞速发展，相关研究人员围绕其效率和准确性对算法进行着持续改进，下面将介绍最为经典的卷积神经网络及其衍生算法 YOLO（You Only Look Once）算法在无人驾驶中的应用。

卷积神经网络（CNN）是一种专门处理图像数据的深度学习算法，具有自动特征提取和分类的能力，非常适合大信息量图像分析。CNN 通过卷积层提取图像的局部特征，通过池化层进行特征降维，再通过全连接层进行分类或回归。其中卷积层（Convolutional Layer）使用多个卷积核（滤波器）在图像上滑动，通过卷积运算提取局部特征；池化层（Pooling Layer）通过最大池化或平均池化，减少特征图的尺寸，降低计算复杂度，同时保留重要特征；全连接层（Fully Connected Layer）将卷积和池化后的特征展平，输入到全连接层进行分类或回归。训练 CNN 模型需要大量标注好的图像数据，通常包括以下几个步骤：

（1）数据预处理：对原始影像数据进行标准化处理，如调整图像尺寸、灰度归一化等。

（2）数据增强：通过图像旋转、平移、翻转等方法扩展训练数据集，增强模型的鲁棒性。

（3）模型训练：将预处理后的图像数据输入 CNN 模型，采用梯度下降法优化模型参数，最小化分类误差。

（4）模型评估：使用验证集评估模型性能，根据结果调整模型结构和参数。

（5）模型测试：在独立测试集上验证模型的泛化能力，确保模型在实际应用中的有效性。

无人驾驶技术是现代智能交通的重要组成部分，也是智能感知系统的代表应用，YOLO 算法是无人驾驶中常用的目标检测算法，它可以实时检测并识别道路上的车辆、行人、交通标志等物体，为无人驾驶车辆提供必要的环境感知信息。从原理上看，YOLO 算法是一种基于 CNN 的实时目标检测算法。与传统 CNN 的滑窗提取局部特征方法不同，YOLO 将目标检测问题转换为回归问题，在一张图像上直接预测多个边界框及其对应的类别概率，只需对图像进行一次卷积运算即可完成目标检测，这使得 YOLO 算法具有高效的实时检测能力，能够在毫秒级时间内完成目标检测。对于自动驾驶系统而言，这种实时性非常重要，可以保证系统在突发情况下做出及时响应。例如，当前方突然出现行人或障碍物时，系统可以立即采取刹车或避让措施，避免事故发生。

## 本章小结

本章系统探讨了现代检测系统的最新进展，深入分析了其在自动化、精度和智能化方面的显著提升，并阐述了这些进展在工业、科研、医疗等多个领域的重要应用。现代检测系统不仅能够完成高精度、高速度的测量任务，还具备强大的数据处理和实时监控能力，为各类应用提供了可靠的技术支持，并在推动各行业向智能化、网络化方向发展中发挥了重要作用。

首先，概述了现代检测系统的基本结构，主要包括传感器、数据采集模块、信号处理单元、数据存储和处理单元、通信接口和用户界面等关键组件。详细描述了这些组件的工作原理和协同运作方式，展示了现代检测系统在复杂测量和数据分析任务中的强大能力。这种结构的系统通过高精度传感器捕捉环境中的物理量或化学量，数据采集模块将这些信息转化为数字信号，信号处理单元对其进行进一步的分析和处理，最终通过用户界面呈现出直观的测量结果。系统的通信接口还使得数据能够快速、安全地传输到远程服务器，实现实时监控和管理。

接着，探讨了基于虚拟仪器的检测系统。虚拟仪器结合了计算机技术和电子技术，具备极大的灵活性和可扩展性。详细介绍了虚拟仪器的基本概念、分类及其在实际应用中的优势，讨论了其设计方法和实现步骤。虚拟仪器的灵活性使其能够根据用户需求自由配置功能，减少了传统仪器在数据处理、表达、传送以及存储方面的限制。相比传统仪器，虚拟仪器不仅在成本和时间上更具优势，还能通过软件升级不断扩展功能，为用户提供更加智能化、自动化的检测解决方案。

随后，详细讨论了软测量技术。介绍了软测量技术的基本原理、建模方法以及在工业过程中的应用。软测量技术通过间接测量和数学建模，成功实现了对难以直接测量的复杂参数的准确估计，极大地推动了工业自动化和智能化的进程。软测量技术不仅降低了直接测量的成本和难度，还提高了系统的灵活性和可维护性。特别是在化工、冶金和能源等领域，软测量技术通过建立可靠的数学模型，使得难以直接测量的变量能够通过其他相关变量推算得出，从而保证了工业过程的稳定和高效运行。

最后，探讨了智能感知技术的发展与应用。智能感知技术结合了物联网、大数据和人工智能，能够通过传感器获取环境信息，并利用机器学习和深度学习算法对数据进行分析和处理，实现对环境的智能理解和响应。详细介绍了智能感知的核心算法，包括线性回归、支持向量机、决策树以及卷积神经网络等，展示了智能感知技术在智能交通、无人驾驶、医疗健康等领域的广泛应用。以卷积神经网络为例，其在图像识别领域的成功应用极大地提高了智能感知系统的准确性和可靠性。特别是 YOLO 算法在无人驾驶中的应用，使得车辆能够在复杂的道路环境中实时识别和避让障碍物，显著提升了无人驾驶系统的安全性。

展望未来，随着科技的不断进步，现代检测系统将继续向更智能化和自动化方向发展。预计未来的检测系统将在以下几个方面取得重大突破：（1）自适应与智能化；（2）多模态融合；（3）物联网与边缘计算；（4）人机协作。总之，现代检测系统正在朝着更加智能化、自动化和网络化的方向快速发展。未来，这些技术将进一步融合，形成更加强大的检测和分析能力，为各行各业的创新与发展提供有力的技术支撑。

## 习题及思考题

5-1 解释现代检测系统中传感器、数据采集模块、信号处理单元、数据存储和处理单元各自的功能，并描述它们之间如何协同工作。

5-2 传统检测系统在面对复杂测量任务时表现不佳的原因是什么？相比之下，现代检测系统是如何克服这些挑战的？

5-3 请举例说明虚拟仪器在实际工业生产中的应用。具体描述一个基于虚拟仪器的检测系统是如何提高生产效率的。

5-4 软测量技术通过哪些步骤实现对难以直接测量的复杂参数的间接测量？请列举其中每个步骤的具体操作和意义。

5-5 选择一种软测量建模方法（如人工神经网络、回归分析等），详细描述其应用过程，并讨论如何提高模型的准确性和鲁棒性。

5-6 智能感知技术在智能交通系统中有哪些具体应用？请举例说明智能感知系统如何通过多种传感器数据融合与人工智能算法的结合，优化交通流量管理。

5-7 卷积神经网络在图像识别中的应用中，卷积层、池化层和全连接层各自的作用是什么？请结合实际应用场景解释。

5-8 描述 YOLO 算法如何在无人驾驶系统中实现实时目标检测。请描述该算法的基本流程，以及它是如何在毫秒级时间内完成检测任务的。

5-9 拓展思考：在未来的检测系统中，如何利用多模态融合技术提升检测精度？通过文献调研，结合具体例子阐述其可能的应用领域和技术实现路径。

5-10 假设你负责设计一个用于医疗健康的智能感知系统，选择传感器、算法和通信方式，并说明这些选择如何满足实时监测和数据分析的需求。

# 索　引

# 参考文献

[1] Neubert H K P. Instrument transducers: An introduction to their performance and design [M]. Oxford: Clarendon Press, 1975.

[2] Maundy B, Gift S J G. Strain gauge amplifier circuits [J]. IEEE Transactions on Instrumentation and Measurement, 2013, 62 (4): 693-700.

[3] Gift S, Maundy B. New configurations for the measurement of small resistance changes [J]. IEEE Transactions on Circuits and Systems—Ⅱ: Express Briefs, 2006, 53 (3): 178-182.

[4] Tamura R, Horikoshi T, Sakaino S, et al. High Dynamic Range 6-Axis Force Sensor Employing a Semiconductor-Metallic Foil Strain Gauge Combination [J]. IEEE Robotics and Automation Letters, 2021, 6 (4): 6243-6249.

[5] Vyroubal D. A circuit for lead resistance compensation and complex balancing of the strain-gauge bridge [J]. IEEE Transactions on Instrumentation and Measurement, 1993, 42 (1): 44-48.

[6] Chan H K. Rule-based data tracking scheme to reduce the effects of creeping [J]. IEEE Sensors Journal, 2009, 9 (10): 1192-1195.

[7] Velayudhan C, Bundell J H. Simple inductive displacement transducer [J]. Review of Scientific Instruments, 55, 1984: 1706-1713.

[8] Cabrera M L, Saca J M. Analytical study of a linear variable differential transformer transducer [J]. Review of Scientific Instruments, 1995, 66: 4707-4712.

[9] Allweins K, V Kreutzbruck M, Gierelt G. Defect detection in aluminum laser welds using an anisotropic magnetoresistive sensor array [J]. Journal of Applied Physics, 2005, 97: 10Q102.

[10] He D F, Tachiki M, Itozaki H. Highly sensitive anisotropic magnetoresistance magnetometer for eddy-current nondestructive evaluation [J]. Review of Scientific Instruments, 2009, 80: 036102.

[11] He D F, Zhang Y Z, Shiwa M, et al. Development of eddy current testing system for inspection of combustion chambers of liquid rocket engines [J]. Review of Scientific Instruments, 2013, 84: 014701.

[12] Krause H J, V Kreutzbruck M. Recent developments in SQUID NDE [J]. Physica C, 2002, 368: 70-79.

[13] Grigorie M, dd Iseli C D R, Krummenacher F, et al. A circuit for the temperature compensation of capacitive sensors [C]. IEEE International Symposium on Circuits and Systems, 1996 , Vol. 1: 381-384.

[14] Lee C Y, Lee G B. MEMS-based humidity sensors with integrated temperature sensors for signal drift compensation [C]. Proceedings of IEEE: Sensors, 2003, Vol. 1: 384-388.

[15] Yang W Q, Stott A L, Gamio J C. Analysis of the effect of stray capacitance on an ac-based capacitance tomography transducer [J]. IEEE Transactions on Instrumentation and Measurement, 2003, 52 (5): 1674-1681.

[16] Huang S M, Xie C G, Thorn R, et al. Design of sensor electronics for electrical capacitance tomography [J]. IEEE Proceedings G: Circuits, Devices and Systems, 1992, 139 (1): 83-88.

[17] Mohamad E J, Marwah O M F, Rahim R A, et al. Electronic design for portable electrical capacitance sensor: A multiphase flow measurement [C]. 2011 4th International Conference on Mechatronics (ICOM), 2011: 1-8.

[18] Chen J, Ni X, Mo B X. A low-noise CMOS charge sensitive preamplifier for MEMS capacitive accelerometer readout [C]. 2007 7th International Conference on ASIC (ASICON'07), 2007: 490- 493.

[19] Stefanelli B, Bardyn J P, Kaiser A, et al. A very low-noise CMOS preamplifier for capacitive sensors [J]. IEEE Journal of Solid-State Circuits, 1993, 28 (9): 971-978.

[20] Bassini R, Boiano C, Pullia A. A low-noise charge amplifier with fast rise time and active discharge

mechanism [J]. IEEE Transactions on Nuclear Science, 2002, 49 (5): 2436-2439.

[21] Pullia A, Bassini R, Boiano C, et al. A "cold" discharge mechanism for low-noise fast charge amplifiers [J]. IEEE Transactions on Nuclear Science, 2001, 48 (3): 530-534.

[22] Pullia A, Zocca F. Automatic offset cancellation and time-constant reduction in charge-sensitive preamplifiers [J]. IEEE Transactions on Nuclear Science, 2010, 57 (2): 732-736.

[23] Gandelli A, Ottoboni R. Charge amplifiers for piezoelectric sensors [C]. 1993 IEEE Instrumentation and Measurement Technology Conference, 1993: 465-468.

[24] Dahle O. The pressductor and the torductor—Two heavy-duty transducers based on magnetic stress sensitivity [J]. IEEE Transactions on Communication and Electronics, 1964, 83 (75): 752-758.

[25] Beth R A, Meeks W W. Magnetic measurement of torque in a rotating shaft [J]. Review of Scientific Instruments, 1954, 25: 603-607.

[26] Kleinke D K, Uras H M. A noncontacting magnetostrictive strain sensor [J]. Review of Scientific Instruments, 1993, 64: 2361-2367.

[27] Savage H T, Clark A E, Wun-Fogle M, et al. Magnetostrictive torque sensor: US, 5315881 (P) . 1992-10-23.

[28] Wallin C, Ling H, Hassel L. Torque sensor: US, 2002189372 (P) . 2002-12-19.

[29] Ling H, Sobel J, Uggla D J. Magnetoelastic non-contacting torque transducer: US, 5646356 (P). 1997-07-08.

[30] Li X S, Nakamura K, Ueha S. Reflectivity and illuminating power compensation for optical fibre vibrometer [J]. Measurement Science and Technology, 2004, 15 (9): 1773-1778.

[31] Vallan A, Casalicchio M L, Perrone G. Displacement and acceleration measurements in vibration tests using a fiber optic sensor [J]. IEEE Transactions on Instrumentation and Measurement, 2010, 59 (5): 1389-1396.

[32] Lin H, Ho C M. Optical pressure transducer [J]. Review of Scientific Instruments, 1993, 64: 1999-2002.

[33] McCollum T, Spector G B. Fiber optic microbend sensor for detection of dynamic fluid pressure at gear interfaces [J]. Review of Scientific Instruments, 1994, 65: 724-729.

[34] Hill K O, Meltz G. Fiber Bragg grating technology fundamentals and overview [J]. Journal of Lightwave Technology, 1997, 15 (8): 1263-1276.

[35] Kawasaki B S, Hill K O, Johnson D C, et al. Narrow-band Bragg reflectors in optical fibers [J]. Optics Letters, 1978, 3 (2): 66-68.

[36] Schena E, Saccomandi P, Silvestri S. A high sensitivity fiber optic macro-bend based gas flow rate transducer for low flow rates: Theory, working principle, and static calibration [J]. Review of Scientific Instruments, 2013, 84: 024301.

[37] Dougherty G. A laser Doppler flowmeter using variable coherence to effect depth discrimination [J]. Review of Scientific Instruments, 1992, 63: 3220.

[38] Figueiras E, Campos R, Semedo S, et al. A new laser Doppler flowmeter prototype for depth dependent monitoring of skin microcirculation [J]. Review of Scientific Instruments, 2012, 83: 034302.

[39] Balasubramanian K, Giiven K, Altun Z G. Microprocessor based new technique for measuring pneumatic pressure using optocoupler controlled vibrating wire transducer [C]. 1994 Instrumentation and Measurement Technology Conference, 1994, Vol. 2: 464-467.

[40] Copley D W. The application of vibrating cylinder pressure transducers to non-military usages [C]. Proceedings of the IEEE 1994 National Aerospace and Electronics Conference, 1994, Vol. 2: 1252-1258.

[41] Ghioni M, Gulinatti A, Rech I, et al. Progress in silicon single-photon avalanche diodes [J]. IEEE Journal of Selected Topics in Quantum Electronics, 2007, 13 (4): 852-862.
[42] Nakamura H, Kitamura H, Hazama R. Development of a new rectangular NaI (Tl) scintillator and spectroscopy of low-energy charged particles [J]. Review of Scientific Instruments, 2010, 81 (1): 013104.
[43] Rusher M A, Mershon A V. The electric strain gauge [J]. Electrical Engineering, 1938, 57 (11): 645-648.
[44] Petrucelly V J. Resistance wire strain gauges as elements of the Wheatstone Bridge [J]. Transactions of the American Institute of Electrical Engineers, 1950, 69 (2): 742-744.
[45] Thompson J L. Wire strain-gauge transducers for the measurement of pressure, force, displacement, and acceleration [J]. Journal of the British Institution of Radio Engineers, 1954, 14 (12): 583-600.
[46] Jackson P. Resistance strain gauges and vibration measurement [J]. Journal of the British Institution of Radio Engineers, 1954, 14 (3): 106-114.
[47] Doebelin E O. Measurement systems: application and design [M]. New York: McGraw-Hill Book Company, 1976.
[48] Oliver F J. Practical instrumentation transducers [M]. New York: Hayden Book Company, Inc., 1971.
[49] Wightman E J. Instrumentation in process control [M]. London: Butterworths, 1972.
[50] 亚当斯．工程测试与检测仪表 [M]. 邓延光，胡大纮，译．北京：机械工业出版社，1980.
[51] 奥利弗，卡奇．电子测量和仪器 [M]. 张伦，韩家瑞，等译．北京：科学出版社，1978.
[52] 冯师颜．误差理论与实验数据处理 [M]. 北京：科学出版社，1964.
[53] 肖明耀．实验误差估计与数据处理 [M]. 北京：科学出版社，1980.
[54] 费业泰．误差理论与数据处理 [M]. 6 版．北京：机械工业出版社，2010.
[55] 刘汉凡．电子电位差计与平衡电桥的修理 [M]. 北京：机械工业出版社，1975.
[56] 荒木庸夫．电子设备的屏蔽设计——干扰的产生及其克服办法 [M]. 赵清，译．北京：国防工业出版社，1975.
[57] 亨利．电子系统噪声抑制技术 [M]. 铁道部北京二七通信工厂科研所翻译组，译．北京：人民铁道出版社，1978.
[58] 北大路刚．抑制电子电路噪声的方法 [M]. 刘宗惠，译．北京：人民邮电出版社，1980.
[59] 诸邦田．电子电路实用抗干扰技术 [M]. 北京：人民邮电出版社，1996.
[60] 杨克俊．电磁兼容原理与设计技术 [M]. 2 版．北京：人民邮电出版社，2011.
[61] 郑家祥，陆玉新．电子测量原理 [M]. 北京：国防工业出版社，1980.
[62] 南京航空学院，北京航空学院．传感器原理 [M]. 北京：国防工业出版社，1980.
[63] 吉林工业大学农机系，第一机械工业部农业机械科学研究院．应变片电测技术 [M]. 北京：机械工业出版社，1978.
[64] 尹福炎．金属箔式应变片制作工艺原理 [M]. 北京：国防工业出版社，2011.
[65] 常健生．检测与转换技术 [M]. 北京：机械工业出版社，1981.
[66] 严钟豪，谭祖根．非电量电测技术 [M]. 北京：机械工业出版社，1993.
[67] 吴勤勤．控制仪表及装置 [M]. 4 版．北京：化学工业出版社，2013.
[68] 欧绪贵．核辐射式检测仪表 [M]. 北京：机械工业出版社，1978.
[69] 奥塞夫．核辐射探测器入门 [M]. 姬成周，译．北京：科学出版社，1980.
[70] 上海市科学技术协会《γ物位计编写组》. γ物位计 [M]. 北京：原子能出版社，1980.
[71] 秦永烈．物位测量仪表 [M]. 北京：机械工业出版社，1978.
[72] 科瓦尔斯基．核电子学 [M]. 何殿祖，译．北京：原子能出版社，1975.

[73] 陈伯显，张智．核辐射物理及探测学［M］．哈尔滨：哈尔滨工程大学出版社，2011.
[74] 汤彬．核辐射测量原理［M］．哈尔滨：哈尔滨工程大学出版社，2011.
[75] 许大才．机械量测量仪表［M］．北京：机械工业出版社，1980.
[76] 上海电子专科学校．霍尔元件及其应用［M］．上海：上海人民出版社，1974.
[77] 刘畅生，寇宝明，钟龙．霍尔传感器实用手册［M］．北京：中国电力出版社，2009.
[78] 王殖东．激光基础知识［M］．北京：科学出版社，1974.
[79] 陈家璧，彭润玲．激光原理及应用［M］．3 版．北京：电子工业出版社，2013.
[80] 重庆工业自动化仪表研究所．工业自动化仪表［M］．北京：机械工业出版社，1976.
[81] 徐秉铮，欧阳景正．信号分析与相关技术［M］．北京：科学出版社，1981.
[82] 弗格斯．电噪声手册［M］．张伦，李镇远，译．北京：计量出版社，1982.
[83] Wong Y J，Ott W E. Function circuits：design and applications［M］. New York：McGraw-Hill Book Company，1976.
[84] Graeme J G. Designing with operational amplifiers applications alternatives［M］. New York：McGraw-Hill Book Company，1977.
[85] 华成英，童诗白．模拟电子技术基础［M］．4 版．北京：高等教育出版社，2006.
[86] 伍尔沃特．数字式传感器［M］．于汉秋，蒋学忠，译．北京：国防工业出版社，1981.
[87] 朱伯申，张炬．数字式传感器［M］．北京：北京理工大学出版社，1996.
[88] 李泽民．共模干扰及其控制［J］．电测与仪表，1975（2）：1-11.
[89] 王文襄．固态压阻压力传感器的设计与应用［J］．自动化仪表，1986（12）：16-18.
[90] 张舒仁．光电池的电路设计［J］．电子技术应用，1978（3）：31-36，51.
[91] 何瑾，刘铁根，孟卓，杨莉君．弱光强信号检测系统前级放大电路的设计［J］．科学技术与工程，2007，7（9）：1904-1906.
[92] 林文．抗干扰问题［J］．工业仪表与自动化装置，1975（1）：1-15.
[93] 戴维斯．光纤传感器技术手册［M］．徐予生，等译．北京：电子工业出版社，1987.
[94] 张国顺，何家祥，肖桂香．光纤传感技术［M］．北京：水利电力出版社，1988.
[95] 刘迎春，叶湘滨．现代新型传感器原理与应用［M］．北京：国防工业出版社，1998.
[96] 李川．光纤传感器技术［M］．北京：科学出版社，2012.
[97] Turner J，Hill M. Instrumentation for engineers and scientists［M］. London：Oxford University Press，1999.
[98] Doebelin E O. Instrumentation design studies［M］. Boca Raton，FL：CRC Press，2010.
[99] 王俊杰，曹丽．传感器与检测技术［M］．北京：清华大学出版社，2011.
[100] 梁森，欧阳三泰，王侃夫．自动检测技术及应用［M］．2 版．北京：机械工业出版社，2012.
[101] 张朝晖．检测技术及应用［M］．2 版．北京：中国质检出版社，2011.
[102] 高晋占．微弱信号检测［M］．2 版．北京：清华大学出版社，2011.
[103] 王伯雄．测试技术基础［M］．2 版．北京：清华大学出版社，2012.
[104] 温殿忠，赵晓锋．传感器原理及其应用［M］．北京：科学出版社，2013.
[105] 王健石，朱炳林．热电偶与热电阻技术手册［M］．北京：中国标准出版社，2012.
[106] 常用热电偶热电阻分度表（第 2 版）［M］．北京：中国计量出版社，2010.
[107] 鲍丙豪，周燕．传感器手册［M］．北京：化学工业出版社，2008.
[108] 金发庆．传感器技术与应用（第 5 版）［M］．北京：机械工业出版社，2024.
[109] 王学亮，高春苹，王朝霞．生物传感器系统理论与技术［M］．北京：冶金工业出版社，2024.
[110] 李刚．生物医学信息传感与测量技术［M］．天津：天津大学出版社，2023.
[111] Spencer J B F，Ruiz-Sandoval M E，Kurata N. Smart sensing technology：opportunities and challenges

[J]. Structural Control and Health Monitoring, 2004, 11 (4): 349-368.

[112] Habeeb R A A, Nasaruddin F, Gani A, et al. Real-time big data processing for anomaly detection: A survey [J]. International Journal of Information Management, 2019, 45: 289-307.

[113] Gao W, Kim S W, Bosse H, et al. Measurement technologies for precision positioning [J]. CIRP Annals, 2015, 64 (2): 773-796.

[114] Tessier R, Burleson W. Reconfigurable computing for digital signal processing: A survey [J]. Journal of VLSI signal processing systems for signal, image and video technology, 2001, 28: 7-27.

[115] Yuce M R. Implementation of wireless body area networks for healthcare systems [J]. Sensors and Actuators A: Physical, 2010, 162 (1): 116-129.

[116] Goldberg H. What is virtual instrumentation?[J]. IEEE Instrumentation & Measurement Magazine, 2000, 3 (4): 10-13.

[117] Kodosky J. LabVIEW [J]. Proceedings of the ACM on Programming Languages, 2020, 4 (HOPL): 1-54.

[118] Jiang Y, Yin S, Dong J, et al. A review on soft sensors for monitoring, control, and optimization of industrial processes [J]. IEEE Sensors Journal, 2020, 21 (11): 12868-12881.

[119] Joseph B, Brosilow C B. Inferential control of processes: Part I. Steady state analysis and design [J]. AIChE Journal, 1978, 24 (3): 485-492.

[120] Macvoy T J. Contemplative stance for chemical process [J]. Automatica, 1992, 28 (2): 441-442.

[121] Maurya M R, Riyaz N U S S, Reddy M S B, et al. A review of smart sensors coupled with Internet of Things and Artificial Intelligence approach for heart failure monitoring [J]. Medical & Biological Engineering & Computing, 2021: 1-19.

[122] Mukhopadhyay S C, Tyagi S K S, Suryadevara N K, et al. Artificial intelligence-based sensors for next generation IoT applications: A review [J]. IEEE Sensors Journal, 2021, 21 (22): 24920-24932.

[123] 李海青，黄志尧. 软测量技术原理及应用 [M]. 北京：化学工业出版社，2000.

[124] 俞金寿. 工业过程先进控制技术 [M]. 上海：华东理工大学出版社，2008.

[125] 周求湛，刘萍萍，钱志鸿. 虚拟仪器系统设计及应用 [M]. 北京：北京航空航天大学出版社，2011.

[126] 贾惠芹. 虚拟仪器设计 [M]. 北京：机械工业出版社，2012.

# 部分传感器、仪器仪表生产商网站

http：//www. sigmar. cn/
http：//www. kyowa. sh. cn/
http：//www. bjsichuanger. com/
http：//www. waycon. biz/
http：//www. lionprecision. com/
http：//www. zsygroup. com/
http：//www. ifm. com/
http：//www. kistler. com/
http：//www. pcb. com/
http：//www. meas-spec. com/
http：//www. americanpiezo. com/
http：//www. abb. com/
http：//www. gemssensors. com/
http：//www. mtssensors. com/
http：//www. thorlabs. com/
http：//www. photonics. com/
http：//www. hamamatsu. com/
http：//www. radetco. com/
https：//sensorso. com/
https：//franklinsensors. com/
https：//ouster. com/
https：//www. motionsensors. com/
https：//www. sensata. com/
https：//www. sick. com/